高等学校计算机专业核心课
名师精品·系列教材

计算机操作系统

慕课版

汤小丹 王红玲 姜华 汤子瀛 编著

COMPUTER OPERATING SYSTEM

人民邮电出版社
北京

图书在版编目（CIP）数据

计算机操作系统 ： 慕课版 / 汤小丹等编著. -- 北京 ： 人民邮电出版社, 2021.6
高等学校计算机专业核心课名师精品系列教材
ISBN 978-7-115-56115-2

Ⅰ. ①计… Ⅱ. ①汤… Ⅲ. ①操作系统－高等学校－教材 Ⅳ. ①TP316

中国版本图书馆CIP数据核字(2021)第041544号

内 容 提 要

为了满足当下高等学校操作系统课程的教学需求，本书在《计算机操作系统（第四版）》的基础上进行了全方位的内容修订与资源完善，现已全面覆盖全国硕士研究生招生考试操作系统考试大纲。全书共 12 章，在引论之后详细介绍了进程的描述与控制、处理机调度与死锁、进程同步、存储器管理、虚拟存储器、输入/输出系统、文件管理、磁盘存储器管理、多处理机操作系统、保护和安全等操作系统的核心理论内容，跟踪介绍了虚拟化和云计算等前沿技术内容；同时，增加了足量案例与习题（含考研真题）。

本书可作为高等学校计算机类、电子信息类等相关专业的本科生教材，也可供从事计算机相关工作的技术人员与操作系统的爱好者参考使用，还可作为考研学子的复习与辅导用书。

◆ 编　　著　汤小丹　王红玲　姜　华　汤子瀛
责任编辑　王　宣
责任印制　王　郁　马振武
◆ 人民邮电出版社出版发行　　北京市丰台区成寿寺路 11 号
邮编　100164　　电子邮件　315@ptpress.com.cn
网址　https://www.ptpress.com.cn
三河市中晟雅豪印务有限公司印刷
◆ 开本：787×1092　1/16
印张：25.5　　2021 年 6 月第 1 版
字数：659 千字　　2024 年 12 月河北第 17 次印刷

定价：69.80 元

读者服务热线：(010)81055256　印装质量热线：(010)81055316
反盗版热线：(010)81055315
广告经营许可证：京东市监广登字 20170147 号

当今世界正经历百年未有之大变局，国内外环境发生了深刻且复杂的变化，全国人民即将开启全面建设社会主义现代化国家、实现第二个百年奋斗目标的新征程。我国社会发展和民生改善比过去任何时候都更加需要科学技术解决方案，在这一关键时刻，广大科技工作者责任重大，使命光荣。

操作系统是软件体系的基础。如果将软件产业比作高楼，那么操作系统就是地基，地基只有牢固，才能支撑整栋大楼。进入数字化时代，作为信息产业的核心，软件产业正在成为引领新一轮科技革命和产业变革的关键力量，因此操作系统的重要性更为突出。新中国成立70多年来，我国在很多科技领域均取得了惊人的成绩，但是，目前我国信息产业底层软件不自主、基础技术“卡脖子”的现象依然存在；并且随着5G等技术的发展与应用，智能化终端不断普及，广连接、低时延、高性能及多样化的设备快速更新，单一操作系统已难满足越来越高的系统需求。近几十年来，随着操作系统从单道批处理系统、多道批处理系统、分时系统、实时系统、嵌入式操作系统到现在的分布式操作系统的一路推进，华为、阿里等各大企业纷纷重兵投入操作系统领域，这助推了国产操作系统的兴起。

国产操作系统的技术发展与产业升级都离不开人才的培养，汤小丹老师编写的《计算机操作系统》是一部传承经典的作品，自1977年汤子瀛老师主编试用版《操作系统原理》，至今已历经四版，仅第四版目前就印刷60多次，发行量超132万册。可以说，这部著作为我国操作系统人才的培养做出了巨大的贡献。

这本书本次改版体现了新的要求。

一、**重视核心原理，帮助读者建立系统化的知识体系**。对操作系统这门课程而言，系统化构建知识体系尤为重要，既要满足新工科建设的需求，又要做好本科到研究生人才培养的跨越，稳步推动人才培养工作，扎实打好科技发展的地基。

二、**突出实战技能，融合实践型案例和多类型习题，做到理论联系实践**。这不仅能让理论知识脉络清晰，还能带领读者有针对性地开展实践练习，提升互动和参与感，帮助读者理解课程的精髓，并切实有效地提升实战技能。

三、**反映领域科技前沿，帮助读者拓展科技认知边界**。书中对操作系统新技术的相关内容进行了更新，融入了“虚拟化和云计算”等内容，并详细阐述了这些新技术对操作系统发展的促进作用，帮助读者了解领域科技前沿，拓展科技认知边界。

四、**有效结合工业实践，使理论知识与产业应用有机融合，而不再是“两张皮”**。新的知识体系反映了工业实践的智慧积累、展现了科技发展的前沿探索，可以促进科技发展融入工业实践，工业实践亦可反向推动科技发展。

推荐序 RECOMMENDATION

科技发展为社会发展带来了巨大的变化。此书改版正值“十四五”开篇之年，因此希望此书以坚定学生理想信念为目标，以爱党、爱国、爱人民、爱集体、爱社会主义为主线，既能优化读者的知识体系、提升读者的实战技能，又能培育读者精益求精的大国工匠精神、激发读者科技报国的家国情怀和使命担当。

张尧学

中国工程院院士

清华大学教授

1977年8月4日至8日，中共中央在北京召开了科学和教育工作座谈会，与会代表重点讨论了高校招生问题。1977年10月12日，国务院正式宣布当年立即恢复高考。至此，中断了10年的高考终于恢复正常。

此时，高考虽已步入正轨，但是紧接着又出现了新的问题——缺乏优秀的大学教材。在此背景下，本书（自序中特指《计算机操作系统》一书）的试用版《操作系统原理》应运而生。

1. 本书出版/改版史

【试用版】1977年恢复高考后，国家相关部门主持启动了全国高等学校电子类教材统编工作，本书试用版《操作系统原理》即包含于其中。《操作系统原理》一书由汤子瀛老师主编，并于1981年在国防工业出版社非正式出版。

【第一版】1984年，本书试用版《操作系统原理》改名为《计算机操作系统》，由西北电讯工程学院出版社（今西安电子科技大学出版社）正式出版，并作为全国高等学校电子类统编教材公开发行。本书第一版获得了电子工业部1977—1985年年度工科电子类专业优秀教材二等奖。第一版相对于试用版所做的修改，主要是将实例对象由实时系统（real-time operating system，RTOS）更换成了UNIX系统。

【第二版】1992年，本书第一版经修改后，再次作为全国统编教材正式出版，并于1996年获第三届全国工科电子类专业优秀教材一等奖，于1997年获普通高等学校国家级教学成果二等奖。第二版相对于第一版修改较为全面，除了重新对各章知识点进行了梳理与编排外，新增了两章内容，即“多处理机操作系统”与“网络和分布式操作系统”；此外，还对书中所涉及的UNIX系统的版本进行了升级。

【第二版第一次修订】1996年，编者团队对本书第二版进行了第一次修订，主要是整理并吸收了20世纪90年代主流操作系统的新思想与新技术，拓展了各章节中各种实现方法和解决方案的介绍。此外，重新对章节进行了编排，将原来的10章内容拓展到了15章，增补了实时调度与多处理机调度、两级页表/多级页表/反置页表机制等内容，引进了虚拟存储器、段页式存储管理、磁盘容错技术以及Windows 3.2系统的基本介绍。本次修订内容增幅较大，全书总字数达76万字。

【第二版第二次修订】2001年，编者团队对本书第二版进行了第二次修订，将全书总字数从76万字缩减到了55万字，对各章节中的各种实现方法和解决方案进行了精选，对部分章节进行了合并，突出了操作系统的基本概念与基本思想以及新技术的相关内容，增加了线程、网络与网络操作系统、Internet/Intranet、UNIX系统的shell语言以及系统调用的实现方法等内容。

【第三版】2007年，编者团队对本书第二版进行了改版，本次改版全面调整了教材结构，并增加了各章节层次结构描述与操作系统结构设计的相关内容，重点对设备管理部分进行了重新调整与全新阐述，最后还介绍了Windows文件系统的概念与相关技术等内容。

【第四版】2014年，编者团队对本书第三版进行了改版，将本书对技术的关注转变为对资源管理思想和相关技术实现的共同关注，从资源管理成本与效益出发，重新组织和挑选了一批算法和解决方案，新增了网络操作系统、多媒体操作系统等内容，使本书能够尽量反映现代操作系统的基本思想和技术发展状况；删除了UNIX系统内核结构的相关内容；此外，结合全国硕士研究生招生考试操作系统考试大纲，补充了一部分内容，使教材内容能够尽可能地覆盖考研知识点，以满足广大学生的考研需要。

【慕课版】进入21世纪20年代后，编者团队在第四版的基础上，对本书进行了全面改版与修订完善，进而形成了现在的最新版本，即《计算机操作系统（慕课版）》。

2. 对本书新版（慕课版）的说明

通过面向全国部分高校开展调研发现，一线教师与高校学子对操作系统教材主要有以下实际需求：

（1）全面覆盖考研大纲；

（2）跟踪介绍操作系统相关新技术；

（3）融合足量的案例与多类型习题，最好能够包含考研真题；

（4）配套丰富的教学资源，如PPT、教学大纲、习题解析、实验指导、慕课/微课等。

为此，我连同王红玲老师、姜华老师等组成改版团队，瞄准上述实际需求，对本书第四版进行了全面改版与修订完善。鉴于人民邮电出版社在信息技术领域图书出版的专业能力，以及在新形态立体化教材建设方面的成功经验，我将携手人民邮电出版社共同打造《计算机操作系统（慕课版）》及其后续版本，欢迎各位读者反馈宝贵意见。

希望本次改版能够更好地满足一线教师与高校学子的需求，进而助力高校操作系统课程获得更好的“教与学”效果。

汤小丹

杭州师范大学教授

党的二十大报告中提到："当前，世界百年未有之大变局加速演进，新一轮科技革命和产业变革深入发展，国际力量对比深刻调整，我国发展面临新的战略机遇。"

在此背景下，各国纷纷依托大数据技术、第5代移动通信技术（5th generation mobile communication technology，5G）、人工智能技术来快速发展高新科技，以推动传统制造业加速向数字化、网络化和智能化转变。作为众多技术得以广泛应用的平台支撑——操作系统，逐步得到了相关部门和越来越多有识之士的关注与重视。操作系统领域科研型人才与技术型人才的培养，国内高校任重道远，同时，高质量精品教材对人才培养的支撑作用尤为重要。

为了打造好高质量操作系统精品教材，本书编者团队根据调研结果，对本书第四版从内容框架、案例习题、配套资源等维度进行了细致修改与完善。

本书相比于第四版教材：

一是对原第1章"操作系统引论"的内容进行了扩充，将原第9章中的"用户接口""系统调用"等内容融入第1章；

二是将原第2章"进程的描述与控制"中与进程同步相关的内容摘出，形成本书的第4章"进程同步"；

三是删除了原第9章"操作系统接口"和原第11章"多媒体操作系统"，新增了本书第11章"虚拟化和云计算"；

四是对其余章节的相关内容进行了细致修改与完善，并在大部分章节中增加了足量的案例与习题等内容。

本书特色与使用指南介绍如下。

本书特色

1. 全面覆盖考研大纲

为了满足相关专业考研（含操作系统课程）学子的需求，编者根据全国硕士研究生招生考试操作系统考试大纲，对第四版教材中未完全覆盖的考研知识点进行了细致核查与补充完善，以使本书实现了对操作系统考研大纲的全面覆盖。考研大纲中要求掌握的各知识点与本书内容的具体对应关系，请参照"**操作系统考研大纲与本书目录对照表**"。同时，为了使知识体系更宜于"教与学"，编者基于调研结果对本书架构进行了合理调整。

操作系统考研大纲与本书目录对照表

2. 紧跟最新技术发展

为了使读者能够学到与操作系统相关的最新技术，编者在本书中新增了“**虚拟化和云计算**”的相关知识，作为理论知识的补充，从而帮助读者拓展科技认知边界、提升实战技能。

3. 支持混合式教学模式

编者针对全书各章节的内容录制了完整的高质量慕课，以供读者自主学习；读者通过扫描“**全书慕课视频**”二维码或者登录人邮学院网站（新用户须注册），单击页面上方的“学习卡”选项，并在“学习卡”页面中输入本书封底刮刮卡中的激活码，即可学习本书配套慕课（www.rymooc.com/Course/Show/714）。此外，编者特意针对重点、难点知识录制了微课视频，以帮助读者深入学习相关知识、透彻理解相关原理；读者可通过扫描书中重点、难点知识旁边的二维码观看对应的微课视频。

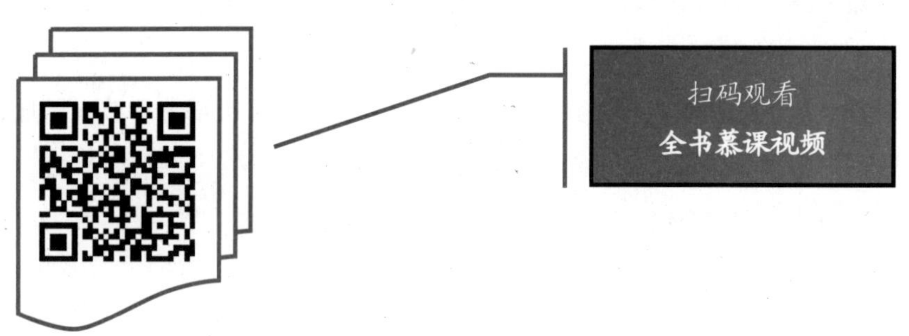

4. 附加充足案例与习题

为了使读者所学的理论知识能够落地，编者在本书大部分章节中增补了足量的实战案例。此外，为了帮忙读者构建思考场景，提升学习效果，编者在本书各章的理论内容讲解过程中循序渐进地融入了适量的“思考题”；为了满足读者的练习需求，编者在核心章节最后编排了多类型习题，如简答题、计算题、综合应用题等，其中不乏**考研真题**。

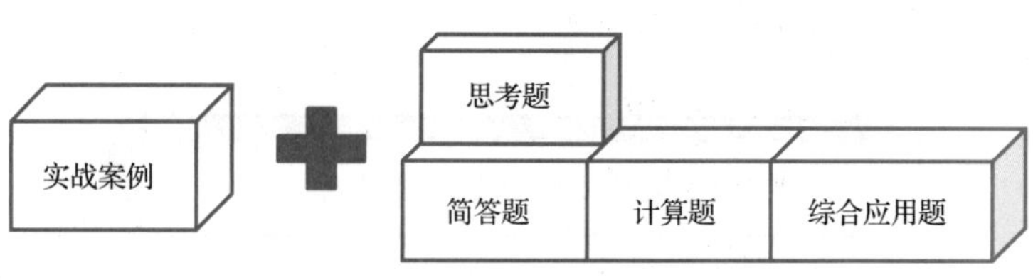

5. **配套立体化教学资源**

党的二十大报告中提到："坚持以人民为中心发展教育，加快建设高质量教育体系，发展素质教育，促进教育公平。"为了帮助高校一线教师更好地开展教学工作，本书配套了丰富的教学资源，如全书所对应的课程PPT、针对不同学时的教学大纲、面向课程实验与课程设计的指导手册、面向课后习题与考研真题的解析手册、慕课/微课等。

使用指南

本书共12章，授课教师可按模块化结构组织教学，同时可以根据所在学校关于本课程的学时安排情况，对部分章节的内容进行灵活取舍。本书在"**学时建议表**"中给出了针对理论内容教学的学时建议，此外，学校还可以根据学生的具体情况配合本课程开展相应的实验教学。

学时建议表

章序	教学内容	48学时	54学时
第1章	操作系统引论	5	5
第2章	进程的描述与控制	4	4
第3章	处理机调度与死锁	6	6
第4章	进程同步	4	5
第5章	存储器管理	6	7
第6章	虚拟存储器	6	7
第7章	输入/输出系统	4	5
第8章	文件管理	6	7
第9章	磁盘存储器管理	4	5
第10章	多处理机操作系统	1	1
第11章	虚拟化和云计算	1	1
第12章	保护和安全	1	1

此外，各位选用了本书的授课教师，可以通过人邮教育社区（www.ryjiaoyu.com），免费下载本书配套的丰富教学资源。

本书本次的改版工作由汤小丹主持，王红玲、姜华、赵阳、王艳秋、褚晓敏等多位老师合力完成。其中，汤小丹负责制定本书的整体改版方案，并对各部分内容的成稿进行审核，对全书最终定稿进行把关；王红玲负责本书新增章节的编写、其余各章内容的修改以及配套资源的制作等工作；姜华、赵阳、王艳秋等负责本书各章课后习题的整理与编排工作。编者团队由衷感谢本书改版过程中在各次线上/线下评审会上提出宝贵修改建议的专家学者与院校老师；感谢王侃雅老师在书稿整理、全书校对等工作中所付出的辛勤劳动。

虽然本书经过多次修改，但是书中仍难免存在疏漏与不当之处，敬请同行及广大读者批评指正。

编　者

2023年春于杭州

CONTENTS 目录

第 1 章 操作系统引论 1

1.1 操作系统的目标和作用 2
- 1.1.1 操作系统的目标 2
- 1.1.2 操作系统的作用 3
- 1.1.3 推动操作系统发展的主要动力 4

1.2 操作系统的发展过程 5
- 1.2.1 未配置操作系统的计算机系统 6
- 1.2.2 单道批处理系统 7
- 1.2.3 多道批处理系统 8
- 1.2.4 分时系统 9
- 1.2.5 实时系统 10
- 1.2.6 微机操作系统 12
- 1.2.7 嵌入式操作系统 12
- 1.2.8 网络操作系统 13
- 1.2.9 分布式操作系统 14

1.3 操作系统的基本特性 15
- 1.3.1 并发 15
- 1.3.2 共享 16
- 1.3.3 虚拟 17
- 1.3.4 异步 18

1.4 操作系统的运行环境 18
- 1.4.1 硬件支持 18
- 1.4.2 操作系统内核 19
- 1.4.3 处理机的双重工作模式 20
- 1.4.4 中断与异常 21

1.5 操作系统的主要功能 21
- 1.5.1 处理机管理功能 22
- 1.5.2 存储器管理功能 22
- 1.5.3 设备管理功能 24
- 1.5.4 文件管理功能 24
- 1.5.5 接口管理功能 25
- 1.5.6 现代操作系统的新功能 26

1.6 操作系统的结构 27
- 1.6.1 简单结构 28
- 1.6.2 模块化结构 28
- 1.6.3 分层式结构 29
- 1.6.4 微内核结构 30
- 1.6.5 外核结构 33

1.7 系统调用 34
- 1.7.1 系统调用的基本概念 34
- 1.7.2 系统调用的类型 35

1.8 本章小结 36

习题1（含考研真题） 37

第 2 章 进程的描述与控制 39

2.1 前趋图和程序执行 40
- 2.1.1 前趋图 40
- 2.1.2 程序顺序执行 41
- 2.1.3 程序并发执行 41

2.2 进程的描述 43
- 2.2.1 进程的定义与特征 43
- 2.2.2 进程的基本状态与转换 44
- 2.2.3 挂起操作和进程状态的转换 46
- 2.2.4 进程管理中的数据结构 47

2.3 进程控制 50
- 2.3.1 进程的创建 50
- 2.3.2 进程的终止 52
- 2.3.3 进程的阻塞与唤醒 53

目录 CONTENTS

2.3.4 进程的挂起与激活 54

2.4 进程通信 55

2.4.1 进程通信的类型 55

2.4.2 消息传递通信的实现方式 58

2.4.3 实例：Linux进程通信 60

2.5 线程的概念 63

2.5.1 线程的引入 63

2.5.2 线程与进程的比较 64

2.5.3 线程状态和线程控制块 65

2.6 线程的实现 66

2.6.1 线程的实现方式 66

2.6.2 线程的具体实现 69

2.6.3 线程的创建与终止 71

2.7 本章小结 71

习题2（含考研真题） 72

第 3 章 处理机调度与死锁 73

3.1 处理机调度概述 74

3.1.1 处理机调度的层次 74

3.1.2 作业和作业调度 74

3.1.3 进程调度 75

3.1.4 处理机调度算法的目标 77

3.2 调度算法 79

3.2.1 先来先服务调度算法 79

3.2.2 短作业优先调度算法 79

3.2.3 优先级调度算法 79

3.2.4 轮转调度算法 81

3.2.5 多级队列调度算法 82

3.2.6 多级反馈队列调度算法 83

3.2.7 基于公平原则的调度算法 84

3.3 实时调度 84

3.3.1 实现实时调度的基本条件 85

3.3.2 实时调度算法分类 86

3.3.3 最早截止时间优先算法 87

3.3.4 最低松弛度优先算法 88

3.3.5 优先级倒置 89

3.4 实例：Linux进程调度 90

3.5 死锁概述 92

3.5.1 资源问题 92

3.5.2 计算机系统中的死锁 93

3.5.3 死锁的定义、必要条件与处理方法 95

3.5.4 资源分配图 96

3.6 死锁预防 97

3.6.1 破坏“请求和保持”条件 97

3.6.2 破坏“不可抢占”条件 97

3.6.3 破坏“循环等待”条件 98

3.7 死锁避免 98

3.7.1 系统安全状态 99

3.7.2 利用银行家算法避免死锁 100

3.8 死锁的检测与解除 103

3.8.1 死锁的检测 103

3.8.2 死锁的解除 104

3.9 本章小结 105

习题3（含考研真题） 106

第 4 章 进程同步 109

4.1 进程同步的基本概念 110

4.1.1 进程同步概念的引入 110

4.1.2 临界区问题 112

4.2 软件同步机制 113

4.3 硬件同步机制 114

4.4 信号量机制 116

CONTENTS 目录

4.4.1 信号量机制介绍 116
4.4.2 信号量的应用 119
4.5 管程机制 120
4.6 经典的进程同步问题 123
4.6.1 生产者-消费者问题 123
4.6.2 哲学家进餐问题 126
4.6.3 读者-写者问题 129
4.7 Linux进程同步机制 131
4.8 本章小结 133
习题4（含考研真题） 134

第 5 章 存储器管理 136

5.1 存储器的层次结构 137
5.1.1 多层结构的存储器 137
5.1.2 主存储器和寄存器 138
5.1.3 高速缓存和磁盘缓存 138
5.2 程序的装入与链接 139
5.2.1 地址绑定和内存保护 139
5.2.2 程序的装入 140
5.2.3 程序的链接 142
5.3 对换与覆盖 143
5.3.1 多道程序环境下的对换技术 143
5.3.2 对换区的管理 144
5.3.3 进程的换出与换入 145
5.3.4 覆盖 146
5.4 连续分配存储管理方式 147
5.4.1 单一连续分配 147
5.4.2 固定分区分配 147
5.4.3 动态分区分配 148
5.4.4 动态重定位分区分配 152
5.5 分页存储管理方式 154
5.5.1 分页存储管理的基本方法 155
5.5.2 地址变换机构 156
5.5.3 引入快表后的内存有效访问时间 158
5.5.4 两级页表和多级页表 158
5.5.5 反置页表 160
5.6 分段存储管理方式 161
5.6.1 分段存储管理方式的引入 161
5.6.2 分段系统的基本原理 163
5.6.3 信息共享 165
5.7 段页式存储管理方式 166
5.8 实例：基于IA-32/x86-64架构的内存管理策略 168
5.9 本章小结 169
习题5（含考研真题） 170

第 6 章 虚拟存储器 172

6.1 虚拟存储器概述 173
6.1.1 常规存储器管理方式的特征和局部性原理 173
6.1.2 虚拟存储器的定义与特征 174
6.1.3 虚拟存储器的实现方法 175
6.2 请求分页存储管理方式 176
6.2.1 请求分页中的硬件支持 176
6.2.2 请求分页中的内存分配 178
6.2.3 页面调入策略 179
6.3 页面置换算法 181
6.3.1 最佳页面置换算法和先进先出页面置换算法 181

目录 CONTENTS

6.3.2 最近最久未使用页面置换算法和最少使用页面置换算法 183
6.3.3 Clock页面置换算法 184
6.3.4 页面缓冲算法 186
6.3.5 请求分页系统的内存有效访问时间 187

6.4 “抖动”与工作集 187

6.4.1 多道程序度与“抖动” 188
6.4.2 工作集 188
6.4.3 “抖动”的预防方法 190

6.5 请求分段存储管理方式 191

6.5.1 请求分段中的硬件支持 191
6.5.2 分段的共享与保护 192

6.6 虚拟存储器实现实例 194

6.6.1 实例1：在Windows XP系统中实现虚拟存储器 194
6.6.2 实例2：在Linux系统中实现虚拟存储器 195

6.7 本章小结 196

习题6（含考研真题） 196

第7章 输入/输出系统 199

7.1 I/O系统的功能、模型与接口 200

7.1.1 I/O系统的基本功能 200
7.1.2 I/O系统的层次结构与模型 201
7.1.3 I/O系统的接口 203

7.2 I/O设备和设备控制器 204

7.2.1 I/O设备 204
7.2.2 设备控制器 205
7.2.3 内存映像I/O 207
7.2.4 I/O通道 208
7.2.5 I/O设备的控制方式 210

7.3 中断和中断处理程序 214

7.3.1 中断简介 214
7.3.2 中断处理程序 215
7.3.3 实例：Linux系统中断处理 217

7.4 设备驱动程序 219

7.4.1 设备驱动程序概述 219
7.4.2 设备驱动程序的执行过程 220
7.4.3 设备驱动程序的框架 221

7.5 与设备无关的I/O软件 223

7.5.1 与设备无关软件的基本概念 223
7.5.2 与设备无关软件的共有操作 224
7.5.3 设备分配与回收 225
7.5.4 逻辑设备名映射到物理设备名 227
7.5.5 I/O调度 228

7.6 用户层的I/O软件 228

7.6.1 系统调用与库函数 228
7.6.2 假脱机系统 229

7.7 缓冲区管理 232

7.7.1 缓冲的引入 233
7.7.2 单缓冲区和双缓冲区 234
7.7.3 环形缓冲区 235
7.7.4 缓冲池 236
7.7.5 缓存 238

7.8 磁盘性能概述和磁盘调度 238

7.8.1 磁盘性能概述 239
7.8.2 早期的磁盘调度算法 241

7.8.3 基于扫描的磁盘调度算法 242
7.9 本章小结 244
习题7（含考研真题） 245

第 8 章 文件管理 248

8.1 文件和文件系统 249
8.1.1 文件、记录和数据项 249
8.1.2 文件名和文件类型 250
8.1.3 文件系统的层次结构 251
8.1.4 文件操作 252
8.2 文件的逻辑结构 253
8.2.1 文件逻辑结构的类型 254
8.2.2 顺序文件 255
8.2.3 顺序文件记录寻址 255
8.2.4 索引文件 257
8.2.5 索引顺序文件 258
8.2.6 直接文件和哈希文件 259
8.3 文件目录 259
8.3.1 文件控制块和索引节点 260
8.3.2 简单的文件目录 262
8.3.3 树形目录 263
8.3.4 无环图目录 265
8.3.5 目录查询技术 266
8.4 文件共享 267
8.4.1 利用有向无环图实现文件共享 268
8.4.2 利用符号链接实现文件共享 269
8.5 文件保护 270
8.5.1 保护域 271
8.5.2 访问矩阵的概念 272
8.5.3 访问矩阵的修改 273
8.5.4 访问矩阵的实现 274
8.6 Linux文件系统实例 275
8.6.1 实例1：虚拟文件系统 276
8.6.2 实例2：Linux ext 2 文件系统 277
8.7 本章小结 278
习题8（含考研真题） 278

第 9 章 磁盘存储器管理 280

9.1 外存的组织方式 281
9.1.1 连续组织方式 281
9.1.2 链接组织方式 282
9.1.3 索引组织方式 286
9.2 文件存储空间的管理 289
9.2.1 空闲区表法和空闲链表法 289
9.2.2 位示图法 290
9.2.3 成组链接法 291
9.3 提高磁盘I/O速度的途径 292
9.3.1 磁盘高速缓存 293
9.3.2 提高磁盘I/O速度的其他方法 294
9.3.3 廉价磁盘冗余阵列 295
9.4 提高磁盘可靠性的技术 296
9.4.1 第一级容错技术 297
9.4.2 第二级容错技术 297
9.4.3 基于集群系统的容错技术 298
9.4.4 后备系统 300
9.5 存储新技术 301
9.5.1 传统存储系统 301

目录 CONTENTS

9.5.2 新型存储系统 302

9.5.3 硬盘新技术 303

9.6 数据一致性控制 304

9.6.1 事务 304

9.6.2 检查点 305

9.6.3 并发控制 306

9.6.4 重复数据的一致性问题 306

9.7 本章小结 308

习题9（含考研真题） 308

第 10 章 多处理机操作系统 312

10.1 多处理机系统的基本概念 313

10.1.1 多处理机系统的引入 313

10.1.2 多处理机系统的类型 314

10.2 多处理机系统的结构 314

10.2.1 统一内存访问多处理机系统结构 315

10.2.2 非统一内存访问多处理机系统结构 317

10.3 多处理机操作系统的特征与类型 320

10.3.1 多处理机操作系统的特征 320

10.3.2 多处理机操作系统的功能 321

10.3.3 多处理机操作系统的类型 323

10.4 多处理机操作系统的进程同步 325

10.4.1 集中式同步方式与分布式同步方式 325

10.4.2 自旋锁 326

10.4.3 读-复制-更新锁 327

10.4.4 二进制指数补偿算法和待锁CPU等待队列机构 328

10.4.5 定序机构 329

10.4.6 面包房算法 330

10.4.7 令牌环算法 331

10.5 多处理机操作系统的进程调度 332

10.5.1 调度性能的评价因素 332

10.5.2 进程分配方式 333

10.5.3 进程（线程）调度方式 334

10.5.4 死锁的分类、检测与解除 337

10.6 本章小结 338

习题10 338

第 11 章 虚拟化和云计算 340

11.1 虚拟化的基本概念 341

11.1.1 虚拟化的引入 341

11.1.2 虚拟化的发展 342

11.1.3 虚拟化的必要条件 343

11.1.4 虚拟化的实现方法 345

11.2 虚拟化技术 347

11.2.1 虚拟机监视器 347

11.2.2 CPU虚拟化 348

11.2.3 内存虚拟化 350

11.2.4 I/O虚拟化 351

11.2.5 多核虚拟化 352

11.3 云计算 352

11.3.1 云计算的引入 353

11.3.2 云计算的定义与基本特征 353

11.3.3 虚拟机迁移 354

11.3.4 授权和检查 356

11.4 实例：虚拟机软件 357

11.5 本章小结 358

习题11 358

第 12 章 保护和安全 360

12.1 安全环境 361

12.1.1 实现“安全环境”的主要目标 361

12.1.2 系统安全的特征 361

12.1.3 计算机安全的分类 362

12.2 数据加密技术 363

12.2.1 数据加密原理 364

12.2.2 对称加密算法和非对称加密算法 365

12.2.3 数字签名和数字证明书 366

12.3 用户验证 368

12.3.1 口令验证技术 368

12.3.2 基于物理标志的验证技术 370

12.3.3 生物识别验证技术 371

12.4 来自系统内部的攻击 372

12.4.1 早期常用的内部攻击方式 372

12.4.2 逻辑炸弹和陷阱门 373

12.4.3 特洛伊木马和登录欺骗 374

12.4.4 缓冲区溢出 375

12.5 来自系统外部的攻击 376

12.5.1 病毒、蠕虫和移动代码 376

12.5.2 计算机病毒的特征与类型 378

12.5.3 病毒的隐藏方式 379

12.5.4 病毒的预防与检测 380

12.6 可信系统 381

12.6.1 访问矩阵模型和信息流控制模型 381

12.6.2 可信计算基 383

12.6.3 设计安全操作系统的原则 384

12.7 本章小结 385

习题12 386

参考文献 387

操作系统考研大纲与本书目录对照表

考查目标

1. 掌握操作系统的基本概念、基本原理和基本功能，理解操作系统的整体运行过程。
2. 掌握操作系统进程、内存、文件和输入/输出管理的策略、算法、机制以及相互关系。
3. 能够运用所学的操作系统原理、方法与技术分析问题和解决问题，并能利用C语言描述相关算法。

操作系统考研大纲	本书章节号
一、操作系统概述	1/7
1. 操作系统的概念、特征、功能和提供的服务	1.1 1.3/1.5
2. 操作系统的发展与分类	1.2
3. 操作系统的运行环境	1.4/1.7/7.3
（1）内核态与用户态	1.4.3
（2）中断与异常	1.4.4/7.3
（3）系统调用	1.7
4. 操作系统体系结构	1.6
二、进程管理	2/3/4
1. 进程与线程	2
（1）进程的概念	2.2.1
（2）进程的状态与转换	2.2.2
（3）进程控制	2.3
（4）进程组织	2.2.4
（5）进程通信	2.4
共享存储器系统，消息传递系统，管道通信系统	2.4.1
（6）线程的概念与多线程模型	2.5/2.6

操作系统考研大纲	本书章节号
2. 处理机调度	3
（1）调度的基本概念	3.1
（2）调度时机、切换与过程	3.1.3
（3）调度的基本准则	3.1.4
（4）调度方式	3.1.3
（5）典型调度算法	3.2
先来先服务调度算法，短作业（短进程、短线程）优先调度算法，轮转调度算法，优先级调度算法，高响应比优先调度算法，多级反馈队列调度算法	3.2
3. 同步与互斥	4
（1）进程同步的基本概念	4.1
（2）实现临界区互斥的基本方法	4.2/4.3
软件实现方法	4.2
硬件实现方法	4.3
（3）信号量	4.4
（4）管程	4.5

续表

操作系统考研大纲	本书章节号	操作系统考研大纲	本书章节号
（5）经典同步问题	4.6	（6）"抖动"	6.4.1
生产者-消费者问题 读者-写者问题 哲学家进餐问题	4.6.1 4.6.3 4.6.2	**四、文件管理**	7/8/9
		1. 文件系统基础	8
		（1）文件的概念	8.1.1
4. 死锁	3	（2）文件的逻辑结构	8.2
（1）死锁的概念	3.5.2	顺序文件，索引文件 索引顺序文件	8.2.2/8.2.4 8.2.5
（2）死锁处理策略	3.5.3		
（3）死锁预防	3.6	（3）文件目录结构	8.3
（4）死锁避免	3.7	文件控制块和索引节点，单级目录和两级目录，树形目录和图形目录	8.3.1 8.3.2 8.3.3/8.3.4
系统安全状态 银行家算法	3.7.1 3.7.2		
（5）死锁的检测与解除	3.8	（4）文件共享	8.4
三、内存管理	5/6	（5）文件保护	8.5
1. 内存管理基础	5	访问类型，访问控制	8.5.2/8.5.4
（1）内存管理的概念	5.2	2. 文件系统实现	8/9
程序的装入与链接，逻辑地址空间与物理地址空间，内存保护	5.2	（1）文件系统的层次结构	8.1.3
		（2）目录实现	8.3.5
（2）对换与覆盖	5.3	（3）文件实现	9.1
（3）连续分配存储管理方式	5.4	3. 磁盘组织与管理	7/9
（4）离散分配存储管理方式	5.5/5.6/5.7	（1）磁盘的结构	7.8.1
分页存储管理方式，分段存储管理式，段页式存储管理方式	5.5 5.6/5.7	（2）磁盘调度算法	7.8.2/7.8.3
		（3）磁盘的管理	9.2
2. 虚拟存储器管理	6	**五、输入/输出（I/O）管理**	7
（1）虚拟存储器的基本概念	6.1	1. I/O管理概述	7.1.2/7.2.5
（2）请求分页存储管理方式	6.2	（1）I/O控制方式	7.2.5
（3）页面置换算法	6.3	（2）I/O系统的层次结构	7.1.2
最佳页面置换算法，先进先出页面置换算法，最近最久未使用页面置换算法，Clock 页面置换算法	6.3	2. I/O核心子系统	7.5/7.6/7.7
		（1）I/O调度的概念	7.5.5
		（2）高速缓存与缓冲区	7.7
（4）页面分配策略	6.2.2	（3）设备分配与回收	7.5.3
（5）工作集	6.4.2	（4）假脱机（SPOOLing）技术	7.6.2

第1章
操作系统引论

第1章导读

操作系统（operating system，OS）是配置在计算机硬件上的第一层软件，是对硬件系统的首次扩充，其主要作用是管理硬件设备，提高它们的利用率和系统吞吐量，并为用户和应用程序提供一个简单的接口，以便于用户和应用程序使用硬件设备。OS是现代计算机系统中最基本和最重要的系统软件，而其他的诸如编译软件、数据库管理软件等系统软件以及大量的应用软件，都直接依赖于OS的支持，并须取得OS所提供的服务。事实上OS已成为现代计算机系统、多处理机系统、计算机网络等都必须配置的系统软件。本章将对操作系统的作用、特性等进行介绍，章节知识导图如图1-1所示。

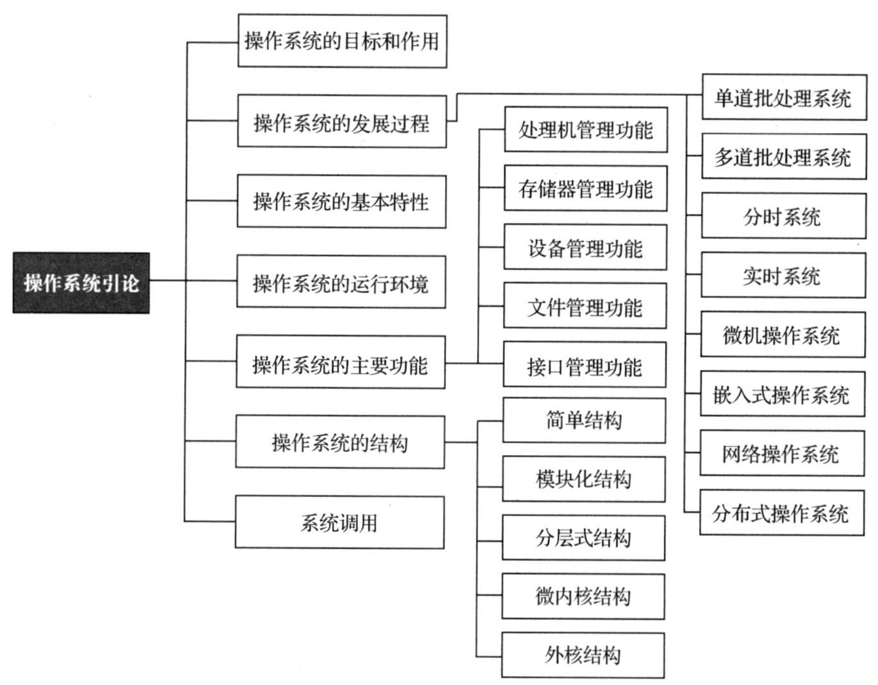

图1-1　第1章知识导图

1.1　操作系统的目标和作用

OS的目标与应用环境有关。例如，针对应用于查询系统的OS，希望其能具备好的人机交互性；针对应用于工业控制、武器控制以及多媒体环境的OS，希望其具有实时性；而针对微型计算机（简称微机）上配置的OS，则更看重其使用的方便性。

1.1.1　操作系统的目标

在计算机系统上配置OS，其主要目标是实现：方便性、有效性、可扩充性、开放性。

1. 方便性

一个未配置OS的计算机系统是极难使用的。用户如果想直接在计算机硬件上运行自己所编写的程序，就必须用机器语言编写程序。但如果在计算机硬件上配置了OS，则可以使用编译命令将用户采用高级语言编写的程序翻译成机器代码，或者直接通过OS所提供的各种命令来操纵计算机系统，这极大地方便了用户，也使计算机变得易学、易用。

2. 有效性

有效性所包含的第一层含义是提高系统资源的利用率。在早期未配置OS的计算机系统中，诸如处理机、输入/输出（input/output，I/O）设备等都经常处于空闲状态，各种资源无法得到充分利用，因此在当时，提高系统资源利用率是推动OS发展最主要的动力。有效性的第二层含义是提高系统的吞吐量。OS可以通过合理地组织计算机的工作流程，加速程序的运行，缩短程序的运行周期来提高系统的吞吐量。

方便性和有效性是设计OS时最重要的两个目标。在过去很长一段时间内，由于计算机系统非常昂贵，有效性显得特别重要。然而，近十几年来，随着硬件越来越便宜，在设计配置在微机上的OS时，似乎更加重视如何提高用户使用计算机的方便性。因此，在微机操作系统中都配置了深受用户欢迎的图形用户界面，并为程序员提供了大量的系统调用，方便了用户对计算机的使用。

3. 可扩充性

为适应计算机硬件、体系结构以及应用发展的要求，OS必须具有很好的可扩充性。可扩充性的好坏与OS的结构有着十分紧密的联系，由此推动了OS结构的不断发展。OS从早期的无结构发展成模块化结构，进而又发展成分层式结构，近年来OS已广泛采用微内核结构。该结构能方便地增添新的功能和模块，以及对原有功能和模块进行修改，具有良好的可扩充性。

4. 开放性

随着计算机应用的日益普及，计算机硬件和软件的兼容性问题提到了议事日程中。世界各国相应地制定了一系列的软硬件标准，这使得不同厂家按照标准而生产的软硬件都能在本国范围内很好地相互兼容。这无疑给用户带来了极大的方便，也给产品的推广与应用铺平了道路。近年来，随着互联网的迅速发展，计算机OS的应用环境也由单处理机环境转向了网络环境。因此，其应用环境必须更为开放，这就对OS的开放性提出了更高的要求。

所谓开放性，是指系统能够遵循国际标准，特别是遵循开放系统互连（open system interconnect，OSI）参考模型。事实上，凡遵循国际标准而开发的硬件和软件都能彼此兼容，并方便地实现互连。开放性已成为20世纪90年代以后计算机技术的一个核心问题，也是衡量一个新推出的系统或软件能否被广泛应用的重要因素。

思考题

用户使用方便和计算机高效运行是OS的两个主要目标，请思考这两个目标是否存在矛盾？它们在什么时候是矛盾的？在什么时候是不矛盾（一致）的？

1.1.2 操作系统的作用

可以从**人机交互**、**资源管理**及**资源抽象**等不同方面来分析OS在计算机系统中所起的作用。

1. OS作为用户与计算机硬件系统之间的接口

OS作为用户与计算机硬件系统之间的接口，其含义是：OS处于用户与计算机硬件系统之间，用户通过OS来使用计算机硬件系统；或者说，用户在OS的帮助下能够方便、快捷、可靠地操纵计算机硬件和运行自己的程序。图1-2所示为OS作为接口的示意，从图中可以看出，用户可通过3种方式来使用计算机，即通过命令方式、系统调用方式和图形/窗口方式来实现自身与OS的通信，并取得OS的服务。

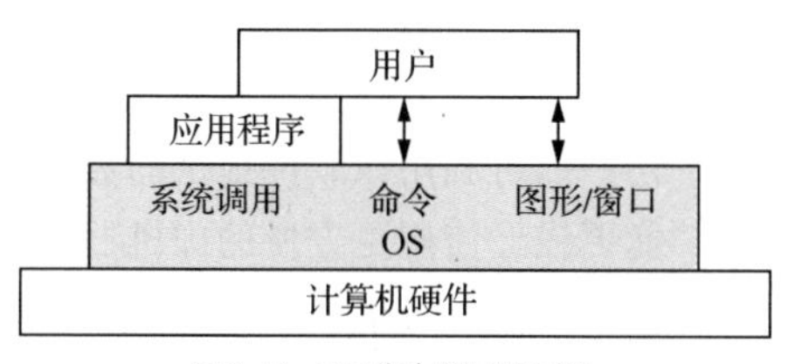

图1-2　OS作为接口的示意

2. OS作为计算机系统资源的管理者

在一个计算机系统中，通常含有多种硬件和软件资源。归纳起来可将这些资源分为4类：处理机、存储器、I/O设备以及信息（数据和程序）。相应地，OS的主要功能也正是对这4类资源进行有效的管理。处理机管理负责处理机的分配与控制；存储器管理负责内存的分配与回收；I/O设备管理负责I/O设备的分配（回收）与操纵；文件管理负责文件的存取、共享与保护等。可见，OS的确是计算机系统资源的管理者。

值得进一步说明的是，当一台计算机系统同时供多个用户使用时，诸多用户对系统中共享资源（包括数量和时间）的需求有可能会发生冲突。为此，OS必须对共享资源的使用请求进行授权，以协调诸多用户对共享资源的使用。

3. OS实现了对计算机资源的抽象

对于一个完全无软件的计算机系统（即裸机），由于它向用户提供的仅是硬件接口（物理接口），用户必须对物理接口的实现细节有充分的了解，这致使该物理机器难以被用户方便地使用。为了方便用户使用I/O设备，人们在裸机上覆盖了一层I/O设备管理软件（简称I/O软件），如图1-3所示，其隐藏了I/O设备操作的细节，并可向上将I/O设备抽象为一组数据结构以及一组I/O操作命令，如read和write命令，这样用户即可利用这些数据结构及操作命令来进行数据输入或输出，而无须关心I/O是如何具体实现的。此时用户所看到的机器是一台比裸机功能更强、使用更方便的机器。换言之，在裸机上铺设的I/O软件，隐藏了I/O设备的具体细节，向上提供了一组抽象的I/O设备。

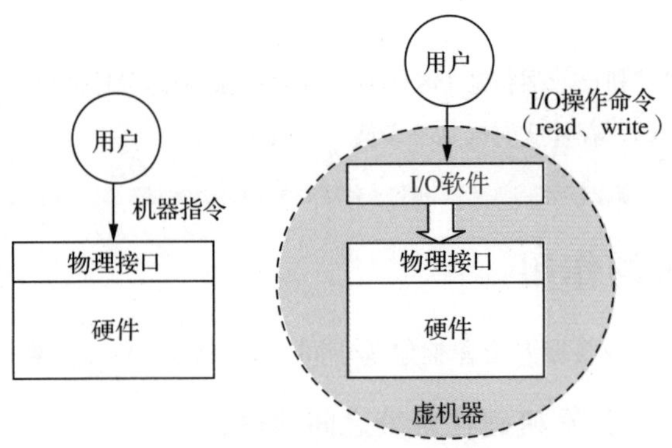

图1-3 I/O软件隐藏了I/O设备操作的细节

通常把覆盖了上述软件的I/O设备称为扩充机器或虚机器。它向用户提供了一个可以对硬件进行操作的抽象模型。用户可利用该模型提供的接口使用计算机，而无须了解物理接口的实现细节，这使得用户可以更容易地去使用计算机硬件资源。亦即，I/O软件实现了对计算机硬件操作的第一个层次的抽象。

同理，为了方便用户使用文件系统，又可在第一层软件（I/O软件）之上再覆盖一层用于管理文件的软件，由它来实现对文件操作的细节，并向上层提供一组实现对文件进行存取操作的数据结构及命令。这样，用户即可利用该软件提供的数据结构及命令来对文件进行存取。此时用户所看到的是一台功能更强、使用更方便的虚机器。亦即，文件管理软件实现了对硬件资源操作的第二个层次的抽象。依此类推，如果在文件管理软件之上再覆盖一层面向用户的窗口软件，那么用户便可在窗口环境下方便地使用计算机，从而形成一台功能更强的虚机器。

由此可知，OS是铺设在计算机硬件上的多层软件的集合，它们不仅增强了系统的功能，还隐藏了对硬件操作的具体细节，实现了对计算机硬件操作的多个层次的抽象模型。值得说明的是，一个硬件不仅可在低层加以抽象，还可在高层对该资源低层已抽象的模型进行再次抽象，从而形成更高层的抽象模型。抽象层次越高，抽象接口所提供的功能就越强，用户使用起来也就越方便。

1.1.3 推动操作系统发展的主要动力

OS自20世纪50年代诞生以来，经历了由简单到复杂、由低级到高级的发展。在短短几十年间，OS在各方面都有了长足的进步，能够很好地适应计算机硬件和体系结构的快速发展，以及应用需求的不断变化。下面对推动OS发展的主要动力做具体阐述。

1. 不断提高计算机系统资源的利用率

在20世纪50年代，计算机系统特别昂贵，提高计算机系统中各种资源的利用率成为了OS最初发展的推动力。由此促成了由单道批处理系统到多道批处理系统的演变，它通过减少计算机的空闲时间提高了系统中央处理机（central processing unit，CPU）和I/O设备的利用率。

在20世纪60年代，又出现了可以支持多个用户使用一台计算机的分时系统，这使系统资源利用率得到了极大的提高，并推动了计算机的第一次大普及。与此同时，还推出了能改善I/O设备和CPU利用率的假脱机系统。

在20世纪70年代，提出了能够有效提高存储器系统利用率并能从逻辑上扩大内存的虚拟存储器技术，其获得了广泛应用。此后在网络环境下，通过在服务器上配置网络文件系统和数据库系统，以将资源提供给全网用户共享，这又进一步提高了资源的利用率。

2. 方便用户

当资源利用率不高的问题得到基本解决后，用户在使用计算机（上机）和调试程序时的不方便性便成为了主要矛盾。这又成为继续推动OS发展的主要因素。20世纪60年代分时系统的出现，不仅提高了系统资源的利用率，还能实现人机交互，使用户能像早期使用计算机时一样感觉自己独占全机资源，对其进行直接操控，同时也极大地方便了程序员对程序进行调试和修改。在20世纪90年代初，图形用户界面的出现受到了用户的广泛欢迎，进一步方便了用户对计算机的使用，这无疑又推动了计算机的迅速普及和广泛应用。

3. 器件不断更新换代

随着信息技术（information technology，IT）的迅猛发展，尤其是微机芯片的不断更新换代，计算机的性能得到了迅速提高，从而推动了OS的功能和性能也迅速增强和提高。例如，当微机芯片由8位发展到16位、32位甚至64位时，相应的微机OS也就由8位OS发展到了16位、32位甚至64位OS，此时OS相应的功能和性能都有了显著的增强和提高。

与此同时，外部设备也在迅速发展，OS所能支持的外部设备也越来越多，如现在的微机OS已能够支持种类繁多的外部设备，除了传统的外设外，还可以支持光盘、移动硬盘、闪存、扫描仪、数码相机等。

4. 计算机体系结构不断发展

计算机体系结构的发展，不断推动着OS的发展，并产生了新的OS类型。例如，当计算机由单处理机系统发展为多处理机系统时，相应地，OS也就由单处理机OS发展为多处理机OS。再如，当出现了计算机网络后，配置在计算机网络上的网络OS也就应运而生了。它不仅能有效管理好网络中的共享资源，还能向用户提供许多网络服务。

5. 不断提出新的应用需求

OS发展能如此迅速的另一个重要原因是，人们不断提出新的应用需求。例如，为了提高产品的质量和数量，需要将计算机应用于工业控制中，此时在计算机上就需要配置能进行实时控制的OS，由此产生了实时系统。为了能满足用户在计算机上播放视频、从网上下载电影等需求，在OS中又增添了多媒体功能。另外，用户在计算机系统中保存了越来越多的宝贵信息，致使确保系统的安全性也成为了OS必须具备的功能。尤其是随着超大规模集成电路（very large scale integration circuit，VLSI）的发展，CPU体积越来越小，价格越来越便宜，大量智能设备（特别是智能手机）应运而生，这样，嵌入式OS的产生和发展也成了一种必然。

1.2 操作系统的发展过程

操作系统的类型

20世纪50年代中期，出现了第一个简单的批处理系统。20世纪60年代中期，开发出了多道批处理系统，不久又推出了分时系统。与此同时，用于工业控制和武器控制的实时系统也相继问世。20世纪70—90年代，是VLSI和计算机体系结构大发展的年代，这一时期，微机、多处理机和计算机网络得以诞生并发展，相应地，也相继开发出了微机OS、多处理机OS、网络OS和分布式OS。科技是第一生产力、人才是第一资源、创新是第一动力。在人们面向新的应用需求不断创新的过程中，OS得到了极为迅速的发展。

人才是第一资源

1.2.1 未配置操作系统的计算机系统

从1945年诞生的第一台计算机，到20世纪50年代中期所出现的计算机，它们都属于第一代计算机。此时还未出现OS，对计算机的全部操作都是由用户采取人工操作方式进行的。

1. 人工操作方式

早期的操作方式是由用户将事先已穿孔的纸带（或卡片），装入纸带输入机（或卡片输入机），再启动它们以将纸带（或卡片）上的程序和数据输入计算机，然后启动计算机运行。仅当程序运行完毕并取走计算结果后，才允许下一个用户上机。这种人工操作方式有以下两方面的缺点。①**用户独占全机**，即一台计算机的全部资源由上机用户独占。②**CPU等待人工操作**。当用户进行装带（卡）、卸带（卡）等人工操作时，CPU及内存等资源是空闲的。可见，人工操作方式严重降低了计算机资源的利用率，此即所谓的人机矛盾。虽然CPU的速度在迅速提高，但I/O设备的速度却提高缓慢，这使得CPU与I/O设备之间速度不匹配的矛盾更加突出。为此，曾先后出现了通道技术、缓冲技术，然而它们都未能很好地解决上述矛盾，直至后来引入脱机I/O技术，才获得了较为令人满意的结果。

2. 脱机 I/O 方式

为了解决人机矛盾以及CPU与I/O设备之间速度不匹配的矛盾，20世纪50年代末出现了脱机I/O技术。该技术是事先将装有用户程序和数据的纸带装入纸带输入机，在一台外围机的控制下，把纸带上的程序和数据输入磁带。当CPU需要这些程序和数据时，再从磁带上将它们高速地调入内存。

类似地，当CPU需要输出时，可先由CPU把数据直接从内存高速地送到磁带上，然后在另一台外围机的控制下，将磁带上的结果通过相应的输出设备输出。图1-4所示为脱机I/O过程示意。由于程序和数据的输入和输出都是在外围机的控制下完成的，或者说，它们都是在脱离主机的情况下进行的，故称其为脱机I/O方式。而把在主机的直接控制下进行I/O的方式，称为联机I/O方式。

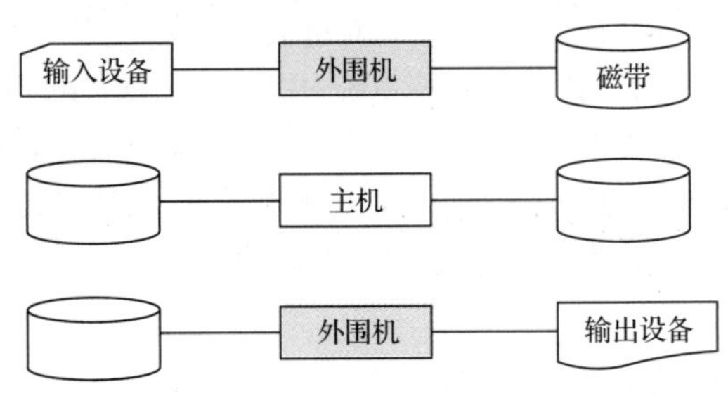

图 1-4　脱机 I/O 过程示意

这种脱机I/O方式的主要优点如下。

（1）**减少了CPU的空闲时间**。装带、卸带以及将数据从低速I/O设备送到高速磁带上（或反之）的操作，都是在脱机情况下由外围机完成的，并不占用主机时间，因此有效减少了CPU

的空闲时间。

（2）提高了I/O速度。当CPU在运行中需要输入数据时，系统是直接从高速磁带上将数据输入内存的，这极大地提高了I/O速度，进一步减少了CPU的空闲时间。

1.2.2 单道批处理系统

在20世纪50年代中期，出现了第二代晶体管计算机，此时计算机虽已具有推广应用的价值，但计算机系统仍然非常昂贵。为了能充分提高计算机的利用率，应尽量保持系统连续运行，即使其在处理完一个作业后，紧接着处理下一个作业，以减少系统的空闲时间。

1. 单道批处理系统的处理过程

为了实现对作业的连续处理，需要先把一批作业以脱机I/O方式输入到磁带上，并在系统中配上监督程序。在它的控制下，这批作业能一个接一个地被连续处理。处理过程：首先由监督程序将磁带上的第一个作业装入内存，并把运行控制权交给该作业；当该作业处理完成时，又把运行控制权交还给监督程序，再由监督程序把磁带上的第二个作业调入内存。计算机系统就这样自动地、一个作业紧接一个作业地进行处理，直至磁带上的所有作业全部完成，这样便形成了早期的批处理系统。虽然该系统对作业的处理是成批进行的，但在内存中始终只保持一道作业，故称之为单道批处理系统。图1-5所示为单道批处理系统的处理流程。

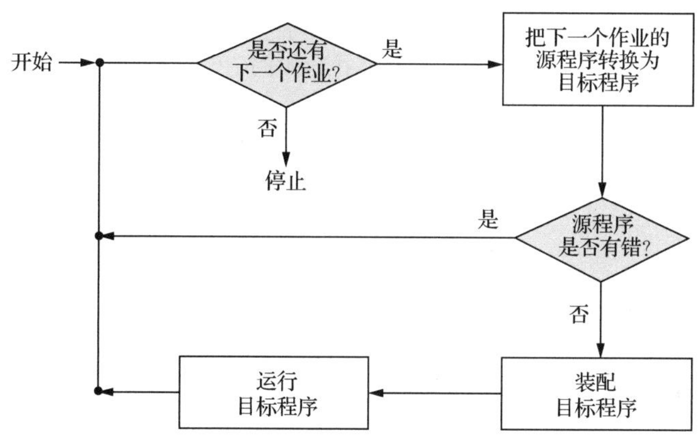

图1-5 单道批处理系统的处理流程

综上所述易知，单道批处理系统是在解决人机矛盾和CPU与I/O设备速度不匹配矛盾的过程中形成的。换言之，单道批处理系统旨在提高系统资源的利用率和系统吞吐量。但这种单道批处理系统仍然不能充分利用系统资源，故现已很少使用。

2. 单道批处理系统的缺点

单道批处理系统最主要的缺点是，系统中的资源得不到充分利用。这是因为在内存中仅有一道程序，每逢该程序在运行中发出I/O请求后，CPU便会处于等待状态，并且必须在该程序I/O完成后才能继续运行。此外，I/O设备的低速性也使CPU的利用率显著降低。图1-6所示为单道程序的运行情况，从图中可以看出，在t_2～t_3、t_6～t_7时间间隔内CPU空闲。

为了能在系统中运行较大的作业，通常在计算机中都配置了较大容量的内存，但实际情况是有80%以上的作业都属于中小型作业，因此在单道程序环境下，也必定会造成计算机内存的浪费。类似地，为了满足各种类型作业的需要，在系统中将会配置多种类型的I/O设备，显然在单道程序环境下其也不能得到充分利用。

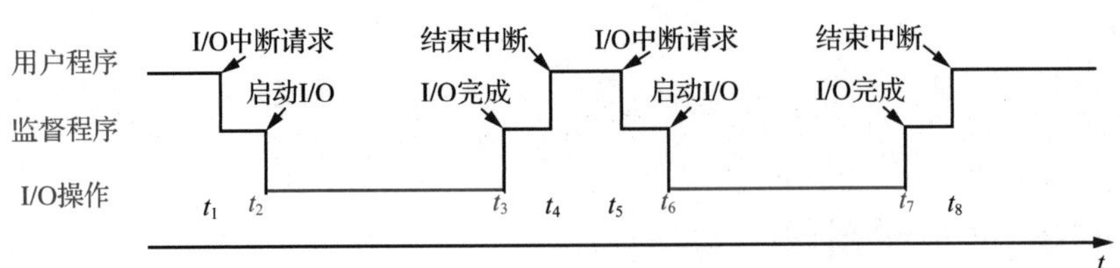

图 1-6　单道程序的运行情况

1.2.3　多道批处理系统

20世纪60年代中期，IBM公司生产了第一台小规模集成电路计算机IBM 360（第三代计算机）。它相比于晶体管计算机，在体积、功耗、速度和可靠性上都有了显著的改善，这使IBM 360获得了极大的成功。与此同时，为它开发出了OS/360，这是第一个能运行多道程序的批处理系统。

1. 多道程序设计的基本概念

为了进一步提高资源的利用率和系统吞吐量，在20世纪60年代中期引入了多道程序设计技术，由此形成了多道批处理系统。在该系统中，用户所提交的作业会被先存放在外存上，并排成一个队列，称为“后备队列”。然后由作业调度程序按一定的算法从后备队列中选择若干个作业调入内存，使它们共享CPU和系统中的各种资源。由于在内存中同时装有若干道程序，这样便可在运行程序A时，利用其因I/O操作而暂停执行时的CPU空档时间，再调度另一道程序B运行。同样可以利用程序B在I/O操作时的CPU空档时间，再调度程序C运行，进而实现多道程序交替运行，这样便可以保持CPU处于忙碌状态。图1-7所示为4道程序的运行情况。

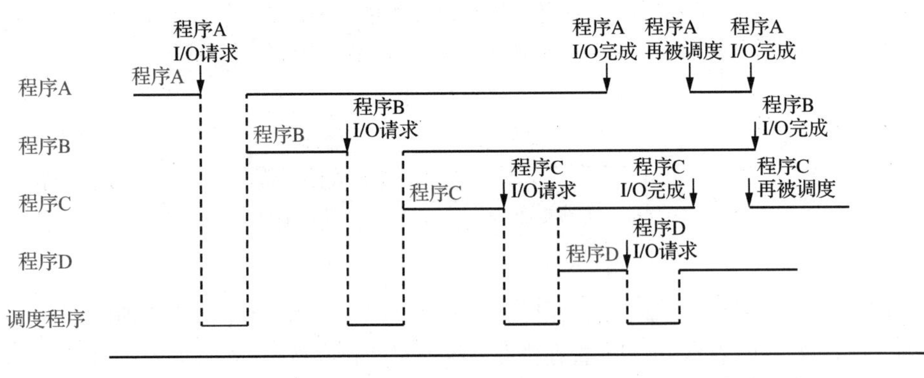

图 1-7　4 道程序的运行情况

2. 多道批处理系统的优缺点

① **资源利用率高**。引入多道程序机制能使多道程序交替运行，以保证CPU一直处于忙碌状态；在内存中装入多道程序，不仅可以提高内存的利用率，还可以提高I/O设备的利用率。②**系统吞吐量大**。引入多道程序机制能提高系统吞吐量的主要原因可归结为两点：第一，CPU和其他资源保持“忙碌”状态；第二，仅当作业完成时或运行不下去时才进行切换，系统开销小。③**平均周转时间长**。由于作业要排队并依次进行处理，因而作业的周转时间较长，通常需要几个小时甚至几天。④**无交互能力**。用户一旦把作业提交给系统，那么直至作业完成，用户都不能与自己的作业进行交互，这对用户修改和调试程序是极不方便的。

3. 多道批处理系统需要解决的问题

多道批处理系统是一种十分有效但又非常复杂的系统，为使系统中的多道程序间能协调地运行，系统必须解决下述一系列问题。①**争用处理机问题**：系统既要能满足各道程序运行的需要，又要能提高处理机的利用率。②**内存分配与保护问题**：系统应能为每道程序分配必要的内存空间，以使它们"各得其所"，且不会因某道程序出现异常情况而破坏其他程序。③**I/O设备分配问题**：系统应采取适当的策略来分配系统中的I/O设备，以达到既能方便用户对设备的使用，又能提高设备利用率的目的。④**文件的组织与管理问题**：系统应能有效地组织存放在系统中的大量程序和数据，以使它们既便于用户使用，又能保证数据的安全性。⑤**作业管理问题**：系统中存在着各种作业（应用程序），系统应能对系统中所有的作业进行合理的组织，以满足这些作业对应用户的不同要求。⑥**用户与系统的接口问题**：为使用户能方便地使用OS，OS还应提供用户与OS之间的接口。

为此，应在计算机系统中增加一组软件，用于对上述问题进行妥善、有效地处理。这组软件应包括：能够有效组织和管理四大资源的软件，合理地对各类作业进行调度并控制它们所运行的软件，以及方便用户使用计算机的软件。正是这样一组软件构成了OS。据此，我们可以将OS定义为：**OS是一组能有效地组织和管理计算机硬件和软件资源，合理地对各类作业进行调度，以及方便用户使用的程序的集合**。

1.2.4 分时系统

1. 分时系统的引入

如果说，推动多道批处理系统形成和发展的主要动力是提高资源利用率和系统吞吐量，那么，推动分时系统（time sharing system）形成和发展的主要动力，则是为了满足用户对人机交互的需求。分时系统是在此过程中所形成的一种新型OS。用户的需求具体表现在以下几个方面。

（1）**人机交互**。用户每当写好一个新程序时，都需要上机进行调试。由于新编程序难免存在一些错误或不当之处，需要进行修改，因此用户希望能像早期使用计算机时一样，独占全机并对它进行直接控制，以便能方便地对程序中的错误进行修改。亦即，希望能进行人机交互。

（2）**共享主机**。在20世纪60年代，计算机还十分昂贵，一台计算机要同时供很多用户共享使用。显然，用户们在共享一台计算机时，每个用户都希望能像独占全机一样，不仅可以随时与计算机进行交互，而且不会感觉到其他用户的存在。

由上所述不难得知，分时系统是指在一台主机上连接多个配有显示器和键盘的终端所形成的系统，该系统允许多个用户同时通过自己的终端以交互方式使用计算机，并共享主机中的资源。

2. 分时系统实现过程中的关键问题

在多道批处理系统中，用户无法与自己的作业进行交互的主要原因是：作业都先驻留在外存中，即使以后被调入内存，也要经过较长时间的等待方能运行；在此过程中，用户无法与自己的作业进行交互。为了实现人机交互，必须解决的关键问题是，如何使用户能与自己的作业进行交互。为此，首先，系统必须能提供多个终端同时给多个用户使用；其次，当用户在自己的终端上键入命令时，系统应能及时接收并处理该命令，然后将处理结果返回给用户。此后，用户可根据系统的响应情况，再继续键入下一条命令，此即人机交互。亦即，允许有多个用户同时通过自己的键盘键入命令，系统也应能将全部命令及时接收并处理。

（1）**及时接收**。要做到及时接收多个用户键入的命令或数据，只须在系统中配置一个多路卡即可。例如，如果主机上需要连接64个终端，就配置一个64用户的多路卡。多路卡的作用是实现分时多路复用，即主机能以很快的速度周期性地扫描各个终端，并在每个终端处停留一段很短的时间（如30ms）以接收从终端发来的数据。对于64用户的多路卡，用不到2s的时间便可完成一次扫描，即主机可在不到2s的时间内分时接收各用户从终端上输入数据一次。此外，为了能使从终端上输入的数据被依次逐条地进行处理，还需要为每个终端配置一个缓冲区，用于暂存用户键入的命令或数据。

（2）**及时处理**。人机交互的关键在于，用户键入命令后，能对自己的作业及其运行及时地实施控制，或进行修改。因此，各个用户的作业都必须驻留在内存中，并能频繁地获得处理机运行。否则，用户键入的命令将无法作用到自己的作业上。由此可见，为了实现人机交互，必须彻底改变原来批处理系统的运行方式，转而采用下面的方式。①采用作业直接进入内存的方式。因为作业在磁盘上是不能运行的，所以其应直接进入内存。②采用轮转运行的方式。如果一个作业独占处理机而连续运行，那么其他作业就没有机会被调度运行。为避免一个作业长期独占处理机，引入了时间片的概念。一个时间片就是一段很短的时间，如30ms。系统规定每个作业每次只能运行一个时间片，然后就暂停该作业的运行，并立即调度下一个作业运行。如果在不长的时间内能使所有的作业都执行一个时间片的时间，则可使每个用户都能及时地与自己的作业进行交互，从而可使用户的请求得到及时响应。

3. 分时系统的特征

分时系统与多道批处理系统相比，具有不同的、非常明显的特性，可以将其归纳成以下4点。

（1）**多路性**，是指系统允许将多台终端同时联接到一台主机上，并按分时原则为每个用户服务。多路性允许多个用户共享一台计算机，这显著地提高了资源利用率，降低了使用费用，从而促进了计算机更广泛的应用。

（2）**独立性**，是指系统提供了一种用机环境，即每个用户在各自的终端上进行操作，彼此之间互不干扰，给用户的感觉就像是他一人独占主机。

（3）**及时性**，是指用户的请求能在很短的时间内获得响应。这一时间间隔是根据人们所能接受的等待时间确定的，通常仅为1～3s。

（4）**交互性**，是指用户可以通过终端与系统进行广泛的人机对话。其广泛性表现在：用户可以请求系统提供多方面的服务，如进行文件编辑和数据处理、访问系统中的文件系统和数据库系统、打印运行结果等。

1.2.5 实时系统

所谓“实时”，是指“及时”；而“实时计算”，则可以定义为这样一类计算：系统的正确性不仅由计算的逻辑结果来确定，而且还取决于产生结果的时间。事实上，实时系统（real time system）最主要的特征是将时间作为关键参数，它必须对所接收的某些信号做出“及时”或“实时”的反应。由此得知，实时系统是指系统能及时响应外部事件的请求，在规定的时间内完成对该事件的处理，并控制所有实时任务协调一致地运行。

1. 实时系统的类型

随着计算机应用的普及，实时系统的类型也相应增多。下面列出了当前常见的几种实时系统。

（1）**工业控制系统**。当计算机被用于生产过程的控制，形成以计算机为中心的控制系统时，该系统应具有能实时采集现场数据，并对所采集的数据进行及时处理，进而能够自动控制相应的执行机构，使之具有按预定的规律变化的功能，以确保产品的质量和产量。类似地，也可将计算机用于对武器的控制，如火炮的自动控制系统、飞机的自动驾驶系统以及导弹的制导系统等。

（2）**信息查询系统**。该系统接收用户从远程终端上发来的服务请求，根据用户发来的请求对信息进行检索和处理，并能及时对用户做出正确的回答。具体的信息处理系统有飞机或火车的订票系统等。

（3）**多媒体系统**。随着计算机硬件和软件的快速发展，文本、图像、音频和视频等信息已能被集成在一个文件中，进而形成一个多媒体文件。例如，在使用光盘播放器所播放的数字电影中，就包含了音频、视频和横向滚动的文字等信息。为了保证好的视觉和听觉感受，用于播放视频和音频的多媒体系统必须是实时信息处理系统。

（4）**嵌入式系统**。随着集成电路的发展，已制作出各种类型的芯片，可将这些芯片嵌入各种仪器和设备中，用于对设备进行控制或对其中的信息进行处理，这样就构成了所谓的智能仪器和智能设备。此时还须为其配置上嵌入式OS，它同样需要具有实时控制或处理功能。

2. 实时任务的类型

（1）**周期性实时任务和非周期性实时任务**。周期性实时任务是指这样一类任务：外部设备周期性地发出激励信号给计算机，要求它按指定周期循环执行，以便周期性地控制某外部设备。反之，非周期性实时任务并无明显的周期性，但都必须联系着一个截止时间（deadline），或称为最后期限，其可分为两种。①开始截止时间：指某任务在某时刻以前必须开始执行；②完成截止时间：指某任务在某时刻以前必须执行完成。

（2）**硬实时任务和软实时任务**。硬实时（hard real time，HRT）任务是指系统必须满足任务对截止时间的要求，否则可能出现难以预测的后果。用于工业控制和武器控制的实时系统，通常执行的就是HRT任务。软实时（soft real time，SRT）任务也联系着一个截止时间，但并不严格，若偶尔错过了任务的截止时间，则其对系统产生的影响也不会太大。例如，信息查询系统和多媒体系统中的实时任务，通常就是SRT任务。

3. 实时系统与分时系统特征的比较

（1）**多路性**。信息查询系统和分时系统中的多路性都表现为，系统按分时原则为多个终端用户服务；实时控制系统的多路性则是，系统周期性地对多路现场信息进行采集，并对多个对象或多个执行机构进行控制。

（2）**独立性**。信息查询系统中的每个终端用户在与系统进行交互时，彼此相互独立、互不干扰；同样在实时控制系统中，对信息的采集和对对象的控制，也都是彼此互不干扰的。

（3）**及时性**。信息查询系统对实时性的要求是依据人所能接受的等待时间确定的。多媒体系统实时性的要求是播放出来的音频和视频能令人满意。实时控制系统的实时性则是以控制对象所要求的截止时间来确定的，一般为秒级到毫秒级。

（4）**交互性**。在信息查询系统中，人与系统的交互性仅限于访问系统中某些特定的专用服务程序。它并不能像分时系统那样向终端用户提供数据处理、资源共享等服务。多媒体系统的交互性也仅限于由用户发送某些特定的命令，如开始、停止、快进等，然后由系统立即响应。

（5）**可靠性**。分时系统要求系统可靠，实时系统要求系统高度可靠，因为任何差错都可能会带来无法预料的灾难性后果。因此，在实时系统中，往往都采取了多级容错措施，以保障系统及数据的安全性。

1.2.6 微机操作系统

随着VLSI和计算机体系结构的发展，以及应用需求的不断扩大，OS仍然在继续发展。由此先后形成了微机OS、嵌入式OS、网络OS、分布式OS等。本小节将具体介绍微机OS的发展与分类。

配置在微机上的OS称为微机OS，由于使用者通常为个人，因此其也被称为个人计算机（personal computer）。最早诞生的微机OS是配置在8位微机上的CP/M。后来出现了16位微机，相应地，16位微机OS也应运而生；当微机发展为32位、64位时，32位和64位的微机OS也应运而生。可见，微机OS可按微机的字长来分，这里所说的字长是指CPU一次能够处理的二进制位数，例如，16位字长是指CPU一次能够并行处理16个二进制位。

此外，微机OS也可按运行方式来分。现在流行的微机OS按运行方式可分为以下几类。

1. 单用户单任务OS

单用户单任务OS的含义是，只允许一个用户上机，且只允许用户程序作为一个任务运行。这是最简单的微机OS，主要配置在8位和16位微机上。最有代表性的单用户单任务OS是CP/M（8位）和MS-DOS（16位）。

2. 单用户多任务OS

单用户多任务OS的含义是，只允许一个用户上机，但允许用户把程序分为若干个任务并发执行，从而有效地改善了系统性能。早期在32位微机上配置的OS基本上都是单用户多任务OS。最有代表性的单用户多任务OS是由微软公司推出的Windows系列，如Windows 3.1、Windows 95/98等。

3. 多用户多任务OS

多用户多任务OS的含义是，允许多个用户通过各自的终端使用同一台机器，共享主机系统中的各种资源，而每个用户程序又可进一步分为几个任务，使它们能并发执行，从而可进一步提高资源利用率和系统吞吐量。在大、中、小型计算机中所配置的系统大多是多用户多任务OS，而在当前的32位、64位微机上，也有不少配置了多用户多任务OS。最具代表性的多用户多任务OS是UNIX系统、各种类UNIX系统（如Solaris、Linux等）以及Windows NT/Server系列的系统。

多用户多任务OS除了具有界面友好、管理方便和适于普及等优点外，还具有支持多用户使用、可移植性良好、功能强大、通信能力强等优点。

1.2.7 嵌入式操作系统

1. 嵌入式系统

与通用的计算机（如便携式计算机或桌面系统等）不同，嵌入式系统（embedded system）是为了完成某个特定功能而设计的系统，或是具有附加机制的系统，或是其他部分的计算机硬件与软件的结合体。在许多情况下，嵌入式系统都是一个大系统或产品中的一部分，如汽车中的防抱死系统。

嵌入式系统的数量远超过普通的OS，而且应用非常广泛。这些系统的需求和限制有着很大的不同。同时，嵌入式系统通常与它们所处的环境紧密地联系在一起。由于与环境交互的需要，从而产生了实时限制。这类限制（如响应速度、测量精度、持续时间等）决定了软件操作的时限。需要说明的是，如果多个活动必须进行同步管理，则需要更复杂的实时限制。

2. 嵌入式 OS

嵌入式OS是指应用于嵌入式系统的OS。嵌入式OS是一种用途广泛的系统软件，通常包括与硬件相关的低层驱动软件、系统内核、设备驱动接口、通信协议、图形用户界面、标准化浏览器等。嵌入式OS负责嵌入式系统的全部软硬件资源的分配、任务的调度以及并发活动的协调等。它必须体现其所在系统的特征，必须能够通过装卸某些模块来实现系统所要求的功能。

目前在嵌入式领域广泛使用的OS有嵌入式（实时）μC/OS-II、嵌入式Linux、Windows Embedded、VxWorks，以及应用在智能手机和平板电脑上的Android、iOS等。

3. 嵌入式 OS 的特点

由于嵌入式系统对存储空间、功耗和实时性等有特定的要求，因此嵌入式OS也具有独特的特性，介绍如下。

（1）**系统内核小**。由于嵌入式OS一般应用于小型电子装置，系统资源相对有限，因此其内核较传统OS要小得多。

（2）**系统精简**。嵌入式OS一般没有系统软件和应用软件的明显区分，不要求功能设计与实现过于复杂。这样既可以控制系统成本，也有利于系统安全。

（3）**实时性高**。实时性高是嵌入式软件的基本要求，此外，软件还要求固态存储以提高速度，软件代码要求高质量和高可靠性。

（4）**具有可配置性**。由于嵌入式系统的多样性，一个嵌入式OS若想应用在不同的嵌入式系统中，它就必须可以灵活配置，以便为特定的应用和硬件系统提供所需的功能。

1.2.8 网络操作系统

网络OS是用于在计算机网络环境下对网络资源进行管理和控制，实现数据通信及对网络资源的共享，为用户提供网络资源接口的一组软件和规程的集合。网络OS建立在网络中的计算机各自不同的单处理机OS之上，为用户提供使用网络资源的桥梁。常见的局域网上的OS有UNIX、Linux、Windows NT/2000/Server等。

1. 网络 OS 的特征

一般而言，网络OS具有以下5个特征。

（1）**硬件独立性**：系统可以运行于各种硬件平台之上，例如，可以运行于Intel 80x86系统，也可以运行于面向精简指令集计算机（reduced instruction set computing，RISC）的系统，如DEC Alpha、MIPS R4000等。

（2）**接口一致性**：系统为网络中的共享资源提供一致性的接口，即针对同一性质的资源，采用统一的访问方式和接口。

（3）**资源透明性**：系统能对网络中的资源进行统一管理，能够根据用户的要求对资源进行自动选择和分配。

（4）**系统可靠性**：系统利用资源在地理上分散的优点，通过统一的管理、分配和调度手段，确保了整个网络的安全可靠。如果一个节点和通信链路出现故障，则可屏蔽该节点或重新定义新的通信链路，以保证网络的正常运行。

（5）**执行并行性**：系统不仅实现了在每个节点计算机中各道进程的并发执行，而且实现了网络中多个节点计算机上进程的并行执行。

2. 网络 OS 的功能

网络OS不仅涵盖了单处理机OS的全部功能，还具有支持数据通信、应用互操作、网络管理等功能。

为了实现网络中计算机之间的数据通信，网络OS应具有如下基本功能：①连接的建立与拆除；②报文的分解与组装；③传输控制；④流量控制；⑤差错的检测与纠正。为了实现多个网络之间的通信和资源共享，不仅需要将它们从物理上连接在一起，还需要使不同网络中的计算机系统之间能进行通信（信息互通）和实现资源共享（信息互用）。为此，在网络OS中必须提供应用互操作功能，以实现“信息互通性”及“信息互用性”。在网络中引入网络管理功能，可以确保最大限度地增加网络的可用时间、提高网络设备的利用率、改善网络的服务质量以及保障网络的安全性等。

1.2.9　分布式操作系统

1. 分布式系统

分布式系统（distributed system），是基于软件实现的一种多处理机系统，是多个处理机通过通信线路互联而构成的松散耦合系统，系统的处理和控制功能分布在各个处理机上。换言之，分布式系统是利用软件系统方式构建在计算机网络上的一种多处理机系统。

与传统的多处理机系统（包括多处理机和多计算机等）相比，分布式系统的不同之处在于：①分布式系统中的每个节点都是一台独立的计算机，并配置有完整的外部设备；②分布式系统中节点的耦合程度更低，地理分布区域更加广阔；③分布式系统中的每个节点均可以运行不同的OS，每个节点均拥有自己的文件系统，除了本节点的管理外，还有其他多个机构会对其实施管理。

针对分布式系统，已有很多不同的定义。例如：分布式系统是一些独立的计算机的集合，但是对这个系统的用户来说，系统就像一台计算机一样。再如：分布式系统是能为用户自动管理资源的网络OS，它能调用用于完成用户任务所需要的资源，而整个网络就像一个大的计算机系统一样对用户是透明的。归纳起来，分布式系统应具有以下几个主要特征。

（1）**分布性**：分布式系统由多台计算机组成，从位置和地域范围来看，它们是分散的和广阔的，此即地理位置的分布性。从系统的功能来看，功能分散在系统的各个节点计算机上，此即功能的分布性。从系统的资源来看，资源也分散配置在各节点计算机上，此即资源的分布性。从系统的控制来看，在一般的分布式系统中，计算机没有主从之分，此即控制的分布性。其中，资源和控制的分布性也称为自治性。

（2）**透明性**：分布式系统的系统资源被所有计算机共享。每台计算机的用户不仅可以使用本机的资源，还可以使用分布式系统中其他计算机的资源，包括CPU、文件、打印机等。

（3）**同一性**：分布式系统中的若干台计算机可以通过互相协作来完成同一任务，或者说一个程序可以分布在几台计算机上并行地运行。

（4）**全局性**：系统具备一个全局性的进程通信机制，系统中的任意两台计算机都可以通过该机制实现信息交换。

2. 分布式 OS

分布式OS是配置在分布式系统上的公用OS，其以全局的方式对分布式系统中的所有资源进行统一管理，可以直接对系统中地理位置分散的各种物理和逻辑资源进行动态分配和调度，有效地协调和控制各个任务的并行执行，协调和保持系统内的各个计算机间的信息传输与协作运行，并向用户提供一个统一的、方便的、透明的使用系统界面和标准接口。一个典型的例子是万维网（world wide web，WWW），在万维网中，所有的操作只通过一种界面（即网页）进行。目前，华为所研发的鸿蒙系统（HarmonyOS）就是一个"面向未来"、面向全场景（包括移动办公、运动健康、社交通信、媒体娱乐等）的分布式OS。它在传统的单一设备系统能力的基础上，增加了支持多种终端设备的功能。

与网络OS不同，分布式OS的用户在使用系统资源时，不需要了解诸如网络中各个计算机的功能与配置、OS的差异、软件资源、网络文件的结构、网络设备的地址、远程访问的方式等情况，即系统对用户屏蔽了其内部实现的细节。分布式OS保持了网络OS所拥有的全部功能，同时又具有透明性、内聚性、可靠性和高性能等特点。

分布式OS除了涵盖单处理机OS的主要功能外，还应该包括以下功能。

①**通信管理功能**。分布式OS应提供某种通信机制和方法，使不同节点上的用户或进程能方便地进行信息交换。一般地，分布式OS通过提供一些通信原语的方式，实现了系统内的进程通信，但由于系统中没有共享内存，这些原语需要按照通信协议的约定和规则来实现。

②**资源管理功能**。分布式OS对系统中的所有资源实施统一管理、统一分配和统一调度，以提高资源利用率，方便用户共享和使用。例如，提供不同节点用户均可共享的分布式文件系统、分布式数据库系统、分布式程序设计语言及编译系统、分布式邮件系统等。

③**进程管理功能**。针对系统的分布性特征，为了平衡各节点负载，加速计算速度，分布式OS应提供进程或计算迁移功能；为了协调进程对资源的共享与竞争，提高进程的并行程度，分布式OS还应提供分布式的同步和互斥机制以及应对死锁的措施等。

1.3 操作系统的基本特性

前面所介绍的几种OS都具有各自不同的特征，例如，批处理系统有着高的资源利用率和系统吞吐量，分时系统能获得及时响应，实时系统具有实时特征。除此之外，它们还共同具有并发、共享、虚拟和异步这4个基本特性。

1.3.1 并发

正是系统中的程序能并发（concurrence）执行，才使得OS能有效地提高系统中资源的利用率，增加系统的吞吐量。

1. 并行与并发

并行与并发，是既相似又有区别的两个概念。**并行**是指两个或多个事件在同一时刻发生，而并发是指两个或多个事件在同一时间间隔内发生。在多道程序环境下，**并发**是指在一段时间内宏观上有多个程序在同时运行；但在单处理机系统中，每一时刻仅能有一道程序执行，故在微观上这些程序只能分时交替执行。例如，在60ms的时间内，0ms～15ms，程序A执行；16ms～30ms，程序B执行；31ms～45ms，程序C执行；46ms～60ms，程序D执行。因此可以说，在60ms的时间间隔内，宏观上有四道程序在同时运行，但微观上，程序A、B、C、D是分时交替执行的。

倘若在计算机系统中有多个处理机，那么这些能并发执行的程序，便可被分配到多个处理机上实现并行执行，即利用每个处理机来处理一个可并发执行的程序。这样，多个程序便可同时执行。

2. 引入进程

在一个未引入进程的系统中，同属于一个应用程序的计算程序和I/O程序只能顺序执行，即只有在计算程序的执行告一段落后才允许I/O程序执行；换言之，在执行I/O程序时，计算程序也不能执行。但在为计算程序和I/O程序分别建立一个进程（process）后，这两个进程便可并发执行。若对内存中的多个程序都分别建立一个进程，则它们就可以并发执行，这样便能极大限度地提高系统资源的利用率，以及增加系统的吞吐量。

所谓进程，是指在系统中能独立运行并能作为资源分配对象的基本单位，它是由一组机器指令、数据和堆栈等组成的，是一个能独立运行的活动实体。多个进程之间可以并发执行和交换信息。事实上，进程和并发是现代OS中最重要的基本概念，也是OS运行的基础，因此，本书将在第2章中对其做详细介绍。

1.3.2 共享

一般情况下的资源共享（sharing）与OS环境下的资源共享，含义并不完全相同。前者只是说明某种资源能被大家使用，例如，图书馆中的图书能提供给大家阅读，但并未限定借阅者必须在同一时间（间隔）和同一地点进行阅读；再如，学校里的计算机机房供全校学生上机，或者说，全校学生共享该机房中的计算机设备，虽然所有班级的上机地点是相同的，但各班的上机时间并不相同。对于这样的资源共享方式，仅须通过适当的安排，用户之间便不会产生对资源的竞争，因此资源管理是比较简单的。

而在OS环境下的资源共享，或称为资源复用，是指系统中的资源可供内存中多个并发执行的进程共同使用。这里在宏观上既限定了时间（进程在内存中时），又限定了地点（内存）。对于这种资源共享方式，其管理就要复杂得多，因为系统中的资源远少于多道程序需求的总和，这就会造成它们对共享资源的争夺。因此，系统必须对共享资源进行妥善管理。由于资源属性的不同，进程对资源复用的方式也不同，目前实现资源共享的主要方式有如下两种。

1. 互斥共享方式

系统中的某些资源，如打印机、磁带机等，虽然可以提供给多个进程（线程）使用，但应规定在一段时间内只允许一个进程访问该资源。为此，在系统中应建立一种机制，以保证多个进程对这类资源进行互斥访问。

当进程A要访问某资源时，必须先提出请求。若此时该资源空闲，系统便可将其分配给进程A使用。此后若再有其他进程也要访问该资源，则只要进程A未用完，其他进程就必须等待。仅当进程A访问完并释放后，才允许另一进程对该资源进行访问。这种资源共享方式称为互斥式共享，我们把这种在一段时间内只允许一个进程访问的资源，称为临界资源（或独占资源）。系统中的大多数物理设备以及栈、变量和表格等，都属于临界资源，都只能被互斥地共享。为此，在系统中必须配置某种机制，以保证各进程互斥地使用临界资源。

2. 同时共享方式

系统中还有一类资源，允许在一段时间内由多个进程“同时”对它们进行访问。这里所说的“同时”，在单处理机环境下是宏观意义上的；而在微观上，这些进程对该资源的访问是交替进行的。典型的可供多个进程“同时”访问的资源是磁盘设备。一些用可重入代码编写的文件也可以被“同时”共享，即允许若干个用户同时访问该文件。

并发和共享是多用户（多任务）OS的两个最基本的特征。它们互为对方存在的条件，即一方面，资源共享是以进程的并发执行为条件的，若系统不允许并发执行，也就不存在资源共享问题；另一方面，若系统不能对资源共享实施有效的管理，以协调好各进程对共享资源的访问，则必然会影响各进程间并发执行的程度，甚至会使它们根本无法并发执行。

1.3.3 虚拟

用于实现“虚拟”（virtual）的技术最早出现在通信系统中。在早期，每条物理信道只能供一对用户通话，为了提高通信信道的利用率而引入了“虚拟”技术。该技术通过“空分复用”或“时分复用”技术，将一条物理信道分为若干条逻辑信道，使原来只能供一对用户通话的物理信道，变为能供多对用户同时通话的逻辑信道。

在OS中，把通过某种技术将一个物理实体变为若干个逻辑上的对应物的功能，称为“虚拟”。前者是实的，即实际存在的；后者是虚的，是用户感觉存在的东西。相应地，把用于实现虚拟的技术称为虚拟技术。在OS中也是利用时分复用和空分复用技术来实现“虚拟”的。

1. 时分复用技术

在计算机领域中，广泛利用时分复用技术来实现虚拟处理机、虚拟设备等，以提高资源的利用率。时分复用技术能提高资源利用率的根本原因在于，它会令某设备在为一个用户服务的空闲时间转去为其他用户服务，进而使设备得到最充分的利用。

（1）虚拟处理机技术。利用多道程序设计技术，为每道程序建立至少一个进程，使多道程序并发执行。此时，虽然系统中只有一台处理机，但通过时分复用技术能实现（宏观上）同时为多个用户服务，使每个终端用户都认为有一个处理机在专门为他服务。亦即，利用多道程序设计技术，可将一台物理上的处理机虚拟为多台逻辑上的处理机，然后可在每台逻辑处理机上运行一道程序。我们把用户所感觉到的处理机称为虚拟处理机。

（2）虚拟设备技术。我们还可以利用时分复用技术，将一台物理上的I/O设备虚拟为多台逻辑上的I/O设备，并允许每个用户占用一台逻辑上的I/O设备。这样便可使原来仅允许在一段时间内由一个用户访问的设备（即临界资源），变为允许多个用户“同时”访问的共享设备，即其在宏观上能“同时”为多个用户服务。例如，原来的打印机属于临界资源，而通过虚拟设备技术可以把它变为多台逻辑上的打印机，供多个用户“同时”进行打印操作。关于虚拟设备技术，本书将在第7章中对其进行详细介绍。

2. 空分复用技术

20世纪初，电信业中就已使用频分复用技术来提高信道的利用率。它是将一个频率范围比较宽的信道划分成多个频率范围较窄的信道（称为频带），其中任何一个频带都仅供一对用户通话。早期的频分复用技术只能将一条物理信道划分为几条到几十条话路，后来很快发展到能划分为成千上万条话路，每条话路供一对用户通话。再后来，在计算机中也把空分复用技术用于对存储空间进行管理，以提高存储空间的利用率。

如果说多道程序技术（时分复用技术）是利用处理机的空闲时间来运行其他程序以提高处理机的利用率的，那么，空分复用技术就是利用存储器的空闲空间（如某道程序阻塞时被换出到外存而空出来的内存空间）来存放其他程序以提高内存的利用率的。

但是，单纯的空分复用存储器只能提高内存的利用率，并不能实现在逻辑上扩大存储器容量这一功能，因此还必须引入虚拟存储技术才能达到此目的。虚拟存储技术在本质上是实现内存的分时复用，即它可以通过分时复用内存的方式，使一道程序仅在远小于它的内存空间中运行。例如，一个100MB的用户程序之所以可以运行在30MB的内存空间，实质上是因为每次只把用户程序的一部分调入内存运行，运行完成后就将该部分换出，再换入另一部分到内存中运行，通过这样的置换功能便实现了用户程序的各个部分“分时地”进入内存运行。

应当着重指出：虚拟的实现，如果是采用时分复用技术，即对某一物理设备进行分时使用，设N是某物理设备所对应的虚拟的逻辑设备数，则每台虚拟设备的平均速度必然等于或小于物理设备速度的$1/N$。类似地，如果是采用空分复用技术，则此时一台虚拟设备平均占用的空间必然也等于或小于物理设备所拥有空间的$1/N$。

1.3.4 异步

在多道程序环境下，系统允许多个进程并发执行。在单处理机环境下，由于系统中只有一台处理机，因此每次只允许一个进程执行，其余进程只能等待。当正在执行的进程提出某种资源请求，如打印请求，而打印机又正在被其他进程占用时，由于打印机属于临界资源，因此正在执行的进程必须等待并释放处理机，直到打印机空闲并再次获得处理机时，该进程方能继续执行。可见，由于资源等因素的限制，进程的执行通常不可能“一气呵成”，而是会以“停停走走”的方式运行。

对于内存中的每个进程，其在何时能获得处理机并运行，何时又因提出某种资源请求而暂停，以及进程以怎样的速度向前推进，每道程序总共需要多少时间才能完成等，都是不可预知的。由于各用户程序的性能不同，例如，有的程序侧重于计算而较少需要I/O，而有的程序则计算少而I/O多，这样，很可能是先进入内存的作业后完成，而后进入内存的作业先完成。换言之，进程是以人们不可预知的速度向前推进的，此即进程的异步性（asynchronism）。尽管如此，倘若在OS中配置完善的进程同步机制，且运行环境相同，则作业即便经过多次运行，也都会获得完全相同的结果的。因此，异步运行方式是被允许的，而且是OS的一个重要特征。

1.4 操作系统的运行环境

1.4.1 硬件支持

OS与运行该OS的计算机硬件联系密切。OS扩展了计算机指令集并管理着计算机的资源。为了能够工作，OS必须了解大量硬件，至少需要了解硬件如何“面对”程序员。出于这一原因，这里简要介绍现代个人计算机中的计算机硬件。

现代通用计算机系统包括一个或多个CPU和若干个设备控制器，通过公用总线相连而成，该总线提供了共享内存的访问功能。每个设备控制器负责一类特定的设备，如磁盘驱动器、音频设备或视频显示器等。CPU与设备控制器可以并发执行，但会竞争访问共享内存。为了确保访问共享内存的有序性，需要内存控制器来协调它们对内存的访问。

当打开计算机电源或重启计算机以便开始运行时，计算机需要运行一个初始程序或引导程序（bootstrap program）。该引导程序通常很简单，一般位于计算机的固件（firmware）中，如只读存储器（read-only memory，ROM）或电擦除可编程只读存储器（electrically-erasable programmable read-only memory，EEPROM）等。它会初始化系统的各个组件（如CPU寄存器、设备控制器等）以及内存内容。引导程序必须知道如何加载OS并开始执行系统。为了实现这一目标，引导程序必须定位OS内核并将其加载到内存中。

所谓OS的内核（kernel），是指OS一直运行在计算机上的程序。除了内核外，还有其他两类程序：系统程序和应用程序。前者是与系统运行有关的程序，但不是内核的一部分；后者是与系统运行无关的所有其他程序。OS内核的介绍具体参见1.4.2小节。

一旦内核被加载到内存中并执行，它就会开始为系统与用户提供服务。除了内核外，系统程序也提供了一些服务，它们在启动时会被加载到内存而成为系统进程或系统后台程序，其生命周期与内核一样。对于UNIX系统，首个系统进程为“init”，它启动了许多其他的系统后台程序。一旦这个阶段完成，系统就完全启动了，并且会等待事件发生。事件发生通常会通过硬件或软件中断来通知，OS会一直这样运行到系统关机。本书将在1.4.4小节和7.3节中对中断进行具体介绍。

CPU只能从内存中加载指令，因此要执行的程序必须位于内存。通用计算机运行的大多数程序通常位于可读写内存，也称为随机存取存储器（random access memory，RAM）。内存通常为动态随机存取存储器（dynamic random access memory，DRAM），它采用半导体技术来实现。当然计算机也会采用其他形式的内存，如ROM或EEPROM等。所有形式的内存都提供字节数据，每个字节都有地址。CPU会通过一系列load或store内存指令来对指定的内存地址进行操作。

除内存外，计算机系统还具有其他存储设备，整个系统的存储结构将在第5章中进行介绍。另外，系统还会配备大容量的、非易失的外存设备，如磁盘、磁带等，以存储程序和数据。大多数程序（系统程序与应用程序）都保存在磁盘上，当要执行时才会将它们加载到内存中。因此，磁盘存储管理是否适当对计算机系统来说十分重要，这将在第9章中进行讨论。

OS的大部分代码专用于I/O管理，这是因为它对系统性能的提升至关重要，也是因为不同设备具有不同的特性。具体的I/O设备及其管理将在第7章中进行讨论。

1.4.2 操作系统内核

现代OS一般会划分为若干层次，再将不同功能分别设置在不同层次中。通常将一些与硬件紧密相关的模块（如中断处理程序等）、各种常用设备的驱动程序、运行频率较高的模块（如时钟管理模块、进程调度模块等）以及许多模块所公用的一些基本操作，都安排在紧靠硬件的软件层次中，并将它们常驻内存。它们通常被称为OS内核。这种安排方式的目的在于：一是便于对这些软件进行保护，防止它们遭受其他应用程序的破坏；二是可以提高OS的运行效率。

总体而言，不同类型和规模的OS，它们的内核所包含的功能间存在着一定的差异，但大多数OS内核都包含了以下两类功能。

1. 支撑功能

该类功能主要实现提供给OS其他众多模块所需要的一些基本功能，以支撑这些模块工作。其中3种最基本的支撑功能是：中断处理、时钟管理和原语操作。

（1）中断处理。中断处理是内核最基本的功能，是整个OS赖以活动的基础，OS中许多重要的活动，如各种类型的系统调用、键盘命令的输入、进程调度、设备驱动等，无不依赖于中断。通常，为减少处理机中断的时间，提高程序执行的并发性，内核在对中断进行“有限处理”后便会转入相关的进程，由这些进程继续完成后续的处理工作。

（2）**时钟管理**。时钟管理是内核的一项基本功能，在OS中的许多活动都需要得到它的支撑，如在时间片轮转调度中，每当时间片用完时，便会由时钟管理产生一个中断信号，促使调度程序重新进行调度。同样，在实时系统中的截止时间控制、批处理系统中最长运行时间的控制等，也无不依赖于时钟管理功能。

（3）**原语操作**。所谓原语（primitive），就是由若干条指令组成的，用于完成一定功能的一个过程。它与一般过程的区别在于：它们是“原子操作”（action operation）。所谓原子操作，是指一个操作中的所有动作要么全做、要么全不做，此即原子性。换言之，它是一个不可分割的基本单位。因此，原语在执行过程中不允许被中断。原子操作在内核态下执行，常驻内存。在内核中可能有许多原语，如用于对链表进行操作的原语、用于实现进程同步的原语等。

2. 资源管理功能

（1）**进程管理**。在进程管理中，或者由于各个功能模块（如进程的调度与分派、进程的创建与撤销等）的运行频率较高，或者由于它们为多种原语操作（如用于实现进程同步的原语操作、常用的进程通信原语操作等）所需要，通常将它们放在内核中，以提高OS的性能。

（2）**存储器管理**。存储器管理软件的运行频率也比较高，如用于实现将用户空间的逻辑地址变换为内存空间的物理地址的地址变换机构，用于内存分配与回收的模块，以及用于实现内存保护和对换功能的模块等，通常都放在内核中，以保证存储器管理具有较高的运行速度。

（3）**设备管理**。由于设备管理与硬件（设备）紧密相关，因此其中很大部分也都设置在内核中，如各类设备的驱动程序、用于缓和CPU与I/O设备速度不匹配矛盾的缓冲管理模块、用于实现设备分配与设备独立性功能的模块等。

1.4.3 处理机的双重工作模式

为了确保OS正确运行，必须区分OS代码和用户代码的执行。大多数计算机系统采用硬件支持，以便区分代码的执行模式。

一般地，处理机至少需要两种单独运行模式：用户态（user mode）和内核态（kernel mode）。用户态也称为目态，内核态也称为管态或系统态。计算机硬件可以通过一个模式位（mode bit）来表示当前模式：**内核态**（0）和**用户态**（1）。有了模式位，就可以区分为OS所执行的任务和为用户所执行的任务。当计算机系统执行用户程序时，系统处于用户态。然而，当用户程序通过系统调用（详见1.7节）请求OS服务时，系统必须从用户态切换到内核态，以满足请求，如图1-8所示。这种切换方式也可用于OS的许多其他方面。

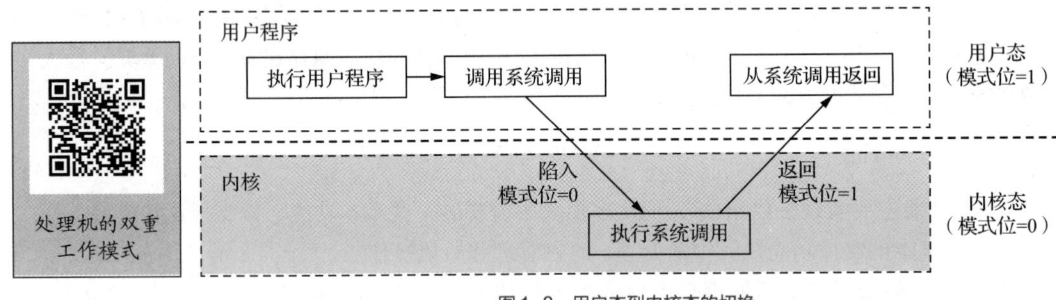

图1-8 用户态到内核态的切换

当存在系统引导时，硬件会从内核态开始工作，OS接着加载，然后在用户态下执行用户程序。一旦有中断或陷阱，硬件就会从用户态切换到内核态（即将模式位置0）。因此，每当OS能够控制计算机时，它就处于内核态。在将控制权交给用户程序前，系统会切换到用户态（将模式位置1）。

双重模式执行提供了保护手段，以防止OS和用户程序受到错误用户程序的影响。这种保护可通过如下方式实现：将可能引起损害的机器指令当作特权指令（privileged instruction），硬件只有在内核态下才允许执行特权指令；其他指令为非特权指令（non-privileged instruction）。具体说明如下。

（1）**特权指令**，是指在内核态下运行的指令，它对内存空间的访问范围基本不受限制。它不仅能访问用户空间，还能访问系统空间，如执行启动外部设备、设置系统时钟时间、关中断、切换执行状态等操作。切换到用户态的指令也是特权指令。

（2）**非特权指令**，是指在用户态下运行的指令。应用程序所使用的都是非特权指令，它只能完成一般性的操作和任务，不能对系统中的硬件和软件进行直接访问，对内存的访问范围也局限于用户空间。这样，可以防止应用程序的运行异常对系统造成破坏。

这种限制是由硬件实现的，如果在应用程序中使用了特权指令，则硬件并不会执行该指令，而是会认为该指令非法，并发出权限出错信号，OS在捕获到这个信号后，将会转入相应的错误处理程序，以停止该应用程序的运行，并重新进行程序调度。

1.4.4 中断与异常

现代OS是中断驱动（interrupt driven）的。如果没有进程需要执行，没有I/O设备需要服务，没有用户需要响应，那么OS就会静静地等待某个事件发生。事件总是由中断（interrupt）或陷阱（trap）引起的。陷阱（或异常）是一种由软件引起的中断，或源于出错（如除数为零或无效存储访问等），或源于用户程序的特定请求（如执行OS的某个服务等）。OS的这种中断特性规定了系统的通用结构。对于每一种中断，OS都会通过不同的代码来处理它。中断处理程序用于处理中断。

中断是硬件通过系统总线发送信号到CPU来触发的。当CPU被中断时，它会停止正在做的事，并立即转到固定位置再继续执行。该固定位置通常包含中断处理程序的开始地址。中断处理程序开始执行并在执行完后，CPU会重新执行被中断的计算。

中断是计算机体系结构的重要组成部分。虽然每个计算机都设计有各自的中断机制，但是它们的有些功能是相同的。中断应将控制转移到合适的中断处理程序，实现这一转移的直接方法是，调用一个通用程序以检查中断信息，接着，该程序会调用特定的中断处理程序。不过，中断处理应当快捷。由于只有少量预定义的中断，因此可以通过中断处理程序的指针表来间接调用中断处理程序，而无须通过其他中介程序。通常，指针表位于低地址内存（地址为100左右的位置），其中包含各种设备的中断处理程序的地址。这种地址被称为中断向量（interrupt vector）。对于任一给定的中断请求，可通过唯一的设备号来索引，进而为其提供设备的中断处理程序的地址。许多不同的OS（如Windows系统和UNIX系统）都采用这种方式来处理中断。本书在7.3节中将会更加详细地描述中断。

1.5 操作系统的主要功能

引入OS的主要目的是，为多道程序的运行提供良好的运行环境，以保证多道程序能有条不紊地、高效地运行，并能最大限度地提高系统中各种资源的利用率和方便用户的使用。为此，传统OS中应具有处理机管理、存储器管理、设备管理和文件管理等基本功能。此外，为了方便用户使用OS，还须向用户提供方便的用户接口。

1.5.1 处理机管理功能

在传统的多道程序系统中，处理机的分配和运行都以进程为基本单位，因而对处理机的管理可归结为对进程的管理。处理机管理的主要功能有：创建和撤销进程，对各进程的运行进行协调，实现进程之间的信息交换，以及按照一定的算法把处理机分配给进程。

1. 进程控制

在多道程序环境下，为使作业能并发执行，必须为每道作业创建一个或几个进程，并为之分配必要的资源。当进程运行结束时，应立即撤销该进程，以便能及时回收该进程所占用的各类资源，供其他进程使用。在设置有线程的OS中，进程控制还应包括为一个进程创建若干个线程，以提高系统的并发性。因此，进程控制的主要功能是：为作业创建进程，撤销（终止）已结束的进程，以及控制进程在运行过程中的状态转换。

2. 进程同步

为使多个进程能有条不紊地运行，系统中必须设置相应的进程同步机制。该机制的主要任务是对多个进程（含线程）的运行进行协调。有两种协调方式：①进程互斥方式，这是指各进程在对临界资源进行访问时，应采用互斥方式；②进程同步方式，这是指在相互合作以完成共同任务的各进程间，由同步机构对它们的执行次序加以协调。最简单的用于实现进程互斥的机制是，为每个临界资源配置一把锁，当锁打开时，进程可以对该临界资源进行访问；而当锁关上时，禁止进程访问该临界资源。在实现进程同步时，最常用的机制是信号量机制。

3. 进程通信

当有一组相互合作的进程在完成一个共同的任务时，在它们之间往往需要交换信息。例如，有3个相互合作的进程，即输入进程、计算进程和打印进程；其中，输入进程负责将所输入的数据传送给计算进程；计算进程利用输入的数据进行计算，并把计算结果传送给打印进程；最后由打印进程把计算结果打印出来。进程通信的任务是实现相互合作进程之间的信息交换。

当相互合作的进程处于同一计算机系统时，在它们之间通常会采用直接通信方式，即由源进程利用发送命令，直接将消息（message）挂到目标进程的消息队列上，以后由目标进程利用接收命令从其消息队列中取出消息。

4. 调度

在传统OS中，调度包括作业调度和进程调度两步。**①作业调度**：作业调度的基本任务是按照一定的算法，从后备队列中选出若干个作业，并为它们分配运行所需的资源；在将这些作业调入内存后，分别为它们建立进程，以使它们都成为可能会获得处理机的就绪进程，并将这些进程插入就绪队列。**②进程调度**：进程调度的任务是按照一定的算法，从进程的就绪队列中选出一个进程，将处理机分配给它，并为它设置运行现场，使其投入执行。

1.5.2 存储器管理功能

存储器管理的主要任务是，为多道程序的运行提供良好的环境、提高存储器的利用率、方使用户使用，并能从逻辑上扩大内存。为此，存储器管理应实现内存分配和回收、内存保护、地址映射和内存扩充等功能。

1. 内存分配和回收

内存分配的主要任务是：①为每道程序分配内存空间，使它们“各得其所”；②提高存储器的利用率，尽量减少不可用的内存空间（内部碎片）；③允许正在运行的程序申请附加的内存空间，以适应程序和数据动态增长的需要。

OS在实现内存分配时，可采取静态和动态两种分配方式。**①静态分配方式**：每个作业的内存空间是在作业装入时确定的，在作业装入后的整个运行期间，不允许该作业再申请新的内存空间，也不允许该作业在内存中“移动”。**②动态分配方式**：每个作业所要求的基本内存空间虽然也是在装入时确定的，但允许作业在运行过程中继续申请新的附加内存空间，以适应程序和数据的动态增长，也允许作业在内存中“移动”。

内存属于有限资源。随着系统的运行，内存会被逐渐消耗。因此，当程序执行完毕后，需要将其所占用的内存及时回收再分配，以提高系统内存资源的利用率。内存回收的任务就是回收程序所占用的内存，并根据当前的内存管理算法将回收的内存经过处理放入对应的管理数据结构中，供下次分配时使用。

2. 内存保护

内存保护的主要任务是：①确保每道用户程序都仅在自己的内存空间中运行，彼此互不干扰；②绝不允许用户程序访问OS的程序和数据，也不允许其转移到非共享的其他用户程序中去执行。

为了确保每道程序都只在自己的内存空间中运行，必须设置内存保护机制。一种比较简单的内存保护机制是：设置两个界限寄存器，分别用于存放正在执行程序的上界和下界。在程序运行时，系统须对每条指令所要访问的地址进行检查，如果发生越界，则发出越界中断请求，以停止该程序的执行。

3. 地址映射

在多道程序环境下，由于每道程序经编译和链接后所形成的可装入程序，其地址都是从0开始的，而又不可能将它们从内存的“0”地址（物理）开始装入，因此（各程序段的）地址空间内的逻辑地址与其在内存空间中的物理地址并不一致。为保证程序能正确运行，存储器管理必须提供地址映射功能，即能够将地址空间中的逻辑地址变换为内存空间中与之对应的物理地址。该功能应在硬件的支持下实现。

4. 内存扩充

内存扩充并非是指从物理上去扩大内存容量，而是借助虚拟存储技术，从逻辑上去扩大内存容量，使用户感觉到的内存容量比实际内存容量大得多，以便让更多的用户程序能并发运行。这样既满足了用户的需要，又改善了系统的性能。

为了能在逻辑上扩大内存，系统必须设置内存扩充机制（包含少量的硬件），用于实现下述功能。**①请求调入功能**：系统允许在仅装入部分用户程序和数据的情况下，便能启动该程序运行；在程序运行过程中，若发现继续运行所需的程序和数据尚未装入内存，则可向OS发出请求，由OS从磁盘中将所需部分调入内存，以使程序能够继续运行。**②置换功能**：若发现在内存中已无足够的空间来装入需要调入的程序和数据时，则系统应能将内存中的一部分暂时不用的程序和数据调至盘上，以腾出内存空间，然后再将所须调入的部分装入内存。

1.5.3 设备管理功能

设备管理的主要任务是：①完成用户进程提出的I/O请求，为用户进程分配所需的I/O设备，并完成指定的I/O操作；②提高CPU和I/O设备的利用率，提高I/O速度，方便用户使用I/O设备。为完成上述任务，设备管理应实现缓冲管理、设备分配和设备处理等功能。

1. 缓冲管理

如果在I/O设备和CPU之间引入缓冲，则可有效地缓和CPU与I/O设备速度不匹配的矛盾，提高CPU的利用率，进而提高系统吞吐量。因此在现代OS中，无一例外地在内存中设置了缓冲区，而且还可通过增加缓冲区容量的方法来改善系统的性能。不同的系统可采用不同的缓冲区机制。最常见的缓冲区机制有：①单缓冲区机制；②能实现双向同时传送数据的双缓冲区机制；③能供多个设备同时使用的公用缓冲池机制。上述这些缓冲区机制所对应的缓冲区都会由OS缓冲管理机制进行管理。

2. 设备分配

设备分配的基本任务是，根据用户进程的I/O请求与系统现有资源情况，按照某种设备分配策略，为之分配其所需的设备。如果在I/O设备和CPU之间还存在着设备控制器和I/O通道，则还须为分配出去的设备分配相应的设备控制器和通道。为了实现设备分配，系统中应设置设备控制表、控制器控制表等数据结构，用于记录设备及设备控制器等的标识符和状态。根据这些表可以了解指定设备当前是否可用、是否忙碌，以供系统进行设备分配时参考。在进行设备分配时，应针对不同的设备类型而采用不同的设备分配方式。对于独占设备的分配，还应考虑该设备被分配出去后系统是否安全。在设备使用完后，应立即由系统将其回收。

3. 设备处理

设备处理程序又称为设备驱动程序，其基本任务是实现CPU和设备控制器之间的通信，即由CPU向设备控制器发出I/O命令，要求它完成指定的I/O操作；以及由CPU接收从设备控制器发来的中断请求，并给予迅速的响应和相应的处理。

设备处理过程：首先检查I/O请求的合法性，了解设备是否处于空闲状态，读取相关的传递参数并设置设备的工作方式；然后向设备控制器发出I/O命令，启动I/O设备去完成指定的I/O操作。此外设备驱动程序还应能及时响应由设备控制器发来的中断请求，并根据该中断请求的类型，调用相应的中断处理程序进行处理。对于设置了通道的计算机系统，设备处理程序还应能根据用户的I/O请求自动地构成通道程序。

1.5.4 文件管理功能

文件管理的主要任务是对用户文件和系统文件进行管理以方便用户使用，并保证文件的安全性。为此，文件管理应实现文件存储空间管理、目录管理、文件的读/写管理和保护等功能。

1. 文件存储空间管理

在多用户环境下，由用户自己对文件的存储进行管理，这不仅非常困难，而且十分低效。因而需要由文件系统对诸多文件及文件的存储空间实施统一的管理。其主要任务是：为每个文件分配必要的外存空间、提高外存的利用率，这也有助于提高文件系统的存取速度。为此，系统中应设置相应的数据结构，用于记录文件存储空间的使用情况，以供分配存储空间时参考；系统还应具有对存储空间进行分配和回收的功能。

2. 目录管理

目录管理的主要任务是为每个文件建立一个目录项，目录项包括文件名、文件属性、文件在磁盘上的物理位置等，并对众多的目录项加以有效的组织，以实现方便的按名存取（用户只须提供文件名，即可对该文件进行存取）。目录管理还应能实现文件共享，且在实现时，只须在外存上保留一份该共享文件的副本即可。此外，目录管理还应能提供快速的目录查询手段，以提高对文件的检索速度。

3. 文件的读/写管理和保护

（1）**文件的读/写管理**。该功能是根据用户的请求从外存中读取数据，或将数据写入外存。在进行文件读（写）时，系统先根据用户给出的文件名去检索文件目录，从中获得文件在外存中的位置；然后，利用文件读（写）指针对文件进行读（写）操作，一旦读（写）完成，便修改读（写）指针，为下一次读（写）做好准备。读操作和写操作由于不会同时进行，故可合用一个读/写指针。

（2）**文件保护**。为了防止系统中的文件被非法窃取和破坏，在文件系统中必须提供有效的存取控制功能，以实现下述目标：①防止未经核准的用户存取文件；②防止冒名顶替存取文件；③防止以不正确的方式使用文件。

1.5.5 接口管理功能

为了方便用户对OS的使用，OS向用户提供了“用户与OS之间的接口”。该接口通常可分为以下两类。

1. 用户接口

为了便于用户直接或间接地控制自己的作业，OS向用户提供了用户接口。用户可通过该接口向作业发出命令以控制作业的运行。该接口又可进一步分为3种：联机用户接口、脱机用户接口和图形用户接口。

（1）**联机用户接口**。该接口通常也被称为命令行方式（command-line interface，CLI），是为联机用户提供的，它由一组键盘操作命令及命令解释程序组成。当用户在终端或控制台上键入一条命令后，系统便会立即转入命令解释程序，对该命令加以解释并执行。在完成指定操作后，“控制”又会返回到终端或控制台上，等待用户键入下一条命令。这样，用户就可以通过先后键入不同命令的方式来实现对作业的控制，直至作业完成。

（2）**脱机用户接口**。该接口即批命令方式，是为批处理作业的用户提供的。用户使用作业控制语言（job control language，JCL）把需要对作业进行的控制和干预的命令，事先写在作业说明书上，然后将它与作业连在一起提供给系统。当系统调度到该作业运行时，是通过调用命令解释程序去对作业说明书上的命令逐条进行解释执行的，直至遇到作业结束语句时，系统才会停止该作业的运行。

（3）**图形用户接口**（graphics user interface，GUI）。通过联机用户接口来取得OS的服务，既不方便、又花时间，用户须熟记所有命令及其格式和参数，并须逐个字符地键入命令，在此背景下，图形用户接口应运而生。图形用户接口采用了图形化的操作界面，采用非常容易识别的各种图标来将系统的各项功能、各种应用程序和文件直观、逼真地表示出来。用户可以通过菜单（和对话框），用移动鼠标选择菜单项的方式取代命令的键入，这样可以方便、快捷地完成对应用程序和文件的操作，从而把用户从烦琐且单调的操作中解脱出来。

2. 程序接口

该接口是为用户程序在执行中访问系统资源而设置的，是用户程序取得OS服务的唯一途径。它是由一组系统调用组成的，每个系统调用都是一个能完成特定功能的子程序。每当应用程序要求OS提供某种服务（功能）时，便调用具有相应功能的系统调用。早期的系统调用都是用汇编语言编写的，只有在用汇编语言编写的程序中，才能直接使用系统调用。但在高级语言以及C语言中，往往提供了与各系统调用一一对应的库函数，这样，应用程序便可通过调用对应的库函数来使用系统调用。但在近几年所推出的OS（如OS/2等）中，系统调用本身已经采用C语言编写，并以函数形式提供，故在用C语言编写的程序中可直接使用系统调用。本书在1.7节中将会更加详细地描述系统调用。

思考题

为什么 CLI 不常运行于内核中？用户有没有可能通过使用由 OS 提供的程序接口实现一个新的 CLI？

1.5.6 现代操作系统的新功能

现代OS是在传统OS的基础上发展起来的，它除了具有传统OS的功能外，还增加了保障系统安全、支持用户通过联网获取服务和可处理多媒体信息等功能。

1. 保障系统安全

通常，政府机关和企事业单位有大量重要的信息，它们必须被高度集中地存储在计算机系统中。因此，如何确保在计算机系统中存储和传输数据的保密性、完整性和系统安全性，便成了计算机系统亟待解决的重要问题；而保障系统安全的任务，也责无旁贷地落到了现代OS的身上。

虽然在传统OS中也采取了一些保障系统安全的措施，但随着计算机技术的进步和网络的普及，传统的安全措施已远不能满足要求。为此，在现代OS中采取了多种有效措施来确保系统的安全。这里仅介绍保障系统安全的几个技术问题。①**认证技术**，是一个用来确认被认证的对象是否名副其实的过程，即用来确定对象的真实性，以防止入侵者进行假冒与篡改等。例如，身份认证，即通过验证被认证对象的一个或多个参数的真实性和有效性来确定被认证对象是否名副其实的。因此，在被认证对象与要验证的那些参数之间，应存在严格的对应关系。②**密码技术**，对系统中所须存储和传输的数据进行加密，使之成为密文；这样，攻击者即使截获了数据，也无法了解数据的内容。只有指定的用户才能对该数据加以解密，进而了解其内容。因此，该技术有效地保护了系统中信息资源的安全性。近年来，国内外广泛应用数据加密技术，以保障计算机系统的安全性。③**访问控制技术**，可通过两种途径来保障系统中资源的安全：一是通过对用户存取权限的设置，可以限定用户只能访问被允许访问的资源，这样也就限定了用户对系统资源的访问范围；二是通过对文件属性的设置，可以保障指定文件的安全性，例如，设置文件属性为“只读”后，该文件就只能被读而不能被修改。④**反病毒技术**，对于病毒（特指计算机病毒）的威胁，最好的解决方法是预防，即不让病毒侵入系统，但要完全做到这一点是十分困难的，因此还需要非常有效的反病毒软件来检测病毒。在反病毒软件被安装到计算机上后，其便可对硬盘上所有的可执行文件进行扫描，以检查硬盘上的所有可执行文件，若发现有病毒，则立即将其清除。

2. 支持用户通过联网获取服务

在现代OS中，为支持用户联网以取得网络所提供的各类服务，如电子邮件服务、Web服务等，应在OS中增加面向网络的功能，用于实现网络通信和资源管理，以及提供用户取得网络服务的手段。作为一个网络OS，其应当具备多方面的功能，包括：①**网络通信**，用于在源主机和目标主机之间实现无差错的数据传输，如通信链路建立与拆除、传输控制、差错控制和流量控制等；②**资源管理**，对网络中的共享资源（硬件和软件）实施有效的管理，以协调各用户对共享资源的使用，保证数据的安全性和一致性，典型的共享硬件资源有硬盘、打印机等，共享软件资源有文件、数据等；③**应用互操作**，在一个由若干个不同网络互联所构成的互联网络中，必须提供应用互操作功能，以实现信息的互通性和信息的互用性。信息的互通性，是指在处于不同网络中的用户之间能实现信息的互通。信息的互用性，是指用户可以访问不同网络中的文件系统和数据库系统中的信息。

3. 可处理多媒体信息

一个支持多媒体的OS，必须能像一般OS处理文字、图形信息那样去处理音频和视频信息等多媒体信息。为此，OS还增加了处理多媒体信息的功能：①**接纳控制功能**，在多媒体系统中，为了保证同时运行多个实时进程的截止时间，需要对系统中运行的SRT任务数目、驻留在内存中的SRT任务数目加以限制，为此设置了相应的接纳控制功能，如媒体服务器的接纳控制、存储器接纳控制和进程接纳控制等；②**实时调度**，多媒体系统中的SRT任务往往都是一些要求较严格的、周期性的SRT任务，例如为了保证动态图像的连续性，图像的更新周期必须在40ms之内，因此在进行SRT任务调度时，不仅需要考虑进程调度的策略，还需要考虑进程调度的接纳度等，相比传统OS要复杂得多；③**存储多媒体文件**，为了实现该功能，对OS所提出的最重要的要求是，能把硬盘上的数据快速地传送到输出设备上，因此，对传统文件系统中数据的离散存放方式和磁盘寻道方式都要加以改进。

思考题

在 OS 的各个功能中，请思考哪个功能最为重要？为什么？

1.6 操作系统的结构

早期OS的规模很小，如只有几十KB，完全可以由一个人以手工方式用几个月的时间编制出来。此时，编制程序基本上是一种技巧，OS是否有结构并不那么重要，重要的是程序员的程序设计技巧。但随着OS规模的愈来愈大，其所具有的代码也愈来愈多，往往需要由数十人、数百人甚至更多的人参与，通过分工合作来共同完成其设计。这意味着，应采用工程化的开发方法来对大型软件进行开发，由此产生了“**软件工程学**”。

操作系统结构

软件工程学研究的目标是十分明确的，所开发的软件产品应具有良好的软件质量与合理的开发费用。整个费用应能为用户所接受；软件质量可用这样几个指标来评价：功能性、有效性、可靠性、易用性、易维护性和易移植性。为此，先后产生了多种OS开发方法，如模块化方法、结构化方法和面向对象的方法等。利用不同的开发方法，所开发出的OS将具有不同的结构。

1.6.1　简单结构

在早期开发OS时，设计者只把他的注意力放在了功能的实现和获得更高的效率上，而缺乏首尾一致的设计思想。此时的OS是为数众多的一组过程的集合，每个过程均可任意地调用其他过程，这致使OS内部既复杂、又混乱。因此，这种OS是无结构的，也有人把它称为整体系统结构或简单结构。

此时，程序设计的技巧仅在于如何编写紧凑的程序，以便于有效地利用内存。当系统不太大时，在一个人能够完全理解和掌握的情况下，设计出的OS所存在的问题还不是太大；但随着系统的不断扩大，所设计出的OS就会变得既庞大、又杂乱。这一方面会使所编写的程序错误很多，给调试工作带来很多困难；另一方面会使程序难以阅读和理解，增加了维护人员的负担。

简单结构OS的一个典型例子是MS-DOS系统。该系统并没有很好地区分功能的接口和层次。例如，应用程序能访问基本的I/O程序，并能将数据直接写到显示器和磁盘。这种自由度使MS-DOS系统易受错误（或恶意）程序的伤害，进而可能会导致整个系统崩溃。当然，MS-DOS系统还受限于当时的硬件，其所用的Intel 8088微处理机未能提供双模式和硬件保护功能，因此，设计人员除了允许应用程序访问基础硬件外，没有其他选择。

1.6.2　模块化结构

1. 模块化程序设计技术的基本概念

模块化程序设计技术，是20世纪60年代出现的一种结构化程序设计技术。该技术基于“分解”和“模块化”原则来控制大型软件的复杂度。为使OS具有较清晰的结构，不再将众多的过程直接构成OS，而是将OS按其功能精细地划分为若干个具有一定独立性和大小的模块。每个模块具有某方面的管理功能，如进程管理、存储器管理、文件管理等，并仔细地规定好各模块间的接口，使各模块之间能通过该接口实现交互。然后进一步将各模块细分为若干个具有一定功能的子模块，如把进程管理模块分为进程控制、进程调度等子模块，各子模块之间的接口同样也要规定好。若子模块较大，则可将其再进一步细分。我们把这种设计方法称为模块-接口法，由此构成的OS就是具有模块化结构的OS。图1-9所示为由模块、子模块等构成的具有模块化结构的OS。

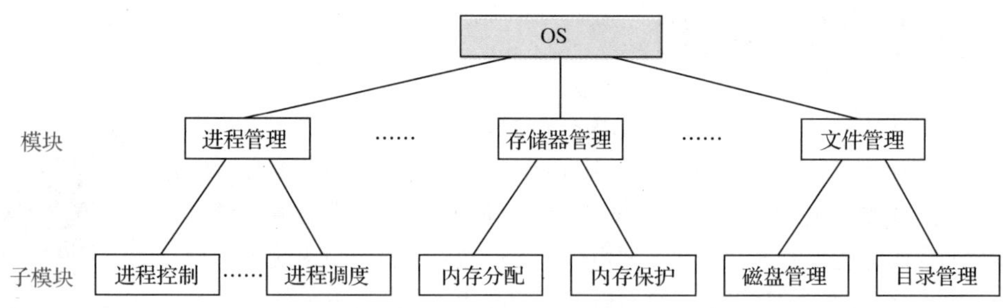

图1-9　具有模块化结构的OS

2. 模块独立性

在采用模块-接口法设计OS结构时，关键问题是模块的划分和规定好模块之间的接口。如果在划分模块时将模块划分得太小，则虽然可以降低模块本身的复杂性，但也会导致模块之间的联系过多，进而导致系统比较混乱；如果将模块划分得过大，则又会增加模块内部的复杂性。因此在划分模块时，应在“两者”之间进行权衡。

另外，在划分模块时，必须充分注意模块的独立性问题，因为模块独立性越高，各模块间的交互就越少，系统的结构也就越清晰。衡量模块的独立性有以下两个标准：①内聚性，指模块内部各部分间联系的紧密程度，内聚性越高，模块独立性越强；②耦合度，指模块间相互联系和相互影响的程度，显然，耦合度越低，模块独立性越强。

3. 模块－接口法的优缺点

利用模块-接口法开发的OS，较无结构OS具有以下显著优点：①提高了OS设计的正确性、可理解性和易维护性；②增强了OS的可适应性；③加速了OS的开发过程。

模块化结构设计仍存在下述问题：①在设计OS时，对各模块间接口的规定，很难满足划分完成后模块对接口的实际需求；②在OS设计阶段，设计者必须做出一系列的决定（决策），每个决定必须建立在上一个决定的基础上，但在模块化结构设计中，各模块的设计齐头并进，无法寻找一个可靠的决定顺序，进而造成了各种决定的“无序性”，这将使程序员很难做到“设计中的每一步决定”都是建立在可靠的基础上的，因此模块-接口法又被称为“无序模块法”。

目前，设计OS的常用方法是采用可加载的内核模块（loadable kernel module）。这里，内核有一组核心组件，无论在启动时还是在运行时，内核都可以通过模块链入额外服务。这种类型的设计常见于现代UNIX系统（如Solaris、Linux或Mac OS X等）以及Windows系统的实现过程中。这种设计的思想是：内核提供核心服务，而其他服务可在内核运行时动态实现。动态链接服务优于直接添加新功能到内核，这是因为对于每次更改，后者都需要重新编译内核。

1.6.3 分层式结构

1. 分层式结构的基本概念

为了将模块-接口法中“决定顺序”的无序性变为有序性，引入了有序分层法。有序分层法的设计任务是，在目标系统A_n和裸机系统（又称宿主系统）A_0之间，铺设若干个层次的软件A_1, A_2, …, A_{n-1}，使A_n通过A_{n-1}, A_{n-2}, …, A_2，A_1层软件，最终能在A_0上运行。在OS中，常采用自底向上分层设计法来铺设这些中间层软件。

自底向上分层设计法的基本原则是：每一步设计都是建立在可靠的基础上的。为此规定，每一层仅能使用其低层所提供的功能和服务，这样可使系统的调试和验证都变得更容易。例如，在调试第一层软件A_1时，由于它使用的是一个完全确定的物理机器（宿主系统）所提供的功能，在对A_1层软件经过精心设计和几乎是穷尽无遗的测试后，可以认为A_1是正确的，而且它与其所有的高层软件A_2, A_3, …, A_n无关；同样在调试第二层软件A_2时，它也只使用了A_1层软件和物理机器所提供的功能，而与其高层软件A_3, A_4, …, A_n无关，如此一层一层地自底向上增添软件层，每层都实现若干功能，最后总能构成一个可以满足用户需要的OS。在用这种方法构成

OS时，已将一个OS分为若干个层次，每层又由若干个模块组成，各层之间只存在单向的依赖关系，即高层仅依赖于紧邻它的低层。

2. 分层式结构的优缺点

分层式结构的主要**优点**有：①易保证系统的正确性，自下而上的设计方式，使所有设计中的决定都是有序的，或者说是建立在较为可靠基础上的，这样比较容易保证整个系统的正确性；②可保证系统的易维护性和可扩充性，若想在系统中增加、修改或替换一个层次中的模块或整个层次，则只要不改变相应层次间的接口，就不会影响其他层次，这必将使系统维护和扩充变得更加容易。

分层式结构的主要**缺点**是系统效率较低。由于分层式结构是分层单向依赖的，必须在各层之间都建立层间的通信机制，OS每执行一个功能，通常要自上而下地穿越多个层次，这无疑会增加系统的通信开销，从而导致系统效率降低。

1.6.4 微内核结构

OS的微内核（microkernel）结构，是20世纪80年代后期发展起来的。由于它能有效地支持多处理机运行，故非常适用于分布式系统环境。当前比较流行的、能支持多处理机运行的OS，几乎全部都采用了微内核结构，例如卡内基梅隆大学研制的Mach OS，便属于微内核结构的OS；再如Windows 2000/XP系统，也采用了微内核结构。

1. 微内核 OS 的基本概念

为了提高OS的“正确性”“灵活性”“易维护性”和”可扩充性”，在进行现代OS结构设计时，即使在单处理机环境下，也大都会采用基于客户/服务器模式的微内核结构，将OS划分为两大部分：微内核和多个服务器。至于什么是微内核结构，现在尚无公认的定义，但可以从以下4个方面对微内核结构的OS进行描述。

（1）足够小的内核。

在微内核结构的OS中，内核是指精心设计的、能实现现代OS最基本核心功能的小型内核，微内核并不是一个完整的OS，而只是OS中最基本的部分，它通常包含：①用于处理与硬件紧密相关的部分；②一些最基本的功能；③客户和服务器之间的通信。它们只是为构建通用OS提供了一个重要基础。这样就可以确保把OS内核做得很小。

（2）基于客户/服务器模式。

由于客户/服务器模式具有非常多的优点，故在单处理机微内核结构的OS中几乎无一例外地都采用了客户/服务器模式，将OS中最基本的部分放入内核中，而把OS的绝大部分功能都放在微内核外面的一组服务器（进程）中实现，例如，用于提供进程（线程）管理功能的进程（线程）服务器、提供虚拟存储器管理功能的虚拟存储器服务器、提供I/O设备管理功能的I/O设备服务器等，都是被作为进程来实现的，它们运行在用户态。客户与服务器之间是借助微内核提供的消息传递机制来实现信息交互的。图1-10所示为单处理机环境下的客户/服务器模式。

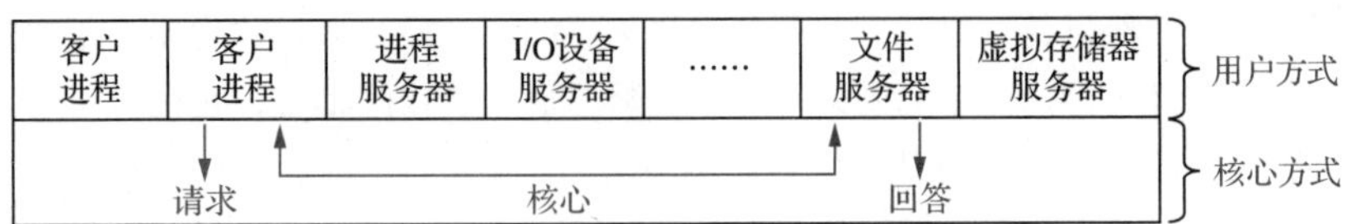

图 1-10 单处理机环境下的客户/服务器模式

（3）采用策略与机制分离原则。

在现代OS的结构设计中，经常会采用策略与机制分离原则来构造OS结构。所谓机制，是指实现某一功能的具体执行机构；而策略，则是指在机制的基础上，借助于某些参数和算法来实现该功能的优化或达到不同的功能目标。通常，机制处于系统的基层，而策略则处于系统的高层。在传统OS中，将机制放在OS内核的较低层，将策略放在OS内核的较高层。而在微内核OS中，通常将机制放在OS的微内核中。正因为如此，才有可能将内核做得很小。

（4）采用面向对象技术。

OS是一个极其复杂的大型软件系统，我们不仅可以通过结构设计来降低OS的复杂度，还可以基于面向对象技术中的“抽象”和“隐蔽”原则控制系统的复杂性，再进一步利用“对象”“封装”“继承”等概念来确保OS的“正确性”“可靠性”“易修改性”“易扩展性”等，并提高OS的设计速度。正因面向对象技术能带来如此多的好处，所以面向对象技术被广泛应用于现代OS的设计中。

2. 微内核的基本功能

微内核应具有哪些功能，或者说哪些功能应放在微内核中，哪些功能应放在微内核外，目前尚无明确的规定。现在通常采用策略与机制分离原则，将机制部分以及与硬件紧密相关的部分放入微内核中。由此可知，微内核通常具有以下几个方面的功能。

（1）进程（线程）管理。

大多数的微内核OS，对于进程管理功能的实现，都采用策略与机制分离原则。例如，为实现进程（线程）调度功能，须在进程管理中设置一个或多个进程（线程）优先级队列，以将指定优先级进程（线程）从所在队列中取出，并将其投入执行。由于这一部分属于调度功能的机制部分，故应将它放入微内核中。如何确定各类用户（进程）的优先级，又应如何确定每类用户中各用户的优先级等问题，都属于策略问题，可将它们放入微内核外的进程（线程）管理服务器中，以完成上述“确定”任务。

由于进程（线程）之间的通信功能是微内核OS最基本的功能，会被频繁使用，因此几乎所有的微内核OS都将进程（线程）之间的通信功能放入微内核中。此外，还将进程的切换、线程的调度以及多处理机之间的同步等功能也放入微内核中。

（2）低级存储器管理。

通常在微内核中，只配置最基本的低级存储器管理机制，例如，用于实现将用户空间的逻辑地址变换为内存空间的物理地址的页表机制和地址变换机制，这一部分是依赖于机器的，因此放入微内核中。而实现虚拟存储器管理的策略，包含应采用何种页面置换算法、采用何种内存分配与回收策略等，则应放在微内核外的存储器管理服务器中。

（3）中断和陷入处理。

大多数微内核OS都将与硬件紧密相关的一小部分放入微内核中进行处理，此时微内核的主要功能是捕获所发生的中断和陷入事件，并进行相应的前期处理，如进行中断现场保护、识别中断或陷入事件的类型等，然后将有关事件的信息转换成消息，并把它发送给相关的服务器；由服务器根据中断或陷入事件的类型，调用相应的处理程序来进行后期处理。

在微内核OS中，将进程管理、存储器管理、I/O管理等功能一分为二，并将其中属于机制的、很小的一部分放入微内核中，另外的绝大部分放在微内核外的各种服务器中。事实上，微内核外的大多数服务器都要比微内核大。这进一步说明了为什么能在采用客户/服务器模式后，还能把微内核做得很小的原因。

3. 微内核 OS 的优点

由于微内核结构是建立在模块化、层次化结构的基础上的，并采用了客户/服务器模式和面向对象的程序设计技术，因此，微内核结构的OS是集各种技术优点之大成。现将其优点细述如下。

（1）提高了系统可扩展性。

由于微内核OS的许多功能是由相对独立的服务器软件来实现的，当开发了新的硬件和软件时，微内核OS只须在相应的服务器中增加新的功能，或再增加一个专门的服务器即可。与此同时，微内核结构也必然会改善系统的灵活性，因为不仅可在OS中增加新的功能，还可修改原有功能，以及删除已过时的老功能，进而形成一个更为精干的、有效的OS。

（2）增强了系统的可靠性。

一方面，微内核是经过精心设计和严格测试的，这容易保证其正确性；另一方面，微内核提供了规范而精简的应用程序接口（application programming interface，API），这为在微内核外部编写高质量的程序创造了条件。此外，由于所有服务器都运行在用户态，服务器与服务器之间采用的是消息传递通信机制，因此，某个服务器出现错误不会影响微内核，也不会影响其他服务器。

（3）增强了系统的可移植性。

随着硬件的快速发展，出现了各种各样的硬件平台，作为一个好的OS，必须具备可移植性，以使自身能够较容易地运行在不同的计算机硬件平台上。在微内核结构的OS中，所有与特定CPU和I/O设备有关的代码，均放在微内核和微内核下面的硬件隐藏层中，而OS的其他绝大部分组件（各种服务器）均与硬件平台无关，因而，把OS从一个计算机硬件平台移植到另一个计算机硬件平台上所须做的修改是比较小的。

（4）提供了对分布式系统的支持。

在微内核OS中，由于客户和服务器之间、服务器和服务器之间的通信，均采用消息传递通信机制实现，微内核OS能很好地支持分布式系统和网络系统。事实上，只要在分布式系统中赋予所有进程和服务器唯一的标识符，在微内核中再配置一张系统映射表（即进程和服务器的标识符与它们所驻留的机器之间的对应表），在进行客户与服务器通信时，只须在所发送的消息中标上发送进程和接收进程的标识符，微内核便可利用系统映射表将消息发往“目标”，而无论“目标”驻留在哪台机器上。

（5）融入了面向对象技术。

在设计微内核OS时，采用了面向对象技术，其中的“封装”“继承”“对象类”和“多态性”，以及在对象之间采用消息传递机制等，都十分有利于提高系统的“正确性”“可靠性”“易修改性”“易扩展性”等，而且还能显著减少开发系统的开销。

4. 微内核 OS 存在的问题

应当指出，在微内核OS中，由于采用了非常小的内核，客户/服务器模式和消息传递机制，虽给微内核OS带来了许多优点，但也使微内核OS存在着缺点，其中最主要的缺点是相比于早期的OS，微内核OS的运行效率有所降低。

效率降低最主要的原因是，在完成一次客户对OS提出的服务请求时，需要利用消息实现多次交互，以及进行用户/内核模式和上下文的多次切换。然而，在早期的OS中，用户进程在请求取得OS服务时，一般只须进行两次上下文的切换：一次是在执行系统调用后，由用户态转向内核态时；另一次是在系统完成用户请求的服务后，由内核态返回用户态时。

在微内核OS中，客户和服务器、服务器和服务器之间的通信都须通过微内核，这使得同样的服务请求至少需要进行4次上下文切换。第1次发生在客户发送请求消息给微内核，以请求取得某服务器特定的服务时；第2次发生在由微内核把客户的请求消息发往服务器时；第3次发生在服务器完成客户的请求后，把响应消息发送到微内核时；第4次发生在微内核将响应消息发送给客户时。

实际情况往往还会引起更多的上下文切换。例如，当某个服务器自身尚无能力完成客户请求而需要其他服务器帮助时，如图1-11所示，其中的文件服务器需要磁盘设备服务器的帮助，这时就需要进行8次上下文的切换。

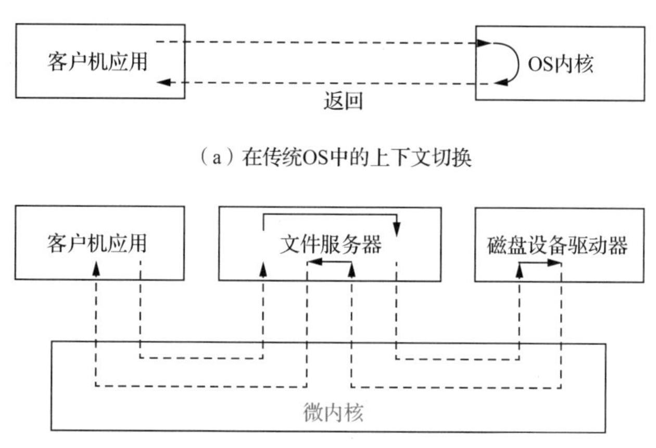

（a）在传统OS中的上下文切换

（b）在微内核OS中的上下文切换

图1-11　在传统OS和微内核OS中的上下文切换

为了改善运行效率，可以重新把OS的一些常用基本功能，由服务器移入微内核中。这样可使客户对OS常用基本功能的请求所引发的用户/内核模式和上下文的切换次数，由4次或8次降为2次。但这又会使微内核的容量明显增大，使其在小型接口定义和适应性方面的优势有所下降，同时会提高微内核的设计代价。

1.6.5　外核结构

在传统OS中，只有内核可以管理硬件资源，应用程序通过内核提供的抽象接口间接地与硬件进行交互。随着计算机产业的逐步发展，应用程序的需求多样性开始增加，内核提供的接口因具有固定性而成为应用程序提升性能、增强灵活性和拓展功能的瓶颈。但是，应用程序的需求一直在发生变化，这使得OS为每个应用程序的每种需求都提供一个接口并不现实。因此，传统OS难以适应应用程序的个性化需求。

外核（exokernel）或外内核OS的基本思想是：内核不提供传统OS中的进程、虚拟存储器等抽象事物，而是专注于物理资源的隔离（保护）与复用。具体来说，在基于外核结构的OS中，一个非常小的内核负责保护系统资源，而硬件资源的管理职责则委托给应用程序。这样，OS就可以做到在保证资源安全的前提下，减少对应用程序的限制，充分满足应用程序对硬件资源的不同需求。图1-12所示为美国麻省理工学院实现的具有外核结构的Aegis系统，这个系统由一个轻量级内核和库OS组成。外核只提供比较低层的硬件操作，在外核接口上层工作的库OS则提供更高级别的映射。这里的库OS的实现思想是：基于应用程序的需求来定制OS内核，将原本属于OS内核的功能以库的形式提供给用户。

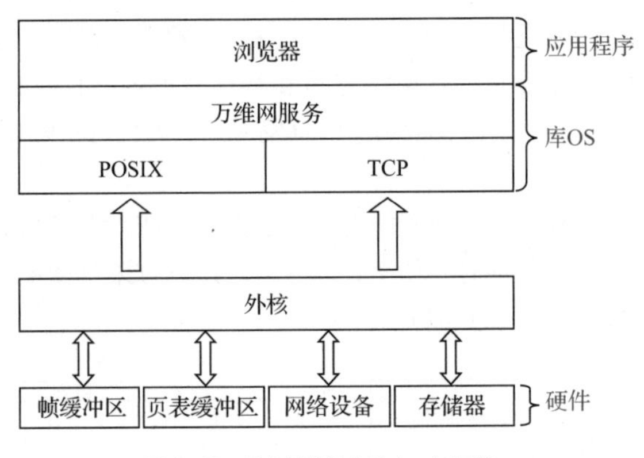

图1-12　具有外核结构的Aegis系统

1.7　系统调用

程序接口是OS专门为用户程序而设置的，被提供给了程序员在编程时使用，其也是用户程序取得OS服务的唯一途径。程序接口由一组系统调用（system call）组成，因此可以说，系统调用提供了用户程序和OS内核之间的接口。系统调用不仅可供所有的应用程序使用，还可供OS自身使用。在每个系统中，通常有几十条甚至上百条系统调用，可根据功能将它们划分成若干类。每一个系统调用都是一个能完成特定功能的子程序。

1.7.1　系统调用的基本概念

在OS中提供系统调用的目的是，使应用程序可以通过系统调用来间接调用OS中的相关过程，进而取得相应的服务。系统调用在本质上是应用程序请求OS内核完成某功能时的一种过程调用，但它是一种特殊的过程调用，它与一般的过程调用在下述几方面有着显著差别。

（1）运行在不同的系统状态。一般的过程调用，其调用程序和被调用程序运行在相同的状态——内核态或用户态；而系统调用与一般的过程调用的最大区别就在于，系统调用的调用程序运行在用户态，而被调用程序运行在内核态。

（2）状态的转换。由于一般的过程调用并不涉及系统状态的转换，因此可直接由调用过程转向被调用过程。但在运行系统调用时，由于调用过程和被调用过程工作处于不同的系统状态，因而不允许由调用过程直接转向被调用过程，需要通过软中断机制先由用户态转换为内核态，经内核分析后才能转向相应的系统调用处理子程序。

（3）返回问题。在采用了抢占式（剥夺）调度方式的系统中，在被调用过程执行完成后，要对系统中所有要求运行的进程做优先级分析。当调用进程仍具有最高优先级时，才返回到调用进程继续执行；否则，将重新调度，以便让优先级最高的进程优先执行。此时，将把调用进程放入就绪队列。

（4）嵌套调用。像一般的过程调用一样，系统调用也可以嵌套进行，即在一个被调用过程执行期间，还可以利用系统调用命令去调用另一个系统调用。当然，每个系统调用对嵌套调用的深度都有一定的限制，如最大深度为6。但一般的过程调用对嵌套调用的深度则没有限制。图1-13所示为无嵌套调用与有嵌套调用这两种情况下的系统调用。

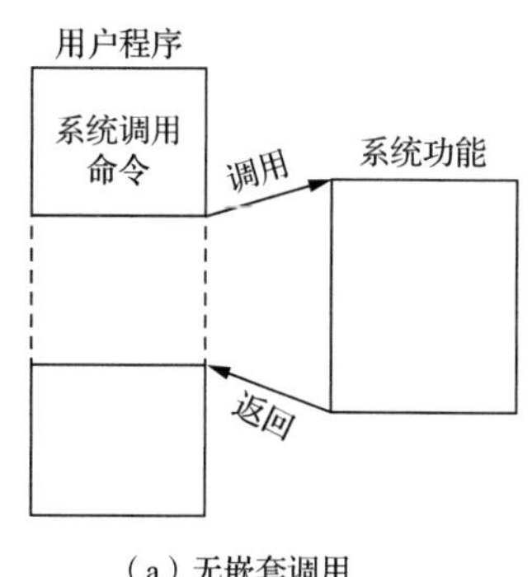

（a）无嵌套调用

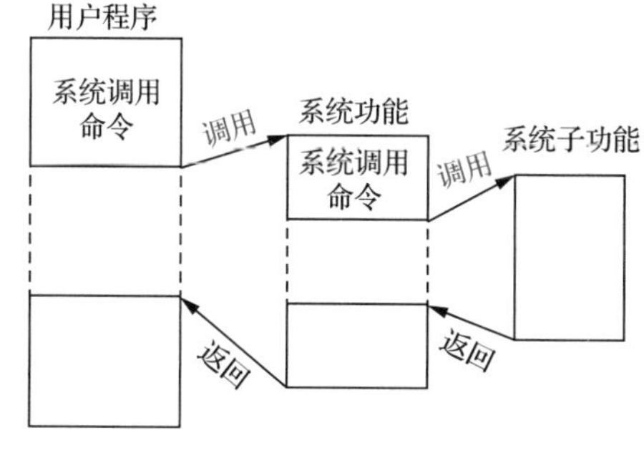

（b）有嵌套调用

图1-13　系统调用

我们可以通过一个简单的例子，来说明在用户程序中是如何使用系统调用的。例如，要写一个简单的程序，用于从一个文件中读出数据，再将该数据复制到另一文件中。为此，首先须输入该程序的输入文件名和输出文件名。文件名可用多种方式指定，其中一种方式是由程序来询问用户这两个文件名。在交互式系统中，该方式要使用一系列的系统调用，先在屏幕上打印出一系列的提示信息，再从键盘终端读入定义这两个文件名的字符串。

在获得两个文件名后，程序又必须利用系统调用open去打开输入文件，并用系统调用creat去创建指定的输出文件；在执行系统调用open时，又可能发生错误。例如，程序试图去打开一个不存在的文件，或者该文件虽然存在，但并不允许被访问等。此时，程序又须利用多条系统调用去显示出错信息，继而利用一个系统调用去实现程序的异常终止。类似地，在执行系统调用creat时，同样可能出现错误。例如，系统中早已有了与输出文件同名的另一文件，这时又须利用一个系统调用来结束程序，或者利用一个系统调用来删除已存在的那个同名文件，此后再利用系统调用creat来创建输出文件。

在打开输入文件和创建输出文件都获得成功后，还须通过用于申请内存的系统调用alloc来根据文件的大小申请一个缓冲区。申请成功后，再利用系统调用read从输入文件中把数据读到缓冲区内。读完后，又用系统调用close去关闭输入文件。然后，利用系统调用write把缓冲区内的数据写到输出文件中。在读过程或写过程中，都有可能需要回送各种出错信息。例如，在写过程中，可能发现已到达文件末尾指定的字符数尚未读够，或者遇见各种与输出设备类型有关的错误（如已无磁盘空间、打印机缺纸等）；在读过程中，可能发现硬件故障，如奇偶校验错误等。在将整个文件复制完后，程序又须利用系统调用close去关闭输出文件，并向控制台发出一消息，以指示复制完毕。最后，再利用系统调用exit使程序正常结束。综上所述可知，一个用户程序需要频繁地利用各种系统调用来取得OS所提供的多种服务。

系统调用是通过中断机制实现的，并且一个OS的所有系统调用都通过同一个中断入口来实现。例如，MS-DOS系统提供了INT 21H这一中断，应用程序通过该中断获取OS的服务。

对于拥有保护机制的OS来说，中断机制本身也是受保护的。在IBM公司所生产的个人计算机上，Intel提供了多达255个中断号，但只有授权给应用程序保护等级的中断号，才是可以被应用程序调用的。对于未被授权的中断号，如果应用程序对其进行调用，则会引发保护异常，进而导致自己被OS停止。例如，Linux系统仅给应用程序授权了4个中断号，即3H、4H、5H、80H，前3个中断号是提供给应用程序进行调试所使用的，而80H则是用于系统调用的中断号。

1.7.2　系统调用的类型

现在所有的通用OS都提供了许多系统调用，但它们所提供的系统调用会有一定的差异。对于一般的通用OS而言，可将系统调用分为以下几大类。

1．进程控制类系统调用

主要用于控制进程的系统调用如下。①创建和终止进程的系统调用。利用创建进程的系统调用为想要参加并发执行的程序创建一个进程，当进程执行结束后，再利用终止进程的系统调用来终止该进程。②获得和设置进程属性的系统调用。进程的属性包括进程标识符、进程优先级、最大允许执行时间等。利用获得进程属性的系统调用可了解某进程的属性，利用设置进程属性的系统调用可确定和重新设置进程的属性。③等待某事件出现的系统调用。进程在执行过程中，假设需要等待某事件（条件）出现后方可继续执行。此时，进程可利用等待某事件出现的系统调用来使自己处于等待状态，一旦等待的事件出现，便可将自己唤醒。

2．文件操纵类系统调用

主要用于操纵文件的系统调用如下。①创建和删除文件的系统调用。利用创建文件的系统调用，请求系统创建一个新文件；利用删除文件的系统调用，将指定文件删除。②打开和关闭文件的系统调用。用户在第一次访问某个文件之前，应先利用打开文件的系统调用将指定文件打开；在访问结束后，应利用关闭文件的系统调用将指定文件关闭。③读和写文件的系统调用。用户可利用读文件的系统调用，从已打开的文件中读出给定数目的字符，并将它们送至指定的缓冲区中；也可利用写文件的系统调用，从指定的缓冲区中将给定数目的字符写入文件中。读和写文件的系统调用是文件操纵类中使用最频繁的系统调用。

3．进程通信类系统调用

在单处理机系统中，OS经常会采用信息传递方式和共享存储区方式。①当采用信息传递方式时，在通信前须先打开一个连接。为此，应由源进程发出一条打开连接的系统调用，而目标进程则应利用接受连接的系统调用表示同意进行通信；然后，在源进程和目标进程之间便可开始通信。可以利用发送信息的系统调用和接收信息的系统调用来交换信息。通信结束后，还须利用关闭连接的系统调用来结束通信。②当采用共享存储区方式时，在通信前须先利用建立共享存储区的系统调用来建立一个共享存储区，再利用建立连接的系统调用将该共享存储区连接到进程自身的虚地址空间上，然后便可利用读和写共享存储区的系统调用来实现相互通信。

除了上述的3大类系统调用外，常用的系统调用还包括设备管理类系统调用和信息维护类系统调用，前者主要用于实现申请设备、释放设备、设备I/O重定向、获得和设置设备属性等功能，后者主要用于获得包括有关系统和文件的时间信息、OS版本、当前用户以及有关空闲内存和磁盘空间大小等多方面的信息。

1.8　本章小结

一个完整的计算机系统由硬件和软件组成。硬件是软件得以建立和开展活动的基础，而软件则是对硬件功能的扩充。OS是裸机之上的第一层系统软件，它向下管理系统中各类资源，向上为用户和程序提供服务。

本章主要介绍了OS的目标、作用、发展过程、基本特征、运行环境、主要功能、结构以及系统调用等内容。

OS的发展过程很长，从OS开始替代操作人员到发展出现代多道程序系统，这一过程中依次发展出了多种类型的OS，具体而言，有早期的批处理系统、分时系统、实时系统，还有现代的微机OS、嵌入式OS、网络OS和分布式OS等。

OS具有并发、共享、虚拟和异步等特征，其运行需要硬件支持。为了保护系统不被破坏，处理机的运行模式可分为两种，即用户态和内核态，可能引起系统危险的特权指令只能运行在内核态中。OS是中断驱动的，因此中断和异常是计算机系统中的一个重要机制，它保证了OS的正常运行。

传统OS具备的功能包括：进程管理、内存管理、设备管理、文件管理和接口管理。现代OS除了具备传统OS所具备的功能外，还具备保障系统安全、支持用户通过联网获取服务、可处理多媒体信息等功能。

OS是一个大型的系统软件，采用结构化的设计很重要。早期的OS基本无结构，现代流行的OS则多采用模块化结构、分层式结构、微内核结构等设计而成，最新的OS有的还是采用外核结构设计而成的。

系统调用是OS内核与用户程序之间的接口，每个OS都提供了大量的系统调用给程序员使用。

习题1（含考研真题）

一、简答题

1. 在计算机系统上配置OS的目标是什么？作用主要表现在哪几个方面？
2. 试说明OS与硬件、其他系统软件以及用户之间的关系。
3. 试说明推动OS发展的主要动力是什么。
4. 在OS中，何谓脱机I/O方式和联机I/O方式？
5. 试说明推动分时系统形成和发展的主要动力是什么。
6. 实现分时系统的关键问题是什么？应如何解决？
7. 为什么要引入实时系统？
8. 什么是HRT任务和SRT任务？试举例说明。
9. 试从及时性、交互性及可靠性方面对分时系统与实时系统进行比较。
10. 微机OS按运行方式来分，可以分为哪几类？举例说明。
11. OS具有哪几大特征？它们之间有何关系？
12. 是什么原因使OS具有异步特征？
13. 何谓OS内核？OS内核的主要功能是什么？
14. 何谓原语？何谓原子操作？
15. 简要描述处理机的双重工作模式。
16. 简述中断处理过程。
17. 处理机管理有哪些主要功能？它们的主要任务是什么？
18. 存储器管理有哪些主要功能？它们的主要任务是什么？
19. 设备管理有哪些主要功能？它们的主要任务是什么？
20. 文件管理有哪些主要功能？它们的主要任务是什么？

21. 现代OS的新功能有哪些？
22. 什么是微内核OS？它具有哪些优点？
23. 外核OS的基本思想是什么？
24. 什么是系统调用？系统调用与一般用户程序和库函数有何区别？

二、计算题

25. 设有3道程序A、B、C，它们按照优先次序（A→B→C）顺序执行，它们的计算时间和I/O操作时间如表1-1所示，假设3道程序以串行方式使用相同的设备进行I/O操作，试画出单道程序运行和多道程序运行的时间关系图，并计算完成这3道程序所须花费的时间。

表 1-1　时间表

程序	时间（ms）		
	计算	I/O操作	计算
A	30	40	10
B	60	30	10
C	20	40	20

26. （考研真题）一个多道批处理系统中仅有 P_1 和 P_2 两个作业，P_2 比 P_1 晚 5ms 到达，它们的计算和 I/O 操作顺序如下。

P_1：计算 60ms，I/O操作 80ms，计算 20ms。

P_2：计算 120ms，I/O操作 40ms，计算 40ms。

不考虑调度和切换时间，请计算完成两个作业需要的最少时间。

三、综合应用题

27. OS的概念、特征和功能是什么？
28. （考研真题）若某计算问题的执行情况如图1-14所示。

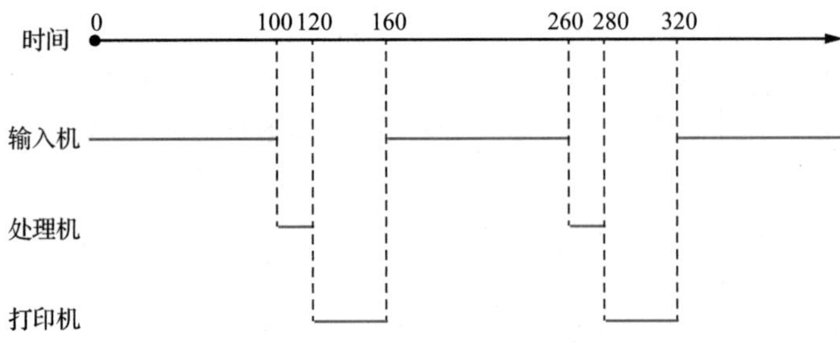

图 1-14　计算问题执行情况

则请回答下列问题。

（1）叙述该计算问题中处理机、输入机和打印机是如何协同工作的。

（2）计算在图1-14所示的执行情况下处理机的利用率。

（3）简述处理机利用率不高的原因。

（4）请画出能提高处理机利用率的执行方案。

第2章
进程的描述与控制

第2章导读

在传统的OS中，为了提高资源利用率和系统吞吐量，通常会采用多道程序技术将多个程序同时装入内存，并使它们并发执行，即传统意义上的程序不再独立运行。此时，资源分配和独立运行的基本单位都是进程，OS所具有的四大特征也都是基于进程而形成的。由此可见，在OS中，**进程**是一个极其重要的概念。因此，本章将专门对进程进行详细阐述。本章知识导图如图2-1所示。

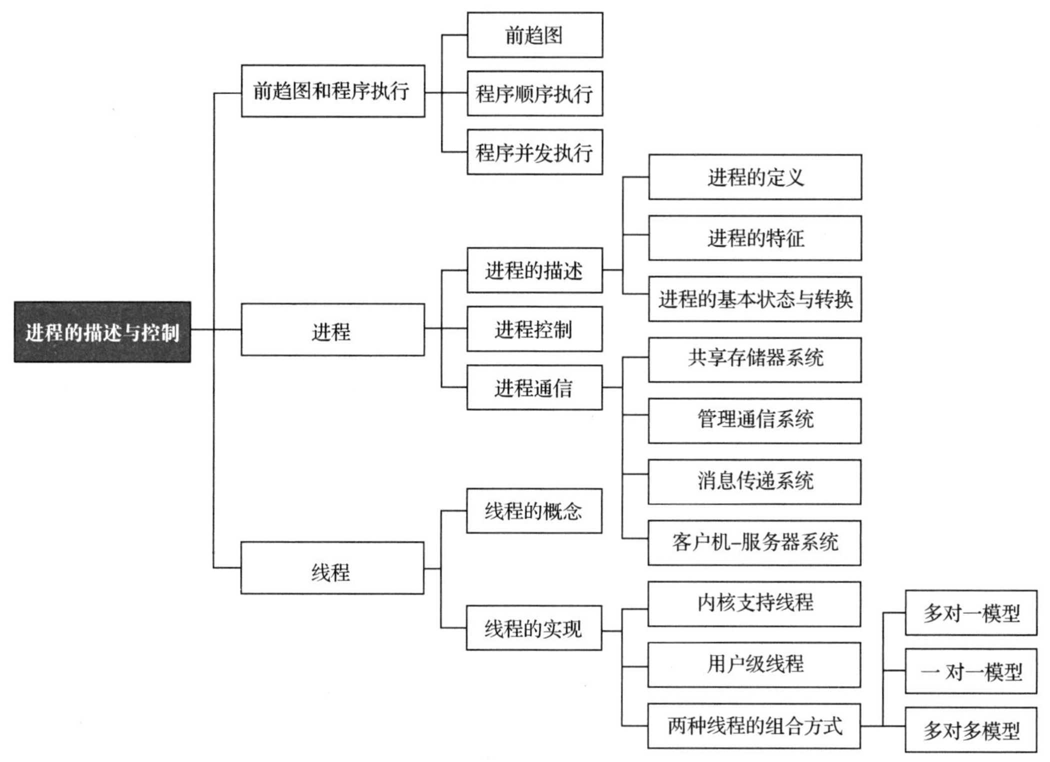

图2-1　第2章知识导图

2.1 前趋图和程序执行

在单道批处理系统和早期未配置OS的计算机系统中，程序的执行方式是顺序执行，即在内存中仅装入一道程序，由它独占系统的所有资源；只有在一个程序执行完成后，才允许装入另一个程序并执行（即顺序执行）。可见，这种方式存在浪费资源、系统运行效率低等缺点。而在多道程序系统中，由于内存中可以同时装入多个程序，它们可以共享系统资源、并发执行，这显然可以克服上述缺点。程序的这两种执行方式之间存在着显著的不同，尤其是程序并发执行时的特征，使得在OS中引入进程的概念非常必要。

在此基础上，本节将先后介绍程序的顺序执行和并发执行方式。为了更好地描述程序的这两种执行方式，本节将首先介绍用于描述程序执行先后顺序的前趋图。

2.1.1 前趋图

所谓前趋图（precedence graph），是指一个有向无环图（directed acyclic graph，DAG），它用于描述进程之间执行的先后顺序。图中的每个节点均可用于表示一个进程或一段程序，甚至是一条语句，节点间的有向边则表示两个节点之间所存在的偏序（partial order）或前趋关系（precedence relation）。

程序之间的前趋关系可用“→”来表示。如果P_i和P_j间存在着前趋关系，则可将它们写成（P_i，P_j）∈→，也可写成$P_i \to P_j$，表示在P_j开始执行之前P_i必须执行完成。此时称P_i是P_j的直接前趋，而称P_j是P_i的直接后继。在前趋图中，把没有前趋的节点称为初始节点（initial node），把没有后继的节点称为终止节点（final node）。此外，每个节点还具有一个权重（weight），用于表示该节点所含有的程序量或程序的执行时间。在图2-2（a）所示的无循环的前趋图中，存在着如下前趋关系：

$P_1 \to P_2$，$P_1 \to P_3$，$P_1 \to P_4$，$P_2 \to P_5$，$P_3 \to P_5$，$P_4 \to P_6$，$P_4 \to P_7$，$P_5 \to P_8$，$P_6 \to P_8$，$P_7 \to P_9$，$P_8 \to P_9$。

上述关系还可表示为：

$P=\{P_1, P_2, P_3, P_4, P_5, P_6, P_7, P_8, P_9\}$

$\to=\{(P_1, P_2), (P_1, P_3), (P_1, P_4), (P_2, P_5), (P_3, P_5), (P_4, P_6), (P_4, P_7), (P_5, P_8), (P_6, P_8), (P_7, P_9), (P_8, P_9)\}$。

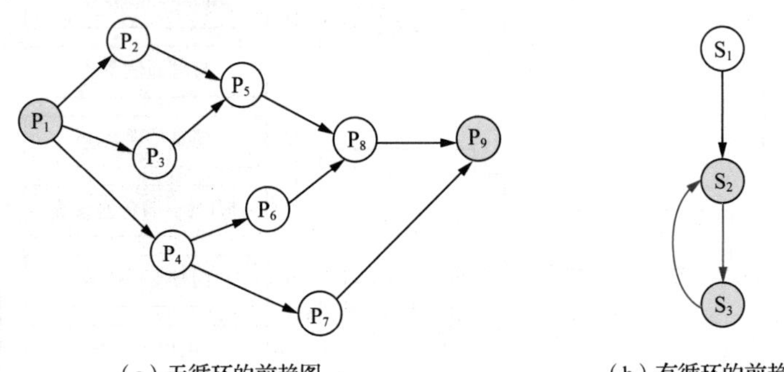

（a）无循环的前趋图　　（b）有循环的前趋图

图2-2　前趋图

应当注意，前趋图中是不允许有循环的，否则必然会产生无法实现的前趋关系。例如，在图2-2（b）所示的有循环的前趋图中，就存在着循环。它一方面要求在S_3开始执行之前S_2必须完成，另一方面又要求在S_2开始执行之前S_3必须完成，显然，这种关系（即$S_2 \to S_3$，$S_3 \to S_2$）是不可能实现的。

2.1.2 程序顺序执行

1. 程序的顺序执行

通常，一个程序由若干个程序段组成，每个程序段负责完成特定的功能，且它们都需要按照某种先后次序被顺序运行，仅当前一程序段运行完成后，才会运行后一程序段。例如，在进行计算时，应先运行输入程序，用于输入用户的程序和数据；然后运行计算程序，对所输入的数据进行计算；最后才会运行打印程序，打印计算结果。我们用节点来代表各程序段的操作（在图2-3中用圆圈表示不同节点），其中I代表输入操作，C代表计算操作，P代表打印操作，箭头指示操作的先后次序。这样，上述的3个程序段的操作间所存在的前趋关系即可表示为：$I_i \rightarrow C_i \rightarrow P_i$，其执行的先后顺序可用图2-3（a）所示的前趋图来描述。

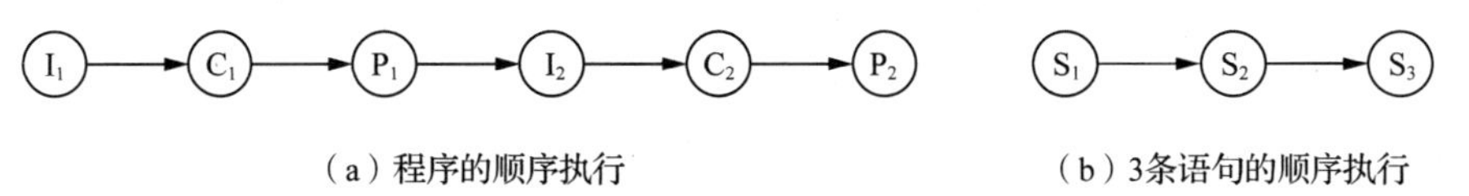

（a）程序的顺序执行　　（b）3条语句的顺序执行

图2-3　程序顺序执行的前趋图

需要说明的是，即使是一个程序段，也可能存在执行顺序问题。例如，下面给出了一个包含3条语句的程序段。

```
S1:  a :=x+y ;
S2:  b :=a-5 ;
S3:  c :=b+1 ;
```

其中，语句S_2必须在语句S_1（即a被赋值）后才能执行，语句S_3也只能在语句S_2（即b被赋值）后才能执行，因此，3条语句存在着前趋关系：$S_1 \rightarrow S_2 \rightarrow S_3$，应按图2-3（b）所示的前趋关系顺序执行。

2. 程序顺序执行时的特征

由上述描写可知，程序在顺序执行时具有3个特征。①**顺序性**：处理机会严格按照程序所规定的顺序执行语句，即每个操作都必须在下个操作开始之前结束；②**封闭性**：程序在封闭的环境下运行，即程序运行时独占全机资源，只有本程序才能改变资源的状态（除初始状态外），程序一旦开始执行，其执行结果便不会再受外界因素影响；③**可再现性**：只要程序执行时的环境和初始条件相同，当程序重复执行时，不论它是从头到尾不停顿地执行，还是“停停走走”地执行，都可获得相同的结果。程序顺序执行时的这种特性，为程序员检测和校正程序的错误带来了很大的方便。

2.1.3 程序并发执行

程序顺序执行时，虽然可以给程序员带来方便，但是系统资源的利用率却是极其低下的。为此，在系统中引入了多道程序技术，使程序或程序段间能并发执行。然而，并非所有的程序都能并发执行。事实上，只有不存在前趋关系的程序才有可能并发执行，否则无法并发执行。

1. 程序的并发执行

首先，我们通过一个最常见的例子，来说明程序顺序执行和并发执行的不同。

在图2-3中的输入程序、计算程序和打印程序三者之间，存在着$I_i \rightarrow C_i \rightarrow P_i$这样的前趋关系，以至对于一个作业而言，输入、计算和打印这三个程序段必须顺序执行。但是当需要处理一批作业（而非一个）时，每个作业的输入、计算和打印程序段的执行情况如图2-4所示。输入程序（I_1）输入第一次数据后，在由计算程序（C_1）对该数据进行计算的同时，输入程序（I_2）可再输入第二次数据，从而使第一个计算程序（C_1）可与第二个输入程序（I_2）并发执行。事实上，正是由于C_1和I_2之间并不存在前趋关系，因此它们之间可以并发执行。一般来说，输入程序（I_{i+1}）在输入第i+1次数据时，计算程序（C_i）可能正在对输入程序（I_i）的第i次输入的数据进行计算，而打印程序（P_{i-1}）可能正在打印计算程序C_{i-1}的计算结果。

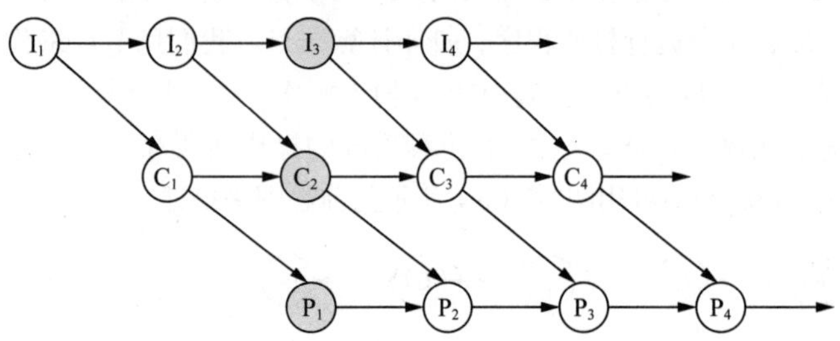

图2-4　程序并发执行时的前趋图

从图2-4中可以看出，存在前趋关系$I_i \to C_i$，$I_i \to I_{i+1}$，$C_i \to P_i$，$C_i \to C_{i+1}$，$P_i \to P_{i+1}$，而在I_{i+1}和C_i以及P_{i-1}之间，不存在前趋关系，它们可以并发执行。

对于具有下述4条语句的程序段：

```
S1:  a :=x+2;
S2:  b :=y+4;
S3:  c :=a+b;
S4:  d :=c+b;
```

可画出图2-5所示的前趋关系。从图2-5中可以看出：S_3必须在a和b被赋值后方能执行；S_4必须在S_3之后方能执行；但S_1和S_2则可以并发执行，因为它们彼此互不依赖。

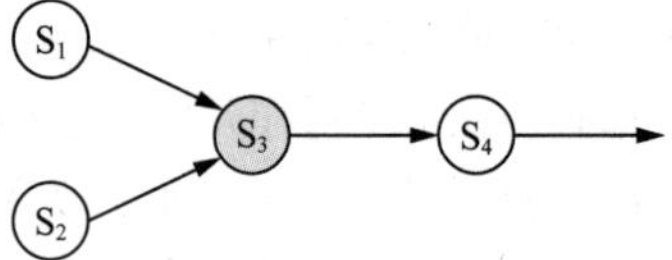

图2-5　4条语句的前趋关系

2. 程序并发执行时的特征

在引入程序间的并发执行功能后，虽然提高了系统吞吐量和资源利用率，但是由于它们共享系统资源，以及为完成同一任务而相互合作，这些并发执行的程序之间必将形成相互制约关系，这会给程序并发执行带来新的特征，介绍如下。

（1）间断性。程序在并发执行时，由于它们共享系统资源，以及为完成同一项任务而相互合作，这些并发执行的程序之间形成了相互制约关系。例如，图2-4中的I、C和P是三个相互合作的程序，当计算程序C_{i-1}完成计算后，如果输入程序I_i尚未完成数据输入，则计算程序C_i就无法进行数据处理，此时必须暂停执行。只有当致使程序暂停的因素消失后（如I_i已完成数据输入），计算程序C_i才可恢复执行。由此可见，相互制约关系将导致并发程序具有“执行—暂停—执行”这种间断性的活动规律。

（2）失去封闭性。当系统中存在多个可以并发执行的程序时，系统中的各种资源将为它们所共享，而这些资源的状态也会由这些程序来改变，致使其中任一程序在执行时，其执行环境必然会受到其他程序的影响。例如，当处理机已被分配给某个进程执行时，其他程序必须等待。显然，程序的执行失去了封闭性。

（3）**不可再现性**。程序在并发执行时，失去封闭性会导致其失去可再现性。例如，有两个循环程序A和B，它们共享一个变量N。程序A每执行一次时，都要执行$N = N + 1$操作；程序B每执行一次时，都要执行Print(N)操作，然后再将N置成“0”。程序A和B以不同的速度运行。这样，可能出现下述3种情况（假定某一时刻变量N的值为n）。①若$N = N + 1$在Print(N)和$N = 0$之前执行，则各次操作对应的N值分别为$n+1$、$n+1$、0。②若$N = N + 1$在Print(N)和$N = 0$之后执行，则各次操作对应的N值分别为n、0、1。③若$N = N + 1$在Print(N)和$N = 0$之间执行，则各次操作对应的N值分别为n、$n+1$、0。

上述情况说明，程序在并发执行时，由于失去了封闭性，其计算结果必将与并发程序的执行速度有关，这使程序的执行失去了可再现性。换言之，程序经过多次执行后，虽然多次执行时的环境和初始条件相同，但得到的结果却各不相同。

2.2 进程的描述

2.2.1 进程的定义与特征

1. 进程的定义

在多道程序环境下，程序的执行属于并发执行，因此它们会失去封闭性，并具有间断性和运行结果不可再现性。通常，程序是不能参与并发执行的，否则，程序的执行就失去了意义。为了使程序可以并发执行，并且可以对并发执行的程序加以描述和控制，人们在OS中引入了“进程”这一概念。

为了使参与并发执行的每个程序（含数据）都能独立地运行，在OS中必须为之配置一个专门的数据结构，称之为进程控制块（process control block，PCB）。系统利用PCB来描述进程的基本情况和活动过程，进而控制和管理进程。这样，由程序段、相关的数据段和PCB这3部分便构成了进程实体（又称为进程映像）。一般情况下，我们把进程实体简称为进程，例如，所谓创建进程，实质上是指创建进程的PCB；而撤销进程，实质上是指撤销进程的PCB，本书中也是如此。

对于进程，从不同的角度可以给出不同的定义，其中较典型的定义有以下3种。

（1）进程是程序的一次执行。

（2）进程是一个程序及其数据在处理机上顺序执行时所发生的活动。

（3）进程是具有独立功能的程序在一个数据集上执行的过程，它是系统进行资源分配和调度的一个独立单位。

在引入进程的概念后，我们可以把传统OS中的**进程定义**为：“进程是程序的执行过程，是系统进行资源分配和调度的一个独立单位”。

2. 进程的特征

进程和程序是两个截然不同的概念，进程除了具有程序所没有的PCB外，还具有以下特征。

（1）**动态性**。进程的实质是程序的执行过程，因此，动态性就是进程最基本的特征。动态性还表现在：进程由创建而产生，由调度而执行，由撤销而消亡。由此可见，进程有一定的生命期，而程序则只是一组有序指令的集合，并存放于某种介质上，其本身并不具有活动的含义，因而是静态的。

（2）**并发性**，是指多个进程共存于内存中，且能在一段时间内同时执行。引入进程也正是为了使进程能和其他进程并发执行。因此，并发性是进程的另一个重要特征，同时也成为了OS的重要特征；而程序（未建立PCB）是不能参与并发执行的。

（3）**独立性**。在传统OS中，独立性是指进程是一个能够独立运行、独立获得资源、独立接受调度的基本单位。凡未建立PCB的程序都不能作为一个独立的单位参与并发执行。

（4）**异步性**，是指进程是按异步方式运行的，即按各自独立的、不可预知的速度向前推进。正是这一特征才导致传统意义上的程序若参与并发执行，则会使其结果不可再现。为了使进程在并发执行时虽具有异步性，但仍能保证进程并发执行的结果是可再现的，在OS中引入了进程的概念，并且配置了相应的进程同步机制。

思考题

为什么程序一定要被创建成为进程后，才能在 OS 中运行?

2.2.2 进程的基本状态与转换

进程的基本状态与转换

1. 进程的 3 种基本状态

由于多个进程在并发执行时共享系统资源，它们会在执行过程中呈现间断性规律，因此，进程在其生命周期内可能具有多种状态。一般而言，每个进程至少应处于以下3种基本状态之一。

（1）**就绪（ready）状态**，是指进程已处于准备好执行的状态，即进程已分配到除CPU以外的所有必要资源后，只要再获得CPU，便可立即执行。如果系统中有许多处于就绪状态的进程，则通常会将它们按一定的策略（如优先级策略）排成一个队列，称该队列为就绪队列。

（2）**执行（running）状态**，是指进程获得CPU后其程序“正在执行”这一状态。对任何一个时刻而言，在单处理机系统中，只有一个进程处于执行状态，而在多处理机系统中，则可能会有多个进程处于执行状态。

（3）**阻塞（block）状态**。正在执行的进程由于发生某事件（如I/O请求、申请缓冲区失败等）而暂时无法继续执行，即指进程的执行受到了阻塞。此时会引发进程调度，OS会把处理机分配给另一个就绪进程，而让受阻进程处于暂停状态，一般将这种暂停状态称为阻塞状态，有时也称为等待状态或封锁状态。通常系统会将处于阻塞状态的进程排成一个队列，称该队列为阻塞队列。实际上，在较大的系统中，为了减少阻塞队列操作开销，提高系统效率，根据阻塞原因的不同，会设置多个阻塞队列。

2. 进程 3 种基本状态间的转换

进程在运行过程中，会经常发生状态的转换。例如，处于就绪状态的进程，在调度程序为之分配处理机之后便可执行，相应地，其状态就会由就绪转变为执行；正在执行的进程（当前进程），如果因分配给它的时间片已完而被剥夺处理机暂停执行时，其状态便会由执行转变为就绪；如果因发生某事件而致使当前进程的执行受阻（例如进程访问某临界资源而该资源又正在被其他进程访问），使之无法继续执行，则该进程状态将由执行转变为阻塞。图2-6给出了进程的3种基本状态以及各状态之间的转换关系。

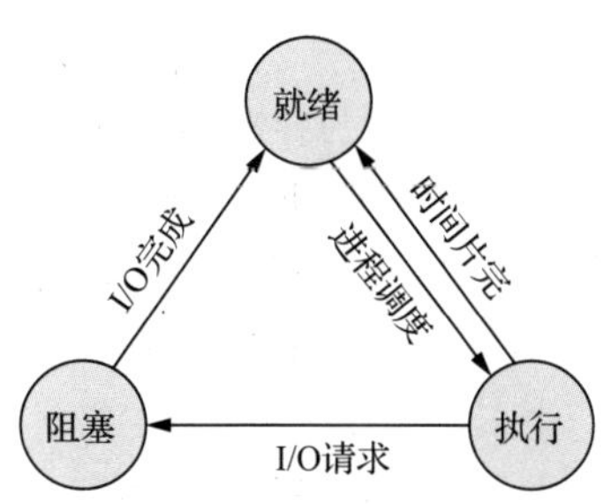

图2-6　进程的3种基本状态及其转换关系

3. 创建状态和终止状态

为了满足进程控制块对数据与操作的完整性要求以及增强管理的灵活性，通常会在系统中为进程引入另外两种常见的状态：创建状态和终止状态。

（1）创建状态。

如前所述，进程是由创建或新建产生的。创建一个进程是一个很复杂的过程，一般要通过多个步骤才能完成，具体而言：首先，由进程申请一个空白PCB，并向PCB中填写用于控制和管理进程的信息；然后，为该进程分配运行时所必需的资源；最后，把该进程的状态转换为就绪状态并将其插入就绪队列之中。但如果进程所必需的资源尚不能得到满足，如系统尚无足够的内存来存储进程，此时创建工作尚未完成，进程不能被调度运行，于是我们把此时进程所处的状态称为创建状态（或新建状态）。

引入创建状态，是为了保证进程的调度必须在创建工作完成后进行，以确保对PCB操作的完整性。同时，创建状态的引入也增加了管理的灵活性，OS可以根据系统性能或内存容量的限制，推迟新进程的提交（使进程处于创建状态）。对于处于创建状态的进程，当其获得了所必需的资源，并完成了对PCB的初始化工作后，便可由创建状态转入就绪状态。

（2）终止状态。

进程的终止也要通过两个步骤：首先，等待OS进行善后处理；然后，将进程的PCB清零，并将PCB空间返还OS。当一个进程到达了自然结束点，或是出现了无法克服的错误，或是被OS所终止，或是被其他有终止权的进程所终止时，它就会进入终止状态。进入终止状态的进程不能再被执行，但在OS中依然会保留一个记录，其中会保存状态码和一些计时统计数据以供其他进程收集。一旦其他进程完成了对其信息的提取，系统就会删除该进程，即将其PCB清零，并将该空白PCB返还OS。图2-7所示为增加了创建状态和终止状态后，进程的5种状态及其转换关系。

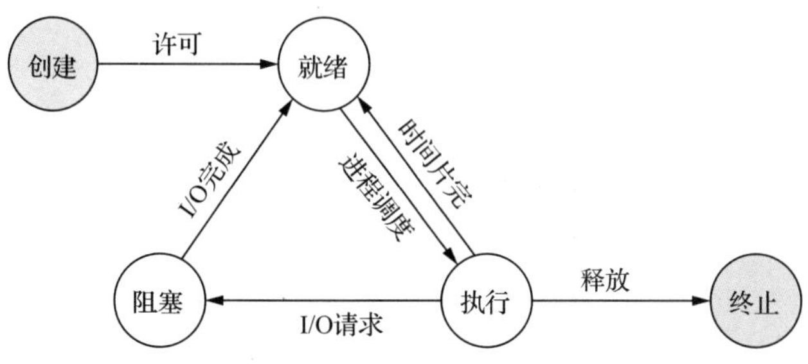

图2-7　进程的5种基本状态及其转换关系

2.2.3 挂起操作和进程状态的转换

在许多系统中，为了满足系统和用户观察与分析进程的需要，除了就绪、执行和阻塞这3种最基本的状态外，还引入了一个面向进程的重要操作——挂起。当该操作作用于某个进程时，该进程将被挂起，这意味着此时该进程处于静止状态。例如，如果进程正在执行，则其此时会暂停执行；如果进程原本处于就绪状态，则其此时暂不接受调度。与挂起操作对应的操作是激活操作。

1. 挂起操作的引入

引入挂起操作主要是为了满足下列需要。

（1）**终端用户的需要**。终端用户自己的程序在运行期间发现有可疑问题，希望暂停程序运行，以便用户研究其执行情况或对其进行修改。

（2）**父进程的需要**。有时父进程希望挂起自己的某个子进程，以便考查和修改该子进程，或者协调各子进程间的活动。

（3）**负荷调节的需要**。当实时系统中的工作负荷较重，可能会影响到对实时任务的控制时，系统可把一些不重要的进程挂起，以保证自身能正常运行。

（4）**OS的需要**。OS有时希望挂起某些进程，以便检查在进程运行过程中资源的使用情况或进行记账。所记录的信息包括CPU时间、实际使用时间、作业或进程数量等。

2. 引入挂起操作后进程 3 个基本状态间的转换

引入挂起原语Suspend和激活原语Active（二者须成对使用）后，在二者的共同作用下，进程可能会发生以下几种状态转换。

（1）**活动就绪→静止就绪**。进程处于未被挂起的就绪状态，称为活动就绪状态，表示为Readya，此时进程可以接受调度。当用挂起原语Suspend将该进程挂起后，该进程的状态便转换成了静止就绪状态，表示为Readys。处于Readys状态的进程不会再被调度执行。

（2）**活动阻塞→静止阻塞**。进程处于未被挂起的阻塞状态，称为活动阻塞状态，表示为Blockeda。当用挂起原语Suspend将该进程挂起后，进程的状态便转换成了静止阻塞状态，表示为Blockeds。处于该状态的进程在其所期待的事件发生后，它将从静止阻塞状态变为静止就绪状态。

（3）**静止就绪→活动就绪**。处于Readys状态的进程，若用激活原语Active将其激活，则该进程的状态将会转换为Readya状态。

（4）**静止阻塞→活动阻塞**。处于Blockeds状态的进程，若用激活原语Active将其激活，则该进程的状态将会转换为Blockeda状态。图2-8所示为具有挂起状态的进程状态图。

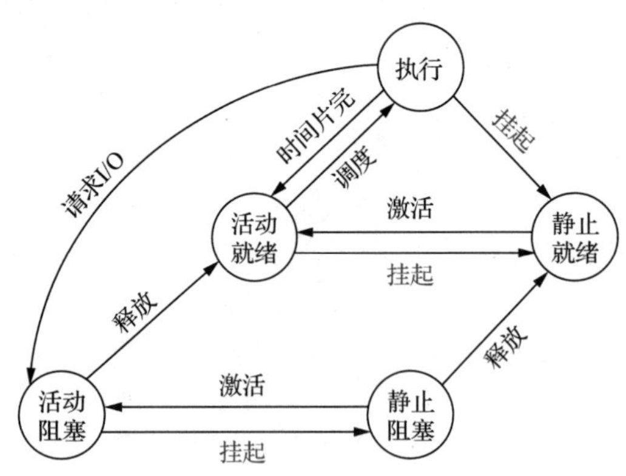

图2-8 具有挂起状态的进程状态图

3. 引入挂起操作后进程 5 个基本状态间的转换

图2-9所示为增加了创建状态和终止状态后，具有挂起状态的进程状态图。

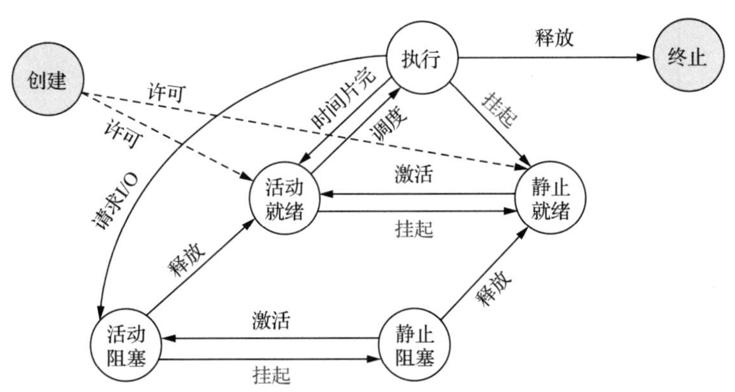

图2-9 具有创建、终止和挂起状态的进程状态图

如图2-9所示，引入创建和终止状态后，进程在进行状态转换时，与图2-8所示的进程5个状态转换相比较，要额外考虑下面的几种情况。

（1）**NULL→创建**：一个新进程产生时，该进程处于创建状态。

（2）**创建→活动就绪**：在当前系统的性能和内存容量均允许的情况下，当完成进程创建的必要操作后，相应地系统会将进程状态转换为活动就绪状态。

（3）**创建→静止就绪**：在当前的系统资源状况和性能要求不允许的情况下，系统不会分配给新建进程所需资源（主要是内存），相应地系统会将进程状态转换为静止就绪状态。进程被安置在外存，不参与调度，此时进程创建工作尚未完成。

（4）**执行→终止**：当一个进程已完成任务，或是出现了无法克服的错误，或是被OS或其他进程所终止时，将进程状态转换为终止状态。

2.2.4 进程管理中的数据结构

如1.1.2小节所述，一方面，为了便于使用和管理计算机中的各类资源（包括硬件和信息），OS将它们抽象为相应的各种数据结构，并提供了一组对资源进行操作的命令；用户可利用这些数据结构及操作命令来执行相关的操作，而无须关心其实现的具体细节。另一方面，OS作为计算机资源的管理者，为了协调诸多用户对系统中共享资源的使用，它还必须记录和查询各种资源的使用情况及各类进程的运行情况等信息；OS对于这些信息的组织和维护，也是通过建立和维护各种数据结构的方式来实现的。

1. OS 中用于管理资源和控制进程的数据结构

在计算机系统中，对于每个资源和每个进程都设置了一个数据结构，用于表征其实体，我们称之为资源信息表和进程信息表，其中包含了资源和进程的标志、描述、状态等信息以及一批指针。通过这些指针，可以将同类资源和进程的信息表，或者同一进程所占用的资源信息表分类链接成不同的队列，以便OS进行查找。如图2-10所示，OS管理的这些控制表一般可分为以下4类：内存表、设备表、文件表和用于进程管理的进程表，通常进程表又被称为PCB。本小节着重介绍PCB，其他的表将在后面的章节中陆续介绍。

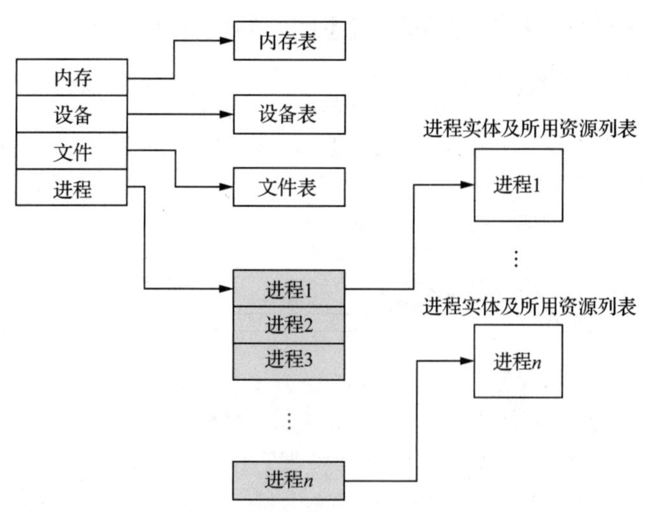

图2-10　OS控制表的一般结构

2. PCB的作用

为了便于系统描述和管理进程，OS为每个进程专门定义了一个数据结构——PCB。PCB作为进程的一部分，记录了OS所需的、用于描述进程当前情况以及管理进程运行状态的全部信息，是OS中最重要的记录型数据结构。

PCB的作用是使一个在多道程序环境下不能独立运行的程序（含数据），成为一个能独立运行的基本单位，即一个能与其他进程并发执行的进程。下面将对PCB的具体作用做进一步的阐述。

（1）作为独立运行基本单位的标志。当一个程序（含数据）配置了PCB后，就表示它已是一个能在多道程序环境下独立运行的、合法的基本单位了，即具有了取得OS服务的权利，如打开文件系统中的文件，请求使用系统中的I/O设备，以及与其他相关进程进行通信等。因此，当系统创建一个新进程的同时，就会为它建立一个PCB。进程结束时系统又会回收其PCB，进程也随之消亡。系统是通过PCB来感知进程的存在的。事实上，PCB已成为进程存在于系统中的唯一标志。

（2）实现间断性运行方式。在多道程序环境下，程序是采用“停停走走”这种间断性的方式运行的。当进程因阻塞而暂停运行时，它必须保留自己运行时的CPU现场信息，因为其再次被调度运行时，还需要恢复CPU现场信息。在有了PCB后，系统就可以将CPU现场信息保存在被中断进程的PCB中，供该进程再次被调度运行而须恢复CPU现场信息时使用。由此可再次明确，在多道程序环境下，作为传统意义上的静态程序，其因并不具有保护或保存自己运行现场的手段，故无法保证运行结果的可再现性，从而失去了运行的意义。

（3）提供进程管理所需要的信息。当调度程序调度到某进程时，只能根据该进程PCB中记录的程序和数据在内存或外存起始地址（又称为“始址”或“基址”）中找到相应的程序和数据；在进程运行过程中，当进程需要访问文件系统中的文件或I/O设备时，也都需要借助PCB中的信息。另外，还可根据PCB中的资源清单了解到该进程所需的全部资源等信息。由此可见，在进程的整个生命期中，OS总是根据PCB来实施对进程的控制和管理的。

（4）提供进程调度所需要的信息。只有处于就绪状态的进程才能被调度运行，而在PCB中就提供了进程所处状态等信息。如果进程处于就绪状态，系统便会把它插入进程就绪队列中，等待调度程序的调度；另外，在进行进程调度时，往往还需要了解进程的其他信息，如在优先级调度算法中，就需要知道进程的优先级；在有些较为公平的调度算法中，还需要知道进程的等待时间和已执行时间等信息。

（5）**实现与其他进程的同步与通信**。进程同步机制是用于实现各进程的协调运行的，在采用信号量机制时，它要求在每个进程中都要设置相应的用于同步的信号量。在PCB中还具有用于实现进程通信的区域或通信队列指针等。

3. PCB 中的信息

在PCB中，主要包括下述4方面的信息。

（1）**进程标识符**。

进程标识符用于唯一地标志一个进程。一个进程通常有两种标识符。

① **外部标识符**。为了方便用户（进程）对进程的访问，须为每个进程设置一个外部标识符。它是由创建者提供的，通常由字母和数字组成。为了描述进程的家族关系，还应设置父进程标识符和子进程标识符。此外，还可设置用户标识符，以指示拥有该进程的用户。

② **内部标识符**。为了方便系统对进程的使用，在OS中又为进程设置了内部标识符，即赋予每个进程唯一的一个数字标识符，它通常是一个进程的序号。

（2）**处理机状态**。

处理机状态信息，也称为处理机的上下文，主要是由处理机的各种寄存器中的内容组成的。这些寄存器包括：①通用寄存器，又称为用户可视寄存器，它们可被用户程序访问，用于暂存信息，在大多数处理机中，有8～32个通用寄存器，在RISC中可超过100个；②指令计数器，其中存放了要访问的下一条指令的地址；③程序状态字寄存器，其中含有状态信息，如条件码、执行方式、中断屏蔽标志等；④用户栈指针寄存器，指每个用户进程都有一个或若干个与之相关的系统栈，用于存放进程和系统的调用参数及调用地址。栈指针指向该栈的栈顶。处理机处于执行状态时，正在处理的许多信息都是放在寄存器中的。当进程被切换时，处理机状态信息都必须保存在相应的PCB中，以便在该进程被重新调度时，能再从断点处继续执行。

（3）**进程调度信息**。

OS在进行进程调度时，必须了解进程的状态以及有关进程调度的信息，这些信息包括：①进程状态，指明进程的当前状态，作为进程调度和对换时的依据；②进程优先级，描述进程使用处理机的优先级别（用一个整数表示），优先级高的进程应优先获得处理机；③进程调度所需要的其他信息，如进程已等待CPU的时间总和、进程已执行时间总和等，它们与所采用的进程调度算法有关；④事件，指进程由执行状态转换为阻塞状态所等待发生的事件，即阻塞原因。

（4）**进程控制信息**。

进程控制信息是指用于进程控制所必需的信息，包括：①程序和数据的地址，即进程中程序和数据的内存或外存起始地址，便于再调度到该进程执行时，能从PCB中快速找到其程序和数据；②进程同步和通信机制，这是实现进程同步和进程通信时所必需的机制，如消息队列指针、信号量等，它们可能会全部或部分放在PCB中；③资源清单，在该清单中列出了进程在运行期间所需的全部资源（除CPU外）；④链接指针，它给出了本进程所在队列中的下一个进程的PCB的始址。

4. PCB 的组织方式

在一个系统中，通常可拥有数十个、数百个乃至数千个PCB。为了能对它们加以有效的管理，应该用适当的方式将这些PCB组织起来。目前常用的组织方式有以下3种。

（1）**线性方式**。将系统中所有的PCB都组织在一张线性表中，将该表的起始地址存放在内存的一个专用区域中。该方式实现简单且开销小，但每次查找时都需要扫描整张表，因此适合进程数目不多的系统。图2-11所示为PCB线性表示意。

（2）**链接方式**。通过PCB中的链接字，将具有相同状态的进程的PCB分别链接成一个队列。这样即可形成就绪队列、若干个阻塞队列和空闲队列等。对就绪队列而言，其往往会按进程的优先级将PCB从高到低进行排列，即将优先级高的进程的PCB排在队列的前面。同样，也可根据阻塞原因的不同，把处于阻塞状态的进程的PCB排成多个阻塞队列，如等待I/O操作完成的队列和等待分配内存的队列等。图2-12所示为PCB链接队列示意。

（3）**索引方式**。系统根据所有进程状态的不同，建立几张索引表，如就绪索引表、阻塞索引表等，并把各索引表在内存中的起始地址记录在内存的一些专用单元中。在每个索引表的表目中，记录具有相应状态的某个PCB在PCB表中的地址。图2-13所示为PCB索引方式示意。

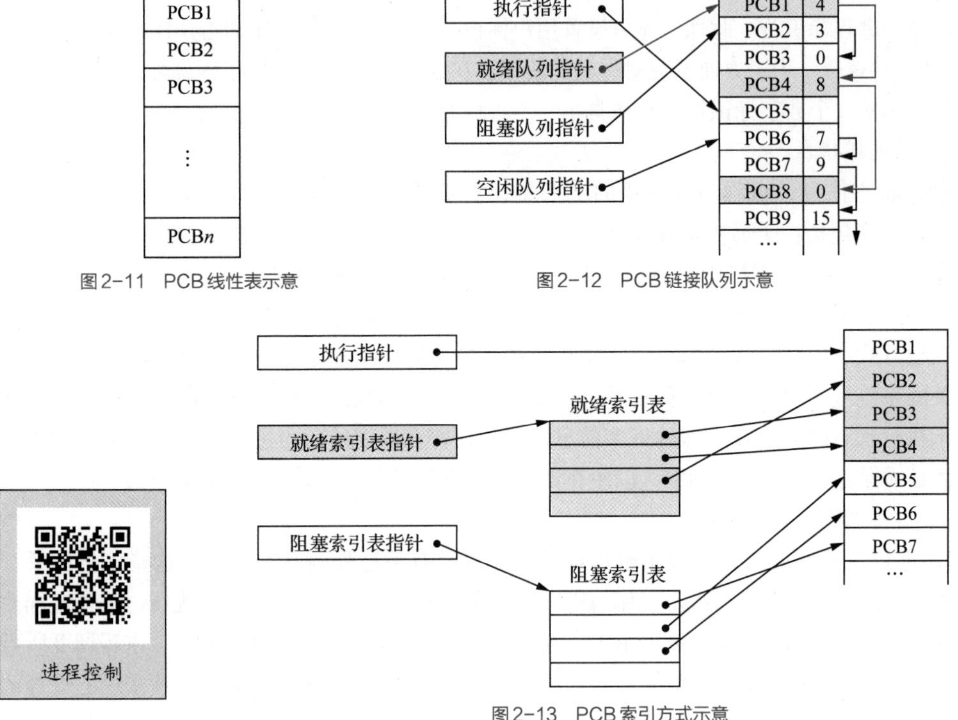

图2-11 PCB线性表示意

图2-12 PCB链接队列示意

图2-13 PCB索引方式示意

2.3 进程控制

进程控制是进程管理中最基本的功能，其负责创建新进程、终止已完成的进程、将因发生异常情况而无法继续运行的进程置于阻塞状态、转换运行中进程的状态等。例如，当一个正在运行的进程因等待某事件而暂时不能继续运行时，将其置于阻塞状态，而在该进程所期待的事件出现后，又将其置于就绪状态。进程控制一般是由OS内核中的原语来实现的。

2.3.1 进程的创建

1. 进程的层次结构

在OS中，允许一个进程创建另一个进程，通常把创建进程的进程称为**父进程**（parent

process），而把被创建的进程称为**子进程**（progeny process）。子进程可以继续创建其自己的子进程（即父进程的**孙进程**），由此便形成了进程的层次结构。如在UNIX系统中，进程与其子孙进程可以共同组成一个进程家族（进程组）。

了解进程间的这种关系是十分重要的，因为子进程可以继承父进程所拥有的资源，例如，继承父进程所打开的文件和分配到的缓冲区等。当子进程被撤销时，应将其从父进程那里获得的资源归还给父进程。此外，在撤销父进程时，也必须同时撤销其所有的子进程。为了标志进程间的家族关系，在PCB中设置了家族关系表项，以标明自己的父进程及所有的子进程。进程不能拒绝其子进程的继承权。

值得注意的是，在Windows系统中不存在任何进程层次结构的概念，所有的进程都具有相同的地位。在一个进程创建了另外一个进程后，创建进程获得一个句柄，其作用相当于一个令牌，可以用来控制被创建的进程。但是这个句柄是可以进行传递的，也就是说，获得了句柄的进程拥有控制被创建进程的权力，因此，进程之间的关系不再是层次关系了，而是获得句柄与否、控制与被控制的简单关系。

2. 进程图

为了形象地描述一个进程的家族关系，引入了进程图（process graph）。所谓**进程图**，就是用于描述进程间关系的一棵有向树，如图2-14所示。图中的节点代表进程。若进程B创建了进程D，则称B是D的父进程，D是B的子进程。

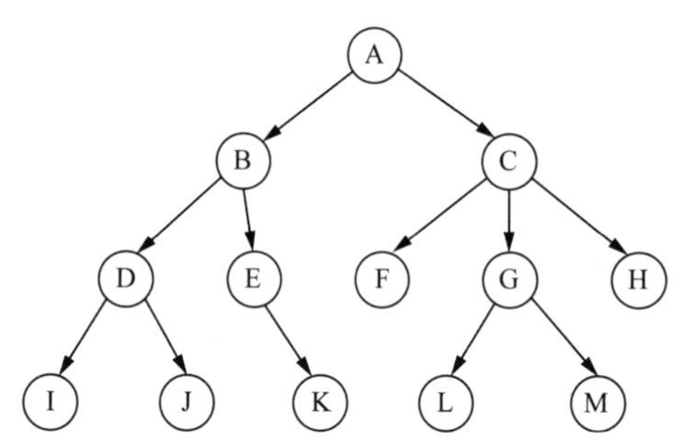

图2-14 进程图

这里可用一条由进程B指向进程D的有向边来描述它们之间的父子关系。创建父进程的进程称为祖先进程，这样便形成了一棵进程树，树的根节点作为进程家族的祖先（ancestor）。

3. 引起进程创建的事件

为使程序之间能并发执行，应先为它们分别创建进程。导致一个进程去创建另一个进程的典型事件有4类。①**用户登录**：在分时系统中，用户在终端键入登录命令后，若登录成功，则系统将会为该用户创建一个进程，并把它插入就绪队列中。②**作业调度**：在多道批处理系统中，当作业调度程序按一定的算法调度到某个（或某些）作业时，便会将它（们）装入内存、为它（们）创建进程，并把它（们）插入就绪队列中。③**提供服务**：当运行中的用户程序提出某种请求后，系统将专门创建一个进程来为用户提供其所需要的服务，例如，用户进程要求打印文件，系统将为它创建一个打印进程，这样，不仅可使打印进程与该用户进程并发执行，还便于计算出完成打印任务所须花费的时间。④**应用请求**：在上述3种情况下，都是由系统内核为用户创建一个新进程；而针对“应用请求”这类事件，则需要由用户进程自己创建新进程，以使新进程以同创建进程并发执行的方式完成特定任务。例如，某用户进程需要不断地先从键盘终端读入数据，再对读入的数据进行相应的处理，最后将处理结果以表格的形式显示在屏幕上。该用户进程为使这几个操作能并发执行以加速完成任务，可以分别建立键盘输入进程、数据处理进程以及表格输出进程。

4. 进程的创建

在系统中每当出现创建新进程的请求时，OS便会调用进程创建原语，并按下述步骤创建一个新进程。

（1）申请空白PCB。为新进程申请一个唯一的数字标识符，并从PCB集合中索取一个空白PCB。

（2）为新进程分配其运行所需的资源，包括各种物理和逻辑资源，如内存、文件、I/O设备和CPU时间等。这些资源从OS或其父进程获得。新进程对这些资源的需求详情，一般也要提前告知OS或其父进程。例如，为新进程的程序和数据以及用户栈分配必要的内存空间时，OS必须知道新进程所需内存的大小：①对于批处理作业，其大小可在用户提出创建进程要求时提供；②对于为应用进程创建子进程，也应在该进程提出创建进程的请求中给出所需内存的大小；③对于交互型作业，用户可以不给出内存要求而由系统分配一定的内存空间，如果新进程要共享内存中的某个地址空间（即已装入内存的共享段），则必须建立相应的链接。

（3）初始化PCB。PCB的初始化工作包括：①初始化标志信息，将系统分配的标识符和父进程标识符填入新PCB中；②初始化处理机状态信息，使程序计数器指向程序的入口地址，使栈指针指向栈顶；③初始化处理机控制信息，将进程的状态设置为就绪状态或静止就绪状态，此外，通常还须将其设置为最低优先级，除非用户以显式方式提出高优先级要求。

（4）如果进程就绪队列能够接纳新进程，就将新进程插入就绪队列。

当进程创建新进程时，有两种执行的可能：

- 父进程与子进程并发执行；
- 父进程等待，直到其某个或全部子进程执行完毕。

新进程的地址空间也有两种可能：

- 子进程是父进程的复制品（即子进程具有与父进程相同的程序和数据）；
- 子进程加载另一个新程序。

上述不同功能的实现，能以UNIX系统中创建新进程的系统调用fork()为例。使用fork()后创建的新进程是通过复制原进程的地址空间而形成的，这种机制支持父进程与子进程方便地进行通信。这两个进程（父进程和子进程）都会继续执行位于系统调用fork()之后的指令。但不同的是，对于子进程，系统调用fork()的返回值为0；而对于父进程，返回值为子进程的进程标识符（非0）。

通常，在系统调用fork()后，进程会使用另一个系统调用，即exec()，用新程序来取代进程的内存空间。系统调用exec()会将二进制文件装入内存（取代了原来包含系统调用exec()程序的内存映射），并开始执行。采用这种方式，两个进程能够相互通信，并能按各自的方法执行。父进程能创建更多的子进程，或者如果在子进程运行时父进程没有事情可做，那么它可以使用系统调用wait()把自己移出就绪队列以等待子进程的终止。

2.3.2 进程的终止

1. 引起进程终止的事件

（1）**正常结束**，表示进程的任务已经完成，准备退出运行。在任何系统中，都应有一个用于表示进程已经运行完成的指示。在批处理系统中，通常会在程序的最后安排一条Holt指令，用于向OS表示运行已结束。当程序运行到Holt指令时，将产生一个中断以通知OS本进程已运行完毕；在分时系统中，用户可利用Logs off来表示进程运行完毕，此时同样可产生一个中断以通知OS本进程已运行完毕。

（2）**异常结束**，是指进程在运行时，发生了某种异常事件，使程序无法继续运行。常见的异常事件有：①越界错，程序所访问的存储区已越出该进程所占存储区域的范围；②保护错，进程试图去访问一个不允许访问的资源或文件，或者以不适当的方式进行访问，例如，进程试图去写一个只读文件；③指令错，程序试图去执行一条不存在的指令（非法指令），出现该错误的原因可能是程序错误地转移到了数据区，把数据当成了指令；④特权指令错，进程试图去执行一条只允许OS执行的指令；⑤运行超时，进程的运行时间超过了设定的最大值；⑥等待超时，进程等待某事件的时间超过了指定的最大值；⑦算术运算错，进程试图去执行一个被禁止的运算，例如，被0除；⑧I/O错，这是指在I/O过程中发生了错误等。

（3）**外界干预**，是指进程应外界的请求而终止运行。这些干预有：①操作员或OS干预，如果系统中发生了某事件，例如，发生了系统死锁，则由操作员或OS采取终止某些进程的方式，把系统从死锁状态中解救出来；②父进程请求，当子进程已完成父进程所要求的任务时，父进程可以提出请求以结束该子进程；③父进程终止，即当父进程终止时，它的所有子孙进程都应当结束，因此，OS在终止父进程的同时，也会将它的所有子孙进程终止。

2. 进程的终止过程

当系统中发生了要求终止进程的某事件后，OS便会调用进程终止原语，按下述步骤终止指定的进程：①根据被终止进程的标识符，从PCB集合中检索出该进程的PCB，并从该进程的PCB中读出该进程的状态；②若被终止进程正处于执行状态，则立即终止该进程的执行，并置调度标志为真，以指示该进程被终止后应重新进行调度；③若该进程还有子孙进程，则还应终止其所有子孙进程，以防止它们成为不可控的进程；④将被终止的进程所拥有的全部资源，或归还给其父进程，或归还给系统；⑤将被终止进程的PCB从所在队列（或链表）中移出，等待其他程序来搜集信息。

2.3.3 进程的阻塞与唤醒

1. 引起进程阻塞与唤醒的事件

有下述几类事件会引起进程阻塞或进程唤醒。

（1）**向系统请求共享资源失败**。进程在向系统请求共享资源时，由于系统已无足够的资源分配给它，此时进程会因不能继续运行而将自身状态转变为阻塞状态。例如，一个进程请求使用打印机，由于系统已将打印机分配给了其他进程，已无可再分配的打印机，这时，请求进程只能被阻塞，仅在其他进程释放出打印机后，请求进程才会被唤醒。

（2）**等待某种操作的完成**。当进程启动某种操作后，如果该进程必须在该操作完成之后才能继续执行，则应先将该进程阻塞起来，以等待该操作完成。例如，进程启动了某I/O设备，如果只有在I/O设备完成了指定I/O操作任务后进程才能继续执行，则该进程在启动了I/O设备后，便应自动进入阻塞状态去等待。在I/O操作完成后，再由中断处理程序将该进程唤醒。

（3）**新数据尚未到达**。对于相互合作的进程，如果一个进程需要先获得另一进程提供的数据后，才能对该数据进行处理，则只要其所需数据尚未到达，进程便会阻塞。例如，有两个进程，进程A用于输入数据，进程B用于对输入的数据进行加工。假如A尚未将数据输入完毕，则B将会因没有所需处理的数据而阻塞；A一旦把数据输入完毕，便可去唤醒B。

（4）**等待新任务的到达**。在某些（特别是在网络环境下的）OS中，往往会设置一些特定的系统进程，每当这种进程完成任务后，便会把自己阻塞起来，以等待新任务的到来。例如，在网络环境中的发送进程，其主要任务是发送数据包，若已有的数据包已全部发送完成，而又无新的数据包需要发送，这时发送进程就会把自己阻塞起来；仅当有新的数据包到达时，系统才会将发送进程唤醒。

2. 进程阻塞过程

正在执行的进程，如果发生了上述某事件，进程便会通过调用阻塞原语block将自己阻塞。由此可见，阻塞是进程自身的一种主动行为。进入block阶段后，由于该进程还处于执行状态，因此系统应首先立即停止执行该进程，把PCB中的现行状态由执行改为阻塞，并将PCB插入阻塞队列。如果系统中设置了因不同事件而阻塞的多个阻塞队列，则应将该进程插入具有相同事件的阻塞队列。最后，转至调度程序进行重新调度操作，将处理机分配给另一就绪进程并进行切换，即保留被阻塞进程的处理机状态，并按新进程的PCB中的处理机状态设置CPU的环境。

3. 进程唤醒过程

当被阻塞进程所期待的事件发生时，例如它所启动的I/O操作已完成，或其所期待的数据已到达，有关进程（如提供数据的进程）就会调用唤醒原语wakeup以将等待该事件的进程唤醒。wakeup的执行过程是：首先把被阻塞的进程从等待该事件的阻塞队列中移出，将其PCB中的现行状态由阻塞改为就绪；然后再将该PCB插入就绪队列中。

应当指出，block原语和wakeup原语是一对作用刚好相反的原语。在使用它们时，必须成对使用，即如果在某进程中调用了阻塞原语，则必须在与之相合作的或其他相关进程中调用一条相应的唤醒原语，以便能唤醒被阻塞的进程；否则，阻塞进程将会因不能被唤醒而永久地处于阻塞状态，再无机会继续运行。

2.3.4 进程的挂起与激活

1. 进程的挂起

当系统中出现引发进程挂起的事件时，OS就会利用挂起原语suspend将指定进程或处于阻塞状态的进程挂起。suspend的执行过程是：首先，检查被挂起进程的状态，若为活动就绪状态，则将其改为静止就绪状态；其次，针对处于活动阻塞状态的进程，将其状态改为静止阻塞状态；再次，为了方便用户或父进程考查该进程的运行情况，把该进程的PCB复制到某指定的内存区域；最后，若被挂起的进程正在执行，则转向调度程序重新调度。

2. 进程的激活

当系统中出现激活进程的事件时，OS就会利用激活原语active将指定进程激活。active的执行过程是：首先将进程从外存调入内存，然后检查该进程的现行状态，若是静止就绪，则将其改为活动就绪；若是静止阻塞，则将其改为活动阻塞。假如采用的是抢占调度策略，则每当有静止就绪进程被激活而插入就绪队列时，便应检查是否要进行重新调度，即由调度程序将被激活进程与当前进程两者的优先级进行比较，如果被激活进程的优先级较低，就不必重新调度；否则，立即终止当前进程的运行，并把处理机分配给刚被激活的进程。

2.4 进程通信

进程通信，是指进程之间的信息交换，通常有低级和高级之分。低级进程通信之所以低级，是因为：①效率低，生产者每次只能向缓冲区中投放一个产品（消息），消费者每次只能从缓冲区中取得一个消息；②通信对用户不透明，OS只为进程之间的通信提供了共享存储器，而关于进程之间通信所需要的共享数据结构的设置、数据的传送、进程的互斥与同步等，都必须由程序员去实现，这对于用户而言显然是非常不方便的。本书第4章中将会介绍进程的互斥与同步，由于它们的实现需要在进程间交换少量的信息，不少学者也将它们归为低级进程通信。

当需要在进程之间传送大量数据时，应当利用OS提供的高级通信工具，该工具最主要的特点是：①使用方便，OS隐藏了实现进程通信的具体细节，向用户提供了一组高级通信命令（原语），用户可以方便地直接利用它来实现进程之间的通信，或者说通信过程对用户是透明的，这样就大大减少了通信程序编制上的复杂性；②高效地传送大量数据，用户可以直接利用高级通信命令（原语）来高效地传送大量数据。

2.4.1 进程通信的类型

随着OS的发展，用于进程之间实现通信的机制也在发展，并已由早期的低级通信机制发展为能传送大量数据的高级通信机制。目前，高级通信机制可归结为4类：共享存储器系统、管道通信系统、消息传递系统以及客户机-服务器系统。

1. 共享存储器系统

在共享存储器系统（shared-memory system）中，相互通信的进程共享某些数据结构或存储区，进程之间能够通过这些空间进行通信。据此，又可把它们分成以下两种类型。

（1）**基于共享数据结构的通信方式**。在这种通信方式中，要求各进程共享某些数据结构，以实现各进程间的信息交换，如在生产者-消费者问题中的有界缓冲区。OS仅提供共享存储器，由程序员负责对共享数据结构进行设置和对进程间同步进行处理。这种通信方式仅适用于传送相对较少量的数据，通信效率低下，属于低级进程通信。

（2）**基于共享存储区的通信方式**。为了传送大量数据，在内存中划出了一块共享存储区，各进程可通过对该共享存储区的读/写来交换信息、实现通信，数据的形式和位置（甚至访问）均由进程负责控制，而非OS。这种通信方式属于高级进程通信。需要通信的进程在通信前，先向系统申请获得共享存储区中的一个分区，并将其附加到自己的地址空间中，进而便可对其中的数据进行正常的读/写，读/写完成或不再需要时，将分区归还给共享存储区即可。

2. 管道通信系统

所谓“管道”（pipe），是指用于连接一个读进程和一个写进程以实现它们之间通信的一个共享文件，又名pipe文件。向管道（共享文件）提供输入的发送进程（即写进程），会以字节流形式将大量的数据送入管道；而接收管道输出的接收进程（即读进程），则会从管道中接收（读）数据。由于发送进程和接收进程是利用管道进行通信的，故称之为管道通信。这种方式首创于UNIX系统，由于它能有效地传送大量数据，因而又被应用于许多其他OS中。

为了协调双方的通信，管道机制必须提供以下3方面的协调能力。①**互斥**，即当一个进程正在对管道执行读/写操作时，其他（另一）进程必须等待。②**同步**，即当写（输入）进程把一定数量（如4KB）的数据写入管道后，便去睡眠（等待），直到读（输出）进程取走数据后，再把它唤醒。当读进程读一空管道时，也应睡眠（等待），直至写进程将数据写入管道后，再把它唤醒。③**确定对方是否存在**，只有确定了对方已存在时，才能进行通信。

3．消息传递系统

在该机制中，进程不必借助任何共享数据结构或存储区，而是会以格式化的消息（message）为单位，将通信的数据封装在消息中，并利用OS提供的一组通信命令（原语），在进程间进行消息传递，完成进程间的数据交换。

该方式隐藏了通信实现细节，使通信过程对用户透明，降低了通信程序设计的复杂性和错误率，成为当前应用得最为广泛的一类进程通信机制。例如：在计算机网络中，消息又称为报文；在微内核OS中，微内核与服务器之间的通信无一例外地都采用了消息传递机制；由于该机制能很好地支持多处理机系统、分布式系统和计算机网络系统，因此也成为这些系统中最主要的通信机制。

基于消息传递系统（message passing system）的通信方式属于高级通信方式，其因实现方式的不同又可进一步分成两类：①**直接通信方式**，是指发送进程利用OS所提供的发送原语，直接把消息发送给目标进程；②**间接通信方式**，是指发送进程和接收进程都通过共享中间实体（称为信箱）的方式进行消息的发送和接收，进而完成进程间的通信。

4．客户机－服务器系统

前面所述的共享内存、消息传递等技术，虽然可以用于实现不同计算机间进程的双向通信，但客户机-服务器系统（client-server system）的通信机制，在网络环境的各种应用领域，已成为当前主流的通信机制，其主要的实现方法分为3类：套接字、远程过程调用和远程方法调用。

（1）套接字。

套接字（socket）起源于20世纪70年代加州大学伯克利分校开发的伯克利软件套件（berkeley software distribution，BSD），其是UNIX系统下的网络通信接口。最初，套接字被设计用于同一台主机上多个应用程序之间的通信（即进程间的通信），主要是为了解决多对进程同时通信时端口和物理线路的多路复用问题。随着计算机网络技术的发展以及UNIX系统的广泛使用，套接字逐渐成为了非常流行的网络通信接口之一。

一个套接字就是一个通信标志类型的数据结构，包含通信目标地址、通信使用的端口号、通信网络的传输层协议、进程所在的网络地址以及针对客户或服务器程序所提供的不同系统调用或API等，是进程通信和网络通信的基本构件。套接字是针对客户机-服务器模型而设计的。通常，套接字可分为以下两类。

① **基于文件型**。通信进程都运行在同一主机的网路环境下，而套接字是基于本地文件系统支持的。一个套接字会关联一个特殊的文件，通信双方通过对这个特殊文件进行读/写而实现通信，其原理类似于前面所讲的管道通信。

② **基于网络型**。该类型通常采用非对称方式通信，即发送者需要提供接收者的名称。通信双方的进程运行在不同主机的网络环境下。通信被分配了一对套接字，其中一个属于接收进程（或服务器端），另一个属于发送进程（或客户端）。一般地，发送进程发出连接请求时，会随机申请一个套接字，与此同时主机会为之分配一个端口，并使其与该套接字绑定，而不再分配给其他进程。接收进程拥有全局公认的套接字和指定的端口（如文件传输协议（file transfer protocol，FTP）服务器的监听端口号为21，Web或超文本传输协议（hypertext transfer protocol，HTTP）服务器的监听端口号为80），并通过监听端口来等待客户请求。因此，任何进程都可以

向它发出连接请求和信息请求，以方便进程之间通信连接的建立。接收进程一旦收到请求，就会接受来自发送进程的连接，并完成连接，这表示在主机间传输的数据可以准确地分送到通信进程，实现进程间的通信；当通信结束时，系统通过关闭接收进程的套接字来撤销连接。

套接字的优势在于，它不仅适用于同一台计算机内部的进程通信，也适用于网络环境中不同计算机间的进程通信。由于每个套接字都拥有唯一的套接字号（也称为套接字标识符），即系统中所有的连接都持有唯一的一对套接字及端口，对于来自不同应用程序进程或网络连接的通信能够被方便地加以区分，这确保了通信双方之间逻辑链路的唯一性，便于实现数据传输的并发功能，而且隐藏了通信设施与实现细节，支持采用统一的端口进行通信。

（2）**远程过程调用和远程方法调用**。

远程过程调用（remote procedure call，RPC）是一个通信协议，用于通过网络连接的系统。该协议允许运行于一台主机（本地）系统上的进程调用另一台主机（远程）系统上的进程，而对程序员则表现为常规的过程调用，无须额外为此编程。**需要特别说明的是，如果涉及的软件采用面向对象编程，那么远程过程调用亦可称作远程方法调用。**

负责处理远程过程调用的进程有两个，一个是本地客户进程，另一个是远程服务器进程。这两个进程通常也被称为网络守护进程，主要负责在网络间传递消息。一般情况下，这两个进程都处于阻塞状态，等待消息。

为了使远程过程调用看上去与本地过程调用一样，使得调用者感觉不到此次调用的过程是在其他主机上（远程）执行的，RPC引入了存根（stub）的概念：在本地客户端，每个能够独立运行的远程过程都拥有一个客户存根（client stubborn），本地进程调用远程过程，实际是调用该过程关联的存根；与此类似，在每个远程进程所在的服务器端上，其所对应的实际可执行进程也存在一个服务器存根与其关联。本地客户存根与对应的远程服务器存根一般也处于阻塞状态，等待消息。

远程过程调用的主要步骤是：①本地过程调用者以一般方式调用远程过程在本地关联的客户存根，传递相应的参数，然后将控制权转移给客户存根；②执行客户存根，完成包括过程名和调用参数等信息的消息建立，将控制权转移给本地客户进程；③本地客户进程完成与服务器的消息传递，并将消息发送到远程服务器进程；④远程服务器进程接收消息后，转入执行，并根据其中的远程过程名找到对应的服务器存根，然后将消息发送给该服务器存根；⑤该服务器存根接收到消息后，由阻塞状态转入执行状态，拆开消息并从中取出过程调用的参数，然后以一般方式调用服务器端关联的远程过程；⑥在服务器端的远程过程运行完毕后，将结果返回给与之关联的服务器存根；⑦该服务器存根获得控制权后运行，将结果打包为消息，并将控制权转移给远程服务器进程；⑧远程服务器进程将消息发送回客户端；⑨本地客户进程接收到消息后，根据其中的过程名将消息存入关联的客户存根，并再次将控制权转移给客户存根；⑩客户存根从消息中取出结果，返回给本地过程调用者进程，并完成控制权的转移。这样，本地过程调用者再次获得控制权，并且得到了所需的数据，能够继续运行。

显然，上述步骤的主要作用在于，将客户端的本地过程调用转化为客户存根，再转化为服务器端的本地过程调用。对客户与服务器来说，这一过程的中间步骤是不可见的。因此，调用者在整个过程中并不知道该过程的执行是在远程（而非本地）。

请思考计算机本地进程通信和远程进程通信的差异。

2.4.2 消息传递通信的实现方式

当进程之间进行通信时，源进程可以直接或间接地将消息发送给目标进程，因此可将进程通信分为直接和间接两种。常见的直接消息传递系统和信箱通信就分别采用了这两种通信方式。

1. 直接通信（直接消息传递系统）

直接消息传递系统采用直接通信方式，即发送进程利用OS所提供的发送命令（原语），直接把消息发送给目标进程。

（1）直接通信原语。

① 对称寻址方式。

该方式要求发送进程和接收进程都必须以显式方式提供对方的标识符。通常，系统会提供下列两条通信命令（原语）。

send(receiver, message)：发送一个消息给接收进程。

receive(sender, message)：接收发送进程发来的消息。

例如，原语send(P_2, m_1)表示将消息m_1发送给接收进程P_2；而原语receive(P_1, m_1)则表示接收由P_1发来的消息m_1。

对称寻址方式的不足在于，一旦改变进程的名称，就可能需要检查所有其他进程的定义，有关对该进程旧名称的所有引用都必须查找到，以便将它们修改为新名称。显然，这样的方式不利于实现进程定义的模块化。

② 非对称寻址方式。

在某些情况下，接收进程可能需要与多个发送进程进行通信，因此无法事先指定发送进程。例如，用于提供打印服务的进程，可以接收来自任何一个进程的“打印请求”消息。对于这样的应用，在接收进程的原语中不需要命名发送进程，而只需要填写表示源进程的参数，即完成通信后的返回值；发送进程则仍需要命名接收进程。该方式的发送和接收原语可表示为如下。

send(P, message)：发送一个消息给进程P。

receive(id, message)：接收来自任何进程的消息，id变量可设置为进行通信的发送方进程id或其名字。

（2）消息的格式。

在消息传递系统中所传递的消息，必须具有一定的消息格式。在单处理机系统中，由于发送进程和接收进程处于同一台机器中，有着相同的环境，因此消息的格式比较简单，可采用比较短的定长消息格式，以减少对消息的处理和存储开销。该方式可用于办公自动化系统中，为用户提供快速的便笺式通信。但这种方式对于需要发送较长消息的用户是不方便的。为此，可采用变长消息格式，即进程所发送消息的长度是可变的。对于变长消息，系统无论在处理方面还是存储方面，都可能会付出更多的开销，但其优点在于方便了用户。

（3）进程的同步方式。

当进程之间进行通信时，同样需要有进程同步机制，以使各进程间能协调通信。不论是发送进程，还是接收进程，在完成消息的发送或接收后，都存在两种可能性，即进程继续发送/接收，或者阻塞。由此，我们可得到3种情况。**①发送进程阻塞，接收进程阻塞**。这种情况主要用于进程之间紧密同步，发送进程和接收进程之间无缓冲。**②发送进程不阻塞，接收进程阻塞**。这是一种应用最广的进程同步方式。平时，发送进程不阻塞，因而它可以尽快地把一个或多个消息发送给多个目标；而接收进程平时则处于阻塞状态，直到发送进程发来消息时才会被唤醒。③**发送进程和接收进程均不阻塞**。这也是一种较常见的进程同步方式。平时，发送进程和接收进程都在忙于自己的事情，仅当发生某事件而使它们无法继续运行时，它们才会把自己阻塞起来进行等待。

（4）**通信链路**。

为了使在发送进程和接收进程之间能进行通信，必须在两者之间建立一条通信链路。有两种方式建立通信链路。第一种方式是：由发送进程在通信之前用显式的"建立连接"命令（原语），请求系统为之建立一条通信链路，在链路使用完后拆除链路。这种方式主要用于计算机网络中。第二种方式是：发送进程无须明确提出建立链路的请求，只须使用系统提供的发送命令（原语），系统就会自动为之建立一条链路。这种方式主要用于单处理机系统中。根据通信方式的不同，又可把链路分成两种：①**单向通信链路**，只允许发送进程向接收进程发送消息，或者反向进行；②**双向通信链路**，允许进程A在向进程B发送消息的同时，进程B向进程A发送消息。

2. 间接通信（信箱通信）

信箱通信采用间接通信方式，即进程之间的通信需要通过某种中间实体（如共享数据结构等）实现。该实体建立在随机存储器的共享缓冲区上，用来暂存发送进程发送给目标进程的消息；接收进程可以从该实体中取出发送进程发送给自己的消息，通常把这种中间实体称为信箱（或邮箱），每个信箱都有一个唯一的标识符。消息在信箱中可以被安全保存，只允许核准的目标用户对其进行随时读取。因此，利用信箱通信方式既可实现实时通信，又可实现非实时通信。

（1）**信箱的结构**。

信箱被定义为一种数据结构。在逻辑上，其可以分为两个部分：①**信箱头**，用于存放信箱的描述信息，如信箱标识符、信箱的拥有者标识符、信箱口令、信箱的空格数等；②**信箱体**，由若干个可以存放消息（或消息头）的信箱格组成，信箱格的数目以及每格的大小是在创建信箱时确定的。在消息传递方式上，最简单的方式是单向传递，当然消息也可以双向传递。图2-15所示为双向通信链路（双向信箱）示意。

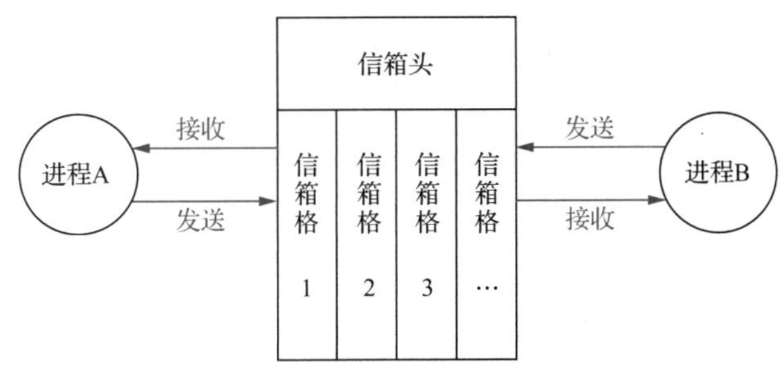

图2-15 双向信箱示意

（2）**信箱通信原语**。

系统为信箱通信提供了若干条原语，分别用于下列情况。

①**信箱的创建和撤销**。进程可利用信箱创建原语来建立一个新信箱，创建者进程应给出信箱名字、信箱属性（公用、私用或共享）；对于共享信箱，还应给出共享者的名字。当进程不再需要读信箱时，可用信箱撤销原语将之撤销。

②**消息的发送和接收**。当进程之间要利用信箱进行通信时，必须使用共享信箱，并利用系统提供的下列通信原语进行通信。

send(mailbox, message)：将一个消息发送到指定信箱。

receive(mailbox, message)：从指定信箱中接收一个消息。

（3）**信箱的类型**。

信箱可由OS创建，也可由用户进程创建，创建者是信箱的拥有者。据此，可把信箱分为以下3类。①**私用信箱**，用户进程可为自己建立一个新信箱，并将其作为该进程的一部分。信箱的拥有者有权从信箱中读取消息，其他用户则只能将自己构成的消息发送到该信箱。这种私用信箱可采用单向通信链路的信箱来实现。当拥有该信箱的进程结束时，信箱也会随之消失。②**公用信箱**，由OS创建，并提供给系统中的所有核准进程使用。核准进程既可把消息发送到该信箱，也可获得该信箱发送给自己的消息。显然，公用信箱应采用双向通信链路的信箱来实现。通常，公用信箱在系统运行期间始终存在。③**共享信箱**，由某进程创建，在创建时或创建后，须指明它是可共享的，同时须指出共享进程（用户）的名字。信箱的拥有者和共享者，都有权获得信箱发送给自己的消息。

利用信箱通信时，在发送进程和接收进程之间，存在以下4种关系：①一对一关系，发送进程和接收进程可以建立一条两者专用的通信链路，使两者之间的交互不受其他进程的干扰。②多对一关系，允许提供服务的进程与多个用户进程进行交互，也称为客户/服务器交互（client/server interaction）。③一对多关系，允许一个发送进程与多个接收进程进行交互，使发送进程可用广播方式向接收者（多个）发送消息。④多对多关系，允许建立一个公用信箱，使得多个进程既能向信箱中投递消息，又能从信箱中取走属于自己的消息。

2.4.3 实例：Linux 进程通信

UNIX系统中进行进程间通信（interprocess communication，IPC）的方法有很多，但极少有方法能在所有的UNIX系统中进行移植。而Linux作为一种新兴的OS，几乎支持所有的UNIX系统下常用的进程通信方法，包括管道、信号、消息队列、共享内存、信号量、套接字等。

1. 管道

管道是进程间通信中最古老的一种方式，它分为无名管道和有名管道两种，前者用于父进程和子进程间的通信，后者用于运行在同一台机器上的任意两个进程间的通信。

（1）**无名管道**由pipe()函数创建：

```
#include <unistd.h>
int pipe(int filedis[2]);
```

其中，参数filedis返回两个文件描述符：filedes[0]为读而打开，filedes[1]为写而打开。filedes[1]的输出是filedes[0]的输入。下面的例子示范了如何在父进程和子进程之间实现通信。

```
#define INPUT 0
#define OUTPUT 1
void main( ) {
    int file_descriptors[2];
    pid_t pid;                    /* 定义子进程号 */
    char buf [256];
    int returned_count;
    pipe(file_descriptors);       /* 创建无名管道 */
    if((pid = fork()) == -1) {    /* 创建子进程 */
        printf("Error in fork/n");
        exit(1);
```

```
    }
    if(pid == 0) {                              /* 执行子进程 */
        printf("in the spawned (child) process…/n");
        /* 子进程向父进程写数据，关闭管道的读端 */
        close(file_descriptors[INPUT]);
        write(file_descriptors[OUTPUT], "test data", strlen("test data"));
        exit(0);
    }
    else {                                      /* 执行父进程 */
        printf("in the spawning (parent) process…/n");
        /* 父进程从管道读取子进程写的数据，关闭管道的写端 */
        close(file_descriptors[OUTPUT]);
        returned_count = read(file_descriptors[INPUT], buf, sizeof(buf));
        printf("%d bytes of data received from spawned process: %s/n",returned_count, buf);
    }
}
```

（2）**有名管道**可由两种命令行方式创建：函数mkfifo和系统调用mknod。下面的两种方式都在当前目录下生成了一个名为myfifo的有名管道。

方式一：mkfifo("myfifo","rw");

方式二：mknod myfifo p;

生成了有名管道后，就可以使用一般的文件I/O函数（如open、close、read、write等）来对它进行操作。下面给出了一个简单的例子，假设我们已经创建了一个名为myfifo的有名管道。

```
#include <stdio.h>
#include <unistd.h>
void main( ) {
    FILE * in_file, *out_file;
    int count = 1;
    char buf[80];
    in_file = fopen("myfifo", "r");             /* 读有名管道 */
    if (in_file == NULL) {
        printf("Error in fdopen./n");
        exit(1);
    }
    while ((count = fread(buf, 1, 80, in_file)) > 0) printf("received from pipe: %s/n", buf);
    fclose(in_file);
    out_file = fopen("myfifo", "w");            /* 写有名管道 */
    if (out_file == NULL) {
        printf("Error in fdopen./n");
        exit(1);
    }
    sprintf(buf,"this is test data for the named pipe example./n");
```

```
        fwrite(buf, 1, 80, out_file);
        fclose(out_file);
}
```

2. 信号

使用信号进行通信是一种比较复杂的通信方式，用于通知接收进程有某种事件发生。信号除了可以用于进程间通信外，还可以被进程发送给其自身。Linux除了支持UNIX系统早期信号语义函数signal()外，还支持语义符合可移植操作系统接口（portable operating system interface，POSIX）标准的信号函数sigaction。

3. 消息队列

Linux消息队列支持POSIX消息队列和System V消息队列。消息队列用在运行于同一台机器上的进程间通信中，它和管道很相似，是一个在系统内核中用来保存消息的队列，它在系统内核中以消息链表的形式出现。消息链表中节点的结构用msg声明。有足够权限的进程可以向队列中添加消息，被赋予读权限的进程可以读取队列中的消息。消息队列克服了信号承载信息量少、管道只能承载无格式字节流以及缓冲区大小受限等缺点。

4. 共享内存

共享内存可以使运行在同一台机器上的进程间通信最快，因为数据无须在不同的进程间进行复制。通常由一个进程在内存中创建一块共享存储区，其余进程对这块存储区进行读/写。得到共享存储区的方式有两种：映射/dev/mem设备和内存映像文件。前一种方式不会给系统带来额外的开销，但在现实中并不常用，因为它控制的将会是实际的物理内存，而在Linux系统下，这只有通过限制Linux系统存取的内存才可以实现，这当然不太实际。常用的方式是通过shmXXX函数族来实现利用共享存储区进行存储。

首先使用shmget()函数获得一个共享存储标识符：

```
#include <sys/types.h>
#include <sys/ipc.h>
#include <sys/shm.h>
int shmget(key_t key, int size, int flag);
```

shmget()函数类似于大家所熟悉的malloc()函数，系统会将其请求分配size大小的内存用作共享存储区。当共享存储区被创建后，其余进程即可通过调用shmat()将其连接到自身的地址空间中：

```
void *shmat(int shmid, void *addr, int flag);
```

shmid为shmget()函数返回的共享存储标识符，addr和flag参数决定了以什么方式来确定连接的地址，函数的返回值就是该进程数据段所连接的实际地址，进程可以对此地址所对应的内存进行读/写操作。

使用共享存储区来实现进程间通信的注意点是对数据存取的同步，必须确保当一个进程去读取数据时，它所想要的数据已经写好了。通常，信号量会被用于实现对共享存储数据存取的同步，另外，也可通过使用shmctl()函数设置共享存储区的某些标志位（如SHM_LOCK、SHM_UNLOCK等）来实现。

5. 信号量

信号量是一个计数器，可以用来控制多个进程对共享资源的访问。它常会被作为一种锁机制，用于防止某进程正在访问共享资源（如共享内存）时，其他进程也来访问该资源。因此，信号量主要作为进程间以及同一进程内不同线程间的同步手段。

6. 套接字

套接字编程是实现Linux系统和其他大多数OS中进程间通信的主要方式之一。我们熟知的WWW服务、FTP服务、Telnet服务等都是基于套接字编程来实现的。除了适用于异地计算机进程间通信之外，套接字同样适用于本地同一台计算机内部的进程间通信。

2.5 线程的概念

20世纪60年代中期，人们在设计多道程序OS时，引入了进程的概念，从而解决了在单处理机环境下的程序并发执行问题。此后在长达20年的时间里，在多道程序OS中一直以进程为能够拥有资源并独立调度（运行）的基本单位。直到20世纪80年代中期，人们才提出了比进程更小的基本单位——线程（thread）的概念，并试图用它来提高程序并发执行的程度，以进一步改善系统的服务质量。特别是在进入20世纪90年代后，多处理机系统得到了迅速发展，由于线程能更好地提高程序的并发执行程度，近些年推出的多处理机OS无一例外地都引入了线程，用于改善OS的性能。

2.5.1 线程的引入

如果说在OS中引入进程的目的是使多个程序能并发执行，以提高资源利用率和系统吞吐量，那么，在OS中再引入线程，则是为了减少程序在并发执行时所付出的时空（时间和空间）开销，以使OS具有更好的并发性。

1. 进程的两个基本属性

首先让我们来回顾进程的两个基本属性。①进程是一个可拥有资源的独立单位。一个进程要能独立运行，就必须拥有一定的资源，包括用于存放程序正文和数据的磁盘，内存地址空间，以及它在运行时所需要的I/O设备、已打开的文件、信号量等。②进程同时又是一个可独立调度和分派的基本单位。一个进程要能独立运行，它还必须是一个可独立调度和分派的基本单位。每个进程在系统中均有唯一的PCB，系统可以根据PCB来感知进程的存在，也可以根据PCB中的信息对进程进行调度，还可将断点信息保存在进程的PCB中。反之，可利用进程PCB中的信息来恢复进程运行的现场。正是由于具有这两个基本属性，进程才成为了一个能独立运行的基本单位，从而也就构成了进程并发执行的基础。

2. 程序并发执行所须付出的时空开销

为使程序能并发执行，系统必须进行以下这一系列的操作：①创建进程，系统在创建一个进程时，必须为它分配其所必需的、除处理机以外的所有资源（如内存空间、I/O设备等），并建立相应的PCB；②撤销进程，系统在撤销进程时，又必须先对其所占有的资源执行回收操作，然后再撤销PCB；③进程切换，对进程进行上下文切换时，需要保留当前进程的CPU环境，并设置新选中进程的CPU环境，这一过程须花费不少的处理机时间。

据此可知，由于进程是一个资源的拥有者，因而在创建、撤销和切换中，系统必须为之付出较大的时空开销。这就限制了系统中所设置进程的数目，而且进程切换也不宜过于频繁，从而限制了程序并发执行程度的进一步提高。

3. 线程——作为调度和分派的基本单位

如何能使多个程序更好地并发执行，同时又能尽量减少系统的开销，已成为近年来设计OS时所追求的重要目标。有不少研究OS的学者们想到，可以将进程的两个基本属性分开，由OS分开处理，即并不把“作为调度和分派的基本单位”同时作为拥有资源的基本单位，以实现“轻装上阵”；而对于拥有资源的基本单位，又不对之施以频繁的切换。正是在这种思想的指导下，形成了线程的概念。

随着VLSI技术和计算机体系结构的发展，出现了对称多处理机（symmetrical multi-processing，SMP）系统。它为提高计算机的运行速度和系统吞吐量提供了良好的硬件基础。但要使多个CPU很好地协调运行，充分发挥它们的并行处理能力以提高系统性能，则还必须配置性能良好的多处理机OS。但利用传统的进程概念和设计方法，已难以设计出适用于SMP系统的OS，最根本的原因是进程“太重”，这致使为实现多处理机环境下的进程创建、调度与分派，均须花费较大的时空开销。如果在OS中引入线程，以线程为调度和分派的基本单位，则可以有效改善多处理机系统的性能。因此，一些主要的OS（如UNIX、Windows等）厂家，又进一步对线程技术做了开发，使之适用于SMP系统。

2.5.2 线程与进程的比较

线程具有传统进程所具有的很多特征，因此又称为**轻型进程**（light-weight process，LWP）或进程元；相应地把传统进程称为**重型进程**（heavy-weight process，HWP），它相当于只有一个线程的任务。下面将从调度的基本单位、并发性、拥有资源等方面对线程和进程进行比较。

1. 调度的基本单位

在传统OS中，进程作为独立调度和分派的基本单位，能够独立运行。其在每次被调度时，都需要进行上下文切换，开销较大。而在引入线程的OS中，已把线程作为调度和分派的基本单位，因而线程是能独立运行的基本单位。当进行线程切换时，仅须保存和设置少量寄存器的内容，切换代价远低于进程。在同一进程中，线程的切换不会引起进程的切换，但从一个进程中的线程切换到另一个进程中的线程时，必然会引起进程的切换。

2. 并发性

在引入线程的OS中，不仅进程之间可以并发执行，而且在一个进程中的多个线程之间亦可并发执行，甚至还允许一个进程中的所有线程都能并发执行。同样，不同进程中的线程也能并发执行。这使得OS具有了更好的并发性，从而能更加有效地提高资源利用率和系统吞吐量。例如，在文字处理机中可设置三个线程：第一个线程用于显示文字和图形，第二个线程通过键盘读入数据，第三个线程在后台检查拼写和语法。再如，在网页浏览器中可设置两个线程：第一个线程用于显示图像或文本，第二个线程用于从网络中接收数据。

此外，有的应用程序需要执行多个相似的任务。例如，一个网络服务器经常会接收到许多客户的请求，如果仍采用传统单线程的进程来执行该任务，则每次只能为一个客户提供服务。但如果在一个进程中可以设置多个线程，并使其中的一个线程专用于监听客户的请求，则每当有一个客户提出请求时，系统便会立即创建一个线程来处理该客户的请求。

3. 拥有资源

进程可以拥有资源，并可作为系统中拥有资源的一个基本单位。然而，线程可以说是几乎不拥有资源，其仅有的一点儿必不可少的资源也是为了确保自身能够独立运行。例如，在每个线程中都应具有用于控制线程运行的线程控制块（thread control block，TCB），用于指示被执行指令序列的程序计数器，用于保留局部变量、少数状态参数和返回地址等的一组寄存器，以及堆栈。

线程除了拥有自己的少量资源外，还允许多个线程共享它们共属的进程所拥有的资源，这一点首先表现在：属于同一进程的所有线程都具有相同的地址空间，这意味着线程可以访问该地址空间中的每一个虚地址；此外，线程还可以访问其所属进程所拥有的资源，如已打开的文件、定时器、信号量机构等的内存空间，以及线程所申请到的I/O设备等。

4. 独立性

在同一进程中的不同线程之间的独立性，要比不同进程之间的独立性低得多。这是因为，为防止进程之间彼此干扰和破坏，每个进程都拥有独立的地址空间和其他资源，它们除了共享全局变量外，不允许自身以外的进程访问自己地址空间中的地址。但是同一进程中的不同线程，往往是为了提高并发性以及满足进程间的合作需求而创建的，它们可以共享进程的内存地址空间和资源，如每个线程都可以访问它们所属进程地址空间中的所有地址，一个线程的堆栈可以被其他线程读/写，甚至完全清除。由一个线程打开的文件，可以供其他线程读/写。

5. 系统开销

在创建（撤销）进程时，系统要为它分配（向它回收）PCB和其他资源（如内存空间和I/O设备等）。OS为此所付出的开销，明显大于线程创建/撤销时所付出的开销。类似地，在进行进程切换时，涉及进程上下文的切换，而线程的切换代价则远低于进程的。例如，在Solaris 2 OS中，进程的创建耗时约为线程的30倍，而进程上下文切换的耗时约为线程的5倍。此外，由于一个进程中的多个线程具有相同的地址空间，线程之间的同步和通信也比进程简单。因此，在一些OS中，线程的切换、同步以及通信都无须OS内核的干预。

6. 支持多处理机系统

在多处理机系统中，对于传统的进程，即单线程进程，不管有多少处理机，该进程只能运行在一个处理机上。但对于多线程进程，其可以将一个进程中的多个线程分配到多个处理机上，并行运行，这无疑能够加速进程的完成。因此，现代多处理机系统都无一例外地引入了多线程。

2.5.3 线程状态和线程控制块

1. 线程执行的 3 个状态

与传统的进程一样，各线程之间也存在着共享资源和相互合作的制约关系，这致使线程在执行时也具有间断性。相应地，线程在执行时，也具有下述3种基本状态：①**执行状态**，指线程已获得处理机而正在执行；②**就绪状态**，指线程已具备各种执行条件，只须再获得CPU便可立即执行；③**阻塞状态**，指线程在执行中因某事件而受阻，进而处于暂停状态，例如，当一个线程执行从键盘读入数据的系统调用时，该线程就会被阻塞。线程状态之间的转换和进程状态之间的转换是一样的，如图2-6所示。

2．线程控制块

如同每个进程有一个PCB一样，系统也为每个线程配置了一个TCB，将所有用于控制和管理线程的信息均记录在TCB中。TCB中通常含有：①线程标识符，为每个线程赋予一个唯一的线程标识符；②一组寄存器（包括程序计数器、状态寄存器和通用寄存器等）的内容；③线程执行状态，描述线程正处于何种执行状态；④优先级，描述线程执行的优先程度；⑤线程专有存储区，用于在线程切换时存放现场保护信息和与该线程相关的统计信息等；⑥信号屏蔽，即对某些信号加以屏蔽；⑦堆栈指针，线程在执行时，经常会进行过程调用，而过程调用时通常会出现多重嵌套的情况，这样，就必须把每次过程调用中所使用的局部变量以及返回地址保存起来。为此，应为每个线程设置一个堆栈，用它来保存局部变量和返回地址。相应地，在TCB中，也须设置两个指向堆栈的指针：指向用户自己堆栈的指针和指向核心栈的指针。前者是指当线程运行在用户态时，使用用户自己的用户栈来保存局部变量和返回地址；后者是指当线程运行在内核态时，使用系统的核心栈来保存局部变量和返回地址。

3．多线程 OS 中的进程属性

多线程OS中的进程通常都包含多个线程，并会为它们提供资源。OS支持一个进程中的多个线程并发执行，但此时的进程已不再是一个执行的实体。多线程OS中的进程具有以下属性。

（1）**进程是一个可拥有资源的基本单位**。在多线程OS中，进程仍作为系统资源分配的基本单位，任一进程所拥有的资源包括：用户的地址空间、实现进程（线程）间同步和通信的机制、已打开的文件和已申请到的I/O设备以及一张由核心进程维护的地址映射表，该表用于实现用户程序的逻辑地址到其内存物理地址的映射。

（2）**多个线程可并发执行**。通常一个进程含有若干个相对独立的线程，其数目可多可少，但至少要有一个线程。由进程为这些（个）线程提供资源和运行环境，以使它们能并发执行。在OS中的所有线程都只能属于某一个特定进程。实际上，现在把传统进程的执行方法称为单线程方法，如传统的UNIX系统能支持多用户进程，但只能支持单线程方法。将每个进程支持多个线程执行的方法，称为多线程方法，例如，Java的运行环境是单进程多线程的，Windows 2000、Solaris、Mach等的运行环境则是多进程多线程的。

（3）**进程已不是可执行的实体**。在多线程OS中，把线程作为独立运行（或称调度）的基本单位。此时的进程已不再是一个基本的可执行实体。虽然如此，进程仍具有与"执行"相关的状态。例如，进程处于"执行"状态，实际上是指该进程中的某线程正在执行。此外，对进程所施加的、与进程状态有关的操作，也会对其线程起作用。例如，在把某个进程挂起时，该进程中的所有线程也都将被挂起；再如，在把某个进程激活时，属于该进程的所有线程也都将被激活。

多线程模型

2.6 线程的实现

2.6.1 线程的实现方式

线程已在许多系统中实现，但各系统中实现的方式并不完全相同。在有的系统中，特别是在一些数据库管理系统（如infomix）中，所实现的是用户级线程；而在另一些系统中，如Windows XP、Linux、Mac OS X和OS/2等，所实现的是内核支持线程；此外，在Solaris等系统中，所实现的则是这两种线程的组合。

1. 内核支持线程

在OS中的所有进程，无论是系统进程还是用户进程，都是在OS内核的支持下运行的，是与内核紧密相关的。而内核支持线程（kernel supported thread，KST），同样也是在内核的支持下运行的，它们的创建、阻塞、撤销和切换等也都是在内核空间实现的。为了对内核支持线程进行控制和管理，在内核空间也为每个内核支持线程设置了一个TCB，内核根据该TCB来感知某线程的存在，并对其加以控制。当前大多数OS都支持KST。

KST的实现方式有4个主要优点：①在多处理机系统中，内核能够同时调度同一进程中的多个线程并行运行；②如果进程中的一个线程被阻塞，则内核可以调度该进程中的其他线程来占有处理机并运行，也可运行其他进程中的线程；③内核支持线程具有很小的数据结构和堆栈，线程的切换比较快，切换开销小；④内核本身也可以采用多线程技术，可以提高系统的执行速度和效率。

内核支持线程的主要缺点是：对于用户的线程切换而言，其模式切换的开销较大；在同一个进程中，从一个线程切换到另一个线程时需要从用户态转到内核态进行，这是因为用户进程的线程在用户态运行，而线程调度和管理是在内核中实现的，系统开销较大。

2. 用户级线程

用户级线程（user level thread，ULT）是在用户空间中实现的，其对线程的创建、撤销、同步与通信等功能都无须内核支持，即ULT与内核无关。一个系统中的ULT数目可以达到数百个甚至数千个。由于这些线程的TCB都设置在用户空间，而线程所执行的操作又无须内核支持，因而内核完全不知道ULT的存在。

值得说明的是，对于设置了ULT的系统，其调度仍是以进程为单位进行的。在采用时间片轮转调度算法时，各个进程轮流执行一个时间片，这对于各进程而言貌似是公平的，但假如在进程A中包含了1个ULT，而在进程B中包含了100个ULT，那么，进程A中线程的运行时间将会是进程B中各线程运行时间的100倍；相应地，进程A的运行速度也要快上100倍，因此说实质上并不公平。

假如系统中设置的是KST，则调度便会以线程为单位进行。在采用时间片轮转调度算法时，各个线程轮流执行一个时间片。同样假定进程A中只有1个KST，而进程B中有100个KST。此时，进程B可以获得的CPU时间是进程A的100倍，且进程B可使100个系统调用并发执行。

使用ULT方式有许多**优点**，介绍如下。①线程切换不需要转换到内核空间。对一个进程而言，其所有线程的管理数据结构均在该进程的用户空间中，管理线程切换的线程库也在用户空间运行，因此进程不用切换到内核方式来做线程管理，从而节省了模式切换的开销。②调度算法可以是进程专用的。在不干扰OS调度的情况下，不同的进程可以根据自身需要选择不同的调度算法，以对自己的线程进行管理和调度，而与OS的低级调度算法无关。③用户级线程的实现与OS平台无关，因为面向线程管理的代码属于用户程序的一部分，所有的应用程序都可以共享这段代码。因此，ULT甚至可以在不支持线程机制的OS平台上实现。

使用ULT方式的主要**缺点**介绍如下。①系统调用的阻塞问题。在基于进程机制的OS中，大多数系统调用都会使进程阻塞，因此，当线程执行一个系统调用时，不仅该线程会被阻塞，而且进程内的所有线程均会被阻塞。而在KST方式下，进程中的其他线程仍然可以运行。②在单纯的ULT实现方式中，多线程应用不能利用多处理机可以进行多重处理的这一优点。内核每次分配给一个进程的仅有一个CPU，因此，进程中仅有一个线程能执行，在该线程放弃CPU之前，其他线程只能等待。

3. 两种线程的组合方式

有些OS把ULT和KST这两种线程进行组合，提供了组合方式的ULT/KST线程。在组合方式线程系统中，内核支持多个KST的建立、调度和管理，同时也允许用户应用程序建立、调度和管理ULT。一些KST对应多个ULT，这是ULT通过时分多路复用KST来实现的，即将ULT对部分或全部KST进行多路复用，并且程序员可按应用需要和机器配置对KST的数目进行调整，以达到较好的效果。在组合方式线程中，同一个进程内的多个线程可以同时在多处理机上并行执行，而且在阻塞一个线程时，并不需要将整个进程阻塞。因此，组合方式多线程模型能够结合ULT和KST两者的优点，并克服它们各自的不足。由于ULT和KST的连接方式不同，从而形成了3种不同的多线程模型：多对一模型、一对一模型和多对多模型。

（1）**多对一模型**，将多个ULT映射到一个KST上。如图2-16（a）所示，这些ULT一般属于一个进程，运行在该进程的用户空间，对这些线程的调度和管理也是在该进程的用户空间中完成的。仅当ULT需要访问内核时，才会将其映射到一个KST上，但每次只允许一个线程进行映射。该模型的主要优点是：线程管理的开销小，效率高。其主要缺点是：如果一个线程在访问内核时发生阻塞，则整个进程都会被阻塞；此外，在任一时刻，只有一个线程能够访问内核，多个线程不能同时在多个处理机上运行。

（2）**一对一模型**，将每个ULT映射到一个KST上。如图2-16（b）所示，为每个ULT都设置了一个KST与之连接。该模型的主要优点是：当一个线程阻塞时，允许调度另一个线程运行，所以它提供了比多对一模型更好的并发性能。此外，在多处理机系统中，它允许多个线程并行地运行在多处理机系统上。该模型的唯一缺点是：每创建一个ULT，相应地就需要创建一个KST，开销较大，因此需要限制整个系统的线程数。Windows 2000、Windows NT、OS/2等系统上都实现了该模型。

（3）**多对多模型**，将许多ULT映射到同样数量或较少数量的KST上。如图2-16（c）所示，KST的数目可以根据应用进程和系统的不同而变化，其可以比ULT数少，也可以与之相等。该模型结合了上述两种模型的优点，它可以像一对一模型那样使一个进程的多个线程并行地运行在多处理机系统上，也可以像多对一模型那样减少线程管理开销并提高效率。

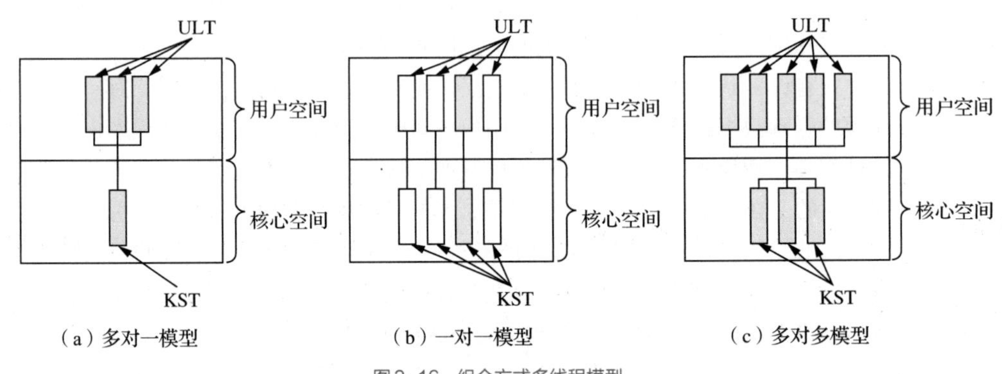

图2-16　组合方式多线程模型

什么时候多线程进程比单线程进程性能好？什么时候多线程进程比单线程进程性能差？

2.6.2 线程的具体实现

不论是进程还是线程，都必须直接或间接地取得内核的支持。由于KST可以直接利用系统调用为它服务，故其对应的线程控制相当简单；而ULT则必须借助于某种形式的中间系统的帮助方能取得内核的服务，故其对应的线程控制要较复杂。

1. KST 的实现

在仅设置了KST的OS中，一种可能的线程控制方法是，系统在创建一个新进程时，便为它分配一个任务数据区（per task data area，PTDA），其中包括若干个TCB空间，如图2-17所示。在每个TCB中可保存线程标识符、优先级、线程运行的CPU状态等信息。虽然这些信息与ULT的TCB中的信息相同，但它们被保存在了内核空间中。

PTDA	进程资源
TCB #1	
TCB #2	
TCB #3	

图2-17 一个任务数据区

每当进程要创建一个线程时，便会为新线程分配一个TCB，同时将有关信息填入该TCB中，并为之分配必要的资源，如为线程分配数百至数千个字节的栈空间和局部存储区，于是新创建的线程便有条件立即执行。当PTDA中的所有TCB空间已用完而进程又要创建新的线程时，只要其所创建的线程数目未超过系统的允许值（通常为数十至数百个），系统即可再为之分配新的TCB空间；在撤销一个线程时，也应回收该线程的所有资源和TCB。由此可见，KST的创建和撤销均与进程的相似。在有的系统中，为了减少在创建和撤销一个线程时的开销，在撤销一个线程时，并不会立即回收该线程的资源和TCB，这样，当以后再要创建一个新线程时，便可直接将已被撤销但仍持有资源的TCB作为新线程的TCB。

KST的调度和切换与进程的调度和切换十分相似，也分抢占式和非抢占式两种。线程的调度同样可采用时间片轮转调度算法、优先级调度算法等。当线程调度选中一个线程后，便会将处理机分配给它。当然，线程在调度和切换上所花费的开销要比进程的小得多。

2. ULT 的实现

ULT是在用户空间实现的。所有ULT都具有相同的结构，它们都运行在一个中间系统上。当前有两种方式实现的中间系统，即运行时系统与核心线程。

（1）运行时系统。

所谓运行时系统（runtime system），实质上是用于管理和控制线程的函数（过程）的集合，其中包括用于创建和撤销线程的函数、用于控制线程同步和通信的函数以及用于实现线程调度的函数等。正因为有这些函数，才能使ULT与内核无关。运行时系统中的所有函数都驻留在用户空间，并作为ULT与内核之间的接口。

在传统OS中，进程在切换时必须先由用户态转为内核态，再由核心线程来执行切换任务；而ULT在切换时则无须转入内核态，而是由运行时系统中的线程切换过程来执行切换任务，该过程将线程的CPU状态保存在该线程的堆栈中，然后按照一定的算法选择一个处于就绪状态的新线程运行，并将新线程堆栈中的CPU状态装入CPU相应的寄存器中，一旦将栈指针和程序计数器切换后，便开始了新线程的运行。由于ULT的切换无须进入内核，且切换操作简单，因而其切换速度非常快。

不论是在传统OS中，还是在多线程OS中，系统资源都是由内核管理的。在传统OS中，进程是利用OS提供的系统调用来请求系统资源的，系统调用通过软中断（如trap）机制进入OS内核，由内核来完成相应资源的分配。ULT是不能利用系统调用的。当线程需要系统资源时，其须将该要求传送给运行时系统，由后者通过相应的系统调用来获得系统资源。

（2）**核心线程**。

核心线程又称为LWP。每一个进程都可拥有多个LWP。同ULT一样，每个LWP都有自己的数据结构（如TCB），其中包括线程标识符、优先级、CPU状态等信息，另外还有栈和局部存储区等。LWP也可以共享进程所拥有的资源。LWP可通过系统调用来获得内核提供的服务，这样，当一个ULT运行时，只须将它连接到一个LWP上，它便能具有KST的所有属性。这种线程实现方式就是组合方式。

一个系统中的ULT数量可能很大，为了节省系统开销，不可能设置太多的LWP，而是会把这些LWP做成一个缓冲区，称之为“线程池”。用户进程中的任一ULT都可以连接到线程池中的任一LWP上。为使每一个ULT都能利用LWP与内核通信，可以使多个ULT多路复用一个LWP，但只有当前连接到LWP上的ULT才能与内核通信，其余线程或阻塞、或等待LWP。而每个LWP都要连接到一个KST上，这样，通过LWP即可把ULT与KST连接起来，ULT可通过LWP来访问内核，但内核所看到的总是多个LWP而非ULT。亦即，由LWP实现了内核与ULT之间的隔离，从而使ULT与内核无关。图2-18所示为将LWP作为中间系统时ULT的实现方法。

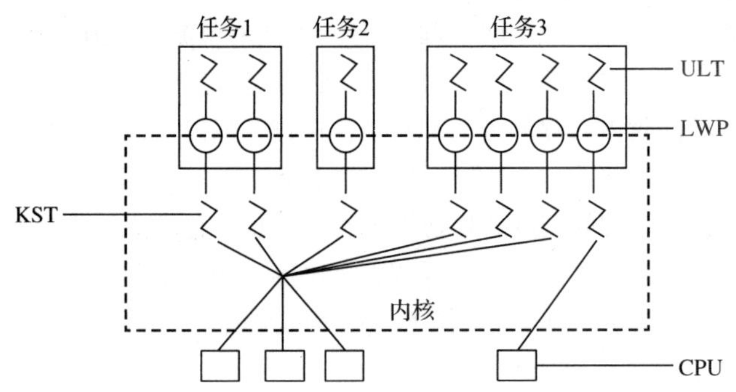

图2-18　将LWP作为中间系统时ULT的实现方法

当ULT不需要与内核通信时，并不需要LWP；而当其要通信时，便须借助LWP，而且每个要通信的ULT都需要一个LWP。例如，在一个任务中，如果同时有5个ULT发出了对文件的读/写请求，这就需要有5个LWP来予以帮助，即由LWP将对文件的读/写请求发送给相应的KST，再由后者执行具体的读/写操作。如果一个任务中只有4个LWP，则只能有4个ULT的读/写请求被传送给KST，余下的1个ULT必须等待。

在KST执行操作时，如果其发生阻塞，则与之相连接的多个LWP也将随之阻塞，进而使连接到LWP上的ULT也被阻塞。如果进程中只包含一个LWP，此时进程也会阻塞。这种情况与前述的传统OS一样，在进程执行系统调用时，该进程实际上是阻塞的。但如果一个进程中含有多个LWP，则当一个LWP阻塞时，进程中的另一个LWP可以继续执行；即使进程中的所有LWP全部阻塞，进程中的线程也仍能继续执行，只是不能再去访问内核而已。

2.6.3 线程的创建与终止

如同进程一样，线程也是有生命期的，它由创建而产生、由终止而消亡。相应地，在OS中也就有用于创建线程的函数（或系统调用）和用于终止线程的函数（或系统调用）。

1. 线程的创建

应用程序在启动时，通常仅有一个线程在执行，我们把该线程称为“初始化线程”，它的主要功能是创建新线程。在创建新线程时，需要利用一个线程创建函数（或系统调用），并提供相应的参数，如指向线程主程序入口的指针、堆栈的大小以及用于调度的优先级等。在线程的创建函数执行完后，将返回一个线程标识符供以后使用。

2. 线程的终止

当一个线程完成了自己的任务（工作）后，或是线程在运行中出现异常情况而须被强行终止时，由终止线程通过调用相应的函数（或系统调用）对它执行终止操作。但有些线程（主要是系统线程）一旦被建立起来之后，便会一直运行下去而不被终止。在大多数OS中，线程被终止后并不会立即释放它所占有的资源，只有当进程中的其他线程执行了分离函数后，被终止的线程才会与资源分离，此时的资源才能被其他线程利用。

已被终止但尚未释放资源的线程，仍可被需要它的线程所调用，以使其重新恢复运行。为此，调用线程须调用一条被称为“等待线程终止”的连接命令，以与该线程进行连接。当一个调用线程调用“等待线程终止”的连接命令而试图与指定线程相连接时，若指定线程尚未被终止，则调用连接命令的线程将会阻塞，直至指定线程被终止后，其才能与指定线程进行连接并继续执行；若指定线程已被终止，则调用线程不会被阻塞，而是会继续执行。

2.7 本章小结

本章从程序的执行方式入手，先后引入了OS中的两个重要概念：进程和线程。程序的执行方式有顺序执行和并发执行两种。在顺序执行方式下，单个程序独占内存运行，系统的运行效率低；在并发执行方式下，多个程序占用内存并轮流在CPU上运行，系统的运行效率得到了提升。

进程就是指正在运行的程序，它在运行过程中会改变状态，这些状态是根据进程当前的活动来定义的，包括创建、就绪、运行、阻塞和终止等。OS中的每个进程都是通过与之一一对应的PCB来实现控制和管理的。进程控制包括：进程创建、进程终止、进程阻塞与唤醒、进程挂起与激活等，这些控制操作需要用原语的方式来完成。进程间可以相互通信，通信方法多样，常用的有管道、信号、消息队列、共享内存、信号量、套接字等。

为了提高程序并发执行的程度，引入了比进程更小的单位——线程。引入线程后，在资源共享、用户响应、经济性和多处理机架构等方面有诸多好处，能够进一步改善系统的性能。引入线程后，进程是资源分配的单位，线程是CPU调度的单位。线程可分为KST和ULT两种，不同的系统会支持某一种线程，或者两种都支持。由于ULT和KST的连接方式不同，形成了3种不同的多线程模型：多对一模型、一对一模型和多对多模型。

习题2（含考研真题）

一、简答题

1. 什么是前趋图？请画出下列4条语句的前趋图。

   S_1：$a=x+y$；　S_2：$b=z+1$；　S_3：$c=a-b$；　S_4：$w=c+1$；

2. 什么是进程？OS中为什么要引入进程？它会产生什么样的影响？
3. 进程最基本的状态有哪些？哪些事件可能会引起不同状态间的转换？
4. 为什么要引入进程的挂起状态？
5. 叙述组成进程的基本要素，并说明它们的作用。
6. （**考研真题**）请给出PCB的主要内容。描述当进程状态发生转换（就绪→运行、运行→阻塞）时，OS需要使用/修改PCB的哪些内容？
7. 试说明引起进程创建的主要事件。
8. （**考研真题**）在创建一个进程时，OS需要完成的主要工作是什么？
9. 试说明引起进程终止的主要事件。
10. 在终止一个进程时，OS要完成的主要工作是什么？
11. 试说明引起进程阻塞或被唤醒的主要事件。
12. 试比较进程间的低级与高级通信工具。
13. 当前有哪几种高级通信机制？
14. 试说明使用管道文件（pipe文件）进行通信的优缺点。
15. 试比较直接通信方式和间接通信方式。
16. 为什么要在OS中引入线程？
17. 试说明线程的属性。
18. 何谓用户级线程和内核支持线程？
19. （**考研真题**）用户级线程和内核支持线程有何区别？
20. 试说明用户级线程和内核支持线程的实现方法。

二、综合应用题

21. 试从调度、并发、拥有资源和系统开销这4个方面对传统进程和线程进行比较。
22. （**考研真题**）现代OS一般都提供多进程（或称多任务）运行环境，回答以下问题。

（1）为支持多进程的并发执行，系统必须建立哪些关于进程的数据结构？

（2）为支持进程状态的变迁，系统至少应提供哪些进程控制原语？

（3）在执行每一个进程控制原语时，进程状态会发生什么变化？相应的数据结构会发生什么变化？

第3章 处理机调度与死锁

第3章导读

在多道程序环境下，内存中存在着多个进程，其数目往往多于处理机数目。这就要求系统能按某种算法动态地将处理机分配给处于就绪状态的进程，以使之执行。分配处理机的任务是由处理机调度程序完成的。对于大型系统，其在运行时的性能，如系统吞吐量、资源利用率、作业周转时间或响应的及时性等，在很大程度上都取决于处理机调度性能的好坏。因此，处理机调度便成为了OS中至关重要的部分。同样，在多道程序环境中，可能会有多个进程同时竞争有限数量的资源。当一个进程申请某个资源时，如果没有可用资源，那么该进程就会变为等待状态；若所申请的资源被其他等待进程占有，那么该等待进程有可能再也无法改变状态。这种情况称为**死锁**（deadlock）。如果系统处于死锁状态，进程将无法向前推进。本章将重点介绍处理机调度与死锁的相关知识与实例。本章知识导图如图3-1所示。

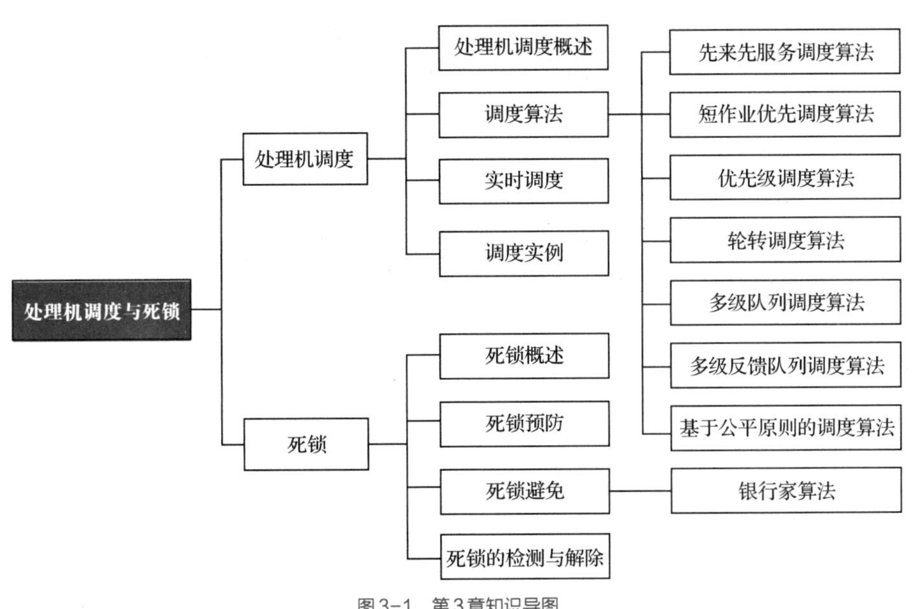

图3-1　第3章知识导图

3.1 处理机调度概述

在多道程序系统中，调度的实质是一种资源分配，处理机调度是对处理机进行分配。处理机调度算法是指根据处理机分配策略所规定的处理机分配算法。在多道批处理系统中，一个作业从提交到获得处理机执行，直至作业运行完毕，可能需要经历多级处理机调度。下面先来了解处理机调度的层次。

3.1.1 处理机调度的层次

1. 高级调度

高级调度（high level scheduling）又称为长程调度或作业调度，它的调度对象是作业，主要功能是根据某种算法，决定将外存上处于后备队列中的哪几个作业调入内存，为它们创建进程、分配必要的资源，并将它们放入就绪队列。高级调度主要用于多道批处理系统中，而在分时系统和实时系统中，不设置高级调度。

2. 低级调度

低级调度（low level scheduling）又称为短程调度或进程调度，其所调度的对象是进程（或LWP）。其主要功能是，根据某种算法，决定就绪队列中的哪个进程应获得处理机，并由分派程序将处理机分配给被选中的进程。低级调度是最基本的一种调度，在多道批处理、分时和实时这3种系统中，都必须配置这种调度。

3. 中级调度

中级调度（intermediate scheduling）又称为内存调度。引入中级调度的主要目的是提高内存利用率和系统吞吐量。为此，应把那些暂时不能运行的进程调至外存等待，此时进程的状态称为就绪驻外存状态（或挂起状态）。当它们已具备运行条件且内存稍有空闲时，由中级调度来决定把外存上的那些已具备运行条件的就绪进程再重新调入内存，并修改它们的状态为就绪状态，挂在就绪队列上等待。中级调度实际上就是存储器管理中的对换功能，本书将在第5章中对其进行详细介绍。

在上述3种调度中，低级调度的运行频率最高，在分时系统中通常仅10ms～100ms便进行一次低级调度，因此把它称为短程调度。为避免低级调度占用太多的CPU时间，不宜使低级调度算法太复杂。高级调度（作业调度）往往发生在一批作业已运行完毕退出系统，又需要重新调入一批作业进入内存的时候。高级调度的周期较长，几分钟一次，因此把它称为长程调度。由于其运行频率较低，故允许作业调度算法花费较长的时间。中级调度的运行频率基本上介于上述两种调度之间，因此又把它称为中程调度。

3.1.2 作业和作业调度

在多道批处理系统中，作业是用户提交给系统的一项相对独立的工作。操作员把用户提交的作业通过相应的输入设备输入磁盘存储器，并保存在一个后备作业队列中，再由作业调度程序将其从外存调入内存。

1. 作业

作业是一个比程序更为广泛的概念，它不仅包含了通常的程序和数据，而且配有一份作业说明书，系统根据该说明书对程序的运行进行控制。在多道批处理系统中，会将作业作为基本单位从外存调入内存。

2．作业控制块

为了管理和调度作业，在多道批处理系统中，为每个作业设置了一个作业控制块（job control block，JCB），它是作业在系统中存在的标志，其中保存了系统对作业进行管理和调度所需的全部信息。JCB中包含的内容通常有：作业标志、用户名称、用户账号、作业类型（CPU繁忙型、I/O繁忙型、批量型、终端型）、作业状态、调度信息（优先级、作业运行时间）、资源需求情况（预计运行时间、要求内存大小）、资源使用情况等。

每当一个作业进入系统时，“作业注册”程序便会为该作业建立一个JCB，然后根据作业类型将其放到相应的作业后备队列中等待调度。调度程序依据一定的调度算法来调度它们，被调度到的作业将被装入内存。在作业运行期间，系统会按照JCB中的信息和作业说明书对作业进行控制。当一个作业执行结束并进入完成状态时，系统便会回收已分配给它的资源，并撤销其JCB。

3．作业调度的主要任务

作业调度的主要任务是，根据JCB中的信息，检查系统中的资源能否满足作业的需求，以及按照一定的调度算法从外存的作业后备队列中选取某些作业调入内存，并为它们创建进程和分配必要的资源。然后，将新创建的进程排在就绪队列上等待调度。因此，也把作业调度称为接纳调度（admission scheduling）。在每次执行作业调度时，都须做出以下两个决定。

（1）接纳多少个作业。

在每次进行作业调度时，应当从后备队列中选取多少作业调入内存，取决于多道程序度（degree of multiprogramming），其表示允许多少个作业同时在内存中运行。对系统而言，其希望装入内存较多的作业，因为这样有利于提高资源利用率和系统吞吐量。但如果内存中同时运行的作业太多，那么进程在运行时因内存不足所发生的中断就会急剧增加，这将会使进程的平均周转时间显著延长，进而影响系统的服务质量。因此，多道程序度的确定方法是：综合考虑计算机系统规模、计算机运行速度、作业大小以及所能获得的系统性能好坏等情况后，做出适当的抉择。

（2）接纳哪些作业。

应选择后备队列中的哪些作业调入内存，取决于所采用的调度算法。最简单的调度算法是先来先服务调度算法，它会将最早进入外存的作业优先调入内存。较常用的一种调度算法是短作业优先调度算法，它会将外存上（执行时间）最短的作业优先调入内存。另一种较常用的调度算法是基于作业优先级的调度算法，它会将外存上作业优先级最高的作业优先调入内存。调度性能比较好的一类调度算法是“响应比高者优先”的调度算法。3.2节中将会对上述几种算法做较详细的介绍。

3.1.3 进程调度

进程调度是OS中必不可少的一种调度，因此在3种类型的OS中都无一例外地配置了进程调度。此外，它也是对系统性能影响最大的一种处理机调度，相应地，有关进程调度的算法也比较多。

1．进程调度任务

进程调度的任务主要有三。①**保存CPU现场信息**。在进行进程调度时，首先需要保存当前进程的CPU现场信息，如程序计数器、多个通用寄存器等中的内容。**②按某种算法选取进程。**调度程序须按某种算法从就绪队列中选取一个进程，将其状态改为运行状态，并准备把CPU分配给它。**③把CPU分配给进程。**由分派程序把CPU分配给该进程，此时需要将选中进程的PCB内有关CPU的现场信息装入CPU相应的各个寄存器中，并把CPU的控制权交给该进程，以使其能够从上次的断点处恢复运行。

2. 进程调度机制

为了实现进程调度，在进程调度机制（如图3-2所示）中，应具有以下3个基本部分。

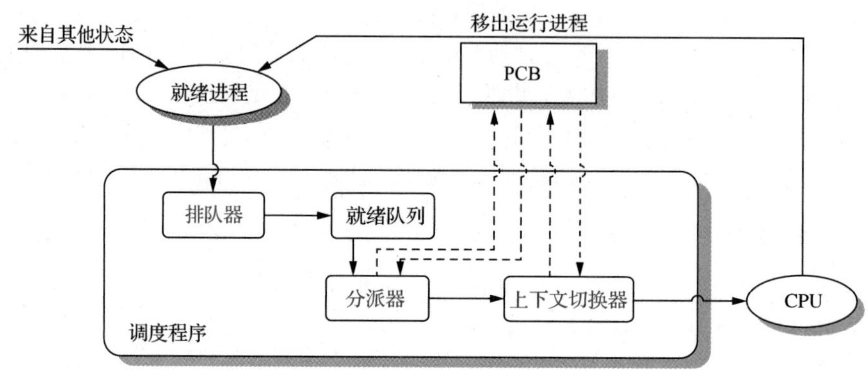

图3-2 进程调度机制

（1）排队器。为了提高进程调度的效率，应事先将系统中的所有就绪进程，按照一定的策略排成一个或多个队列，以便调度程序能最快地找到它们。以后每当有一个进程转变为就绪状态时，排队器便将它插入相应的就绪队列。

（2）分派器。分派器将进程调度程序所选定的进程从就绪队列中取出，然后进行从分派器到新选进程间的上下文切换，以将CPU分配给新选进程。

（3）上下文切换器。在对处理机进行切换时，会发生两对上下文的切换操作：①第一对上下文切换时，OS将保存当前进程的上下文，即把当前进程的CPU寄存器内容保存到该进程的PCB内的相应单元，而装入分派程序的上下文，则可以方便分派程序运行；②第二对上下文切换是移出分派程序的上下文，把新选进程的CPU现场信息装入CPU的各个相应寄存器中，以便新选进程运行。

在进行上下文切换时，需要执行大量的load和store等操作指令，以保存寄存器的内容。即使是现代计算机，用每次上下文切换所花费的时间大约也可以执行上千条指令。为此，现在已有通过硬件实现来减少上下文切换时间的方法了，一般采用两组（或多组）寄存器，其中一组寄存器供处理机在内核态时使用，而另一组寄存器供应用程序使用。在这样的条件下的上下文切换，只须改变指针以使其指向当前寄存器组即可。

3. 进程调度方式

早期所采用的非抢占调度方式（non-preemptive mode）存在着很大的局限性，很难满足交互性作业和实时任务的需求。为此，在进程调度中又引入了抢占调度方式（preemptive mode）。下面分别对它们进行介绍。

（1）非抢占调度方式。

在采用非抢占调度方式时，一旦把处理机分配给某进程，就会一直让它运行下去，而决不会因为时钟中断或其他原因去抢占该进程的处理机，直至该进程完成或发生某事件而被阻塞时，才会把分配给该进程的处理机分配给其他进程。

在采用非抢占调度方式时，可能会引起进程调度的因素可归结为：①正在执行的进程运行完毕，或因发生某事件而使其无法继续运行；②正在执行的进程因提出I/O请求而暂停执行；③在进程通信或同步过程中执行了某种原语操作，如Block原语。非抢占调度方式的优点是实现简单、系统开销小，其适用于大多数批处理系统。但它不能用于分时系统和大多数实时系统。

（2）抢占调度方式。

抢占调度方式允许调度程序根据某种原则去暂停某个正在执行的进程，并将已分配给该进程的处理机重新分配给另一进程。在现代OS中广泛采用抢占调度方式，这是因为：对于批处理机系统，抢占调度方式可以防止一个长进程长时间地占用处理机，以确保处理机能为所有进程提供更为公平的服务。在分时系统中，只有采用抢占调度方式才有可能实现人机交互。在实时系统中，抢占调度方式能满足实时任务的需求。但抢占调度方式比较复杂，所须付出的开销也较大。

"抢占"不是一种任意性行为，必须遵循一定的原则，主要原则有：**①优先级原则**，允许优先级高的新到进程抢占当前进程的处理机，即当有新进程到达时，如果它的优先级比当前进程的优先级高，则调度程序将剥夺当前进程的运行，并将处理机分配给新到进程；**②短进程优先原则**，允许新到的短进程抢占当前长进程的处理机，即当新到进程比当前进程（尚须运行的时间）明显短时，将处理机分配给新到的短进程；**③时间片原则**，各进程按时间片轮转运行时，当正在执行的进程的一个时间片用完后，便停止该进程的执行而重新进行调度。

思考题

抢占调度方式和非抢占调度方式各适用于什么场景下?

3.1.4 处理机调度算法的目标

一般而言，在设计一个OS时应如何选择调度算法，这在很大程度上取决于OS的类型及其设计目标，例如，在批处理系统、分时系统和实时系统中，通常会采用不同的调度算法。

1. 处理机调度算法的共同目标

（1）资源利用率。为了提高系统的资源利用率，应使系统中的处理机和其他所有资源都尽可能地保持忙碌状态，其中最重要的资源——CPU的利用率可用以下公式计算。

$$\text{CPU利用率} = \frac{\text{CPU有效工作时间}}{\text{CPU有效工作时间} + \text{CPU空闲等待时间}}$$

（2）公平性。公平性是指应使各进程都获得合理的CPU时间，以防止发生进程饥饿现象。公平性是相对的，相同类型的进程应获得相同的服务；但对于不同类型的进程，由于它们的紧急程度或重要性不同，为它们提供的服务也应不同。

（3）平衡性。系统中可能具有多种类型的作业，有的属于CPU繁忙型作业，有的属于I/O繁忙型作业。为使系统中的CPU和各种I/O设备都能经常处于忙碌状态，调度算法应尽可能保证系统资源使用的平衡性。

（4）策略强制执行。对于所制定的策略（其中包括安全策略），只要有需要，就必须予以准确的执行，即使会造成某些工作的延迟也要执行。

2. 批处理系统中处理机调度算法的目标

（1）平均周转时间短。所谓周转时间（亦称为作业周转时间），是指从作业被提交给系统开始到作业完成为止的这段时间间隔。它包括4部分时间：作业在外存后备队列上等待作业调度的时间，进程在就绪队列上等待进程调度的时间，进程在CPU上执行所耗费的时间，以及进程等待I/O操作完成的时间。其中，后3项在一个作业的整个处理过程中可能会发生多次。

对每个用户而言，他们都希望自己作业的周转时间最短。但作为计算机系统的管理者，则总是希望作业的平均周转时间最短，因为这不仅可以有效提高系统资源的利用率，还可以使大多数用户都感到满意。事实上，计算机系统的管理者应使作业的周转时间和作业的平均周转时间都尽可能短，否则，许多用户的等待时间过长会引起他们（特别是短作业用户）的不满。可把平均周转时间表示为：

$$T=\frac{1}{n}\left(\sum_{i=1}^{n}T_i\right)。$$

为了进一步反映调度的性能，以更清晰地描述各进程在周转时间中“等待时间和执行时间”的具体分配状况，引入了带权周转时间，即作业的周转时间T_i与系统为它提供服务的时间T_{S_i}之比，表示为$T_{W_i}=T_i/T_{S_i}$。因此，平均带权周转时间可表示为：

$$T_W=\frac{1}{n}\left(\sum_{i=1}^{n}\frac{T_i}{T_{S_i}}\right)。$$

（2）**系统吞吐量高**。系统吞吐量是指单位时间内系统所完成的作业数，因而它与批处理作业的平均长度有关。事实上，如果仅为了获得高的系统吞吐量，则应尽量多地选择短作业运行。

（3）**处理机利用率高**。对于大、中型计算机，CPU价格十分昂贵，致使处理机的利用率成为了衡量系统性能的重要指标；而调度算法又对处理机的利用率起着十分重要的作用。如果仅为了使处理机的利用率高，则应尽量多地选择计算量大的作业运行。

综上所述可知，这些目标的实现之间存在着一定的矛盾。

3. 分时系统中处理机调度算法的目标

（1）**保证响应时间快**。响应时间快是选择分时系统中进程调度算法的重要准则。所谓响应时间，是指从用户通过键盘提交一个请求开始，到屏幕上显示出处理结果为止的这段时间间隔。它包括3部分时间：请求信息从键盘输入开始直至传送到处理机的时间，处理机对请求信息进行处理的时间，以及将所形成的响应信息回送到终端显示器的时间。

（2）**保证均衡性**。用户对响应时间的要求并非完全相同。通常用户对较复杂任务的响应时间允许较长，而对较简单任务的响应时间要求较短。所谓均衡性是指，系统响应时间的快慢应与用户所请求服务的复杂性相适应。

4. 实时系统中处理机调度算法的目标

（1）**保证满足截止时间的要求**。所谓截止时间，是指某任务必须开始执行的最迟时间，或必须完成的最迟时间。对于严格的实时系统而言，其调度算法必须要保证这一点，否则将会造成难以预料的后果。对于实时系统而言，调度算法的一个主要目标是保证实时任务满足截止时间的要求。对于HRT任务，其调度算法必须满足截止时间的要求，否则将会造成难以预料的后果；而对于SRT任务，其调度算法也应基本上满足截止时间的要求。

（2）**保证可预测性**。在实时系统中，可预测性显得非常重要。例如，在多媒体系统中，无论是电影还是电视剧，都应是连续播放的，这就保证了请求的可预测性。如果系统中采用了双缓冲区，则因为可实现第i帧播放和第i+1帧读取的并行处理，所以可提高系统的实时性。

3.2 调度算法

典型调度算法

3.2.1 先来先服务调度算法

先来先服务（first come first server，FCFS）调度算法是最简单的调度算法，该算法既可用于作业调度，也可用于进程调度。当在作业调度中采用该算法时，系统将按照作业到达的先后次序来进行调度，或者说它会优先考虑在系统中等待时间最长的作业，而不管该作业执行时间的长短。FCFS调度算法会从后备作业队列中选择几个最先进入该队列的作业，将它们调入内存，并为它们分配资源和创建进程；最后，把它们放入就绪队列。

当在进程调度中采用FCFS调度算法时，每次调度都是从就绪的进程队列中选择一个最先进入该队列的进程，并为之分配处理机，使之投入运行。在该进程一直运行到完成或发生某事件而阻塞后，进程调度程序才会将处理机分配给其他进程。

需要补充说明的是，FCFS调度算法在单处理机系统中已很少作为主调度算法了，但通常会将它与其他调度算法结合使用，进而形成一种更为有效的调度算法。例如，可以在系统中按进程的优先级设置多个队列，每个优先级对应一个队列，其中每个队列的调度都基于FCFS调度算法。

3.2.2 短作业优先调度算法

由于在实际情况中，短作业（进程）占有很大比例，为了使它们能比长作业优先执行，产生了短作业优先（short job first，SJF）调度算法。

1. SJF 调度算法简介

SJF调度算法是以作业的长短来计算优先级的，作业越短，其优先级越高。作业的长短是以作业所要求的运行时间来衡量的。SJF调度算法可以分别用于作业调度和进程调度。当把SJF调度算法用于作业调度时，它将从外存的作业后备队列中选择估计运行时间最短的作业，并优先将它调入内存运行。当SJF调度算法用于进程调度时，它将从就绪队列中选择估计运行时间最短的进程，并为之分配CPU运行。

2. SJF 调度算法的缺点

SJF调度算法较FCFS调度算法有了明显的改进，但仍然存在不容忽视的缺点，介绍如下。①必须预先知道作业的运行时间。当采用SJF调度算法时，要预先知道每个作业的运行时间，但即便是程序员也很难对其进行准确估计；如果估计偏短，系统就可能会按估计的时间终止作业的运行，但此时作业并未完成，故一般都会偏长估计。②对长作业非常不利，长作业的周转时间会明显增长。更严重的是，SJF调度算法完全忽视作业的等待时间，这可能会使作业的等待时间过长，进而出现饥饿现象。③当采用SJF调度算法时，无法实现人机交互。④SJF调度算法完全没有考虑作业的紧迫程度，故不能保证紧迫性作业能得到及时处理。

3.2.3 优先级调度算法

我们可以这样来看进程或作业的优先级。对于FCFS调度算法，进程的等待时间就是进程的优先级，等待时间越长，其优先级越高。对于SJF调度算法，进程的长短就是进程的优先级，进程所须运行的时间越短，其优先级越高。但上述两种优先级，都不能反映进程的紧迫程度。而优先级调度算法（priority-scheduling algorithm）是基于进程的紧迫程度，由外部赋予进程相应的优先级的，其会根据该优先级进行调度。这样就可以保证紧迫性进程优先运行。优先级调度算法可用于作业调度，也可用于进程调度。当把该算法用于作业调度时，系统将从后备队列中选择优先级最高的作业装入内存。当把该算法用于进程调度时，系统将从就绪队列中选择具有最高优先级的进程在CPU上运行。

1. 优先级调度算法的类型

优先级调度算法，是把处理机分配给就绪队列中优先级最高的进程。因此，可进一步把该算法分成以下两种。

（1）非抢占式优先级调度算法。该算法规定，一旦把处理机分配给就绪队列中优先级最高的进程，该进程便会一直执行下去直至完成，或者当该进程因发生某事件而放弃处理机时，系统方可将处理机重新分配给优先级次高的进程。

（2）抢占式优先级调度算法。该算法规定，在把处理机分配给优先级最高的进程并使之执行时，只要出现了另一个优先级更高的进程，调度程序就会将处理机分配给新到的优先级更高的进程。因此，在采用这种调度算法时，每当系统中出现一个新的就绪进程i时，系统就会将其优先级P_i同正在执行的进程j的优先级P_j进行比较，如果$P_i \leqslant P_j$，则原进程j继续执行；但如果$P_i > P_j$，则立即停止原进程j的执行并进行进程切换，使新进程i投入执行。抢占式优先级调度算法常用于对实时性要求较高的系统中。

2. 优先级的类型

优先级调度算法的关键在于如何确定进程的优先级，以及如何确定应当使用静态优先级，还是动态优先级。

（1）静态优先级。静态优先级是在创建进程时确定的，其在进程的整个运行期间保持不变。优先级是利用某一范围内的一个整数（如0～255的某一整数）来表示的，我们把该整数称为优先数。确定进程优先级大小的依据有3个：①进程类型，通常系统进程（如接收进程、对换进程等）的优先级要高于一般用户进程的优先级；②进程对资源的需求，对资源要求少的进程应被赋予较高的优先级；③用户要求，根据进程的紧迫程度以及用户所付费用的多少，确定优先级。静态优先级这一方法简单易行，系统开销小，但不够精确，可能会出现优先级低的进程长期未被调度的情况。

（2）动态优先级。动态优先级是指在创建进程之初，先赋予进程一个优先级，然后优先级会随进程的推进或等待时间的增加而改变，以便获得更好的调度性能。例如，可以规定在就绪队列中的进程，其优先级能随等待时间的增长而提高。若所有的进程都具有相同的优先级初值，则最先进入就绪队列的进程会因优先级变得更高而优先获得处理机，这相当于FCFS调度算法。若所有的就绪进程均具有各不相同的优先级初值，那么对于优先级初值较低的进程，在等待了足够长的时间后也可获得处理机。当采用抢占式优先级调度算法时，若再规定当前进程的优先级随运行时间的推移而下降，则可防止一个长作业长期垄断处理机。

3. 高响应比优先调度算法

高响应比优先（highest response ratio next，HRRN）调度算法是优先级调度算法的一个特例，通常用于作业调度。在批处理系统中，FCFS调度算法所考虑的只是作业的等待时间，而忽视了作业的运行时间。而SJF调度算法正好相反，其只考虑了作业的运行时间，而忽视了作业的等待时间。HRRN调度算法则是既考虑了作业的等待时间，又考虑了作业的运行时间，因此其既照顾了短作业，又不会致使长作业的等待时间过长，从而改善了处理机调度的性能。

HRRN调度算法是如何实现的呢？如果能为每个作业引入一个动态优先级，即优先级是可以改变的，例如令它能够随等待时间的延长而增加，那么长作业的优先级就会在等待期间不断提高，且在等待足够长的时间后，长作业其必然会获得处理机。该优先级的变化规律可表示为：

$$优先级=\frac{等待时间+要求服务时间}{要求服务时间}。$$

由于等待时间与要求服务时间之和就是系统对该作业的响应时间，故该优先级又相当于响应比R_P，其可表示为：

$$R_P=\frac{等待时间+要求服务时间}{要求服务时间}=\frac{响应时间}{要求服务时间}。$$

由上式可以看出：①如果作业的等待时间相同，则要求服务时间越短，优先级越高，此时HRRN调度算法类似于SJF调度算法，有利于短作业；②当作业的要求服务时间相同时，其优先级又取决于等待时间，此时HRRN调度算法又类似于FCFS调度算法；③对于长作业的优先级，其可随等待时间的增加而提高，当作业的等待时间足够长时，其也可获得处理机。因此HRRN调度算法实现了较好的折中。当然在利用该算法时，每次调度之前都需要先计算响应比，这显然会增加系统的开销。

3.2.4 轮转调度算法

在分时系统中，最简单也是较常用的进程调度算法是基于时间片的轮转（round robin，RR）调度算法。该算法采取了非常公平的处理机分配方式，即让就绪队列上的每个进程每次仅运行一个时间片。如果就绪队列上有n个进程，则每个进程每次大约可获得$1/n$的处理机时间。

1. RR 调度算法的基本原理

在RR调度算法中，系统会将所有的就绪进程按FCFS策略排成一个就绪队列。系统可设置每隔一定时间（如30ms）便产生一次中断，去激活进程调度程序进行调度，把处理机分配给队首进程，并令其执行一个时间片。当它运行完后，再把处理机分配给就绪队列中新的队首进程，同样地让它也执行一个时间片。这样，就可以保证就绪队列中的所有进程，在确定的时间段内，都能获得一个时间片的处理机时间。

2. 进程切换时机

在RR调度算法中，应在何时进行进程切换，可分为两种情况。①若一个时间片尚未用完而正在运行的进程便已经完成，则立即激活调度程序，将已经运行完成的进程从就绪队列中删除，再调度就绪队列中新的队首进程运行，并启动一个新的时间片。②当一个时间片用完时，计时器中断处理程序会被激活，此时，如果进程尚未运行完毕，调度程序就把它送往就绪队列的末尾。

3. 时间片大小的确定

在RR调度算法中，时间片的大小对系统性能有很大的影响。若选择很小的时间片，则将有利于短作业，因为它能在该时间片内完成。但是，若时间片选择得太小，则意味着系统会频繁地执行进程调度和进程上下文的切换，这无疑会增加系统的开销；若时间片选择得太大，且为使每个进程都能在一个时间片内完成，RR调度算法便会退化为FCFS调度算法，无法满足短作业和交互式用户的需求。一个较为可取的时间片大小是略大于一次典型的交互所需要的时间，使大多数交互式进程能在一个时间片内完成，从而可以获得很小的响应时间。图3-3所示为时间片大小对响应时间的影响，图3-3（a）所示为时间片大于典型交互的时间，图3-3（b）所示为时间片小于典型交互的时间。图3-4所示为时间片分别为q=1和q=4时进程的周转时间。

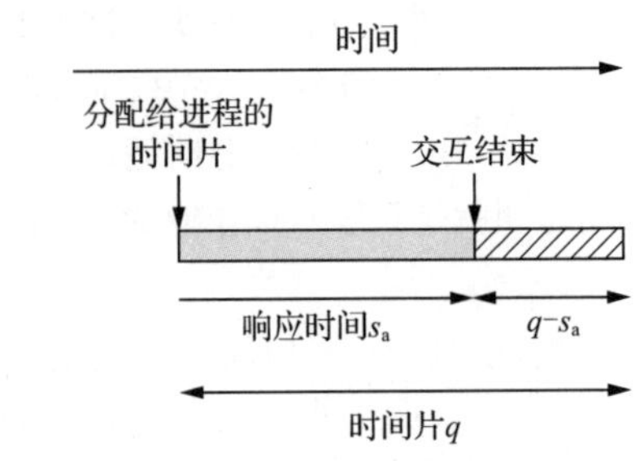

（a）时间片大于典型交互的时间

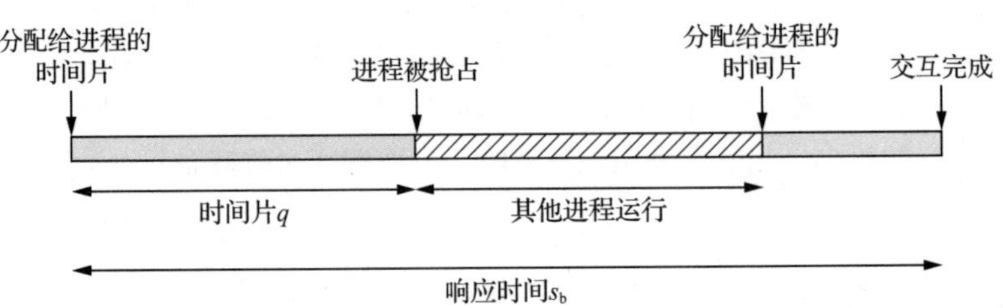

（b）时间片小于典型交互的时间

图3-3　时间片大小对响应时间的影响

时间片 \ 作业情况	进程名	A	B	C	D	E	平均值
	到达时间	0	1	2	3	4	
	服务时间	4	3	4	2	4	
RR q=1	完成时间	12	10	16	11	17	
	周转时间	12	9	14	8	13	11.2
	带权周转时间	3	3	3.5	4	3.25	3.35
RR q=4	完成时间	4	7	11	13	17	
	周转时间	4	6	9	10	13	8.4
	带权周转时间	1	2	2.25	5	3.25	2.7

图3-4　q=1和q=4时进程的周转时间

3.2.5　多级队列调度算法

如前所述的各种调度算法，当它们被应用于进程调度时，由于系统中仅设置了一个进程就绪队列，换言之，低级调度算法是固定的、单一的，因此其无法满足系统中不同用户对进程调度策略的不同要求，且在多处理机系统中，这种低级调度算法实现机制的缺点更为突出，而多级队列（multileved queue）调度算法恰好能够在一定程度上弥补这一缺点。

多级队列调度算法将系统中的进程就绪队列从一个拆分为若干个，将不同类型或性质的进程固定分配在不同的就绪队列，不同的就绪队列采用不同的调度算法，一个就绪队列中的进程可以设置不同的优先级，不同的就绪队列本身也可以设置不同的优先级。

多级队列调度算法由于设置了多个就绪队列，对每个就绪队列可以实施不同的调度算法，因此，系统针对不同用户进程的需求，很容易提供多种调度策略。例如，系统可以有两个队列分别用于前台进程和后台进程。前台队列可以采用RR调度算法进行调度，而后台队列可以采用FCFS调度算法进行调度，前台队列可以绝对地优先于后台队列。

在多处理机系统中，多级队列调度算法由于安排了多个就绪队列，因此可以很方便地为每个处理机设置一个单独的就绪队列。这样，不仅对每个处理机的调度可以实施各自不同的调度策略，而且对于一个含有多个线程的进程而言，可以根据其要求将其所有线程分配在一个就绪队列上，并全部在一个处理机上运行；再者，对于一组需要相互合作的进程或线程而言，也可以将它们分配到一组处理机所对应的多个就绪队列上，使它们能同时获得处理机并行执行。

3.2.6 多级反馈队列调度算法

前面介绍的各种用于进程调度的算法，都有一定的局限性。如果未指明进程长度，则短进程优先和基于进程长度的抢占式优先调度算法都将无法使用。而多级反馈队列（multileved feedback queue）调度算法，则不必事先知道各种进程所需的执行时间，还可以较好地满足各种进程的需要，因而它是目前公认的一种较好的进程调度算法。

1. 多级反馈队列调度算法的调度机制

多级反馈队列调度算法的调度机制介绍如下。

（1）设置多个就绪队列。在系统中设置多个就绪队列，并为每个队列赋予不同的优先级。第一个队列的优先级最高，第二个队列次之，其余队列的优先级依次降低。该算法为不同队列中的进程所赋予的执行时间片的大小也各不相同，在优先级越高的队列中，其时间片越小。例如，第二个队列的时间片要比第一个队列的时间片长1倍，……，第i+1个队列的时间片要比第i个队列的时间片长1倍。图3-5所示为多级反馈队列调度算法的示意。

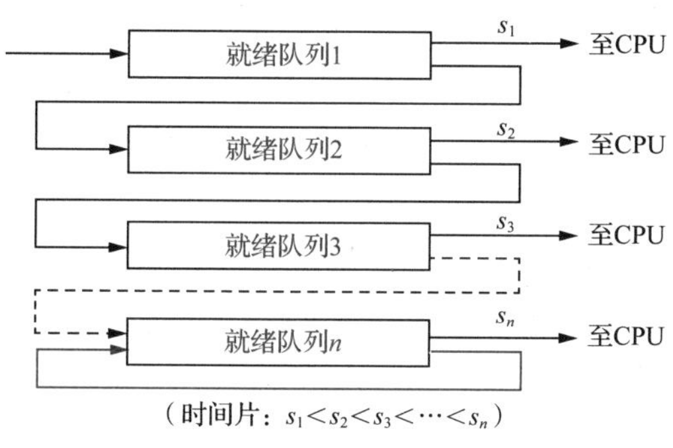

图3-5 多级反馈队列调度算法示意

（2）每个队列都采用FCFS调度算法。当新进程进入内存后，首先将它放入第一个队列的末尾，按FCFS策略等待调度。当轮到该进程执行时，如果它能在该时间片内完成，则可撤离系统。否则（即它在该时间片结束时尚未完成），调度程序将其转入第二个队列的末尾等待调度；如果它在第二个队列中运行一个时间片后仍未完成，则再将它放入第三个队列，依此类推。当进程最后被降到第n队列后，在第n队列中便采取RR方式运行。

（3）按队列优先级调度。调度程序首先调度最高优先级队列中的各进程运行，仅当第一队列空闲时，才调度第二队列中的进程运行；换言之，仅当第1～（i-1）队列均空时，才会调度第i队列中的进程运行。如果处理机在第i队列中为某进程服务时，又有新进程进入任一优先级较高的队列，则须立即把正在运行的进程放回到第i队列的末尾，并把处理机分配给新到的高优先级进程。

2. 多级反馈队列调度算法的性能

在多级反馈队列调度算法中，如果规定第一个队列的时间片略大于多数人机交互所需的处理时间，则能较好地满足各类用户的需要。①终端型用户。由于终端型用户提交的作业多属于交互型作业，通常较小，系统只要能使这些作业在第一队列规定的时间片内完成，便可使终端型用户感到满意。②短批处理作业用户。对于这类作业，如果可在第一队列中执行完成，则能获得与终端型作业一样的响应时间。对于稍长的短作业，也只须在第二和第三队列各执行一个时间片即可完成，其周转时间仍然较短。③长批处理作业用户。对于这类作业，其将依次在第1, 2, …, *n*个队列中运行，然后再按RR方式运行，用户不必担心其作业长期得不到处理。

3.2.7 基于公平原则的调度算法

前面介绍的几种调度算法所保证的只是满足要求的进程优先运行，如优先级调度算法可以保证优先级最高的进程优先运行，但并不保证进程占用了多少处理机时间；另外也未考虑调度的公平性。本小节将介绍两种相对公平的调度算法。

1. 保证调度算法

保证调度算法是另外一种类型的调度算法，它向用户所做的并不是优先运行保证，而是明确的性能保证，该算法可以做到调度的公平性。一种比较容易实现的性能保证措施是公平分配处理机。如果在系统中有*n*个相同类型的进程同时运行，则为了公平起见，须保证每个进程都能获得相同的处理机时间，如1/*n*。

在实施公平调度算法时，系统必须具有下列功能：①跟踪计算每个进程自创建以来已经执行的处理时间；②计算每个进程应获得的处理机时间，即自创建以来的时间除以*n*；③计算进程获得处理机时间的比率，即进程实际执行的处理时间和应获得的处理机时间之比；④比较各进程获得处理机时间的比率，例如，进程A的比率为0.5，进程B的比率为0.8，进程C的比率为1.2，则通过比较发现，进程A的比率最低；⑤调度程序应选择比率最小的进程，将处理机分配给它，并让它一直运行，直到它的比率超过最接近它的进程的比率为止。

2. 公平分享调度算法

分配给每个进程相同的处理机时间，显然，这对各进程而言体现了一定程度的公平，但如果各用户所拥有的进程数不同，就会发生对用户的不公平问题。假如系统中仅有两个用户，用户1启动了4个进程，用户2只启动了1个进程，采用RR调度算法让每个进程轮流运行一个时间片的时间，这对进程而言很公平，但用户1和用户2得到的处理机时间分别为80%和20%，即对用户2有失公平。

在公平分享调度算法中，调度的公平性主要是针对用户的，即所有用户能获得相同的处理机时间或所要求的时间比例。然而调度又以进程为基本单位。为此，必须考虑每个用户所拥有的进程数目。例如，系统中有两个用户，用户1有4个进程A、B、C、D，用户2有1个进程E。为保证两个用户能获得相同的处理机时间，则必须执行如下强制调度序列：

A E B E C E D E A E B E C E D E …

如果希望用户1所获得的处理机时间是用户2的两倍，则必须执行如下强制调度序列：

A B E C D E A B E C D E A B E C D E …

3.3 实时调度

在实时系统中，可能存在着两类不同性质的实时任务，即HRT任务和SRT任务，它们都联系着一个截止时间。为保证系统能正常工作，实时调度必须要满足实时任务对截止时间的要求。为此，系统实现实时调度就应具备一定的条件。

3.3.1 实现实时调度的基本条件

1. 提供必要的信息

为了实现实时调度，系统应向调度程序提供与任务相关的信息，包括：①**就绪时间**，指某任务的状态转换为就绪状态的起始时间，在周期任务的情况下，它是事先预知的一串时间序列；②**开始截止时间和完成截止时间**，对于典型的实时应用，只须知道开始截止时间或者完成截止时间；③**处理时间**，一个任务从开始执行直至完成所需的时间；④**资源要求**，任务执行时所需的一组资源；⑤**优先级**，如果某任务的开始截止时间被错过了（势必引起故障），则应赋予该任务“绝对”优先级；如果其开始截止时间的错过对任务的继续执行无重大影响，则可赋予其“相对”优先级以供调度程序参考。

2. 系统处理能力强

在实时系统中，若处理机的处理能力不够强，则有可能因处理机忙不过来而致使某些实时任务不能得到及时处理，从而导致发生难以预料的后果。假定系统中有m个周期性的HRT任务，它们的处理时间表示为C_i，周期时间表示为P_i，则在单处理机情况下，必须满足下式所示的限制条件，系统才可调度。顺便说明一下，该限制条件并未考虑任务切换所花费的时间，因此，当利用该限制条件时，还应适当地留有余地。

$$\sum_{i=1}^{m}\frac{C_i}{P_i}\leqslant 1。$$

提高系统处理能力的途径有二：①**采用单处理机系统**，但须增强其处理能力，以显著减少对每个任务的处理时间；②**采用多处理机系统**，假定系统中的处理机个数为N，则应将上式所示的限制条件改为：

$$\sum_{i=1}^{m}\frac{C_i}{P_i}\leqslant N。$$

3. 采用抢占式调度机制

在含有HRT任务的实时系统中，广泛采用抢占式调度机制，这样便可满足HRT任务对截止时间的要求。但这种调度机制比较复杂。对于一些小的实时系统，如果能预知任务的开始截止时间，则对实时任务的调度可采用非抢占式调度机制，以简化调度程序和任务调度时所花费的系统开销。但在设计这种调度机制时，应使所有的实时任务都比较小，并在执行完关键性程序和临界区代码后能及时地将自己阻塞起来，以便释放处理机并供调度程序去调度开始截止时间即将到达的任务。

4. 采用快速切换机制

为保证HRT任务能及时运行，在系统中还应采用快速切换机制，使之能进行任务的快速切换。该机制应具有如下两方面的能力。①**对中断的快速响应能力**。对紧迫的外部事件请求中断能及时响应，要求系统具有快速硬件中断机构，此外，还应使禁止中断的时间间隔尽量短，以免耽误时机（影响其他紧迫任务的执行）。②**快速的任务分派能力**。为了提高分派程序的任务切换速度，应使系统中的每个运行功能单位适当地小，以减少任务切换的时间开销。

3.3.2 实时调度算法分类

可以按不同方式，对实时调度算法加以分类：①根据实时任务性质，可将实时调度算法分为HRT调度算法和SRT调度算法；②根据调度方式，可将实时调度算法分为非抢占式调度算法和抢占式调度算法。

1. 非抢占式调度算法

（1）**非抢占式轮转调度算法**。由一台计算机控制若干个相同的（或类似的）对象，为每个被控对象建立一个实时任务，并将它们排成一个轮转队列。调度程序每次选择队列中的第一个任务投入运行。当该任务完成后，便把它挂在轮转队列的末尾进行等待，调度程序再选择下一个队首任务运行。这种调度算法可获得数秒至数十秒的响应时间，可用于要求不太严格的实时控制系统。

（2）**非抢占式优先级调度算法**。如果在系统中还含有少数具有一定要求的实时任务，则可采用非抢占式优先级调度算法，系统会为这些任务赋予较高的优先级。当这些实时任务到达时，系统会把它们安排在就绪队列的队首，等待当前任务自我终止或运行完成后，再通过调度执行队首的高优先级进程。这种调度算法在做了精心的处理后，有可能使进程的响应时间减少到数百毫秒至数秒，因而可用于有一定要求的实时控制系统。

2. 抢占式调度算法

可根据抢占发生时间的不同，将抢占式调度算法进一步分成以下两种算法。

（1）**基于时钟中断的抢占式优先级调度算法**。在某实时任务到达后，如果它的优先级高于当前任务的优先级，则此时并不立即抢占当前任务的处理机，而是等到时钟中断发生后，调度程序才会剥夺当前任务的执行，将处理机分配给新到的高优先级任务。该算法能获得较好的响应效果，其调度时延可降低到几毫秒至几十毫秒，可用于大多数的实时系统。

（2）**立即抢占的优先级调度算法**。在这种调度算法中，要求OS具有快速响应外部中断事件的能力。一旦出现外部中断，只要当前任务未处于临界区，便能立即剥夺当前任务的执行，把处理机分配给请求中断的紧迫任务。该算法能获得非常快的响应，其调度时延可降低到几百微秒至几毫秒。图3-6所示为4种实时调度算法所对应的调度时间情况。

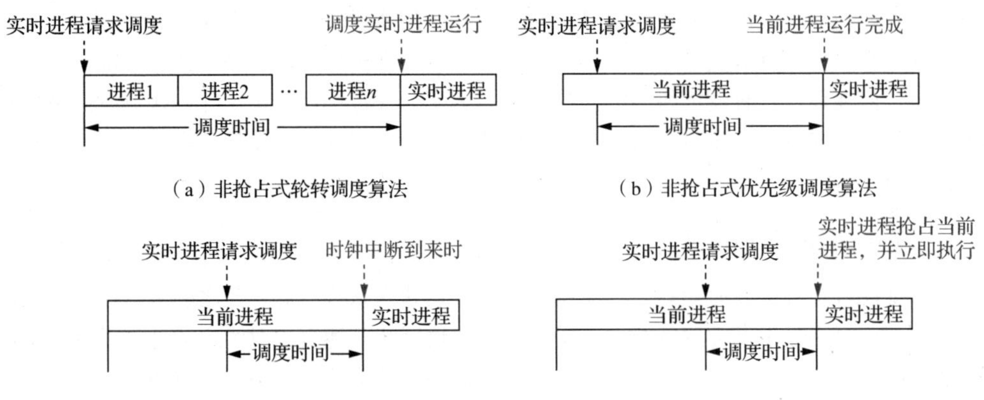

图3-6　4种实时调度算法所对应的调度时间情况

3.3.3 最早截止时间优先算法

最早截止时间优先（earliest deadline first，EDF）算法根据任务的截止时间确定任务的优先级，任务的截止时间越早，其优先级越高，具有最早截止时间的任务排在队列的前面。调度程序在选择任务时，总是选择就绪队列中的第一个任务，并为之分配处理机。EDF算法既可用于抢占式调度方式中，也可用于非抢占式调度方式中。

1. 非抢占式调度方式用于非周期实时任务

图3-7所示为将EDF算法用于非抢占式调度方式之例。该例中具有4个非周期实时任务，它们先后到达。系统先调度任务1执行，在任务1执行期间，任务2、任务3又先后到达。由于任务3的开始截止时间早于任务2的，故系统在执行完任务1后先调度任务3执行。在此期间任务4又到达了，其开始截止时间仍早于任务2的，故在任务3执行完后，系统又会先调度任务4执行，最后才调度任务2执行。

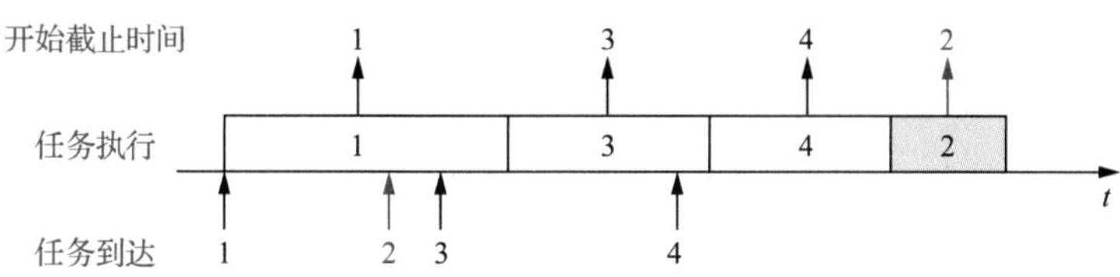

图3-7 EDF算法用于非抢占式调度方式之例

2. 抢占式调度方式用于周期实时任务

图3-8所示为将EDF算法用于抢占式调度方式之例。在该例中有两个周期实时任务，任务A和任务B的周期时间分别为20ms和50ms，每个周期的处理时间分别为10ms和25ms。图3-8中的第一行给出了两个任务的到达时间、截止时间和执行时间图，其中任务A的到达时间为0ms、20ms、40ms……任务A的最晚截止时间为20ms、40ms、60ms……任务B的到达时间为0ms、50ms、100ms……任务B的最晚截止时间为50ms、100ms……

为了说明通常的优先级调度不能适用于实时系统，该图增加了第二行和第三行。在第二行中，假定任务A具有较高的优先级，因此在t=0ms时先调度A_1执行，在A_1完成后（t=10ms）才调度B_1执行。在t=20ms时，又重新调度A_2执行，在t=30ms时，A_2完成，又调度B_1执行。在t=40ms时，又调度A_3执行，在t=50ms时，虽然A_3已完成，但B_1已错过了它的最后期限。这说明利用通常的优先级调度已经失败。第三行与第二行类似，只是假定任务B具有较高的优先级。

第四行是采用EDF算法的时间图。在t=0ms时，A_1和B_1同时到达，由于A_1的截止时间比B_1早，故调度A_1执行。在t=10ms时，A_1完成，又调度B_1执行。在t=20ms时，A_2到达，由于A_2的截止时间比B_1早，故B_1被中断而调度A_2执行。在t=30ms时，A_2完成，又重新调度B_1执行。在t=40ms时，A_3又到达，但B_1的截止时间要比A_3早，因此仍让B_1继续执行直到完成（t=45ms），然后再调度A_3执行。在t=55ms时，A_3完成，又调度B_2执行。在该例中，利用EDF算法可以满足系统的要求。

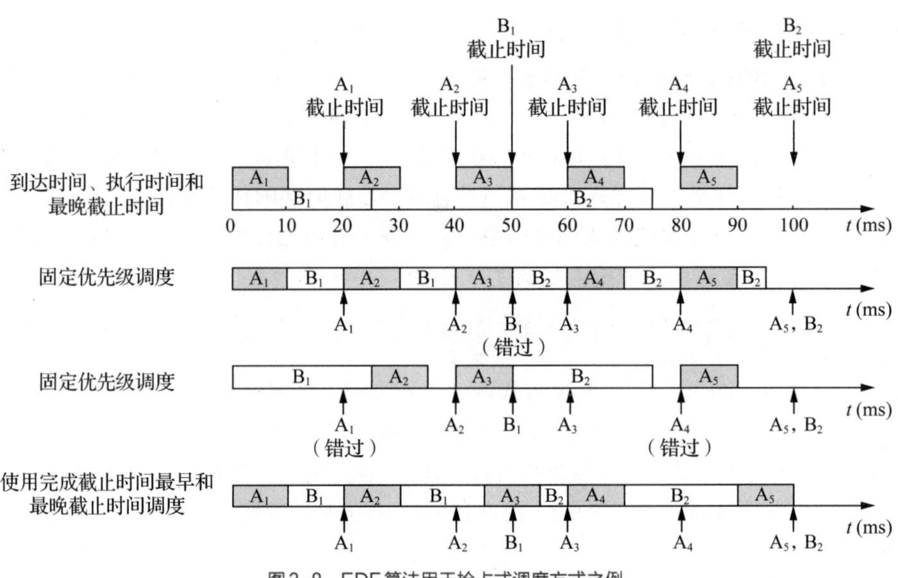

图3-8 EDF算法用于抢占式调度方式之例

3.3.4 最低松弛度优先算法

最低松弛度优先（least laxity first，LLF）算法在确定任务的优先级时，根据的是任务的紧急程度（或松弛度）。任务紧急程度越高，赋予该任务的优先级就越高，以使其可被优先执行。例如，一个任务在200ms时必须完成，而它本身所需的运行时长是100ms，因此调度程序必须在100ms之前调度执行，该任务的松弛度为100ms。再如，另一任务在400ms时必须完成，它本身需要运行150ms，因此其松弛度为250ms。在实现该算法时，要求系统中有一个按松弛度排序的实时任务就绪队列，松弛度最低的任务排在最前面，调度程序会选择队列中的队首任务执行。

该算法主要用于抢占式调度方式中。假如在一个实时系统中有两个周期性实时任务A和B，任务A要求每20ms执行一次，执行时长为10ms，任务B要求每50ms执行一次，执行时长为25ms。由此可知，任务A和任务B每次必须完成的子任务A_1、A_2、A_3…和B_1、B_2、B_3…的时间情况如图3-9所示。为保证不遗漏任何一次截止时间，应采用最低松弛度优先的抢占式调度机制。

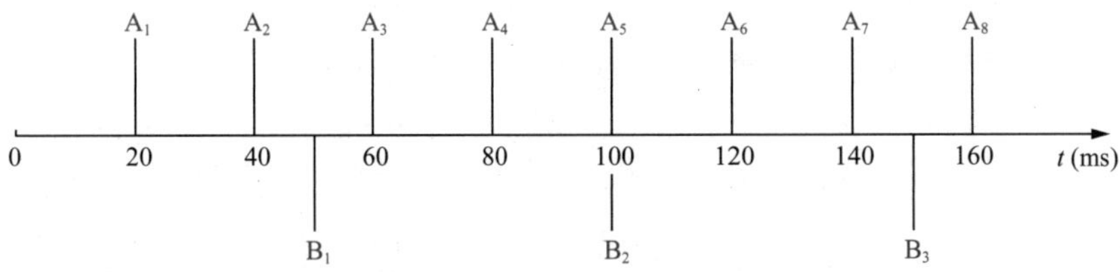

图3-9 任务A和任务B每次必须完成的子任务的时间情况

在刚开始（t_1=0）时，A_1必须在20ms时完成，而它本身运行又需10ms，因此可算出A_1的松弛度为10ms。B_1必须在50ms时完成，而它本身运行又需25ms，因此可算出B_1的松弛度为25ms，故调度程序应先调度A_1执行。在t_2=10ms时，A_1执行完毕，此时，A_2的松弛度可按下式算出：

A_2的松弛度=必须完成时间-其本身的运行时长-当前时间

=40ms-10ms-10ms

=20ms。

类似地，可算出B_1的松弛度为15ms（小于A_2的松弛度），故调度程序应选择B_1运行。在t_3=30ms时，A_2的松弛度已减为0ms（即40-10-30），而B_1的松弛度为15ms（即50-5-30），于是调度程序应抢占B_1的处理机而调度A_2运行。在t_4=40ms时，A_3的松弛度为10ms（即60-10-40），而B_1的松弛度仅为5ms（即50-5-40），故又应重新调度B_1执行。在t_5=45ms时，B_1执行完毕，而此时A_3的松弛度已减为5ms（即60-10-45），而B_2的松弛度为30ms（即100-25-45），于是又应调度A_3执行。在t_6=55ms时，任务A尚未进入第4周期，而任务B已进入第2周期，故再调度B_2执行。在t_7=70ms时，A_4的松弛度已减至0ms（即80-10-70），而B_2的松弛度为20ms（即100-10-70），故此时调度程序又应抢占B_2的处理机而调度A_4执行。图3-10所示为利用LLF算法进行调度（具有两个周期性实时任务）的情况，图中括注内容表示运行时长。

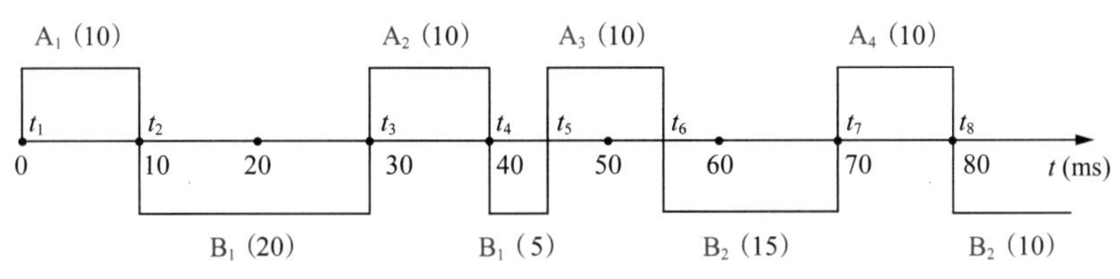

图3-10　利用LLF算法进行调度的情况

3.3.5　优先级倒置

1. 优先级倒置的形成

当前OS广泛采用优先级调度算法和抢占方式，然而在系统中存在着影响进程运行的资源，因此可能产生“优先级倒置”（priority inversion problem）现象，即高优先级进程（或线程）被低优先级进程（或线程）延迟或阻塞。下面通过一个例子来说明该问题。

假如有3个完全独立的进程P_1、P_2、P_3，P_1的优先级最高，P_2次之，P_3最低。P_1和P_2通过共享的一个临界资源进行交互。相关代码如下（说明：临界资源、P操作、V操作等的具体介绍参见本书第4章的内容）。

```
P1 : … P( mutex ) ; CS_1 ; V(mutex) ; …
P2 : … program2… ;
P3 : … P( mutex ) ; CS_3 ; V(mutex) ; …
```

假如P_3最先执行，在执行了P（mutex）操作后，进入临界区CS_3。在时刻a，P_2就绪，因为它比P_3的优先级高，所以P_2抢占了P_3的处理机而运行，如图3-11所示。在时刻b，P_1就绪，因为它又比P_2的优先级高，所以P_1抢占了P_2的处理机而运行。在时刻c，P_1执行P（mutex）操作，试图进入临界区CS_1，但因为相应的临界资源已被P_3占用，所以P_1被阻塞。此时P_2继续运行，直到时刻d运行结束。然后由P_3接着运行，到时刻e时P_3退出临界区，并唤醒P_1。因为P_1比P_3的优先级高，所以P_1抢占了P_3的处理机而运行。

根据优先级原则，高优先级进程应当优先执行，但在此例中，P_1和P_3共享着“临界资源”而出现了不合常理的现象，高优先级进程P_1因进程P_3而被阻塞，又因进程P_2的存在而延长了被阻塞的时间，而且被延长的时间是不可预知和无法限定的。由此所产生的“优先级倒置”现象是非常有害的，它不应出现在实时系统中。

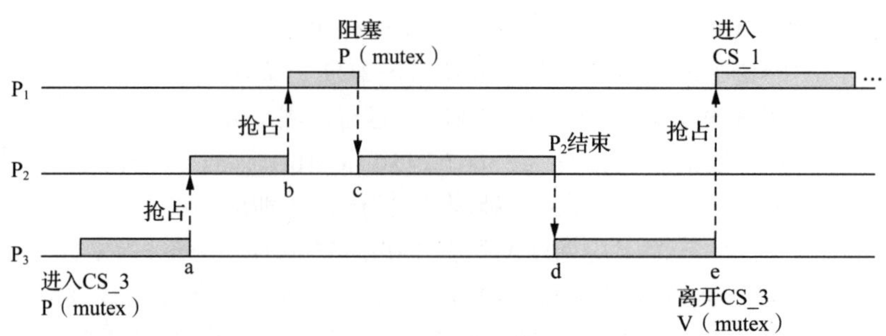

图3-11　优先级倒置示意

2. 优先级倒置的解决方法

优先级倒置的一种简单的解决方法是规定：在进程进入临界区后，其所占用的处理机就不允许被抢占。由图3-11可以看出，P_2即使优先级高于P_3也不能执行。于是，P_3就有可能会较快地退出临界区，而不会出现上述情况。如果系统中的临界区都较短且不多，则该方法是可行的。如果P_3临界区非常长，则高优先级进程P_1仍会等待很长的时间，其效果是无法令人满意的。

优先级倒置的一种比较实用的解决方法是建立在动态优先级继承的基础上的。该方法规定：当高优先级进程P_1要进入临界区去使用临界资源R时，如果已有一个低优先级进程P_3正在使用该资源，则此时一方面P_1会被阻塞，另一方面会由P_3继承P_1的优先级，并一直保持到P_3退出临界区。这样做的目的在于，不让比P_3优先级稍高但比P_1优先级低的进程（如P_2）插进来，导致延缓P_3退出临界区。图3-12所示为采用了动态优先级继承方法后，P_1、P_2、P_3三个进程的运行情况。由图3-12可以看出，在时刻c，P_1被阻塞，但由于P_3已继承了P_1的优先级，它比P_2优先级高，这样就避免了P_2的插入，使P_1在时刻d进入临界区。该方法已在一些OS中得到了应用，且在实时系统中是一定会用到的。

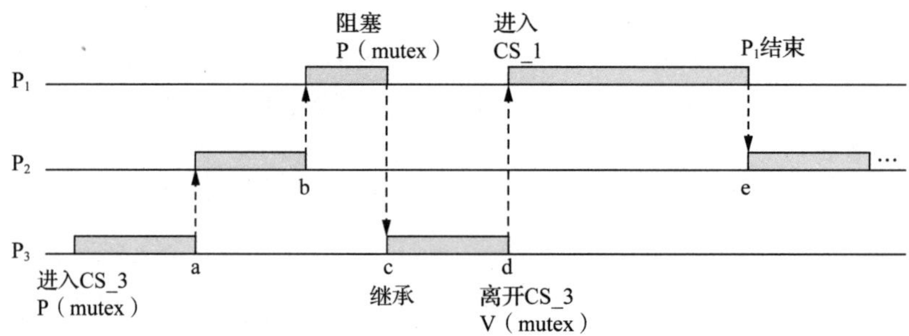

图3-12　采用动态优先级继承方法后进程的运行情况

3.4　实例：Linux进程调度

Linux进程调度经历了一个发展过程。Linux内核在2.5版本之前，采用传统的UNIX调度算法。然而，由于2.5版本之前的Linux内核不支持SMP系统，因此传统的UNIX调度算法没有考虑SMP系统。此外，当有大量可运行进程时，系统性能表现欠佳。在Linux内核2.5版本中，调度程序进行了大幅度改动，采用了称为$O(1)$的调度算法，它的运行时间为常量，与系统内任务数量无关。$O(1)$调度算法也增加了对SMP系统的支持。然而在实践中，虽然$O(1)$调度算法在SMP系统中具有出色的性能，但是其在许多桌面计算机系统中的交互进程响应时间欠佳。在

Linux内核2.6版本的开发中，调度算法再次修改；在Linux内核v2.6.23版本的发布中，完全公平（completely fair scheduler，CFS）调度算法成为默认的Linux进程调度算法。

Linux系统的调度基于总体调度结构，称之为调度器类（scheduler class）。它允许不同的可动态添加的调度算法并存，每个类都有一个特定的优先级。总调度器根据调度器类的优先顺序，依次对调度器类中的进程进行调度。挑选完调度器类后，再在选中的调度器类内，使用所选的调度器类的算法（调度策略）进行内部的调度。调度器类的默认优先级顺序为Stop_Task＞Real_Time＞Fair＞Idle_Task，开发者可以根据自己的设计需求，把所属的Task配置到不同的调度器类中。在众多的调度器类中，Fair和Real_Time是最常用的，它们分别是采用了CFS调度算法的默认调度类和实时调度类。

1. 普通进程调度

对于一个普通进程，采用了CFS调度算法的调度器在调度执行SCHED_NORMAL调度策略时，须考虑如何分配优先级，如何挑选一个进程并使其运行，以及使其运行多久等问题。

CFS调度算法并不会采用严格的规则来为一个任务分配某个长度的时间片，而是会为每个任务分配一定比例的CPU处理时间。每个任务分配的具体比例是根据友好值（nice value）来计算的。友好值的范围为-20到+19，数值较低的友好值表示相对优先级较高。具有较低友好值的任务与具有较高友好值的任务相比，会得到更高比例的处理机时间。默认友好值为0。

需要说明的是，友好一词来自于以下想法：当一个任务增加了自身的友好值（如从0增至+10）后，其优先级会降低，进而对其他任务会更加友好。

CFS调度算法没有使用离散的时间片，而是采用了目标延迟（target latency），这是每个可运行任务应当运行一次的时间间隔。CFS调度算法会根据目标延迟按比例分配处理机时间。除了默认值和最小值外，随着系统内的活动任务数量超过一定的阈值，目标延迟可以增加。

CFS调度算法没有直接分配优先级，相反，它通过每个任务的变量vruntime来维护虚拟运行时间（virtual run time），进而记录每个任务运行了多久。虚拟运行时间与基于任务优先级的衰减因子有关：更低优先级的任务比更高优先级的任务具有更高的衰减速率。对于正常优先级的任务（友好值为0），虚拟运行时间与实际物理运行时间相同。因此，如果一个默认优先级的任务运行100ms，则它的vruntime也为100ms。如果一个较低优先级的任务运行100ms，则它的vruntime将大于100ms。如果一个较高优先级的任务运行100ms，则它的vruntime将小于100ms。当决定下一步运行哪个任务后，CFS调度算法就只须选择具有最小vruntime值的任务了。此外，一个更高优先级的任务如果成为可运行任务，其就会抢占低优先级任务。进程运行的时间是根据进程的权重进行分配的。

2. 实时进程调度

Linux系统也实现了实时调度。采用SCHED_FIFO或SCHED_RR实时策略来调度的任何任务，与普通（非实时的、采用SCHED_NORMAL调度的）任务相比，均具有更高的优先级。

SCHED_FIFO：这种策略对应的进程若处于可执行的状态，就会一直执行，直到它自己被阻塞或者主动放弃CPU；它不基于时间片，可以一直执行下去，只有更高优先级的SCHED_FIFO或者SCHED_RR才能抢占它的任务；如果存在两个同样优先级的SCHED_FIFO任务，则它们会轮流执行，其他低优先级的任务只有等它们变为不可执行状态后才有机会执行。

SCHED_RR：与SCHED_FIFO大致相同，只是SCHED_RR级的进程在耗尽其时间片后，不能再执行，而是需要接受CPU的调度。当SCHED_RR耗尽时间片后，同一优先级的其他实时进程将被轮流调度。

上述两种实时策略都采用了静态优先级。Linux内核不会为给定优先级的实时进程计算动态优先级，以保证给定优先级的实时进程总能抢占到优先级比它低的进程。实时任务分配的静态优先级为0～99，而正常任务分配的静态优先级为100～139。这两个值域合并后形成了一个全局的优先级方案，其中较低数值代表较高优先级。针对正常任务，系统会根据它们的友好值来为它们分配一个优先级。这里，友好值-20对应优先级100，而友好值+19对应优先级139。

3.5 死锁概述

死锁概述

在第2章中，已经谈及死锁。例如，系统中只有一台扫描仪R_1和一台刻录机R_2。有两个进程P_1和P_2，它们都准备将扫描好的文档刻录到光盘（compact disk，CD）上，进程P_1先请求扫描仪R_1并获得成功，进程P_2先请求刻录机R_2也获得成功。后来P_1又请求刻录机R_2，但因它已被分配给了P_2而阻塞。P_2又请求扫描仪R_1，也因它已被分配给了P_1而阻塞，此时两个进程都被阻塞，双方都希望对方能释放出自己所需要的资源，但它们都会因为不能获得自己所需的资源去继续运行而无法释放自己当下占有的资源，并且一直处于这样的僵持状态而形成**死锁**。本章将对死锁发生的原因、如何预防和避免死锁等问题做较详细的介绍。

3.5.1 资源问题

在系统中有许多不同类型的资源，其中可以引起死锁的主要是需要采用互斥访问方法的、不可被抢占的资源。系统中此类资源有很多，如打印机、数据文件、队列、信号量等。

1. 可重用资源和可消耗资源

（1）可重用资源。

可重用资源是一种可供用户重复使用多次的资源，它具有如下性质。①每个可重用资源中的单元，只能分配给一个进程使用，而不允许多个进程共享。②进程若要使用可重用资源，则要按照下列步骤：首先，请求资源，如果请求资源失败，则进程将会被阻塞或循环等待；然后，使用资源，进程对资源进行操作，如用打印机进行打印；最后，释放资源，当进程使用完资源后自己将其释放。③系统中每类可重用资源中的单元数目是相对固定的，进程在运行期间既不能创建资源，也不能删除资源。

对资源的请求和释放通常都是利用系统调用来实现的。例如，对于设备可用request/release；对于文件可用open/close；对于需要互斥访问的资源，进程可用信号量的wait/signal操作来对其进行访问。每次在进程提出资源请求后，系统执行时都需要做一系列的工作。计算机系统中大多数资源属于可重用资源。

（2）可消耗资源。

可消耗资源又称为临时性资源，它是在进程运行期间由进程动态创建和消耗的。它具有如下性质：①每类可消耗性资源的单元数目在进程运行期间是可以不断变化的，有时它可能有许多，有时可能为0；②进程在运行过程中，可以不断地创造可消耗资源的单元，将它们放入该资源类的缓冲区中，以增加该资源类的单元数目；③进程在运行过程中可以请求若干个可消耗资源单元，用于进程自己消耗，并不再将它们返回给该资源类。可消耗资源通常是由生产者进程创建、由消费者进程消耗的，最典型的可消耗资源就是用于进程间通信的消息等。

2. 可抢占资源和不可抢占资源

可把系统中的资源分成两类，一类是可抢占资源，另一类是不可抢占资源。

（1）可抢占资源。

可抢占资源是指，某进程在获得这类资源后，这类资源可以再被其他进程或系统抢占。例如，优先级高的进程可以抢占优先级低的进程的处理机。再如，可把一个进程从一个存储区转移到另一个存储区，在内存紧张时，还可以将一个进程从内存调出到外存，即抢占该进程在内存的空间。由此可见，处理机和内存均属于可抢占资源。这类资源是不会引起死锁的。

（2）不可抢占资源。

不可抢占资源是指，一旦系统把这类资源分配给某进程后，就不能将它强行收回，而只能在进程用完后等待其自行释放。例如，当一个进程已开始刻录光盘时，如果突然将刻录机分配给另一个进程，则结果必然会损坏正在刻录的光盘，因此只能等刻录好光盘后，由进程自己释放刻录机。另外，磁带机、打印机等也都属于不可抢占资源。

3.5.2 计算机系统中的死锁

死锁的起因，通常源于多个进程对资源的争夺，不仅对不可抢占资源进行争夺时会引起死锁，而且对可消耗资源进行争夺时也会引起死锁。

1. 竞争不可抢占资源引起死锁

通常，系统中所拥有的不可抢占资源的数量不足以满足多个进程运行的需要，这使得进程在运行过程中，会因争夺资源而陷入僵局。例如，系统中有两个进程P_1和P_2，他们都准备写两个文件F_1和F_2，而这两个文件都属于可重用和不可抢占资源。进程P_1先打开文件F_1，后打开文件F_2；进程P_2先打开文件F_2，后打开文件F_1，下面给出了对应的代码。

```
P1                          P2
……                          ……
open (F1,w);                open (F2,w);
open (F2, w);               open (F1,w);
```

两个进程P_1和P_2在并发执行时，如果P_1先打开F_1和F_2，然后P_2才去打开F_1（或F_2），则由于文件F_1（或F_2）已被P_1打开，故P_2会被阻塞。当P_1写完文件F_1（或F_2）并将其关闭时，P_2会由阻塞状态转为就绪状态，并被调度执行后实现打开文件F_1（或F_2）。在这种情况下，P_1和P_2都能正常运行下去。若P_2先打开F_1和F_2，然后P_1才去打开F_1（或F_2），则P_1和P_2同样也可以正常运行下去。

但如果在P_1打开F_1的同时，P_2去打开F_2，每个进程都占有一个打开的文件，此时就可能会出现问题。因为当P_1试图去打开F_2，而P_2试图去打开F_1时，这两个进程都会因文件已被打开而阻塞，它们都希望对方关闭自己所需要的文件，但谁都无法进行该操作，因此这两个进程将会无限期地等待下去，进而形成死锁。

我们可利用资源分配图对上述问题进行描述，用方块代表可重用的资源（文件），用圆圈代表进程，如图3-13所示。当箭头从进程指向文件时，表示进程请求资源（即请求打开文件）；当箭头从资源指向进程时，表示该资源已被分配给了该进程（即文件已被该进程打开）。从图3-13中可以看出，这时在P_1、P_2及R_1、R_2之间，已经形成了一个环路，说明已进入死锁状态。

2. 竞争可消耗资源引起死锁

现介绍竞争可消耗资源引起死锁。图3-14所示为3个进程在利用消息通信机制进行通信时，所形成的死锁情况。图中m_1、m_2和m_3是可消耗资源。进程P_1，一方面产生消息m_1，利用send（P_2, m_1）原语将它发送给P_2；另一方面，它又要求从P_3接收消息m_3。而进程P_2，一方面产生消息m_2，并利用send（P_3, m_2）原语将它发送给P_3；另一方面，它又需要接收进程P_1所产生的消息m_1。类似，进程P_3也产生消息m_3，利用send（P_1, m_3）原语将它发送给P_1，而它又要求从进程P_2接收P_2所产生的消息m_2。如果这3个进程间的消息通信按下列步骤进行：

```
P1 : …send(P2, m1);    receive(P3, m3); …
P2 : …send(P3, m2);    receive(P1, m1); …
P3 : …send(P1, m3);    receive(P2, m2); …
```

那么，这3个进程都可以先将消息发送给下一个进程，也都能够接收到从上一个进程发来的消息。因此，这3个进程可以顺利地运行下去，而不会发生死锁。但若改成3个进程都先执行receive操作，后执行send操作，即按下列步骤进行：

```
P1 : …receive(P3, m3);    send(P2, m1); …
P2 : …receive(P1, m1);    send(P3, m2); …
P3 : …receive(P2, m2);    send(P1, m3); …
```

那么，这3个进程就会永远阻塞在它们的receive操作上，等待一条永远不会发出的消息，于是发生死锁。

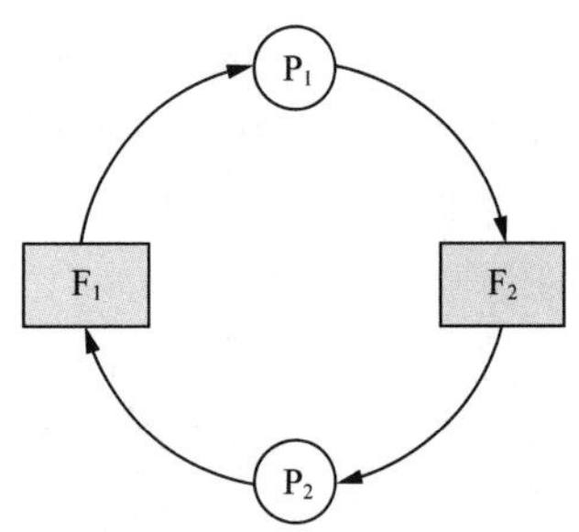

图3-13 共享文件时的死锁

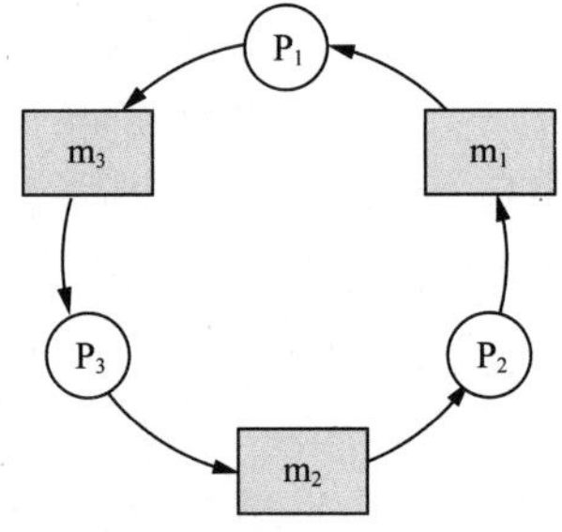

图3-14 进程之间通信时的死锁

3. 进程推进顺序不当引起死锁

除了系统中多个进程对资源的争夺会引起死锁外，进程在运行过程中，对资源进行申请和释放的顺序是否合法，也是在系统中是否会产生死锁的一个重要因素。例如，系统中只有一台打印机R_1和一台磁带机R_2可供进程P_1和P_2共享，由于进程在运行时具有异步特征，这就可能使得进程P_1和P_2会按下述两种顺序向前推进。

（1）进程推进顺序合法。

在进程P_1和P_2并发执行时，如果按图3-15中折线①所示的顺序推进，即P_1：Request（R_1）→P_1：Request（R_2）→P_1：Releast（R_1）→P_1：Release（R_2）→P_2：Request（R_2）→P_2：Request（R_1）→P_2：Release（R_2）→P_2：Release（R_1），则两个进程可顺利完成。类似地，若按图3-15中折线②和折线③所示的顺序推进，则两个进程也可以顺利完成。我们称这种不会引起进程死锁的推进顺序是合法的。

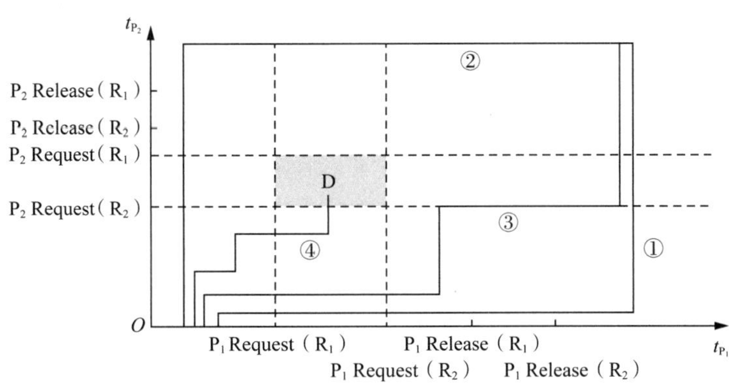

图3-15 进程推进顺序对死锁的影响

（2）进程推进顺序非法。

若并发进程P_1和P_2按图3-15中折线④所示的顺序推进，则它们将进入不安全区D。此时P_1占有了资源R_1，P_2占有了资源R_2，系统处于不安全状态。如果两个进程继续向前推进，就可能发生死锁。例如，当P_1运行到P_1：Request（R_2）时，将因R_2已被P_2占用而阻塞；当P_2运行到P_2：Request（R_1）时，也将因R_1已被P_1占用而阻塞，于是发生了进程死锁，这样的进程推进顺序就是非法的。

3.5.3 死锁的定义、必要条件与处理方法

1. 死锁的定义

在一组进程发生死锁的情况下，这组死锁进程中的每个进程都在等待另一个死锁进程所占有的资源，或者说每个进程所等待的事件是该组中其他进程释放所占有的资源。但由于所有这些进程都已无法运行，因此它们谁都不会释放资源，这致使没有任何一个进程可被唤醒。这样，这组进程只能无限期地等待下去。由此可以给死锁（deadlock）做出如下**定义**：如果一组进程中的每个进程都在等待仅由该组进程中的其他进程才能引发的事件发生，那么该组进程是死锁的。

2. 产生死锁的必要条件

虽然进程在运行过程中可能会发生死锁，但产生死锁是需要具备一定条件的。综上所述不难看出，产生死锁必须同时具备下列4个必要条件，只要其中任意一个条件不成立，死锁就不会发生。

（1）互斥条件。进程对所分配到的资源进行排他性使用，即在一段时间内，某资源只能被一个进程占用。如果此时还有其他进程请求该资源，则请求进程只能等待，直至占有该资源的进程用毕释放。

（2）请求和保持条件。进程已经占有了至少一个资源，但又提出了新的资源请求，而该被请求的资源已被其他进程占有，此时请求进程被阻塞，同时其对自己已占有的资源保持不放。

（3）不可抢占条件。进程已获得的资源在未使用完之前不能被抢占，只能在进程使用完时由其自己释放。

（4）循环等待条件。该条件指在发生死锁时，必然存在一个“进程—资源”循环链，即进程集合{P_0, P_1, P_2, …, P_n}中的P_0正在等待已被P_1占用的资源，P_1正在等待已被P_2占用的资源，……，P_n正在等待已被P_0占用的资源。

3. 死锁的处理方法

从原理上说，处理死锁有3种主要策略：

- 采用某个协议来预防或避免死锁，确保系统永远不会进入死锁状态；
- 允许系统进入死锁状态，但是会检测它，然后恢复；
- 完全忽略这个问题，并假设系统永远不会出现死锁。

第一种策略包括了预防死锁方法和避免死锁方法；第二种策略包括了检测死锁方法和解除死锁方法；第三种策略则为大多数系统（如Linux和Windows等）所采用。下面具体介绍上述策略实现的4种方法。

（1）**预防死锁**。这是一种较简单和直观的事先预防方法。该方法是通过设置某些限制条件，去破坏产生死锁的4个必要条件中的一个或几个来预防死锁的。预防死锁是一种较易实现的方法，已被广泛使用。

（2）**避免死锁**。该方法同样属于事先预防方法，但它并不需要通过事先采取各种限制措施来破坏产生死锁的4个必要条件，而是在资源的动态分配过程中，用某种方法防止系统进入不安全状态，从而避免发生死锁。

（3）**检测死锁**。这种方法无须事先采取任何限制性措施，允许进程在运行过程中发生死锁。但可通过检测机构及时地检测出死锁的发生，然后采取适当措施把进程从死锁中解脱出来。

（4）**解除死锁**。该方法是指，当检测到系统中已发生死锁时就采取相应措施，将进程从死锁状态中解脱出来。通常采用的措施是撤销一些进程，回收它们的资源，将回收的资源分配给已处于阻塞状态的进程，使这些进程能够继续运行。

上述4种方法，从（1）到（4）对死锁的防范程度逐渐减弱，但对应的资源利用率却逐渐提高，且进程因资源因素而阻塞的频度逐渐下降（即进程并发程度逐渐提高）。

3.5.4 资源分配图

可利用资源分配图（resource allocation graph）来描述系统死锁。资源分配图是一个有向图，它是由一组节点N和一组边E所组成的一个对偶$G=(N, E)$，它具有下述形式的定义和限制。

（1）把N分为两个互斥的子集，即一组进程节点$P=\{P_1, P_2, \cdots, P_n\}$和一组资源节点$R=\{R_1, R_2, \cdots, R_n\}$，$N=P\cup R$。在图3-16所示的例子中，$P=\{P_1, P_2\}$，$R=\{R_1, R_2\}$，$N=\{R_1, R_2\}\cup\{P_1, P_2\}$。

（2）凡属于E中的一个边$e\in E$，其都连接着P中的一个节点和R中的一个节点。$e=\{P_i, R_j\}$是资源请求边$P_i \rightarrow R_j$，由进程P_i指向资源R_j，它表示进程P_i请求一个单位的R_j资源。$e=\{R_j, P_i\}$是资源分配边$R_j \rightarrow P_i$，由资源R_j指向进程P_i，它表示把一个单位的资源R_j分配给进程P_i。图3-16中给出了2个请求边和4个分配边，即$E=\{(P_1, R_2), (R_2, P_2), (P_2, R_1), (R_1, P_1)\}$。

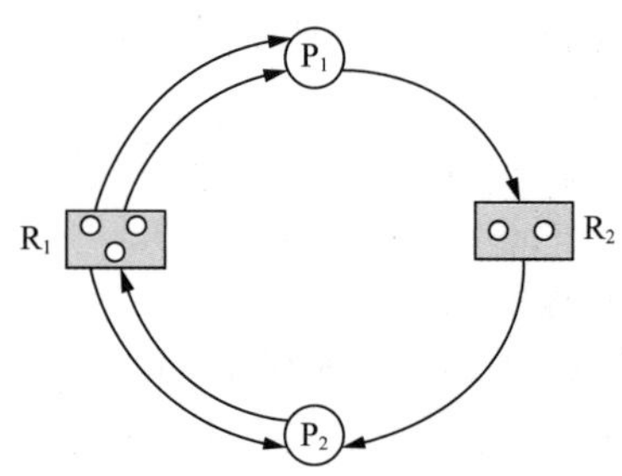

图3-16 资源分配图

用圆圈代表一个进程，用方框代表一类资源。由于一类资源可以包含多个资源实例，我们用方框中的一个圆点来代表一类资源中的一个资源实例。此时，请求边由进程指向方框中的R_j，而分配边则始于方框中的一个圆点。在图3-16所示的资源分配图中，P_1进程已经分得了两个R_1资源，并又请求了一个R_2资源；P_2进程已经分得了一个R_1资源和一个R_2资源，并又请求了一个R_1资源。

3.6 死锁预防

预防死锁是通过破坏产生死锁的4个必要条件中的一个或几个来实现的（使用“假脱机技术”亦可预防死锁）。由于互斥条件是非共享设备所必须具备的条件，不仅不能改变，还应加以保证。因此，预防死锁时主要是破坏产生死锁的后3个条件。

3.6.1 破坏“请求和保持”条件

为了能够破坏“请求和保持”条件，系统必须保证做到：当一个进程在请求资源时，它不能持有不可抢占资源。该保证可通过以下两个不同的协议实现。

1. 第一种协议

该协议规定，所有进程在开始运行之前，必须一次性地申请其在整个运行过程中所需的全部资源。此时，若系统有足够的可分配资源，则可把其需要的所有资源分配给它。这样，该进程在整个运行期间便不会再提出资源要求，从而破坏了“请求”条件。系统在分配资源时，只要有一种资源不能满足进程的要求，则即使所需的其他资源都空闲也不分配给该进程，而是让其等待。由于该进程在等待期间未占有任何资源，从而破坏了“保持”条件，可以预防发生死锁。

第一种协议的优点是简单、易行、安全。但缺点也极其明显。①资源被严重浪费，严重地降低了资源利用率。进程在开始运行时，就会一次性地占用整个运行过程所需的全部资源，其中有些资源可能仅在运行初期或运行快结束时才会使用，甚至根本不使用，可见，资源可能会被严重浪费。②进程经常会发生饥饿现象。因为仅当进程在获得其所需的全部资源后才能开始运行，所以可能由于个别资源长期被其他进程占用，等待该资源的进程迟迟不能开始运行，例如，个别资源（如打印机）有可能仅在进程运行到最后时才需要。

2. 第二种协议

该协议是对第一种协议的改进，它允许一个进程只获得运行初期所需的资源后，便开始运行。进程运行过程中再逐步释放已分配给自己的、且已用毕的全部资源，然后再请求新的所需资源。下面通过一个具体例子来说明第二种协议比第一种协议要好。

例如有一个进程，它所要完成的任务是，先将数据从磁带上复制到磁盘文件上，然后对磁盘文件进行排序，最后把结果打印出来。①在采用第一种协议时，进程必须在开始时就请求磁带机、磁盘文件和打印机，然而打印机仅在最后才会用到，所以刚开始就请求占用打印机，既影响其利用率，还会影响其他进程的运行。此外，若刚开始时磁带机和磁盘文件空闲，但因打印机被很多进程所需而分配给了其他进程，则该进程还需要等待。②在采用第二种协议时，进程在开始时只须请求磁带机、磁盘文件，然后即可运行。等到磁带上的全部数据已复制到磁盘文件中并已排序好后，便可将磁带机和磁盘文件释放掉，再去请求打印机。这不仅能使进程更快地完成任务，提高设备的利用率，还可减少进程发生饥饿现象的概率。

3.6.2 破坏“不可抢占”条件

为了能破坏“不可抢占”条件，协议中规定，当一个已经保持了某些不可抢占资源的进程提出新的资源请求而不能得到满足时，它必须释放已经保持的所有资源，待以后需要时再重新申请。这意味着进程已占有的资源会被暂时释放，或者说是被抢占了，从而破坏了“不可抢占”条件。

该方法实现起来比较复杂，且需要付出很大的代价。因为一个不可抢占的资源（如打印机、刻录机等）在使用一段时间后被抢占，可能会造成进程前一阶段工作的失效，即使是采取了某些防范措施，也会使进程前后两次运行的信息不连续。这种策略还可能会因为反复地申请和释放资源，致使进程的执行被无限期地推迟，这不仅延长了进程的周转时间，而且也增加了系统开销，降低了系统吞吐量。

3.6.3 破坏“循环等待”条件

一个能保证“循环等待”条件不成立的方法是，对系统的所有资源类型进行线性排序，并赋予它们不同的序号。设R=（R_1, R_2, R_3,⋯, R_m）为资源类型的集合，为系统中的每个资源类型赋予唯一的序号。如果系统中有磁带机、硬盘驱动器、打印机，则函数F()可进行如下定义：

```
F(tape drive) = 1 ;
F(disk drive) = 5 ;
F(printer) = 12 ;
```

在对系统所有资源类型进行线性排序后，便可采用以下预防协议：规定每个进程必须按序号递增的顺序请求资源。一个进程在开始时可以请求某类资源R_i的单元，以后，当且仅当F（R_j）＞F（R_i）时，进程才可以请求资源R_j的单元。如果需要多个同类资源单元，则必须一起请求。例如，当某进程需要同时使用打印机和磁带机时，由于磁带机序号低，而打印机序号高，故必须先请求磁带机，再请求打印机。假如某进程已请求到一些序号较高的资源，后来又想请求一个序号较低的资源，此时，它必须先释放所有具有相同和更高序号的资源，然后才能申请序号低的资源。在采用这种策略后所形成的资源分配图中，不可能再出现环路，因而破坏了“循环等待”条件。事实上，总有一个进程会占据较高序号的资源，此后它继续申请的资源必然是空闲的，因而进程可以一直向前推进。

在采用这种策略时，应如何来规定每种资源的序号是十分重要的。通常应根据大多数进程需要资源的先后顺序来确定资源的序号。一般情况下，进程总会首先输入程序和数据，然后进行运算，最后将运算结果输出。因此，可以为输入设备规定较低的序号，如把磁带机定为1；可以为输出设备规定较高的序号，如把打印机定为12。

这种预防死锁策略和前两种策略相比，其资源利用率和系统吞吐量都有比较明显的改善。但也存在下列问题。

第一，为系统中各类资源规定的序号必须相对稳定，这限制了新类型设备的增加。

第二，尽管在为资源的类型分配序号时已经考虑到了大多数作业在实际使用这些资源时的顺序，但也经常会发生这种情况：作业使用各类资源的顺序与系统规定的顺序不同，造成对资源的浪费。

第三，为了方便用户，系统对用户在编程时所施加的限制条件应尽量少，然而这种按规定次序申请资源的方法必然会限制用户进行简单、自主的编程。

3.7 死锁避免

避免死锁

避免死锁同样属于事先预防策略，但并不需要通过事先采取某种限制措施来破坏产生死锁的必要条件，而是在资源动态分配过程中，防止系统进入不安全状态，以避免发生死锁的。这种方法所施加的限制条件较弱，可能会获得较好的系统性能。目前常用此方法来避免发生死锁。

3.7.1 系统安全状态

在避免死锁方法中，把系统的状态分为安全状态和不安全状态两种。当系统处于安全状态时可避免发生死锁，而当系统处于不安全状态时，则可能会进入死锁状态。

1. 安全状态

在避免死锁方法中，允许进程动态地申请资源，但系统在进行资源分配之前，应先计算此次资源分配的安全性。若此次分配不会导致系统进入不安全状态，则可将资源分配给进程，否则，令进程等待。所谓安全状态，是系统能按某种进程推进顺序（$P_1, P_2, \cdots, P_n$），为每个进程P_i分配其所需的资源，直至满足每个进程对资源的最大需求，进而使每个进程都可顺利完成的一种系统状态。此时，称进程推进顺序（$P_1, P_2, \cdots, P_n$）为安全序列。如果系统无法找到这样一个安全序列，则称系统处于不安全状态。虽然并非所有不安全状态都必然会转为死锁状态，但当系统进入不安全状态后，就有可能进入死锁状态。而只要系统处于安全状态，其就不会进入死锁状态。因此，避免死锁的实质在于，使系统在进行资源分配时不进入不安全状态。

2. 安全状态举例

假定系统中有3个进程P_1、P_2、P_3，共有12台磁带机。进程P_1总共要用10台磁带机，进程P_2和P_3分别要用4台和9台。假设在t_0时刻，进程P_1、P_2、P_3已分别获得5台、2台、2台磁带机，尚有3台磁带机空闲（未分配），如表3-1所示。

表 3-1 进程资源分配情况表

进程	最大需求	已分配	可用
P_1	10	5	3
P_2	4	2	
P_3	9	2	

经分析发现，在t_0时刻系统是安全的，因为这时存在一个安全序列（P_2, P_1, P_3），即只要系统按此序列分配资源，就能使每个进程都顺利完成。例如在剩余的磁带机中取2台分配给P_2，使之继续运行；待P_2完成，其可释放4台磁带机，于是可用磁带机增至5台；以后再将这些磁带机全部分配给P_1，使之运行；待P_1完成后，其将释放出10台磁带机，P_3便能获得足够的资源，从而即可使P_1、P_2、P_3每个进程都能顺利完成。

3. 由安全状态进入不安全状态

如果不按照安全序列分配资源，则系统可能会由安全状态进入不安全状态。例如在t_0时刻以后，P_3又请求了1台磁带机，若此时系统把剩余3台中的1台分配给P_3，则系统便会进入不安全状态，因为此时已无法再找到一个安全序列。例如，把其余的2台分配给P_2，这样在P_2完成后，其只能释放4台，既不能满足P_1尚需5台的要求，也不能满足P_3尚需6台的要求，致使它们都无法推进到完成，彼此都在等待对方释放资源，进而导致死锁。类似地，如果将剩余的2台磁带机先分配给P_1或P_3，也同样无法使它们推进到完成。因此，从给P_3分配了第3台磁带机开始，系统便进入了不安全状态。

在建立了系统安全状态的概念后，便可知道避免死锁的基本思想，即确保系统始终处于安全状态。一个系统开始时是处于安全状态的，当有进程请求一个可用资源时，系统须对该进程的请求进行计算，若将资源分配给进程后系统仍处于安全状态，则将资源分配给该进程。在上面的例子中，当P_3请求1台磁带机时，尽管系统中有可用的磁带机，但不能分配给它，而是必须要等到P_1和P_2完成，释放出足够的资源后才能将资源分配给P_3。

3.7.2 利用银行家算法避免死锁

最有代表性的避免死锁的算法是迪杰斯特拉（Dijkstra）提出的银行家算法。该名字的由来是，该算法原本为银行系统而设计，以确保银行在发放现金贷款时不会发生不能满足所有客户需要的情况。在OS中也可用它来避免死锁。

为实现银行家算法，每个新进程在进入系统时，其都必须申明在运行过程中可能需要每种资源类型的最大单元数目，该数目不应超过系统所拥有的资源总量。当进程请求一组资源时，系统必须首先确定是否有足够的资源可分配给该进程。若有，则进一步计算在将这些资源分配给该进程后，系统是否会处于不安全状态。如果不会，则将资源分配给该进程，否则让该进程等待。

1. 银行家算法中的数据结构

为了实现银行家算法，必须在系统中设置4个数据结构，它们分别描述：系统中可利用的资源、所有进程对资源的最大需求、系统中的资源分配情况以及所有进程还需要多少资源。

（1）可利用资源向量Available。这是一个含有m个元素的数组，其中的每个元素代表一类可利用的资源数目，其初值是系统中所配置的该类全部可用资源的数目，该数目会随对应资源的分配和回收而动态改变。如果Available[j]=K，则表示系统中现有R_j类资源K个。

（2）最大需求矩阵Max。这是一个$n\times m$的矩阵，它定义了系统中n个进程中的每个进程对m类资源的最大需求。如果Max[i, j]=K，则表示进程i需要R_j类资源的最大数目为K。

（3）分配矩阵Allocation。这是一个$n\times m$的矩阵，它定义了系统中每类资源当前已分配给每一进程的资源数。如果Allocation[i, j]=K，则表示进程i当前已分得R_j类资源的数目为K。

（4）需求矩阵Need。这是一个$n\times m$的矩阵，用于表示每个进程尚需的各类资源数。如果Need[i, j]=K，则表示进程i还需要R_j类资源K个方能完成其任务。

上述3个矩阵间存在下列关系：

$$\text{Need}[i, j]=\text{Max}[i, j]-\text{Allocation}[i, j]。$$

2. 银行家算法

设Request_i是进程P_i的请求向量，如果$\text{Request}_i[j]=K$，则表示进程P_i需要K个R_j类型的资源。当P_i发出资源请求后，系统会按下列步骤进行检查。

（1）如果$\text{Request}_i[j]\leqslant\text{Need}[i, j]$，则转向步骤（2）；否则认为出错，因为它所需要的资源数已超过它所宣布的最大值。

（2）如果$\text{Request}_i[j]\leqslant\text{Available}[j]$，则转向步骤（3）；否则表示尚无足够资源，$P_i$须等待。

（3）系统试探着把资源分配给进程P_i，并修改下列数据结构中的数值：

$$\text{Available}[j] = \text{Available}[j]-\text{Request}_i[j]\text{；}$$

$$\text{Allocation}[i, j] = \text{Allocation}[i, j]+\text{Request}_i[j]\text{；}$$

$$\text{Need}[i, j] = \text{Need}[i, j]-\text{Request}_i[j]。$$

（4）系统执行安全性算法，检查此次资源分配后系统是否处于安全状态。若是，则正式将资源分配给进程P_i，以完成本次分配；否则，将本次的试探分配作废，恢复原来的资源分配状态，让进程P_i等待。

3. 安全性算法

系统所执行的安全性算法可描述如下。

（1）设置两个向量。第一，工作向量Work：它表示系统可提供给进程继续运行所需的各类资源数目，它含有m个元素，在开始执行安全算法时，Work=Available。第二，完成向量Finish：它表示系统是否有足够的资源分配给进程，使之运行完成。开始时先令Finish[i]=FALSE；当有足够的资源可分配给进程时，再令Finish[i]=TRUE。

（2）从进程集合中寻找一个能满足下述条件的进程：①Finish[i]=FALSE；②Need[i, j]≤Work[j]。若能找到，则执行步骤（3）；否则，执行步骤（4）。

（3）当进程P_i获得资源后，可顺利执行直至完成，并释放分配给它的资源，故应执行：

```
Work[j] = Work[j]+Allocation[i, j] ;
Finish[i]= TRUE ;
go to step 2 ;
```

（4）如果所有进程都满足Finish[i]=TRUE，则表示系统处于安全状态；否则，系统处于不安全状态。

4. 银行家算法举例

假定系统中有5个进程{P_0, P_1, P_2, P_3, P_4}和3类资源{A, B, C}，各类资源的数量分别为10、5、7，在t_0时刻的资源分配情况如图3-17所示。

资源情况 / 进程	Max			Allocation			Need			Available		
	A	B	C	A	B	C	A	B	C	A	B	C
P_0	7	5	3	0	1	0	7	4	3	3	3	2
										(2	3	0)
P_1	3	2	2	2	0	0	1	2	2			
				(3	0	2)	(0	2	0)			
P_2	9	0	2	3	0	2	6	0	0			
P_3	2	2	2	2	1	1	0	1	1			
P_4	4	3	3	0	0	2	4	3	1			

图3-17　t_0时刻的资源分配情况

（1）t_0时刻的安全性：利用安全性算法对t_0时刻的资源分配情况进行分析（见图3-18）可知，在t_0时刻存在着一个安全序列{P_1, P_3, P_4, P_2, P_0}，故系统是安全的。

资源情况 / 进程	Work			Need			Allocation			Work+Allocation			Finish
	A	B	C	A	B	C	A	B	C	A	B	C	
P_1	3	3	2	1	2	2	2	0	0	5	3	2	TRUE
P_3	5	3	2	0	1	1	2	1	1	7	4	3	TRUE
P_4	7	4	3	4	3	1	0	0	2	7	4	5	TRUE
P_2	7	4	5	6	0	0	3	0	2	10	4	7	TRUE
P_0	10	4	7	7	4	3	0	1	0	10	5	7	TRUE

图3-18　t_0时刻的安全序列

（2）P_1请求资源：P_1发出请求向量$Request_1$（1, 0, 2），系统按银行家算法进行检查。

① $Request_1$（1, 0, 2）≤$Need_1$（1, 2, 2）。

② $Request_1$（1, 0, 2）≤$Available_1$（3, 3, 2）。

③ 系统先假定可为P_1分配资源，并修改Available、$Allocation_1$和$Need_1$向量，由此形成的资源变化情况如图3-17中的圆括号所示。

④ 再利用安全性算法检查此时系统是否安全，如图3-19所示。

资源情况 / 进程	Work			Need			Allocation			Work+Allocation			Finish
	A	B	C	A	B	C	A	B	C	A	B	C	
P_1	2	3	0	0	2	0	3	0	2	5	3	2	TRUE
P_3	5	3	2	0	1	1	2	1	1	7	4	3	TRUE
P_4	7	4	3	4	3	1	0	0	2	7	4	5	TRUE
P_0	7	4	5	7	4	3	0	1	0	7	5	5	TRUE
P_2	7	5	5	6	0	0	3	0	2	10	5	7	TRUE

图3-19　P_1请求资源时的安全性检查

由所进行的安全性检查得知，可以找到一个安全序列{P_1, P_3, P_4, P_2, P_0}。因此，系统是安全的，可以立即将P_1所申请的资源分配给它。

（3）P_4请求资源：P_4发出请求向量$Request_4$（3, 3, 0），系统按银行家算法进行检查。

① $Request_4$（3, 3, 0）≤$Need_4$（4, 3, 1）。

② $Request_4$（3, 3, 0）＞Available（2, 3, 0），让P_4等待。

（4）P_0请求资源：P_0发出请求向量$Request_0$（0, 2, 0），系统按银行家算法进行检查。

① $Request_0$（0, 2, 0）≤$Need_0$（7, 4, 3）。

② $Request_0$（0, 2, 0）≤Available（2, 3, 0）。

③ 系统暂时先假定可为P_0分配资源，并修改有关数据，如图3-20所示。

资源情况 / 进程	Allocation			Need			Available		
	A	B	C	A	B	C	A	B	C
P_0	0	3	0	7	2	3			
P_1	3	0	2	0	2	0			
P_2	3	0	2	6	0	0	2	1	0
P_3	2	1	1	0	1	1			
P_4	0	0	2	4	3	1			

图3-20　为P_0分配资源后的有关数据

（5）进行安全性检查：可用资源Available（2, 1, 0）已不能满足任何进程的需要，故系统进入不安全状态，此时系统不分配资源。

思考题

如果在银行家算法中把 P_0 发出的请求向量改为 $Request_0$（0, 1, 0），则系统能否将资源分配给它？

3.8　死锁的检测与解除

如果在系统中，既不采取死锁预防措施，也未配有死锁避免算法，则系统很可能会发生死锁。在这种情况下，系统应当配有两个算法：①**死锁检测算法**，用于检测系统状态，以确定系统中是否发生了死锁；②**死锁解除算法**，当确定系统中发生了死锁时，利用该算法将系统从死锁状态中解脱出来。

3.8.1　死锁的检测

为了能对系统中是否已发生死锁进行检测，在系统中必须：①保存有关资源的请求和分配信息；②嵌入一种算法，使其能够利用这些信息来检测系统是否已进入死锁状态。

1. 死锁定理

我们可以通过简化资源分配图（如图3-21所示）来检测系统所处的某状态（命名为S状态）是否为死锁状态。简化方法如下。

（1）在资源分配图中找出一个既不阻塞又非独立的进程节点P_i。在顺利的情况下，P_i可获得所需资源而继续运行，直至运行完毕再释放其所占有的全部资源，这相当于消去P_i的请求边和分配边，使之成为孤立的节点。在图3-21（a）中，将P_1的两个分配边和一个请求边消去，便形成了图3-21（b）所示的情况。

（2）P_1释放资源后，便可使P_2获得资源而继续运行，直至P_2完成后释放出它所占有的全部资源，形成图3-21（c）所示的情况。

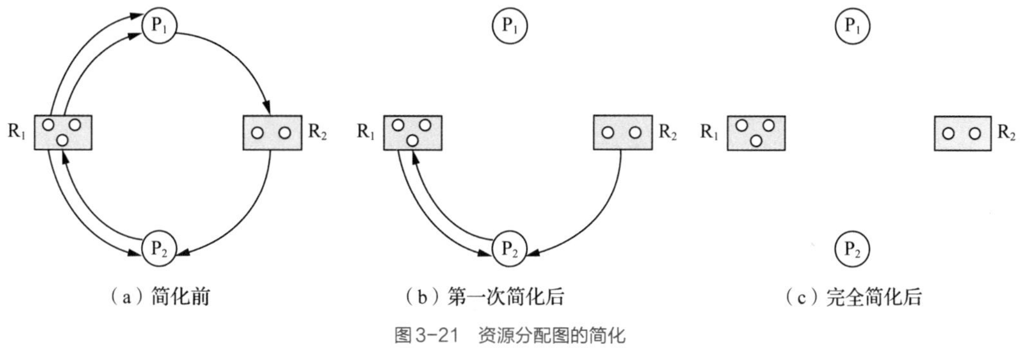

图3-21　资源分配图的简化

（3）在进行一系列的简化后，若能消去图中所有的边，使所有的进程节点都成为孤立的节点，则称该图是可完全简化的；若不能通过任何过程使该图完全简化，则称该图是不可完全简化的。

对于较复杂的资源分配图，可能有多个既未阻塞又非孤立的进程节点，那么，不同的简化顺序是否会得到不同的简化图呢？有关文献已经证明：所有的简化顺序，都将得到相同的不可简化图。同样可以证明S状态为死锁状态的充分条件是：当且仅当S状态的资源分配图是不可完全简化的。该充分条件被称为死锁定理。

2. 死锁检测中的数据结构

死锁检测中的数据结构，类似于银行家算法中的数据结构，介绍如下。

（1）可利用资源向量Available，它表示了*m*类资源中每类资源的可用数目。

（2）把不占用资源的进程（向量Allocation=0）记入L表，即$L_i \cup L$。

（3）从进程集合中找到一个$Request_i \leq Work$的进程，做如下处理：①将其资源分配图简化，释放出资源，增加工作向量，即令$Work=Work+Allocation_i$；②将它记入L表。

（4）若不能把所有进程都记入L表，则表明系统状态S的资源分配图是不可完全简化的。因此，该系统将发生死锁。

```
Work=Available ;
L={L_i|Allocation_i=0 ∩ Request_i=0} ;
for( all L_i ∉ L ){
    for( all Request_i ≤ Work ){
            Work=Work+Allocation_i ;
            L_i ∪ L ;
    }
}
deadlock=( L={P_1, P_2, …, P_n} ) ;
```

3.8.2 死锁的解除

如果利用死锁检测算法检测出在系统中已发生了死锁，则应立即采取相应的处理措施来解除死锁。最简单的处理措施就是立即通知操作员，请他通过人工方法解除死锁。另一种处理措施则是利用死锁解除算法，把系统从死锁状态中解脱出来。通常采用的解除死锁的两种方法是：①抢占资源，从一个或多个进程中抢占足够数量的资源，然后将它们分配给死锁进程，以解除死锁状态；②终止死锁进程，即终止系统中的一个或多个死锁进程，直至打破循环等待，使系统从死锁状态中解脱出来。

1．终止死锁进程的方法

（1）终止所有死锁进程。

终止所有死锁进程是一种最简单的方法，如此一来死锁自然就会解除，但由此付出的代价可能会很大，因为其中有些进程可能已经运行了很长时间并已接近结束，此时其一旦被终止真可谓“功亏一篑”，以后还得从头再来。采用该方法还可能会付出其他方面的代价，此处不再一一列举。

（2）逐个终止死锁进程。

相比于终止所有死锁进程，稍微温和一点儿的方法是：按照某种顺序逐个地终止死锁进程，直至有足够的资源来打破循环等待，把系统从死锁状态中解脱出来。但该方法所付出的代价也可能会很大，因为每终止一个进程，都需要用死锁检测算法来确定系统死锁是否已被解除，若未被解除，则须再终止另一个进程。另外，在采取逐个终止死锁进程策略时，还涉及应采用什么策略来选择一个要终止的进程。选择策略最主要的依据是“为解除死锁而付出的代价最小”。但怎么样才算是代价最小，这很难有一个精确的度量。这里仅提供在选择被终止死锁进程时应考虑的若干因素：①进程的优先级；②进程已执行了多少时间，还需要多少时间方能完成；③进程在运行中已经使用了多少资源，以后还需要多少资源；④进程的性质是交互式的还是批处理式的。

2．付出代价最小的死锁解除算法

一种付出代价最小的死锁解除算法如图3-22所示。假定在死锁状态时，已有死锁进程$P_1, P_2, \cdots, P_k$。首先终止进程P_1，使系统状态由$S \to U_1$，付出的代价为C_{U_1}；然后，仍从S状态中终止进程

P_2，使系统状态由S→U_2，付出的代价为C_{U_2}；如此下去可得到状态U_1, U_2, …, U_n。若此时系统仍处于死锁状态，则须进一步终止进程，以此类推，直至解除死锁状态为止。由此可见，如果在每层中均找到了所有终止代价最小的进程，则通过终止进程来解除死锁的代价就是最小的。但是，这种方法为了找到这些进程所付出的代价将是$k!/2C$，显然，所付出的代价很大。因此，这是一种很不实际的方法。

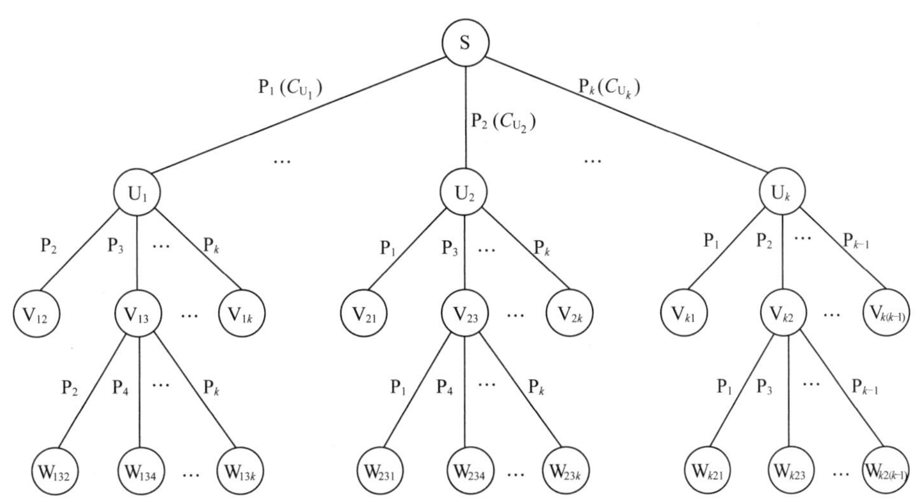

图3-22 付出代价最小的死锁解除算法

一个比较有效的方法是对死锁状态S做如下处理：从死锁状态S中先终止一个死锁进程P_1，使系统状态由S演变成U_1，将P_1记入被终止进程的集合d(T)中，并把所付出的代价C_1记入R_C(T)中；对死锁进程P_2、P_3等重复上述过程，得到状态U_2, U_3, …, U_i等；然后，再按终止进程时所花费代价的大小，把它们插入由S状态所演变的新状态的队列L中。显然，队列L中的第一个状态U_1是由S状态花最小代价终止了一个进程所演变成的状态。在终止一个进程后，若系统仍处于死锁状态，则再从U_1状态开始，按照上述处理方式依次终止其他进程，得到U_1'，U_2'，U_3'，…，U_k'状态，再从所得到的这些状态中选取一个代价最小的状态U_j'，如此下去，直到死锁状态解除为止。为把系统从死锁状态中解脱出来，所付出的代价可表示为：

$$R(\mathrm{S})_{\min}=\min\{C_{U_i}\}+\min\{C_{U_j'}\}+\cdots。$$

3.9 本章小结

本章主要介绍了OS处理机管理功能中的两个重要内容：处理机调度与死锁。处理机调度分为3个不同层次，其中进程调度是最基本、最频繁的调度。进程调度的任务是，根据调度算法从就绪队列中选择一个进程，并为其分配处理机。本章介绍了常用的进程/作业调度算法，主要包括FCFS调度算法、SJF调度算法、优先级调度算法、RR调度算法、多级队列调度算法和多级反馈队列调度算法等。实时系统对任务运行时间有严格的要求，因此实时调度算法不同于普通进程调度算法。在实时调度算法部分主要介绍了最早截止时间优先算法和最低松弛度优先算法，并讨论了优先级倒置问题及其解决方法。

如果有两个或更多进程永久等待某个事件发生，而且该事件又只能由这些等待进程中的某一个引起，那么系统就处于死锁状态。本章介绍了引起死锁的原因、必要条件和处理方法等。目前常用的死锁处理方法有 4 种：死锁预防、死锁避免、死锁检测和死锁解除。死锁预防是通过破坏 4 个必要条件来实现的。死锁避免是通过在进程申请资源时运行相应的算法（如银行家算法）以避免系统进入不安全状态来实现的。而在允许死锁发生的系统中，则可以通过定期调用检测死锁的算法来判断系统是否出现了死锁。如果检测到死锁，那么系统应通过终止某些死锁进程或抢占某些死锁进程的资源来恢复其状态。

习题3（含考研真题）

一、简答题

1. 高级调度与低级调度的主要任务是什么？为什么要引入中级调度？
2. 何谓作业和JCB？
3. 在什么情况下需要使用JCB？其中包含了哪些内容？
4. 在作业调度中应如何确定接纳多少个作业和接纳哪些作业？
5. 试说明低级调度的主要功能。
6. （**考研真题**）简述引起进程调度的原因。
7. 在抢占式调度算法中，抢占的原则是什么？
8. 在选择调度方式和调度算法时，应遵循哪些准则？
9. 何谓静态优先级和动态优先级？确定进程优先级的依据是什么？
10. 试比较FCFS和SJF这两种调度算法。
11. 在基于时间片的RR调度算法中，应如何确定时间片的大小？
12. 为什么说多级反馈队列调度算法能较好地满足各方面用户的需求？
13. 为什么在实时系统中要求系统（尤其是CPU）具有较强的处理能力？
14. 按照调度方式可将实时调度算法分为哪几种？
15. 实时系统常用的调度算法有哪些？请分别介绍它们。
16. 在批处理系统、分时系统和实时系统中，各采用哪几种进程（作业）调度算法？
17. （**考研真题**）什么是死锁？产生死锁的原因和必要条件是什么？如何预防死锁？
18. 在解决死锁问题的几个方法中，哪个方法最易于实现？哪个方法可使资源利用率最高？

二、计算题

19. （**考研真题**）有 5 个进程（见表3-2）需要调度执行，若采用非抢占式优先级（短进程优先）调度算法，问这5个进程的平均周转时间是多少？

表 3-2　进程执行时间表

进程	到达时间	执行时间
P_1	0.0	9
P_2	0.4	4
P_3	1.0	1
P_4	5.5	4
P_5	7	2

20. （**考研真题**）假定要在一台处理机上执行表3-3所示的作业，且假定这些作业在时刻0以

1, 2, 3, 4, 5的顺序到达。请说明分别采用FCFS、RR（时间片为1）、SJF及非抢占式优先级调度算法时，这些作业的执行情况（优先级的高低顺序依次为1到5）。针对上述每种调度算法，给出平均周转时间和平均带权周转时间。

表 3-3　作业执行时间表

作业	执行时间	优先级
1	10	3
2	1	1
3	2	3
4	1	4
5	5	2

21．（考研真题）将一组进程分为4类，如图3-23所示。各类进程之间采用优先级调度算法，而各类进程的内部采用RR调度算法。请简述P_1, P_2, P_3, P_4, P_5, P_6, P_7, P_8进程的调度过程。

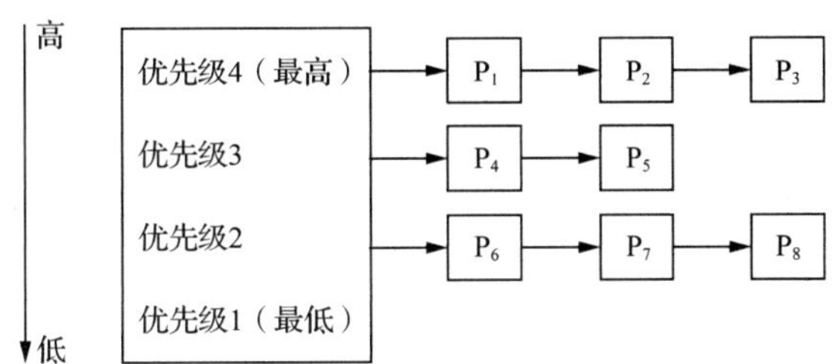

图3-23　进程分类图

22. 由5个进程组成进程集合P={P_0, P_1, P_2, P_3, P_4}，且系统中有3类资源A, B, C，假设在某时刻有表3-4所示的进程资源分配情况。

表 3-4　进程资源分配情况

进程	Allocation A B C	Max A B C	Available A B C
P_0	0 0 3	0 0 4	x y z
P_1	1 0 0	1 7 5	
P_2	1 3 5	2 3 5	
P_3	0 0 2	0 6 4	
P_4	0 0 1	0 6 5	

请问当x, y, z取下列值时，系统是否处于安全状态？

（1）1, 4, 0；（2）0, 6, 2；（3）1, 1, 1；（4）0, 4, 7。

三、综合应用题

23. （考研真题）假设系统中有下述 3 种解决死锁的方法：

（1）银行家算法；

（2）检测死锁，终止处于死锁状态的进程，释放该进程所占有的资源；

（3）资源预分配。

简述上述哪种方法允许最大的并发性？请按“并发性”从大到小对上述3种方法进行排序。

24. （考研真题）某银行要实现一个电子转账系统，基本业务流程是：首先对转出方和转入方的账户进行加锁，然后办理转账业务，最后对转出方和转入方的账户进行解锁。若不采取任何措施，则系统会不会发生死锁？为什么？请设计一个能够避免死锁的方法。

25. （考研真题）设有进程P_1和进程P_2并发执行，它们都需要使用资源R_1和R_2，使用资源情况如表3-5所示。

表 3-5　进程使用资源情况

进程P_1	进程P_2
申请资源R_1	申请资源R_2
申请资源R_2	申请资源R_1
释放资源R_1	释放资源R_2

试判断是否会发生死锁，并解释和说明发生死锁的原因与必要条件。

第4章 进程同步

第4章导读

在OS中引入**进程**，可以使系统中的多道程序并发执行，这不仅能有效地改善资源的利用率，还能显著地提高系统的吞吐量；但是，同时也会使系统变得更加复杂。如果不能采取有效的措施，以对多个进程的运行进行妥善管理，则必然会由这些进程对系统资源的无序争夺，给系统造成混乱。

为保证多个进程能有条不紊地运行，必须引入进程同步机制。本章将详细介绍单处理机系统中的多种进程同步机制，如软件同步机制、硬件同步机制、信号量机制和管程机制等，利用它们可以保证程序执行的可再现性。本章知识导图如图4-1所示。

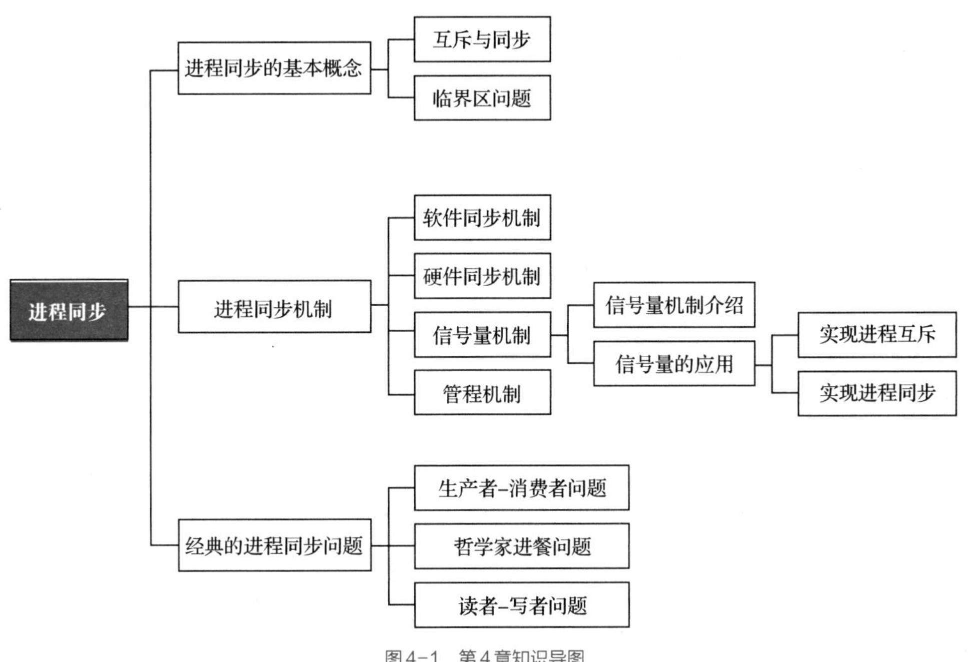

图4-1　第4章知识导图

4.1 进程同步的基本概念

进程同步

4.1.1 进程同步概念的引入

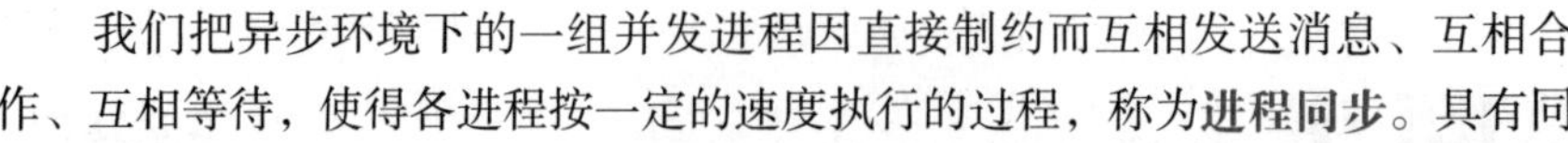

我们把异步环境下的一组并发进程因直接制约而互相发送消息、互相合作、互相等待，使得各进程按一定的速度执行的过程，称为**进程同步**。具有同步关系的一组并发进程称为协作进程。互相协作的进程或能直接共享逻辑地址空间（代码和数据），或能通过文件或消息来共享数据。前者（即共享逻辑地址空间）可以通过轻量级进程或线程来实现，具体参见本书第2章。后者（共享数据）的并发访问可能会产生数据的不一致问题。

进程同步机制的主要任务是：在执行次序上对多个协作进程进行协调，使并发执行的诸多协作进程之间能按照一定的规则（或时序）共享系统资源，并能很好地相互合作，从而使程序的执行具有可再现性。

1. 两种形式的制约关系

在多道程序环境下，对于同处于一个系统中的多个进程，由于它们共享系统中的资源，或为完成某一任务而相互合作，它们之间可能存在着以下两种形式的制约关系。

（1）间接相互制约关系（互斥关系）。

多个程序在并发执行时，由于共享系统资源，如CPU、I/O设备等，这些并发执行的程序之间会形成相互制约的关系。对于像打印机、磁带机这样的系统资源，必须保证多个进程对其只能进行互斥访问，由此在这些进程间，形成了源于对该类资源共享的所谓间接相互制约关系，也可称之为互斥关系。为了保证这些进程能有序地运行，对于系统中的这类资源，必须由系统实施统一分配，即用户在要使用这类资源之前应先提出申请，而不能直接使用。

（2）直接相互制约关系（同步关系）。

某些应用程序为了完成某项任务，会建立两个或多个进程。这些进程会为了完成同一任务而相互合作。进程间的直接制约关系就是源于它们之间的相互合作，该关系也可称为同步关系。例如，有两个相互合作的进程——输入进程A和计算进程B，它们共享一个缓冲区。输入进程A通过缓冲区向计算进程B提供数据。计算进程B从缓冲区中读取数据，并对数据进行处理。但在该缓冲区为空时，计算进程B会因不能获得所需数据而被阻塞。一旦输入进程A把数据输入缓冲区，计算进程B便会被唤醒；反之，当缓冲区已满时，输入进程A会因不能再向缓冲区投放数据而被阻塞，当计算进程B将缓冲区中的数据读取走后便可唤醒输入进程A。

进程同步的概念是一个大的范畴，协作进程间的制约关系可以统称为进程同步。根据制约形式的不同，其又可细分为同步关系和互斥关系，互斥是同步的一个特例。同步强调的是保证进程之间操作的先后次序的约束，而互斥强调的是对共享资源的互斥访问。

在多道程序环境下，由于存在着上述两类相互制约关系，进程在运行过程中能否获得处理机运行（即获得CPU控制权运行）以及以怎样的速度运行，这些都不能由进程自身所控制，此即进程的异步性。进程的异步性会使进程对共享变量或数据结构等资源产生不正确的访问次序，从而造成进程每次执行的结果均不一致。这种差错往往与时间有关，故称之为“与时间有关的错误”。为了杜绝这种差错，必须对进程的执行次序进行协调，以保证各进程能按“序”执行。

2. 临界资源

在第1章中曾介绍过，许多硬件资源如打印机、磁带机等，进程在使用它们时都需要采用互斥方式，这样的资源被称为临界资源（critical resource）。临界资源既可以是硬件资源，也可以是软件资源，如共享变量、文件等。下面将通过一个简单的例子来对其进行说明。

生产者-消费者（producer-consumer）问题是一个著名的进程同步问题。它描述的是：有一组生产者进程在生产产品，并将这些产品提供给一组消费者进程去消费。为使生产者进程与消费者进程能够并发执行，在两者之间设置了一个具有n个缓冲区的缓冲池，生产者进程将它所生产的产品放入一个缓冲区中；消费者进程可从一个缓冲区中取走产品并进行消费。尽管所有的生产者进程和消费者进程都是以异步方式运行的，但它们之间必须保持同步，即不允许消费者进程到一个空缓冲区中去取产品；也不允许生产者进程向一个已装满产品且产品尚未被取走的缓冲区投放产品。

我们可以利用一个数组buffer来表示上述具有n个缓冲区的缓冲池。每投入（或取出）一个产品时，缓冲池buffer中暂存产品（或已取走产品的空闲单元）的数组单元指针in（或out）加1。由于这里由buffer组成的缓冲池是被组织成循环缓冲的，故应把输入指针in（或输出指针out）加1，表示为in = (in+1) % n（或out = (out+1) % n）。当(in+1) % n=out时表示缓冲池满，而in=out则表示缓冲池空。此外，还引入了一个整型变量counter，其初值为0。每当生产者进程向缓冲池中投放（或取走）一个产品后，使counter加1（或减1）。生产者进程和消费者进程共享下列变量：

```
int in=0, out=0, counter=0;
item buffer[n];
```

指针in和out初始化为0。在生产者进程中使用一个局部变量nextp，用于暂时存放每次刚生产出来的产品；而在消费者进程中，则使用一个局部变量nextc，用于存放每次要消费的产品。

生产者程序如下：

```
void producer(){
    while(1) {
        produce an item in nextp ;
        …
        while (counter==n) ;
        buffer[ in ]= nextp ;
        in = (in+1) % n ;
        counter++ ;
    }
};
```

消费者程序如下：

```
void consumer(){
    while(1) {
        while (counter==0) ;
        nextc=buffer[ out ];
        out = (out+1) % n ;
        counter-- ;
        consumer the item in nextc ;
        …
    }
};
```

上述生产者程序和消费者程序，虽然分开看时都是正确的，而且两者在顺序执行时结果也是正确的，但若并发执行，就会出现差错，问题在于这两个进程共享变量counter。生产者对它做加1操作（counter++），消费者对它做减1操作（counter--），这两个操作在用机器语言实现时，通常可用下列形式描述：

```
register1=counter ;             register2=counter ;
register1=register1+1 ;         register2=register2-1 ;
counter=register1 ;             counter=register2 ;
```

假设counter的当前值是5。如果首先由生产者进程执行上述左列的3条语句，然后再由消费者进程执行右列的3条语句，则最后共享变量counter的值仍为5；如果首先由消费者进程执行右列的3条语句，然后再由生产者进程执行左列的3条语句，则最后共享变量counter值也还是5。但是，如果按下述顺序执行：

```
1   register1=counter ;         (register1=5)
2   register1=register1+1 ;     (register1=6)
3   register2=counter ;         (register2=5)
4   register2=register2-1 ;     (register2=4)
5   counter=register1 ;         (counter=6)
6   counter=register2 ;         (counter=4)
```

正确的counter值应当是5，但结果却是4。读者可以自己试试，倘若再次改变两段程序中各条语句交叉执行的顺序，则可能会得到counter=6的答案，这表明程序的执行已经失去了可再现性。为了预防产生这种错误，关键是应当把变量counter作为临界资源进行处理，亦即，令生产者进程和消费者进程互斥地访问变量counter。

思考题

请思考 counter++ 和 counter-- 的 6 行机器语言（指令）有多少种不同的执行次序和执行结果。

4.1.2 临界区问题

由前所述可知，不论是硬件临界资源，还是软件临界资源，多个进程必须互斥地对它们进行访问。人们把在每个进程中访问临界资源的那段代码称为临界区（critical section）。显然，若能保证各进程互斥地进入自己的临界区，便可实现各进程对临界资源的互斥访问。为此，每个进程在进入临界区之前，应先对欲访问的临界资源进行检查，看它是否正在被访问。如果此刻该临界资源未被访问，进程便可进入临界区对该资源进行访问，并将访问标志设置为“正被访问”；如果此刻该临界资源正在被某进程访问，则本进程不能进入临界区。因此，必须在临界区前面增加一段用于进行上述检查的代码，把这段代码称为进入区（entry section）。在临界区后面也要相应地加上一段被称为退出区（exit section）的代码，用于将临界区正被访问的标志恢复为未被访问的标志。进程中除上述进入区、临界区及退出区之外的其他部分的代码，在这里都被称为剩余区。这样，即可将一个访问临界资源的循环进程描述如下：

```
while(TURE)
   {
     进入区
     临界区 ;
```

```
    退出区
    剩余区；
  }
```

为实现进程互斥地进入自己的临界区，可使用软件方法，更多的情况是在系统中设置专门的同步机构来协调各进程间的运行。解决临界区问题的同步机制都应遵循下述4条准则。

（1）**空闲让进**。当无进程处于临界区时，表明临界资源处于空闲状态，应允许1个请求进入临界区的进程立即进入自己的临界区，以有效地利用临界资源。

（2）**忙则等待**。当已有进程进入临界区时，表明临界资源正在被访问，因而其他试图进入临界区的进程必须等待，以保证对临界资源的互斥访问。

（3）**有限等待**。对于要求访问临界资源的进程，应保证其在有限时间内能进入自己的临界区，以免陷入"死等"状态。

（4）**让权等待**（原则上应遵循，但非必须）。当进程不能进入自己的临界区时，应立即释放处理机，以免进程陷入"忙等"状态。

4.2 软件同步机制

一个经典的基于软件的临界区问题的解决方案是Peterson解决方案。尽管由于现代OS执行基本机器指令的方式可能不同，不能确保Peterson解决方案能够正确运行在每个机器上，但是该方案提供了一种解决临界区问题的很好的算法，并能满足4.1节中提出的准则。因此有必要具体介绍一下该解决方案。

Peterson解决方案适用于两个进程交替执行临界区的情况。设两个进程分别为P_0和P_1，为了方便，当使用P_i时，用P_j表示另一个进程，即j==i-1。

Peterson解决方案要求两个进程共享两个变量：

```
int turn;
boolean flag[2];
```

变量turn表示哪个进程可以进入临界区，即如果turn==i，那么允许进程P_i进入临界区内执行。数组flag[]表示哪个进程准备进入临界区。例如，如果flag[i]为TRUE，则表示进程P_i准备进入临界区。下面所示为Peterson解决方案中进程P_i的结构。

```
do {
    flag[i] = TRUE;
    turn = j;
    while (flag[j] && turn == j);
    临界区；
    flag[i] = FALSE;
    剩余区；
} while (TRUE);
```

为了进入临界区，进程P_i先设置flag[i]的值为TRUE，并设置turn的值为j，这表示如果另一个进程希望进入临界区，那就让它进入，并令当前进程处于"忙等"状态。如果两个进程同时试图进入临界区，那么turn的值会几乎同时被设置成i或j，但只有一个赋值语句的结果会被保留。因此，最终将由turn的值来决定哪个进程被允许进入临界区执行。

若要证明Peterson解决方案是正确的，则须证明该方案满足解决临界区问题的3个准则：忙则等待、空闲让进、有限等待。需要说明的是，尽管在4.1.2小节中提到了解决临界区问题的同步机制需要遵循4个准则，但此处只须满足前3个。这是因为第4个准则“让权等待”属于较高要求，在早期的解决方案中均未对此做出要求，因为这样的做法虽会影响系统效率，但不影响临界区问题的解决。

证明满足“忙则等待”准则，即须保证进程对临界资源进行互斥访问。当一个进程P_i已在其临界区中进行操作，而另一个进程P_j希望进入临界区时，flag[i]=TRUE，turn=i，flag[j]=TRUE，这意味着进程P_j中while语句的判断条件始终为真，进程处于“忙等”状态而无法进入临界区。由此说明满足“忙则等待”准则。

证明满足“空闲让进”和“有限等待”准则时，假设临界区目前没有进程在执行，有两种情况：第一种情况是只有一个进程希望进入临界区，另一个进程没有要求进入；第二种情况是两个进程都希望进入临界区。①针对第一种情况，假设P_0希望进入临界区，P_1没有提出要求，此时flag[0]=TRUE，flag[1]=FALSE，turn=1，因此P_0中while语句的判断条件为FALSE，P_0能够进入临界区执行。②针对第二种情况，如果两个进程都希望进入临界区，那么flag[0]=flag[1]=TRUE，这就意味着P_0和P_1进程不可能同时执行while语句，因为turn的值只可能取0或1，不可能同时取两个值。因此，这两个进程不可能同时进入临界区，而只有一个进程可以进入其临界区，另一个进程将在进入临界区的进程进入一次临界区后进入，满足了“有限等待”的准则。

4.3 硬件同步机制

虽然利用软件方法可以解决各进程互斥进入临界区的问题，但有一定难度，并且存在很大的局限性，因而现在已很少采用它。目前许多计算机已提供了一些特殊的硬件指令，允许对一个字中的内容进行检测和修正或是对两个字的内容进行交换等。因此，可利用这些特殊的指令来解决临界区问题。

实际上，在对临界区进行管理时，可以将标志看作一个锁，“锁开”进入，“锁关”等待，初始时锁是打开的。每个要进入临界区的进程，必须先对锁进行测试，当锁未开时，则必须等待，直至锁被打开。当锁打开时，则应立即把其锁上，以阻止其他进程进入临界区。显然，为防止多个进程同时测试到“锁开”，测试和关锁操作必须是连续的，不允许分开进行。

1. 关中断

关中断是实现互斥最简单的方法之一。在进入锁测试之前，关闭中断，直到完成锁测试并上锁之后，才能打开中断。这样，进程在临界区执行期间，计算机系统不响应中断，从而不会引发调度，也就不会发生进程或线程切换。由此，保证了对锁的测试和关锁操作的连续性和完整性，进而有效地保证了互斥。

但是，关中断的方法存在着许多缺点：①滥用关中断权力可能导致严重后果；②关中断时间过长会影响系统效率，进而会限制CPU交叉执行程序的能力；③关中断方法不适用于多CPU系统，因为在一个CPU上进行关中断并不能防止进程在其他CPU上执行相同的临界区代码。

2. 利用 Test-and-Set 指令实现互斥

这是借助硬件指令TS（Test-and-Set，测试并建立）来实现互斥的一种方法。在许多计算机中都提供了这种TS指令，其一般性描述如下：

```
boolean TS( boolean *lock ){
    boolean old ;
    old = *lock ;
    *lock = TRUE ;
    return old;
}
```

这条指令可以被看作一个函数，其执行过程是不可分割的，即一条原语。其中，lock有两种状态：当lock=FALSE时，表示该资源空闲；当lock=TRUE时，表示该资源正在被使用。

用TS指令管理临界区时，须为每个临界资源设置一个布尔变量lock，由于变量lock代表了该资源的状态，可把它看作一把锁。lock的初值为FALSE，表示该临界资源空闲。进程在进入临界区之前，首先用TS指令测试lock，如果其值为FALSE，则表示没有进程在临界区内，可以进入，并将TRUE值赋予lock，这等效于关闭了临界区，使任何进程都不能进入临界区，否则必须循环测试直到TS（&lock）为TRUE。利用TS指令实现互斥的循环进程结构可描述为：

```
do {
    …
    while TS( &lock ) ;                /* do skip */
    critical section ;
    lock : =FALSE ;
    remainder section;
} while( TRUE ) ;
```

3. 利用 swap 指令实现进程互斥

swap指令被称为对换指令，在Intel 80x86中又被称为XCHG指令，用于交换两个字的内容。其处理过程描述如下：

```
void swap( boolean *a, boolean *b ){
      boolean temp;
      temp = *a;
      *a = *b;
      *b = temp;
}
```

用对换指令可以简单有效地实现互斥，方法是为每个临界资源设置一个全局的布尔变量lock，其初值为FALSE，在每个进程中再设置一个局部的布尔变量key，使用swap指令与lock进行数值交换，以此来循环判断lock的取值。只有当key为FALSE时，进程才可以进行临界区操作。利用swap指令实现进程互斥的循环过程描述如下：

```
do {
    key=TRUE ;
    do {
        swap( &lock, &key ) ;
    } while (key!=FALSE);
    临界区操作 ;
    lock =FALSE ;
```

```
    …
} while (TRUE) ;
```

利用上述硬件指令能有效地实现进程互斥。需要说明的是，当临界资源被访问时，其他访问进程必须不断地进行测试，即处于一种忙等状态，这不符合“让权等待”的原则，因而会造成处理机时间的浪费，同时也很难将它们用于解决复杂的进程同步问题。

4.4 信号量机制

信号量机制

信号灯是人类社会中应用于交通管理等领域的一种设备，人们可以利用信号灯的状态（颜色）来规范相关活动，如十字路口的交通管理等。OS中的信号量机制类似于信号灯，起着规范进程运行的作用。

1965年，荷兰学者迪杰斯特拉最初提出了信号量（semaphores）机制，其是一种卓有成效的进程同步工具。在长期且广泛的应用中，信号量机制又得到了很大的发展，它从整型信号量经记录型信号量、AND型信号量，最终发展为信号量集。现在，信号量机制已被广泛应用于单处理机和多处理机系统以及计算机网络中。

4.4.1 信号量机制介绍

1. 整型信号量

最初由迪杰斯特拉把整型信号量定义为一个用于表示资源数目的整型量S，它与一般整型量不同，除初始化外，仅能通过两个标准的原子操作(atomic operation)来访问，即wait(S)和signal(S)操作。很长的一段时间以来，这两个操作一直被分别称为P操作和V操作。wait(S)和signal(S)操作可描述为：

```
wait(S){
      while (S<=0) ;     /* do no-op */
      S-- ;
}
signal(S){
      S++ ;
}
```

wait(S)和signal(S)是两个原子操作，因此，它们在执行时是不可中断的。亦即，当一个进程在修改某信号量时，没有其他进程可同时对该信号量进行修改。此外，在wait(S)操作中，对S值进行测试和做S:=S-1操作时都不可中断。

2. 记录型信号量

整型信号量机制中的wait(S)操作，只要信号量S<=0，就会不断地进行测试。因此，该机制并未遵循“让权等待”准则，而是使进程处于“忙等”状态。记录型信号量机制，是一种不存在“忙等”现象的进程同步机制。但在采取了“让权等待”策略后，又会出现多个进程等待访问同一临界资源的情况。为此，在信号量机制中，除了需要一个用于代表资源数目的整型变量value外，还应增加一个进程链表指针list，用于链接上述所有等待进程。记录型信号量是由于它采用了记录型的数据结构而得名的。它所包含的上述两个数据项可描述为：

```
typedef struct {
```

```
    int value;
    struct process_control_block *list;
} semaphore;
```

相应地，wait(S)和signal(S)操作可描述为：

```
wait(semaphore *S) {
    S->value--;
    if (S->value<0) block(S->list);
}
signal(semaphore *S){
    S->value++ ;
    if (S->value<=0) wakeup(S->list);
}
```

在记录型信号量机制中，S->value的初值表示系统中某类资源的数目，因而又被称为资源信号量，对它进行的每次wait(S)操作，意味着进程请求一个单位的该类资源，这会使系统中可供分配的该类资源数减少一个，因此描述为S->value--；当S.value＜0时，表示该类资源已分配完毕，因此进程应调用block原语，进行自我阻塞，放弃处理机，并将该进程插入信号量链表S->list中。可见，该机制遵循了“让权等待”准则。此时S->value的绝对值表示在该信号量链表中已阻塞进程的数目。对信号量的每次signal(S)操作，表示执行进程释放一个单位的资源，这会使系统中可供分配的该类资源数增加一个，故S->value++操作表示资源数目加1。若加1后仍是S->value＜=0，则表示在该信号量链表中仍有等待该资源的进程被阻塞，故还应调用wakeup原语以将S->list链表中的第一个等待进程唤醒。如果S->value的初值为1，则表示只允许一个进程访问临界资源，此时的信号量会转化为互斥信号量，用于进程互斥。

3. AND 型信号量

前面所述的进程互斥问题，针对的是多个并发进程仅共享一个临界资源的情况。在有些应用场合，一个进程往往需要获得两个或更多的共享资源后方能执行其任务。假定现有进程A和进程B，它们都要求访问共享数据D和E，当然，共享数据都应作为临界资源。为此，可为这两个数据分别设置用于互斥的信号量Dmutex和Emutex，并令它们的初值都为1。在两个进程中都要相应地包含两个针对Dmutex和Emutex的操作，如下所示。

```
process A:          process B:
wait(Dmutex) ;      wait(Emutex) ;
wait(Emutex) ;      wait(Dmutex) ;
```

令进程A和进程B按下述次序交替执行wait(S)操作。

```
process A: wait(Dmutex) ; 于是 Dmutex=0。
process B: wait(Emutex) ; 于是 Emutex=0。
process A: wait(Emutex) ; 于是 Emutex=-1，A 阻塞。
process B: wait(Dmutex) ; 于是 Dmutex=-1，B 阻塞。
```

最后，进程A和进程B处于僵持状态。在无外力作用下，两者都将无法从僵持状态中解脱出来。我们称此时的进程A和进程B已进入死锁状态。显然，当进程同时要求的共享资源越多时，发生进程死锁的可能性就越大。

AND型信号量机制的基本思想是：将进程在整个运行过程中需要的所有资源，一次性全部分配给进程，待进程使用完后再一起释放。只要尚有一个资源未能分配给进程，其他所有可能为之分配的资源，也不分配给它。亦即，对若干个临界资源的分配，采取原子操作方式：要么把它所请求的资源全部分配给它，要么一个也不分配。

问题是时代的声音，回答并指导解决问题是理论的根本任务。由死锁理论可知，采用原子操作方式可以避免上述死锁情况的发生。为此，在wait(S)操作中增加了一个“AND”条件，故称之为AND同步，或同时wait(S)操作，即Swait(simultaneous wait)，其定义如下：

```
Swait(S1, S2, …, Sn){
    while (TRUE) {
            if (S1>=1 && … && Sn>=1) {
                    for (i =1; i<=n; i++) Si--; ;
                    break;
            }
            else    {
                    place the process in the waiting queue associated with the first
                    Si found with Si<1, and set the program count of this process to
                    the beginning of Swait operation
            }
    }
}
Ssignal(S1, S2, …, Sn){
    while (TRUE) {
            for (i=1; i<=n; i++) {
                    Si++ ;
                    Remove all the process waiting in the queue associated with Si
                    into the ready queue.
            }
    }
}
```

4. 信号量集

在前述记录型信号量机制中，wait(S)或signal(S)操作仅能对信号量施以加1或减1操作，这意味着每次只能对某类临界资源进行一个单位的申请或释放。当一次需要*N*个单位时，便要进行*N*次wait(S)操作，这显然是低效的，甚至会增加死锁的概率。此外，在有些情况下，为确保系统的安全性，当所申请的资源数量低于某一下限值时，还必须进行管制，不予以分配。因此，当进程申请某类临界资源时，在每次分配之前，都必须测试资源的数量，判断其是否大于可分配的下限值，进而决定是否予以分配。

基于上述两点，可以对AND信号量机制加以扩充，即针对进程所申请的所有资源以及每类资源不同的需求量，在一次wait(S)或signal(S)操作中完成它们的申请或释放。进程对信号量S_i的测试值不再是1，而是该资源的分配下限值t_i，即要求$S_i>=t_i$，否则不予分配。一旦允许分配，则基于进程对该资源的需求值d_i（表示资源占用量）进行$S_i:=S_i-d_i$操作，而不是简单的$S_i=S_i-1$。由此可以形成一般化的“信号量集”机制。对应的Swait()和Ssignal()格式为：

```
Swait(S1, t1, d1 ; … ; Sn, tn, dn) ;
Ssignal(S1, d1 ; … ; Sn, dn) ;
```

一般化的“信号量集”还有下列3种特殊情况。

（1）**Swait(S, d, d)**。此时在信号量集中只有一个信号量S，但允许它每次申请d个资源，当现有资源数少于d时，不予分配。

（2）**Swait(S, 1, 1)**。此时的信号量集已蜕化为一般的记录型信号量（S>1时）或互斥信号量(S=1时)。

（3）**Swait(S, 1, 0)**。这是一种特殊且很有用的信号量操作。当S>=1时，允许多个进程进入某个特定的临界区；当S=0时，将阻止任何进程进入特定区。换言之，它相当于一个可控开关。

4.4.2 信号量的应用

1. 利用信号量实现进程互斥

为使多个进程能互斥地访问某临界资源，只须为该资源设置一个互斥型信号量mutex，并设其初值为1，然后将各进程访问该资源的临界区置于wait(mutex)和signal(mutex)操作之间即可。这样，每个欲访问该临界资源的进程，在进入临界区之前，都要先对mutex执行wait操作。若该资源此刻未被访问，则本次wait操作必然成功，进程便可进入自己的临界区，这时若再有其他进程也欲进入自己的临界区，则由于对mutex执行wait操作定会失败，因而该进程阻塞，从而保证了该临界资源能被互斥地访问。当访问临界资源的进程退出临界区后，又应对mutex执行signal操作，以便释放该临界资源。利用信号量实现两个进程互斥的描述如下。

（1）设mutex为互斥型信号量，其初值为1，取值范围为（-1,0,1）。当mutex=1时，表示两个进程皆未进入需要互斥访问的临界区；当mutex=0时，表示有一个进程进入临界区运行，另一个必须等待，挂入阻塞队列；当mutex=-1时，表示有一个进程正在临界区运行，而另一个进程因等待而阻塞在信号量队列中，需要被当前已在临界区运行的进程在退出时唤醒。

（2）代码描述：

```
semaphore mutex=1;
    P_A(){                              P_B(){
      while(1){                           while(1){
        wait(mutex);                        wait(mutex);
        临界区;                              临界区;
        signal(mutex);                      signal(mutex);
        剩余区;                              剩余区;
      }                                   }
    }                                   }
```

在利用信号量机制实现进程互斥时应注意，wait(mutex)和signal(mutex)必须成对出现。缺少wait(mutex)将会导致系统混乱，无法保证对临界资源的互斥访问；缺少signal(mutex)将会导致临界资源永远不被释放，从而使因等待该资源而阻塞的进程不能被唤醒。

2. 利用信号量实现进程同步

协作进程间除了互斥地访问临界资源外，还需要相互制约和传递信息，以同步它们之间的运行，利用信号量同样可以达到这一目的。下面举一个简单的例子来说明同步型信号量的使用方法。

假设进程P1和P2中有两段代码C1和C2，若要强制C1先于C2执行，则须在C2前添加wait(S)，在C1后添加signal(S)。需要说明的是，信号量S的初值应该被设置为0。这样，只有P1在执行完C1后，才能执行signal(S)以把S的值设置为1。这时，P2执行wait(S)才能申请到信号量S，并执行C2。如果P1的C1没有提前执行，则信号量S的值为0，P2执行wait(S)时会因申请不到信号量S而阻塞。

（1）设S为同步型信号量，其初值为0，取值范围为（-1,0,1）。当S=0时，表示C1还未执行，C2也未执行；当S=1时，表示C1已经执行，C2可以执行；当S=-1时，表示C2想执行，但由于C1尚未执行，C2不能执行，进程P2处于阻塞状态。

（2）代码描述：

```
semaphore S=0;
        P1(){                                  P2(){
          while(1){                              while(1){
              C1                                     wait(S);
              signal(S);                             C2;
              …                                      …
          }                                      }
        }                                      }
```

同步型信号量的使用通常比互斥型信号量的使用要复杂。一般情况下，同步型信号量的wait(S)和signal(S)操作位于两个不同的进程内。另外还有一种比较复杂的同步，如C1和C2没有一种固定的执行次序，在某种条件下，C1要先于C2执行；而在另一种条件下，C2要先于C1执行。有关这种复杂的同步，我们将在4.7节中进行具体介绍。

思考题

请思考互斥和同步的关系。它们有哪些地方相同？哪些地方不同？

4.5 管程机制

虽然信号量机制是一种既方便、又有效的进程同步机制，但每个要访问临界资源的进程都必须自备同步操作wait(S)和signal(S)。这就使大量的同步操作分散在各个进程中。这不仅给系统的管理带来了麻烦，而且还会因同步操作的使用不当而导致系统死锁。为此，在解决上述问题的过程中，便产生了一种新的进程同步工具——管程（monitor）。

1. 管程的定义

针对系统中的各种硬件资源和软件资源，均可利用数据结构抽象地描述它们的资源特性，即用少量信息和对该资源所执行的操作来表征该资源，而忽略了它们的内部结构和实现细节。因此，可以利用共享数据结构抽象地表示系统中的共享资源，并且将对该共享数据结构实施的特定操作定义为一组过程。进程对共享资源的申请、释放和其他操作，必须通过由这组过程间接地对共享数据结构进行操作加以实现。对于请求访问共享资源的诸多并发进程，可以根据资源的情况接受或阻塞，以确保每次仅有一个进程进入管程。通过执行这组过程来使用共享资源，可以实现对共享资源所有访问的统一管理，进而有效地实现进程互斥。

代表共享资源的数据结构，以及由对该共享数据结构实施操作的一组过程所组成的资源管理程序，共同构成了一个OS的资源管理模块，我们称之为管程。管程被请求和释放资源的进程所调用。汉森（Hansan）为管程所下的定义是：一个管程定义了一个数据结构和能被并发进程（在该数据结构上）所执行的一组操作，这组操作能同步进程和改变管程中的数据。”

由上述定义可知，管程由4个部分组成：①管程的名称；②局限于管程内的共享数据结构说明（尽管数据结构是共享的，但该共享变量局限于管程内）；③对该数据结构进行操作的一组过程；④设置局限于管程内的共享数据初值的语句。图4-2所示为一个管程的示意。

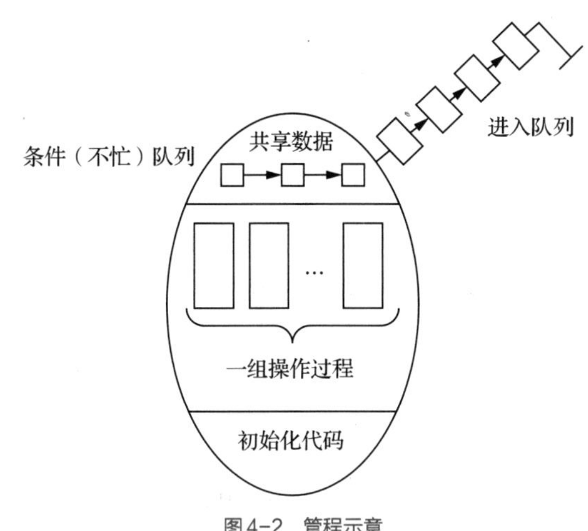

图4-2　管程示意

管程的语法描述如下：

```
monitor monitor_name {                    /*管程名*/
      share variable declarations ;       /*共享变量说明*/
      cond declarations ;                 /*条件变量说明*/
      public:                             /*能被进程调用的过程*/
      void P1(……)                         /*对数据结构操作的过程*/
             {……}
      void P2(……)
             {……}
      ……
      void (……)
           {……}
      ……
      {                                   /*管程主体*/
      initialization code;                /*初始化代码*/
       ……
      }
}
```

实际上，管程中包含了面向对象的思想，将表征共享资源的数据结构及其对数据结构操作的一组过程（包括同步机制），都集中并封装在了一个对象内部，隐藏了实现细节。封装于管程内部的数据结构仅能被封装于管程内部的过程所访问，管程外的任何过程都不能访问它；同时，封装于管程内部的过程也仅能访问管程内的数据结构。所有进程当要访问临界资源时，都只能通过管程间接访问，而管程每次只准许一个进程进入管程，执行管程内的过程，从而实现了进程互斥。

管程是一种程序设计语言结构的成分，它和信号量有同等的表达能力，从语言的角度看，管程主要有以下特性：①模块化，管程是一个基本程序单位，可以单独编译；②抽象数据类型，管程中不仅有数据，而且有对数据的操作；③信息掩蔽，管程中的数据结构只能被管程中的过程访问，这些过程也是在管程内部被定义的，供管程外的进程调用，而管程中的数据结构以及过程（函数）的具体实现，外部不可见。

管程和进程不同：①虽然二者都定义了数据结构，但进程定义的是私有数据结构——PCB，管程定义的是公共数据结构，如消息队列等；②二者都存在针对各自数据结构的操作，但进程是由顺序程序执行有关操作的，而管程则主要进行同步操作和初始化操作；③设置进程的目的在于实现系统的并发性，而管程的设置则是为了解决共享资源的互斥使用问题；④进程通过调用管程中的过程来对共享数据结构进行操作，该过程就像通常的子程序被调用一样，因而管程为被动工作方式，进程则为主动工作方式；⑤进程之间能并发执行，而管程则不能与其调用者并发；⑥进程具有动态性，由创建而诞生，由撤销而消亡，而管程则是OS中的一个资源管理模块，仅供进程调用。

2. 条件变量

在利用管程实现进程同步时，必须设置同步工具，如两个同步操作原语wait和signal。当某进程通过管程请求获得临界资源而未能被满足时，管程便会调用wait原语以使该进程处于等待状态，并将其排在等待队列上，如图4-2所示。仅当另一进程访问完成并释放该资源后，管程才会调用signal原语，唤醒等待队列中的队首进程。

但是仅有上述同步工具是不够的，考虑一种情况：当一个进程调用了管程，在管程中运行时被阻塞或挂起，直到阻塞或挂起的原因解除，而在此期间，如果该进程不释放管程，则其他进程就会因无法进入管程而被迫进行长时间的等待。为了解决这个问题，引入了条件变量condition。通常，一个进程被阻塞或挂起的条件（原因）可以有多个，因此在管程中设置了多个条件变量，且对这些条件变量的访问，只能在管程中进行。

管程中对每个条件变量都须予以说明，其形式为：condition x, y。对条件变量的操作仅仅是wait和signal，因此条件变量也是一种抽象数据类型，每个条件变量均保存了一个链表，用于记录因该条件变量而阻塞的所有进程，同时提供的两个操作可表示为x.wait和x.signal，含义如下。

x.wait：如果正在调用管程的进程因x条件需要而被阻塞或挂起，则调用x.wait将自己插入到x条件的等待队列上，并释放管程，直到x条件变化。此时其他进程可以使用该管程。

x.signal：如果正在调用管程的进程发现x条件发生了变化，则调用x.signal，重新启动一个因x条件而阻塞或挂起的进程，如果存在多个这样的进程，则选择其中的一个；如果没有，则继续执行原进程，而不产生任何结果。这与信号量机制中的signal操作不同，因为后者总是要执行s=s+1操作，所以总会改变信号量的状态。

如果有进程Q因x条件而处于阻塞状态，则当正在调用管程的进程P执行了x.signal操作后，进程Q会被重新启动，此时，针对两个进程P和Q，应该如何确定哪个执行、哪个等待呢？可采用下述两种方式之一进行处理。

（1）P等待，直至Q离开管程或等待另一条件。

（2）Q等待，直至P离开管程或等待另一条件。

采用哪种处理方式更好，尚无定论。霍尔（Hoare）采用了第一种处理方式，而汉森则采用了两者的折中，他规定管程中的过程所执行的signal操作是过程体的最后一个操作，于是，进程P执行signal操作后会立即退出管程，因而，进程Q就可以马上被恢复执行。

4.6　经典的进程同步问题

在多道程序环境下，进程同步问题十分重要，也相当有趣，因而吸引了不少学者对它进行研究，由此而产生了一系列经典的进程同步问题，其中较有代表性的是“生产者-消费者问题”“读者-写者问题”“哲学家进餐问题”等。通过对这些问题的研究和学习，我们可以更好地理解进程同步的概念与实现方法。

4.6.1　生产者 - 消费者问题

生产者-消费者问题

前面已经对生产者-消费者问题（the producer-consumer problem）做了一些描述，但未考虑进程的互斥与同步问题，因而造成了数据counter的不定性。生产者-消费者问题是相互合作进程关系的一种抽象，例如，在输入时，输入进程是生产者，计算进程是消费者；而在输出时，计算进程是生产者，而打印进程是消费者。因此，该问题有很大的代表性及实用价值。本小节将利用信号量机制来解决生产者-消费者问题。

1. 利用记录型信号量解决生产者 - 消费者问题

假定在生产者和消费者之间的公用缓冲池中，具有*n*个缓冲区，这时可利用互斥信号量mutex实现各进程对缓冲池的互斥使用；利用信号量empty和full分别表示缓冲池中空缓冲区和满缓冲区的数量。又假定这些生产者和消费者相互等效，只要缓冲池未满，生产者便可将消息送入缓冲池；只要缓冲池未空，消费者便可从缓冲池中取走一个消息。生产者-消费者问题可描述如下：

```
int in=0, out=0;
item buffer[n];
semaphore mutex=1, empty=n, full=0;
void producer( ) {
    do {
            produce an item nextp ;
            …
            wait(empty) ;
            wait(mutex) ;
            buffer[in] =nextp ;
            in=(in+1) % n ;
            signal(mutex) ;
            signal(full) ;
    } while(TRUE) ;
}
void consumer( ) {
    do {
            wait(full) ;
```

```
            wait(mutex) ;
            nextc= buffer[out] ;
            out =(out+1) % n ;
            signal(mutex) ;
            signal(empty) ;
            consume the item in nextc ;
            …
    } while(TRUE) ;
}
void main( )   {
    cobegin
    producer( ); consumer( );
    coend
}
```

在生产者-消费者问题中应注意：首先，在每个进程中用于实现互斥的wait(mutex)和signal(mutex)必须成对出现；其次，对同步信号量empty和full的wait和signal操作，同样需要成对出现，但它们分别处于不同的进程中。例如，wait(empty)在计算进程中，而signal(empty)则在打印进程中，计算进程若因执行wait(empty)而阻塞，则以后将由打印进程唤醒它；最后，每个程序中的多个wait操作的顺序不能颠倒，应先执行对同步信号量的wait操作，再执行对互斥信号量的wait操作，否则可能会引起进程死锁。

2. 利用 AND 信号量解决生产者 - 消费者问题

对于生产者-消费者问题，也可利用AND信号量来解决，即用Swait(empty, mutex)来代替wait(empty)和wait(mutex)，用Ssignal(mutex, full)来代替signal(mutex)和signal(full)，用Swait(full, mutex)来代替wait(full)和wait(mutex)，以及用Ssignal(mutex, empty)来代替signal(mutex)和signal(empty)。利用AND信号量来解决生产者-消费者问题的算法中的生产者和消费者可描述如下：

```
int in=0, out=0;
item buffer[n];
semaphore mutex=1, empty=n, full=0;
void producer( ) {
    do {
            produce an item nextp ;
            …
            Swait(empty, mutex) ;
            buffer[in] =nextp ;
            in=(in+1) % n ;
            Ssignal(mutex, full) ;
    } while(TRUE) ;
}
void consumer( ) {
```

```
    do {
            Swait(full, mutex) ;
            nextc= buffer[out] ;
            out =(out+1) % n ;
            Ssignal(mutex, empty) ;
            consume the item in nextc ;
            …
    } while(TRUE) ;
}
```

3. 利用管程解决生产者－消费者问题

在利用管程来解决生产者-消费者问题时，首先须建立一个管程，并将其命名为producerconsumer（简称PC），其中包括以下两个过程。

（1）**put(x)过程**：生产者利用该过程将自己生产的产品投放到缓冲池中，并用整型变量count来表示在缓冲池中已有的产品数目，当count>=N时，表示缓冲池已满，生产者应等待。

（2）**get(x)过程**：消费者利用该过程从缓冲池中取出一个产品，当count<=0时，表示缓冲池中已无可取用的产品，消费者应等待。

对于条件变量notfull和notempty，有以下两个过程可对它们进行操作。

（1）**cwait（condition）过程**：当管程被一个进程占用时，其他进程调用该过程时会阻塞，并且会被挂在条件condition的队列上。

（2）**csignal（condition）过程**：唤醒在cwait执行后阻塞在条件condition队列上的进程，如果这样的进程不止一个，则选择其中一个实施唤醒操作；如果队列为空，则无操作返回。

PC管程可描述如下：

```
monitor producerconsumer {
item buffer[N];
int in, out;
condition notfull, notempty;
int count;
public:
    void put(item x) {
        if (count>=N) cwait(notfull) ;
          buffer[in] = x ;
          in = (in+1) % N ;
          count++ ;
          csignal(notempty);
    }
    void get(item x) {
        if (count<=0) cwait(notempty) ;
          x = buffer[out] ;
          out = (out+1) % N ;
          count-- ;
```

```
            csignal(notfull);
        }
        {
        in=0;out=0;count=0;
        }
} PC;
```

在利用管程解决生产者-消费者问题时，其中的生产者和消费者可描述为：

```
    void producer( ) {
        item x;
        while(TRUE) {
            ……
            produce an item in nextp ;
            PC.put(x) ;
        }
    }
    void consumer( ) {
        item x;
        while(TRUE) {
        PC.get(x) ;
        consume the item in nextc ;
        ……
        }
    }
void main( )   {
    cobegin
    producer( );   consumer( );
    coend
}
```

4.6.2 哲学家进餐问题

由迪杰斯特拉提出并解决的哲学家进餐问题是典型的同步问题。该问题可描述为：有5个哲学家共用1张圆桌，他们分别坐在圆桌周围的5把椅子上，在圆桌上有5个碗和5根筷子，他们的生活方式是交替地进行思考和进餐；平时，1个哲学家进行思考，其饥饿时便会试图取用左右两边最靠近自己的筷子，他只有在拿到2根筷子时才能进餐；进餐毕，放下筷子继续思考。

1. 利用记录型信号量解决哲学家进餐问题

经分析可知，放在桌子上的筷子是临界资源，在一段时间内只允许1位哲学家使用。为了实现对筷子的互斥使用，可以用1个信号量表示1根筷子，由这5根筷子对应的5个信号量构成信号量数组。其描述如下：

```
semaphore chopstick[5]={1,1,1,1,1} ;
```

所有信号量均被初始化为1，第*i*位哲学家的活动可描述为：

```
do {
    wait(chopstick[i]) ;
    wait(chopstick[(i+1)%5]) ;
        …
    //eat
        …
    signal(chopstick[i]) ;
    signal(chopstick[(i+1)%5]) ;
        …
    //think
        …
} while[TRUE];
```

在上述描述中，哲学家饥饿时总是会先去拿他左边的筷子，即执行wait(chopstick[i])；成功后，再去拿他右边的筷子，即执行wait(chopstick [(i+1)%5])；又成功后便可进餐。进餐毕，先放下他左边的筷子，再放下他右边的筷子。虽然上述解法可保证不会有两个相邻的哲学家同时进餐，但是有可能引起死锁。假如5位哲学家同时饥饿而各自拿起左边的筷子，这时就会使5个信号量chopstick均为0；当他们再试图去拿右边的筷子时，都将会因无筷子可拿而进行无限期的等待。对于这样的死锁问题，可采取以下3种方法进行解决。

（1）至多只允许有4位哲学家同时去拿左边的筷子，最终能保证至少有1位哲学家能够进餐，并在进餐毕时能释放出他用过的2根筷子，从而使更多的哲学家能够进餐。

（2）仅当哲学家的左右两根筷子均可用时，才允许他拿起筷子进餐。

（3）规定奇数号哲学家先拿他左边的筷子，然后再去拿他右边的筷子；而偶数号哲学家则相反。按此规定，1号、2号哲学家将竞争1号筷子；3号、4号哲学家将竞争3号筷子。即5位哲学家都先竞争奇数号筷子，获得后，再去竞争偶数号筷子，最后总会有一位哲学家能获得两根筷子而进餐。

2. 利用 AND 信号量机制解决哲学家进餐问题

在哲学家进餐问题中，要求每个哲学家先获得两个临界资源（筷子）后方能进餐，这在本质上就是前面所介绍的AND同步问题，故用AND信号量机制可获得更简捷的解法。

```
semaphore chopstick chopstick[5]={1,1,1,1,1} ;
    do {
            …
        //think
            …
        Swait(chopstick[(i+1)%5], chopstick[i]) ;
            …
        //eat
            …
        Ssignal(chopstick[(i+1)%5], chopstick[i]) ;
    } while[TRUE] ;
```

3．利用管程解决哲学家进餐问题

利用管程解决哲学家进餐问题时，可使一个哲学家只有在左右两根筷子都可用时才被允许拿起筷子。为了对这个方案进行编码，需要区分哲学家所处的3个状态。为此，引入以下枚举类型变量：

```
enum {thinking, hungry,eating} state[5];
```

哲学家i只有在其左右两个邻居不进餐时才能将变量state[i]设置为eating，即state[(i+4)%5]!=eating && state[(i+1)%5]!=eating。

还需要声明条件变量：

```
condition self [5];
```

其中，哲学家i在饥饿且又不能拿到所需筷子时，需要阻塞自己。

对筷子的拿起与否由管程dp来控制，管程dp的定义如下所示。

```
monitor dp{
    enum { thinking, hungry, eating} state [5];
    condition self [5];
    initialization_code( ) {
        for (int i = 0; i < 5; i++)
            state[i] = thinking;
    }
    void pickup (int i) {
        state[i] = hungry;
        test(i);
        if (state[i] != eating) self [i].wait( );
    }
    void putdown (int i) {
        state[i] = thinking;
        // test left and right neighbors
        test((i + 4) % 5);
        test((i + 1) % 5);
    }
    void test (int i) {
        if ( (state[(i + 4) % 5] != eating) &&(state[i] == hungry) &&
        (state[(i + 1) % 5] != eating) ) {
            state[i] = eating ;
            self[i].signal( ) ;
        }
    }
}
```

每个哲学家在进餐前必须调用pickup操作，这有可能会挂起该哲学家进程。在成功完成该操作后，哲学家才可进餐。接着，哲学家调用putdown操作以放下筷子，并开始思考。因此，哲学家i的活动可描述为：

```
do {
dp.pickup (i);
```

```
        …
        eat
        …
    dp.putdown (i);
} while[TRUE];
```

很容易看出，这个方案确保了相邻的两个哲学家不会同时进餐，且不会死锁。然而，存在一个问题，即哲学家可能会饿死。

思考题

很容易看出，上述方案确保了相邻的两个哲学家不会同时进餐，且不会死锁。然而，存在一个问题，即哲学家可能会饿死。请读者思考该如何解决这一问题。

4.6.3 读者－写者问题

一个数据文件或记录可被多个进程共享，我们把只要求读该文件的进程称为“reader进程”，其他进程称为“writer进程”。允许多个进程同时读一个共享对象，因为读操作不会使数据文件混乱。但不允许一个writer进程和其他reader进程或writer进程同时访问共享对象，因为这种访问将会引起混乱。所谓“读者-写者问题”（reader-writer problem）是指保证一个writer进程必须与其他进程互斥地访问共享对象的同步问题。读者-写者问题常被用于测试新同步原语。

读者-写者问题被提出后，就一直被用于测试几乎所有的新同步原语。该问题有多个变种，它们都与优先级有关。最为简单的通常被称为“第一”读者-写者问题，该问题要求没有读者需要保持等待，除非有一个写者已被允许使用共享对象。换言之，如果有读者在访问对象，则不管有没有写者在等待，后续读者都可以进行读操作。“第二”读者-写者问题要求，一旦写者就绪，那么写者会尽可能快地执行写操作。换言之，如果有一个写者在等待访问对象，那么就不会有新读者开始读操作。

对这两个问题的解答都有可能导致饥饿。第一种情况下，写者可能饥饿；第二种情况下，读者可能饥饿。本小节所介绍的都是对“第一”读者-写者问题的解答。

1. 利用记录型信号量解决读者－写者问题

为了实现reader与writer进程在读/写时的互斥，设置了一个互斥信号量wmutex。另外，又设置了一个整型变量readcount，用于表示正在读的进程数目。由于只要有一个reader进程在读，便不允许writer进程去写。因此，仅当readcount=0表示尚无reader进程在读时，reader进程才需要执行wait(wmutex)操作。若wait(wmutex)操作成功，reader进程便可去读，相应地做readcount+1操作。同理，reader进程仅当在执行了readcount-1操作后其值为0时，才执行signal(wmutex)操作，以便让writer进程写。又因为readcount是一个可被多个reader进程访问的临界资源，因此，也应该为它设置一个互斥信号量rmutex。

读者-写者问题可描述如下：

```
semaphore rmutex=1, wmutex=1 ;
int readcount=0 ;
    void reader( ) {
        do {
```

```
            wait(rmutex) ;
            if (readcount==0) wait(wmutex) ;
            readcount++ ;
            signal(rmutex) ;
            …
            perform read operation ;
            …
            wait(rmutex) ;
            readcount-- ;
            if (readcount==0) signal(wmutex) ;
            signal(rmutex) ;
        } while(TRUE);
    }
    void writer( ) {
      do {
            wait(wmutex) ;
            perform write operation ;
            signal(wmutex) ;
      } while(TRUE) ;
    }
void main( )  {
    cobegin ;
    reader( ) ;   writer( ) ;
    coend ;
}
```

2. 利用“信号量集”机制解决读者－写者问题

这里的读者-写者问题与前面的略有不同，它增加了一个限制，即最多只允许RN个读者同时进行读操作。为此，又引入了一个信号量L，并赋予其初值RN，通过执行Swait(L,1,1)操作来控制读者的数目，每当有一个读者进行读操作时，就要先执行Swait(L,1,1)操作以使L的值减1。当有RN个读者进行读操作后，L便会减为0，此时第RN+1个读者若要进行读操作，则必然会因Swait(L,1,1)操作失败而阻塞。利用“信号量集”机制来解决读者-写者问题的描述如下：

```
int RN ;
semaphore L=RN, mx=1 ;
    void reader( ) {
        do {
            Swait(L,1,1) ;
            Swait(mx,1,0) ;
            …
            perform read operation ;
            …
```

```
            Ssignal(L,1) ;
        } while(TRUE) ;
    }
    void writer( ) {
            do {
                Swait(mx,1,1; L,RN,0) ;
                perform write operation ;
                Ssignal(mx,1) ;
            } while(TRUE) ;
    }
void main( ) {
    cobegin ;
    reader( ) ;   writer( ) ;
    coend ;
}
```

其中，Swait(mx,1,0)语句起着“开关”的作用。只要无writer进程进行写操作，mx=1，reader进程就可以读。但只要有writer进程进行写操作，mx=0，任何reader进程就都无法进行读操作。Swait(mx,1,1;L,RN,0)语句表示，仅当既无writer进程在写(mx=1)，又无reader进程在读(L=RN)时，writer进程才能进入临界区写。

通过分析前述经典的进程同步问题的解决方法，可以总结出进程同步的编程实现方法：首先，编写程序核心代码；然后，分析进程同步关系；最后，分析进程互斥关系。

进程同步分析方法：①找出需要同步的代码片段（关键代码）；②分析所找代码片段的执行次序；③增加同步信号量并赋初值；④按照4.5节介绍的方法，在所找代码片段前后加wait(S)和signal(S)操作。

进程互斥分析方法：①查找临界资源；②划分临界区；③定义互斥信号量并赋初值；④在临界区前后的进入区和退出区中分别加入wait(S)和signal(S)操作。

4.7 Linux进程同步机制

Linux系统下并发的主要来源介绍如下。

（1）**中断处理**：例如，当进程在访问某个临界资源的时候发生了中断，随后进入中断处理程序，如果在中断处理程序中也访问了该临界资源，则虽然不是严格意义上的进程并发，但是也会造成对该资源的竞争使用。

（2）**内核态抢占**：例如，当进程在访问某个临界资源的时候发生内核态抢占，随后进入了高优先级的进程，如果该进程也访问了同一临界资源，那么就会造成进程与进程之间的并发。

（3）**多处理机并发**：多处理机系统上的进程与进程之间是严格意义上的并发（并行），每个处理机都可以独自调度运行一个进程，在同一时刻有多个进程在同时运行。

采用同步机制的目的就是避免多个进程并发访问同一临界资源。为此，Linux内核提供了一组相当完备的同步方法，这些方法使得内核开发者能够编写出高效的代码。针对资源访问的不同需求而使用不同的同步方法，有些同步方法可以相互适用，但是所依据的法则是：把系统中的并发度保持在尽可能高的程度。Linux内核同步机制有多种，且其数量会随着内核版本的更新而增加。本节主要介绍常用的同步方法。

1. 原子操作

首先介绍同步方法中的原子操作，因为它是其他同步方法的基石。原子操作可以保证指令以原子的方式执行——执行过程不被打断。

Linux内核通过一些手段来实现某些操作的原子性，举例如下。

（1）操作码前缀为lock的汇编指令，即使在多CPU下也能保证其后的汇编指令的原子性，lock会锁定内存总线，保证在执行汇编指令时没有其他CPU同时读/写内存。

（2）在多处理机中，Linux内核通过提供atomic_t类型封装了一系列的原子操作，如atomic_inc(v)表示把数值从1加到v。

2. 自旋锁

Linux内核中最常用的锁是自旋锁(spin lock)，其最初的设计目的是在多处理机系统中提供对共享数据的保护。

自旋锁的设计思想是：在多处理机之间设置一个全局变量V，表示锁，并定义当V=1时为锁定状态，V=0时为解锁状态。自旋锁同步机制是针对多处理机而设计的，属于“忙等”机制。自旋锁机制只允许唯一的一个执行路径持有自旋锁。如果处理机A上的代码要进入临界区，就要先读取V的值。如果V!=0（即锁定状态），则表明有其他处理机上的代码正在对共享数据进行访问，那么此时处理机A就会进入忙等状态（即自旋状态）；如果V=0，则表明当前没有其他处理机上的代码进入临界区，此时处理机A可以访问该临界资源。然后把V设置为1，再进入临界区，访问完毕后离开临界区时将V设置为0。需要注意的是，必须确保处理机A“读取V、判断V的值、更新V”这一操作是一个原子操作。

自旋锁的实现与体系结构相关，具体的实现被定义在文件<linux/spinlock.h>中，其基本使用形式如下：

```
DEFINE_SPINLOCK(mr_lock);
spin_lock(&mr_lock);
/* 临界区 */
spin_unlock(&mr_lock);
```

除了普通的自旋锁外，自旋锁还有一些变种，如读写自旋锁（rwlock）、顺序自旋锁（seqlock）等。

3. 信号量

前面介绍的自旋锁同步机制是一种忙等机制，其在临界资源被锁定的时间很短的情况下很有效。但是在临界资源被持有的时间很长或者不确定的情况下，忙等机制会浪费很多宝贵的处理机时间。针对这种情况，Linux内核中提供了信号量（semaphore）机制，此类型的同步机制在进程无法获取临界资源的情况下，会立即释放处理机的使用权，并使进程阻塞在所访问的临界资源对应的等待队列上；在临界资源被释放时，再唤醒阻塞在该临界资源上的进程。另外，信号量机制不会禁用内核态抢占，因此持有信号量的进程一样可以被抢占，这意味着信号量机制不会给系统的响应能力、实时能力带来负面的影响。

信号量的实现与体系结构相关，具体的实现被定义在文件<asm/semaphore.h>中。它的基本使用形式如下：

```
/* 定义并声明一个信号量，名字为mr_sem，用于信号量计数 */
static DECLARE_MUTEX(mr_sem);
/* 试图获取信号量 */
if (down_interruptible(&mr_sem)){
    /* 信号被接收，信号量还未被获取 */
}
/* 临界区 */
/* 释放给定的信号量 */
up(&mr_sem);
```

与自旋锁类似，信号量除了有普通信号量这一类型外，还有读/写信号量（rwsem）。

4. 互斥锁

新版Linux内核中，引入了互斥锁（mutex）这个数据类型，其又称为互斥体，是一种可以阻塞的强制互斥锁。

互斥锁的行为与使用计数为1的信号量类似，但操作接口更简单，实现更高效，而且使用限制更强。

静态定义互斥锁：DEFINE_MUTEX(name);

动态初始化互斥锁：mutex_init(&name);

对互斥锁进行锁定和解锁的操作如下：

```
mutex_lock(&name);
/* 临界区 */
mutex_unlock(&name);
```

基于上述介绍可知，互斥锁就是一个简化版的信号量，因为它不再需要使用任何计数。

5. 禁用中断（单处理机不可抢占系统）

由本节所述内容可知，对于单处理机不可抢占系统来说，系统的异步并发源主要是中断处理。因此在进行临界资源访问时，禁用/使能中断即可达到消除异步并发源的目的。Linux系统中提供了两个宏（local_irq_enable和local_irq_disable）来使能和禁用中断。在Linux系统中，使用这两个宏来使能和禁用中断以保护临界区时，要确保处于两者之间的代码的执行时间不能太长，否则将会影响系统的性能，主要是会导致系统不能及时响应外部中断。

4.8 本章小结

进程同步是现代OS并发运行的重要基础。本章介绍了进程同步的基本概念、临界区问题、常用的进程同步机制和经典的进程同步问题。在进程同步机制中，分别介绍了软件同步、硬件同步、信号量和管程等4种机制。

通过本章的学习，读者应该了解进程同步的概念、解决临界区问题的4个原则以及管程等，掌握记录型信号量的定义和使用方法，并且能够使用信号量来实现进程间的互斥与同步。由于进程同步是个抽象的概念，读者通常难以理解它，因此通过对经典进程同步问题的解答，可帮助读者理解实际编程中的同步问题，提高读者的逻辑思维能力和实践编程能力。

习题4（含考研真题）

一、简答题

1. 什么是临界资源？什么是临界区？
2. 同步机制应遵循的准则有哪些？
3. 为什么各进程对临界资源的访问必须互斥？
4. 如何保证各进程互斥地访问临界资源？
5. 何谓“忙等”？它有什么缺点？
6. 试述采用Peterson算法实现临界区互斥的原理。
7. 哪些硬件方法可以解决进程互斥问题？简述它们的用法。
8. （**考研真题**）如果用于进程同步的信号量的P、V操作不用原语实现，则会产生什么后果？举例说明。
9. AND信号量机制的基本思想是什么？它能解决什么问题？
10. 利用信号量机制实现进程互斥时，针对互斥信号量的wait()和signal()操作为什么要成对出现？
11. 什么是管程？它有哪些特性？
12. 试简述管程中条件变量的含义与作用。

二、计算题

13. 若信号量的初值为2，当前值为-1，则表示有多少个等待进程？请分析。
14. 有m个进程共享同一临界资源，若使用信号量机制实现对某个临界资源的互斥访问，请求出信号量的变化范围。
15. 若有4个进程共享同一程序段，而且每次最多允许3个进程进入该程序段，则信号量值的变化范围是什么？

三、综合应用题

16. （**考研真题**）3个进程P_1、P_2、P_3互斥地使用一个包含N（$N>0$）个单元的缓冲区。P_1每次用produce( )生成一个正整数，并用put( )将其送入缓冲区的某一空单元中；P_2每次用getodd( )从该缓冲区中取出一个奇数，并用countodd( )统计奇数的个数；P_3每次用geteven( )从该缓冲区中取出一个偶数，并用counteven( )统计偶数的个数。请用信号量机制实现这3个进程的同步与互斥活动，并说明所定义的信号量的含义。要求用伪代码描述。

17. （**考研真题**）某银行提供了1个服务窗口和10个供顾客等待时使用的座位。顾客到达银行时，若有空座位，则到取号机上领取一个号，等待叫号。取号机每次仅允许一位顾客使用。当营业员空闲时，通过叫号选取一位顾客，并为其服务。顾客和营业员的活动过程描述如下。

```
cobegin{
    process 顾客i{
      从取号机上获得一个号码;
      等待叫号;
```

```
            获得服务;
        }
        process 营业员 {
          while (TRUE) {
              叫号;
              为顾客服务;
          }
        }
    } coend
```

请添加必要的信号量和P、V操作或wait()、signal()操作，实现上述过程中的互斥与同步。要求写出完整的过程，说明信号量的含义并赋初值。

18. 如图4-3所示，有1个计算进程和1个打印进程，它们共享一个单缓冲区，计算进程不断计算出一个整型结果，并将它放入单缓冲区中；打印进程则负责从单缓冲区中取出每个结果并进行打印。请用信号量机制来实现它们的同步关系。

图4-3 共享单缓冲区的计算进程和打印进程

19. 有3个进程P_1、P_2、P_3协作解决文件打印问题。P_1将文件记录从磁盘读入内存的缓冲区1，每执行一次读一个记录；P_2将缓冲区1中的内容复制到缓冲区2中，每执行一次复制一个记录；P_3将缓冲区2中的内容打印出来，每执行一次打印一个记录。缓冲区的大小与记录大小一样。请用信号量来保证文件的正确打印。

20. 桌上有一个能盛得下5个水果的空盘子。爸爸不停地向盘中放苹果和橘子，儿子不停地从盘中取出橘子享用，女儿不停地从盘中取出苹果享用。规定3人不能同时向（从）盘子中放（取）水果。试用信号量机制来实现爸爸、儿子和女儿这3个“循环进程”之间的同步。

21. 试用记录型信号量写出一个不会死锁的哲学家进餐问题的算法。

第5章 存储器管理

第5章导读

存储器历来都是计算机系统的重要组成部分。近年来，随着计算机技术的发展，系统软件和应用软件在种类、功能等方面都在急剧膨胀，虽然存储器容量也一直在不断扩大，但其仍不能满足现代软件发展的需要。因此，存储器仍然是一种宝贵而又稀缺的资源。如何对它加以有效管理，不仅直接影响存储器的利用率，而且对系统性能也有重大影响。存储器管理的主要对象是内存。由于对外存的管理与对内存的管理相类似，只是它们的用途不同，即外存主要用于存放文件，因此本书把对外存的管理放在第8章（文件管理）中进行介绍。本章知识导图如图5-1所示。

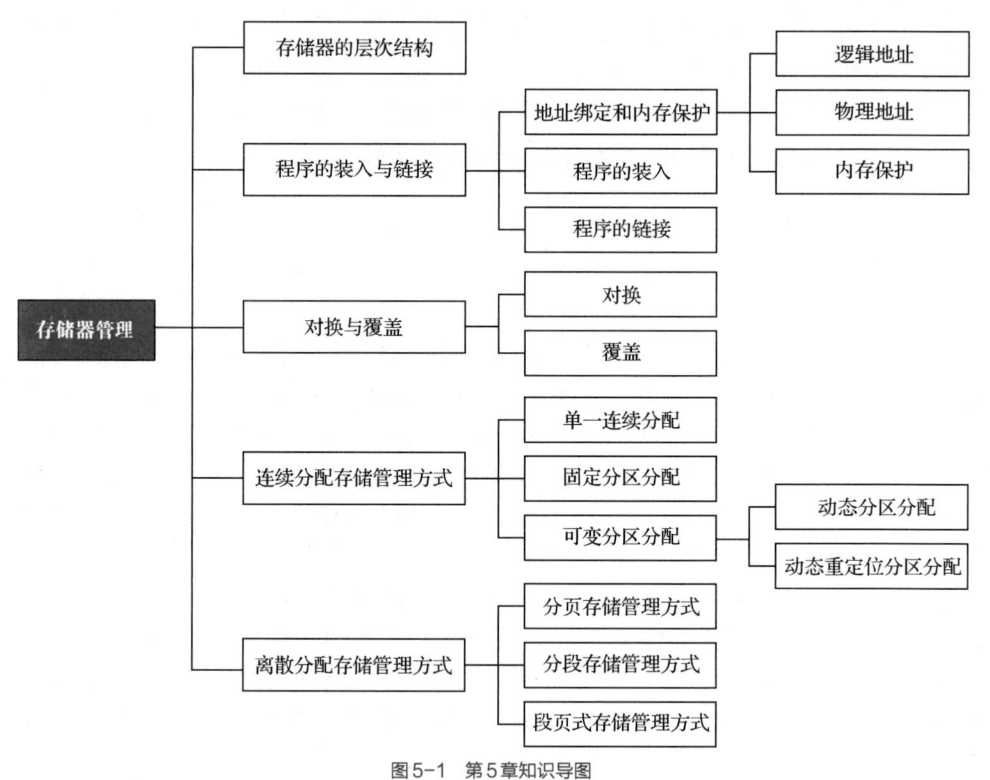

图5-1 第5章知识导图

5.1 存储器的层次结构

计算机在执行指令时，几乎每条指令都会涉及对存储器的访问，因此要求计算机对存储器的访问速度能跟得上处理机的运行速度，或者说，存储器的速度必须非常快，以能与处理机的速度相匹配，否则会明显地影响处理机的运行。此外还要求存储器具有非常大的容量，而且存储器的价格还应很便宜。对于上述十分严格的3个要求，目前是无法同时满足的。因此在现代计算机系统中，都无一例外地采用了多层结构的存储器。

5.1.1 多层结构的存储器

1. 存储器的多层结构

对于通用计算机而言，存储层次至少应具有3层：最高层为CPU寄存器，中间层为主存储器，最低层为辅助存储器（简称辅存）。在较高档的计算机中，还可以根据具体的功能分工，将存储层次细分为寄存器、高速缓存、主存储器、磁盘缓存、固定磁盘、可移动存储介质等6层。如图5-2所示，在存储层次中，层次越高（越靠近CPU），存储介质的访问速度越快，价格也越高，所配置的存储容量也越小。其中，寄存器、高速缓存、主存储器和磁盘缓存，均属于OS存储管理的管辖范畴，断电后它们所存储的信息将不再存在。而低层的固定磁盘和可移动存储介质，则属于设备管理的管辖范畴，它们所存储的信息会被长期保存。

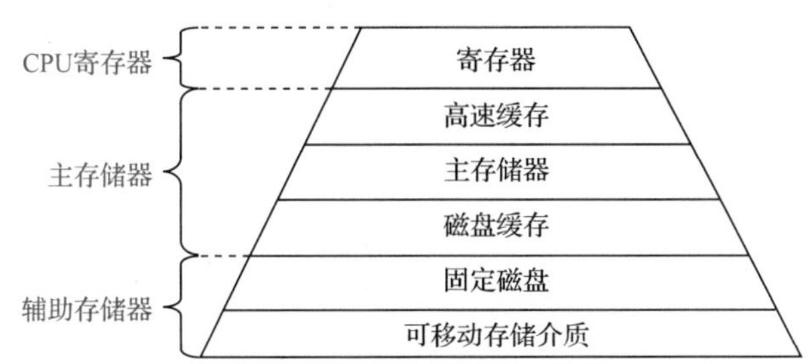

图5-2 计算机系统存储层次示意

2. 可执行存储器

在计算机系统的存储层次中，寄存器和主存储器又被称为可执行存储器。对于存放在其中的信息，与存放在辅存中的信息相比而言，计算机所采用的访问机制是不同的，所须耗费的时间也是不同的。进程可以在很少的时钟周期内使用一条load或store指令对可执行存储器进行访问，但对辅存的访问则需要通过I/O设备实现。因此，在访问中将涉及中断、设备驱动程序以及物理设备的运行，所须耗费的时间远远高于对可执行存储器访问的时间，一般会相差3个数量级甚至更多。

不同层次的存储介质会由OS进行统一管理。OS的存储管理会负责对可执行存储器进行分配与回收，以及向其提供在不同存储层次间数据移动的管理机制，如主存储器与磁盘缓存、高速缓存与主存储器间的数据移动等。而在设备和文件管理中，OS则会根据用户的需求，对辅存提供管理机制。本章主要讨论有关主存储器管理部分的问题，针对辅存管理问题，本书将会在第9章中进行介绍。

5.1.2 主存储器和寄存器

1. 主存储器

主存储器，简称主存或内存，也称为可执行存储器，是计算机系统中的主要部件，用于保存进程运行时的程序和数据。通常，处理机都会从内存中取得指令和数据，并将其所取得的指令放入指令寄存器中，而将其所读取的数据装入数据寄存器中，或者进行相反操作，即将寄存器中的数据存入内存。早期的内存是由磁芯做成的，其容量一般为数十KB到数百KB。随着VLSI的发展，现在的内存已由VLSI构成，即使是微机系统，其容量也在数十MB到数GB，而且还在不断增加。而嵌入式计算机系统则一般仅有几十KB到几MB。CPU与外围设备交换的信息，一般也会依托于内存的地址空间。由于内存的访问速度远低于CPU执行指令的速度，为缓和这一矛盾，在计算机系统中引入了寄存器和高速缓存。

2. 寄存器

寄存器是CPU内部的一些小型存储区域，用于暂时存放参与运算的指令、数据和运算结果等内容。寄存器具有与处理机相同的速度，因此寄存器的访问速度也是最快的，其完全能与CPU协调工作，但价格却十分昂贵，故其容量不可能做得很大。在早期计算机中，寄存器的数目仅为几个，主要用于存放处理机运行时的数据，以加速存储器访问速度，如使用寄存器存放操作数，或将其用作地址寄存器以加快地址变换速度等。随着VLSI的发展，寄存器的成本也在迅速降低，在当前的微机系统和大中型计算机中，寄存器的数目都已增加到数十个到数百个了，而寄存器的长度一般是32位或64位；但是在小型嵌入式计算机中，寄存器的数目仍只有几个到十几个，而且寄存器的长度通常只有8位。

5.1.3 高速缓存和磁盘缓存

1. 高速缓存

高速缓存是现代计算机结构中的一个重要部件，它是介于寄存器和内存之间的存储器，主要用于备份内存中较常用的数据，以减少处理机对内存的访问次数，这样可大幅度地提高程序执行速度。高速缓存的容量远大于寄存器，而又比内存约小两个到三个数量级，容量一般为几十KB到几MB，访问速度快于内存。在计算机系统中，为了缓和内存与处理机速度之间的矛盾，许多地方都设置了高速缓存。在以后各章中将会经常遇见各种高速缓存，届时再对它们进行详细介绍。

将一些常用数据放在高速缓存中是否有效，这涉及程序执行的局部性原理（程序在执行时将呈现出局部性规律，即在较短的时间内，程序的执行仅局限于某个部分，关于局部性原理问题，本书将在第6章中做进一步的介绍）。通常，进程的程序和数据存放在内存中，每当要访问它们时，它们才会被临时复制到一个速度较快的高速缓存中。这样，当CPU访问一组特定信息时，须首先检查它是否在高速缓存中，如果在，便可直接从中取出并使用，以避免访问内存。否则，就须从内存中读出信息。例如，大多数计算机系统都有一个指令高速缓存，用来暂存下一条将要执行的指令。如果没有这种指令高速缓存，CPU将会空等若干个时钟周期，直到下一条指令从内存中取出。由于高速缓存的速度越高，价格越贵，故在有的计算机系统中设置了两级或多级高速缓存。紧靠CPU的一级高速缓存的速度最高，但容量最小；二级高速缓存的容量稍大，但速度稍低。

2. 磁盘缓存

由于目前磁盘的I/O速度远低于对内存的访问速度，为了缓和两者在速度上的不匹配，特设置了磁盘缓存，主要用于暂时存放频繁使用的一部分磁盘数据，以减少访问磁盘的次数。但磁盘缓存与高速缓存不同，它本身并不是一种实际存在的存储器，而是利用内存中的部分存储空间，暂时存放从磁盘中读出（或写入）的信息。内存也可被看作辅存的高速缓存，因为辅存中的数据必须复制到内存方能使用；此外，数据也必须先存在于内存中才能输出到辅存。

一个文件的数据，可能会先后出现在不同层次的存储器中，例如，一个文件的数据通常被存储在辅存（如硬盘）中，当其需要运行或被访问时，就必须调入内存，也可以暂时存放在内存的磁盘高速缓存中。大容量的辅存通常会采用磁盘，磁盘数据经常会备份到磁带或可移动磁盘组上，以防止磁盘故障时丢失数据。有些系统自动地把老文件数据从辅存转移存储到海量存储器（如磁带）中，这样做能降低存储价格。

5.2 程序的装入与链接

要在系统中运行用户程序，就必须先将其装入内存中，然后将其转变为一个可以执行的程序，这一过程通常要经过以下3个步骤：①**编译**，由编译程序（compiler）对用户源程序进行编译，形成若干个目标模块（object module）；②**链接**，由链接程序（linker）将编译后形成的一组目标模块以及它们所需要的库函数链接在一起，形成一个完整的装入模块（load module）；③**装入**，也称为加载，由装入程序（loader）将装入模块装入内存。图5-3所示为处理用户程序的3个步骤。本节将在介绍这些过程中涉及的地址绑定和内存保护的基础上，扼要阐述程序（含数据）的链接与装入过程。

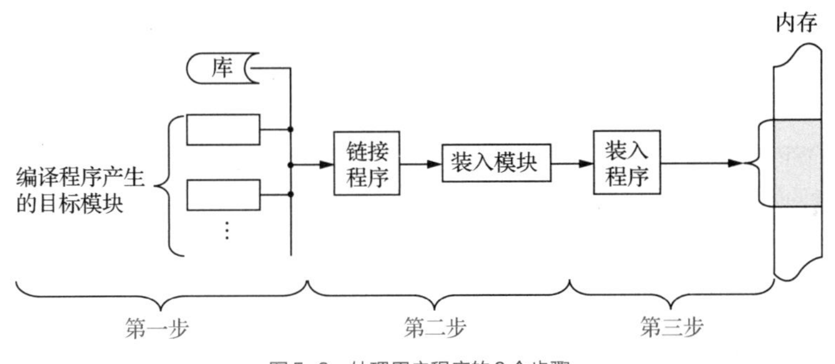

图5-3 处理用户程序的3个步骤

5.2.1 地址绑定和内存保护

1. 逻辑地址和物理地址

在用户程序执行前，需要经过图5-3所示的步骤。在这些步骤中，地址可能有不同的表示形式。源程序中的地址通常用符号表示，如变量count。编译器通常将这些符号地址绑定（bind）到可重定位的地址或相对地址（如从本模块开始的第10个字节）上。链接程序或装入程序再将这些相对地址绑定到绝对地址（如内存的第74 010个字节）。每次绑定都是从一个地址空间到另一个地址空间的映射。地址绑定通常发生在程序编译时、装入时或运行时，具体的绑定方式详见5.2.2小节。

CPU生成的地址通常称为**逻辑地址**（logic address）或相对地址，而内存单元看到的地址（即装入内存地址寄存器的地址），通常称为**物理地址**（physical address）或绝对地址。

在编译时和装入时的地址绑定会生成相同的逻辑地址和物理地址，而执行时的地址绑定则会生成不同的逻辑地址和物理地址。在这种情况下，我们也称逻辑地址为虚拟地址（virtual address）。由程序所生成的所有逻辑地址的集合称为逻辑地址空间（logic address space），这些逻辑地址对应的所有物理地址的集合称为物理地址空间（physical address space）。因此，对于执行时的地址绑定方案，逻辑地址空间与物理地址空间是不同的。

2. 内存保护

系统不仅需要完成地址变换，还需要保证操作的正确。为了系统操作的正确，应保证OS不被用户访问。在多用户系统上，还应保证用户进程不会相互影响。这种保证是用硬件来实现的，因为OS通常不干预CPU对内存的访问（倘若干预，则会导致性能损失）。硬件实现具有多种不同的方式。

首先，需要确保每个进程都有一个单独的内存空间。单独的内存空间可以保证进程不会相互影响，这对于将多个进程加载到内存以便并发执行至关重要。为了分开内存空间，需要确定一个进程可以访问的合法地址范围，并确保该进程只能访问这些合法地址。系统通过两个寄存器来实现这种保护，这两个寄存器即基地址寄存器（base register）和界限寄存器（limit register）。基地址寄存器保存最小的合法物理内存地址（基地址），界限寄存器指定了合法范围的大小（界限地址）。例如，如果基地址寄存器为300 040而界限寄存器为120 900，那么进程可以合法访问从300 040到420 939（含）的所有地址。

内存空间保护的实现是通过CPU硬件对在用户态下产生的物理地址与寄存器的地址进行比较来完成的，即判断“基地址≤物理地址＜（基地址+界限地址）”是否成立。当在用户态下执行的程序试图访问OS内存或其他用户内存时，其会陷入OS内核，而OS内核则会将其作为致命错误来处理。这种方案可以防止用户程序无意或故意修改OS以及其他用户的代码或数据。

加载基地址寄存器和界限寄存器时必须使用特权指令，由于特权指令只能在内核态下执行，因此只有OS内核才可以加载基地址寄存器和界限寄存器。这种方案允许OS内核修改这两个寄存器的值，而不允许用户程序修改它们。

5.2.2 程序的装入

为了便于读者理解，我们先介绍一个无须进行链接的单个目标模块的装入过程。该目标模块就是装入模块。在将一个装入模块装入内存时，可以有如下3种装入方式。

1. 绝对装入方式

当计算机系统很小，且仅能运行单道程序时，完全有可能知道程序将驻留在内存的什么位置。此时可以采用绝对装入方式（absolute loading mode）。用户程序经编译后，将产生绝对地址的目标代码。例如，事先已知用户程序（进程）驻留在从R处开始的位置，则编译程序所产生的目标模块（即装入模块），便可从R处开始向上扩展。绝对装入程序便可按照装入模块中的地址，将程序和数据装入内存。装入模块被装入内存后，由于程序中的逻辑地址与实际内存地址完全相同，故无须对程序和数据的地址进行修改。

程序中所使用的绝对地址，既可在编译或汇编时给出，又可由程序员直接赋予。但在由程序员直接给出绝对地址时，不仅要求程序员熟悉内存的使用情况，而且一旦程序或数据被修改，就可能要改变程序中的所有地址。因此，通常会选择在程序中采用符号地址，然后在编译或汇编时，再将这些符号地址变换为绝对地址。

2. 可重定位装入方式

绝对装入方式只能将目标模块装入内存中事先指定的位置，这只适用于单道程序环境。而在多道程序环境下，编译程序不可能预知经编译后所得到的目标模块应放在内存的何处。因此，对于用户程序编译所形成的若干个目标模块，它们的起始地址通常都是从0开始的，程序中的其他地址也都是相对于起始地址计算的。此时，不可能再用绝对装入方式，而应采用可重定位装入方式（relocation loading mode），它可以根据内存的具体情况，将装入模块装入内存的适当位置。

值得注意的是，采用可重定位装入方式将装入模块装入内存，会使装入模块中的所有逻辑地址与实际装入内存的物理地址不同，图5-4展示了这一情况。在用户程序的1 000号单元处有一条指令LOAD 1,2 500，该指令的功能是将2 500单元中的整数365取至寄存器1。但若将该用户程序装入内存的10 000～15 000号单元而不进行地址变换，则在执行11 000号单元中的指令时，它将仍从2 500号单元中把数据取至寄存器1，进而就会导致数据错误。由图5-4可见，正确的处理方法应该是，将取数指令中的地址2 500修改成12 500，即把指令中的相对地址2 500与本程序在内存中的起始地址10 000相加，进而得到正确的物理地址12 500。除了数据地址应修改外，指令地址也应做同样的修改，即将指令的相对地址1 000与起始地址10 000相加，得到绝对地址11 000。通常，把在装入时对目标程序中指令和数据的逻辑地址变换为物理地址的过程，称为重定位。如果地址变换是在进程装入时一次性完成的，以后不再改变，则称这种重定位方式为静态重定位。

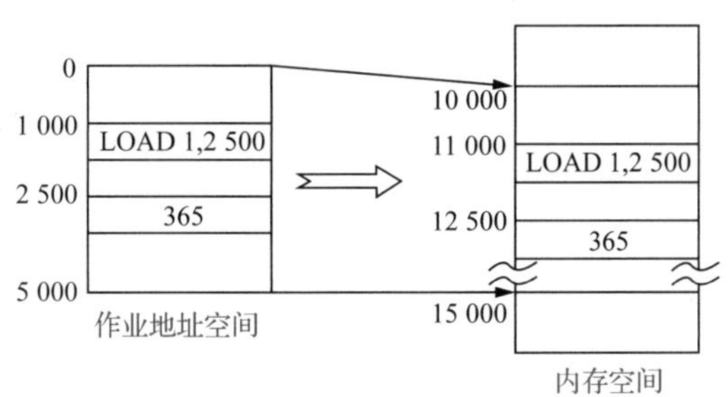

图5-4 程序装入内存时的情况

3. 动态运行时装入方式

可重定位装入方式可将装入模块装入内存中任何允许的位置，故可用于多道程序环境。但该方式并不允许程序运行时在内存中移动位置。因为程序在内存中的移动，意味着它的物理位置发生了变化，这时必须对程序和数据的地址（绝对地址）进行修改后，程序方能运行。然而实际情况是，在运行过程中它在内存中的位置可能经常要改变，例如，在具有对换功能的系统中，一个进程可能被多次换出，又被多次换入，每次换入后的位置通常是不同的。在这种情况下，就应采用动态运行时装入方式（dynamic run-time loading mode）。

动态运行时装入方式在把装入模块装入内存后，并不会立即把装入模块中的相对地址变换为绝对地址，而是会把这种地址变换推迟到程序真正要执行时才进行。因此，装入内存后的所有地址都仍是相对地址。这种在运行时进行地址变换的重定位方式称为动态重定位。为使地址变换不影响指令的执行速度，这种方式需要一个重定位寄存器的支持，我们将在5.4节中对此做详细介绍。

5.2.3 程序的链接

源程序经过编译后，可得到一组目标模块。链接程序的功能是将这组目标模块以及它们所需要的库函数，装配成一个完整的装入模块。在对目标模块进行链接时，根据进行链接的时间的不同，可把链接分成以下3种。

1. 静态链接

在程序运行之前，先将各目标模块及它们所需的库函数链接成一个完整的装配模块，以后不再拆开。我们把这种事先进行链接而以后不再拆开的方式，称为静态链接（static linking）方式。我们通过一个例子来说明在实现静态链接时应解决的一些问题。在图5-5（a）中给出了经过编译后所得的3个目标模块A、B、C，它们的长度分别为L、M、N。在模块A中有一条语句CALL B，用于调用模块B。在模块B中有一条语句CALL C，用于调用模块C。B和C都属于外部调用符号，在将这几个目标模块装配成一个装入模块时，须解决以下两个问题。

（1）修改相对地址。在由编译程序所产生的所有目标模块中，使用的都是相对地址，它们的起始地址都为0，每个模块中的地址都是相对起始地址计算的。在将它们链接成一个装入模块后，原模块B和C在装入模块中的起始地址不再是0，而分别是L和L+M，故此时须修改模块B和C中的相对地址，即使原模块B中的所有相对地址都加上L，原模块C中的所有相对地址都加上L+M。

（2）变换外部调用符号。将每个模块中所用的外部调用符号也都变换为相对地址，如把B的起始地址变换为L，把C的起始地址变换为L+M，如图5-5（b）所示。这种先进行链接所形成的一个完整的装入模块，又称为可执行文件。其形成后便通常不再拆开，要运行时可直接将其装入内存。把这种事先进行链接而以后不再拆开的链接方式，称为静态链接方式。

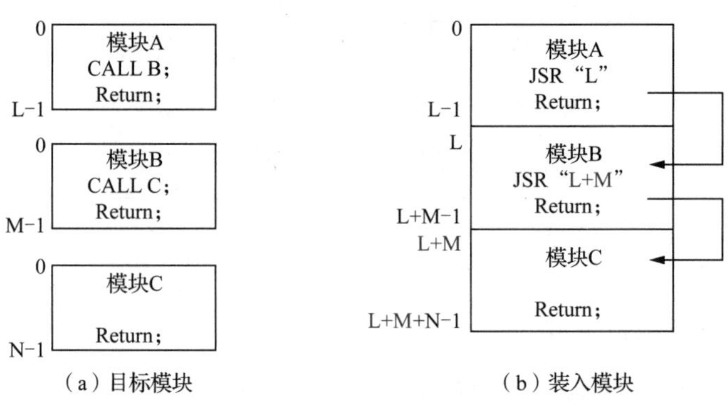

图5-5 静态链接示意

2. 装入时动态链接

装入时动态链接（load-time dynamic linking）是指，将用户源程序编译后所得的一组目标模块，在装入内存时，采用边装入边链接的链接方式，即在装入一个目标模块时，若发生一个外部模块调用事件，则将引起装入程序找出相应的外部目标模块，并将它装入内存，还要按照图5-5所示的方式修改目标模块中的相对地址。装入时动态链接方式有以下优点。

（1）便于修改和更新。对于经静态链接装配在一起的装入模块，如果要修改或更新其中的某个目标模块，则要求重新打开装入模块。这不仅是低效的，而且有时是不可能的。若采用动态链接方式，则由于各目标模块是分开存放的，因此要修改或更新各目标模块是一件非常容易的事。

（2）**便于实现对目标模块的共享**。在采用静态链接方式时，每个应用模块都必须含有其目标模块的复制版本，而无法实现对目标模块的共享。但采用装入时动态链接方式时，OS很容易将一个目标模块链接到几个应用模块上，实现多个应用程序对该目标模块的共享。

3. 运行时动态链接

在许多情况下，应用程序在运行时，每次要运行的模块可能是不相同的。但由于事先无法知道本次要运行哪些模块，故只能将所有可能要运行的模块全部装入内存，并在装入时全部链接在一起。显然这是低效的，因为往往会有部分目标模块根本就不运行。比较典型的例子是作为错误处理所使用的目标模块，如果程序在整个运行过程中都不出现错误，则显然就不会用到该模块。

目前流行的运行时动态链接（run-time dynamic linking）方式，是对上述装入时动态链接方式的一种改进。这种链接方式将对某些模块的链接推迟到程序执行时才进行。亦即，在执行过程中，当发现一个“被调用模块”尚未被装入内存时，立即由OS去找到该模块，将其装入内存，并链接到装入模块上。凡在执行过程中未被用到的目标模块，都不会被调入内存和被链接到装入模块上，这样不仅能加快程序的装入过程，而且可节省大量内存空间。

请思考动态装入和动态链接技术的联系与区别，以及各自的优缺点。

5.3 对换与覆盖

当内存空间不足或进程所需的空间大于系统能够提供的空间时，系统应如何满足进程的请求？除了拒绝该进程运行外，还可以使用一些特殊的技术来保证能够在较小的内存空间运行较大的进程，这些技术被称为内存“扩充”技术。所谓的内存“扩充”，并不是指增加系统的物理内存，而是指在现有的物理内存的基础上扩大内存的使用效率。

常用的内存扩充技术包括对换、覆盖、紧凑和虚拟存储器等。其中，紧凑将在5.4.4小节介绍，虚拟存储器将在第6章介绍。本节主要介绍对换（swapping）技术和覆盖（overlay）技术，重点是对换技术。

5.3.1 多道程序环境下的对换技术

对换技术也称为交换技术，最早应用于麻省理工学院的单用户分时系统中。由于当时计算机的内存都非常小，为了使该系统能分时运行多个用户程序，特引入了对换技术。系统把所有的用户作业存放在磁盘上，每次只能调一个作业进入内存，当该作业的一个时间片用完时，将它调至外存的后备队列上等待，再从后备队列上将另一个作业调入内存。这就是最早出现的分时系统中所用的对换技术，现在已很少使用。

1. 对换的引入

在多道程序环境下，一方面，内存中的某些进程，可能由于某事件尚未发生而被阻塞运行，但同时它们却占用了大量的内存空间，有时甚至可能出现在内存中所有进程都被阻塞而迫使CPU停下来等待的情况；另一方面，在上述情况发生时，可能又有着许多作业因内存空间不足（一直驻留在外存上）而不能进入内存运行。显然这对系统资源是一种严重的浪费，且会导致系统吞吐量下降。为了解决这一问题，在系统中又增设了对换（也称交换）设施。所谓“对换”，是指把内存中暂时不能运行的进程或者暂时不用的程序和数据，转移到外存上，以便腾出足够的内存空间，再把已具备运行条件的进程或进程所需要的程序和数据存入内存，进而实现所谓的“对换”。对换是改善内存利用率的有效措施，它可以直接提高处理机的利用率和系统吞吐量。

自20世纪60年代初期出现“对换”技术后，其便引起了人们的重视。在早期的UNIX系统中已引入了对换功能，该功能一直保留至今，各个UNIX版本实现对换功能的方法也大体上是一样的，即在系统中设置一个对换进程，由它将内存中暂时不能运行的进程调出到磁盘的对换区，同样也由该进程将磁盘上已具备运行条件的进程调入内存。在Windows系统中也具有对换功能。如果一个新进程在装入内存时发现内存不足，则可以将已在内存中的老进程调至磁盘，以腾出内存空间。由于对换技术的确能有效改善内存的利用率，故现在已被广泛应用于OS中。

2. 对换的类型

在每次对换时，都会将一定数量的程序或数据换入或换出内存。根据每次对换时所对换的数量，可将对换分为以下两类。

（1）整体对换。在第3章中介绍处理机调度时已说明，处理机中级调度实际上就是存储器的对换功能，其目的是解决内存紧张问题，并进一步提高内存的利用率和系统吞吐量。由于在中级调度中，对换是以整个进程为单位的，因此称之为“进程对换”或“整体对换”。这种对换被广泛应用于多道程序系统中，并被作为处理机中级调度。

（2）页面（分段）对换。如果对换是以进程的一个“页面”或“分段”为单位而进行的，则称之为“页面对换”或“分段对换”，它们统称为“部分对换”。这种对换方法是实现后面要讲到的请求分页和请求分段存储管理的基础，其目的是支持虚拟存储系统。在此只介绍进程对换，而分页或分段对换将在第6章（虚拟存储器）中进行介绍。为了实现进程对换，系统必须能实现3方面的功能：对换区的管理、进程的换出与换入。

5.3.2 对换区的管理

1. 对换区管理的主要目标

在具有对换功能的OS中，通常把磁盘空间分为文件区和对换区这两部分。

（1）文件区管理的主要目标。文件区占用了磁盘空间的大部分区域，用于存放各类文件。由于通常的文件会较长时间地驻留在外存上，系统访问它们的频率较低，故对文件区管理的主要目标是提高文件存储空间的利用率，然后才是提高对文件的访问速度。因此，对文件区的管理应采取离散分配存储管理方式（具体介绍详见本书第9章）。

（2）对换区管理的主要目标。对换区只占用磁盘空间的小部分区域，用于存放从内存换出的进程。由于这些进程在对换区中驻留的时间是短暂的，而对换操作的频率却较高，故对对换区进行管理的主要目标是提高进程换入和换出的速度，然后才是提高文件存储空间的利用率。因此，对对换区的管理应采取连续分配存储管理方式，很少需要考虑外存中的碎片问题。

2. 对换区空闲盘块管理中的数据结构

为了实现对对换区中的空闲盘块的管理，在系统中应配置相应的数据结构，用于记录外存对换区中的空闲盘块的使用情况。其数据结构的形式，与内存在动态分区分配方式中所用的数据结构相似，即同样可以用空闲分区表或空闲分区链。空闲分区表的每个表目中均应包含两项，即对换区的起始地址及其大小，它们分别用盘块号和盘块数来表示。

3. 对换区的分配与回收

由于对换区的分配采用的是连续分配存储管理方式，因而对换区的分配与回收，与采用动态分区方式时的内存分配与回收方法类似。其分配算法可以是首次适应算法、循环首次适应算法或最佳适应算法等。具体的分配与回收操作也与动态分区方式相同，故不再赘述。

5.3.3 进程的换出与换入

当内核因执行某操作而发现空间不足时，例如，当一进程由于创建子进程而需要更多的内存空间，但又无足够的内存空间供它使用时，便会调用（或唤醒）对换进程，它的主要任务是实现进程的换出与换入。图5-6所示为对换示意。

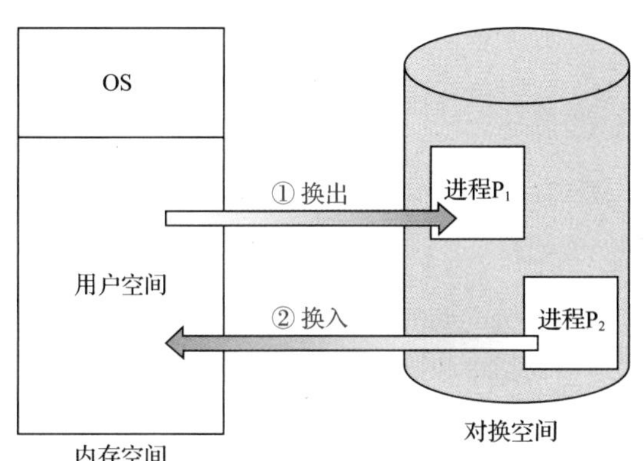

图5-6 对换示意

1. 进程的换出

对换进程在实现进程换出时，是将内存中的某些进程调出至对换区，以便腾出内存空间。换出过程可分为以下两步。

（1）**选择被换出的进程**。对换进程在选择被换出的进程时，将检查所有驻留在内存中的进程，首先选择处于阻塞状态或睡眠状态的进程，当有多个这样的进程时，应当选择优先级最低的进程作为换出进程。在有的系统中，为了防止低优先级进程在被调入内存后很快又被换出，还须考虑进程在内存中的驻留时长。如果系统中已无阻塞进程，而现在的内存空间仍不足以满足需要，则选择优先级最低的就绪进程换出。

（2）**换出进程**。应当注意，在选择好换出的进程后，在对进程进行换出时，只能换出非共享的程序和数据段，而对于那些共享的程序和数据段，只要还有进程需要它，就不能被换出。在进行换出时，应先申请对换区，若申请成功，就启动磁盘，将该进程的程序和数据传送到磁盘的对换区上。若传送过程未出现错误，则可回收该进程所占用的内存空间，并对该进程的PCB和内存分配表等数据结构做相应的修改。若此时内存中还有可换出的进程，则继续执行换出操作，直到内存中再无阻塞进程为止。

2. 进程的换入

对换进程将定时执行换入操作，它首先会查看PCB集合中所有进程的状态，从中找出处于"就绪"状态但已被换出的进程。当有许多这样的进程时，它将选择其中已换出到磁盘上且时间最久（必须大于规定时间，如2s）的进程作为换入进程，并为它申请内存空间。如果申请成功，则可直接将进程从外存换入内存；如果申请失败，则须先将内存中的某些进程换出，腾出足够的内存空间后，再将进程换入。

在对换进程成功地换入一个进程后，若还有可换入的进程，则继续执行换入操作，将其余处于"就绪且换出"状态的进程陆续换入，直到内存中再无处于"就绪且换出"状态的进程为止，或者已无足够的内存来支持换入进程，此时对换进程才会停止换入操作。

由于要交换一个进程需要很多时间，因此，对于提高处理机的利用率而言，它并不是一个非常有效的解决方法。目前用得较多的对换方案是，在处理机正常运行时并不启动对换程序，但如果发现有许多进程在运行时经常发生缺页，且显现出内存紧张的情况，则启动对换程序，将一部分进程调至外存。如果发现所有进程的缺页率都已明显减少，而系统吞吐量已下降时，则可暂停运行对换程序。

思考题

如何制定策略来提高对换的效率?

5.3.4 覆盖

为了能让进程的大小比它所分配到的内存空间大，可以使用覆盖技术。覆盖的思想是，在任何时候只在内存中保留所需的指令和数据；当需要其他指令和数据时，它们就会被装入刚刚不需要的指令和数据所占用的内存空间。

覆盖在具体实现时是指，在程序执行过程中，程序的不同部分相互替换。详细来说就是，只在内存中保留那些在任何时候都需要的指令和数据，程序其余的部分（即那些不会同时执行的程序段）则根据它们自身的逻辑结构，使它们共享同一块内存区域。

覆盖技术要求程序各模块之间有明确的调用结构。这个工作是程序员完成的，因为只有程序员最了解自己的程序。程序员声明覆盖结构后，OS只是完成覆盖的过程。

举例：某程序由符号表（20KB）、公共例程（30KB）、分枝1（70KB）和分枝2（80KB）组成。为了将所有代码一次性装入内存，需要200KB内存空间，如果只有150KB，那么就不能将该程序全部装入。不过，由于分枝1和分枝2不会同时执行，不必同时位于内存，因此可以使用覆盖技术，但须增加覆盖驱动程序（10KB）。图5-7所示是覆盖举例（程序驻留内存的情况），从图中可以看出，内存中驻留了符号表、通用例程和覆盖驱动程序等需要常驻内存的部分，而程序的两个分枝（分枝1和分枝2）则共享一块存储区域（90KB）。设计时须注意这块共享内存的大小，分枝1须占用70KB，分枝2须占用80KB，这块内存要能够分时容纳这两段代码，其空间大小应该选择两者中较大的容量，即至少应为80KB。

覆盖技术的优点：不需要OS的特别支持。用户通过简单的文件结构将文件读入内存，并执行所读指令，即可实现完全覆盖。OS只不过会注意到I/O操作比平常多了一些而已。

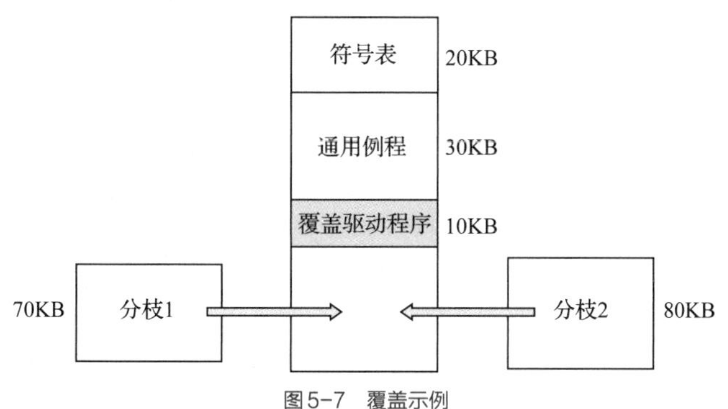

图5-7　覆盖示例

覆盖技术的缺点：覆盖结构的程序设计很复杂，需要程序员对程序结构、数据结构有完全的了解。由于程序比较大时才需要使用覆盖，小程序无须使用覆盖，因此获得对程序足够且完整的理解可能比较困难。由于这些原因，覆盖的使用通常局限于微处理机和只有有限物理内存且缺乏先进硬件支持的其他系统。

5.4　连续分配存储管理方式

为了能将用户程序装入内存，则必须为它分配一定大小的内存空间。连续分配存储管理方式（简称连续分配方式），是最早出现的一种存储器分配方式，曾被广泛应用于20世纪60—80年代的OS中。该分配方式为一个用户程序分配一个连续的内存空间，即程序中代码或数据的逻辑地址相邻，体现在内存空间中为分配的物理地址相邻。连续分配方式可分为4类：单一连续分配、固定分区分配、动态分区分配、动态重定位分区分配。

5.4.1　单一连续分配

在单道程序环境下，早期的存储器管理方式是把内存分为系统区和用户区两部分。系统区仅供OS使用，它通常放在内存的低址部分。而在用户区内存中，仅装有一道用户程序，即整个内存的用户区由该程序独占。这样的存储器分配方式被称为单一连续分配。

虽然在早期的单用户单任务OS中，有不少都配置了存储器保护机构，用于防止用户程序对OS的破坏，但在20世纪80年代所产生的几种常见的单用户OS（如CP/M、MS-DOS及RT11等）中，并未采取存储器保护措施。这是因为，一方面可以节省硬件资源，另一方面在单用户环境下，机器由一个用户独占，不可能存在受其他用户干扰的问题，因此这是可行的。即使出现破坏行为，也只会是用户程序自己破坏OS，其后果并不严重，只会影响该用户程序的运行，且OS也很容易通过系统的再启动而重新装入内存。

5.4.2　固定分区分配

20世纪60年代出现的多道程序系统，如IBM公司开发的MFT系统，为了能在内存中装入多道程序，且使这些程序之间不会发生相互干扰，于是将整个用户空间划分为若干个固定大小的区域（称为分区），并在每个分区中只装入一道作业，这样就形成了最早的、也是最简单的一种可运行多道程序的分区式存储管理方式。如果在内存中有4个用户分区，便允许4个程序并发运行。当有1个空闲分区时，便可从外存的后备作业队列中选择1个适当大小的作业装入该分区。当该作业结束时，又可从后备作业队列中选择另一作业装入该分区。

1. 分区划分

可用下列两种方法将内存的用户空间划分为若干个固定大小的分区。

（1）**分区大小相等**，即所有的内存分区大小相等。该方法的缺点是缺乏灵活性，即当程序太小时，会造成内存空间的浪费；当程序太大时，一个分区又装不下该程序，致使该程序无法运行。尽管如此，对于利用一台计算机同时控制多个相同对象的场合，因为这些对象所需的内存空间大小往往相同，这种划分方法又比较方便和实用，所以其被广泛采用。例如，炉温群控系统，就是利用一台计算机去控制多台相同的冶炼炉的。

（2）**分区大小不等**。为了增加存储器分配的灵活性，还可将存储器划分为若干个大小不等的分区。最好能对常在该系统中运行的作业大小进行调查，根据用户的需要来划分。通常，可把内存划分成含有多个小分区、适量的中等分区及少量的大分区。这样，便可根据程序的大小，为之分配适当的分区。

2. 内存分配

为了便于内存分配，通常将分区按其大小进行排队，并为之建立一张固定分区使用表，其中包括每个分区的起始地址、大小及状态（是否已分配），如图5-8所示。当有一用户程序要装入时，由内存分配程序依据用户程序的大小检索该表，从中找出一个能满足要求的、尚未分配的分区，将之分配给该程序，然后将该表项中的状态置为“已分配”。若未找到大小足够的分区，则拒绝为该用户程序分配内存。

分区号	分区大小（KB）	分区起始地址（K）	分区状态
1	12	20	已分配
2	32	32	已分配
3	64	64	已分配
4	128	128	已分配

（a）分区使用表

分区起始地址（K）	OS
20	作业A
32	作业B
64	作业C
128	
…	…
256	

（b）存储空间分配情况

图5-8　固定分区使用表

固定分区分配，是最早出现的、可用于多道程序系统的存储管理方式，由于每个分区的大小固定，必然会造成存储空间的浪费，因而现在已很少将它用于通用的OS中。但在某些用于控制多个相同对象的控制系统中，由于每个对象的控制程序都是事先编好的，大小相同，其所需的数据也是一定的，故仍采用固定分区存储管理方式。

5.4.3 动态分区分配

动态分区分配属于可变分区分配，它是根据进程的实际需要，动态地为之分配内存空间的。在实现动态分区分配时，将涉及动态分区分配中所用的数据结构、动态分区分配算法以及分区的分配与回收操作这3方面的问题。

1. 动态分区分配中的数据结构

为了实现动态分区分配，系统中必须配置相应的数据结构，用以描述空闲分区和已分配分区的情况，进而为分配提供依据。常用的数据结构有以下两种形式。**①空闲分区表**。在系统中设置一张空闲分区表，用于记录每个空闲分区的情况。每个空闲分区占一个表目，表目中包括分区号、分区大小和分区起始地址等数据项，如图5-9所示。**②空闲分区链**。为了实现对空闲分区的分配和链接，在每个分区的头部，设置一些用于控制分区分配的信息和链接各分区所用的前向指针，在每个分区的尾部则设置一个后向指针。通过前、后向指针可将所有的空闲分区链接成一个双向链，如图5-10所示。为了检索方便，在分区尾部重复设置状态位和分区大小表目。当分区被分配出去以后，把状态位由“0”改为“1”，此时，前、后向指针已无意义。

分区号	分区大小（KB）	分区起始地址（K）	分区状态
1	50	85	空闲
2	32	155	空闲
3	70	275	空闲
4	60	532	空闲
…	…	…	…

图5-9　空闲分区表

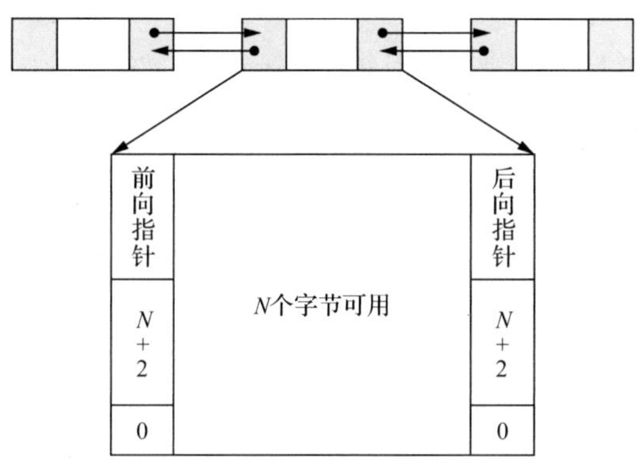

图5-10　空闲分区链

2. 动态分区分配算法

为了把一个新作业装入内存，须按照一定的分配算法从空闲分区表或空闲分区链中选出一分区分配给该作业。由于内存分配算法对系统性能有很大的影响，因此人们对它进行了广泛且深入的研究，并产生了许多动态分区分配算法。常用的分区分配算法按分区检索方式可分为顺序分配算法和索引分配算法。

（1）基于顺序搜索的动态分区分配算法（顺序分配算法）。

为了实现动态分区分配，通常会将系统中的空闲分区链接成一个链。所谓顺序搜索，是指依次搜索空闲分区链上的空闲分区，以寻找一个大小能满足要求的分区。基于顺序搜索的动态分区分配算法有4种：首次适应算法、循环首次适应算法、最佳适应算法和最坏适应算法。下面分别对它们进行介绍。

① 首次适应算法。

以空闲分区链为例，来说明采用首次适应（first fit，FF）算法时的分配情况。首次适应算法要求空闲分区链以地址递增的次序链接。在分配内存时，从链首开始顺序查找，直至找到一个大小能满足要求的空闲分区为止。然后按照作业的大小，从该分区中划出一块内存空间分配给请求者，余下的空闲分区仍留在空闲链中。若从链首直至链尾都找不到一个能满足要求的分区，则表明系统中已没有足够大的内存分配给该进程，内存分配失败，返回。

首次适应算法倾向于优先利用内存中低址部分的空闲分区，从而保留了高址部分的大空闲分区。这为以后到达的大作业分配大的内存空间创造了条件。其缺点是低址部分不断被划分，进而会留下许多难以利用的、很小的空闲分区，称之为碎片；此外，每次查找又都是从低址部分开始的，这无疑又会增加查找可用空闲分区时的开销。

② **循环首次适应算法**。

为了避免低址部分留下许多很小的空闲分区，以及减少查找可用空闲分区时的开销，提出了循环首次适应（next fit，NF）算法。循环首次适应算法在为进程分配内存空间时，不再是每次都从链首开始查找，而是从上次找到的空闲分区的下一个空闲分区开始查找，直至找到一个能满足要求的空闲分区，然后从中划出一块与请求的大小相等的内存空间分配给作业。为实现循环首次适应算法，应设置一个起始查寻指针，用于指示下一次起始查寻的空闲分区，并采用循环查找方式，即如果最后一个（链尾）空闲分区的大小仍不能满足要求，则应返回第一个空闲分区并比较其大小是否满足要求。找到满足要求的空闲分区后，应调整起始查寻指针。循环首次适应算法能使内存中的空闲分区分布得更均匀，从而减少了查找空闲分区时的开销，但这样会使得大的空闲分区较缺乏。

③ **最佳适应算法**。

所谓"最佳"，是指每次为作业分配内存时，总是把能满足要求、又是最小的空闲分区分配给作业，避免"大材小用"。为了加速寻找，最佳适应（best fit，BF）算法要求将所有的空闲分区按其容量以从小到大的顺序，排成一个空闲分区链。这样，第一次找到的、能满足要求的空闲分区，必然是最佳的。孤立地看，最佳适应算法似乎是最佳的，然而在宏观上却不一定。因为每次分配后所切割下来的剩余部分总是最小的，这样，在存储器中会留下许多难以利用的碎片。

④ **最坏适应算法**。

由于最坏适应（worst fit，WF）算法选择空闲分区的策略正好与最佳适应算法相反：它在扫描整个空闲分区表或空闲分区链时，总是会挑选一个最大的空闲区，从中分割一部分存储空间给作业使用，以至于存储器中会缺乏大的空闲分区，故把它称为最坏适应算法。实际上，这样的算法未必是最坏的。它的优点是可使剩下的空闲区不至于太小，产生碎片的概率最小，这对中、小作业有利，同时最坏适应算法查找效率很高。最坏适应算法要求将所有的空闲分区，按容量以从大到小的顺序排成一个空闲分区链，查找时，只看第一个分区能否满足作业要求。

（2）基于索引搜索的动态分区分配算法（索引分配算法）。

基于顺序搜索的动态分区分配算法，比较适用于不太大的系统。当系统很大时，系统中的内存分区可能会很多，相应的空闲分区链就可能会很长，这时采用基于顺序搜索的动态分区分配算法可能会很慢。为了提高搜索空闲分区的速度，在大、中型系统中，往往会采用基于索引搜索的动态分区分配算法。目前常用的基于索引搜索的动态分区分配算法有快速适应（quick fit）算法、伙伴系统（duddy system）和哈希算法。这些算法的基本思想都是将空闲分区根据分区大小进行分类，对于每类（具有相同大小的）空闲分区，单独设立一个空闲分区链表，并设置一张索引表来管理这些空闲分区链表。在为进程分配空间时，在索引表中查找所需空间大小对应的表项，并从中得到对应的空闲分区链表表头指针，从而实现通过查找得到一个空闲分区。

① **快速适应算法**。

空闲分区的分类是根据进程常用的空间大小进行划分的。快速适应算法在搜索可分配的空闲分区时分为两步：第一步是根据进程的长度，在索引表中找到能容纳它的最小空闲分区链表；第二步是从链表中取下第一块进行分配。该算法在进行空闲分区分配时，不会对任何分区产生分割，因此能保留大的分区，满足对大空间的需求，也不会产生内部碎片。优点是查找效率高，主要缺点在于为了有效合并分区，分区归还内存时的算法较复杂，系统开销较大。此外，由于该算法在分配空闲分区时以进程为单位，一个分区只属于一个进程，因此在为进程所分配的一个分区中，或多或少地存在一定的浪费。这是典型的以空间换时间的做法。

② **伙伴系统**。

伙伴系统规定，无论已分配分区还是空闲分区，其大小均为2的*k*次幂，*k*为正整数。对于具有相同大小的所有空闲分区，为它们单独设立一个空闲分区双向链表。当需要为进程分配一个长度为*n*的存储空间时，首先计算一个*i*值，使$2^{i-1}<n\leqslant 2^i$，然后在空闲分区大小为2^i的空闲分区链表中查找。若能找到，则把该空闲分区分配给进程。否则，表明大小为2^i的空闲分区已经耗尽，须在分区大小为2^{i+1}的空闲分区链表中接着查找。若存在大小为2^{i+1}的一个空闲分区，则把该空闲分区分为相等的两个分区，这两个分区称为“一对伙伴”，其中的一个分区用于分配，而把另一个分区加入大小为2^i的空闲分区链表中。若不存在，则需要继续查找，如此循环直至找到为止。回收分区时也可能要进行多次合并。

③ **哈希算法**。

利用哈希快速查找的优点，以及空闲分区在可利用空闲分区链表中的分布规律，建立哈希函数，构造一张以空闲分区大小为关键字的哈希表，该表的每个表项均记录了一个对应的空闲分区链表表头指针。当进行空闲分区分配时，根据所需空闲分区大小，通过哈希函数计算得到哈希表中的位置，从中得到相应的空闲分区链表，最终实现最佳分配策略。

3. 分区的分配与回收操作

在动态分区存储管理方式中，主要的操作是分配内存和回收内存。

（1）分配内存。

分配内存是指系统利用某种分配算法，从空闲分区链表中找到所需大小的分区。设请求的分区大小为u.size，表中每个空闲分区的大小为m.size。若m.size−u.size≤size（size是事先规定的不再切割的剩余分区的大小），则说明多余部分太小，可不再切割，并将整个分区分配给请求者。否则（即多余部分超过size），从该分区中按请求的大小，划分出一块内存空间并分配出去，余下的部分仍留在空闲分区链表中；然后，将分配区的起始地址返回给调用者。图5-11所示为内存分配流程。

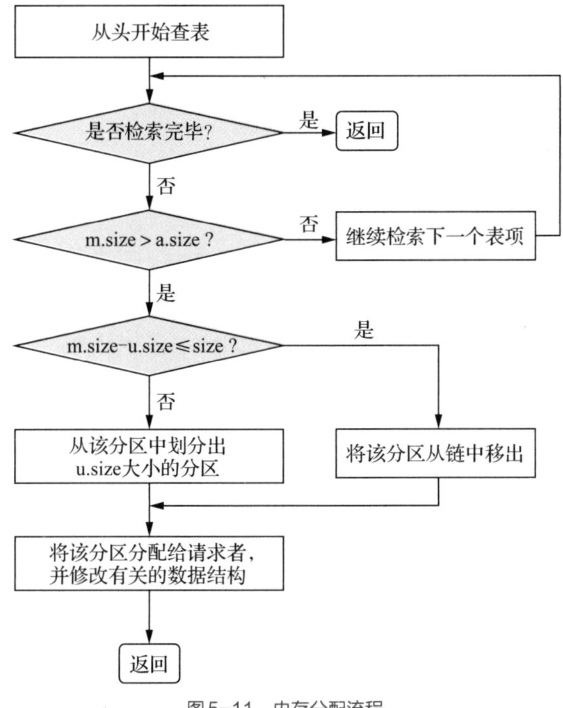

图5-11　内存分配流程

（2）回收内存。

当进程运行完毕而须释放内存时，系统会根据回收区的起始地址，从空闲分区链表中找到相应的插入点，此时可能会出现以下四种情况之一。

① 回收区与插入点的前一个空闲分区F_1相邻接，如图5-12（a）所示。此时应将回收区与插入点的前一分区合并，不必为回收分区分配新表项，而只须修改其前一分区F_1的大小。

图5-12　内存回收时的情况

② 回收区与插入点的后一个空闲分区F_2相邻接，如图5-12（b）所示。此时可将两分区合并，形成新的空闲分区，但须将回收区的起始地址作为新空闲区的起始地址，分区大小为两者之和。

③ 回收区同时与插入点的前、后两个分区邻接，如图5-12（c）所示。此时将三个分区合并，使用F_1的表项和起始地址，取消F_2的表项，分区大小为三者之和。

④ 回收区既不与F_1邻接，也不与F_2邻接。这时应为回收区单独建立一个新表项，填写回收区的起始地址和大小，并根据其起始地址将其插入空闲分区链表中的适当位置。图5-13所示为内存回收流程。

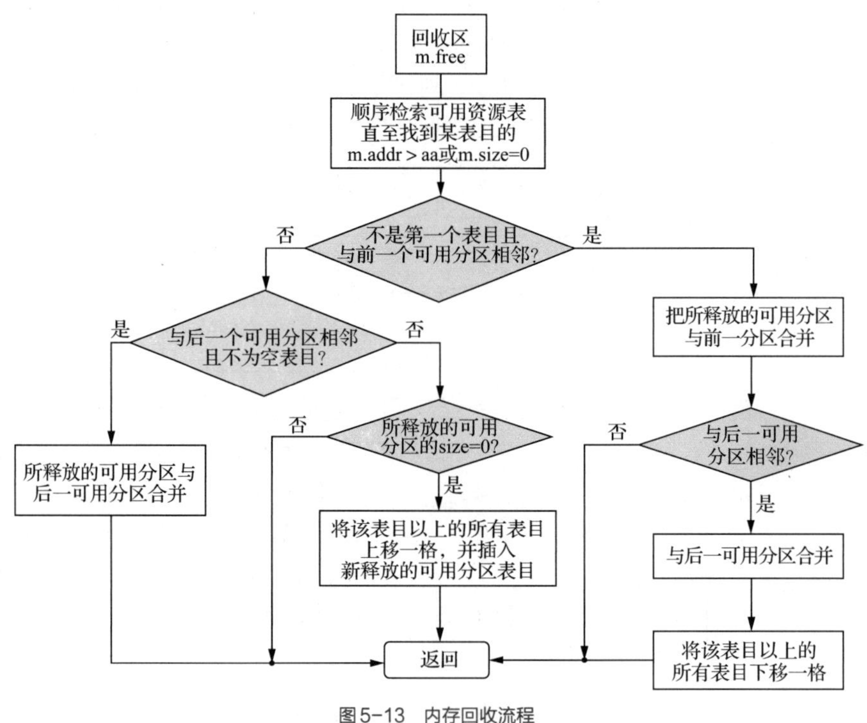

图5-13　内存回收流程

5.4.4　动态重定位分区分配

1. 紧凑

连续分配方式的一个重要特点是，一个系统或用户程序必须被装入一个连续的内存空间中。当一台计算机运行了一段时间后，它的内存空间将会被分割成许多小分区，而缺乏大的空闲空间。即使这些分散的许多小分区的容量总和大于要装入的程序，但由于这些分区不相邻接，也无法把该用户程序装入内存。例如，图5-14（a）中给出的内存中现有四个互不邻接的小分区，它们的容量分别为10KB、30KB、14KB和26KB，总容量为80KB。假设现在有一作业到达，要求获得40KB的内存空间，由于必须为它分配一连续空间，故此作业无法装入。这种不能被利用的小分区，就是前面已提及的“碎片”，也称为“零头”。

OS
用户程序1
10KB
用户程序3
30KB
用户程序6
14KB
用户程序9
26KB

（a）紧凑前

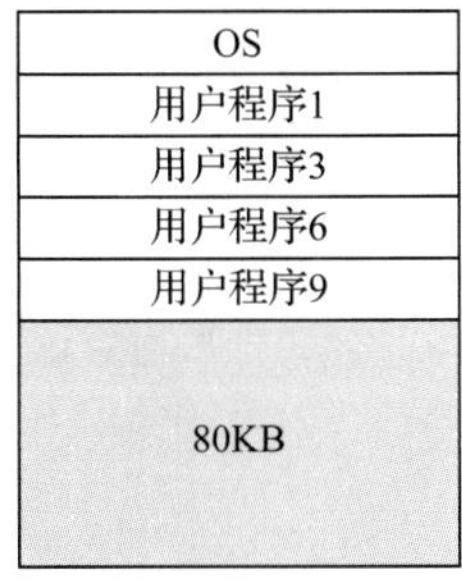

（b）紧凑后

图5-14　紧凑示意

在上述例子中，若想把大作业装入内存，可采用的一种方法是：将内存中的所有作业进行移动，使它们全都相邻接。这样，即可把原来分散的多个小分区拼接成一个大分区，这时就可以把一个作业装入该分区了。这种通过移动内存中作业的位置，把原来分散的多个小分区拼接成一个大分区的方法，称为“紧凑”，亦称为“紧缩”或“拼接”，如图5-14（b）所示。

虽然“紧凑”能获得大的空闲空间，但也带来了新的问题，即经过紧凑后的用户程序在内存中的位置发生了变化，此时若不对程序和数据的地址加以修改（变换），则程序必将无法执行。为此，在每次“紧凑”后，都必须对移动后的程序或数据进行重定位。为了提高内存的利用率，系统在运行过程中经常需要进行“紧凑”，每“紧凑”一次，就要对移动了的程序或数据的地址进行修改，这不仅是一件相当麻烦的事情，而且还会大大影响系统的效率。下面要介绍的动态重定位方法，可以很好地解决此问题。

2. 动态重定位

在5.2.2小节中所介绍的动态运行时装入方式中，作业装入内存后的所有地址仍然是相对地址，而将相对地址变换为物理地址的工作，被推迟到程序指令要真正执行时进行。为使地址的变换不会影响指令的执行速度，必须有硬件地址变换机构的支持，即须在系统中增设一个重定位寄存器，用它来存放程序（数据）在内存中的起始地址。程序在执行时，真正访问的内存地址是相对地址与重定位寄存器中的地址相加而形成的。图5-15所示为动态重定位的实现原理。地址变换过程是在程序执行期间随着对每条指令或数据的访问自动进行的，故称之为动态重定位。当系统对内存进行了“紧凑”，而使若干程序从内存的某处移至另一处时，无须对程序做任何修改，只要用该程序在内存中的新起始地址去置换原来的起始地址即可。

3. 动态重定位分区分配算法

动态重定位分区分配算法与动态分区分配算法基本相同，差别仅在于：在这种分配算法中增加了“紧凑”功能。通常，当该算法不能找到一个足够大的空闲分区以满足用户需求时，如果所有小的空闲分区的容量总和大于或等于用户的要求，则此时便须对内存进行“紧凑”，并将“紧凑”后所得的大空闲分区分配给用户。如果所有小的空闲分区的容量总和仍小于用户的要求，则返回分配失败信息。图5-16所示为动态重定位分区分配算法流程图。

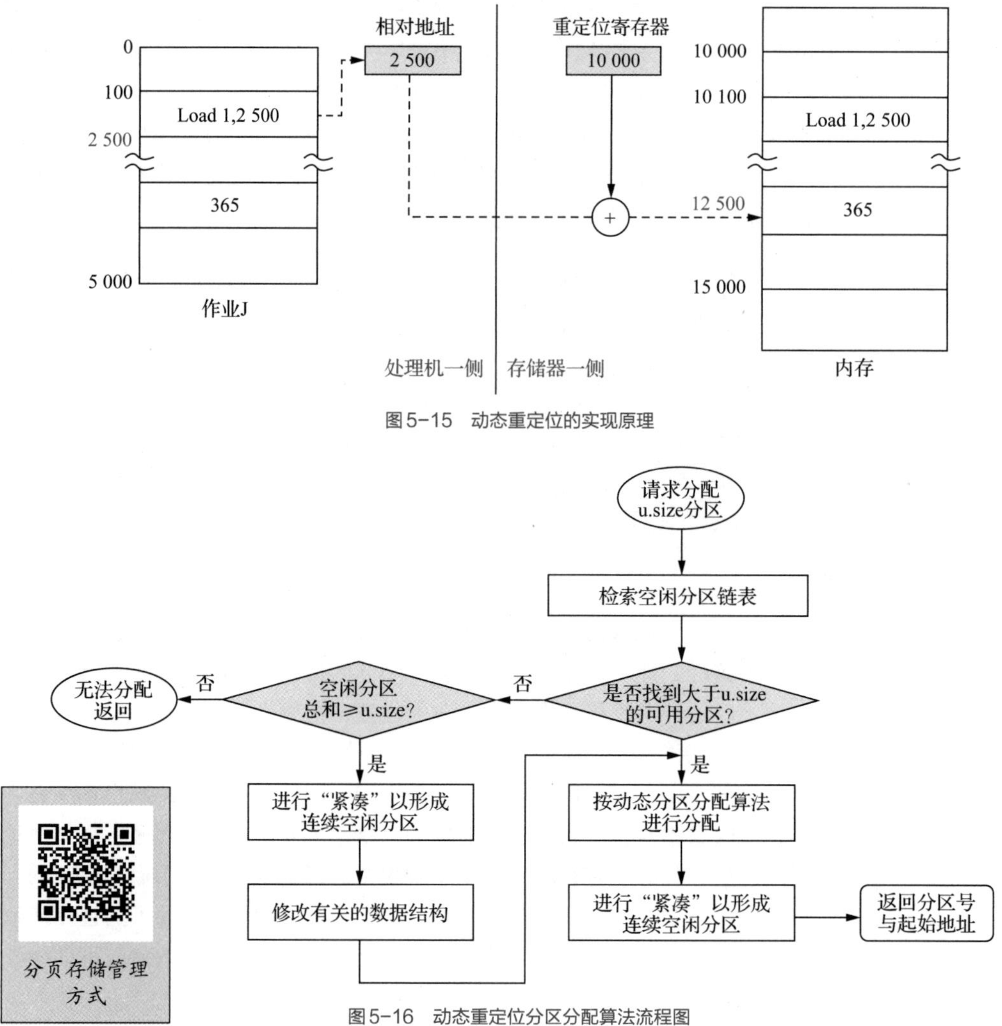

图5-15　动态重定位的实现原理

图5-16　动态重定位分区分配算法流程图

5.5　分页存储管理方式

连续分配方式会形成许多“碎片”，虽然可以通过“紧凑”方法将许多碎片拼接成可用的大块空间，但须为之付出很大的开销。如果允许将一个进程直接分散地装入许多不相邻接的分区中，则可充分地利用内存空间而无须再进行“紧凑”。基于这一思想而产生了离散分配存储管理方式（简称离散分配方式）。根据在离散分配时所分配地址空间的基本单位的不同，可将离散分配方式分为以下3种。

（1）**分页存储管理方式**。在该方式中，将用户程序的地址空间分为若干个固定大小的区域，称之为“页”或“页面”。典型的页面大小为1KB、2KB、4KB等。相应地，也将内存空间分为若干个物理块或页框（frame），页和块的大小相同。这样就可以将用户程序的任一页放入任一物理块中，进而实现离散分配。

（2）**分段存储管理方式**。这也是为了满足用户要求而形成的一种离散分配方式。它把用户程序的地址空间分为若干个大小不同的段，每段可定义一组相对完整的信息。在存储器分配时，以段为单位，这些段在内存中可以不相邻接，因此也同样实现了离散分配。

（3）**段页式存储管理方式**。这是分页和分段两种存储管理方式相结合的产物，它同时具有两者的优点，是目前应用较广泛的一种存储管理方式。

本节主要介绍分页存储管理方式，另外两种方式将在5.6节中进行介绍。

5.5.1 分页存储管理的基本方法

1. 页面和物理块

（1）**页面**。分页存储管理将进程的地址空间分成若干个页，并为每页加以编号，从0开始，如第0页、第1页等。相应地，也把内存空间分成若干个块，同样也为它们加以编号，如0#块、1#块等。在为进程分配内存时，以块为单位，将进程中的若干个页分别装入多个可以不相邻接的物理块中。由于进程的最后一页经常装不满一块，进而形成了不可利用的碎片，称之为“页内碎片”或“内碎片”。

（2）**页面大小**。在分页系统中，若选择过小的页面大小，则虽然可以减小内部碎片，起到减少内部碎片总空间的作用，有利于内存利用率的提高，但是会造成每个进程占用较多的页面，从而导致进程的页表过长，占用大量内存；此外，还会降低页面换入/换出的效率。然而，如果选择过大的页面大小，则虽然可以减少页表的长度，以及提高页面换入/换出的效率，但是又会使页内碎片增大。因此，页面的大小应选择得适中，且页面大小应是2的幂，通常为1KB、2KB、4KB、8KB。

2. 地址结构

分页地址中的地址结构如图5-17所示。

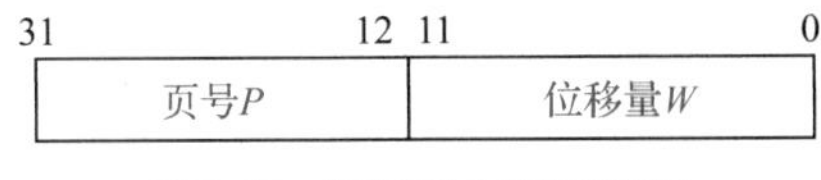

图5-17 分页地址中的地址结构

该结构包含两部分内容：前一部分为页号P，后一部分为位移量W，即页内地址。图5-17中的地址长度为32位，其中0～11位为页内地址，即每页的大小为4KB；12～31位为页号，地址空间最多允许有1M页。

对某特定机器，其地址结构是一定的。若给定一个逻辑地址空间中的地址为A，页面大小为L，则页号P和页内地址d可按下式求得：

$$P = \mathrm{INT}\left[\frac{A}{L}\right],$$

$$d = [A]\ \mathrm{MOD}\ L,$$

其中，INT是向下取整函数，MOD是取余函数。例如，其系统的页面大小L为1KB，设A=2 170B，则由上式可以求得P=2，d=122。

3. 页表

在分页系统中，允许将进程的各个页离散地存储在内存的任一物理块中，以保证进程仍然能够正确地运行，即能在内存中找到每个页面所对应的物理块。为此，系统又为每个进程建立了一张页面映像表，简称页表。在进程地址空间内的所有页（0～n），依次在页表中有一页表项，其中记录了相应页在内存中对应的物理块号，如图5-18所示的中间部分。在配置了页表后，当进程在执行时，通过查找该表即可找到每页在内存中的物理块号。由此可见，页表的作用是实现从页号到物理块号的地址映射。

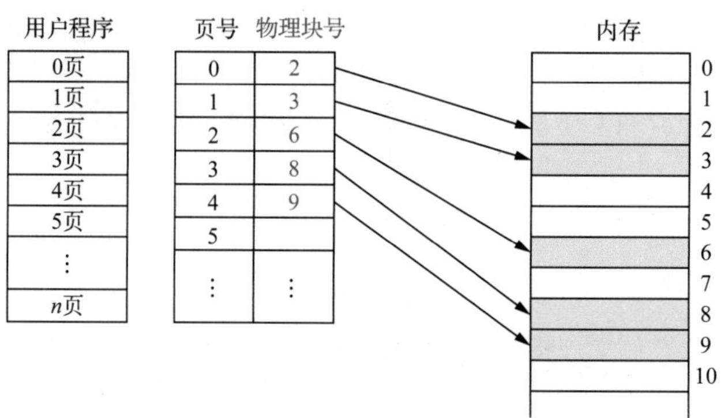

图5-18　页表的作用

即使在简单的分页系统中，也常会在页表的表项中设置一个存取控制字段，用于对该存储块中的内容加以保护。当存取控制字段仅有一位时，可用于规定该存储块中的内容是允许读/写，还是只读；若存取控制字段为二位，则可用于规定读/写、只读和只执行等存取方式。如果有一进程试图去写一个只允许读的存储块，则会引起OS的一次中断。如果要利用分页系统去实现虚拟存储器，则还须增设一个数据项，这一点将在第6章后面做详细介绍。

不同页的大小对分页系统性能的影响是什么？

5.5.2　地址变换机构

为了能将用户地址空间中的逻辑地址变换为内存空间中的物理地址，在系统中必须设置地址变换机构。该机构的基本任务是实现从逻辑地址到物理地址的变换。由于页大小等于块大小，因此页内地址和块内地址是一一对应的，例如，页面大小是1KB的页内地址是0～1 023，其相应的物理块内的地址也是0～1 023，无须再进行变换。由此可知，地址变换机构的任务实际上只是将逻辑地址中的页号变换为内存中的物理块号。又因为页表的作用就是用于实现从页号到物理块号的变换，因此，地址变换是借助页表来完成的。

1. 基本的地址变换机构

进程在运行期间，需要对程序和数据的地址进行变换，即将用户地址空间中的逻辑地址变换为内存空间中的物理地址，由于它执行的频率非常高，每条指令的地址都需要进行变换，因此需要利用硬件来实现。页表功能是由一组专门的寄存器来实现的，一个页表项用一个寄存器。由于寄存器具有较高的访问速度，因而有利于提高地址变换的速度；但由于寄存器成本较高，且大多数现代计算机的页表又可能很大，这使页表项的总数可达几千甚至几十万，显然这些页表项不可能都用寄存器来实现，因此，页表大多驻留在内存中。在系统中只设置一个页表寄存器（page-table register，PTR），在其中存放页表（在内存中）的起始地址和页表长度。平时，在进程未执行时，页表的起始地址和页表长度存放在本进程的PCB中。当调度程序调度到某进程时，才将这两个数据装入页表寄存器中。因此，在单处理机环境下，虽然系统中可以运行多个进程，但只需要一个页表寄存器。

当进程要访问某个逻辑地址中的数据时，分页地址变换机构会自动将有效地址（相对地址）分为页号和页内地址两部分，再以页号为索引去检索页表。查找操作由硬件执行。在执行检索之前，先将页号与页表长度进行比较，如果页号大于或等于页表长度，则表示本次所访问的地址已超越进程的地址空间。于是，这一错误将被系统发现，并产生一个地址越界中断。

若未出现越界错误，则将页表起始地址与“页号和页表项长度的乘积”相加，便可得到该表项在页表中的位置，于是可以从中得到该页的物理块号，然后将之装入物理地址寄存器中。与此同时，再将有效地址寄存器中的页内地址送入物理地址寄存器的块内地址字段中。这样便完成了从逻辑地址到物理地址的变换。图5-19所示为分页系统的地址变换机构。

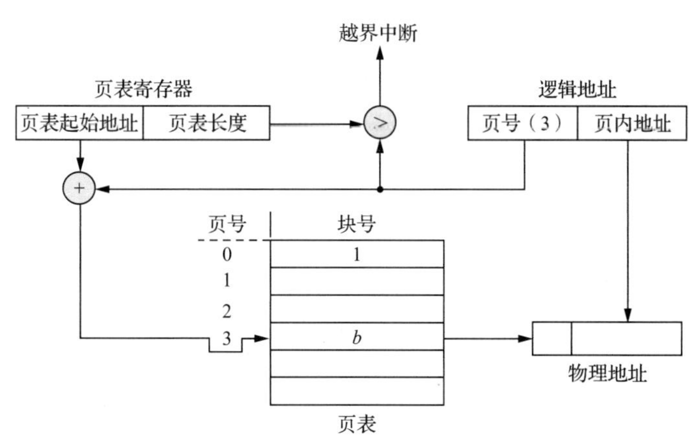

图5-19　分页系统的地址变换机构

2. 具有快表的地址变换机构

页表是存放在内存中的，这使CPU在每次存取一个数据时都要访问内存两次。第一次是访问内存中的页表，从中找到指定页的物理块号，再将块号与页内偏移量拼接，以形成物理地址。第二次访问是从第一次所得地址中获得所需数据（或向此地址中写入数据）。因此，采用这种方式将使计算机的处理速度降低近50%。由此可见，以此高昂代价来换取存储器空间利用率的提高，是得不偿失的。

为了提高地址变换速度，可在地址变换机构中增设一个具有并行查寻能力的高速缓冲寄存器，称为“联想寄存器”（associative memory）或“快表”，在IBM系统中又将其取名为地址变换高速缓存（translation look aside buffer，TLB），用以存放当前访问的那些页表项。此时的地址变换过程是：在CPU给出有效地址后，由地址变换机构自动地将页号送入高速缓冲寄存器，并将此页号与高速缓存寄存器中的所有页号进行比较，若其中有与此页号相匹配的页号，则表示所要访问的页表项在快表中。于是，可直接从快表中读出该页所对应的物理块号b，并将其送到物理地址寄存器中。若在快表中未找到对应的页表项，则还须再访问内存中的页表，直至找到后，把从页表项中读出的物理块号送到地址寄存器；同时，再将此页表项存入快表的一个寄存器单元中，亦即重新修改快表。但如果快表已满，则OS必须找到一个老的且已被认为是不再需要的页表项，并将它换出。图5-20所示为具有快表的地址变换机构。

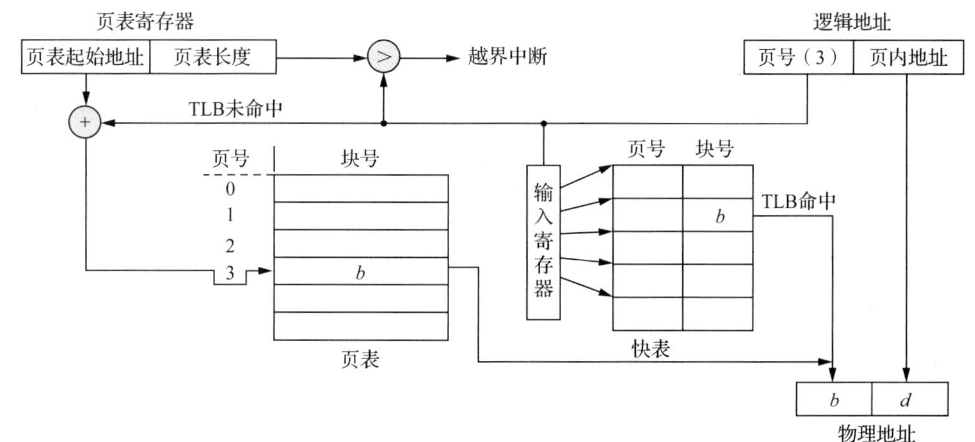

图5-20　具有快表的地址变换机构

由于成本的关系，快表不可能做得很大，通常只存放16～512个页表项，这对中、小型作业来说，已有可能把全部页表项放在快表中了；但对于大型作业，则只能将其一部分页表项放入其中。由于对程序和数据的访问往往带有局限性，因此据统计，从快表中能找到所需页表项的概率可达90%以上。这样，由增加了地址变换机构而造成的速度损失，可减少到10%以下，达到了可接受的程度。

5.5.3 引入快表后的内存有效访问时间

从进程发出指定逻辑地址的访问请求，经地址变换，到在内存中找到对应的实际物理地址单元并取出数据，这一过程所需要花费的总时间，称为内存的有效访问时间（effective access time，EAT）。假设访问一次内存的时间为t，在基本分页存储管理方式中，有效访问时间等于第一次访问内存时间（即查找页表对应的页表项所耗费的时间t）与第二次访问内存时间（即将页表项中的物理块号与页内地址拼接成实际物理地址所耗费的时间t）之和，如下式所示：

$$\text{EAT} = t + t = 2t。$$

在引入快表的分页存储管理方式中，通过快表查询，可以直接得到逻辑页所对应的物理块号，由此拼接形成实际物理地址，减少了一次内存访问，缩短了进程访问内存的有效时间。但是，由于快表的容量限制，不可能将一个进程的整个页表全部装入快表，因此在快表中查找所需表项，存在着命中率的问题。所谓命中率，是指使用快表并在其中成功查找到所需页面的表项的概率。这样，在引入快表的分页存储管理方式中，有效访问时间的计算公式为：

$$\begin{aligned}\text{EAT} &= a \times \lambda + (1-a) \times (t + \lambda) + t \\ &= 2t + \lambda - t \times a,\end{aligned}$$

上式中，λ表示查找快表所需的时间，a表示命中率，t表示访问一次内存所需要的时间。

可见，引入快表后的内存有效访问时间可分为查找到逻辑页对应的页表项的平均时间（EAT$-t$）和对应实际物理地址的内存访问时间t两部分。假设对快表的访问时间λ为20ns，对内存的访问时间t为100ns，则不同的命中率a与其对应的有效访问时间EAT如表5-1所示。

表 5-1 不同命中率与有效访问时间的对应关系

命中率a（%）	有效访问时间EAT（ns）
0	220
50	170
80	140
90	130
98	122

正是由于引入了快表，CPU访问数据所耗费的时间明显减少。

5.5.4 两级页表和多级页表

现代的大多数计算机系统，都支持非常大的逻辑地址空间（2^{32}～2^{64}）。在这样的环境下，页表变得非常大，且要占用相当大的内存空间。例如，对于一个具有32位逻辑地址空间的分页系统，规定页面大小为4KB，即2^{12}B，则在每个进程页表中的页表项数可达1M之多。假设每个页表项占用1B，则每个进程仅其页表就要占用1MB的内存空间，而且还要求是连续的。显然这是不现实的，我们可以采用下述两个方法来解决这一问题：①对于页表所需的内存空间，可采用离散分配方式，以解决难以找到一块连续的大内存空间的问题；②只将当前需要的部分页表项调入内存，其余的页表项仍驻留在磁盘上，需要时再调入。

对于方法①中提及的页表离散分配的实现，有一个简单的方法是将页表划分成更小的块，完成这种划分有多种方法，其中一种方法是使用两级或多级页表。

1. 两级页表

针对难以找到连续的大内存空间来存放页表的问题，可利用将页表进行分页的方法，使每个页面的大小与内存物理块的大小相同，并为它们编号，依次编为$0^{\#}$页、$1^{\#}$页……$n^{\#}$页，然后离散地将各个页面分别存放在不同的物理块中。同样，也要为离散分配的页表再建立一张页表，称之为外层页表（outer page table），在每个页表项中记录页表页面的物理块号。下面仍以32位逻辑地址空间为例来说明。

当页面大小为4KB时（12位），若采用一级页表结构，则应具有20位的页号，即页表项应有1M个；在采用两级页表（two-level page table）结构时，再对页表进行分页，假设每个页表项占用4B，则每页中包含2^{10}（即1 024）个页表项，最多允许有2^{10}个页表分页；或者说，外层页表中的外层页内地址P_2为10位，外层页号P_1也为10位。此时的逻辑地址结构如图5-21所示。

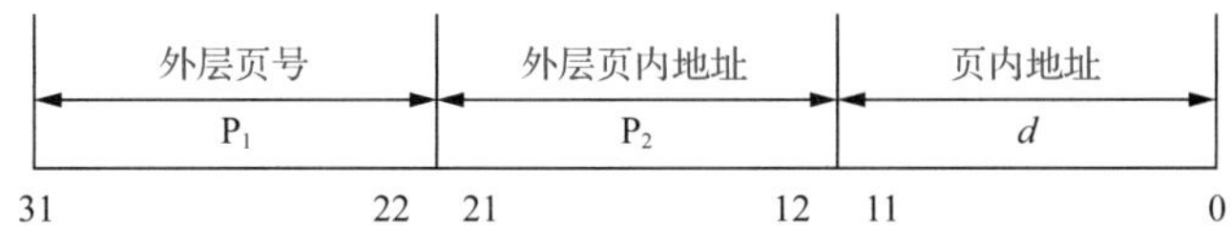

图5-21 两级页表的逻辑地址结构

从图5-21中可以看出，在页表的每个表项中，存放的都是进程的某页在内存中的物理块号，如第0页存放在1#物理块中，第1页存放在4#物理块中。而在外层页表的每个页表项中，所存放的是某页表分页的起始地址，如第0页页表存放在1011#物理块中。我们可以利用外层页表和页表这两级页表来实现进程从逻辑地址到内存中物理地址的变换。

为了方便实现地址变换，在地址变换机构中，同样需要增设一个外层页表寄存器，用于存放外层页表的起始地址，并将逻辑地址中的外层页号作为外层页表的索引，从中找到指定页表分页的起始地址，再将P_2作为指定页表分页的索引，找到指定的页表项，其中含有该页在内存中的物理块号，用该块号和页内地址d即可构成访问的内存物理地址。图5-22所示为具有两级页表的地址变换机构。

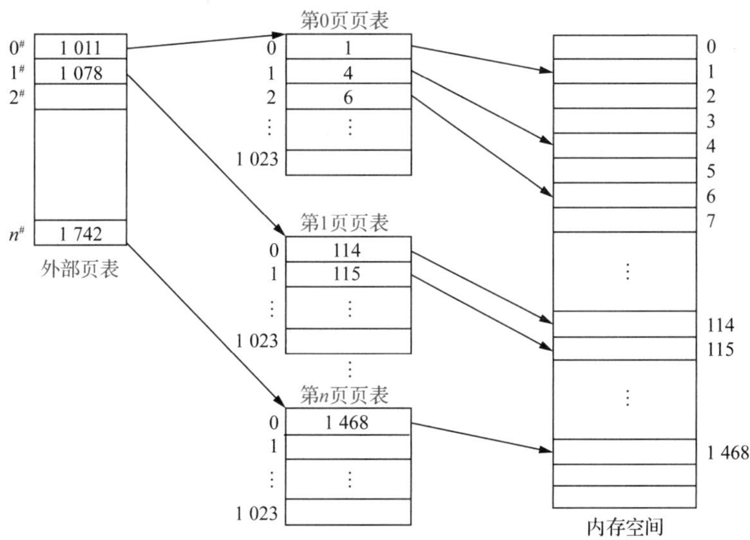

图5-22 具有两级页表的地址变换机构

上述对页表施行离散分配的方法，虽然解决了对大页表无需大片连续存储空间的问题，但并未解决用较少的内存空间去存放大页表的问题。换言之，只用离散分配空间的办法并未减少页表所占用的内存空间。能够用较少的内存空间存放页表的唯一方法是，仅把当前需要的一批页表项调入内存，以后再根据需要陆续调入。在采用两级页表结构的情况下，对于正在运行的进程，必须将其外层页表调入内存，而对于页表则只须调入一页或几页。为了表征某页的页表是否已经调入内存，还应在外层页表项中增设一个状态位S，其值若为0，则表示该页表分页不在内存中，否则表示该页表分页已调入内存。进程运行时，地址变换机构根据逻辑地址中的P_1查找外层页表；若所找到的页表项中的状态位为0，则产生一个中断信号，并请求OS将该页表分页调入内存。关于请求调页的详细情况，将在第6章（虚拟存储器）中进行介绍。

2. 多级页表

对于32位的计算机，采用两级页表结构是合适的，但对于64位的计算机，采用两级页表是否仍然合适，须做以下简单分析。

如果页面大小仍采用4KB，即2^{12}B，每个页表项占用4B，那么还剩下52位，假定仍按物理块的大小（2^{12}位）来划分页表，则将余下的42位用于外层页号。此时在外层页表中可能有4 096GB个页表项，要占用16 384GB的连续内存空间。这样的结果显然是不能令人接受的。因此，必须采用多级页表将外层页表再进行分页，即将各分页离散地装入不相邻接的物理块中，再利用第二级的外层页表来映射它们之间的关系。

对于64位的计算机，如果要求它能支持2^{64}B（即1 844 744TB）规模的物理存储空间，则即使是采用三级页表结构也难以办到，而在当前的实际应用中也无此必要。故在现在的64位计算机中，把可直接寻址的存储器空间减少为48位长度（即2^{48}）左右，这样便可利用三级页表结构实现分页存储管理。

5.5.5 反置页表

1. 反置页表的引入

在分页系统中，为每个进程配置了一张页表，进程逻辑地址空间中的每一页，在页表中都对应有一个页表项。在现代计算机系统中，通常允许一个进程的逻辑地址空间非常大，因此就需要有许多的页表项，它们会占用大量的内存空间。为了减少页表占用的内存空间，引入了反置页表。一般页表的页表项是按页号进行排序的，页表项中的内容是物理块号。而反置页表（inverted page table）则是为每个物理块设置一个页表项，并将它们按物理块的编号进行排序，其中的内容则是页号和其所隶属进程的标识符。IBM公司推出的许多系统（如AS/400、IBM RISC system、IBM RT等）中都采用了反置页表。

2. 地址变换

在利用反置页表进行地址变换（见图5-23）时，会根据进程标识符pid和页号*p*检索反置页表。如果检索到了与之匹配的页表项，则该表项的序号*i*便是该页所在的物理块号，可用该块号*i*与页内地址*d*一起构成物理地址送往内存地址寄存器。若检索了整个反置页表都未找到匹配的页表项，则表明此页尚未装入内存。对于不具有请求调页功能的存储器管理系统，此时则显示地址出错。对于具有请求调页功能的存储器管理系统，此时则产生请求调页中断，系统将把此页调入内存。

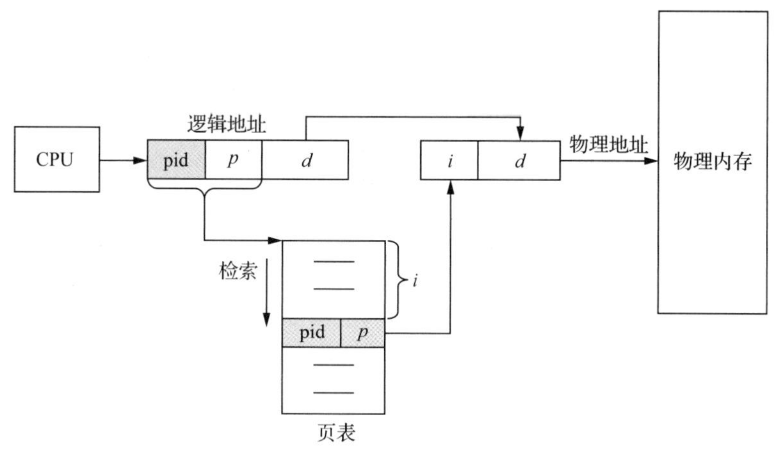

图5-23　利用反置页表进行地址变换

虽然反置页表可有效地减少页表占用的内存，例如，对于一个具有64MB的机器，如果页面大小为4KB，那么反置页表只占用64KB内存。然而在该表中只包含了已经调入内存的页面，而并不包含尚未调入内存的页面。因此，还必须为每个进程建立一个外部页表（external page table）。该页表与传统的页表一样，当所访问的页面在内存中时，并不需要访问外部页表，仅当发现所需之页面不在内存中时，才会使用它。页表中包含了各个页在外存中的物理位置，通过它可将所需之页面调入内存。

由于反置页表中为每个物理块都设置了一个页表项，当内存容量很大时，页表项的数目会非常大。要利用进程标识符和页号去检索这样大的一张线性表是相当费时的。于是可利用哈希算法来进行检索，这样可以很快地找到在反置页表中的相应页表项。不过在采用哈希算法时，可能会出现所谓的“地址冲突”，即有多个逻辑地址被映射到同一个哈希表项上，必须妥善解决这一问题。本书将在第8章中对这一问题做进一步的介绍。

5.6　分段存储管理方式

存储管理方式随着OS的发展也在不断发展。当OS由单道发展为多道时，存储管理方式便由单一连续分配发展为固定分区分配。为了能更好地适应不同大小的用户程序要求，存储管理方式又从固定分区分配发展到动态分区分配。为了能更好地提高内存的利用率，其又从连续分配方式发展到了离散分配方式，如分页存储管理方式。如果说，推动上述发展的主要动力都是为了直接或间接地实现提高内存利用率这一目的，那么，引入分段存储管理方式的目的，则主要是为了满足用户（程序员）在编程和使用上的多方面要求，其中有些要求是其他几种存储管理方式所难以满足的。因此，分段存储管理方式已成为当今所有存储管理方式的基础，许多高级语言（如C语言等）编译的程序也都支持分段存储管理方式。

5.6.1　分段存储管理方式的引入

为什么要引入分段存储管理方式，可以从两个方面加以说明：一方面是由于通常的程序都可分为若干段，如主程序段、子程序段A、子程序段B、…、数据段以及栈段等，每个段大多是一个相对独立的逻辑单位；另一方面，实现和满足信息共享、信息保护、动态链接以及信息的动态增长等需要，也都是以段为基本单位的。更具体地说，分段存储管理方式更符合用户下列所示的多方面需要。

1. 方便编程

通常，用户把自己的作业按照逻辑关系划分为若干个段，每个段都从0开始编址，并且有自己的名字和长度。因此，程序员们都迫切地需要访问的逻辑地址是由段名（段号）和段内偏移量（段内地址）决定的，这不仅可以方便程序员编程，也可使程序非常直观、更具可读性。例如，下述的两条指令便使用了段名和段内地址：

```
LOAD 1, [A]|〈D〉;
STORE 1, [B]|〈C〉;
```

其中，前一条指令的含义是，将分段A中D单元内的值读入寄存器1中；后一条指令的含义是，将寄存器1中的内容存入分段B中C单元内。

2. 信息共享

实现对程序和数据的共享，是以信息的逻辑单位为基础的，例如，共享某个过程、函数或文件。分页系统中的“页”只是存放信息的物理单位（块），并无完整的逻辑意义，这样，一个可被共享的过程往往可能需要占用数十个页面，这为实现共享增加了难度。如前所述，段可以是信息的逻辑单位，因此，我们可以为该被共享过程建立一个独立的段，这就极大地简化了共享的实现。为了实现段的共享，存储管理应能与用户程序分段的组织方式相适应，有关段共享的具体实现方法将在5.6.3小节中进行介绍。

3. 信息保护

信息保护同样是以信息的逻辑单位为基础的，而且经常以一个过程、函数或文件为基本单位进行保护。例如，我们希望函数A仅允许进程执行，而不允读，更不允许写，那么，我们只须在包含了函数A的这个段上标上只执行标志即可。但是在分页系统中，函数A可能要占用若干个页面，而且其中的第一个和最后一个页面还会装有其他程序段的数据，它们可能有着不同的保护属性，如可以允许进程读/写，这样就很难对这些页面实施统一的保护。因此，分段存储管理方式能更有效和方便地实现对信息的保护功能。

4. 动态链接

在5.2.3小节中已对运行时动态链接做了介绍。为了提高内存的利用率，系统只将真正要运行的目标程序装入内存，也就是说，动态链接在作业运行之前，并不是把所有的目标程序段都链接起来。当程序要运行时，首先将主程序和它立即需要用到的目标程序装入内存，即启动运行。而在程序运行过程中，当需要调用某个目标程序时，才将该段（目标程序）调入内存并进行链接。可见，动态链接要求的是以目标程序（即段）为链接的基本单位，因此，分段存储管理方式非常适用于动态链接。

5. 动态增长

在实际应用中，往往存在着一些段，尤其是数据段，在它们的使用过程中，由于数据量的不断增加，数据段会动态增长，相应地它所需要的存储空间也会动态增加。然而，对于数据段究竟会增长到多大，事先又很难确切地知道。对此，很难采取预先多分配的方法解决问题。前述的其他几种存储管理方式，都难以应付这种动态增长的情况，而分段存储管理方式则能较好地解决这一问题。

5.6.2 分段系统的基本原理

1. 分段

在分段存储管理方式中，作业的地址空间被划分为若干段，每个段都定义了一组逻辑信息，如有主程序段MAIN、子程序段X、数据段D及栈段S等。每个段都有自己的名字。为了实现简单起见，通常可用一个段号来代替段名，每个段都从0开始编址，并采用一段连续的地址空间。段的长度由相应的逻辑信息组的长度决定，因此各段的长度并不相等。整个作业的地址空间，由于被分成了多个段，因此呈现出了二维特性，亦即，每个段既包含了一部分地址空间，又标志了逻辑关系。段的逻辑地址由段号（段名）和段内地址所组成。

分段地址中的地址具有图5-24所示的结构。

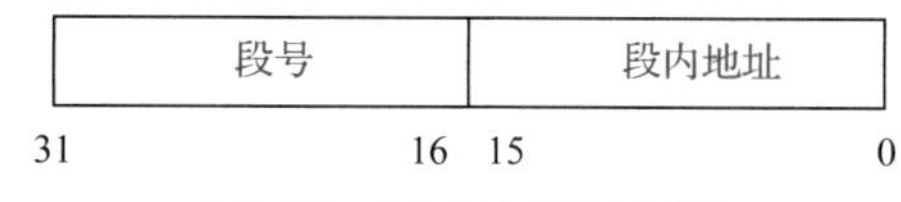

图5-24 分段地址中的地址结构

在该地址结构中，允许一个作业最长有64K个段，每个段的最大长度为64KB。

分段方式已得到许多编译程序的支持，编译程序能自动地根据源程序的情况产生若干个段。例如，Pascal编译程序可以为“全局变量、用于存储相应参数及返回地址的过程调用栈、每个过程或函数的代码部分、每个过程或函数的局部变量等”分别建立各自的段。类似地，FORTRAN编译程序可以为公共块（common block）建立单独的段，也可以为数组分配一个单独的段。装入程序将装入所有的这些段，并为每个段赋予一个段号。

2. 段表

在前面所介绍的动态分区分配方式中，系统会为整个进程分配一个连续的内存空间。而在分段存储管理系统中，则是为每个分段分配一个连续的分区。进程中的各个段可以离散地装入内存中不同的分区。为保证程序能正常运行，就必须能从物理内存中找出每个逻辑段所对应的位置。为此，在系统中（类似于分页系统）须为每个进程建立一张段映射表，简称“段表”。每个段在表中均占有一个表项，其中记录了该段在内存中的起始地址和段的长度，如图5-25所示。段表可以存放在一组寄存器中，以提高地址变换速度，但更常见的方法是将段表存放在内存中。在配置了段表后，执行中的进程可通过查找段表来找到每个段所对应的内存区。可见，段表是用于实现从逻辑段到物理内存区映射的。

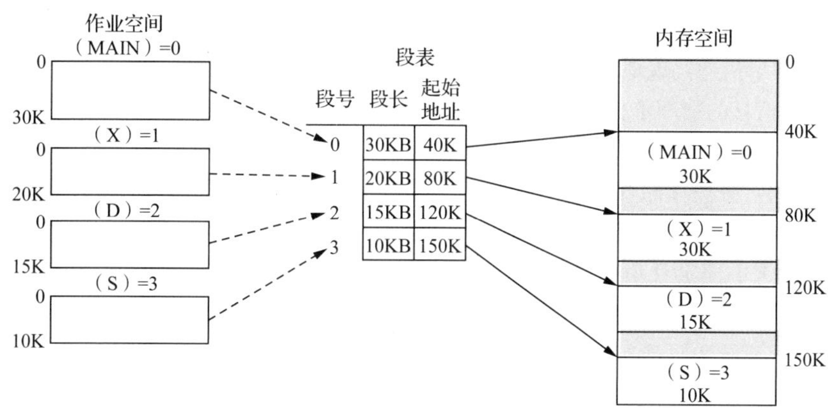

图5-25 利用段表实现地址映射

3. 地址变换机构

为了实现进程从逻辑地址到物理地址的变换功能，在系统中设置了段表寄存器，用于存放段表起始地址和段表长度TL。在进行地址变换时，系统将逻辑地址中的段号S与段表长度TL进行比较。若S>TL，则表示段号太大，访问越界，于是产生越界中断信号。若未越界，则根据段表起始地址和该段的段号，计算出该段对应段表项的位置，从中读出该段在内存中的起始地址。然后，再检查段内地址d是否超过该段的段长SL。若超过，即d>SL，则同样产生越界中断信号。若未越界，则将该段的起始地址d与段内地址相加，即可得到要访问的内存物理地址。图5-26所示为分段系统的地址变换过程。

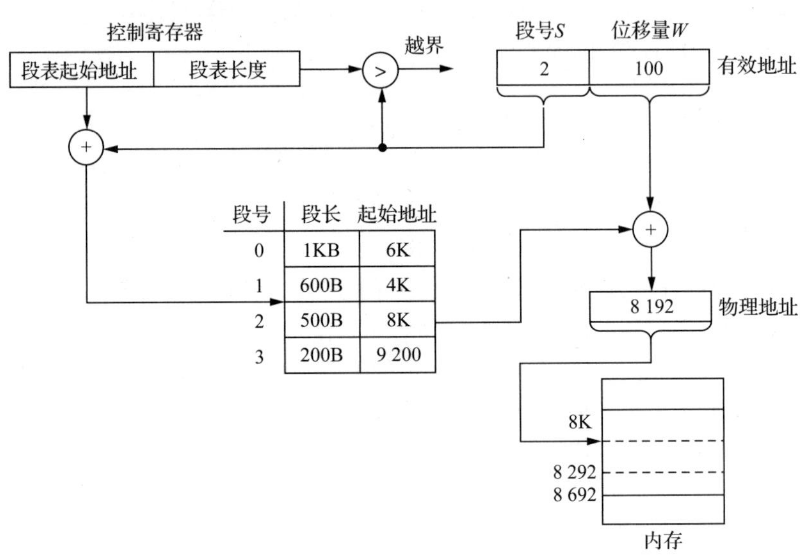

图5-26 分段系统的地址变换过程

像分页系统一样，当段表放在内存中时，每当要访问一个数据时，都须访问两次内存，从而成倍地降低了计算机的速率。解决的方法同分页系统类似，也增设一个联想存储器，用于保存最近常用的段表项。一般情况下，由于段比页大，段表项的数目比页表项的数目少，其所需的联想存储器也相对较小，因此可以显著地减少存取数据的时间，与没有地址变换的常规存储器相比，其存取速度慢了10%～15%。

4. 分页和分段的主要区别

由上所述不难看出，分页和分段系统有许多相似之处。例如，两者都采用离散分配方式，且都通过地址映射机构实现地址变换。但在概念上，两者完全不同，主要表现在下列3个方面。

（1）页是信息的物理单位。采用分页存储管理方式是为了实现离散分配方式，以消减内存的外零头，提高内存的利用率。或者说，分页只是系统管理上的需要，完全是系统的行为，对用户是不可见的。分段存储管理方式中的段，则是信息的逻辑单位，它通常包含的是一组意义相对完整的信息。分段的目的主要在于能更好地满足用户的需要。

（2）页的大小固定且由系统决定。在采用分页存储管理方式的系统中，在硬件结构上就把用户程序的逻辑地址划分为页号和页内地址两部分，也就是说该管理方式是直接由硬件实现的，因而在每个系统中只能有一种大小的页面。而段的长度则不固定，其取决于用户所编写的程序，通常由编译程序在对源程序进行编译时根据信息的性质来划分。

（3）分页的用户程序地址空间是一维的。分页完全是系统的行为，故在分页系统中，用户程序的地址属于单一的线性地址空间，程序员只须利用一个标识符即可表示一个地址。而分段是用户的行为，故在分段系统中，用户程序的地址空间是二维的，程序员在标志一个地址时，既须给出段名，又须给出段内地址。

5.6.3 信息共享

分段系统的一个突出优点是易于实现段的共享，即允许若干个进程共享一个或多个分段，且对段的保护也十分简单易行。

1. 分页系统中对程序和数据的共享

在分页系统中，虽然也能实现对程序和数据的共享，但远不如分段系统来得方便。我们通过一个例子来说明这个问题。例如，有一个多用户系统，可同时接纳40个用户，他们都需要执行一个文本编辑程序（text editor）。如果文本编辑程序有160KB的代码和另外40KB的数据区，则总共须有8 000KB的内存空间来支持40个用户。如果160KB的代码是可重入的（reentrant），则无论是在分页系统还是分段系统中，该代码都能被共享，即在内存中只须保留一份文本编辑程序的副本，此时所需的内存空间仅为1 760（40×40+160）KB，而不是8 000KB。假定每个页面的大小为4KB，那么，160KB的代码将占用40个页面，数据区占用10个页面。为实现代码的共享，应在每个进程的页表中都建立40个页表项，它们的物理块号都是21#～60#。在每个进程的页表中，还须为自己的数据区建立页表项，它们的物理块号分别是61#～70#，71#～80#，81#～90#，…。图5-27所示为分页系统中共享editor示意。

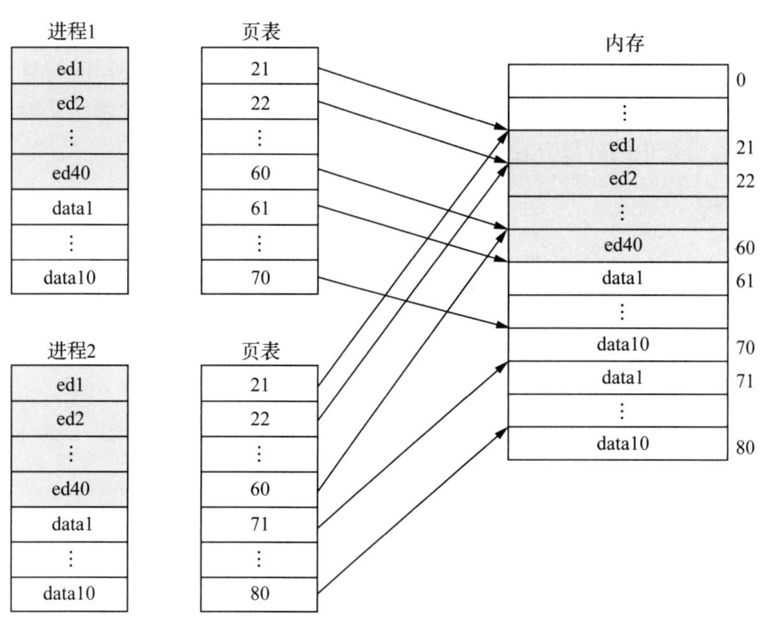

图5-27 分页系统中共享editor示意

2. 分段系统中对程序和数据的共享

在分段系统中，由于以段为基本单位，不管该段有多大，我们都只须为该段设置一个段表项，因此实现共享变得非常容易。我们仍以共享editor为例，此时只须在（每个）进程1和进程2的段表中为文本编辑程序设置一个段表项，让段表项中的起始地址（80）指向editor在内存中的起始地址。图5-28所示为分段系统中共享editor示意。

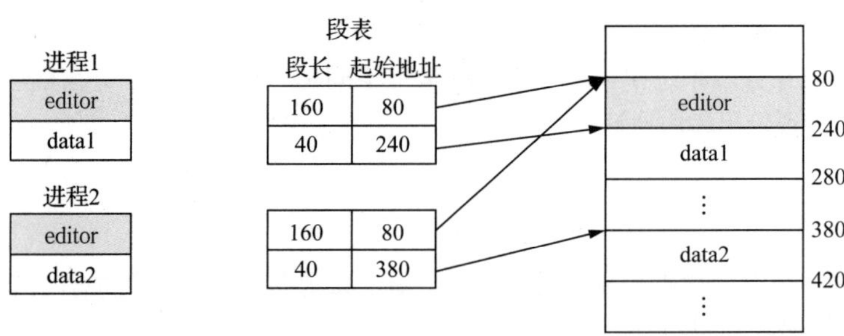

图 5-28 分段系统中共享editor示意

可重入代码（reentrant code）又称为“纯代码”（pure code），是一种允许多个进程同时访问的代码。为使各个进程所执行的代码完全相同，绝对不允许可重入代码在执行中有任何改变。因此，可重入代码是一种不允许任何进程对它进行修改的代码。但事实上，大多数代码在执行时都可能会有些改变，例如，用于控制程序执行次数的变量、指针、信号量及数组等。为此，在每个进程中都必须配以局部数据区，把在执行中可能改变的部分复制到该数据区。这样，程序在执行时，就只须对该数据区中（属于该进程私有）的内容进行修改，而不必去改变共享的代码。这时的可共享代码即为可重入代码。

5.7 段页式存储管理方式

分页系统以页面为内存分配的基本单位，能有效地提高内存利用率；而分段系统则以段为内存分配的基本单位，能更好地满足用户多方面的需要。如果能对两种存储管理方式“各取所长”，则可形成一种新的存储管理方式——段页式存储管理方式。这种新的管理方式，既具有分段系统的便于实现、分段可共享、易于保护、可动态链接等一系列优点，又能像分页系统那样很好地解决内存分配中的外部碎片问题。

1. 基本原理

段页式存储管理方式的基本原理，是分段和分页原理的结合，即先将用户程序分成若干段，再把每段分成若干页，并为每一个段赋予一个段名。图5-29（a）所示为作业地址空间结构。该作业有3个段，主程序段、子程序段和数据段，页面大小为4KB。在段页式存储管理方式中，地址结构由段号、段内页号及页内地址这3部分组成，如图5-29（b）所示。

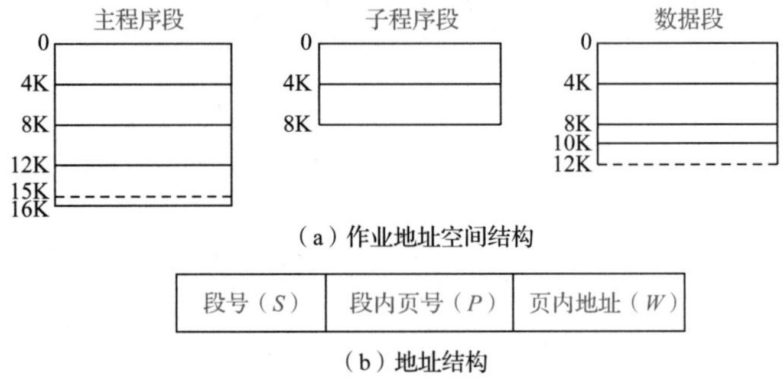

图 5-29 作业地址空间结构和地址结构

在段页式存储管理方式下，为了实现从逻辑地址到物理地址的变换，系统中需要同时配置段表和页表。段表的内容与分段系统略有不同，它不再是内存起始地址和段长，而是页表起始地址和页表长度。图5-30所示为利用段表和页表进行从用户地址空间到物理（内存）地址空间的映射。

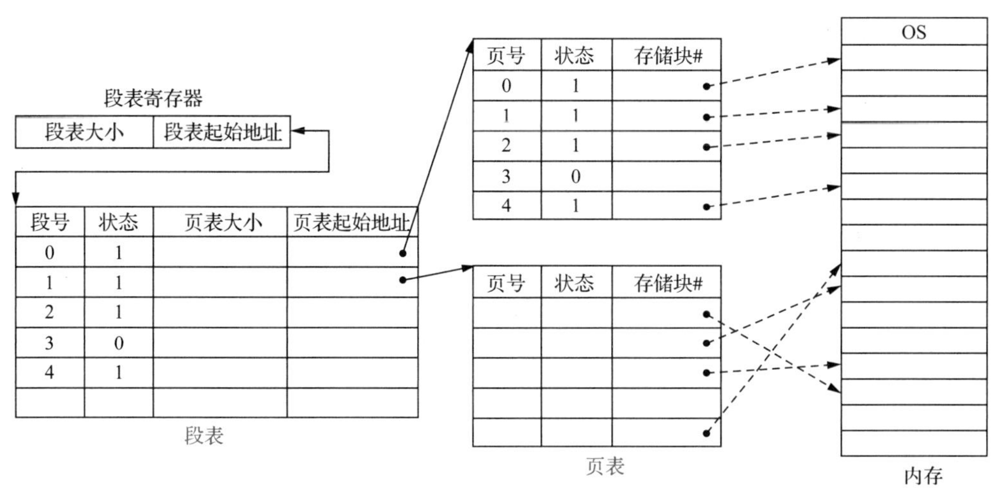

图5-30　利用段表和页表实现地址映射

2. 地址变换过程

在段页式存储管理方式下，为了便于实现地址变换，须为系统配置一个段表寄存器，其中存放段表起始地址和段长TL。在进行地址变换时，首先比较段号S与段长TL。若S<TL，则表示未越界，于是利用段表起始地址和段号来求出该段所对应的段表项在段表中的位置，从中得到该段的页表起始地址，并利用逻辑地址中的段内页号P来获得对应页的页表项位置，从中读出该页所在的物理块号b，再利用物理块号b和页内地址来构成物理地址。图5-31所示为段页式存储管理方式下的地址变换机构。

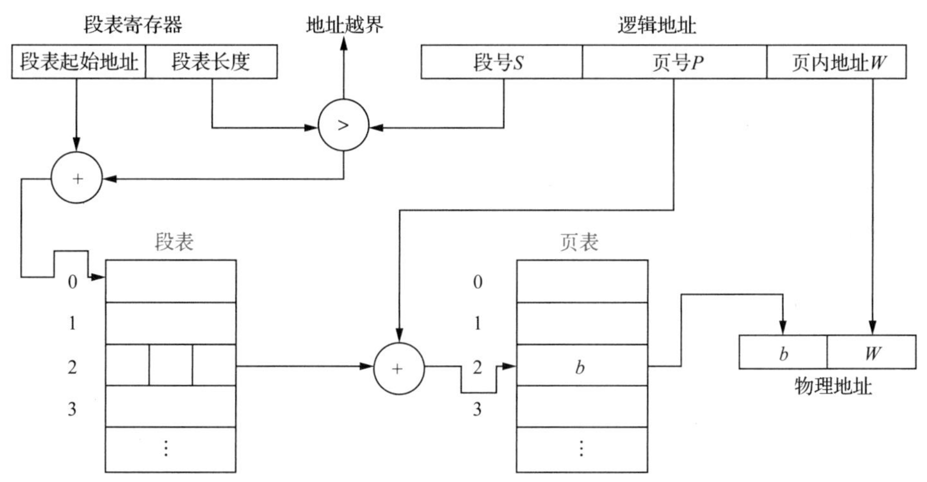

图5-31　段页式存储管理方式下的地址变换机构

在段页式存储管理方式下，为了获得一条指令或数据，须三次访问内存。第一次访问是访问内存中的段表，从中取得页表起始地址；第二次访问是访问内存中的页表，从中取得该页所在的物理块号，并利用该物理块号与页内地址来一起构成指令或数据的物理地址；第三次访问才是真正地从第二次访问所得的地址中取出指令或数据。

显然，这使访问内存的次数增加了近两倍。为了提高执行速度，在地址变换机构中增设一个高速缓冲寄存器。每次访问它时，都须同时利用段号和页号去检索高速缓存，若找到匹配的表项，则可从中得到相应页的物理块号，利用其与页内地址一起来构成物理地址；若未找到匹配的表项，则仍须再进行三次访问内存。由于它的基本原理与分页及分段的情况相似，故此处不再赘述。

5.8 实例：基于IA-32/x86-64架构的内存管理策略

多年来，Intel公司的芯片架构（intel architecture，IA）一直主宰着个人计算机。从20世纪70年代发布的16位Intel 8086开始，到32位的IA-32架构（Pentium家族），如今已发展到了最新的64位的x86-64架构。目前，最受欢迎的个人计算机OS（如Windows、Mac OS X和Linux等）都运行在上述架构中。

本节将简要讨论运行在IA-32架构和x86-64架构上的Linux系统的地址变换问题。

1. IA-32 架构

IA-32架构中OS的内存管理可分为两部分：分段和分页。其工作方案为：CPU生成逻辑地址，并将其交给分段单元；分段单元为每个逻辑地址生成一个线性地址；然后，将线性地址交给分页单元，以生成内存的物理地址。因此，分段和分页单元组成了内存管理单元（memory management unit，MMU）。

作为一个例子，考虑运行在IA-32架构上的Linux系统。由于Linux被设计为在一系列处理机上均能运行（其中许多处理机可能仅提供对段的有限支持），因此，Linux并不依赖段，并且能够最低限度地使用段。在IA-32架构中，Linux仅使用6个段：内核代码段、内核数据段、用户代码段、用户数据段、任务状态段（task state segment，TSS）和默认的本地描述符（local descriptor table，LDT）段。用户代码段和用户数据段被所有以用户模式运行的进程所共享。每个进程都有它自己的TSS，该段的段描述符被保存在全局描述符表（global descriptor table，GDT）中。TSS被用来保存在上下文切换中每个进程的硬件上下文。

IA-32架构的页可分为4KB或4MB两种。对于4KB的页，IA-32架构采用二级分页方法，其中32位线性地址的划分如图5-32所示。

IA-32架构的地址变换方案类似于图5-22，IA-32架构的分页如图5-33所示。最高的10位引用外部页表的条目，称为页目录（page directory）。需要说明的是，CR3寄存器指向当前进程的页目录。页目录内的条目指向由线性地址中间10位索引的内部页表（简称页表）。最低12位（0～11）为页表条目指向的4KB页内偏移。

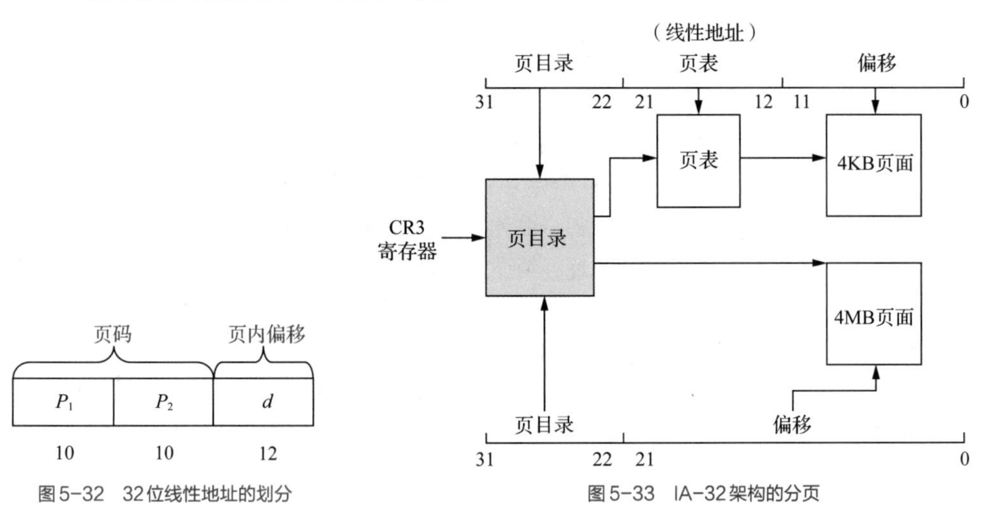

图5-32 32位线性地址的划分

图5-33 IA-32架构的分页

尽管IA-32架构采用了二级分页模式，但是由于Linux被设计为能运行在多种硬件平台上，其中许多硬件平台是64位的，二级分页并不适合。因此，Linux采用了适合32位和64位架构的三级分页模式，如图5-34所示。

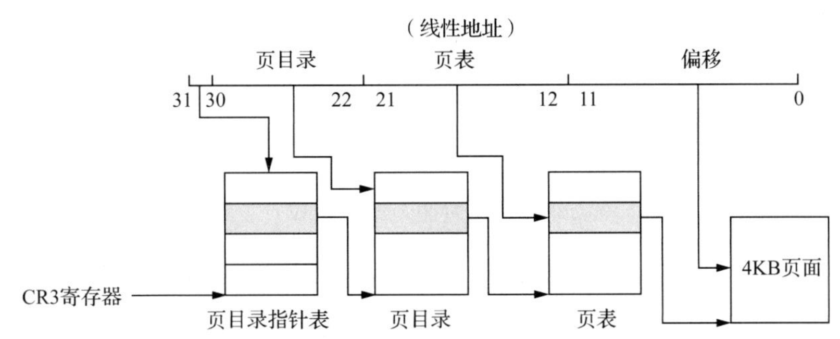

图5-34　Linux系统中的三级分页模式

三级分页模式中采用了页地址扩展（page address extension，PAE），故允许访问大于4GB的物理地址空间。采用PAE的根本特点是，从两级的分页方案（见图5-33）变成了三级的分页方案（见图5-34），后者的最高两位用于指向页目录指针表。

PAE将页目录和页表的条目大小从32位增大到了64位，这让页表和页帧的起始地址从20位增大到了24位。结合12位的偏移，加上IA-32 PAE的支持，可增加地址空间到36位，最多可支持64GB的物理内存。需要重点注意的是，采用PAE时需要OS支持。

2. x86-64 架构

支持64位的地址空间意味着可寻址的内存达到了惊人的2^{64}B，即大于16EB（1EB=2^{20}TB）。然而，即使64位系统有能力访问这么多的内存，实际上目前设计的地址也远远少于64位。目前提供的x86-64架构采用四级分页模式，支持48位虚地址，它的页面大小可为4KB、2MB或1GB。这种线性地址的表示如图5-35所示。由于这种寻址方案能够采用PAE，系统虚拟地址的大小为48位，可支持52位的物理地址（4 096TB）。

未用	页面映射级别4	页目录指针表	页目录	页表	偏移
63　48	47　39	38　30	29　22	21　12	11　0

图5-35　x86-64架构的线性地址

5.9　本章小结

本章首先介绍了存储器管理的背景知识，包括存储器的层次结构、程序的装入与链接、对换与覆盖等内容；其次，介绍了连续分配方式，其中重点介绍了动态分区分配和动态重定位分区分配；再次，详细介绍了离散分配存储管理方案中的分页、分段和段页式存储管理方式；最后，以IA-32架构和x86-64架构为例，说明了目前个人计算机OS的内存管理策略。

不同的存储管理方式在许多方面都存在着不同，在比较不同的存储管理方式时，需要综合考虑如下几点：硬件支持、性能、碎片、重定位、对换、共享和保护。

习题5（含考研真题）

一、简答题

1. 存储器管理的基本任务，是为多道程序的并发执行提供良好的存储器环境。请问："良好的存储器环境"应包含哪几个方面？

2. 内存保护是否可以完全由软件实现？为什么？

3. （考研真题）请解释什么是重定位？为什么要重定位？

4. 动态重定位的实现方式有哪几种？

5. 可采用哪几种方式将程序装入内存？它们分别适用于何种场合？

6. 何谓静态链接？静态链接时需要解决哪两个问题？

7. （考研真题）编写程序时，源代码必须经过编译和链接生成目标代码，请问什么是链接？链接主要解决了什么问题？简述链接的主要类型及其优缺点。

8. 为什么要引入对换？对换可分为哪几种类型？

9. 在对换技术中，对文件区管理的目标和对对换空间管理的目标有何不同？

10. 为什么说分段系统较分页系统更易实现信息共享与保护？

11. 提高内存利用率的途径主要有哪些？

二、计算题

12. （考研真题）假设一个分页存储系统具有快表，多数活动页表项都可以存在于其中。若页表放在内存中，内存访问时间是1ns，快表的命中率是85%，快表的访问时间为0.1ns，则有效存取时间为多少？

13. 对一个将页表存放在内存中的分页系统：

（1）如果访问内存需要0.2μs，则有效访问时间为多少？

（2）如果加一快表，且假定在快表中找到页表项的概率高达90%，则有效访问时间又是多少（假定查快表须花费的时间为0）？

14. 某系统采用分页存储管理方式，拥有逻辑空间32页，每页2KB，拥有物理空间1MB。

（1）写出逻辑地址的格式。

（2）若不考虑访问权限等，则进程的页表有多少项？每项至少有多少位？

（3）如果物理空间减少一半，则页表结构应相应地做怎样的改变？

15. 已知某分页系统，内存容量为64KB，页面大小为1KB，对一个4页大的作业，其0、1、2、3页分别被分配到内存的2、4、6、7块中。

（1）将十进制的逻辑地址1 023、2 500、3 500、4 500变换为物理地址。

（2）以十进制的逻辑地址1 023为例，画出地址变换过程图。

16. （考研真题）已知某系统页面长4KB，每个页表项的大小为4B，采用多层分页策略映射64位的用户地址空间。若限定最高层页表只占1页，问它可采用几层分页策略。

17. 对于表5-2所示的段表，请将逻辑地址（0, 137），（1, 4 000)，（2, 3 600)，（5, 230）变换成物理地址。

表 5-2　段表

段号	内存起始地址	段长
0	50K	10KB
1	60K	3KB
2	70K	5KB
3	120K	8KB
4	150K	4KB

三、综合应用题

18. （考研真题）某系统采用动态分区分配方式管理内存，内存空间为640KB，低端40KB存放OS。系统为用户作业分配空间时，从低地址区开始。针对下列作业请求序列，画图表示使用首次适应算法进行内存分配和回收后内存的最终映像。作业请求序列如下：

作业1申请200KB，作业2申请70KB；

作业3申请150KB，作业2释放70KB；

作业4申请80KB，作业3释放150KB；

作业5申请100KB，作业6申请60KB；

作业7申请50KB，作业6释放60KB。

19. 某OS采用分段存储管理方式，用户区内存为512KB，空闲块链入空闲块表，分配时截取空闲块的前半部分（小地址部分）。初始时全部空闲。执行申请、释放操作序列request（300KB）、request（100KB）、release（300KB）、request（150KB）、request（50KB）、request（90KB）后：

（1）若采用首次适应算法，则空闲块表中有哪些空闲块（指出大小及起始地址）？

（2）若采用最佳适应算法，则空闲块表中有哪些空闲块（指出大小及起始地址）？

（3）若随后又要申请80KB，则针对上述两种情况会产生什么后果？这说明了什么问题？

20. 某系统的空闲分区如表5-3所示，采用可变分区分配策略处理作业。现有作业序列96KB、20KB、200KB，若采用首次适应算法和最佳适应算法来处理这些作业序列，则哪种算法能满足该作业序列的请求？为什么？

表 5-3　空闲分区表

分区号	分区大小	分区起始地址
1	32KB	100K
2	10KB	150K
3	5KB	200K
4	218KB	220K
5	96KB	530K

第6章 虚拟存储器

第6章导读

在第1章中介绍存储器管理功能时，提到了内存扩充功能，该功能并非从物理上去扩大内存容量，而是借助虚拟存储器等技术，从逻辑上扩大内存容量，使用户所感觉到内存容量比实际内存容量大得多，于是便可让比内存空间更大的程序运行，或者让更多的用户程序并发运行。这样既满足了用户的需要，又改善了系统的性能。本章将对虚拟存储技术做较详细的阐述。本章知识导图如图6-1所示。

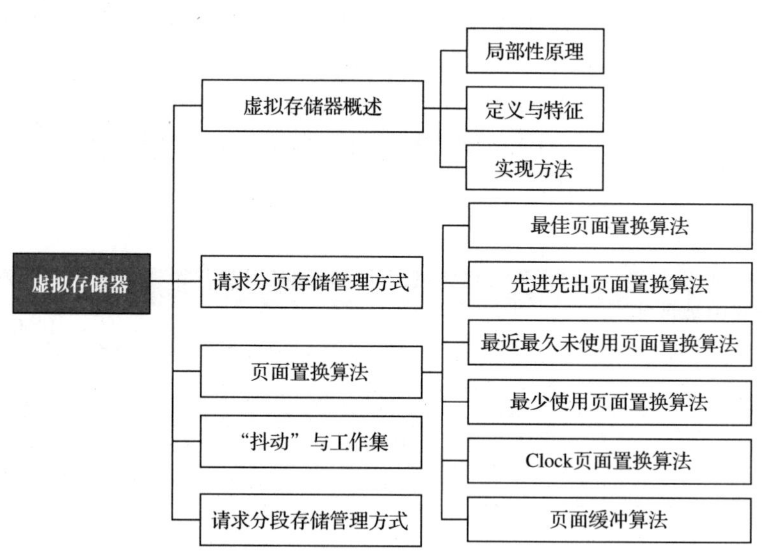

图6-1 第6章知识导图

6.1 虚拟存储器概述

6.1.1 常规存储器管理方式的特征和局部性原理

1. 常规存储器管理方式的特征

我们把第5章中所介绍的各种存储器管理方式，统称为传统存储器管理方式，它们全都具有以下两个共同的特征。

（1）**一次性**是指作业必须一次性地全部装入内存后，方能开始运行。在传统存储器管理方式中，无一例外地要求先将作业全部装入内存后方能运行。正是这一特征导致了下述两种情况的发生：①当作业很大时，它所要求的内存空间超过了内存总容量，此时无法将全部作业装入内存，导致该作业无法运行；②在有大量作业要求运行的情况下，由于每个作业都需要全部装入内存后方能运行，因此每次只能装入少量的作业，致使系统的多道程序度下降，这对于提高处理机的利用率和系统吞吐量都会产生不利影响。事实上，许多作业在运行时，并非需要用到全部程序和数据，如果一次性地装入其全部程序和数据，显然是对内存空间的一种浪费。

（2）**驻留性**是指作业被装入内存后，整个作业都一直驻留在内存中，其中任何部分都不会被换出，直至作业运行结束。尽管运行中的进程会因I/O等原因而被阻塞，可能处于长期等待状态，或者有的程序模块在运行过一次后就不再需要（运行）了，但它们都仍将驻留在内存中，继续占用宝贵的内存资源。

由此可以看出，上述的一次性及驻留性特征，使得许多在程序运行中不用或暂时不用的程序（数据）占据了大量的内存空间，而一些需要运行的作业又无法装入内存运行，显然，这是在浪费宝贵的内存资源。现在要研究的问题是：一次性及驻留性特征，是否是程序在运行时所必须保留的和不可改变的特征。

2. 局部性原理

程序运行时存在的局部性现象，很早就已被人发现，但直到1968年，皮特•邓宁（Peter Denning）才真正指出：程序在执行时将呈现出局部性规律，即在一段较短的时间内，程序的执行仅局限于某个部分，它所访问的存储空间也局限于某个区域。皮特•邓宁提出了下列论点。

（1）程序在执行时，除了少部分的转移和过程调用指令外，在大多数情况下是顺序执行的。该论点也在后来许多学者对高级程序设计语言（如FORTRAN语言、Pascal语言及C语言等）规律的研究中被证实。

（2）过程调用将会使程序的执行轨迹由一部分区域转至另一部分区域。但经研究发现，过程调用的深度在大多数情况下都不会超过5。这就是说，程序将会在一段时间内都局限在这些过程的范围内运行。

（3）程序中存在许多循环结构，这些结构虽然只由少数指令构成，但是它们将会被多次执行。

（4）程序中还包括许多对数据结构的处理，如对数组进行操作，它们往往都局限于很小的范围内。

局限性又表现在下述两个方面。

（1）**时间局限性**。如果程序中的某条指令被执行，则不久以后该指令可能会被再次执行；如果某数据被访问过了，则不久以后该数据可能会被再次访问。产生时间局限性的典型原因是在程序中存在着大量的循环操作。

（2）**空间局限性**。一旦程序访问了某个存储单元，不久之后，其附近的存储单元也将会被访问，即程序在一段时间内所访问的地址可能集中在一定的范围之内，其典型情况便是程序的顺序执行。

3. 虚拟存储器的基本工作情况

基于局部性原理可知，在运行应用程序之前，没有必要将之全部装入内存，而仅须将那些当前要运行的少数页面或段先装入内存便可运行，其余部分暂留在盘上。程序在运行时，如果它所要访问的页（段）已被调入内存，则可继续执行下去；但如果程序所要访问的页（段）尚未被调入内存（称为缺页或缺段），则须发出缺页（段）中断请求，此时OS将利用请求调页（段）功能，将它们调入内存，以使进程能继续执行下去。如果此时内存已满，无法再装入新的页（段），则OS还须再利用页（段）的置换功能，将内存中暂时不用的页（段）调至盘上，在腾出足够的内存空间后，再将要访问的页（段）调入内存，使程序继续执行下去。这样，便可使一个大的用户程序能在较小的内存空间中运行，也可在内存中同时装入更多的进程，使它们并发执行。

6.1.2 虚拟存储器的定义与特征

1. 虚拟存储器的定义

当用户看到自己的程序能在系统中正常运行时，他会认为，该系统所具有的内存容量一定比自己的程序大，或者说，用户所感觉到的内存容量会比实际内存容量大得多。但用户所看到的大容量只是一种错觉，是“虚”的，故人们把这样的存储器称为**虚拟存储器**。

综上所述，所谓虚拟存储器，是指具有请求调入功能和置换功能，能从逻辑上对内存容量加以扩充的一种存储器系统。其逻辑容量由内存容量和外存容量之和所决定，其运行速度接近于内存速度，而每个存储位的成本却又接近于外存。可见，虚拟存储技术是一种性能非常优越的存储器管理技术，故被广泛应用于大、中、小和微型计算机中。

2. 虚拟存储器的特征

与传统的存储器管理方式相比，虚拟存储器具有以下3个重要特征。

（1）**多次性**。

多次性是相对于传统存储器管理方式的一次性而言的，是指一个作业中的程序和数据，无须在作业运行时一次性地全部调入内存，而是允许被分成多次调入内存运行，即只须将当前要运行的那部分程序和数据装入内存即可开始运行。以后当要运行到尚未调入的那部分程序时，再将它调入即可。正是虚拟存储器的多次性特征，才使它具有从逻辑上扩大内存的功能。无疑，多次性是虚拟存储器最重要的特征，它是任何其他的存储管理方式所不具有的。因此，我们也可以认为虚拟存储器是具有多次性特征的存储器管理系统。

（2）**对换性**。

对换性是相对于传统存储器管理方式的驻留性而言的，是指一个作业中的程序和数据无须在作业运行时一直常驻内存，而允许它们在作业运行时进行换入、换出；亦即，在进程运行期间，允许将那些暂不使用的代码和数据从内存调至外存的对换区（换出），待以后需要时再将它们从外存调至内存（换入）。甚至还允许将暂时不运行的进程调至外存，待它们重又具备运行条件时再调入内存。换入和换出能有效提高内存利用率。可见，虚拟存储器具有对换性特征，也正是这一特征，才使得虚拟存储器得以正常运行。试想，如果虚拟存储器不具有换出功能，即不能把那些在内存中暂时不运行的进程或页面（段）换至外存，那么不仅不能充分利用内存，而且会导致在换入时，因无足够的内存空间而经常以失败告终。

（3）虚拟性。

虚拟性是指能够从逻辑上扩大内存容量，使用户所看到的内存容量远大于实际内存容量。这样，就可以在小的内存中运行大的作业，或者能提高多道程序度。它不仅能有效改善内存利用率，还能提高程序执行的并发程度，从而可以增加系统吞吐量。这是虚拟存储器所表现出来的最重要的特征，也是实现虚拟存储器最重要的目标。正是它具有的这一特征，使得虚拟存储器目前已成为在大、中、小及微型计算机上被广泛采用的存储器管理方式。

值得说明的是，虚拟性是以多次性和对换性为基础的，或者说，仅当系统允许将作业分多次调入内存，并能将内存中暂时不运行的程序和数据换至外存时，才有可能实现虚拟存储器；而多次性和对换性，显然又必须建立在离散分配方式的基础上。

6.1.3 虚拟存储器的实现方法

在虚拟存储器中，允许将一个作业分多次调入内存。如果采用连续分配方式，则由于要求必须将作业装入一个连续的内存区域中，因此就必须事先为作业一次性申请一个足以容纳整个作业的内存空间，以便能将该作业分先后多次装入内存。这不仅会使相当一部分内存空间都处于暂时或“永久”空闲状态，造成内存资源的严重浪费，而且无法也无意义再从逻辑上扩大内存容量。因此，虚拟存储器的实现，都毫无例外地建立在离散分配方式的基础上。目前，所有的虚拟存储器都是采用下述方式之一实现的。

1. 请求分页系统

请求分页系统是在分页系统的基础上，增加了请求调页功能和页面置换功能所形成的页式虚拟存储系统。它允许用户程序只装入少数页面的程序（及数据）即可启动运行；以后，再通过请求调页功能和页面置换功能，陆续地把即将运行的页面调入内存，同时把暂不运行的页面换出到外存上。置换时以页面为单位。为了能实现请求调页功能和页面置换功能，系统必须提供必要的硬件支持和实现请求分页的软件。

（1）硬件支持。主要的硬件支持有：①请求分页的页表机制，它是在纯分页的页表机制上通过增加若干项而形成的，被作为请求分页的数据结构；②缺页中断机构，即每当用户程序要访问的页面尚未调入内存时，便产生一个缺页中断，以请求OS将所缺的页调入内存；③地址变换机构，这同样是在纯分页地址变换机构的基础上发展形成的。

（2）实现请求分页的软件，包括用于实现请求调页的软件和实现页面置换的软件。它们在硬件的支持下，将程序运行时所需的（尚未在内存中的）页面调入内存，再将内存中暂时不用的页面从内存置换到外存上。

2. 请求分段系统

请求分段系统是在分段系统的基础上，增加了请求调段功能和分段置换功能后所形成的段式虚拟存储系统。它允许用户程序只装入少数段（而非所有的段）的程序和数据即可启动运行；以后，通过请求调段功能和分段置换功能将暂不运行的段调出，再调入即将运行的段。置换是以段为单位进行的。为了实现请求分段，系统同样需要必要的硬件支持和实现请求分段的软件。

（1）硬件支持。主要的硬件支持有：①请求分段的段表机制，它是在纯分段的段表机制上通过增加若干项而形成的，被作为请求分段的数据结构；②缺段中断机构，即每当用户程序要访问的段尚未调入内存时，便产生一个缺段中断，以请求OS将所缺的段调入内存；③地址变换机构，这同样是在纯分段地址变换机构的基础上发展形成的。

（2）实现请求分段的软件，包括用于实现请求调段的软件和实现段置换的软件。它们在硬件的支持下，先将内存中暂时不用的段从内存置换到外存上，再将程序运行时所需的（尚未在内存中的）段调入内存。

虚拟存储器在实现上是有一定难度的。相对于请求分段系统，因为请求分页系统换入与换出的基本单位都是固定大小的页面，所以在实现上要容易些。而请求分段系统换入与换出的基本单位是段，其长度是可变的，且段的分配类似于动态分区分配，它在内存分配和回收上都比较复杂。

目前，有不少虚拟存储器是建立在段页式系统基础上的，通过增加请求调页和页面置换功能，形成了段页式虚拟存储器系统，而且它们会把实现虚拟存储器所需的硬件支持集成在处理机芯片上。例如，早在20世纪80年代中期出现的Intel 80386处理机芯片，便已具备了支持段页式虚拟存储器的功能，以后推出的80486、80586以及P2、P3、P4等芯片中，都无一例外地具有支持段页式虚拟存储器的功能。

6.2 请求分页存储管理方式

请求分页

请求分页系统是建立在基本分页基础上的，为了能支持虚拟存储器功能，其增加了请求调页功能和页面置换功能。每次换入和换出的基本单位都是长度固定的页面，这使得请求分页系统在实现上要比请求分段系统简单（后者换入和换出的基本单位是长度可变的段）。因此，请求分页便成为目前最常用的一种实现虚拟存储器的方式。

6.2.1 请求分页中的硬件支持

为了实现请求分页，系统必须提供一定的硬件支持。计算机系统除了要求一定容量的内存和外存外，还需要有请求页表机制、缺页中断机构以及地址变换机构。

1. 请求页表机制

在请求分页系统中，需要的主要数据结构是请求页表。其基本作用仍然是将用户地址空间中的逻辑地址映射为内存空间中的物理地址。为了满足页面换入与换出的需要，在请求页表中又增加了四个字段。这样，请求分页系统中的每个页表即应包含以下各项。

页号	物理块号	**状态位P**	**访问字段A**	**修改位M**	**外存地址**

现对页表中新增的各字段进行说明，如下所示。

（1）状态位P：又称为存在位。由于在请求分页系统中，只将应用程序的一部分调入内存，还有一部分仍在外存中，故须在页表中增加一个存在位字段。由于该字段仅有一位，故又称为字。它用于指示该页是否已调入内存，供程序访问时参考。

（2）访问字段A：用于记录本页在一段时间内被访问的次数，或记录本页最近已有多长时间未被访问，供页面置换算法（程序）在选择换出页面时参考。

（3）修改位M：又称为脏位（dirty bit），标志该页在调入内存后是否被修改过。由于内存中的每一页都在外存中保留一份副本，因此在置换该页时，若未被修改，就无须再将该页写回到外存中，以减少系统的开销和启动磁盘的次数；若已被修改，则必须将该页重写到外存中，以保证外存中所保留的副本始终是最新的。简而言之，修改位M供置换页面时参考。

（4）**外存地址**：用于指出该页在外存中的地址，通常是物理块号，供调入该页时参考。

2. 缺页中断机构

在请求分页系统中，每当所要访问的页面不在内存中时，便产生一个缺页中断，请求OS将所缺之页调入内存。缺页中断作为中断，它们同样需要经历诸如保护CPU现场环境、分析中断原因、转入缺页中断处理程序进行处理以及在中断处理完成后恢复CPU现场环境等步骤。但缺页中断又是一种特殊的中断，它与一般的中断相比有着明显的不同，主要表现在以下两个方面。

（1）在指令执行期间，产生和处理中断信号。CPU通常会在一条指令执行完后，才检查是否有中断请求到达。若有，便去响应；否则，继续执行下一条指令。然而，缺页中断是在指令执行期间，若发现所要访问的指令或数据不在内存中时，便立即产生和处理缺页中断信号，以便能及时将所缺之页调入内存。

（2）一条指令在执行期间，可能会产生多次缺页中断。图6-2所示为一个涉及6次缺页中断的指令举例。如在执行一条指令copy A to B时，可能要产生6次缺页中断，其中指令本身跨了两个页面，A和B又分别各是一个数据块，也都跨了两个页面。基于这些特征，系统中的硬件机构应能保存多次中断时的状态，并保证最后能返回到中断前产生缺页中断的指令处，继续执行。

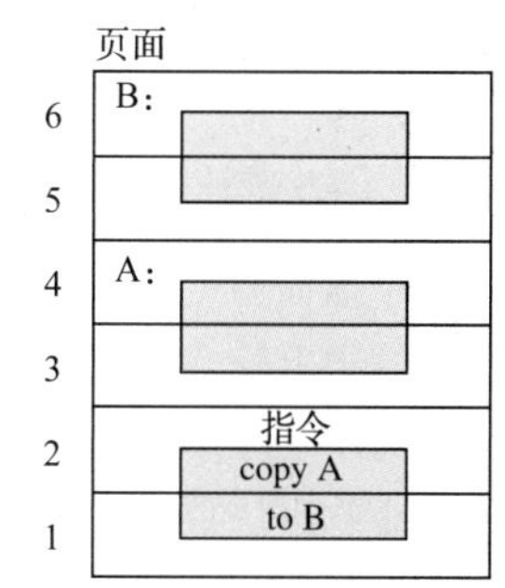

图6-2 涉及6次缺页中断的指令举例

3. 地址变换机构

请求分页系统中的地址变换机构，是在分页系统地址变换机构的基础上，为实现虚拟存储器而通过增加某些功能所形成的，如产生和处理缺页中断，以及从内存中换出一页的功能等。图6-3所示为请求分页系统中的地址变换过程。在进行地址变换时，首先会检索快表，试图从中找到所要访问的页。若能找到，则修改页表项中的访问位，供页面置换算法选择换出页面时参考。对于写指令，还须将修改位置成“1”，表示该页在调入内存后已被修改。然后利用页表项中给出的物理块号和页内地址形成物理地址。地址变换过程到此结束。

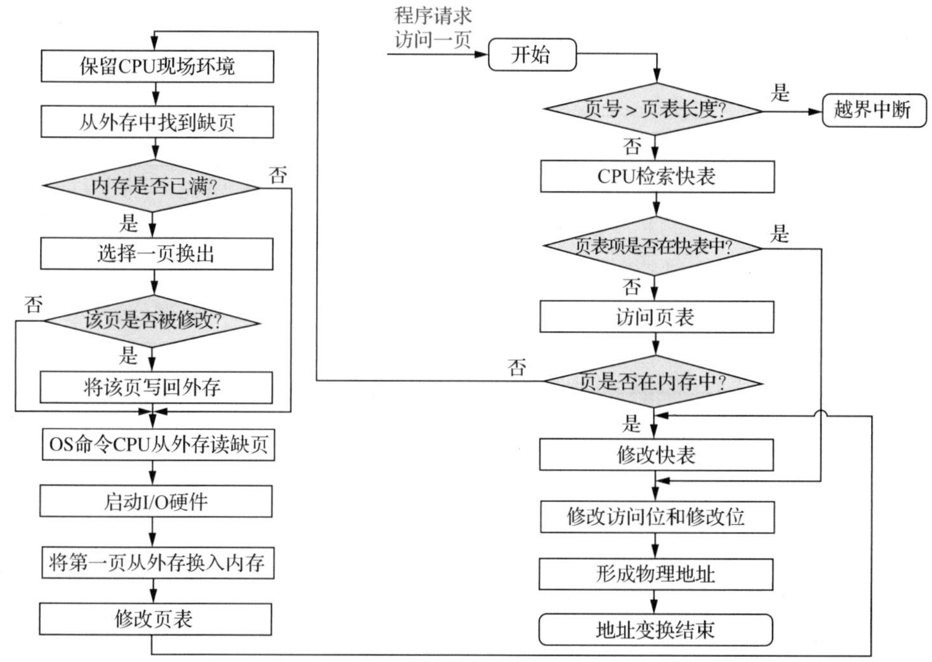

图6-3 请求分页系统中的地址变换过程

如果在快表中未找到该页的页表项，则应到内存中去查找页表，再通过找到的页表项中的状态位P来了解该页是否已调入内存。若该页已调入内存，则应将该页的页表项写入快表。当快表已满时，则应先调出按某种算法所确定的页的页表项，然后再写入该页的页表项；若该页尚未调入内存，则应产生缺页中断，请求OS从外存把该页调入内存。

6.2.2 请求分页中的内存分配

在为进程分配内存时，将涉及3个问题：第一，为保证进程能正常运行，所需要的最小物理块数的确定；第二，在为每个进程分配物理块时，应采取什么样的内存分配策略，即所分配的物理块是固定的，还是可变的；第三，在为不同进程分配物理块时，是采取平均分配算法分配，还是根据进程的大小按比例分配。

1. 最小物理块数的确定

一个显而易见的事实是，随着为每个进程所分配的物理块数的减少，进程在执行过程中的缺页率将会上升，从而会降低进程的执行速度。为使进程能有效地工作，应为它分配一定数目的物理块，但这并不是最小物理块数的概念。

最小物理块数是指，能保证进程正常运行所需的最小物理块数，当系统为进程分配的物理块数少于此值时，进程将无法运行。进程应获得的最小物理块数与计算机的硬件结构有关，取决于指令的格式、功能和寻址方式。对于某些简单的机器，若是单地址指令，且采用直接寻址方式，则所需的最小物理块数为2。其中，一块是用于存放指令的页面，另一块则是用于存放数据的页面。如果该机器允许间接寻址，则至少要求有3个物理块。对于某些功能较强的机器，其指令长度可能是两个或多于两个字节，因而其指令本身有可能跨两个页面，且源地址和目标地址所涉及的区域，也都可能跨两个页面。正如前面所介绍的在缺页中断机构中要发生6次中断的情况一样，对于这种机器，至少要为每个进程分配6个物理块，以装入6个页面。

2. 内存分配策略

在请求分页系统中，可采取两种内存分配策略，即固定分配（fixed allocation）和可变分配（variable allocation）。在进行置换时，也可采取两种置换策略，即全局置换（global replacement）和局部置换（local replacement）。于是可组合出以下3种适用的策略。

（1）固定分配局部置换。所谓固定分配是指，为每个进程分配一组数目固定的物理块，在进程运行期间不再改变。所谓局部置换是指，如果进程在运行中发现缺页，则只能从分配给该进程的n个页面中选出一页换出，然后再调入一页，以保证分配给该进程的内存空间不变。采用该策略时，为每个进程分配多少物理块，是根据进程类型（如交互型或批处理型等）或程序员、程序管理员的建议来确定的。实现这种策略的困难在于：应为每个进程分配多少个物理块难以确定。若太少，则会频繁地出现缺页中断，降低系统吞吐量。若太多，则又必然会使内存中驻留的进程数目减少，进而可能造成CPU或其他资源空闲的情况，而且在实现进程对换时，会花费更多的时间。

（2）可变分配全局置换。所谓可变分配是指，先为每个进程分配一定数目的物理块，然后在进程运行期间，可根据情况做适当的增加或减少。所谓全局置换是指，如果进程在运行中发现缺页，则将OS所保留的空闲物理块（一般组织为一个空闲物理块队列），取出一块分配给该进程，或者以所有进程的全部物理块为标的，选择一块换出，然后将所缺之页调入。这样，分配给该进程的内存空间就会随之增大。可变分配全局置换可以说是最易实现的一种物理块分配和置换策略，已用于若干个OS中。在采用这种策略时，凡产生缺页（中断）的进程，都将获得新的物理块，仅当空闲物理块队列中的物理块用完时，OS才会从内存中选择一页调出。被选择调出的页可能是系统中任何一个进程中的页，因此这个被选中的进程所拥有的物理块会减少，这将导致其缺页率增加。

（3）**可变分配局部置换**。该策略同样是根据进程的类型或程序员的要求，为每个进程分配一定数目的物理块的；但当某进程发现缺页时，则只允许从该进程在内存的页面中选择一页换出，这样就不会影响其他进程的运行。如果进程在运行中频繁地发生缺页中断，则系统须再为该进程分配若干附加的物理块，直至该进程的缺页率减少到适当程度为止。反之，若一个进程在运行过程中的缺页率特别低，则此时可适当减少分配给该进程的物理块数，但不应引起其缺页率的明显增加。

3. 物理块分配算法

在采用固定分配策略时，为了将系统中可供分配的所有物理块分配给各个进程，一般可采用下列几种算法。

（1）**平均分配算法**。将系统中所有可供分配的物理块，平均分配给各个进程。例如，当系统中有100个物理块且有5个进程在运行时，每个进程可分得20个物理块。这种方式貌似公平，但由于未考虑各进程本身的大小，会造成实际上的不公平。例如，一个进程只有10页，为其分配20个物理块后则会有10个物理块闲置；而另外一个进程有200页，也被分配了20个物理块，则显然不够用，且必然会有很高的缺页率。

（2）**按比例分配算法**。根据进程的大小按比例分配物理块，如果系统中共有n个进程，每个进程的页面数为S_i，则系统中各进程页面数的总和S为：

$$S=\sum_{i=1}^{n}S_i。$$

再假定系统中可用的物理块总数为m，则可由下式算得每个进程所能分到的物理块数b_i为：

$$b_i=\frac{S_i}{S}\times m，$$

其中，b_i应该取整，它必须大于最小物理块数。

（3）**考虑优先权的分配算法**。在实际应用中，为了使重要的、紧迫的作业能尽快完成，应为它分配较多的内存空间。通常采取的方法是把内存中可供分配的所有物理块分成两部分：一部分按比例分配给各进程；另一部分则根据各进程的优先权进行分配，为高优先权进程适当地增加其相应的分配份额。在有的系统（如重要的实时控制系统）中，可能会完全按优先权来为各进程分配物理块。

6.2.3 页面调入策略

为使进程能够正常运行，必须事先将要执行的那部分程序和数据所在的页面调入内存。但问题是：①系统应在何时调入所需页面；②系统应从何处调入这些页面；③系统应如何进行调入；④与调入次数相关的缺页率是如何定义的。

1. 何时调入页面

为了确定系统将进程运行时所缺的页面调入内存的时机，可采取预调页策略或请求调页策略，现分述如下。

（1）**预调页策略**。如果进程的许多页都存放在外存的一个连续区域中，则一次调入若干个相邻的页会比一次调入一页更高效些。但如果调入的一批页面中的大多数都未被访问，则这样做又是低效的。于是便考虑采用一种以预测为基础的预调页策略，将那些预计在不久之后会被访问的页面，预先调入内存。如果预测较准确，那么这种策略显然是很有吸引力的。但遗憾的是，目前预调页的成功率仅约50%。

但是，预调页策略又因其特有的长处取得了很好的效果。首先，其可用于在第一次将进程调入内存时，此时可将程序员指出的那些页先调入内存。其次，在采用工作集的系统中，每个进程都具有一张表，表中记录有运行时的工作集，每当程序被调度运行时，就将工作集中的所有页调入内存。关于工作集的概念将在6.4节中进行介绍。

（2）**请求调页策略**。当进程在运行中需要访问某部分程序和数据时，若发现其所在的页面不在内存中，则立即提出请求，由OS将其所需页面调入内存。由请求调页策略所确定调入的页，是一定会被访问的，再加之请求调页策略比较易于实现，故在目前的虚拟存储器中大多采用此策略。但这种策略每次仅能调入一页，故需要花费较大的系统开销，增加了磁盘I/O的启动频率。

2. 从何处调入页面

请求分页系统中的外存可分为两部分：用于存放文件的文件区和用于存放对换页面的对换区。通常，由于对换区采用连续分配方式，而文件区采用离散分配方式，因此对换区的数据存取（磁盘I/O）速度比文件区的高。这样，每当发生缺页请求时，系统应从何处将缺页调入内存，可分为以下3种情况。

（1）系统拥有足够的对换区空间，这时可以从对换区调入全部所需页面，以提高调页速度。为此，在进程运行前，须将与该进程有关的文件从文件区复制到对换区。

（2）系统缺少足够的对换区空间，这时，凡是不会被修改的文件都直接从文件区调入；而当换出这些页面时，由于它们未被修改，不必再将它们重写到磁盘（换出），以后再调入时仍从文件区直接调入。但对于那些可能已被修改的部分，在将它们换出时，须将它们调到对换区，以后需要时再从对换区调入。

（3）UNIX方式。由于与进程有关的文件都放在文件区，故凡是未运行过的页面，都应从文件区调入。而对于曾经运行过但又被换出的页面，由于被放在对换区，因此在下次调入时，应从对换区调入。由于UNIX系统允许页面共享，因此，某进程所请求的页面有可能已被其他进程调入内存，此时也就无须再从对换区调入。

3. 如何调入页面

每当程序所要访问的页面未在内存时（存在位为“0”），便向CPU发出一个缺页中断，中断处理程序首先保留CPU现场环境，分析中断原因后转入缺页中断处理程序。该程序通过查找页表得到该页的外存地址后，如果此时内存能容纳新页，则启动磁盘I/O，将所缺之页调入内存，然后修改页表。如果内存已满，则须先按照某种页面置换算法，从内存中选出一页准备换出；如果该页未被修改过（修改位为“0”），则不必将该页写回磁盘；但如果该页已被修改（修改位为“1”），则必须将该页写回磁盘，然后再把所缺的页调入内存，并修改页表中的相应表项，置其存在位为“1”，并将此页表项写入快表中。在缺页调入内存且利用修改后的页表形成了所要访问数据的物理地址后，再去访问内存数据。整个页面调入过程对用户是透明的。

4. 缺页率

假设一个进程的逻辑空间为n页，系统为其分配的内存物理块数为m（$m \leqslant n$）。如果在进程运行过程中，访问页面成功（即所访问页面在内存中）的次数为S，访问页面失败（即所访问页面不在内存中，需要从外存调入）的次数为F，则该进程总的页面访问次数为：$A=S+F$，该进程在其运行过程中的缺页率为：$f=F/A$。

通常，缺页率会受到以下几个因素的影响。①**页面大小**：若页面划分较大，则缺页率较低；反之，则缺页率较高。②**进程所分配物理块的数目**：所分配的物理块数目越多，缺页率越低；反之，缺页率越高。③**页面置换算法**：算法的优劣决定了进程执行过程中缺页中断的次数，因此缺页率是衡量页面置换算法的重要指标。④**程序固有特性**：程序本身的编制方法对缺页中断次数有影响，根据程序执行的局部性原理，程序编制的局部化程度越高，相应执行时的缺页程度就越低。

事实上，在缺页中断处理时，当由于空间不足而需要置换部分页面到外存时，选择被置换页面还需要考虑置换的代价，例如页面是否被修改过。没有修改过的页面可以直接放弃，而已被修改过的页面则必须进行保存，因此处理这两种情况时的耗时是不同的。假设被置换的页面被修改的概率是β，其缺页中断处理时间是t_a，被置换页面没有被修改的缺页中断时间是t_b，那么，缺页中断处理时间的计算公式可表示为：

$$t=\beta \times t_a+(1-\beta) \times t_b。$$

思考题

请思考并比较纯请求分页和预调页的优缺点。

6.3 页面置换算法

页面置换

在进程运行过程中，当其所要访问的页面不在内存中，而须把它们调入内存，但内存已无空闲空间时，为了保证该进程能正常运行，系统必须从内存中调出一页程序或数据，并将其送入磁盘的对换区中。但应将哪个页面调出，须根据一定的算法来确定。通常，把选择换出页面的算法称为页面置换算法（page-replacement algorithm）。页面置换算法的好坏将直接影响系统的性能。

不适当的算法可能会导致进程发生“抖动”（thrashing），即刚被换出的页，很快又要被访问，因此需要将它重新调入，此时又需要再选一页调出；而此刚被调出的页，很快又被访问，又需要将它调入，如此频繁地更换页面，以致一个进程在运行中把大部分时间都花费在了页面置换工作上，我们称该进程发生了“抖动”。

一个好的页面置换算法应具有较低的页面置换频率。从理论上讲，应将那些以后不再会访问的页面或那些在较长时间内不会再访问的页面换出。目前已有多种页面置换算法，它们都试图更接近于理论上的目标。下面介绍几种常用的页面置换算法。

6.3.1 最佳页面置换算法和先进先出页面置换算法

目前有许多页面置换算法，相比而言，最佳页面置换算法和先进先出页面置换算法是两种比较极端的算法。最佳页面置换算法是一种理想化的算法，它具有最好的性能，但实际上是无法实现的，我们可以将其作为标准来评价其他算法的优劣。先进先出页面置换算法是最直观的算法，由于与通常的页面使用规律不符，可能是性能最差的算法，故实际应用极少。

1. 最佳页面置换算法

最佳（optimal，OPT）页面置换算法是由贝莱迪（Belady）于1966年提出的一种理论上的算法。其所选择的被淘汰页面，将是以后永不使用的或在（未来）最长时间内不会被访问的页面。采用最佳页面置换算法通常可保证获得最低的缺页率。但由于人们目前还无法预知一个进程在内存的若干个页面中，哪个页面是在（未来）最长时间内不会被访问的，因此该算法是无法实现的，但可以利用该算法去评价其他算法，举例说明如下。

假定系统为某进程分配了三个物理块，并考虑有以下页面号引用串：

7，0，1，2，0，3，0，4，2，3，0，3，2，1，2，0，1，7，0，1

进程运行时，先将7，0，1三个页面装入内存。以后，当进程要访问页面2时，会产生缺页中断，此时OS根据最佳页面置换算法，将选择页面7予以淘汰。这是因为页面0将作为第5个被访问的页面，页面1将作为第14个被访问的页面，而页面7则要在第18次页面访问时才调入。下次访问页面0时，因它已在内存而不必产生缺页中断。当进程访问页面3时，又将引起页面1被淘汰；因为，它在现有的2，0，1三个页面中将是以后最晚才被访问的。图6-4所示为采用最佳页面置换算法时的置换图。从图中可以看出，采用最佳页面置换算法发生了6次页面置换。

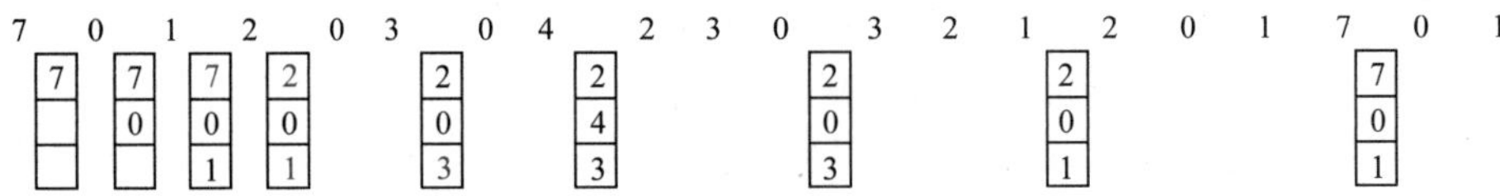

图6-4　采用最佳页面置换算法时的置换图

2. 先进先出页面置换算法

先进先出（first in first out，FIFO）页面置换算法是最早出现的页面置换算法。该算法总是会淘汰最先进入内存的页面，即选择在内存中驻留时间最久的页面予以淘汰。该算法实现简单，只要把进程已调入内存的页面按先后次序链接成一个队列，并设置一个指针（称为替换指针），使它总是指向最老的页面。但该算法与进程实际运行的规律不相适应，因为在进程中，有些页面（如含有全局变量、常用函数、例程等的页面）会经常被访问，而FIFO页面置换算法并不能保证这些页面不被淘汰。

这里，我们仍用介绍最佳页面置换算法时所讲的例子，但采用FIFO页面置换算法进行页面置换（见图6-5）。当进程第一次访问页面2时，将把页面7换出，因为它是最先被调入内存的；在第一次访问页面3时，又将把页面0换出，因为它在现有的2, 0, 1三个页面中是最老的页。从图6-5中可以看出，采用FIFO页面置换算法时进行了12次页面置换，比最佳页面置换算法正好多一倍。

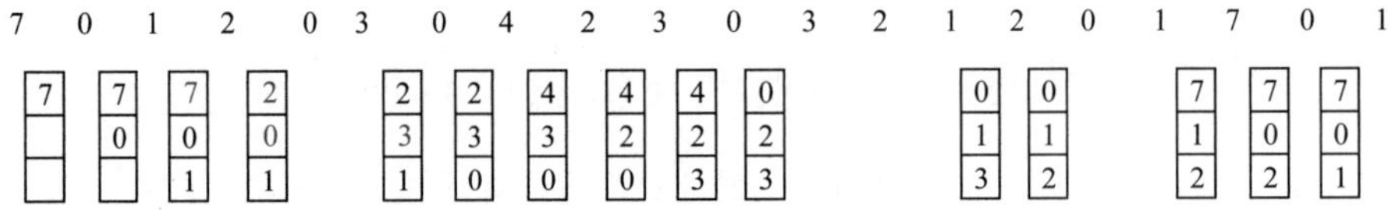

图6-5　采用FIFO页面置换算法时的置换图

6.3.2 最近最久未使用页面置换算法和最少使用页面置换算法

1. 最近最久未使用页面置换算法介绍

FIFO页面置换算法的性能之所以较差，是因为它所依据的条件是各个页面调入内存的时间，但是页面调入的先后顺序其实并不能反映页面的使用情况。最近最久未使用（least recently used，LRU）页面置换算法，是根据页面调入内存后的使用情况来做决策的。由于无法预测各页面将来的使用情况，只能将“最近的过去”作为“最近的将来”的近似，因此，LRU页面置换算法会选择最近最久未使用的页面予以淘汰。该算法赋予每个页面一个访问字段，用来记录一个页面自上次被访问以来所经历的时间t。当须淘汰一个页面时，选择现有页面中t值最大的（即最近最久未使用的）页面予以淘汰。

利用LRU页面置换算法对6.3.1小节中所讲例子进行页面置换的结果如图6-6所示。当进程第一次对页面2进行访问时，由于页面7是最近最久未被访问的，故将它置换出去。当进程第一次对页面3进行访问时，第1页成为最近最久未使用的页，故将它换出。从图6-6中可以看出，前5个时间的图像与采用最佳页面置换算法时的相同，但这并非是必然的结果，因为最佳页面置换算法是从“向后看”的观点出发的，即它依据的是以后各页的使用情况；而LRU页面置换算法则是“向前看”的，即其会根据各页以前的使用情况来判断，而页面过去和未来的走向之间并无必然的联系。

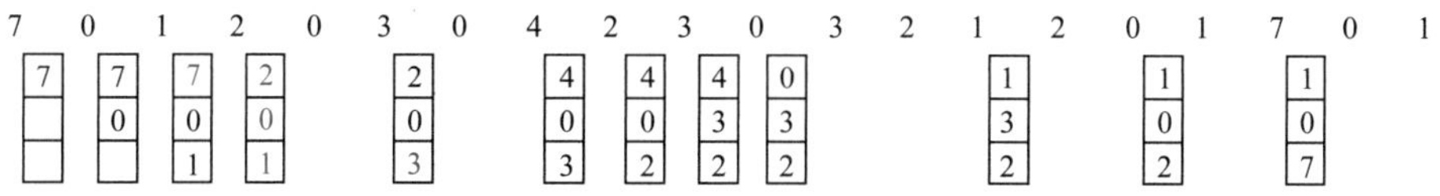

图6-6 采用LRU页面置换算法时的置换图

2. LRU 页面置换算法的硬件支持

LRU页面置换算法虽然是一种比较好的算法，但要求系统提供较多的硬件支持。为了了解一个进程在内存中的各个页面各有多少时间未被进程访问，以及如何快速地知道哪一页是最近最久未使用的页面，须有以下两类硬件之一的支持。

（1）寄存器。

为了记录某进程在内存中各页的使用情况，须为内存中的每个页面配置一个移位寄存器。该寄存器可表示为：

$$R=R_{n-1}R_{n-2}R_{n-3}\cdots R_2R_1R_0。$$

当进程访问某物理块时，要将相应寄存器的R_{n-1}位置成1。此时，定时信号将每隔一定的时间（如100ms）就使寄存器右移一位。如果把n位寄存器的数看作一个整数，那么，具有最小数值的寄存器所对应的页面，就是最近最久未使用的页面。图6-7所示为某进程在内存中具有8个页面，且为每个页面配置一个8位寄存器时的LRU访问情况。这里，把内存中的8个页面的序号分别定为1～8。从图6-7中可以看出，第3个内存页面的R值最小，当发生缺页时，首先会将它置换出去。

（2）栈。

可利用一个特殊的栈，保存当前使用的各个页面的页面号。每当进程访问某页面时，便将该页面的页面号从栈中移出，并压入栈顶。因此，栈顶始终是最新被访问页面的页面号，而栈底则是最近最久未使用页面的页面号。假定现有一进程，它分到了五个物理块，所访问的页面的页面号序列如下所示：

4, 7, 0, 7, 1, 0, 1, 2, 1, 2, 6

页面	R_7	R_6	R_5	R_4	R_3	R_2	R_1	R_0
1	0	1	0	1	0	0	1	0
2	1	0	1	0	1	1	0	0
3	0	0	0	0	0	1	0	0
4	0	1	1	0	1	0	1	1
5	1	1	0	1	0	1	1	0
6	0	0	1	0	1	0	1	1
7	0	0	0	0	0	1	1	1
8	0	1	1	0	1	1	0	1

图6-7　某进程具有8个页面时的LRU访问情况

在前三次访问时，系统会依次将4、7、0放入栈中，栈底是4，栈顶是0；第四次是访问第7页，会使栈顶变为7。在第八次访问页面2后，该进程的五个物理块都已装满，在第九次和第十次访问时，未发生缺页。在第十一次访问页面6时发生了缺页，此时页面4是最近最久未被访问的页，故将它置换出去。随着进程的访问，栈中页面号的变化情况如图6-8所示。

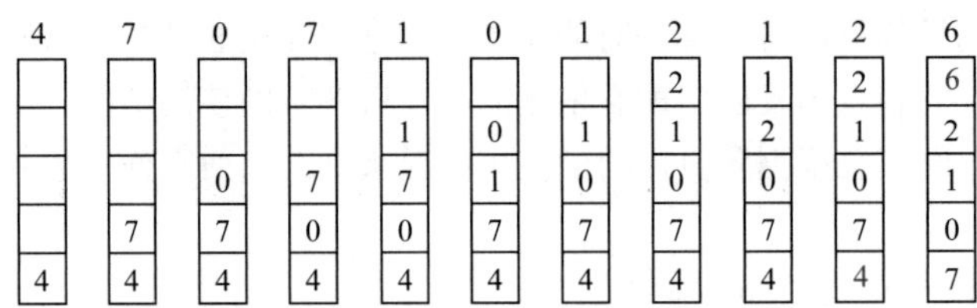

图6-8　用栈保存当前使用页面时栈的变化情况

3．最少使用页面置换算法

在采用最少使用（least frequently used，LFU）页面置换算法时，应为内存中的每个页面设置一个移位寄存器，用来记录该页面被访问的频率。该页面置换算法会将在最近时期使用最少的页面作为淘汰页。由于存储器具有较高的访问速度，如每次访问用时100ns，则在1ms的时间内可能对某页面连续访问成千上万次，因此，直接利用计数器来记录某页面被访问的次数是不现实的，只能采用较大的时间间隔来记录对存储器某页面的访问。LFU页面置换算法采用了移位寄存器方式。每次访问某页面时，便将该移位寄存器的最高位置1，再每隔一定时间（如100ms）右移一次。这样，在最近一段时间内使用最少的页面将是$\sum R_i$最小的页面。LFU页面置换算法的页面访问图，与LRU页面置换算法的页面访问图完全相同；或者说，利用这样一套硬件既可实现LRU页面置换算法，又可实现LFU页面置换算法。应该指出，LFU页面置换算法并不能真正反映页面的使用情况，因为在每一时间间隔内，只是用寄存器的一位来记录页面的使用情况，所以在该时间间隔内，对某页访问1次和访问1 000次是完全等效的。

6.3.3　Clock 页面置换算法

虽然LRU页面置换算法是一种较好的算法，但由于它要求有较多的硬件支持，其实现所需的成本较高，故在实际应用中大多采用LRU页面置换算法的近似算法。Clock页面置换算法就是用得较多的一种LRU页面置换算法的近似算法。

1．简单的 Clock 页面置换算法

当利用简单的Clock页面置换算法时，只要为每页设置一个访问位，再将内存中的所有页面都通过链接指针链接成一个循环队列即可。当某页被访问时，其访问位被置1。Clock页面置换

算法在选择一页进行淘汰时，只要检查页的访问位。如果是0，就选择该页换出；如果是1，则重新将它置为0，暂不换出，给予该页第二次驻留内存的机会，再按照FIFO页面置换算法检查下一个页面。当检查到队列中的最后一个页面时，若其访问位仍为1，则再返回队首去检查第一个页面。图6-9所示为简单Clock页面置换算法的流程和示例。由于该算法循环检查各页面的使用情况，故称之为Clock页面置换算法。但因该算法只有一个访问位，只能用它表示该页是否已经使用过，而置换时是将未使用过的页面换出，故又将该算法称为最近未用（not recently used，NRU）页面置换算法或二次机会页面置换算法。

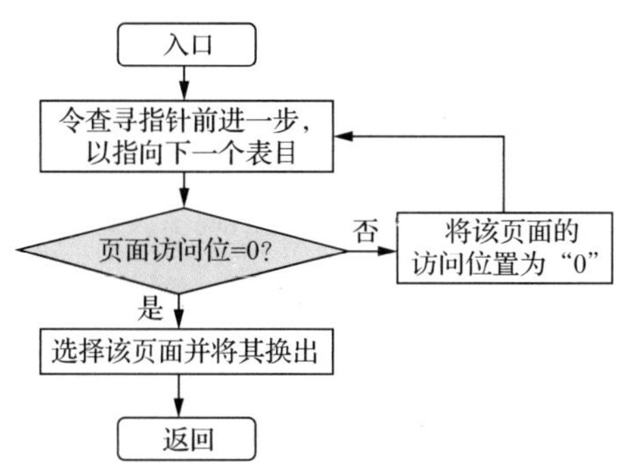

块号	页号	访问位	指针
0			
1			
2	4	0	
3			
4	2	1	
5			
6	5	0	
7	1	1	

替换指针

图6-9　简单Clock页面置换算法的流程和示例

2. 改进型 Clock 页面置换算法

在将一个页面换出时，如果该页已被修改过，则须将该页重新写回到磁盘上；但如果该页未被修改过，则不必将其重新写回磁盘。换言之，对于修改过的页面，在换出时所付出的开销比未修改过的页面的大，或者说置换代价大。在改进型Clock页面置换算法中，除须考虑页面的使用情况外，还须再增加一个需要考虑的因素——置换代价。这样，选择页面换出时，既要是未使用过的页面，又要是未被修改过的页面，将同时满足这两个条件的页面作为首选淘汰的页面。由访问位A和修改位M可以组合成下面4种类型的页面。

第1类（A=0，M=0）：表示该页最近既未被访问，又未被修改，是最佳淘汰页。

第2类（A=0，M=1）：表示该页最近未被访问，但已被修改，并不是很好的淘汰页。

第3类（A=1，M=0）：表示该页最近已被访问，但未被修改，该页有可能再被访问。

第4类（A=1，M=1）：表示该页最近已被访问且被修改，该页有可能再被访问。

内存中的每个页都必定是这四类页面之一。在进行页面置换时，可采用与简单Clock页面置换算法类似的改进型Clock页面置换算法，它们的差别在于该算法须同时检查访问位与修改位，以确定该页是4类页面中的哪一类。其执行过程可分成以下3步。

（1）从指针所指示的当前位置开始，扫描循环队列，寻找A=0且M=0的第一类页面，将所遇到的第一个此类页面作为所选中的淘汰页。在第一次扫描期间不改变访问位A。

（2）如果第一步失败，即查找一轮后未遇到第一类页面，则开始第二轮扫描，寻找A=0且M=1的第二类页面，并将所遇到的第一个此类页面作为淘汰页。在第二轮扫描期间，将所有扫描过的页面的访问位都置0。

（3）如果第二步也失败，亦即未找到第二类页面，则将指针返回到开始的位置，并将所有的访问位复0。然后重复第一步，即寻找A=0且M=0的第一类页面，如果仍失败，则必要时再重复第二步，寻找A=0且M=1的第二类页面，此时一定能找到可被淘汰的页。

改进型Clock页面置换算法与简单Clock页面置换算法相比，可减少磁盘的I/O操作次数。但为了找到一个可置换的页，可能需要经过几轮扫描。换言之，实现该算法本身开销将有所增加。

6.3.4 页面缓冲算法

在请求分页系统中，由于进程在运行时经常会发生页面换入/换出的情况，所以一个十分明显的事实是，页面换入/换出所付出的开销将对系统性能产生重大影响。在此，我们首先对影响页面换入/换出效率的若干因素进行分析。

1. 影响页面换入/换出效率的若干因素

影响页面换入/换出效率的因素有很多，其中包括：对页面进行置换的算法，将已修改页面写回磁盘的频率，以及将磁盘内容读入内存的频率。

（1）页面置换算法。影响页面换入/换出效率最重要的因素，无疑是页面置换算法。因为一个好的页面置换算法，可使进程在运行过程中具有较低的缺页率，从而可以减少页面换入/换出的开销。正因如此，才会有许多学者去研究页面置换算法，相应地也就出现了大量的页面置换算法，在前文中已对主要的页面置换算法做了介绍。

（2）写回磁盘的频率。对于已经被修改过的页面，在将其换出时，应当写回磁盘。如果采取每当有一个页面要被换出时，就将它写回磁盘的策略，则意味着每换出一个页面就需要启动一次磁盘。但如果在系统中已建立了一个已修改换出页面链表，则针对每个要被换出的页面（已修改），系统可暂不把它们写回磁盘，而是将它们挂在已修改换出页面链表上，仅当被换出页面数目达到一定值（如64）时，再将它们一起写回到磁盘上，这样就显著地减少了磁盘I/O的操作次数，或者说，减少了已修改页面换出的开销。

（3）读入内存的频率。在设置了已修改换出页面链表后，在该链表上就暂时有了一批装有数据的页面，如果有进程在这批数据还未写回磁盘时需要再次访问这些页面，则无须从磁盘上调入，而可直接从已修改换出页面链表中获取，这样不仅可以降低将页面从磁盘读入内存的频率，而且可以减少页面换入的开销。或者说，只须花费很小的开销，便可使这些页面又回到该进程的驻留集中。

2. 页面缓冲算法

页面缓冲算法（page buffering algorithm，PBA）就是采用上述思想，在原页面置换算法的基础上增设已修改页面链表，保存已修改且需要被换出的页面，等被换出的页面数目达到一定值时，再一起换出至磁盘，以达到减少页面换出开销的目的。页面缓冲算法的主要特点是：①显著地降低了页面换入/换出的频率，使磁盘I/O的操作次数大为减少，因而减小了页面换入/换出的开销；②正是由于换入/换出的开销大幅度减小，其采用一种较简单的置换策略（如FIFO页面置换算法）时不需要特殊硬件的支持，实现起来非常简单。页面缓冲算法已在不少系统中被采用，下面介绍VAX/VMS系统中所使用的页面缓冲算法。在该系统的内存分配策略中采用了可变分配局部置换方式，系统为每个进程分配一定数目的物理块，系统自己保留一部分空闲物理块。为了能显著地降低页面换入/换出的频率，在内存中设置了以下两个链表。

（1）空闲页面链表。实际上空闲页面链表是一个空闲物理块链表，这些系统掌握的空闲物理块用于分配给频繁发生缺页的进程，以降低这些进程的缺页率。当这些进程需要读入一个页面时，它们便可利用空闲物理块链表中的第一个物理块来装入该页。当有一个未被修改的页面要换出时，实际上并不将它换出到磁盘，而是将它所在的物理块挂在空闲链表的末尾。应当注意，这些挂在空闲链表中的、未被修改的页面中是有数据的，如果以后某进程需要这些页面中的数据，则可从空闲链表上将它们取下，这免除了从磁盘读入数据的操作，减少了页面换入的开销。

（2）修改页面链表。修改页面链表是由已修改的页面所形成的链表。设置该链表的目的是减少已修改页面换出的次数。当进程需要将一个已修改的页面换出时，系统并不会立即把它换出到磁盘上，而是会将它所在的物理块挂在修改页面链表的末尾。这样做的目的是降低将已修改页面写回磁盘的频率，进而降低将磁盘内容读入内存的频率。

6.3.5 请求分页系统的内存有效访问时间

与基本分页存储管理方式不同，在请求分页管理方式中，内存的有效访问时间不仅要考虑访问页表和访问实际物理地址数据的时间，还要考虑缺页中断的处理时间。这样，在具有快表机制的请求分页管理方式中，就会存在下面3种方式的内存访问操作，它们所对应的有效访问时间的计算公式也有所不同。

（1）被访问页在内存中，且其对应的页表项在快表中。

显然，此时不存在缺页中断情况，内存的有效访问时间分为查找快表时间和访问实际物理地址时间，即有：

$$EAT=\lambda+t,$$

上式中，λ为查找快表所需要的时间，t为访问一次内存所需要的时间。

（2）被访问页在内存中，且其对应的页表项不在快表中。

显然，此时也不存在缺页中断情况，但需要访问内存两次，一次读取页表，另一次读取数据；另外还需要更新快表。因此，这种情况下内存的有效访问时间可分为查找快表时间、查找页表时间、修改快表时间和访问实际物理地址时间，即有：

$$EAT=\lambda+t+\lambda+t=2\times(\lambda+t)。$$

（3）被访问页不在内存中。

因为当被访问页不在内存中时，需要进行缺页中断处理，所以在这种情况下，内存的有效访问时间可分为查找快表时间、查找页表时间、处理缺页中断时间、更新快表时间和访问实际物理地址时间。假设缺页中断处理时间为ε，则有：

$$EAT=\lambda+t+\varepsilon+\lambda+t=\varepsilon+2\times(\lambda+t)。$$

针对上述3种情况的讨论，没有考虑快表的命中率和缺页率等因素。加入这两个因素后，内存的有效访问时间计算公式变为：

$$EAT=\lambda+a\times t+(1-a)\times[t+f\times(\varepsilon+\lambda+t)+(1-f)\times(\lambda+t)],$$

上式中，a表示命中率，f表示缺页率。如果不考虑命中率而仅考虑缺页率，即上式中的λ=0且a=0，则有：

$$EAT=t+f\times(\varepsilon+t)+(1-f)\times t。$$

6.4 “抖动”与工作集

由于请求分页式虚拟存储器系统的性能优越，在正常运行的情况下，它能有效减少内部碎片，提高处理机的利用率和系统吞吐量，故是目前最常用的一种系统。但如果在系统中运行的进程太多，进程在运行中频繁地发生缺页情况，则其会对系统的性能产生很大影响，故还需要对请求分页系统的性能做简单的分析。

6.4.1 多道程序度与“抖动”

1. 多道程序度与处理机的利用率

由于虚拟存储器系统能从逻辑上扩大内存，这时，只要装入一个进程的部分程序和数据，进程便可开始运行，故人们希望在系统中能运行更多的进程，即增加多道程序度（道数）以提高处理机的利用率。但处理机实际的利用率却如图6-10中的实线所示，其中横轴表示进程数量，纵轴表示相应的处理机利用率。在横轴的开始部分，随着进程数量的增加，处理机的利用率急剧增加；但当到达N_1时，其增速就明显减慢了；当到达N_{max}时，处理机的利用率达到最大，以后先开始缓慢下降，当到达N_2时，若再继续增加进程数，利用率将会加速下降而趋于0，如图6-10中的N_3点。之所以会发生在后面阶段利用率趋于0的情况，是因为在系统中已发生了“抖动”。

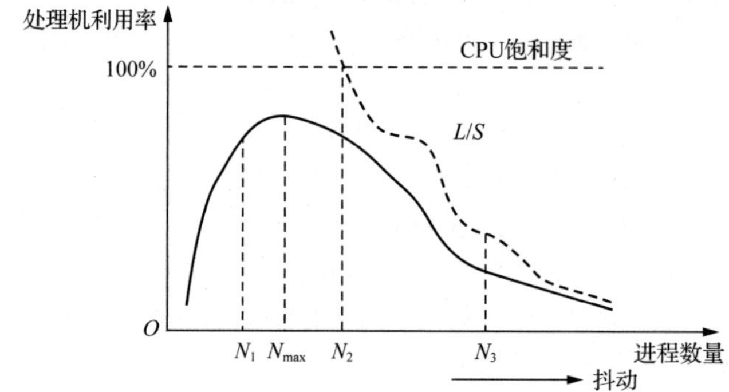

图6-10 处理机利用率与进程数量之间的关系

2. 产生“抖动”的原因

产生“抖动”的根本原因是，同时在系统中运行的进程太多，导致分配给每个进程的物理块太少，不能满足进程正常运行的基本要求，致使每个进程在运行时会频繁地出现缺页，必须请求系统将所缺之页调入内存。这会使得在系统中排队等待页面换入/换出的进程数量增加。显然，对磁盘的有效访问时间也会随之急剧增加，造成每个进程的大部分时间都用于页面的换入/换出，而几乎不能再去做任何有效的工作，从而导致发生处理机的利用率急剧下降而趋于0的情况。我们称此时的进程处于“抖动”状态。

“抖动”是在进程运行中出现的严重问题，必须采取相应的措施来解决它。为此，有不少学者对它进行了深入研究，并提出了许多非常有效的解决方法。由于“抖动”的发生与系统为进程分配物理块的多少有关，因此有人提出了关于进程“工作集”的概念。

6.4.2 工作集

1. 工作集的基本概念

进程发生缺页率的时间间隔与进程所获得的物理块数有关。图6-11所示为缺页率与物理块数之间的关系。从图6-11中可以看出，缺页率随着所分配物理块数的增加而明显减小，当物理块数超过某个数目时，再为进程增加一个物理块，则其对缺页率的改善不会很明显。可见，此时已无必要再为它分配更多的物理块。当为某进程所分配的物理块数低于某个数目时，每减少一个物理块对缺页率的影响都会十分明显，此时又应为该进程分配更多的物理块。为了能清楚地说明形成图6-11所示曲线的原因，还须先介绍“工作集”的概念。

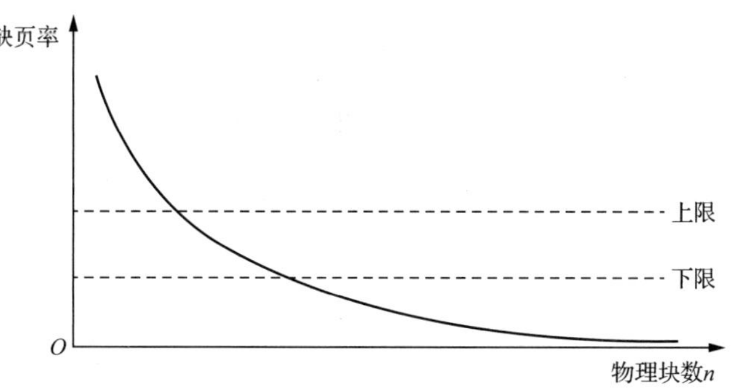

图6-11　缺页率与物理块数之间的关系

关于工作集的理论是1968年由皮特·邓宁提出并推广的。他认为，基于程序运行时的局部性原理，可以得知程序在运行期间对页面的访问是不均匀的，在一段时间内仅局限于较少的页面，而在另一段时间内又可能会局限于对另一些较少的页面进行访问。这些页面被称为活跃页面。如果能够预知程序在某段时间间隔内要访问哪些页面，并将它们调入内存，则将大大降低缺页率，从而可以显著提高处理机的利用率。

2. 工作集的定义

所谓工作集，是指在某段时间间隔Δ中进程实际要访问页面的集合。皮特·邓宁指出，虽然程序只需要少量的几页在内存中便可运行，但为了较少地产生缺页，应使程序的全部工作集装入内存中。然而我们无法事先预知程序在不同时刻将访问哪些页面，故仍只有像页面置换算法那样，将程序在过去某段时间内的行为作为程序在将来某段时间内行为的近似。具体来说，是把某进程在时间t的工作集记为$w(t, \Delta)$，其中的变量Δ称为工作集的“窗口尺寸”（windows size）。图6-12所示为某进程访问页面的序列和窗口大小分别为3, 4, 5时的工作集。由此可将工作集定义为，进程在时间间隔（$t-\Delta, t$）中引用页面的集合。

访问页面序列	窗口大小 3	窗口大小 4	窗口大小 5
24	24	24	24
15	15 24	15 24	15 24
18	18 15 24	18 15 24	18 15 24
23	23 18 15	23 18 15 24	23 18 15 24
24	24 23 18	—	—
17	17 24 23	17 24 23 18	17 24 23 18 15
18	18 17 24	—	—
24	—	—	—
18	—	—	—
17	—	—	—
17	—	—	—
15	15 17 18	15 17 18 24	—
24	24 15 17	—	—
17	—	—	—
24	—	—	—
18	18 24 17	—	—

（a）序列　　（b）工作集

图6-12　某进程访问页面的序列和窗口大小分别为3, 4, 5时的工作集

工作集$w(t, \Delta)$是二元函数，即在不同时间t的工作集大小不同，所含的页面数也不同，与窗口尺寸Δ有关。工作集大小是窗口尺寸Δ的非降函数（non-decreasing function），从图6-12中也

可看出这一点，即：

$$w(t, \Delta) \subseteq w(t, \Delta+1)。$$

6.4.3 “抖动”的预防方法

为了保证系统具有较大的吞吐量，必须防止“抖动”的发生。目前已有许多防止“抖动”发生的方法，这些方法几乎都是采用调节多道程序度来控制“抖动”发生的。下面介绍几种较常用的预防“抖动”发生的方法。

1. 采取局部置换策略

在页面分配和置换策略中，如果采取的是可变分配方式，则为了预防发生“抖动”，可采取局部置换策略。根据这种策略，当某进程发生缺页时，只能在分配给它的内存空间内进行置换，而不允许从其他进程的内存空间中去获得新的物理块。这样，即使该进程发生了“抖动”，也不会对其他进程产生影响，于是可把该进程“抖动”所造成的影响限制在较小的范围内。该方法虽然简单易行，但效果不是很好，因为在某进程发生“抖动”后，它还会长期地处在磁盘I/O的等待队列中，使队列的长度增加，这会延长其他进程缺页中断的处理时间，也就是会延长其他进程对磁盘的访问时间。

2. 把工作集算法融入处理机调度中

当调度程序发现处理机的利用率低下时，它将试图从外存调一个新作业进入内存，以改善处理机的利用率。如果在调度中融入了工作集算法，则在调度程序从外存调入作业之前，必须先检查每个进程在内存中的驻留页面是否足够多。如果都已足够多，则此时便可从外存调入新的作业，而不会因新作业的调入而导致缺页率的增加；如果有些进程的内存页面不足，则应首先为那些缺页率居高的作业增加新的物理块，此时将不再调入新作业。

3. 利用“$L=S$”准则调节缺页率

1980年，皮特·邓宁提出了“$L=S$”准则以调节多道程序度，其中L是缺页之间的平均时间，S是平均缺页服务时间，即用于置换一个页面所需的时间。如果L远比S大，则说明很少发生缺页，磁盘的能力尚未得到充分利用；如果L比S小，则说明频繁发生缺页，缺页的速度已超过磁盘的处理能力。只有当L与S接近时，磁盘和处理机才都可达到它们最大的利用率。理论和实践都已证明，利用“$L=S$”准则，对于调节缺页率是十分有效的。

4. 选择暂停的进程

当多道程序度偏高且已影响到了处理机的利用率时，为了防止发生“抖动”，系统必须减少多道程序的数量。此时，应基于某种原则选择暂停某些当前活动的进程，将它们调出到磁盘上，以便腾出内存空间并将其分配给缺页率偏高的进程。系统通常会采取与调度程序一致的策略，即首先选择暂停优先级最低的进程，若需要，则再选择暂停优先级较低的进程。当内存还显拥挤时，还可进一步选择暂停一个并不十分重要但却较大的进程（以便释放出较多的物理块）或者剩余执行时间最多的进程等。

请思考请求分页与交换的区别和联系。

6.5 请求分段存储管理方式

在分页基础上建立的请求分页式虚拟存储器系统，是以页面为单位进行换入/换出的。而在分段基础上所建立的请求分段式虚拟存储器系统，则是以分段为单位进行换入/换出的。它们在实现原理以及所需要的硬件支持上都是十分相似的。在请求分段系统中，程序运行之前只要先调入少数几个分段（不必调入所有分段），便可启动运行。当所访问的段不在内存中时，可请求OS将所缺的段调入内存。像请求分页式虚拟存储器系统一样，为实现请求分段存储管理方式，同样需要一定的硬件支持和相应的软件。

6.5.1 请求分段中的硬件支持

为了实现请求分段存储管理，应在系统中配置多种硬件机构，以支持快速完成请求分段功能。与请求分页系统相似，在请求分段系统中所需的硬件支持有：请求段表机制，缺段中断机构，以及地址变换机构。

1. 请求段表机制

在请求分段存储管理中所需的主要数据结构是请求段表。该段表中除了具有请求分页机制中所具有的访问字段A、修改位M、存在位P和外存地址这4个字段外，还增加了存取方式和增补位这2个字段。这些字段供程序在换入/换出时参考。下面所示为请求段表的段表项。

段名	段长	段的起始地址	存取方式	访问字段A	修改位M	存在位P	增补位	外存地址

在段表项中，除了段名（号）、段长、段在内存中的起始地址外，还增加了以下字段。

（1）存取方式。由于在应用程序中的段是信息的逻辑单位，可根据该信息的属性对它实施保护，故在段表中增加了存取方式字段。如果该字段为两位，则存取属性可以是只执行、只读或允许读/写。

（2）访问字段A。其含义与请求分页的相应字段相同，用于记录该段被访问的频繁程度。其可供页面置换算法在选择换出页面时参考。

（3）修改位M。用于表示该段在进入内存后是否已被修改过，供置换段时参考。

（4）存在位P。用于表示该段是否已调入内存，供程序访问时参考。

（5）增补位。增补位是请求分段存储管理中所特有的字段，用于表示该段在运行过程中是否做过动态增长。

（6）外存地址。用于表示该段在外存中的起始地址，即起始盘块号。

2. 缺段中断机构

在请求分段系统中，采用的是请求调段策略。每当发现运行进程所要访问的段尚未调入内存时，便由缺段中断机构产生一个缺段中断信号，进入OS后，由缺段中断处理程序将所需的段调入内存。与缺页中断机构类似，缺段中断机构同样需要在一条指令的执行期间产生和处理中断，同时，在一条指令执行期间也可能会产生多次缺段中断。但是，由于分段是信息的逻辑单位，因此不可能出现一条指令被分割在两个分段中以及一组信息被分割在两个分段中的情况。缺段中断的处理过程如图6-13所示。由于段不是定长的，因此对缺段中断的处理要比对缺页中断的处理复杂。

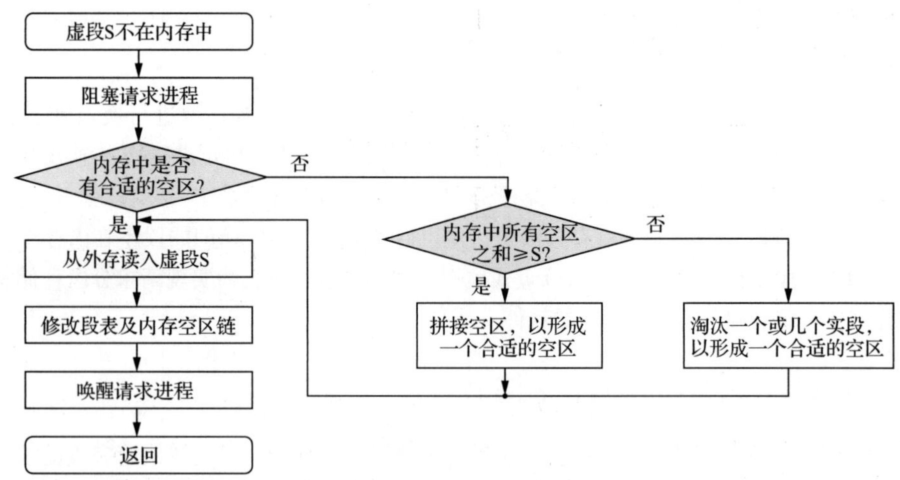

图6-13　请求分段系统中的缺段中断处理过程

3. 地址变换机构

请求分段系统中的地址变换机构，是在分段系统地址变换机构的基础上形成的。因为被访问的段并非全在内存中，所以在进行地址变换时，若发现所要访问的段不在内存中，则必须先将所缺的段调入内存，并修改段表，然后才能利用段表进行地址变换。为此，在地址变换机构中又增加了某些功能，如缺段中断的请求与处理等。图6-14所示为请求分段系统的地址变换过程。

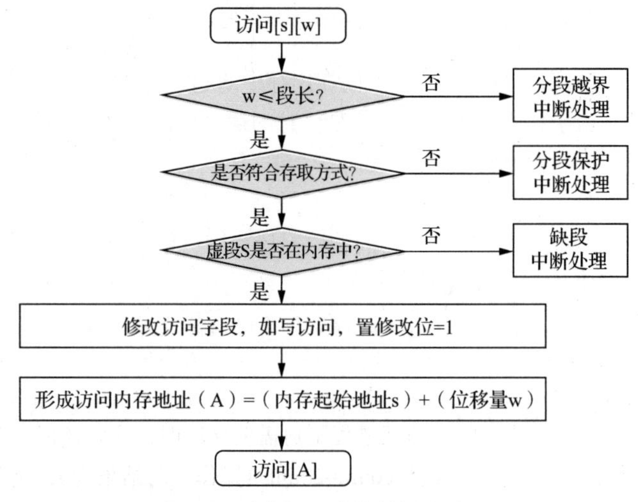

图6-14　请求分段系统的地址变换过程

6.5.2　分段的共享与保护

在5.6节中曾介绍过分段存储管理方式的优点：便于实现分段的共享与保护。此外，也扼要地介绍过实现分段共享的方法。本小节将进一步介绍为了实现分段共享，还应配置相应的数据结构——共享段表，并对表中的共享段进行操作。

1. 共享段表

为了实现分段共享，可在系统中配置一张共享段表，所有共享段都在共享段表中占有一表项。在表项的上面记录了共享段的段名（号）、段长、内存起始地址、状态（存在）位、外存起始地址以及共享进程计数count等信息。接下去记录了共享此分段的每个进程的情况。共享段表如图6-15所示，其中部分项的说明如下。

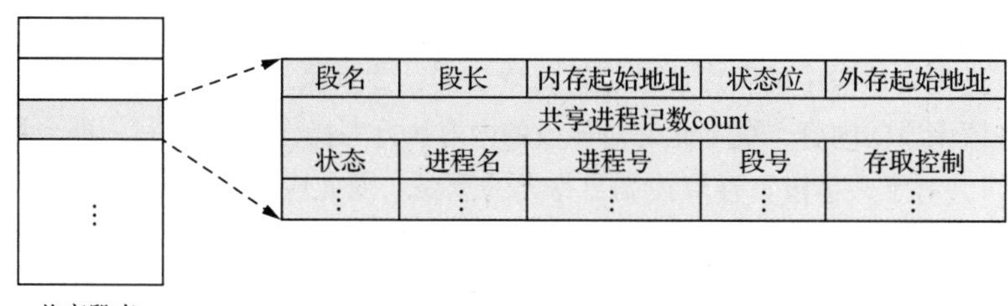

图6-15 共享段表

（1）**共享进程计数count**。非共享段仅为一个进程所需要。当进程不再需要该段时，可立即释放该段，并由系统回收该段所占用的空间。而共享段是为多个进程所需要的，为记录有多少进程正在共享该分段，须设置共享进程计数count。当某进程不再需要而释放它后，系统并不会立即回收该段所占的内存区，而是会检查count是否为0。若不是0，则表示还有进程需要它，仅当所有共享该段的进程全都不再需要它（count为0）时，系统才会回收该段所占的内存区。

（2）**存取控制**。对于一个共享段，其应为不同的进程赋予不同的存取权限。例如，对于主进程，通常会允许它读和写；而对于其他进程，则可能只允许它们读或执行。

（3）**段号**。对于一个共享段，在不同的进程中其可以具有不同的段号。每个进程均可用自己进程的段号去访问该共享段。

2. 共享段的分配与回收

（1）**共享段的分配**。由于共享段是供多个进程所共享的，因此，共享段的内存分配方法与非共享段的内存分配方法有所不同。在为共享段分配内存时，对于第一个请求使用该共享段的进程，系统会为该共享段分配一物理区，再把共享段调入该区，同时将该区的起始地址填入请求进程的段表的相应项中，还须在共享段表中增加一表项，填写请求使用该共享段的进程名、段号和存取控制字段等有关数据，把count置为1。当又有其他进程需要调用该共享段时，由于该共享段已被调入内存，故此时无须再为该共享段分配内存，而只要在调用进程的段表中增加一表项，填写该共享段的物理地址即可。在共享段的段表中增加一个表项，填上调用进程的进程名、该共享段在本进程中的段号、存取控制字段等，再执行count=count+1操作，以表明有两个进程共享该共享段。以后，凡有进程需要访问该共享段，都按上述方式在共享段的段表中增加一个表项。

（2）**共享段的回收**。当共享此段的某进程不再需要该段时，应将该段释放，包括撤销在该进程段表中共享段所对应的表项，并执行count=count-1操作。若结果为0，则须由系统回收该共享段的物理内存，并取消共享段表中该段所对应的表项，表明此时已没有进程使用该段；否则（减1后结果不为0），只取消调用者进程在共享段表中的有关记录。

3. 分段保护

在分段系统中，由于每个分段在逻辑上都是相对独立的，因而比较容易实现信息保护。目前，通常会采用以下几种措施来确保信息的安全。

（1）**越界检查**。越界检查是利用地址变换机构来完成的。为此，在地址变换机构中设置了段表寄存器，用于存放段表起始地址和段表长度信息。在进行地址变换时，首先将逻辑地址空间的段号与段表长度进行比较，如果段号大于或等于段表长度，则发出地址越界中断信号。此外，还须在段表中为每个段设置段长字段；在进行地址变换时，还要检查段内地址是否大于或等于段长，若是，则产生地址越界中断信号，从而保证了每个进程只能在自己的地址空间运行。

（2）**存取控制检查**。存取控制检查是以段为基本单位进行的。为此，在段表的每个表项中，都设置了一个“存取控制”字段，用于规定对该段的访问方式。通常的访问方式有：①只读，即只允许进程对该段中的程序或数据进行读访问；②只执行，即只允许进程调用该段去执行，但不允许读该段的内容，更不允许对该段的内容执行写操作；③读/写，即允许进程对该段进行读/写访问。对于共享段，存取控制显得尤为重要，因此应为不同的进程赋予不同的读/写权限。这时，既要保证信息的安全性，又要满足运行需要。例如，对于一个企业的财务账目，应该只允许会计人员对其进行读或写，允许领导及有关人员去读。而对于一般人员，则既不准读，更不准写。值得一提的是，这里所介绍的存取控制检查是基于硬件实现的，它能较好地保证信息的安全，因为攻击者很难对存取控制字段进行修改。

（3）**环保护机构**。这是一种功能较完善的保护机制。该机制规定：低编号的环具有高优先权。OS核心处于0号环内，某些重要的实用程序和OS服务占居中间环，而一般的应用程序则被安排在外环上。在环系统中，程序的访问和调用应遵循以下规则：①一个程序可以调用驻留在相同环或较高特权环（内环）中的服务；②一个程序可以访问驻留在相同环或较低特权环（外环）中的数据。图6-16所示为环保护机构中程序调用与数据访问的关系。

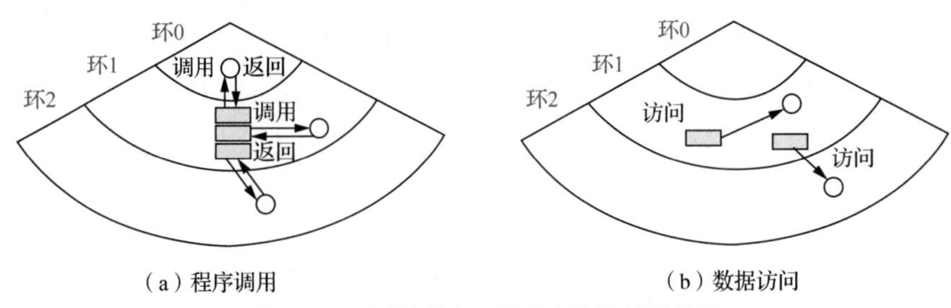

图6-16　环保护机构中程序调用与数据访问的关系

6.6　虚拟存储器实现实例

我们应该如何实现虚拟存储器呢？只有把理论知识同具体实际相结合，才能正确回答实践提出的问题。本节将分别讨论在Windows XP和Linux系统中如何实现虚拟存储器。

6.6.1　实例 1：在 Windows XP 系统中实现虚拟存储器

Windows XP系统采用请求页面调度以及簇（clustering）来实现虚拟存储器。簇在处理缺页中断时，不但会调入不在内存中的页（出错页），还会调入出错页周围的页。在创建一个进程时，系统会为该新进程分配工作集的最小值和最大值。工作集的最小值是进程在内存中时所保证有的页面数的最小值。如果有足够多的内存可用，那么进程就可分配更多的页面，直至达到其工作集的最大值。对于大部分应用程序，工作集的（页面数的）最小值和最大值是50和345（在有些环境下，进程允许页面数超过其工作集的最大值）。

另外，虚拟存储器管理器会维护一个空闲帧的链表，与该链表相关联的一个阈值，可用于表示是否有足够多的可用内存。如果一个进程的页面数低于其工作集的最大值且出现缺页情况，那么虚拟存储器管理器就可以从该空闲链表上分配帧。如果一个进程的页面数已达到其工作集的最大值且出现缺页情况，那么虚拟存储器管理器就会采用局部置换方式来选择置换页。

当空闲内存的量低于其阈值时，虚拟存储器管理器就会采用自动工作集进行修整，以使该值在其阈值之上。自动工作集的修整方式为：计算分配给进程的内存物理块数，如果进程所分配的物理块数大于其工作集的最小值，那么虚拟存储器管理器就会从中删除物理块，直到进程的页面数等于其工作集的最小值。一旦有了足够多的空闲内存，具有工作集的最小值页面数的进程就会从空闲块中分配物理块。

用于确定从哪个工作集中删除页的算法与OS所运行的处理机的类型有关。对于单处理机80x86系统，Windows XP使用了6.3.3小节所介绍的改进型Clock页面置换算法。对于Alpha系统和多处理机80x86系统，清除引用位需要使其他处理机的转译后备缓冲器（translation lookaside buffer，TLB）内容失效。为了避免这种开销，Windows XP使用了6.3.1小节所介绍的FIFO页面置换算法的一个变种。

6.6.2 实例 2：在 Linux 系统中实现虚拟存储器

Linux系统采用虚拟存储器管理技术，使得每个进程都有各自互不干涉的地址空间。以32位为例，该空间是块大小为4GB的线性虚拟空间，用户所看到和接触到的都是该虚拟地址，而无法看到实际的物理内存地址。

在Linux系统中，4GB的进程地址空间被人为地分为两个部分：用户空间与内核空间。用户空间占据0～3GB（0xC0000000），内核空间占据3GB～4GB。用户进程通常情况下只能访问用户空间的虚拟地址，而不能访问内核空间的虚拟地址。用户进程只有在进行系统调用（代表用户进程在内核态执行）等时，才可以访问到内核空间。用户空间对应进程，因此每当进行进程切换时，用户空间就会跟着变化；而内核空间是由内核负责映射的，它并不会跟着进程改变，换言之，它是固定的。内核空间地址有自己对应的页表，而用户进程则各自有不同的页表。

Linux系统中用户空间的管理策略，请参见5.7节的内容。Linux系统的内核空间主要有两种内存分配算法，即伙伴（buddy）和slab分配，两者可结合使用。buddy提供了2的幂大小内存块的分配方法，具有数组特性，简单高效；缺点是存在内部碎片。slab提供了小对象的内存分配方法，其实际上是一个多级缓存列表，最小的分配单位称为一个slab（一个或者多个连续页），其被分配给多个对象共用。

Linux系统中虚拟存储器的具体管理示意如图6-17所示，图中的虚框表示Linux系统中的虚拟存储器子系统，其除了可管理用户空间的MMU外，还包含面向内核内存管理的zoned buddy分配器和slab分配器。

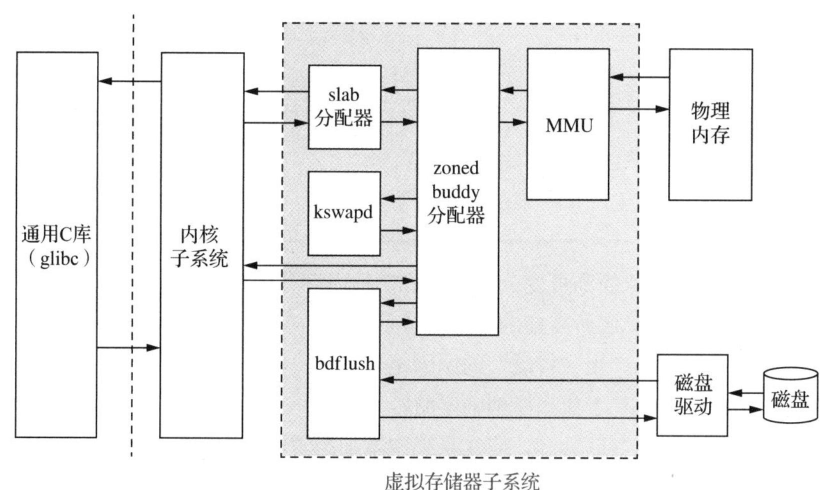

图6-17 Linux系统中虚拟存储器的具体管理示意

在虚拟存储器管理子系统中，kswapd是一个后台daemon进程，负责对系统内存做定时检查，一般是1s一次。如果发现没有足够的空闲页面，就进行页回收操作，将不再使用的页面换出。如果要换出的页面脏（被修改过）了，则还需要将这个页面写回到磁盘或者交换分区swap中。

bdflush也是一个后台daemon进程，负责周期性地检查脏缓冲（即磁盘缓冲），并将其写回磁盘。不过在Linux 2.6版本之后，pdflush就取代了bdflush，前者的优势在于：可以使多个线程并发，而bdflush只能支持单线程运行，这就保证了不会在回写繁忙时阻塞；另外，bdflush的操作对象是缓冲，而pdflush是基于页面的，显然pdflush的效率要更高。

6.7 本章小结

用户期望能够执行逻辑地址空间大于物理地址空间的进程。虚拟存储器是一种技术，能够将较大的逻辑地址空间映射到较小的物理内存上。虚拟存储器允许运行极大的进程，提高了多道程序度与处理机利用率。虚拟存储器的实现通常采用请求分页存储管理方式和请求分段存储管理方式；由于页的大小相同、管理方便，请求分页存储管理更加常用。

本章在介绍虚拟存储器的基本概念、实现原理的基础上，详细介绍了请求分页存储管理方式，包括缺页中断、页面置换算法、系统性能分析、“抖动”和工作集等，并简要介绍了请求分段系统的实现。围绕页面置换算法，本章详细介绍了最佳页面置换算法、FIFO页面置换算法、LRU页面置换算法、LFU页面置换算法、Clock页面置换算法和改进型Clock页面置换算法等的基本原理与具体实现。

习题6（含考研真题）

一、简答题

1. 常规存储器管理方式具有哪两大特征？它们对系统性能有何影响？
2. 什么是虚拟存储器？如何实现分页式虚拟存储器？
3. “整体对换从逻辑上也扩充了内存，因此也实现了虚拟存储器的功能”这种说法是否正确？请说明理由。
4. 在请求分页系统中，为什么说在一条指令执行期间可能产生多次缺页中断？
5. 试比较缺页中断与一般的中断，它们之间有何明显区别？
6. 试说明在请求分页系统中页面的调入过程。
7. （考研真题）简述在具有快表的请求分页系统中，将逻辑地址变换为物理地址的完整过程。
8. 何谓固定分配局部置换和可变分配全局置换的内存分配策略？
9. 实现LRU页面置换算法所需要的硬件支持是什么？
10. 什么是“抖动”？产生“抖动”的原因是什么？
11. 何谓工作集？它是基于什么原理确定的？
12. 为了实现请求分段存储管理，应在系统中增加配置哪些硬件机构？

二、计算题

13. （考研真题）某虚拟存储器的用户空间共有32个页面，每页1KB，内存16KB。假定某时刻系统为用户的第0、1、2、3页分配的物理块号为5、10、4、7，而该用户作业的长度为6页，试将十六进制的逻辑地址0A5C、103C、1A5C变换成物理地址。

14. 某请求调页系统，页表保存在寄存器中。若一个被替换的页未被修改过，则处理一个缺页中断需要8ms；若被替换的页已被修改过，则处理一个缺页中断需要20ms。内存存取时间为1μs，访问页表的时间可忽略不计。假定70%被替换的页被修改过，为保证有效存取时间不超过2μs，可接受的最大缺页率是多少？

15. （考研真题）某分页式虚拟存储系统，用于页面交换的磁盘的平均访问及传输时间是20ms，页表保存在内存中，访问时间为1μs，即每引用一次指令或数据，就需要访问内存2次。为改善性能，可以增设一个联想寄存器，若页表项在联想寄存器中，则只要访问1次内存。假设80%的访问对应的页表项在联想寄存器中，剩下的20%中，10%的访问（即总数的2%）会产生缺页。请计算有效访问时间。

16. 假定某OS存储器采用分页存储管理方式，一个进程在快表中的页表项如表6-1所示，在内存中的页表项如表6-2所示。

表 6-1 快表中的页表项

页号	页帧号
0	f1
1	f2
2	f3
3	f4

表 6-2 内存中的页表项

页号	页帧号
4	f5
5	f6
6	f7
7	f8
8	f9
9	f10

注：只列出不在快表中的页表项。

假定该进程长度为320B，每页32B。现有逻辑地址101、204、576（八进制），若这些逻辑地址能变换成物理地址，则说明变换的过程，并指出具体的物理地址；若不能变换，则说明其原因。

17. 有一个矩阵int A[100, 100]以行优先方式进行存储。计算机采用虚拟存储系统，物理内存共有3页，其中1页用来存放程序，其余2页用来存放数据。假设程序已在内存中占了1页，其余2页空闲。若每页可存放200个整数，则程序1、程序2执行的过程中各会发生多少次缺页？每页只能存放100个整数时，会发生多少次缺页？以上结果说明了什么问题？

```
程序1：
for(i=0; i<100; i++)
        for(j=0; j<100; j++)
            A[i, j]=0;

程序2：
for(j=0; j<100; j++)
    for(i=0; i<100; i++)
        A[i, j]=0;
```

三、综合应用题

18. （考研真题）有一个请求分页式虚拟存储器系统，分配给某进程3个物理块，开始时内存中预装入第1, 2, 3个页面，该进程的页面访问序列为1, 2, 4, 2, 6, 2, 1, 5, 6, 1。

（1）若采用最佳页面置换算法，则访问过程发生的缺页率为多少？

（2）若采用LRU页面置换算法，则访问过程中的缺页率为多少？

19. 进程已分配到4个块，如表6-3所示（编号为十进制，从0开始）。当进程访问第4页时，产生缺页中断，请分别用FIFO页面置换算法和LRU页面置换算法决定缺页中断处理程序选择换出的页面。

表 6-3　页表

块号	页号	装入时间	最近访问时间	访问位	修改位
2	0	60	161	0	1
1	1	130	160	0	0
0	2	26	162	1	0
3	3	20	163	1	1

20. 某系统有4个页，某个进程的页面使用情况如表6-4所示，问采用FIFO、LRU、简单Clock和改进型Clock页面置换算法，分别会置换哪一页？

表 6-4　页面使用情况

页号	装入时间	上次引用时间	R	M
0	126	279	0	0
1	230	260	1	0
2	120	272	1	1
3	160	280	1	1

其中，R是读标志位，M是修改位。

21. （考研真题）在请求分页存储管理系统中，假设某进程的页表内容如表6-5所示。

表 6-5　某进程的页表内容

页号	页框号	有效位（存在位）
0	101H	1
1	—	0
2	254H	1

页面大小为4KB，一次内存的访问时间是100ns，一次TLB的访问时间是10ns，处理一次缺页的平均时间是10^8ns（已含更新TLB和页表的时间），进程的驻留集大小固定为2，采用LRU页面置换算法和局部淘汰策略。假设：①TLB初始为空；②地址变换时先访问TLB，若TLB未命中，则再访问页表（忽略访问页表之后的TLB更新时间）；③有效位为0表示页面不在内存中，产生缺页中断，缺页中断处理后，返回到产生缺页中断的指令处重新执行。设有虚地址访问序列2362H、1565H、25A5H，请问：

（1）依次访问上述3个虚地址，各需要多少时间？给出计算过程。

（2）基于上述访问序列，虚地址1565H的物理地址是多少？请说明理由。

第7章 输入/输出系统

第7章导读

输入/输出（input/output，I/O）系统是OS的重要组成部分，用于管理诸如打印机和扫描仪等I/O设备，以及用于存储数据的各种存储设备，如磁盘和磁带机等。由于设备类型繁多，差异又非常大，I/O系统成为了OS中最繁杂且与硬件最紧密相关的部分。本章将在简要介绍I/O设备的基础上，着重阐述OS对I/O的管理。本章知识导图如图7-1所示。

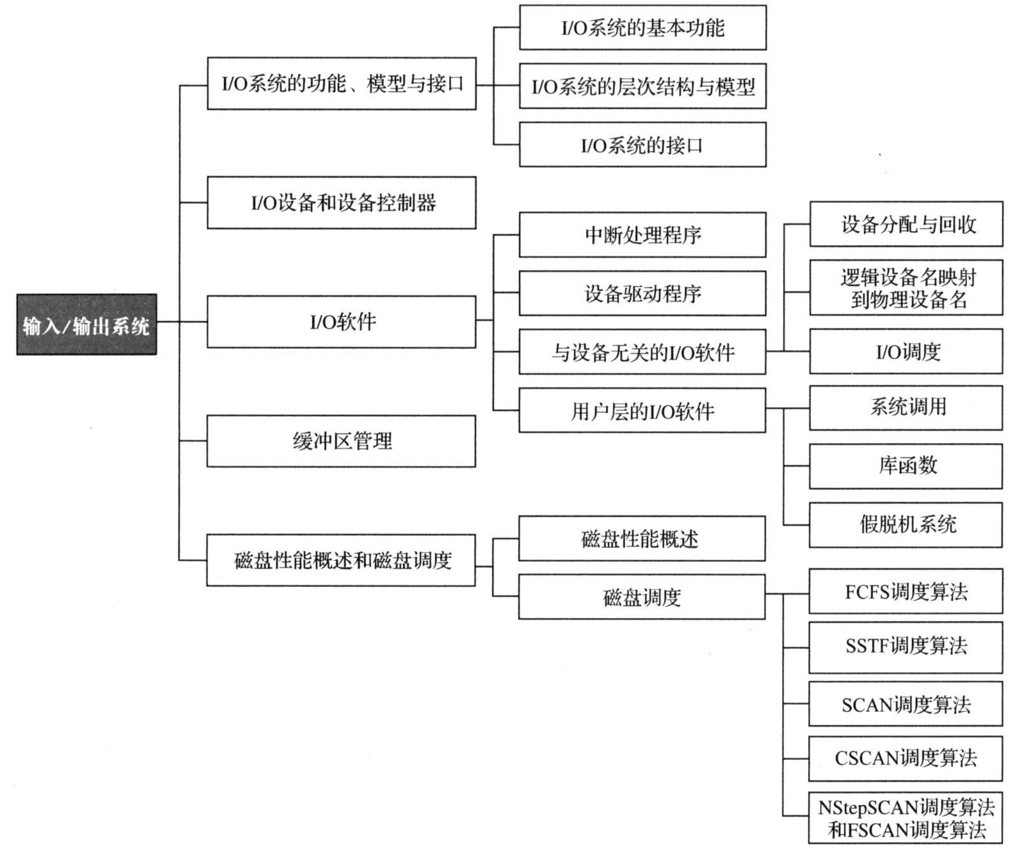

图7-1　第7章知识导图

7.1 I/O系统的功能、模型与接口

I/O系统管理的主要对象是I/O设备和相应的设备控制器。I/O系统最主要的任务是，满足用户进程提出的I/O请求，提高I/O速度，提高设备的利用率，以及为更高层的进程方便地使用I/O设备提供手段。

7.1.1 I/O 系统的基本功能

为了满足系统和用户的请求，I/O系统应具有下述几方面的基本功能，其中，第一、第二方面的功能是为了方便用户使用I/O设备；第三、第四方面的功能是为了提高处理机和I/O设备的利用率；第五、第六方面的功能是为了给用户在共享设备时提供方便，以保证系统能有条不紊地运行，当系统发生错误时能及时发现错误，甚至自动修正错误。

1. 能够隐藏 I/O 设备的细节

I/O设备的类型非常多，且彼此间在很多方面都存在差异，如它们接收和产生数据的速度、数据传输方向、数据粒度、数据的表示形式以及可靠性等方面。为了对这些千差万别的I/O设备进行控制，通常会为它们配置相应的设备控制器。这是一种硬件设备，其中包含若干个用于存放控制命令和参数的寄存器。用户通过这些命令和参数，可以控制I/O设备执行所要求的操作。

显然，对于不同的I/O设备，需要有不同的命令和参数。例如，在对磁盘进行操作时，不仅要给出本次是读命令还是写命令，还要给出源数据或目标数据的位置，包括磁盘的盘面号、磁道号和扇区号。由此可见，要求程序员或用户编写直接面向这些I/O设备的程序是极其困难的。因此，I/O系统必须通过对I/O设备加以适当的抽象，以隐藏I/O设备的实现细节，仅向上层进程提供少量的、抽象的读/写命令，如read、write等。实际上，关于隐藏性问题，我们在第1章中已做了类似的介绍。

2. 能够保证设备无关性

隐藏物理设备的细节，在早期的OS中就已实现，它可以方便用户对设备进行使用。保证设备无关性这一功能，是在较晚时才实现的，且是在隐藏I/O设备细节的基础上实现的。一方面，用户不仅可以使用抽象的I/O命令，还可以使用抽象的逻辑设备名来使用设备，例如，当用户要输出打印时，他只须提供（读或）写的命令（用于提出对I/O设备的要求）和抽象的逻辑设备名，如/dev/printer，而不必指明具体是哪一台打印机；另一方面，也可以有效地提高OS的可移植性和易适应性。对于OS本身而言，应允许在不需要将整个OS进行重新编译的情况下增添新的设备驱动程序，以方便新的I/O设备安装。如在Windows系统中，系统可以为新的I/O设备自动寻找和安装设备驱动程序，从而做到即插即用。

3. 能够提高处理机和 I/O 设备的利用率

在一般的系统中，许多I/O设备间是相互独立的，能够并行操作，处理机与设备之间也能并行操作。因此，I/O系统的第三方面功能是尽可能地让处理机和I/O设备并行操作，以提高它们的利用率。为此，一方面要求处理机能快速响应用户的I/O请求，使I/O设备能够尽快运行起来；另一方面要求尽量减少在每个I/O设备运行时处理机的干预时间。在本章中将介绍许多有助于实现该目标的方法。

4. 能够对 I/O 设备进行控制

对I/O设备进行控制是设备驱动程序的功能之一。目前对I/O设备有4种控制方式：①轮询的可编程I/O方式；②中断的可编程I/O方式；③直接存储器访问（direct memory access，DMA）方式；④I/O通道方式。应采用何种控制方式，与I/O设备的传输速率、传输的数据单位等因素有关。例如针对打印机、键盘等低速设备，由于它们传输数据的基本单位是字节（或字），故应采用中断的可编程I/O方式；而针对磁盘、光盘等高速设备，由于它们传输数据的基本单位是数据块，故应采用DMA方式，以提高系统的利用率。此外，I/O通道方式的引入，使得对I/O操作的组织和数据的传输，都能独立进行而无需CPU的干预。为了给上层软件和用户提供方便，显然I/O软件也应屏蔽掉这种差异，向上层软件和用户提供统一的操作接口。

5. 能够确保对设备的正确共享

根据设备的共享属性，可将系统中的设备分为两类。①独占设备，进程应互斥地访问此类设备，即系统一旦把此类设备分配给某进程后，便由该进程独占，直至用完释放。典型的独占设备有打印机、磁带机等。系统在对独占设备进行分配时，还应考虑分配的安全性。②共享设备，是指在一段时间内允许多个进程同时访问的设备。典型的共享设备是磁盘，当有多个进程对磁盘执行读/写操作时，操作可以交叉进行而不会影响到读/写的正确性。

6. 能够处理错误

大多数的设备都包括了较多的机械和电气部分，运行时容易出现错误和故障。从处理的角度看，可以将错误分为临时性错误和持久性错误。对于临时性错误，可通过重试操作来纠正它；只有在发生了持久性错误时，才需要向上层报告。例如，在磁盘传输数据过程中发生错误，系统并不认为磁盘已发生了故障，而是可以重新传输，一直重传多次后仍然有错，才会认为磁盘发生了故障。由于多数错误是与设备紧密相关的，因此对于错误的处理，应该尽可能地在接近硬件的层面上进行，即低层软件能够解决的错误就不向上层报告，因此高层也就不能感知。只有低层软件解决不了的错误才向上层报告，请求上层软件解决。

7.1.2 I/O 系统的层次结构与模型

I/O系统由I/O软件和I/O设备（硬件）等组成。I/O软件涉及的面很宽，向下与硬件密切关联，向上又与文件系统、虚拟存储器系统和用户直接交互，它们都需要I/O系统来实现I/O操作。为使复杂的I/O软件能具有清晰的结构、更好的可移植性和易适应性，目前已普遍采用具有层次结构的I/O系统。该结构是将I/O系统中的设备管理模块分为若干个层次，每层都是利用其下层提供的服务来完成I/O功能中的某些子功能的，并且会屏蔽这些功能实现的细节，向上层提供服务。

1. I/O 系统的层次结构

通常把“I/O软件”组织成4个层次，它们包含于图7-2所示的I/O系统的层次结构中，图中的箭头表示I/O的控制流。各层次及其功能介绍如下。

（1）**用户层软件**，用于提供与用户交互的接口，用户可直接调用该层所提供的与I/O操作有关的库函数对设备进行操作。

（2）**与设备无关的I/O软件**，用于实现用户程序与设备驱动程序的统一接口、设备命名、设备保护以及设备的分配与释放等，同时为设备管理和数据传输提供必要的存储空间。

（3）**设备驱动程序**，与硬件直接相关，用于执行系统对I/O设备发出的操作指令，换言之，是驱动I/O设备工作的驱动程序。

（4）**中断处理程序**，用于保存被中断进程的CPU现场环境，保存完成后转入相应的中断处理程序处理中断，处理完成后再恢复被中断进程的CPU现场环境，最后返回被中断进程。

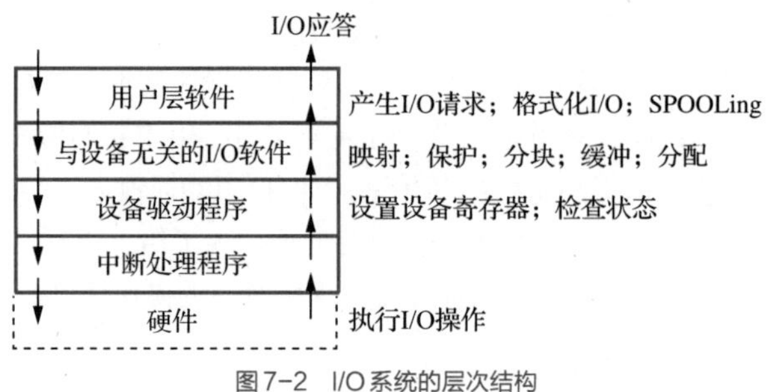

图7-2　I/O系统的层次结构

2. I/O系统的模型

为了能更清晰地描述I/O系统中主要模块之间的关系，这里进一步介绍I/O系统的模型，即I/O系统中各种I/O模块之间的层次视图，如图7-3所示。

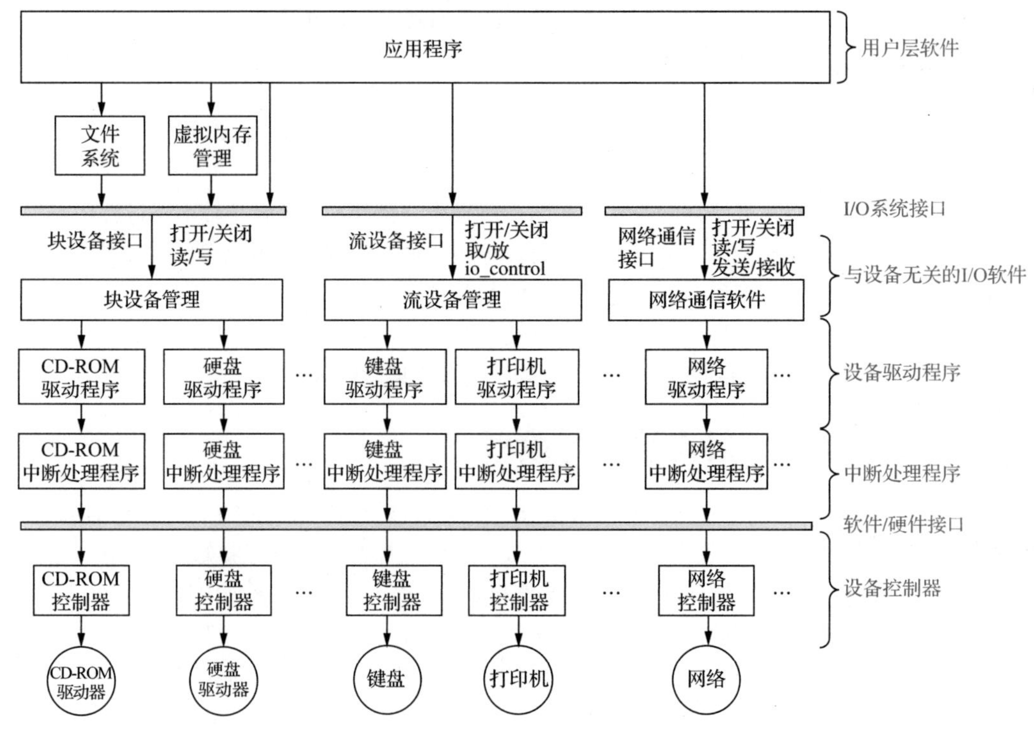

图7-3　I/O系统中各种I/O模块之间的层次视图

（1）**I/O系统的上/下接口**。

① **I/O系统接口**。上接口是I/O系统接口，它是I/O系统与上层系统之间的接口，向上层系统提供对设备进行操作的抽象I/O命令，以方便上层系统对设备进行使用。有不少OS在用户层提供了与I/O操作有关的库函数供用户使用。在上层系统中有文件系统、虚拟存储器系统以及用户进程等。

② **软件/硬件接口**。下接口是软件/硬件接口。它的上面是中断处理程序和用于不同设备的设备驱动程序。它的下面是各种设备的控制器，如CD-ROM控制器、硬盘控制器、键盘控制

器、打印机控制器以及网络控制器等，它们都属于硬件。由于设备种类繁多，故该接口相当复杂。如图7-3所示，在上接口与下接口之间是I/O系统。

（2）**I/O系统的分层**。

与前面所述的I/O软件的分层相对应，I/O系统本身也可分为以下3个层次。

① **中断处理程序**。它处于I/O系统的最低层，直接与硬件进行交互。当有I/O设备发来中断请求信号时，在中断硬件做了初步处理后，便转向中断处理程序。它首先保存被中断进程的CPU现场环境，然后转入相应设备的中断处理程序处理中断，在中断处理完成后又恢复被中断进程的CPU现场环境，并返回断点继续运行。

② **设备驱动程序**。它处于I/O系统的次低层，是进程和设备控制器之间的通信程序，其主要功能是：将上层发来的抽象I/O请求转换为针对I/O设备的具体命令和参数，并把它们装入设备控制器中的命令寄存器和参数寄存器中，或者相反。由于设备之间的差异很大，每类设备的驱动程序都不同，故必须由设备制造厂商提供设备驱动程序，而不是由OS设计者来设计。因此，每当在系统中增加一个新设备时，都需要由设备制造厂商提供新的驱动程序。

③ **与设备无关的I/O软件**。在现代OS的I/O系统中，I/O软件基本上都实现了与设备无关性，因此它们也称为与设备无关的软件，其基本含义是：I/O软件独立于具体使用的物理设备。由此带来的最大好处是：提高了I/O系统的可适应性和可扩展性，使它们能应用于许多类型的设备，而且在每次增加新设备或替换老设备时，都不需要对I/O软件进行修改，这样就方便了系统的更新和扩展。与设备无关的I/O软件的内容包括设备命名、设备分配、数据缓冲和数据高速缓冲等。

7.1.3 I/O 系统的接口

I/O系统与上层之间的接口，根据设备类型的不同，又可进一步分为若干类。在图7-3中给出了块设备接口、流设备接口和网络通信接口。

1. 块设备接口

块设备接口是块设备管理程序与上层之间的接口。该接口反映了大部分磁盘存储器、光盘存储器、闪存等的本质特征，用于控制该类设备的I/O。

（1）**块设备**。所谓块设备，是指数据的存取和传输都是以数据块为单位的设备。典型的块设备是磁盘。该设备的基本特征是传输速率较高，通常为每秒几十MB到几百MB。另一特征是可寻址，即能指定数据的输入源地址以及输出的目标地址，可随机读/写磁盘中的任一块；磁盘设备的I/O通常采用DMA方式。

（2）**隐藏了磁盘的二维结构**。块设备接口将磁盘上的所有扇区从0到n-1依次编号，n是磁盘中的扇区总数。经过这样编号后，就可以把磁盘的二维结构变为线性序列。在二维结构中，每个扇区的地址需要用磁道号和扇区号来表示，换言之，块设备接口隐藏了磁盘地址是二维结构的这一情况。

（3）**将抽象命令映射为低层操作**。块设备接口支持上层发来的、面向文件或设备的打开、读、写和关闭等抽象命令。该接口将上述命令映射为设备能识别的较低层的具体操作，例如，上层发来读磁盘命令时，它会先将抽象命令中的逻辑块号转换为磁盘的盘面号、磁道号和扇区号等。

虚拟存储器系统也需要使用块设备接口，因为在进程运行期间，每当它所访问的页面不在内存中时，便会发生缺页中断，此时就需要利用I/O系统（通过块设备接口）从磁盘存储器中将所缺页面调入内存。

2. 流设备接口

流设备接口是流设备管理程序与上层之间的接口。该接口又称为字符设备接口，它反映了大部分字符设备的本质特征，用于控制字符设备的I/O。

（1）字符设备。所谓字符设备，是指数据的存取和传输是以字符（字节）为单位的设备，如键盘、打印机等。字符设备的基本特征是传输速率较低，通常为每秒几B至数千B。其另一特征是不可寻址，即不能指定数据的输入源地址以及输出的目标地址。字符设备在I/O时通常采用中断驱动I/O方式。

（2）get操作和put操作。由于字符设备是不可寻址的，因而对它只能采取顺序存取方式。通常会为字符设备建立一个字符缓冲区（队列），设备的I/O字节流顺序地进入字符缓冲区（读入），或从字符缓冲区顺序地送出到设备（输出）。用户程序获取或输出字节的方法是采用get操作和put操作。get操作用于从字符缓冲区取得一个字节（到内存），并将它返回给调用者。而put操作则用于将一个新字节（从内存）输出到字符缓冲区，以待送出到设备。

（3）in-control指令。因字符设备的类型非常多，且差异甚大，所以为了以统一的方式来处理它们，通常会在字符设备接口中提供一种通用的in-control指令。该指令中包含了许多参数，每个参数均表示一个与具体设备相关的特定功能。

因为大多数字符设备都属于独占设备，所以必须采取互斥方式实现共享。为此，字符设备接口提供了打开操作和关闭操作。在使用此类设备时，必须先用打开操作来打开设备。如果设备已被打开，则表示它正被其他进程使用。

3. 网络通信接口

在现代OS中，都提供了面向网络的功能。但首先还需要通过某种方式，把计算机连接到网络上。同时OS也必须提供相应的网络软件和网络通信接口，以使计算机能通过网络同网络上的其他计算机进行通信，或上网浏览信息。由于网络通信接口涉及许多关于网络的知识，如网络中的各种硬件、网络通信协议和网络的层次结构等，这里将不再对其做专门的介绍，读者如有兴趣可查阅相关书籍以了解之。

思考题

目前，随着I/O设备种类的增加，现代OS是如何有效进行I/O设备管理的？

7.2 I/O设备和设备控制器

I/O设备一般是由执行I/O操作的机械部分和执行I/O控制的电子部件组成的。通常会将这两部分分开，执行I/O操作的机械部分就是一般的I/O设备，而执行I/O控制的电子部件，则称为设备控制器或适配器（adapter）。微机和小型计算机中的控制器，常做成印刷电路卡的形式，因而它也常被称为控制卡、接口卡或网卡，可将它插入计算机的扩展槽中。在有的大、中型计算机系统中，还配置了I/O通道或I/O处理机。

7.2.1 I/O 设备

1. I/O 设备的类型

I/O设备的类型繁多，除了能将它们分为块设备和字符设备，独占设备和共享设备外，还可从设备的使用特性上将它们分为存储设备和I/O设备，以及从设备的传输速率上将它们分为低速设备、中速设备和高速设备。

（1）**按使用特性分类**。第一类是存储设备，也称为外存、辅存，是用于存储信息的主要设备。该类设备存取速度较内存慢，但容量较内存却大得多，价格也便宜。第二类是I/O设备，它又可分为输入设备、输出设备和交互式设备。输入设备用于接收外部信息，如键盘、鼠标、扫描仪、视频摄像机等。输出设备用于将计算机处理后的信息送向处理机外部的设备，如打印机、绘图仪等。交互式设备则集成了上述两类设备，主要有显示器等，用于同步显示用户命令以及命令执行的结果。

（2）**按传输速率分类**。按传输速率的高低，可将I/O设备分为三类。第一类是低速设备，其传输速率仅为每秒几字节至数百字节，典型的低速设备有键盘、鼠标等。第二类是中速设备，其传输速率为每秒数千字节至数十万字节，典型的中速设备有行式打印机、激光打印机等。第三类是高速设备，其传输速率为每秒数十万字节至千兆字节，典型的高速设备有磁带机、磁盘机、光盘机等。

2. 设备与设备控制器之间的接口

通常，设备并不直接与CPU进行通信，而是与设备控制器进行通信，因此，在I/O设备中应含有与设备控制器之间的接口，在该接口中有三类信号（见图7-4），各对应一条信号线。

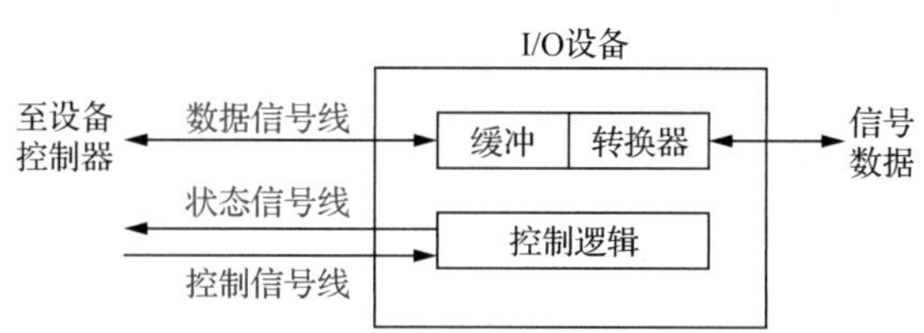

图7-4 设备与设备控制器之间的接口

（1）**数据信号线**。这类信号线用于在设备和设备控制器之间传送数据信号。对输入设备而言，由外界输入的信号经转换器转换所形成的数据，通常会先送入缓冲器中，当数据量达到一定的比特（字节）数后，再从缓冲器通过一组数据信号线传送给设备控制器，如图7-4所示。对输出设备而言，则是将从设备控制器经过数据信号线传送来的一批数据，先暂存于缓冲器中，经转换器做适当转换后再逐个字符地输出。

（2）**控制信号线**。这类信号线被作为由设备控制器向I/O设备发送控制信号的通路。该控制信号规定了设备将要执行的操作，如读操作（由设备向设备控制器传送数据），或写操作（从设备控制器接收数据），或执行磁头移动操作等。

（3）**状态信号线**。这类信号线用于传送指示设备当前状态的信号。设备的当前状态有正在读（或写）、设备已读（或写）完成、准备好了新的需要传送的数据等。

7.2.2 设备控制器

设备控制器的主要功能是，控制一个或多个I/O设备，以实现I/O设备和计算机之间的数据交换。它是CPU与I/O设备之间的接口，接收从CPU发来的命令，去控制I/O设备工作，使CPU能够从繁杂的设备控制事务中解脱出来。设备控制器是一个可编址的设备，当仅控制一个设备时，它只有一个唯一的设备地址；若设备控制器连接多个设备，则其应含有多个设备地址，每个设备地址对应一个设备。可把设备控制器分成两类：一类是用于控制字符设备的控制器，另一类是用于控制块设备的控制器。

1. 设备控制器的基本功能

（1）**接收和识别命令**。设备控制器能接收并识别处理机发来的多种命令。在控制器中具有相应的控制寄存器，用于存放接收的命令和参数，并对所接收的命令进行译码。例如，磁盘控制器可以接收CPU发来的read、write、format等15条不同的命令，而且有些命令还带有参数。相应地，在磁盘控制器中有多个寄存器和命令译码器。

（2）**数据交换**。设备控制器能实现CPU与设备控制器之间、设备控制器与设备之间的数据交换。前者通过数据总线，由CPU并行地把数据写入设备控制器，或从设备控制器中并行地读出数据。后者通过寄存器，由设备将数据输入设备控制器，或由设备控制器传送数据给设备。为此，在设备控制器中须设置数据寄存器。

（3）**标志和报告设备的状态**。设备控制器会记下设备的状态以供CPU了解。例如，仅当该设备处于发送就绪状态时，CPU才能启动设备控制器从设备中读出数据。为此，在设备控制器中应设置一状态寄存器，用其中的某一位来反映设备的某一种状态。当CPU将该寄存器的内容读入后，便可了解该设备的状态。

（4）**地址识别**。设备控制器是一个可编址的设备，其必须能够识别自身所控制的每个设备的地址。当控制一个设备时，其只有一个唯一的设备地址；当控制多个设备时，其含有多个设备地址，并使每个设备地址对应一个设备。此外，为使CPU能向（或从）寄存器中写入（或读出）数据，这些寄存器都应具有唯一的地址。设备控制器应能正确识别这些地址，为此，在设备控制器中应配置地址译码器。

（5）**数据缓冲区**。由于I/O设备的数据传输速率较低，而CPU和内存的速率却很高，故在设备控制器中必须设置一缓冲区。在输出时，用此缓冲区暂存由主机高速传来的数据，然后再以I/O设备所具有的传输速率将缓冲区中的数据传送给I/O设备。在输入时，缓冲区则用于暂存从I/O设备传来的数据，待接收到一批数据后，再将缓冲区中的数据高速地传送给主机。

（6）**差错控制**。对于由I/O设备传送来的数据，设备控制器还兼管差错检测。若发现传送中出现了错误，则通常会将差错检测码置位，并向CPU报告，于是CPU将本次传送来的数据作废，并重新进行一次传送。这样便可保证数据输入的正确性。

2. 设备控制器的组成

由于设备控制器位于CPU与设备之间，它既要与CPU通信，又要与设备通信，还应具有按照CPU所发来的命令去控制设备工作的功能，因此，现有的大多数设备控制器都是由以下三部分组成的。

（1）**设备控制器与CPU的接口**。该接口用于实现CPU与设备控制器之间的通信，在该接口中共有三类信号线：数据线、地址线和控制线。数据线通常与两类寄存器相连接：①第一类是数据寄存器，在设备控制器中可以有一个或多个数据寄存器，用于存放从设备传送来的数据（输入），或从CPU传送来的数据（输出）；②第二类是控制/状态寄存器，在设备控制器中可以有一个或多个此类寄存器，用于存放从CPU送来的控制信息或设备的状态信息。

（2）**设备控制器与设备的接口**。在一个设备控制器上，可以连接一个或多个设备。相应地，在设备控制器中便有一个或多个设备接口。在每个接口中都存在数据、控制和状态这三种类型的信号。设备控制器中的I/O逻辑会根据处理机发来的地址信号去选择一个设备接口。

（3）**I/O逻辑**。I/O逻辑用于实现对设备的控制。它通过一组控制线与CPU交互，CPU利用该逻辑，向控制器发送I/O命令。CPU每当要启动一个设备时，一方面会将启动命令发送给设备控制器，另一方面又会通过地址线把地址发送给设备控制器，由设备控制器根据I/O逻辑对地址进行译码，再根据所译出的命令对所选设备进行控制。设备控制器的组成如图7-5所示。

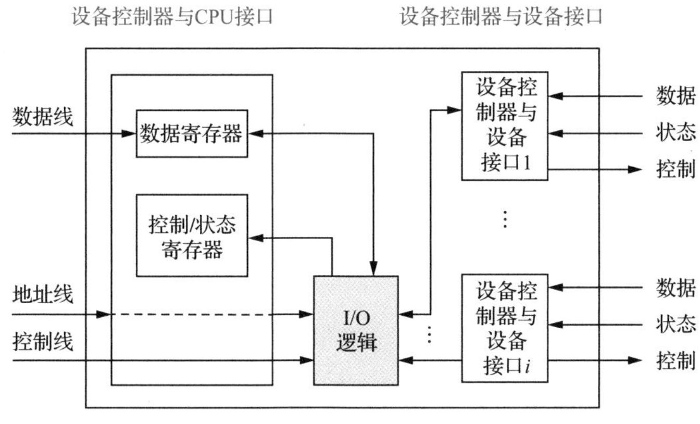

图7-5　设备控制器的组成

7.2.3　内存映像I/O

驱动程序将抽象I/O命令转换出的一系列具体的命令、参数等数据，装入设备控制器的相应寄存器中，由设备控制器来执行这些命令，具体实施对I/O设备的控制。这一工作可采用以下两种方法完成。

1. 采用特定I/O指令形式

在早期的计算机（包括大型计算机）中，为实现CPU和设备控制器之间的通信，为每个控制寄存器分配一个I/O端口，端口号是一个8位或16位的整数，如图7-6（a）所示。另外还设置了一些特定的I/O指令。例如，为了将CPU寄存器中的内容复制到设备控制器寄存器中，所须使用的特定I/O指令可表示如下：

```
io-store   cpu-reg, dev-no, dev-reg
```

其中，cpu-reg是CPU的某个寄存器；dev-no是指定的设备控制器的地址；dev-reg是指定设备控制器中的寄存器。如果是将CPU寄存器中的内容存入内存的某个单元（k）中，则将使用下面的指令：

```
Store   cpu-reg, k
```

该方法的主要缺点是，访问内存和访问设备需要两种不同的指令。

2. 采用内存映像I/O形式

在采用内存映像I/O形式这一方法中，在编址上不再区分内存单元地址和设备控制器中的寄存器地址，都采用k。当k值处于0～n-1这一范围时，被认为是内存地址，若$k \geq n$，则被认为是某个设备控制器的寄存器地址。由图7-6（b）可以看出，当$k=n$时，表示设备控制器0的第1个寄存器opcode的地址。因此，如果想将CPU寄存器中的内容传送到设备控制器0的第1个寄存器opcode，则只须使用如下所示的一般的存储指令即可。

```
Store   cpu-reg, n
```

采用内存映像I/O形式统一了对内存和对设备控制器的访问方法，这无疑会简化I/O设备的编程。

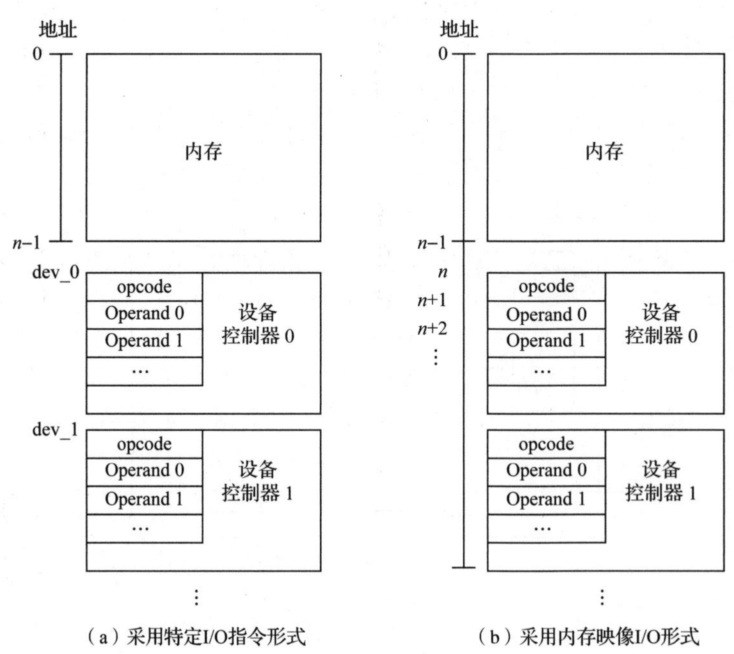

图7-6　设备寻址形式

7.2.4　I/O 通道

1. I/O 通道设备的引入

虽然在CPU与I/O设备之间增加了设备控制器后，能大大减少CPU对I/O设备的干预，但当主机所配置的I/O设备有很多时，CPU的负担仍然会很重。为此，在CPU和设备控制器之间又增设了通道（channel），其主要目的是建立独立的I/O操作，即不仅使数据的传送能独立于CPU，而且使对I/O操作的组织、管理及其结束处理尽量独立，以保证CPU有更多的时间进行数据处理；或者说，其目的是使一些原来由CPU处理的I/O任务转由通道来承担，从而把CPU从繁杂的I/O任务中解脱出来。在设置了通道后，CPU只须向通道发送一条I/O指令。通道在接收到该指令后，便会从内存中取出本次要执行的通道程序，然后执行该程序；仅当通道完成了规定的I/O任务后，才向CPU发送中断信号。

实际上，I/O通道是一种特殊的处理机，它具有执行I/O指令的能力，并能通过执行（I/O）通道程序来控制I/O操作。但I/O通道又与一般的处理机不同，主要表现在以下两个方面：一是I/O通道指令类型单一（这是由通道硬件比较简单所致），其所能执行的命令主要局限于与I/O操作有关的指令；二是I/O通道没有自己的内存，所执行的通道程序是放在主机的内存中的，换言之，是I/O通道与CPU共享内存。

2. 通道类型

前已述及，通道是用于控制外围设备（包括字符设备和块设备）的。由于外围设备的类型较多，且它们的传输速率相差甚大，因此通道也具有多种类型。这里，根据信息交换方式的不同，可把通道分成以下3类。

（1）字节多路通道。

字节多路通道（byte multiplexor channel）是一种按字节交叉方式工作的通道。它通常含有许多非分配型子通道，其数量可为几十到数百个，每个子通道均连接一台I/O设备，并控制该设备的I/O操作。这些子通道按时间片轮转方式共享主通道。当第一个子通道控制其I/O设备完成一个字节的交换后，其便会立即腾出主通道，让给第二个子通道使用；当第二个子通道也完成一个字节的交换后，同样也会把主通道让给第三个子通道；依此类推。当所有子通道轮转一周后，再由第一个子通道去使用字节多路主通道。这样，只要字节多路主通道扫描每个子通道的速率足够快，并且连接到子通道上的设备的速率又不是太高，便不会导致丢失信息。

图7-7所示为字节多路通道的工作原理。它所含有的多个子通道A，B，C，D，…，N，分别通过设备控制器各与一台设备相连。假定这些设备的速率相近，且都同时向主机传送数据。设备A所传送的数据流为A1，A2，A3，…；设备B所传送的数据流为B1，B2，B3，…；以此类推。把这些数据流合成后（通过主通道）送往主机，合成以后的数据流为A1，B1，C1，D1，…，A2，B2，C2，D2，…，A3，B3，C3，D3，…。

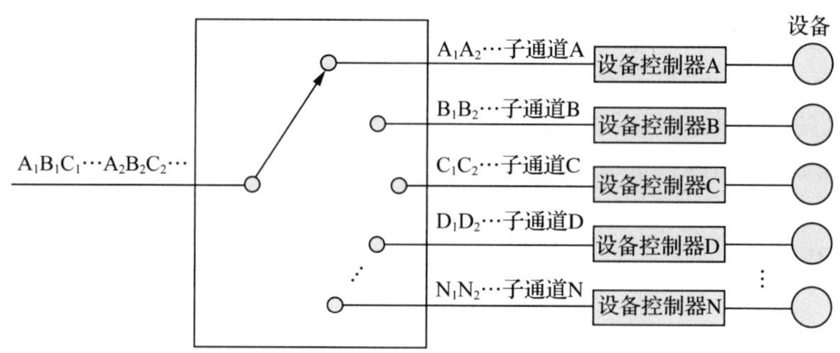

图7-7　字节多路通道的工作原理

（2）**数组选择通道**。

字节多路通道不适用于连接高速设备，这推动了按数组方式进行数据传送的数组选择通道（block selector channel）的形成。这种通道虽然可以连接多台高速设备，但由于它只含有一个分配型子通道，在一段时间内只能执行一道通道程序，控制一台设备进行数据传送，这致使当某台设备占用了该通道后，便会一直由它独占，即使它无数据传送，闲置的通道也不允许其他设备使用，直至该设备传送完毕并释放该通道。可见，这种通道的利用率很低。

（3）**数组多路通道**。

数组选择通道虽有很高的传输速率，但它每次只允许一个设备传输数据。数组多路通道（block multiplexor channel）是通过结合两个优点（即数组选择通道传输速率高和字节多路通道能使各子通道分时并行操作）而形成的一种新通道。它含有多个非分配型子通道，因而这种通道既具有很高的数据传输速率，又能获得令人满意的通道利用率。也正因此，才使该通道能被广泛地用于连接多台高、中速的外围设备，其数据传送是按数组方式进行的。

3. “瓶颈”问题

由于通道价格昂贵，机器中所设置的通道数量势必较少，这往往又会使它成为I/O的瓶颈，进而造成整个系统吞吐量下降。例如，在图7-8中，假设设备1至设备4是四个磁盘，为了启动磁盘4，必须用通道1和设备控制器2；但若这两者已被其他设备占用，则必然无法启动磁盘4。类似地，若要启动磁盘1和磁盘2，则由于它们都要用到通道1，因而也不可能启动。这些就是由通道不足所造成的“瓶颈”现象。

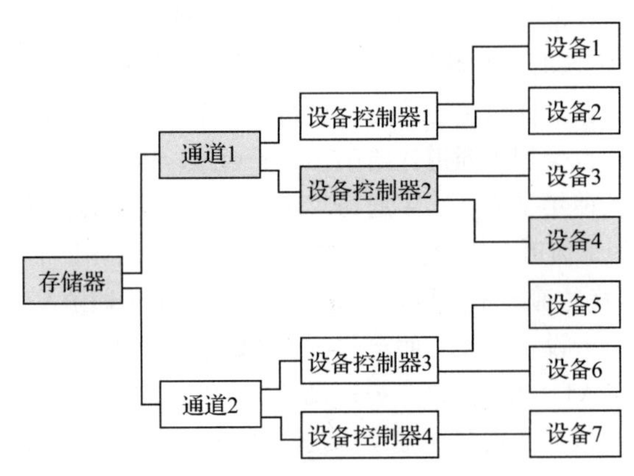

图7-8　单通路I/O系统

解决“瓶颈”问题最有效的方法，便是增加设备到主机间的通路而不增加通道，如图7-9所示。换言之，就是把一个设备连接到多个设备控制器上，而把一个设备控制器又连接到多个通道上。图7-9中的设备1、2、3、4都有4条通往存储器的通路。例如，设备4可通过设备控制器1和通道1到存储器，也可通过设备控制器2和通道1到存储器。多通路方式不仅解决了“瓶颈”问题，而且提高了系统的可靠性，因为个别通道或设备控制器的故障不会使设备和存储器之间没有通路。

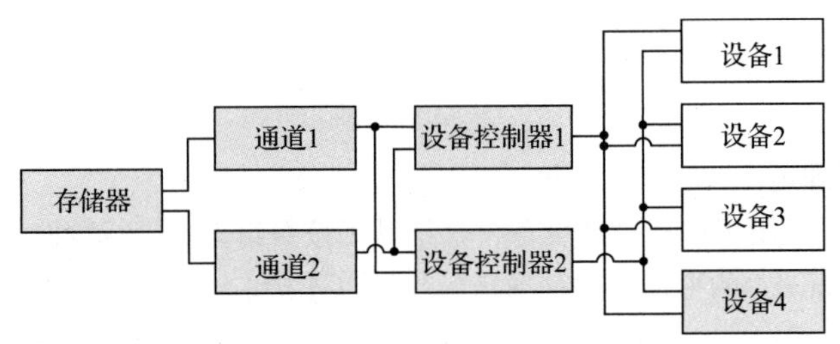

图7-9　多通路I/O系统

7.2.5　I/O 设备的控制方式

对I/O设备的控制，早期是使用轮询的可编程I/O方式，后来发展为使用中断的可编程I/O方式。随着DMA控制器的出现，以字节为单位进行传输变为了以数据块为单位进行传输，这大大改善了块设备的I/O性能。I/O通道的出现，又使对I/O操作的组织和数据的传输都能独立进行，而无需CPU的干预。应当指出，在I/O设备的控制方式的整个发展过程中，始终贯穿着这样一条宗旨：尽量减少主机对I/O控制的干预，把主机从繁杂的I/O控制事务中解脱出来，以便其能更多地去完成数据处理任务。

1. 使用轮询的可编程 I/O 方式

处理机对I/O设备的控制采取轮询的可编程I/O方式（程序轮询I/O方式），即在处理机向设备控制器发出一条I/O指令，启动输入设备输入数据时，要同时把状态寄存器中的忙/闲标志busy置为1，然后便不断地循环测试busy（称为轮询）。当busy=1时，表示输入机尚未输完一个字（节），处理机应继续对该标志进行测试，直至busy=0，表明输入机已将输入数据送入控制器的数据寄存器中。于是处理机将数据寄存器中的数据取出，送入内存的指定单元中，这样便完成了一个字（节）的I/O操作。接着再去读下一个数据，并置busy=1。图7-10（a）所示为程序轮询I/O方式的流程。

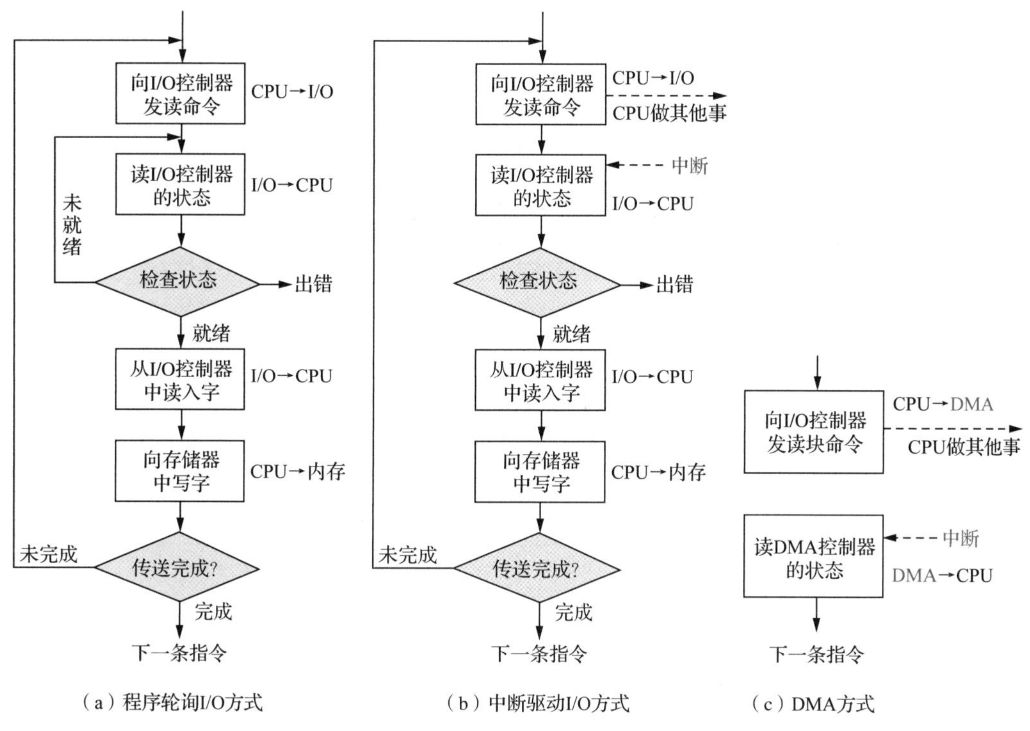

（a）程序轮询I/O方式　（b）中断驱动I/O方式　（c）DMA方式

图7-10　I/O设备的控制方式流程

在程序轮询I/O方式中，CPU的绝大部分时间都用于等待I/O设备完成数据I/O的循环测试中，这造成了对CPU的极大浪费。在该方式中，CPU之所以要不断测试I/O设备的状态，是因为在CPU中无中断机构，这使I/O设备无法向CPU报告它已完成了一个字节的输入操作。

2. 使用中断的可编程 I/O 方式

当前，对I/O设备的控制，广泛采用中断的可编程I/O方式（中断驱动I/O方式），即当某进程要启动某个I/O设备工作时，便由CPU向相应的设备控制器发出一条I/O命令，然后立即返回继续执行原来的任务。设备控制器接收到命令后会按照该命令的要求去控制指定的I/O设备。此时，CPU与I/O设备并行操作。例如，在输入时，当设备控制器收到CPU发来的读命令后，便去控制相应的输入设备读数据。一旦数据进入数据寄存器，设备控制器便会通过控制线向CPU发送一中断信号，由CPU检查输入过程中是否出错；若无错，便向设备控制器发送取走数据的信号，然后再通过设备控制器以及数据线将数据写入内存指定单元中。图7-10（b）所示为中断驱动I/O方式的流程。

在I/O设备输入每个数据的过程中，可使CPU与I/O设备并行工作。仅当输入完一个数据时，才需要CPU花费极短的时间去做一些中断处理。这样可使CPU和I/O设备都处于忙碌状态，从而提高整个系统的资源利用率及吞吐量。例如，从终端输入一个字节的时间约为100ms，而将字节送入终端缓冲区的时间小于0.1ms。若采用程序轮询I/O方式，则CPU约有99.9ms的时间处于“忙等”中。但采用中断驱动I/O方式后，CPU可利用这99.9ms的时间去做其他事情，而仅用0.1ms的时间来处理由设备控制器发来的中断请求。可见，中断驱动I/O方式可以成百上千倍地提高CPU的利用率。

3. 直接存储器访问（DMA）方式

（1）DMA方式的引入。

虽然中断驱动I/O方式比程序轮询I/O方式更有效，但它仍是以字（节）为单位进行I/O操作的。每当完成一个字（节）的I/O操作，设备控制器便要向CPU请求一次中断。换言之，采用中断驱动I/O方式时的CPU是以字（节）为单位进行干预的。如果将这种方式用于块设备的I/O操作，显然是极其低效的。例如，为了从磁盘中读出1KB的数据块，需要中断CPU 1K次。为了进一步减少CPU对I/O设备的干预，引入了DMA方式，如图7-10（c）所示。

该方式的特点是：①数据传输的基本单位是数据块，即在CPU与I/O设备之间，每次至少传送一个数据块；②所传送的数据是从I/O设备直接送入内存的，或者相反；③仅在传送一个或多个数据块的开始和结束时，才须CPU干预，整块数据的传送是在DMA控制器的控制下完成的。可见，DMA方式较中断驱动I/O方式，又进一步提高了CPU与I/O设备的并行操作程度。

（2）DMA控制器的组成。

DMA控制器由3部分组成：主机与DMA控制器的接口；DMA控制器与块设备的接口；I/O控制逻辑。图7-11所示为DMA控制器的组成。这里主要介绍主机与DMA控制器的接口。

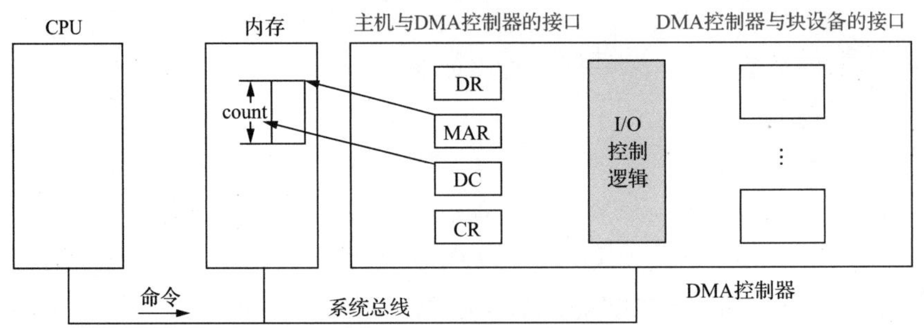

图7-11 DMA控制器的组成

为了实现在主机与DMA控制器之间直接交换成块的数据，必须在DMA控制器中设置如下4类寄存器：①命令寄存器（command register，CR），用于接收从CPU发来的I/O命令，或有关控制信息，或设备的状态；②内存地址寄存器（memory address register，MAR），在输入时，它存放把数据从设备传送到内存的起始目标地址，在输出时，它存放由内存到设备的内存源地址；③数据寄存器（data register，DR），用于暂存从设备到内存或从内存到设备的数据；④数据计数器（data counter，DC），用于存放本次CPU要读或写的字（节）数。

（3）DMA控制器的工作过程。

当CPU要从磁盘读入一个数据块时，其便会向磁盘控制器发送一条读命令。该命令会被送入命令寄存器中。同时，还须将本次要读入的数据在内存中的起始目标地址送入内存地址寄存器中。将要读数据的字（节）数送入数据计数器中，还须将磁盘中的源地址直接送至DMA控制器的I/O控制逻辑上。然后，启动DMA控制器进行数据传送。以后，CPU便可去处理其他任务了，整个数据传送过程由DMA控制器进行控制。当DMA控制器已从磁盘中读入一个字（节）的数据并送入数据寄存器后，再挪用一个存储器周期，以将该字（节）传送到内存地址寄存器所指示的内存单元中。然后便对内存地址寄存器的内容加1，将数据计数器的内容减1，若减1后数据计数器的内容不为0，则表示传送未完，继续传送下一个字（节）；否则，表示传送结束，并由DMA控制器发出中断请求。图7-12所示为DMA方式的工作流程。

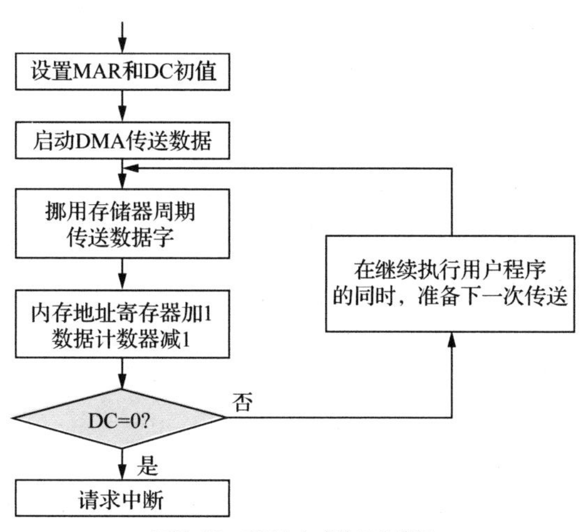

图7-12　DMA方式的工作流程

4. I/O通道方式

（1）I/O通道方式的引入。

虽然DMA方式比中断驱动I/O方式已经显著减少了CPU的干预，即已由以字（节）为单位的干预减少到了以数据块为单位的干预，但CPU每发出一条I/O指令，也只能去读（或写）一个连续的数据块。而当我们需要一次去读多个数据块且将它们分别传送到不同的内存区域（或者相反）时，就须由CPU分别发出多条I/O指令并进行多次中断处理。

I/O通道方式是DMA方式的发展，它可进一步减少CPU的干预，即把对一个数据块以读（或写）为单位的干预，减少为对一组数据块以读（或写）及有关的控制和管理为单位的干预。同时，又可实现CPU、通道和I/O设备三者的并行操作，从而更有效地提高整个系统的资源利用率。例如，当CPU要完成一组相关的读（或写）操作及有关控制时，只须向I/O通道发送一条I/O指令，以给出其所要执行的通道程序的起始地址和要访问的I/O设备，通道接到该指令后，通过执行通道程序便可完成CPU指定的I/O任务。

（2）通道程序。

通道是通过执行通道程序并与设备控制器共同工作来实现对I/O设备的控制的。通道程序是由一系列通道指令（或称为通道命令）所构成的。通道指令与一般的机器指令不同，在它的每条指令中都包含了下列信息。

① **操作码**，规定了指令所执行的操作，如读、写、控制等。

② **内存地址**，表示字节送入内存（读操作）和从内存取出数据（写操作）时的内存起始地址。

③ **计数**，表示本条指令所要读（或写）的数据的字节数。

④ **通道程序结束位P**，用于表示通道程序是否结束；P=1表示本条指令是通道程序的最后一条指令。

⑤ **记录结束标志R**，R=0表示本通道指令与下一条指令所处理的数据同属于一个记录，R=1表示这是处理某记录的最后一条指令。

下面给出了一个由六条通道指令所构成的简单的通道程序。该程序的功能是将内存中不同地址的数据写成多个记录。其中，前3条指令分别将813～892单元中的80个字符、1 034～1 173单元中的140个字符、5 830～5 889单元中的60个字符写成一个记录；第4条指令单独写一个具有300个字符的记录；第5、6条指令共写含300个字符的记录。

指令编号	操作符	P	R	计数	内存地址
1	WRITE	0	0	80	813
2	WRITE	0	0	140	1 034
3	WRITE	0	1	60	5 830
4	WRITE	0	1	300	2 000
5	WRITE	0	0	50	1 650
6	WRITE	1	1	250	2 720

7.3 中断和中断处理程序

对于OS中的I/O系统，本章采取从低层向高层这一介绍方法，从本节开始首先介绍中断处理程序。中断在OS中有着特殊且重要的地位，它是多道程序得以实现的基础，没有中断就不可能实现多道程序，因为进程之间的切换是通过中断来完成的。另外，中断也是设备管理的基础，为了提高CPU的利用率并实现CPU与I/O设备并行执行，也必须有中断的支持。中断处理程序是I/O系统中最低的一层，它是整个I/O系统的基础。

7.3.1 中断简介

中断及其处理

1. 中断和陷入

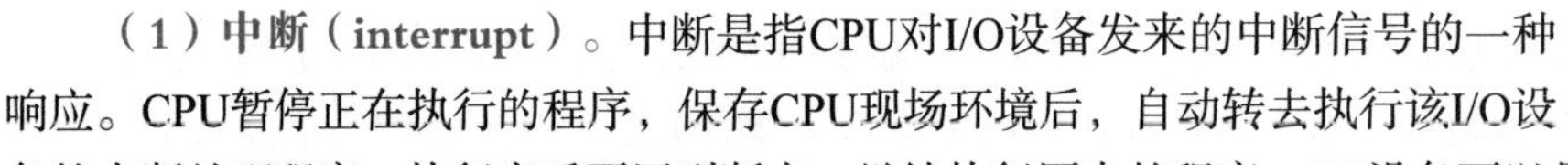

（1）中断（interrupt）。中断是指CPU对I/O设备发来的中断信号的一种响应。CPU暂停正在执行的程序，保存CPU现场环境后，自动转去执行该I/O设备的中断处理程序。执行完后再回到断点，继续执行原来的程序。I/O设备可以是字符设备，也可以是块设备以及通信设备等。由于中断是由外部设备引起的，故其又被称为外中断或硬中断。

（2）陷入或陷阱（trap）。另外还有一种由CPU内部事件所引起的中断，例如进程在运算过程中发生了上溢或下溢，再如程序出错（如指令非法、地址越界、电源故障等）以及执行到程序中预设的软中断指令。通常把这类中断称为内中断，或软中断，或陷入。与中断一样，若系统发现了陷入事件，CPU也将暂停正在执行的程序，转去执行该陷入事件的处理程序。中断和陷入的主要区别是信号的来源不同，即来自CPU外部还是CPU内部。

2. 中断向量表和中断优先级

（1）中断向量表。为了实现处理上的方便，通常会为每种设备配以相应的中断处理程序，并把该程序的入口地址放在中断向量表的一个表项中，为每个设备的中断请求规定一个中断号，它直接对应中断向量表的一个表项。当I/O设备发来中断请求信号时，由中断控制器确定该请求的中断号，并根据该中断号查找中断向量表，从中取得该设备相应的中断处理程序的入口地址，这样便可转入中断处理程序并执行。

（2）中断优先级。实际情况是经常会有多个中断信号源，每个中断信号源对服务要求的紧急程度并不相同，例如，键盘的中断请求的紧急程度不如打印机，而打印机的中断请求的紧急程度又不如磁盘等。为此，系统就需要为它们分别规定不同的优先级。

3. 处理多中断信号源的方式

针对多中断信号源情况，当处理机正在处理一个中断时，又来了一个新的中断请求，这时应该如何处理？例如，当系统正在处理打印机中断时，又收到了优先级更高的磁盘中断信号。对于这种情况，可采用以下两种处理方式。

（1）**屏蔽（禁止）中断**。当处理机正在处理一个中断时，将“屏蔽”掉所有的中断，即处理机对任何新到的中断请求都暂时不予理睬，而让它们等待。直到处理机已完成本次中断的处理后，才去检查是否有新的中断发生。若有，再去处理新的中断；若无，则返回被中断的程序。在该方法中，所有中断都将按顺序排队依次被处理。其优点是简单，但不能用于对实时性要求较高的中断请求。图7-13（a）所示为多中断情况下的顺序中断处理。

（2）**嵌套中断**。在设置了中断优先级的系统中，通常按以下规则来控制优先级：①当同时有多个优先级不同的中断请求时，CPU优先响应最高优先级的中断请求；②高优先级的中断请求可以抢占正在运行的低优先级中断的处理机，该方式类似于基于优先级的抢占式进程调度。例如，处理机正在处理打印机中断，当有磁盘中断到来时，可暂停对打印机中断的处理而转去处理磁盘中断。如果新到的是键盘中断，则由于它的优先级低于打印机的，故处理机会继续处理打印机中断。图7-13（b）所示为多中断情况下的嵌套中断处理。

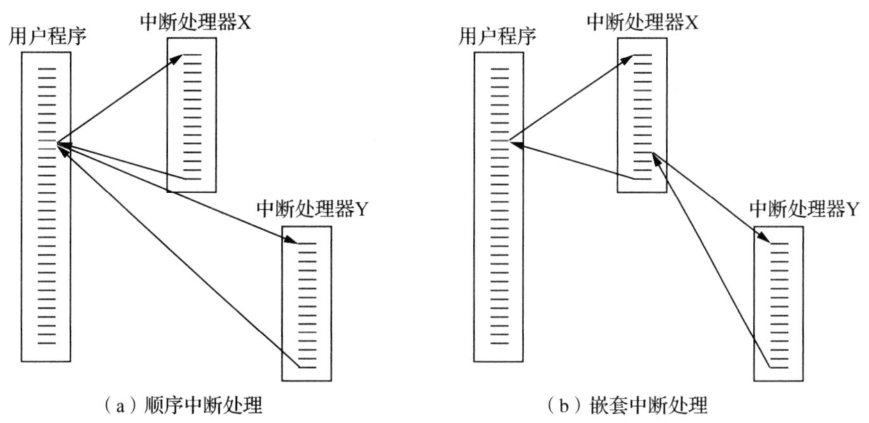

图7-13　对多中断的处理方式

7.3.2　中断处理程序

当一个进程请求I/O操作时，该进程将被挂起，直到I/O设备完成I/O操作后，设备控制器才会向CPU发送一中断请求，CPU响应后便转向中断处理程序，中断处理程序执行相应的处理，并在处理完后解除相应进程的阻塞状态。中断处理程序的处理过程可分成以下几个步骤。

1. 测定是否有未响应的中断信号

每当设备完成一个字符（字或数据块）的读入（或输出），设备控制器便会向CPU发送一中断请求信号，请求CPU将设备已读入的数据传送到内存的缓冲区中（读入），或者请求CPU将要输出的数据传送给设备控制器（输出）。程序每当执行完当前指令后，CPU都要测试是否有未响应的中断信号。若没有，则继续执行下一条指令；若有，则停止原有进程的执行，准备转去执行中断处理程序，即为把CPU的控制权转交给中断处理程序做准备。

2. 保护被中断进程的CPU现场环境

在把控制权转交给中断处理程序之前，需要先保护被中断进程的CPU现场环境，以便以后能恢复运行。首先需要保存的是从中断现场恢复到当前进程运行所需要的信息。通常由硬件自动将处理机状态字（processor status word，PSW）和保存在程序计数器（program counter，PC）中下一条指令的地址，保存在中断保留区（中断栈）中。然后，把被中断进程的CPU现场信息，即所有CPU寄存器（如通用寄存器、段寄存器等）的内容，都压入中断栈中，因为在处理中断时可能会用到这些寄存器。图7-14所示为一个简单的保护中断现场示意。该用户程序是指令在N位置时被中断的，程序计数器中的内容为N+1，所有寄存器的内容都被保留在中断栈中。

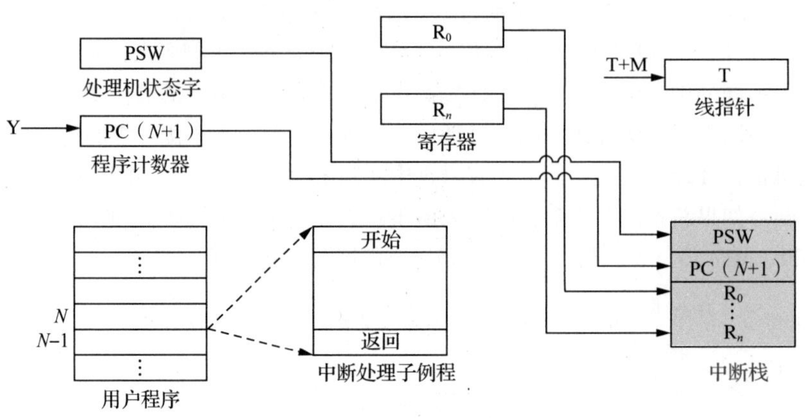

图7-14　保护中断现场示意

3. 转入相应设备的中断处理程序

由CPU对各个中断信号源进行测试，以确定引起本次中断的I/O设备，并向提供中断信号的设备发送确认信号。在该设备收到确认信号后，就立即取消它所发出的中断请求信号。然后，将相应设备的中断处理程序的入口地址装入程序计数器中。这样，当CPU运行时，便可自动转入相应设备的中断处理程序。

4. 处理中断

对不同的设备有不同的中断处理程序。该程序首先会从设备控制器中读出设备状态，以判别本次中断是正常完成中断还是异常结束中断。若是正常完成中断，中断处理程序便做结束处理。假如这次是字符设备的读操作，则来自输入设备的中断表明该设备已经读入了一个字节（字）的数据，并已放入数据寄存器中。此时中断处理程序应将该数据传送给CPU，再将它存入缓冲区中，并修改相应的缓冲区指针，使其指向下一个内存单元。若还有命令，则可再向设备控制器发送新的命令，进行新一轮的数据传送。若是异常结束中断，则根据发生异常的原因做相应的处理。

5. 恢复 CPU 现场环境后退出中断

当中断处理完成以后，需要恢复CPU现场并退出中断。但是，此刻是否返回被中断的进程，取决于两个因素：①本中断是否采用了屏蔽（禁止）中断驱动I/O方式，若是，则返回被中断的进程；②针对中断处理方式为中断嵌套方式的情况，如果没有优先级更高的中断来请求I/O，则在中断处理完成后仍返回被中断的进程；反之，系统将处理优先级更高的中断请求。

如果要返回到被中断的进程，则可将保存在中断栈中的被中断进程的CPU现场信息取出，并装入相应的寄存器中，其中包括该程序下一次要执行的指令的地址N+1、处理机状态字以及各通用寄存器和段寄存器的内容。这样，当CPU再执行本程序时，便会从N+1处开始，最终返回被中断的进程。

I/O操作完成后，驱动程序必须检查本次I/O操作中是否发生了错误，并向上层软件报告，最终向调用者报告本次I/O的执行情况。除了上述的第4步（处理中断）外，其他步骤对所有I/O设备都是相同的，因而对于某种OS，如UNIX系统，其会把这些共同的部分集中起来，形成中断总控程序。每当要进行中断处理时，都要首先进入中断总控程序。而对于第4步，则对不同设备须采用不同的中断处理程序继续执行。图7-15所示为中断处理流程。

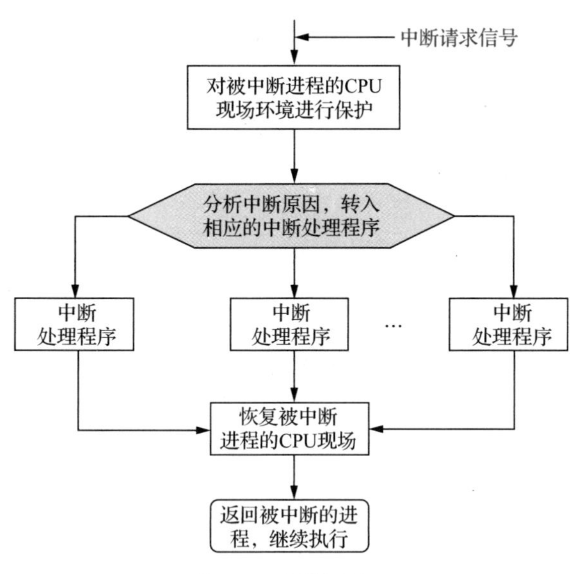

图7-15 中断处理流程

7.3.3 实例：Linux 系统中断处理

在Linux系统中，中断会打断内核中进程的正常调度运行，因此要求中断处理程序尽可能简短。但是在实际的Linux系统中，当中断到来时，往往要完成大量的耗时工作。因此，期望中断处理程序运行得快，并且完成的工作多。这两个目标是相互制约的，为此，Linux系统中引入了上/下半部机制：上半部是中断处理程序，而下半部则是一些虽与中断有关但是可以延后执行的任务。上半部简单快速，执行时会禁止一些（或全部）中断；下半部延后执行，而且在执行期间可以响应所有的中断。这种机制可使系统处于中断屏蔽状态的时间尽可能短，以此来提高系统的响应能力。

在Linux系统中，不同的设备对应的中断不同，每个中断都会通过一个唯一的数字（中断值）进行标志，以使OS能够对中断进行区分。这些中断值通常被称为中断请求（interrupt request，IRQ），IRQ为数值型。在响应一个特定中断的时候，内核会执行一个函数，即中断处理程序。例如，由一个函数专门处理来自系统时钟的中断，而另一个函数专门处理由键盘产生的中断。一个设备的中断处理程序是其设备驱动程序的一部分，设备驱动程序是用于对设备进行管理的内核代码。

在Linux系统中，中断处理程序是普通的C函数，只不过这些函数必须按照特定的类型进行声明，以便内核能够以标准的方式传递中断处理程序的信息。在其他方面，它们与一般的函数没有差别。中断处理程序的设计可分为3个部分：①注册中断；②处理中断；③注销中断。

1. 注册中断

request_irq函数用于注册一个中断处理程序，声明位于文件linux/interrupt.h中。该函数若执行成功，则返回0；若返回非0值，则表示有错误发生，此时指定的中断处理程序不会被注册。具体函数说明如下：

```
int request_irq(unsigned int irq,
                void(*handler)(int, void*, struct pt_regs *),
                unsigned long flags, const char*devname, void*dev_id)
```

第1个参数irq：要分配的中断号。

第2个参数*handler：一个指针，指向处理这个中断的实际中断处理函数。

第3个参数flags：与中断管理有关的各种选项，其定义位于文件linux/interrupt.h中，重要标志包括IRQF_DISABLED、IRQF_TIMER、IRQF_SHARED等。

第4个参数*devname：与中断相关的设备名，以ASCII表示，如键盘对应的“keyboard”等。

第5个参数*dev_id：主要用于共享中断线。

该函数的使用示例如下：

```
if (request_irq(irqn,my_interrupt,SA_SHIRQ,"my_device",dev))
{
  printk(KERN_ERR"my_device: cannot register IRQ %d, \n", irqn);
  return –EIO;
}
```

2. 处理中断

在Linux系统中，典型的中断处理程序声明为：

```
static irqreturn_t intr_handler(int irq, void *dev_id, struct pt_regs *regs)
```

该函数的返回值为irqreturn_t型，实际上为int型。该函数可能返回两个特殊值。

■ IRQ_NONE：当中断处理程序检测到一个中断，但该中断对应的设备并不是在注册中断处理程序期间指定的产生源时，返回该值。

■ IRQ_HANDLED：当中断处理程序被正确调用且确实是它所对应的设备产生了中断时，返回该值。

具体的中断处理程序编写一般包括3个部分：①检查设备是否产生了中断；②清除中断产生标志；③执行相应的硬件操作。中断处理程序的特别之处在于，它是在中断处理时间内运行的，因此它的行为受到了某些限制：不能使用可能引起阻塞的函数；不能使用可能引起调度的函数。

下面所示的共享中断处理程序（short范例），使用中断来调用do_gettimeofday（功能是取得当前时间），并把当前时间打印到大小为一页的环形缓冲区，最后唤醒所有的读进程。

```
void short_sh_interrupt(int irq, void *dev_id, struct pt_regs *regs)
{
    int value;
    struct timeval tv;
    /* 如果不是short，则立即返回 */
    value = inb(short_base);
    if (!(value & 0x80)) return;
    /* 清除中断位 */
    outb(value & 0x7F, short_base);
    do_gettimeofday(&tv);
```

```
        /* 写一个16B的记录；假设PAGE_SIZE是16的倍数 */
        short_head += sprintf((char *)short_head,"%08u.%06u/n",
        (int)(tv.tv_sec % 100000000), (int)(tv.tv_usec));
        if (short_head == short_buffer + PAGE_SIZE)
        short_head = short_buffer; /* 绕回来 */
        wake_up_interruptible(&short_queue); /* 唤醒所有的读进程 */
}
```

用来读取在中断时间里填满的缓冲区的节点是/dev/shortint，它内部的实现为中断的产生和报告做了特别的处理。每向设备写入一个字节都会产生一个中断；而在读设备时则会给出每次中断报告的时间。

3. 注销中断

卸载驱动程序时，需要注销相应的中断处理程序，并释放中断请求线。可以调用函数free_irq来释放中断请求线。

```
void free_irq(unisigned int irq, void *dev_id)
```

如果指定的中断请求线不是共享的，那么该函数删除中断处理程序的同时，将会禁用该中断请求线。如果中断请求线是共享的，则仅删除dev_id所对应的中断处理程序，而这条中断线本身只有在删除了最后一个中断处理程序后才会被禁用。

思考题

请思考硬件中断和软件中断的区别与联系，并说明为什么 OS 是中断驱动的。

7.4 设备驱动程序

设备驱动程序通常又称为设备处理程序，它是I/O系统的上层与设备控制器之间的通信程序，其主要任务是接收上层软件发来的抽象I/O要求，如read或write命令，把它们转换为具体要求后发送给设备控制器，进而使其启动设备去执行任务；反之，它也会将设备控制器发来的信号传送给上层软件。由于设备驱动程序与硬件密切相关，故通常会为每类设备配置一种设备驱动程序，例如，打印机和显示器需要不同的驱动程序。

7.4.1 设备驱动程序概述

1. 设备驱动程序的功能

为了实现I/O系统的上层与设备控制器之间的通信，设备驱动程序应具有以下功能：①接收由与设备无关的软件发来的命令和参数，并将命令中的抽象I/O要求转换为与设备相关的低层操作序列；②检查用户I/O请求的合法性，了解I/O设备的工作状态，传递与I/O设备操作有关的参数，设置I/O设备的工作方式；③发出I/O命令，如果I/O设备空闲，则立即启动它，完成指定的I/O操作；如果I/O设备忙碌，则将请求者的请求块挂在I/O设备队列上等待；④及时响应由设备控制器发来的中断请求，并根据其中断类型，调用相应的中断处理程序进行处理。

2. 设备驱动程序的特点

设备驱动程序属于低级系统程序，它与一般的应用程序及系统程序之间有下述明显差异：①设备驱动程序是实现在与设备无关的软件和设备控制器之间通信和转换的程序，具体说，它将抽象的I/O请求转换成具体的I/O操作后传送给设备控制器，又把设备控制器中所记录的设备状态和I/O操作的完成情况及时地反映给请求I/O的进程；②设备驱动程序与设备控制器以及I/O设备的硬件特性紧密相关，对于不同类型的I/O设备，应配置不同的设备驱动程序，但可以为相同的多个I/O设备设置一个设备驱动程序；③设备驱动程序与I/O设备所采用的I/O控制方式紧密相关，常用的I/O控制方式是中断驱动I/O方式和DMA方式；④由于设备驱动程序与硬件紧密相关，因而其中的一部分必须用汇编语言书写，目前有很多设备驱动程序的基本部分都已固化在ROM中；⑤设备驱动程序应允许可重入，一个正在运行的设备驱动程序常会在一次调用完成前被再次调用。

3. 设备处理方式

在不同的OS中，所采用的设备处理方式并不完全相同。根据在设备处理时是否设置进程以及设置什么样的进程，可将设备处理方式分成3类。①为每类设备设置一个进程，专门用于执行这类设备的I/O操作。例如，为所有的交互式终端设置一个交互式终端进程；再如，为同一类型的打印机设置一个打印进程。这种方式比较适合于较大的系统。②在整个系统中设置一个I/O进程，专门用于执行系统中各类设备的I/O操作；也可以设置一个输入进程和一个输出进程，分别处理系统中的输入操作和输出操作。③不设置专门的设备处理进程，而只为各类设备设置相应的设备驱动程序，供用户或系统进程调用。这种方式目前用得较多。

7.4.2 设备驱动程序的执行过程

设备驱动程序的主要任务是启动指定设备，完成上层软件指定的I/O工作。但在启动设备之前，应先完成必要的准备工作，如检测设备状态是否为“忙”等。在完成所有的准备工作后，才向设备控制器发送一条启动命令。以下是设备驱动程序的执行过程。

1. 将抽象要求转换为具体要求

通常在每个设备控制器中都含有若干个寄存器，分别用于暂存命令、参数和数据等。由于用户及上层软件对设备控制器的具体情况毫无了解，因而只能发出命令（抽象要求），这些命令是无法传送给设备控制器的。因此，就需要将这些抽象要求转换为具体要求。例如，将抽象要求中的盘块号转换为磁盘的盘面号、磁道号及扇区号。而这一转换工作只能由设备驱动程序来完成，因为在OS中只有设备驱动程序是同时了解抽象要求和设备控制器中的寄存器情况的，也只有它才知道命令、数据和参数应分别送往哪个寄存器。

2. 校验服务请求

设备驱动程序在启动I/O设备之前，必须先检查该用户的I/O请求是不是该设备能够执行的。一个非法请求的典型例子是，用户试图请求从一台打印机读入数据。如果设备驱动程序能检查出这类错误，则认为此次I/O请求非法，它将向I/O系统报告I/O请求出错。I/O系统可以根据具体情况做出不同的决定，例如，可以停止请求进程的运行，或者仅通知请求进程它的I/O请求有错，但仍然让它继续运行。此外，还有一些设备（如磁盘等）虽然都是既可读、又可写的，但若在打开这些设备时规定的是只可读，则用户的写请求必然会被拒绝。

3. 检查设备的状态

启动某个设备进行I/O操作，其前提条件应是该设备正处于就绪状态。为此，在每个设备控制器中都配置有一个状态寄存器。设备驱动程序在启动设备之前，要先把状态寄存器中的内容读入CPU的某个寄存器中，通过测试寄存器中的不同位来了解设备的状态，如图7-16所示。例如，为了向某设备写入数据，此前应先检查状态寄存器中接收就绪的状态位，看它是否处于接收就绪状态。仅当它处于接收就绪状态时，才能启动其设备控制器，否则只能等待。

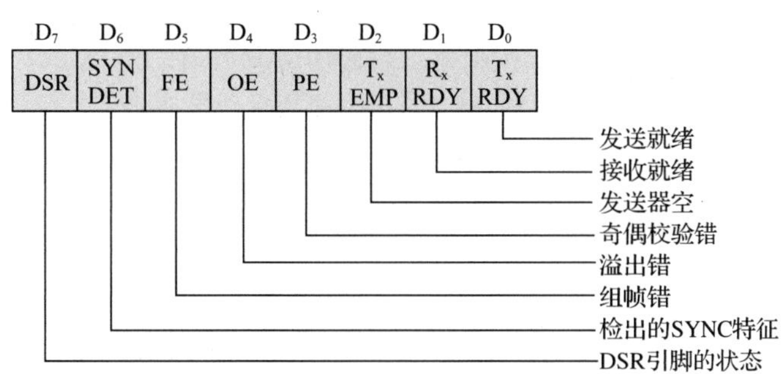

图7-16 状态寄存器的格式

4. 传送必要的参数

在确定设备处于接收（发送）就绪状态后，便可向设备控制器的相应寄存器传送数据以及同控制本次数据传送有关的参数。例如，在某种设备控制器中配置了两个控制寄存器，其中一个是命令寄存器，用于存放CPU发来的各种控制命令，以决定本次I/O操作是接收数据还是发送数据等；另一个是方式寄存器，用于存放本次传送数据的速率、发送的字符长度等数据。如果利用RS232接口进行异步通信，则在启动该接口之前，应先按通信规程设定波特率、奇偶校验方式、停止位数目及数据字节长度等参数。对于较为复杂的块设备，除了必须向其设备控制器发出启动命令外，还须传送更多的参数。

5. 启动 I/O 设备

在完成上述各项准备工作后，驱动程序便可向设备控制器中的命令寄存器传送相应的控制命令。对于字符设备，若发出的是写命令，则设备驱动程序会把一个字节（或字）传送给设备控制器；若发出的是读命令，则设备驱动程序会等待接收数据，并通过读入设备控制器的状态寄存器中状态字的方法来确定数据是否到达。

在多道程序系统中，设备驱动程序一旦发出I/O命令、启动一个I/O操作后，其便会把控制权返回给I/O系统，把自己阻塞起来，直到中断到来时再被唤醒。具体的I/O操作是在设备控制器的控制下进行的，因此，在设备忙于传送数据时，CPU可以去干其他的事情，实现了CPU与I/O设备的并行操作。

7.4.3 设备驱动程序的框架

1. 设备驱动程序与外界的接口

计算机中有各种各样的设备，每种设备都有自己的设备驱动程序，因而设备驱动程序的代码在内核中占比较大。另外，设备驱动程序可由设备生产厂家提供，也可由程序爱好者编制。这样，就有必要对设备驱动程序与外界的接口进行严格的定义与管理。设备驱动程序与外界的接口可分为3部分：设备驱动程序与OS内核的接口、设备驱动程序与系统引导的接口、设备驱动程序与设备的接口。

（1）**设备驱动程序与OS内核的接口**。为了实现设备无关性，在UNIX和Linux系统中，设备被作为特别文件处理，用户的I/O请求、对命令的合法性检查以及参数处理任务等，都在文件系统中统一处理。只在需要各种设备执行具体操作时，系统才会通过相应的数据结构（如UNIX系统的块设备转接表、字符设备转接表等）转入不同的设备驱动程序。

（2）**设备驱动程序与系统引导的接口**。这一部分利用设备驱动程序对设备进行初始化，初始化内容包括为管理设备而分配的数据结构、设备的请求队列等。

（3）**设备驱动程序与设备的接口**。这一部分与具体设备密切相关，描述了设备驱动程序如何与设备交互作用。

2. 设备驱动程序的组成

（1）**设备驱动程序的注册与注销**。设备驱动程序可在系统初启时初始化，也可在需要时动态加载。初始化的一项重要工作就是设备登记（或注册），即把设备驱动程序的地址登记在设备表的相应表项中。经登记后，只要知道设备的主设备号，就可以找到该类设备的各种驱动函数。这样，在设备驱动程序上的其他内核模块中就可以“看见”这个模块了。当关闭设备时，要从内核中注销设备驱动程序。

（2）**设备的打开与释放**。打开设备需要完成以下工作：增加设备的使用计数；检查设备的状态，以及是否存在设备尚未准备好或者类似的硬件问题；若是首次打开，则初始化设备；识别次设备号；根据需要更新相关的数据结构。释放设备又称关闭设备，是打开设备的逆过程。释放设备主要需要完成以下工作：释放打开设备时所分配的内存；若是最后一个释放，则关闭设备；减少设备的使用计数。

（3）**设备的读/写操作**。一般来说，设备驱动程序接受来自上层与设备无关软件的抽象请求，并使该请求得以执行。如果请求到来时设备驱动程序是空闲的，它就会立即执行该请求；它若正忙于处理前面的请求，则把新请求放入未完成队列中，并尽快处理。设备驱动程序确定发给设备控制器的命令后，会把它们写入设备控制器的设备寄存器中。

（4）**设备的控制操作**。除了需要执行读/写操作外，有时还需要控制设备，该控制主要用于对特殊文件的低层参数进行操作。如果对象是设备文件且有相应的I/O控制函数，则转到该函数，依据上层模块提供的I/O控制命令读取并设置有关的参数。

（5）**设备的中断与轮询**。如果设备支持中断，则按照中断驱动I/O方式进行处理，即设备驱动程序发出命令之后，可采取下述两种方式中的一种来处理。①在很多情况下，设备驱动程序等待设备控制器完成某些工作时它会阻塞自己，直至出现中断对它解除阻塞。②在另一些情况下，操作没有延迟就完成了，此时设备驱动程序不必阻塞。例如，在终端上的滚屏就是把一些字节写入设备控制器的寄存器，速度很快，整个动作几微秒内就完成了。

上述操作完成后，必须检查是否有错。如果一切正常，设备驱动程序就会把数据结构传到与设备无关的软件。最后，返回某些出错状态信息，向调用者报告。如果有排队请求，就从中选出一个，启动它并执行。如果没有排队请求，则该设备驱动程序阻塞，等待后面请求的到来。

对于不支持中断的设备，读/写时需要轮询设备状态，以决定是否继续进行数据传送。例如，打印机驱动程序在默认情况下会轮询打印机的状态。

7.5 与设备无关的I/O软件

为了方便用户和提高OS的可适应性和可扩展性，在现代OS的I/O系统中，都无一例外地增加了与设备无关的I/O软件，以实现设备独立性（device independence），也称为设备无关性。其基本含义是：应用程序中所用的设备不局限于使用某个具体的物理设备。为每个设备所配置的设备驱动程序，是与硬件紧密相关的软件。为了实现设备独立性，必须再在设备驱动程序之上设置一层软件，称之为与设备无关的I/O软件，或设备独立性软件。

7.5.1 与设备无关软件的基本概念

设备无关性

1. 通过物理设备名使用设备

在早期OS中，应用程序在使用I/O设备时，都使用设备的物理设备名，这使应用程序与系统中的物理设备直接相关。当应用进程运行时，如果所请求的物理设备（独占设备类型）已分配给其他进程，而此时尽管还有几台其他的相同设备空闲可用，但系统只能根据设备的物理名来进行分配，因而无法将另外相同的设备（仅物理设备名不同）分配给它，致使该应用进程请求I/O失败而被阻塞。特别是，当应用程序所需要的设备在系统中已经被更新后，该应用程序就无法再在该系统上请求到所需要的设备而继续运行了。可见，应用程序直接与物理设备相关是非常不灵活的，会给用户带来很大的不便，且对提高I/O设备的利用率也很不利。

2. 引入逻辑设备名

为了实现与I/O设备的无关性，引入了逻辑设备名和物理设备名两个概念。逻辑设备名是抽象的设备名，如/dev/printer，该设备名只是说明用户需要使用打印机来打印输出，但并没有指定具体是哪一台打印机。这样，如果在应用程序中通过逻辑设备名请求使用某类设备，则系统在对它进行设备分配时会先查找该类设备中的第一台，若其已被分配，则系统可立即去查找该类设备中的第二台，若其也被分配，则接着去查找第三台，若其尚未被分配，则可将其分配给进程。事实上，只要系统中有一台该类设备未被分配，进程就不会被阻塞。仅当所请求的此类设备已全部分配完毕时，进程才会因请求失败而阻塞。因此，应用进程就不会由于某台指定设备退役而无法在本系统中运行。

与设备无关的I/O软件还可实现I/O重定向。所谓I/O重定向，是指用于I/O操作的设备可以更换（即重定向），而不必改变应用程序。例如，我们在调试一个应用程序时，可将程序的所有输出送往屏幕显示。而在程序调试完后，若须正式将程序的运行结果打印出来，此时便须将I/O重定向的数据结构——逻辑设备表中的显示终端改为打印机，而不必修改应用程序。I/O重定向功能具有很大的实用价值，现已被广泛地引入各类OS中。

3. 实现从逻辑设备名到物理设备名的转换

在应用程序中，通过逻辑设备名使用设备虽然方便了用户，但系统只识别物理设备名，因此在实际执行时还必须使用物理设备名。为此，系统必须具有将逻辑设备名转换为某物理设备名的功能。关于逻辑设备名和物理设备名的概念，与存储器管理中所介绍的逻辑地址和物理地址的概念非常类似，在应用程序中所使用的是逻辑地址，而系统在分配和使用内存时必须使用物理地址。在程序执行时，必须先将逻辑地址转换为物理地址。类似地，为实现从逻辑设备名到物理设备名的转换，在系统中需要配置一张逻辑设备表。转换的详细情况将在7.5.4小节进行介绍。

7.5.2 与设备无关软件的共有操作

与设备无关软件是I/O系统的最高层软件，在它下面是设备驱动程序，它们的界限因OS和设备的不同而有所差异。例如，对于一些本应由与设备无关软件实现的功能，却放在设备驱动程序中实现。这样的差异，主要是出于对OS、设备独立性和设备驱动程序运行效率等多方面因素的权衡和考虑。总体来说，在与设备无关软件中包含以下几项面向设备的共有操作。

1. 提供设备驱动程序的统一接口

为了使所有的设备驱动程序有着统一的接口，一方面，要求每个设备驱动程序与OS之间都有相同的接口，或者相近的接口，这样会使添加一个新的设备驱动程序变得很容易，同时在很大程度上方便了开发人员对设备驱动程序的编制；另一方面，要将抽象的设备名映射到适当的设备驱动程序上，或者说将抽象的设备名转换为具体的物理设备名，并进一步找到相应物理设备的设备驱动程序入口。此外，还应对设备进行保护，禁止用户直接访问设备，以防止无权访问的用户使用设备。

2. 缓冲管理

无论是字符设备还是块设备，它们的运行速度都远低于CPU的速度。为了缓和CPU与I/O设备之间的矛盾、提高CPU的利用率，在现代OS中都无一例外地分别为字符设备和块设备配置了相应的缓冲区。缓冲区有多种形式，如单缓冲区、双缓冲区、环形缓冲区、缓冲池等，以满足不同情况的需要。本书在7.7节中对这部分内容进行了详细介绍。

3. 差错控制

由于设备中有着许多的机械和电气部件，它们比主机更容易出现故障，这就导致I/O操作中的绝大多数错误都与设备有关。错误可分为以下两类。

（1）**暂时性错误**。暂时性错误是由暂时性事件引起的，如电源电压的波动。它可以通过重试操作来纠正。例如，在网络传输中，由于传输路途较远、缓冲区数量暂时不足等因素，会经常发生在网络中传送的数据包丢失或延误等暂时性错误。当网络传输软件检测到这种情况后，可以通过重新传送来纠正错误。再如，当磁盘传送发生错误后，开始时设备驱动程序并不会立即认为传送出错，而是会令磁盘重传，只有连续多次（如10次）均出错后，才认为磁盘出错，并向上层报告。一般来说，设备出现故障后，主要由设备驱动程序对其进行处理。而与设备无关的I/O软件只处理那些设备驱动程序无法处理的错误。

（2）**持久性错误**。持久性错误是由持久性故障引起的，如电源断电、磁盘上有一条划痕或者在计算中发生除以零的情况等。持久性错误容易发现，有些错误是只要重复执行相同的程序就会再现的错误。要想排除持久性错误，通常需要查清发生错误的原因。但也有某些持久性（硬件）错误可由OS进行有效处理，而不用涉及上层软件。如磁盘上的少数盘块遭到破坏而失效，此时无须更换磁盘，而只须将它们作为坏盘块记录下来，并放入一张坏盘块表中，以后不再使用它们即可。

4. 独占设备的分配与回收

在系统中有着两类设备：独占设备和共享设备。对于独占设备，为了避免各进程对独占设备的争夺，必须由系统来统一分配此类设备，而不允许进程自行使用。每当进程需要使用某独占设备时，必须先提出申请。OS接到对设备的请求后，先对进程所请求的独占设备进行检查，看该设备是否空闲。若空闲，则把该设备分配给请求进程。否则，进程将被阻塞，并放入该设备的请求队列中等待。等到其他进程释放该设备后，如果该设备的请求队列中存在进程，则将队列中的第一个进程唤醒，该进程得到设备后继续运行；否则，将该设备的状态置为“空闲”，实现设备回收。

5．提供独立于设备的逻辑数据块

不同类型的设备的数据交换单位是不同的，读取和传输数据的速率也各不相同，如字符设备以单个字节（字）为单位，块设备以一个数据块为单位。即使同一类型的设备，它们的数据交换单位的大小也是有差异的，如不同磁盘由于扇区大小的不同，可能会造成数据块大小的不一致。与设备无关软件应能隐藏这些差异而使用逻辑设备，并向上层软件提供大小统一的逻辑数据块。与设备无关软件的功能层次如图7-17所示。

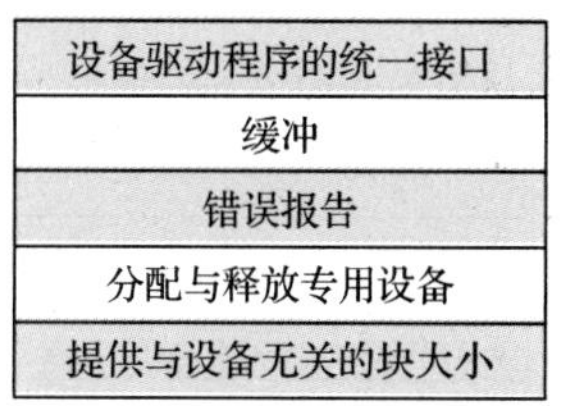

设备驱动程序的统一接口
缓冲
错误报告
分配与释放专用设备
提供与设备无关的块大小

图7-17　与设备无关软件的功能层次

7.5.3　设备分配与回收

为实现对独占设备的分配，必须在系统中配置相应的数据结构。

1．设备分配中的数据结构

在用于设备分配的数据结构中，记录了对设备或设备控制器进行控制所需的信息。在进行设备分配时需要用到以下数据结构。

（1）设备控制表。

系统为每个设备都配置了一张设备控制表（device control table，DCT），用于记录设备的情况，如图7-18所示。

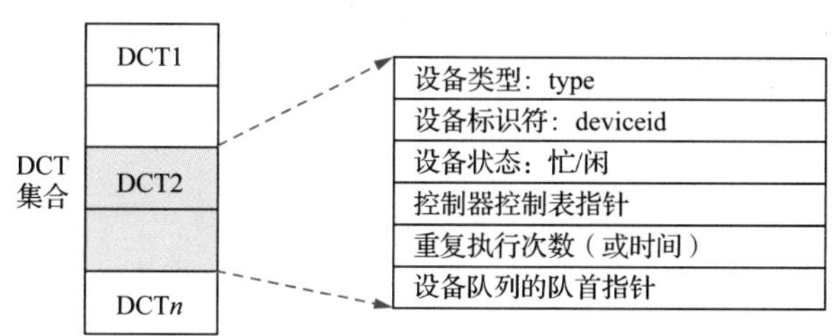

图7-18　DCT

在DCT中，除了有用于指示设备类型的字段type和设备标识符deviceid外，还应有下列字段：①设备队列的队首指针，凡因请求本设备而未得到满足的进程，应将其PCB按照一定的策略排成一个设备请求队列，其队首指针指向队首PCB；②设备状态，用于表示当前设备的状态（忙/闲）；③与设备连接的控制器控制表指针，该指针指向该设备所连接的控制器的控制表；④重复执行次数（或时间），由于外部设备在传送数据时较易发生数据传送错误，因而在许多系统中规定了设备在工作中发生错误时应重复执行的次数，在重复执行时，若能恢复正常传送，则仍认为传送成功，仅当重复执行次数达到规定值而仍不成功时，才认为传送失败。

需要说明的是，当某进程释放某设备，且无其他进程请求该设备时，系统将该设备DCT中的设备状态改为空闲，即可实现“设备回收”。

（2）**控制器控制表、通道控制表和系统设备表**。

① **控制器控制表**（controller control table，COCT）：系统为每个控制器都设置了用于记录控制器情况的控制器控制表，如图7-19（a）所示。

② **通道控制表**（channel control table，CHCT）：每个通道都有一张通道控制表，如图7-19（b）所示。

③ **系统设备表**（system device table，SDT）：系统范围的数据结构，记录了系统中全部设备的情况，每个设备占一个表目，其中包含设备类型、设备标识符、DCT及设备驱动程序入口等项，如图7-19（c）所示。

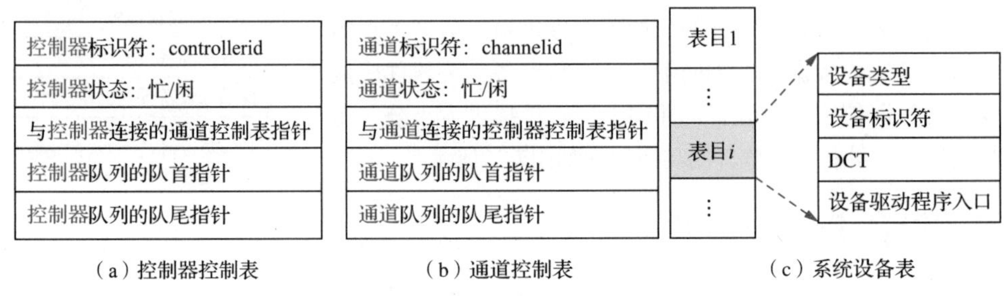

图7-19　控制器控制表、通道控制表和系统设备表

2. 设备分配时应考虑的因素

系统在分配设备时，应考虑如下几个因素。

（1）**设备的固有属性**。

设备的固有属性可分成3种，对具有不同固有属性的设备应采取不同的分配策略：①独占设备的分配策略，将一个设备分配给某进程后，便由该进程独占该设备，直至该进程完成或释放该设备；②共享设备的分配策略，对于共享设备，可将其同时分配给多个进程使用，此时须注意对这些进程访问该设备的先后次序进行合理调度；③虚拟设备的分配策略，虚拟设备属于可共享设备，可以将它同时分配给多个进程使用。

（2）**设备分配算法**。

针对设备分配，通常只采用以下两种分配算法：①FCFS算法，该算法根据各进程对某设备提出请求的先后次序，将这些进程排成一个设备请求队列，设备分配程序总会把设备首先分配给队首进程；②最高优先级优先算法，在利用该算法形成设备队列时，优先级高的进程会排在设备队列前面，而对于优先级相同的I/O请求，则按FCFS原则排队。

（3）**设备分配中的安全性**。

根据进程运行的安全性，设备分配有以下两种方式。

① **安全分配方式**。每当进程发出I/O请求后，便进入阻塞状态，直到其I/O操作完成时才被唤醒。在采用该策略时，进程一旦获得某种设备后便会阻塞，不能再请求任何资源，而在它阻塞时又不保持任何资源。因此，这种分配方式摒弃了造成死锁的四个必要条件之一的“请求和保持”条件，故设备分配是安全的。其缺点是CPU与I/O设备是顺序工作的。

② **不安全分配方式**。在这种分配方式中，进程在发出I/O请求后仍继续运行，需要时又会发出第二个I/O请求、第三个I/O请求等。仅当进程所请求的设备已被另一进程占用时，才进入阻塞状态。该策略的优点是，一个进程可同时操作多个设备，这使进程能够迅速推进。其缺点是分配不安全，因为这种分配方式可能具备“请求和保持”条件，从而可能造成死锁。因此，在设

备分配程序中，应对本次的设备分配是否会发生死锁进行安全性计算，仅当计算结果表明分配安全时，才进行设备分配。

3. 独占设备的分配程序

（1）基本的设备分配程序。

这里通过一个例子来介绍设备分配过程。当某进程提出I/O请求后，系统的设备分配程序可按下述步骤进行设备分配。

① **分配设备**。首先根据I/O请求中的物理设备名，查找SDT，从中找出该设备的DCT，再根据DCT中的设备状态字段获知该设备是否正忙。若忙，则将请求I/O的进程的PCB挂在设备队列上。否则，按照一定的算法计算本次设备分配的安全性。如果不会导致系统进入不安全状态，则将设备分配给请求进程。否则，仍将其PCB插入设备等待队列。

② **分配控制器**。在系统把设备分配给请求I/O的进程后，再到其DCT中找出与该设备连接的控制器的COCT，从COCT的状态字段中可知该控制器是否正忙。若忙，则将请求I/O进程的PCB挂在该控制器的等待队列上。否则，将该控制器分配给进程。

③ **分配通道**。在该COCT中又可找到与该控制器连接的通道的CHCT。根据CHCT内的状态信息可知该通道是否正忙。若忙，则将请求I/O的进程挂在该通道的等待队列上；否则，将该通道分配给进程。只有在设备、控制器和通道三者都分配成功时，这次的设备分配才算成功。然后，便可启动该I/O设备进行数据传送。

（2）设备分配程序的改进。

在上面的例子中，进程是以物理设备名提出I/O请求的。如果所指定的设备已分配给其他进程，则分配失败；或者说上面的设备分配程序不具有与设备无关性。为获得设备的独立性，进程应使用逻辑设备名请求I/O。这样，系统首先会从SDT中找出第一个该类设备的DCT。若该设备忙，则查找第二个该类设备的DCT，仅当所有该类设备都忙时，才把进程挂在该类设备的等待队列上。而只要有一个该类设备可用，系统便会进一步计算分配该设备的安全性。若安全，则把设备分配给进程。

7.5.4 逻辑设备名映射到物理设备名

为了实现与设备的无关性，当应用程序请求使用I/O设备时，应当使用逻辑设备名。但系统只识别物理设备名，因此在系统中需要配置一张逻辑设备表，用于将逻辑设备名映射为物理设备名。

1. 逻辑设备表

在逻辑设备表的每个表目中包含3项内容：逻辑设备名、物理设备名和设备驱动程序的入口地址，如图7-20（a）所示。当进程用逻辑设备名请求分配I/O设备时，系统会根据当时的具体情况为它分配一台相应的物理设备。与此同时，在逻辑设备表上会建立一个表目，填上应用程序中使用的逻辑设备名和系统分配的物理设备名，以及该设备驱动程序的入口地址。当以后进程再利用该逻辑设备名请求I/O操作时，系统通过查找逻辑设备表便可找到该逻辑设备所对应的物理设备及其设备驱动程序。

2. 逻辑设备表的设置

在系统中，可采取两种方式设置逻辑设备表。

逻辑设备名	物理设备名	设备驱动程序的入口地址
/dev/tty	3	1024
/dev/printer	5	2046
⋮	⋮	⋮

（a）格式一

逻辑设备名	系统设备表指针
/dev/tty	3
/dev/printer	5
⋮	⋮

（b）格式二

图7-20　逻辑设备表

第一种方式，是在整个系统中只设置一张逻辑设备表。由于系统中所有进程的设备分配情况都记录在同一张逻辑设备表中，因而不允许在逻辑设备表中存在相同的逻辑设备名，这就要求所有用户都不能使用相同的逻辑设备名。在多用户系统中这通常是难以做到的，因而这种方式主要用于单用户系统。

第二种方式，是为每个用户设置一张逻辑设备表。每当用户登录系统时，系统便会为该用户建立一个进程，同时也会为之建立一张逻辑设备表，并将该表放入进程的PCB中。由于通常在多用户系统中都配置了系统设备表，故此时的逻辑设备表可以采用图7-20（b）所示的格式。

7.5.5　I/O 调度

调度一组I/O请求意味着，按照确定好的顺序来执行它们。应用程序执行系统调用的顺序很少是最佳的。I/O调度可以改善系统整体性能，可以在进程间公平共享设备访问，可以减少完成I/O调度所需的平均等待时间。这里通过一个简单的例子加以说明。假设磁臂位于磁盘开头，3个应用程序对这个磁盘执行阻塞读调用。应用程序1请求磁盘结束附近的块，应用程序2请求磁盘开始附件的块，而应用程序3则请求磁盘中间部分的块。OS按照2、3、1的顺序来处理应用程序，可以减少磁臂移动的距离。按这种方式重新排列服务顺序就是I/O调度的核心。

OS开发人员通过为每个设备维护一个请求等待队列来实现其调度。当应用程序发出阻塞I/O的系统调用时，该请求会被添加到相应设备的队列中。I/O调度程序重新安排队列顺序，以便提高系统的总体效率和应用程序的平均响应时间。如此一来，没有应用程序会得到特别差的访问；或者对那些延迟敏感的请求，可以给予比较优先的服务。例如，虚拟存储器子系统的请求可能优先于应用程序的请求。本书7.8节将详细讨论磁盘I/O的多个调度算法。

调度I/O操作是I/O系统提高计算机效率的一种方法，另外也可以通过缓冲、缓存、假脱机或者使用内存或磁盘的存储空间来实现计算机效率的提高。

7.6　用户层的I/O软件

一般而言，大部分的I/O软件都放在OS内部，但仍有一小部分放在用户层，其中包括与用户程序链接在一起的库函数，以及完全运行于内核之外的假脱机系统等。

7.6.1　系统调用与库函数

1. 系统调用

一方面，为使各进程能有条不紊地使用I/O设备，且能保护设备的安全性，不允许运行在用户态的应用进程直接调用运行在内核态的OS过程。另一方面，应用进程在运行时，又必须取得OS所提供的服务，否则，应用程序几乎无法运行。为了解决此矛盾，OS在用户层中引入了一个中介过程——系统调用。应用程序可以通过它间接地调用OS中的I/O过程，对I/O设备进行操作。

系统中会有许多系统调用，它们的实现方法基本相同。下面简单说明系统调用的执行过程。当应用程序需要执行某种I/O操作时，在应用程序中必须使用相应的系统调用。当OS捕获到应用程序中的该系统调用后，便会将CPU的状态从用户态转换到内核态，然后转向OS中的相应过程，由该过程执行所需的I/O操作。执行完成后，系统又将CPU状态从内核态转换到用户态，返回应用程序继续执行。图7-21所示为系统调用的执行过程。

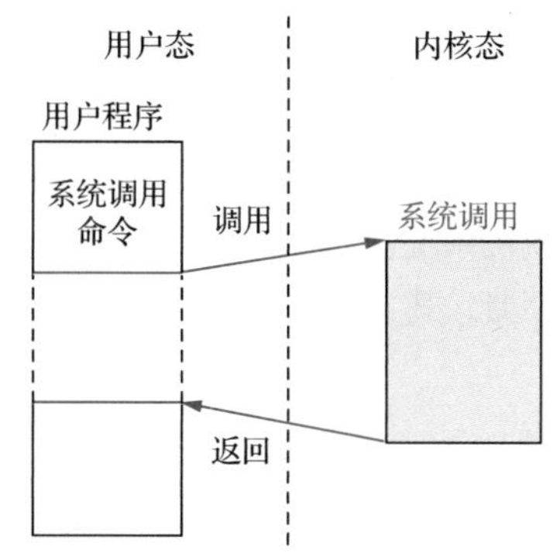

图7-21　系统调用的执行过程

事实上，由OS向用户提供的所有功能，用户进程都必须通过系统调用来获取，或者说，系统调用是应用程序取得OS所有服务的唯一途经。在早期的OS中，系统调用是以汇编语言形式提供的，因此只有在用汇编语言书写的程序中才能直接使用系统调用，这对用户是非常不方便的；后来在C语言中，首先提供了与系统调用相对应的库函数。

2. 库函数

在C语言以及UNIX系统中，系统调用（如read）与各系统调用所使用的库函数（如read）之间，几乎是一一对应的。而微软公司定义了一组接口，称为Win32 API，程序员可以利用该接口取得OS服务。该接口与实际的系统调用并不一一对应。用户程序通过调用对应的库函数使用系统调用，这些库函数与调用程序连接在一起，并被嵌入在运行时装入内存的二进制程序中。

在C语言中提供了多种类型的库函数，在I/O方面，主要提供的是对文件和设备进行读/写操作的库函数，以及控制/检查设备状态的库函数。显然这些库函数的集合也应是I/O系统的组成部分。而且可以这样来看待内核和库函数之间的关系：内核提供了OS的基本功能，而库函数扩展了OS内核，使用户能方便地取得OS的服务。在许多现代OS中，系统调用本身已经采用C语言编写，并以函数形式提供，因此在使用C语言编写的用户程序中可以直接使用这些系统调用。

另外，OS在用户层中还提供了一些非常有用的程序，如7.6.2小节将要介绍的的假脱机系统，以及在网络传输文件时经常使用的守护进程等，它们是运行在内核外的程序，但仍属于I/O系统。

7.6.2　假脱机系统

如果说，通过多道程序技术可将一台物理CPU虚拟为多台逻辑CPU，从而允许多个用户共享一台主机，那么通过假脱机技术就可以将一台物理I/O设备虚拟为多台逻辑I/O设备，这样就可以允许多个用户共享一台物理I/O设备。

1. 假脱机技术

在20世纪50年代，为了缓和CPU的高速性与I/O设备的低速性之间的矛盾，引入了脱机输入/脱机输出技术。该技术是利用专门的外围控制机先将低速I/O设备上的数据传送到高速磁盘上，或者相反。这样，当CPU需要输入数据时，便可以直接从磁盘中读取数据，极大地提高了输入速度。反之，在CPU需要输出数据时，也能以很快的速度把数据先输出到磁盘上，然后CPU便可去做自己的事情了。

事实上，当系统中引入多道程序技术后，系统便完全可以利用其中的一道程序来模拟脱机输入时的外围控制机功能，进而把低速I/O设备上的数据传送到高速磁盘上；再用另一道程序模拟脱机输出时外围控制机的功能，把数据从磁盘传送到低速输出设备上。这样，便可在主机的直接控制下实现以前的脱机输入/脱机输出功能。此时的外围操作与CPU对数据的处理同时进行，我们把这种在联机情况下实现的同时外围操作技术，称为SPOOLing（全称：simultaneaus peripühernal operating online）技术，或称为假脱机技术。

2. 假脱机系统的组成

如前所述，假脱机技术是对脱机输入/脱机输出系统的模拟，相应地，如图7-22（a）所示，假脱机系统建立在通道技术和多道程序技术的基础上，以高速随机外存（通常为磁盘）为后援存储器，其主要由4部分组成。图7-22（b）所示为假脱机系统的工作原理。

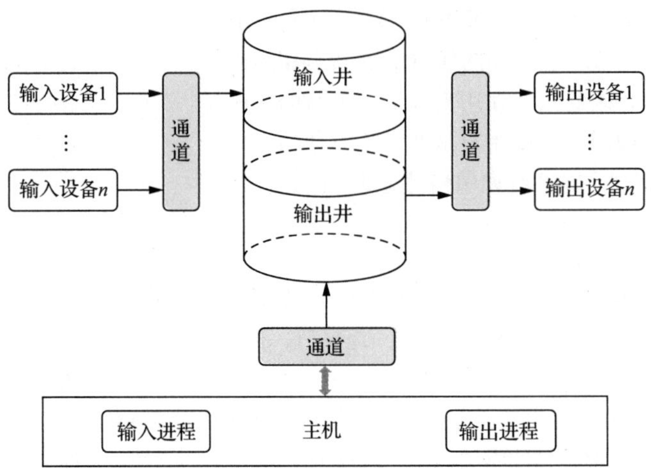

（a）假脱机系统的组成

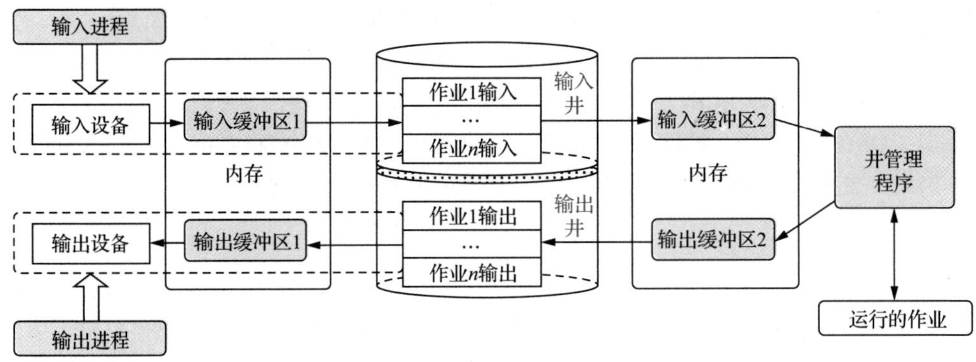

（b）假脱机系统的工作原理

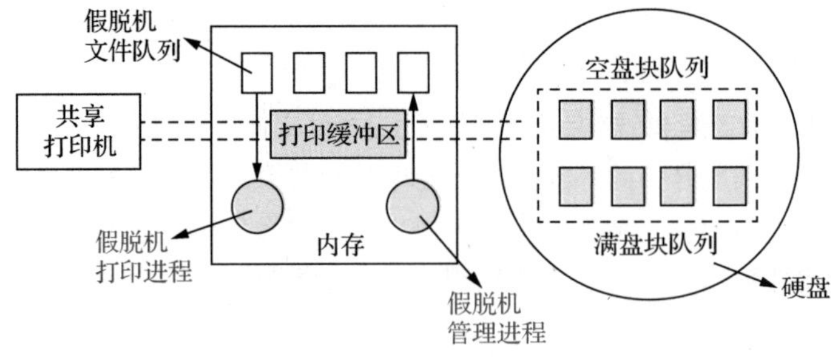

（c）假脱机打印机系统的组成

图7-22　假脱机系统

（1）**输入井和输出井**。这是在磁盘上开辟出来的两个存储区域。输入井模拟脱机输入时的磁盘，用于收容I/O设备输入的数据。输出井模拟脱机输出时的磁盘，用于收容用户程序的输出数据。输入井/输出井中的数据一般以文件的形式组织管理，我们把这些文件称为井文件。一个文件仅存放某一个进程的输入（或输出）数据，所有进程的数据输入（或输出）文件可链接成为一个输入（或输出）队列。

（2）**输入缓冲区和输出缓冲区**。这是在内存中开辟的两个缓冲区，用于缓和CPU和磁盘之间速度不匹配的矛盾。输入缓冲区用于暂存由输入设备传送来的数据，之后再将其传送到输入井。输出缓冲区用于暂存从输出井传送来的数据，之后再将其传送到输出设备。

（3）**输入进程和输出进程**。输入进程，也称为预输入进程，用于模拟脱机输入时的外围控制机，将用户要求的数据从输入设备传送到输入缓冲区，再存放到输入井。当CPU须输入数据时，直接从输入井读入内存。输出进程，也称为缓输出进程，用于模拟脱机输出时的外围控制机，把用户要求输入的数据从内存传送（并存放）到输出井，待输出设备空闲时，再将输出井中的数据经输出缓冲区输出至输出设备。

（4）**井管理程序**。用于控制作业与磁盘井之间信息的交换。当作业执行过程中向某台设备发出启动输入或输出操作请求时，由OS调用井管理程序，由该程序控制从输入井读取信息或将信息输出至输出井。

3. 假脱机系统的特点

（1）**提高了I/O速度**。这里对数据所执行的I/O操作，已从对低速I/O设备执行的I/O操作演变为对磁盘缓冲区中的数据进行的存取操作，如同脱机输入/脱机输出一样，提高了I/O速度，缓和了CPU与低速I/O设备之间速度不匹配的矛盾。

（2）**将独占设备改造为共享设备**。在假脱机打印机系统中，实际上并没有为任何进程分配设备，而只是在磁盘缓冲区中为进程分配了一个空闲盘块和建立了一张I/O请求表。这样，便把独占设备改造成了共享设备。

（3）**实现了虚拟设备功能**。宏观上，虽然多个进程在同时使用一台独占设备，但对于每个进程而言，它们都会认为自己独占了一个设备。当然，该设备只是逻辑上的设备。假脱机打印机系统实现了将独占设备变换为若干台对应的逻辑设备的功能。

4. 假脱机打印机系统

打印机是经常会被用到的输出设备，属于独占设备。利用假脱机技术可将它改造为一台可供多个用户共享的打印设备，从而提高了设备的利用率，也方便了用户使用。共享打印机技术已被广泛应用于多用户系统和局域网中。

假脱机打印机系统主要包含以下3部分。①**磁盘缓冲区**，是在磁盘上开辟的一个存储空间，用于暂存用户程序的输出数据，在该缓冲区中可以设置几个盘块队列，如空盘块队列、满盘块队列等。②**打印缓冲区**，用于缓和CPU和磁盘之间速度不匹配的矛盾，设置在内存中，用于暂存从磁盘缓冲区发送来的数据，以后会再传送给打印设备进行打印。③**假脱机管理进程和假脱机打印进程**。由假脱机管理进程为每个要求打印的用户数据建立一个假脱机文件，并把它放入假脱机文件队列中，由假脱机打印进程依次对队列中的文件进行打印。图7-22（c）所示为假脱机打印机系统的组成。

每当用户进程发出打印输出请求时，假脱机打印机系统并不会立即把打印机分配给该用户进程，而是会由假脱机管理进程完成两项工作：①在磁盘缓冲区中为之申请一个空闲盘块，并将要打印的数据送入其中暂存；②为用户进程申请一张空白的用户请求打印表，并将用户的打印要求填入其中，再将该表挂到假脱机文件队列上。在这两项工作完成后，虽然还没有进行任何实际的打印输出，但对于用户进程而言，其打印请求已经得到了满足，打印输出任务已经完成。

真正的打印输出是假脱机打印进程负责的，当打印机空闲时，该进程首先从假脱机文件队列的队首摘取一张请求打印表，然后根据表中的要求将要打印的数据由磁盘缓冲区传送到内存缓冲区，再交付打印机进行打印。一个打印任务完成后，假脱机打印进程将会再次查看假脱机文件队列，若队列非空，则重复上述工作，直至队列为空。此后，假脱机打印进程会将自己阻塞起来，仅当再次有打印请求时，其才会被重新唤醒运行。

由此可见，利用假脱机系统向用户提供共享打印机的概念是：对每个用户而言，系统并非即时执行其程序输出数据的真实打印操作，而只是即时将数据输出到缓冲区，这时的数据并未真正被打印，只是让用户感觉系统已为他打印；真正的打印操作，是在打印机空闲且该打印任务在等待队列中已排到队首时进行的；而且，打印操作本身也是利用CPU的一个时间片，没有使用专门的外围机。以上过程是对用户屏蔽的，即用户是不可见的。

5. 守护进程

上一部分内容具体介绍了利用假脱机系统来实现打印机共享的一种方案，人们对该方案进行了某些修改，如取消该方案中的假脱机管理进程，为打印机建立一个守护进程，由它实现一部分原来由假脱机管理进程实现的功能，如为用户在磁盘缓冲区中申请一个空闲盘块，并将要打印的数据送入其中，将该盘块的起始地址返回给请求进程。另一部分功能由请求进程自己实现，每个要求打印的进程，首先生成一份要求打印的文件，其中包含对打印的要求和指向装有打印输出数据盘块的指针等信息，然后将用户请求打印文件放入假脱机文件队列（目录）中。

守护进程是允许使用打印机的唯一进程。所有需要使用打印机进行打印的进程，都需要将一份要求打印的文件放在假脱机文件队列（目录）中。如果守护进程正在睡眠，则将它唤醒，由它按照目录中第一个文件中的说明进行打印，打印完成后，再按照目录中第二个文件中的说明进行打印，如此逐份文件地进行打印，直到目录中的全部文件打印完毕为止，此时守护进程无事可做，便又去睡眠，同时等待用户进程再次发来打印请求。

除了打印机守护进程之外，还可能有许多其他的守护进程，如服务器守护进程和网络守护进程等。事实上，凡在需要将独占设备改造为可供多个进程共享的设备时，都要为该设备配置一个守护进程和一个假脱机文件队列（目录）。同样，守护进程是允许使用该独占设备的唯一进程，所有其他进程都不能直接使用该设备，而只能将对该设备的使用要求写入一份文件中，并将该文件放在假脱机目录中。由守护进程按照目录中的文件，依次来完成各进程对该设备的请求。这样就把一台独占设备改造成了可为多个进程共享的设备。

7.7 缓冲区管理

缓冲与假脱机技术

在现代OS中，几乎所有的I/O设备在与CPU交换数据时，都使用了缓冲区。缓冲区是一个存储区域，它可以由专门的硬件寄存器组成，但由于硬件的成本较高，故容量较小，一般仅用于对速度要求非常高的场合，如存储器管理中所用的联想存储器、设备控制器中用的数据缓冲区等。在一般情况下，更多的是将内存作为缓冲区。本节所要介绍的也正是由内存组成的缓冲区。缓冲区管理的主要功能是组织好这些缓冲区，并提供获得和释放缓冲区的手段。

7.7.1 缓冲的引入

引入缓冲区的原因可能有很多，它们可归结为以下几点。

1. 缓和 CPU 与 I/O 设备间速度不匹配的矛盾

事实上，凡在数据的到达速率与离去速率不同的地方，都可设置缓冲区，以缓和它们之间速率不匹配的矛盾。众所周知，CPU的运算速率远高于I/O设备的传输速率，如果没有缓冲区，则在输出数据时，必然会由于打印机的速度跟不上而使CPU停下来等待；然而在计算阶段，打印机又空闲无事。如果在打印机或控制器中设置一缓冲区，用于快速暂存程序的输出数据，以后由打印机“慢慢地”从中取出数据打印，则可提高CPU的工作效率。类似地，在输入设备与CPU之间设置缓冲区，也可使CPU的工作效率得以提高。

2. 减少对 CPU 中断的频率，放宽对 CPU 中断响应时间的限制

在远程通信系统中，如果从远程终端发来的数据仅用一位缓冲来接收，如图7-23（a）所示，则必须在每收到一位数据时便中断一次CPU，这样，对于速率为9.6kbit/s的数据通信来说，就意味着其中断CPU的频率为9.6kHz，即约每100μs就要中断CPU一次，而且CPU必须在100μs内予以响应，否则缓冲区内的数据将被冲掉。倘若设置一个8位缓冲寄存器，如图7-23（b）所示，则可使CPU被中断的频率降低为原来的1/8；若再设置一个8位缓冲寄存器，如图7-23（c）所示，则可以把CPU对中断的响应时间从100μs放宽到800μs。类似地，在磁盘控制器和磁带控制器中，都需要配置缓冲寄存器，以减少对CPU的中断频率，放宽对CPU中断响应时间的限制。随着数据传输速率的提高，需要配置位数更多的寄存器进行缓冲。

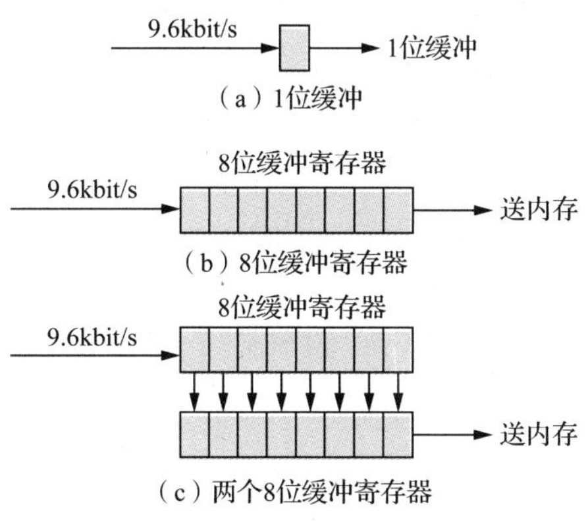

图7-23 利用缓冲寄存器实现缓冲

3. 解决数据粒度不匹配的问题

缓冲区可用于解决在生产者和消费者之间交换的数据粒度（数据单元大小）不匹配的问题。例如，当生产者所生产的数据粒度比消费者消费的数据粒度小时，生产者进程可以一连生产好几个数据单元的数据，当其总和已达到消费者进程所要求的数据单元大小时，消费者便可从缓冲区中取出数据进行消费。当生产者所生产的数据粒度比消费者消费的数据粒度大时，生产者每次生产的数据，消费者可以分几次从缓冲区中取出消费。

4. 提高CPU和I/O设备之间的并行性

缓冲区的引入可显著提高CPU和I/O设备间的并行操作程度，提高系统的吞吐量和设备的利用率。例如，在CPU（生产者）和打印机（消费者）之间设置了缓冲区后，生产者在生产了一批数据并将其放入缓冲区后，便可立即去进行下一次的生产。与此同时，消费者可以从缓冲区中取出数据进行消费，这样便可使CPU与打印机处于并行工作状态。

7.7.2 单缓冲区和双缓冲区

如果在生产者与消费者之间未设置任何缓冲区，则生产者与消费者之间在时间上会相互限制。例如，生产者已经完成了数据的生产，但消费者尚未准备好接收，生产者就无法把所生产的数据交付给消费者，此时生产者必须暂停并等待，直到消费者就绪。如果在生产者与消费者之间设置了一个缓冲区，那么生产者无须等待消费者就绪便可把数据输出到缓冲区。

1. 单缓冲区

在单缓冲区（single buffer）情况下，每当用户进程发出一个I/O请求时，OS便会在内存中为之分配一缓冲区，如图7-24（a）所示。在块设备输入时，假定从I/O设备把一块数据输入缓冲区的时间为T，OS将该缓冲区中的数据传送到工作区的时间为M，而CPU对这一块数据进行处理（计算）的时间为C。由于T和C是可以并行的（见图7-24（b）），当$T>C$时，系统对每块数据的处理时间为$M+T$；反之则为$M+C$。因此可把系统对每块数据的处理时间表示为$\text{Max}(C, T)+M$。

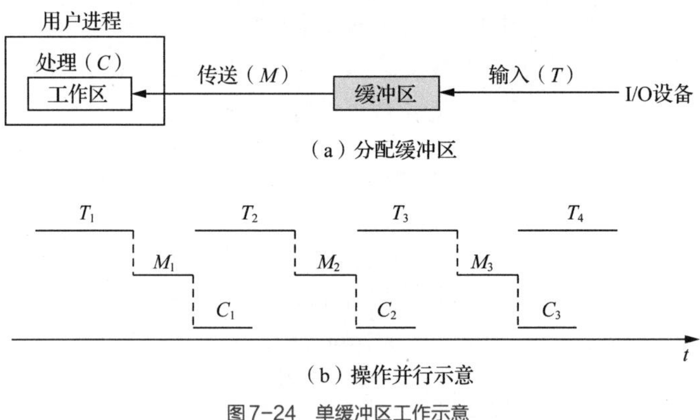

图7-24 单缓冲区工作示意

在字符设备输入数据时，缓冲区用于暂存用户输入的一行数据，在输入期间，用户进程被挂起以等待数据输入完毕；在输出时，用户进程将一行数据输入缓冲区后，继续进行处理。当用户进程已有第二行数据输出时，如果第一行数据尚未被提取完毕，则此时用户进程应阻塞。

2. 双缓冲区

由于缓冲区是共享资源，生产者与消费者在使用缓冲区时必须互斥。如果消费者尚未取走缓冲区中的数据，则即使生产者又生产出新的数据，也无法将它送入缓冲区，此时生产者需要等待。如果为生产者与消费者设置了两个缓冲区，便能解决这一问题。

为了加快输入和输出速度，提高设备利用率，人们又引入了双缓冲区（double buffer）机制，也称为缓冲对换（buffer swapping）。在设备输入数据时，先将数据送入第一缓冲区，装满后便转向第二缓冲区。此时OS可以从第一缓冲区中移出数据，并送入用户进程（见图7-25（a）），接着由CPU对数据进行计算。在双缓冲区情况下，系统处理一块数据的时间可以认为是Max（$C+M$, T），如果$C+M<T$，则可使块设备连续输入；如果$C+M>T$，则可使CPU不必等待设备输入。对于字符设备，在行输入方式下，若采用双缓冲区，则通常能消除用户的等待时间，即用户在输入完第一行数据后，在CPU执行第一行中的命令时，用户可以继续向第二缓冲区输入下一行数据。

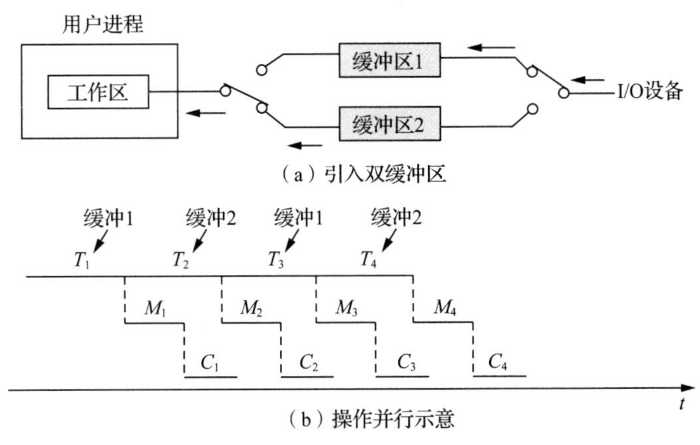

图7-25　双缓冲区工作示意

如果在实现两台机器之间的通信时仅为它们设置了单缓冲区，如图7-26（a）所示，那么它们之间在任一时刻都只能实现单方向的数据传输。例如，只允许把数据从A机传送到B机，或者从B机传送到A机，而绝不允许双方同时向对方发送数据。为了实现双向数据传输，必须在两台机器中都设置两个缓冲区，一个用作发送缓冲区，另一个用作接收缓冲区，如图7-26（b）所示。

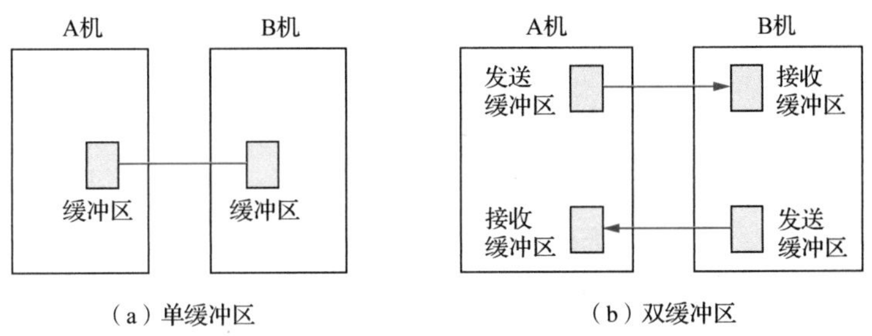

图7-26　双机通信时缓冲区的设置

7.7.3　环形缓冲区

当输入与输出的速度基本匹配时，采用双缓冲区能获得较好的效果，可使生产者和消费者基本上实现并行操作。但若两者的速度相差甚远，则双缓冲区的效果不会太理想，不过可以随着缓冲区数量的增加而使情况有所改善。因此，又引入了多缓冲区机制，可将多个缓冲区组成环形缓冲区的形式。

1. 环形缓冲区的组成

（1）多个缓冲区。在环形缓冲区中包含多个缓冲区，各缓冲区的大小相同。作为输入的多缓冲区可分为3种类型：用于装输入数据的空缓冲区R、已装满数据的缓冲区G、计算进程正在使用的现行工作缓冲区C，如图7-27所示。

（2）多个指针。作为输入的缓冲区可设置3个指针：用于指示计算进程下次可用缓冲区G的指针Nextg，用于指示输入进程下次可用空缓冲区R的指针Nexti，以及用于指示计算进程正在使用的缓冲区C的指针Current。

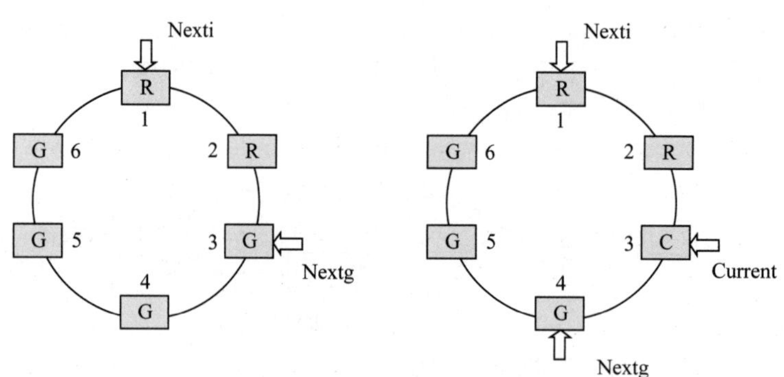

图7-27 环形缓冲区

2. 环形缓冲区的使用

计算进程和输入进程可利用下述两个过程来使用形环缓冲区。

（1）**Getbuf过程**。当计算进程要使用缓冲区中的数据时，可调用Getbuf过程。该过程将由指针Nextg所指示的缓冲区提供给进程使用，相应地，须把它改为现行工作缓冲区，并令Current指针指向该缓冲区的第一个单元，同时将Nextg移向下一个可用缓冲区G。类似地，每当输入进程要使用空缓冲区来装入数据时，也调用Getbuf过程，由该过程将指针Nexti所指示的缓冲区提供给输入进程使用，同时将Nexti指针移向下一个空缓冲区R。

（2）**Releasebuf过程**。当计算进程把C缓冲区中的数据提取完毕时，便调用Releasebuf过程，将缓冲区C释放。此时，把该缓冲区由当前（现行）工作缓冲区C改为空缓冲区R。类似地，当输入进程把缓冲区装满时，也应调用Releasebuf过程，将该缓冲区释放，并将其改为可用缓冲区G。

3. 进程间的同步问题

使用输入循环缓冲，可使输入进程和计算进程并行执行。相应地，指针Nexti和指针Nextg将不断地沿着顺时针方向移动，这样就可能出现下述两种情况。

（1）**Nexti指针追赶上Nextg指针**。这意味着输入进程输入数据的速度大于计算进程处理数据的速度，已把全部可用的空缓冲区装满，再无缓冲区可用。此时，输入进程应阻塞，直到计算进程把某个缓冲区中的数据全部提取完，使之成为空缓冲区R，并调用Releasebuf过程将它释放后，才可将输入进程唤醒。这种情况被称为“系统受计算限制”。

（2）**Nextg指针追赶上Nexti指针**。这意味着输入数据的速度小于计算进程处理数据的速度，使装有输入数据的缓冲区都被抽空，再无装有数据的缓冲区供计算进程提取数据。这时，计算进程只能阻塞，直至输入进程又装满某个缓冲区，并调用Releasebuf过程将它释放后，才可将计算进程唤醒。这种情况被称为“系统受I/O限制”。

7.7.4 缓冲池

前述缓冲区是专门为特定的生产者与消费者设置的，它们属于专用缓冲。当系统较大时，应该有许多循环缓冲，这不仅要消耗大量的内存空间，而且缓冲区利用率不高。为了提高缓冲区的利用率，引入并广泛应用既可用于输入、又可用于输出的（公用）缓冲池（buffer pool），该池中设置了多个可供若干进程共享的缓冲区。缓冲池与缓冲区的区别在于：缓冲区仅是一组内存块的链表，而缓冲池则是包含了一个用于管理自身的数据结构和一组操作函数的管理机制，用于管理多个缓冲区。

1. 缓冲池的组成

缓冲池管理着多个缓冲区，每个缓冲区由用于标志和管理的缓冲首部以及用于存放数据的缓冲体两部分组成。缓冲首部一般包括缓冲区号、设备号、设备上的数据块号、同步信号量以及队列链接指针等。为了管理上的方便，一般将缓冲池中具有相同类型的缓冲区链接成一个队列，于是可形成3个队列。①**空白缓冲队列emq**：这是由空缓冲区所链成的队列，其队首指针F(emq)和队尾指针L(emq)分别指向该队列的首缓冲区和尾缓冲区。②**输入队列inq**：这是由装满输入数据的缓冲区所链成的队列，其队首指针F(inq)和队尾指针L(inq)分别指向输入队列的队首缓冲区和队尾缓冲区。③**输出队列outq**：这是由装满输出数据的缓冲区所链成的队列，其队首指针F(outq)和队尾指针L(outq)分别指向该队列的队首缓冲区和队尾缓冲区。

除了上述3个队列外，还应具有4种工作缓冲区：用于收容输入数据的工作缓冲区、用于提取输入数据的工作缓冲区、用于收容输出数据的工作缓冲区以及用于提取输出数据的工作缓冲区。

2. Getbuf过程和Putbuf过程

在数据结构课程中，曾介绍过队列和对队列进行操作的两个过程，第一个是Addbuf(type，number)过程，该过程用于将由参数number所指示的缓冲区B挂在type队列上；第二个是Takebuf(type)过程，该过程用于从type所指示的队列的队首摘下一缓冲区。这两个过程能否用于对缓冲池中的队列进行操作呢？答案是否定的。因为缓冲池中的队列本身是临界资源，多个进程在访问一个队列时，既应互斥，又应同步。为此，需要对这两个过程加以改造，以形成可用于对缓冲池中的队列进行操作的Getbuf过程和Putbuf过程。

为使各进程能互斥地访问缓冲池队列，可为每一队列设置一个互斥信号量MS(type)。此外，为了保证各进程同步地使用缓冲区，可为每个缓冲队列设置一个资源信号量RS(type)。既可实现互斥又可保证同步的Getbuf过程和Putbuf过程描述如下。

```
void Getbuf(unsigned type){
    Wait(RS(type));
    Wait(MS(type));
    B(number) =Takebuf(type);
    Signal(MS(type));
}
void Putbuf(type, number){
    Wait(MS(type));
    Addbuf(type, number);
     Signal(MS(type));
     Signal(RS(type));
}
```

3. 缓冲池的工作方式

缓冲池可以工作在如下4种工作方式下，如图7-28所示。

（1）**收容输入**。输入进程可调用Getbuf(emq)过程，从空缓冲区队列emq的队首摘下一空缓冲区，并把它作为收容输入工作缓冲区hin。然后，把数据输入其中，装满后再调用Putbuf(inq， hin)过程，将它挂在输入队列inq上。

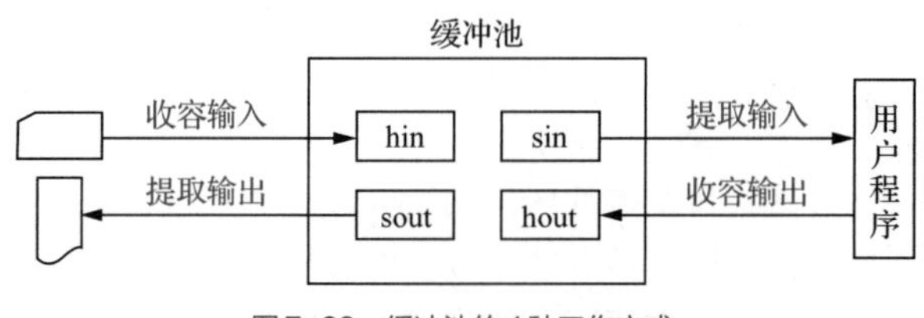

图7-28　缓冲池的4种工作方式

（2）**提取输入**。计算进程可调用Getbuf(inq)过程，从输入队列inq的队首取得一缓冲区，并将它作为提取输入工作缓冲区sin，计算进程从中提取数据。计算进程用完该数据后，再调用Putbuf(emq，sin)过程，将它挂到空缓冲区队列emq上。

（3）**收容输出**。计算进程可调用Getbuf(emq)过程，从空缓冲区队列emq的队首取得一空缓冲区，并将它作为收容输出工作缓冲区hout。当其中装满输出数据后，再调用Putbuf(outq，hout)过程，将它挂在输出队列outq末尾。

（4）**提取输出**。输出进程可调用Getbuf(outq)过程，从输出队列的队首取得一装满输出数据的缓冲区，并将它作为提取输出工作缓冲区sout。在数据提取完后，再调用Putbuf(emq，sout)过程，将它挂在空缓冲区队列emq末尾。

7.7.5　缓存

缓存（cache）是保存数据副本的高速内存区域。现代计算机系统中有多种类型的缓存，如CPU缓存、磁盘缓存、光驱缓存等。访问缓存副本比访问其原版更加有效。例如，正在运行进程的指令保存在磁盘上，缓存在物理内存上，并被再次复制到了CPU的二级缓存和一级缓存中。CPU缓存先于内存同CPU交换数据，速率很快，故也称为高速缓存。它主要是为了缓和CPU运行速率与内存读/写速率不匹配的矛盾。其工作原理是：当CPU要读取一个数据时，首先从CPU缓存中进行查找，找到就立即读取并将其送给CPU处理；若没有找到，则从速率相对较慢的内存中读取并将其送给CPU处理，同时把这个数据所在的数据块调入缓存中，这可以使得以后对整块数据的读取都从缓存中进行，而不必再调用内存。正是这样的读取机制使CPU读取缓存的命中率变得非常高（大多数CPU可达90%左右），这大大节省了CPU直接读取内存的时间，也使CPU读取数据时基本无须等待。

缓存和缓冲的区别：缓冲可以保存数据项的唯一的现有版本；而根据定义，缓存只提供一个位于其他地方的数据项的更快存储副本。

缓存和缓冲的功能不同，但是有时一个内存区域可以用于两个目的。例如，为了保留复制语义和有效调度磁盘I/O，OS会采用内存中的缓冲区来保存磁盘数据。这些缓冲区也用作缓存，以便提高文件的I/O效率；这些文件可被多个程序共享，或者快速地写入和重读。当内核收到文件I/O请求时，内核首先会访问缓冲区缓存，以便查看文件区域是否已经在内存中可用。如果是，则可以避免或延迟物理磁盘I/O。此外，磁盘写入在数秒内会累积到缓冲区缓存中，以汇集大量传输，进而实现允许高效写入调度。

7.8　磁盘性能概述和磁盘调度

磁盘存储器是计算机系统中最重要的存储设备，其中存放了大量的文件。对文件的读/写操作都将涉及对磁盘的访问。磁盘I/O速度的高低和磁盘系统的可靠性将直接影响系统的性能。可以通过多种途经来改善磁盘系统的性能：第一可以选择好的磁盘调度算法，以减少磁盘的寻道时间；第二可以提高磁盘I/O速度，以提高对文件的访问速度；第三可以采取冗余技术，以提高磁盘系统的可靠性，建立高度可靠的文件系统。第二点和第三点将在第9章“磁盘存储器管理”中进行具体介绍。

7.8.1 磁盘性能概述

磁盘是一种相当复杂的机电设备，在此仅对其某些性能（如数据的组织与格式、磁盘的类型、磁盘的访问时间等）做扼要阐述。

1. 数据的组织与格式

磁盘可包括一个或多个物理盘片，每个盘片有一个或两个盘面（surface），如图7-29（a）所示，每个盘面上有若干条磁道（track），磁道之间留有必要的间隙。为使处理简单起见，在每条磁道上可存储相同数目的二进制位。这样，针对磁盘密度，即每英寸中所存储的位数，显然是内层磁道的密度较外层磁道的密度高。每条磁道又从逻辑上被划分成若干个扇区（sectors），软盘大约为8至32个扇区，硬盘则可多达数百个扇区，图7-29（b）显示了一个磁道被分成8个扇区。一个扇区称为一个盘块（或数据块）。各扇区之间保留一定的间隙。

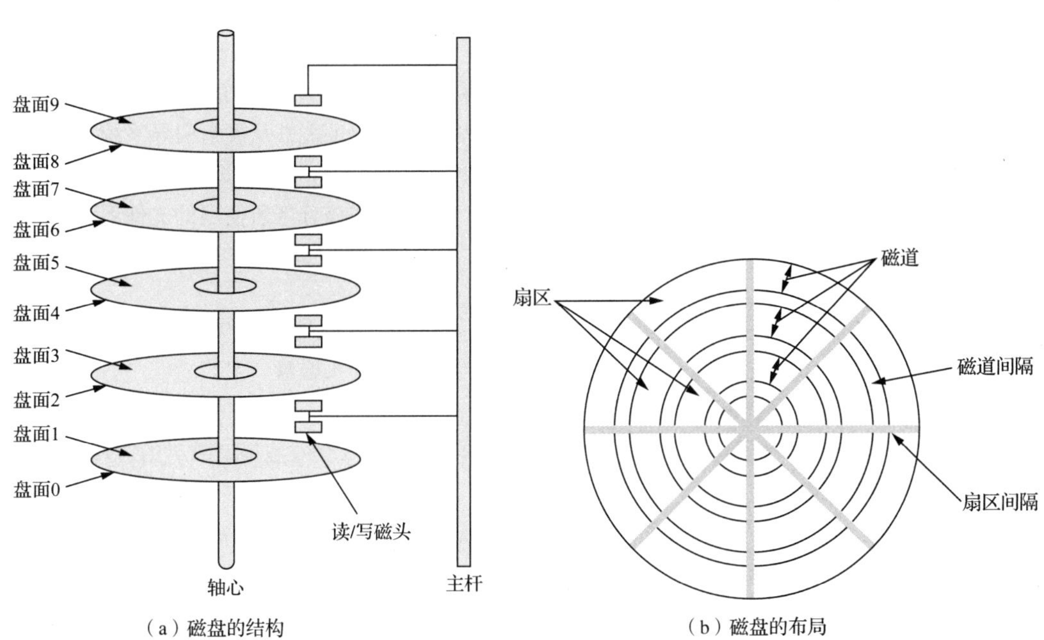

图7-29 磁盘的结构和布局

一个物理记录存储在一个扇区上，磁盘上能存储的物理记录数目是由扇区数、磁道数以及磁盘面数所决定的。例如，一个10GB容量的磁盘，有8个双面可存储盘片，共16个存储面（盘面），每面有16 383个磁道（也称柱面），每个磁道含63个扇区。

为了提高磁盘的存储容量，充分利用磁盘外面磁道的存储能力，现代磁盘不再把内外磁道划分为相同数目的扇区，而是利用外层磁道容量较内层磁道大的特点，将盘面划分成若干条环带，同一环带内的所有磁道具有相同的扇区数，显然外层环带的磁道拥有较内层环带的磁道更多的扇区。为了减少这种磁道和扇区在盘面分布的几何形式的变化对驱动程序的影响，大多数现代磁盘都隐藏了这些细节，仅向OS提供虚拟几何的磁盘规格，而不是实际的物理几何的磁盘规格。

为了在磁盘上存储数据，必须先将磁盘低级格式化。图7-30所示为一种温盘（温切斯特）中一条磁道格式化的情况。其中每条磁道含有30个固定大小的扇区，每个扇区容量为600B，其中512B存放数据，其余字节用于存放控制信息。每个扇区包括两个字段：①标识符字段，其中一个字节的Synch具有特定的位图像，其作为该字段的定界符，可利用磁道号、磁头号及扇区号三者来标志一个扇区，CRC字段用于段校验；②数据字段，存放512B的数据。

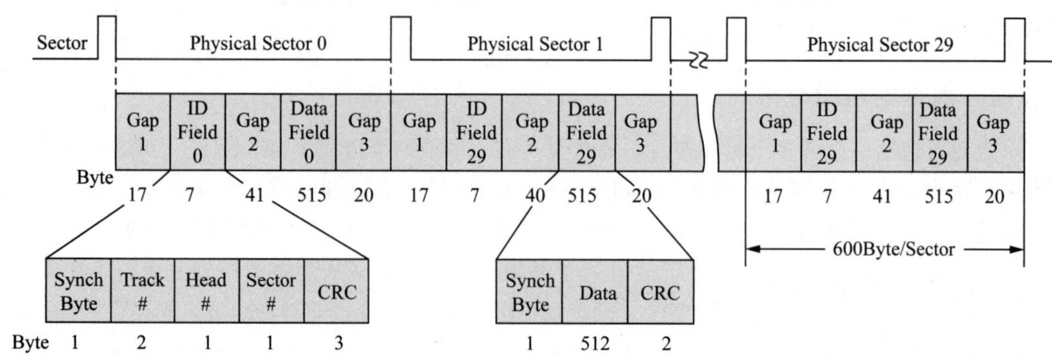

图7-30　磁盘的格式化

在磁盘格式化完成后，一般要对磁盘进行分区。在逻辑上，每个分区就是一个独立的逻辑磁盘。每个分区的起始扇区和大小都记录在磁盘0扇区的主引导记录所包含的分区表中。在这个分区表中必须有一个分区被标记成是活动的（即引导块），以保证能够从硬盘引导系统。

但是，在真正可以使用磁盘前，还需要对磁盘进行一次高级格式化，即设置一个引导块、空闲存储管理、根目录和一个空文件系统，同时在分区表中标记该分区所使用的文件系统。

2. 磁盘的类型

可以从不同的角度对磁盘进行分类，最常见的有将磁盘分成硬盘和软盘、单片盘和多片盘、固定头磁盘和移动头磁盘等。下面仅介绍固定头磁盘和移动头磁盘。

（1）**固定头磁盘**。这种磁盘在每条磁道上都有一个读/写磁头，所有的磁头都被装在一刚性磁臂中。通过这些磁头可访问所有磁道，并进行并行读/写，以有效地提高磁盘的I/O速度。这种结构主要用于大容量磁盘。

（2）**移动头磁盘**。每个盘面仅配有一个磁头，其也被装入磁臂中。为能访问该盘面上的所有磁道，该磁头必须能移动以进行寻道。可见，移动磁头仅能以串行方式读/写，这致使其I/O速度较慢；但由于其结构简单，故其结构仍被广泛应用于中、小型磁盘。在微机上配置的温盘和软盘都采用了移动磁头结构，因此本节主要介绍采用此类结构的磁盘的I/O。

3. 磁盘的访问时间

磁盘设备在工作时，以恒定转速旋转。为了读/写，磁头必须能移动到所指定的磁道上，并等待所指定的扇区的开始位置旋转到磁头下，然后再开始读/写数据。因此，可把对磁盘的访问时间分成以下3部分。

（1）**寻道时间T_s**。这是指把磁臂（磁头）移动到指定磁道上所经历的时间，该时间是启动磁臂的时间k与磁头移动n条磁道所花费的时间之和，即：

$$T_s = m \times n + k,$$

其中，m是一个常数，其与磁盘驱动器的速度有关，对于一般的磁盘，m=0.2；对于高速磁盘，$m \leqslant 0.1$；磁臂的启动时间约为2ms。这样，对于一般的温盘，其寻道时间将随寻道距离的增大而增加，为5ms～30ms。

（2）**平均旋转延迟时间T_τ**。这是指某扇区移动到磁头下面所经历的时间，在不同类型的磁盘中，旋转速度至少相差一个数量级，如软盘为300r/min，硬盘一般为7 200r/min到15 000r/min甚至更高。对于磁盘的T_τ而言，如果是硬盘，则旋转速度为15 000r/min，每转耗时4ms，T_τ为2ms；而如果是软盘，则旋转速度为300r/min或600r/min，这样，T_τ为50ms～100ms。T_τ的具体表达如下：

$$T_\tau = \frac{1}{2r},$$

其中，r为磁盘每秒的转数。

（3）**传输时间T_t**。这是指从磁盘读出数据或向磁盘写入数据所经历的时间。T_t的大小与每次所读/写的字节数b和旋转速度有关，关系如下：

$$T_t = \frac{b}{rN},$$

其中，N为一条磁道上的字节数，当一次读/写的字节数相当于半条磁道上的字节数时，T_t与T_τ相同，因此，可将访问时间T_a表示为：

$$T_a = T_s + \frac{1}{2r} + \frac{b}{rN}。$$

由上式可以看出，在访问时间中，寻道时间和平均旋转延迟时间基本上都与所读/写数据的多少无关，而且它们通常占据了访问时间中的大头。例如，假定寻道时间和平均旋转延迟时间为20ms，而磁盘的传输速率为10MB/s，如果要传输10KB数据，则此时总的访问时间为21ms，可见传输时间所占比例是非常小的。当传输100KB数据时，其访问时间也只是30ms，即当传输的数据量增大10倍时，访问时间只增加约50%。目前磁盘的传输速率已达80MB/s以上，数据传输时间所占的比例更低。可见，适当地集中数据（不要太零散）进行传输有利于提高传输效率。

7.8.2 早期的磁盘调度算法

为了减少对文件的访问时间，应采用一种最佳的磁盘调度算法，以使各进程对磁盘的平均访问时间最小。由于访问磁盘的时间中大部分是寻道时间，因此，磁盘调度的目标是使磁盘的平均寻道时间最短。目前常用的磁盘调度算法有：FCFS调度算法、最短寻道时间优先（shortest seek time first，SSTF）调度算法等。下面逐一进行介绍。

磁盘调度

1. FCFS 调度算法

FCFS调度算法是最简单的磁盘调度算法。它根据进程请求访问磁盘的先后次序进行调度。此算法的优点是公平、简单，且每个进程的请求都能依次得到处理，不会出现某一进程的请求长期得不到满足的情况。但此算法由于未对寻道进行优化，平均寻道时间可能较长。图7-31所示为有9个进程先后提出磁盘I/O请求时，按FCFS调度算法进行调度的情况。这里，将进程号（请求者）按它们发出请求的先后次序排队。这样，平均寻道距离为55.3条磁道，与后面即将讲到的SSTF调度算法相比，其平均寻道距离较大。因此FCFS调度算法仅适用于请求磁盘I/O的进程数目较少的场合。

（从100号磁道开始）	
被访问的下一个磁道号	移动距离（磁道数）
55	45
58	3
39	19
18	21
90	72
160	70
150	10
38	112
184	146
平均寻道长度：55.3	

图7-31　按FCFS调度算法进行调度

2. SSTF调度算法

SSTF调度算法会选择这样的进程，其要求访问的磁道与当前磁头所在的磁道距离最近，以使每次的寻道时间最短，但这种算法不能保证平均寻道时间最短。图7-32所示为按SSTF调度算法进行调度时，各进程被调度的次序、每次磁头移动的距离以及9次磁头平均移动的距离。通过比较图7-31和图7-32发现，SSTF调度算法对应的磁头平均移动距离明显低于FCFS调度算法，即SSTF调度算法较FCFS调度算法有更好的寻道性能，故其过去曾一度被广泛采用。

（从100号磁道开始）	
被访问的下一个磁道号	移动距离（磁道数）
90	10
58	32
55	3
39	16
38	1
18	20
150	132
160	10
184	24
平均寻道长度：27.6	

图7-32　按SSTF调度算法进行调度

7.8.3　基于扫描的磁盘调度算法

1. SCAN调度算法

SSTF调度算法的实质是基于优先级进行调度，因此可能导致优先级低的进程出现“饥饿”现象。因为只要不断有新进程的请求到达，且其所要访问的磁道距离磁头当前所在的磁道较近，这种新进程的I/O请求就必然会被优先满足。在对SSTF调度算法略加修改后，即可防止低优先级进程出现“饥饿”现象。

SCAN调度算法不仅会考虑欲访问的磁道与当前磁道间的距离，还会优先考虑磁头当前的移动方向。例如，当磁头正在自里向外移动时，SCAN调度算法所考虑的下一个访问对象，应是其欲访问的、既在当前磁道之外、又是距离最近的磁道。这样自里向外访问，直至再无更外的磁道需要访问时，才将磁臂换向为自外向里移动。此时，同样也是每次选择这样的进程来调度，即要访问的磁道为当前位置距离最近者，这样，磁头又会逐步地自外向里移动，直至再无更里面的磁道要访问，从而避免出现“饥饿”现象。由于在这种调度算法中磁头移动的规律颇似电梯的运行规律，因而其又常被称为电梯调度算法。图7-33所示为按SCAN调度算法对9个进程进行调度的情况。

（从100号磁道开始，向磁道号增加方向访问）	
被访问的下一个磁道号	移动距离（磁道数）
150	50
160	10
184	24
90	94
58	32
55	3
39	16
38	1
18	20
平均寻道长度：27.8	

图7-33　按SCAN调度算法进行调度

2. CSCAN调度算法

SCAN调度算法既能获得较好的寻道性能，又能防止出现“饥饿”现象，故被广泛应用于大、中、小型计算机和网络中的磁盘调度中，但也存在这样的问题：当磁头刚自里向外移动而越过某一磁道后，恰好又有一进程请求访问此磁道，这时，该进程必须等待，待磁头继续自里向外、然后再自外向里扫描完处于外面的所有要访问的磁道后，才处理该进程的请求，这致使该进程的请求被大大地推迟。为了减少这种影响，人们提出了CSCAN调度算法。CSCAN调度算法规定磁头单向移动，如只是自里向外移动，当磁头移到最外的磁道并完成访问后，磁头立即返回到最里的欲访问磁道，亦即将最小磁道号紧接最大磁道号以构成循环，进而实现循环扫描。采用循环扫描方式后，上述请求进程的请求时延将从原来的$2T$减为$T+S_{max}$，其中T为自里向外或自外向里单向扫描完要访问的磁道所需的寻道时间，而S_{max}是将磁头从最外面被访问的磁道直接移到最里面欲访问的磁道（或相反）所需的寻道时间。图7-34所示为按CSCAN调度算法对9个进程调度的次序及每次磁头移动的距离。

3. NStepSCAN调度算法和FSCAN调度算法

（1）NStepSCAN调度算法。采用SSTF、SCAN及CSCAN这几种调度算法，都可能出现磁臂停留在某处不动的情况，例如，有一个或几个进程对某一磁道有较高的访问频率，即这个（些）进程反复请求对某一磁道进行I/O操作，从而垄断了整个磁盘设备。我们把这一现象称为“磁臂粘着”（armstickiness），在高密度磁盘上容易出现此现象。N步SCAN调度算法（NStep SCAN调度算法）是将磁盘请求队列分成若干个长度为N的子队列，磁盘调度将按FCFS调度算法依次处理这些子队列。而每处理一个子队列时又采用SCAN调度算法，处理完一个子队列后，再处理其他子队列。当正在处理某个子队列时，如果又出现新的磁盘I/O请求，则将新请求进程放入其他子队列，这样就可避免出现磁臂粘着现象。当N值取得很大时，会使NStepSCAN调度算法的性能接近于SCAN调度算法的性能；当$N=1$时，NStepSCAN调度算法便蜕化成了FCFS调度算法。

（从100号磁道开始，向磁道号增加方向访问）	
被访问的下一个磁道号	移动距离（磁道数）
150	50
160	10
184	24
18	166
38	20
39	1
55	16
58	3
90	32
平均寻道长度：35.8	

图7-34　按CSCAN调度算法进行调度

（2）**FSCAN调度算法**。FSCAN调度算法实质上是NStepSCAN调度算法的简化，即FSCAN调度算法只将磁盘请求队列分成两个子队列。一个是由当前所有请求磁盘I/O的进程所形成的队列，由磁盘调度按SCAN调度算法进行处理。在扫描期间，将新出现的所有请求磁盘I/O的进程放入另一个等待处理的请求队列。这样，所有的新请求都将被推迟到下一次扫描时进行处理。

思考题

如何根据计算机对磁盘进行I/O请求的方式和次数选择磁盘调度算法?

7.9　本章小结

各种I/O设备是整个计算机系统的重要组成部分。由于I/O设备种类繁多，因此设备管理很复杂。任何OS都有很大一部分代码与I/O有关。

本章首先介绍了I/O系统的功能、模型和接口。I/O系统的功能是：管理和控制I/O操作和I/O设备。其次，描述了I/O设备、设备控制器、中断机构等I/O硬件。再次，详细讨论了I/O软件，包括中断处理程序、设备驱动程序、与设备无关的I/O软件和用户层I/O软件等。设备驱动程序负责处理设备工作中的所有细节，并面向OS的其他部分提供统一接口，在该部分介绍了控制I/O的方式，最主要的是程序轮询I/O方式、中断驱动I/O方式、DMA方式和I/O通道方式。与设备无关的I/O软件负责完成如提供接口、缓冲管理、差错控制、独立设备的分配与回收等工作。用户层I/O软件中的假脱机系统是个典型的虚拟设备系统，能够把独占设备模拟成共享设备。最后，详细介绍了缓冲、缓存和磁盘调度等知识点。在缓冲区管理中，介绍了引入缓冲的原因和缓冲区的各种组成方式。在磁盘调度中，首先概述了磁盘的性能，并在此基础上详细介绍了磁盘的各种调度算法，包括FCFS调度算法、SSTF调度算法、SCAN调度算法和CSCAN调度算法等。

习题7（含考研真题）

一、简答题

1. 试说明I/O系统的基本功能。

2. I/O软件一般分为用户层软件、设备独立性软件、设备驱动程序和中断处理程序这4个层次，它们的基本功能分别是什么？请说明下列工作分别是在哪一层完成的？

（1）向设备寄存器写命令。

（2）检查用户是否有权使用设备。

（3）将二进制整数转换成ASCII的格式打印。

（4）缓冲管理。

3. 设备控制器由哪几部分组成？为了实现CPU与设备控制器之间的通信，设备控制器应具备哪些功能？

4. （考研真题）什么是通道？通道经常采用图7-35所示的交叉连接方式，为什么？

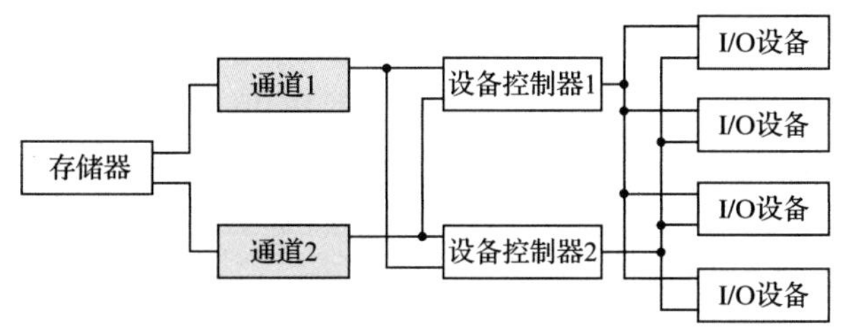

图7-35 通道交叉连接图

5. 设备中断处理程序通常须完成哪些工作？它对中断进行处理的过程包含哪些步骤？

6. （考研真题）为什么要有设备驱动程序？用户进程是如何通过设备驱动程序来控制设备工作的？

7. 推动I/O控制方式发展的主要因素是什么？

8. 请说明中断驱动I/O方式和DMA方式有什么不同。

9. 设备无关性的基本含义是什么？为什么要设置设备无关性软件？

10. 设备分配过程中可能会出现死锁吗？为什么？

11. 假脱机系统由哪几部分组成？以打印机为例说明如何利用假脱机技术实现多个进程对打印机的共享？

12. （考研真题）在单缓冲区情况下，为什么系统对一块数据的处理时间为$\max(C, T)+M$？

二、计算题

13. （考研真题）设系统缓冲区和用户工作区均采用单缓冲区，从外设读入1个数据块到系统缓冲区的时间为100，从系统缓冲区读入1个数据块到用户工作区的时间为5，对用户工作区中的1个数据块进行分析的时间为90（见图7-36）。进程从外设读入并分析2个数据块的最短时间是多少？

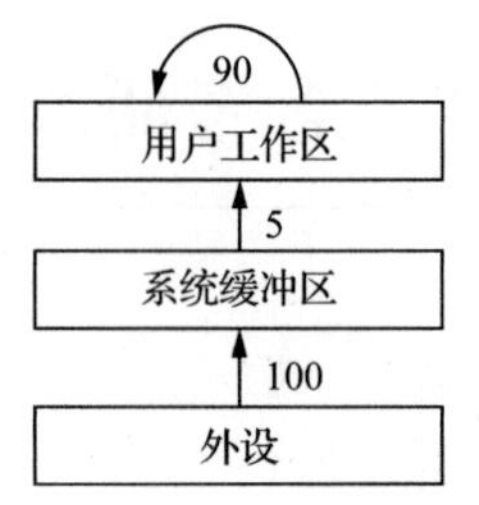

图7-36　单缓冲区处理数据过程图

14．假定把磁盘上一个数据块中的信息输入一单缓冲区的时间T为100μs，将缓冲区中的数据传送到用户区的时间M为50μs，CPU对这一块数据进行计算的时间C为50μs。请问，系统对一块数据的处理时间为多少？如果将单缓冲区改为双缓冲区，则系统对一块数据的处理时间为多少？

15．（**考研真题**）某磁盘的转速为10 000r/min，平均寻道时间为6ms，磁盘传输速率为20MB/s，磁盘控制器时延为0.2ms，读取一个4KB的扇区所需的平均时间约为多少？

16．某磁盘有40个柱面，查找每个柱面需要5ms，若文件信息块凌乱存放，则相邻逻辑块平均间隔9个柱面。文件信息块经优化分布后，相邻逻辑块平均间隔2个柱面。假设磁盘时延为100ms，传输速率为20ms/块。请问在信息块非优化存放和优化存放两种情况下，传输100块文件信息各需多长时间？

17．（**考研真题**）假设有11个进程先后提出磁盘I/O请求，当前磁头正在110号磁道处，并预向磁道序号增加的方向移动。请求队列的顺序为30、145、120、78、82、140、20、42、165、55、65，分别用FCFS调度算法和SCAN调度算法完成上述请求，写出磁道访问顺序和每次磁头移动的距离，并计算平均移动磁道数。

18．（**考研真题**）磁盘请求服务队列中要访问的磁道分别为38、6、37、100、14、124、65、67，磁头上次访问了20号磁道，当前处于30号磁道上，试采用FCFS、SSTF和SCAN调度算法，分别计算磁头移动的磁道数。

三、综合应用题

19．（**考研真题**）目前，个人计算机上使用的外部存储设备的速度都相当快，例如，刻录一张DVD（单面单层DVD的容量通常大约为4.7GB）需要几分钟到十几分钟时间。与DVD相比，硬盘的速度更快。请问：这样的高速设备使用的大概是什么样的I/O控制方式?请说出你的推断理由。

20．除了FCFS算法外，所有磁盘调度算法都不公平，例如会造成有些请求“饥饿”，试分析：

（1）为什么不公平？

（2）如何构建一种公平性调度算法？

（3）为什么公平性在分时系统中是一个很重要的指标？

21．假设有4个记录（A、B、C、D）被存放在磁盘的某个磁道上，该磁道被划分成4块，每块存放1个记录，其布局如表7-1所示。

表 7-1 记录存放布局情况

块号	记录号
1	A
2	B
3	C
4	D

现在要顺序处理这些记录。假定磁盘转速为20ms/r，处理程序每次从磁盘读出一个记录后要花5ms对其进行处理，若磁头现在处于首个逻辑记录的始点位置，则请问：

（1）处理程序处理完这4个记录所花费的时间是多少？

（2）按最优化分布重新安排这4个逻辑记录，写出记录的安排，并计算处理所需要的时间。

22. 假定磁盘的磁臂现在处于6号柱面上，有表7-2所示的6个请求进程等待访问磁盘，试列出最省时间的响应次序。

表 7-2 请求进程等待访问磁盘位置

请求进程序号	柱面号	磁头号	块号
1	7	6	2
2	5	5	6
3	15	20	6
4	7	4	4
5	20	9	5
6	5	15	2

第8章 文件管理

第8章导读

由于计算机中的内存是易失性设备，断电后其所存储的信息即会丢失，容量又十分有限，因此在现代计算机系统中，都必须配置外存，目的是将系统和用户需要用到的大量程序和数据，以“文件”的形式存放在其中，待需要的时候再随时将它们调入内存，或将它们打印出来。如果由用户来直接管理存放在外存上的文件，则不仅要求用户熟悉外存的特性，了解各种文件的属性，以及它们在外存上的位置，而且在多用户环境下，还必须保持数据的安全性和一致性。显然，这是用户所不能胜任的。于是在OS中又增加了文件管理功能，专门负责管理外存中的文件，并把对文件的存取、共享和保护等手段提供给用户。这不仅方便了用户，保证了文件的安全性，还可有效提高系统资源的利用率。本章知识导图如图8-1所示。

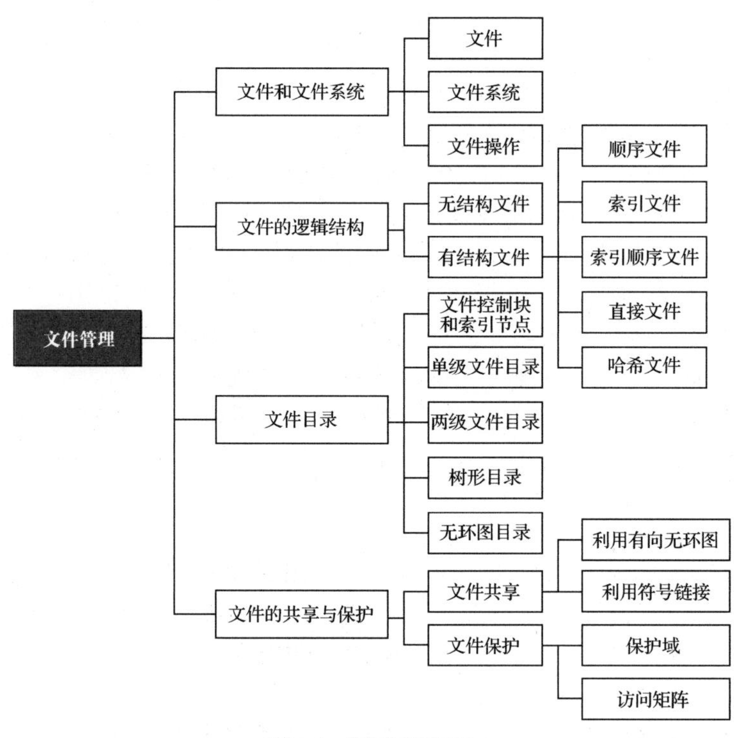

图8-1　第8章知识导图

8.1 文件和文件系统

文件和文件系统

文件系统是OS的一部分，它提供了一种管理机制，以便OS对自身及所有用户的数据与程序进行在线存储和访问。文件系统由两部分组成：文件集合和目录。文件系统的管理功能是通过将其管理的程序和数据组织成一系列文件的方式实现的，而文件则是指具有文件名的若干相关元素的集合。元素通常是记录，而记录又是一组有意义的数据项的集合。由此可见，基于文件系统的概念，可以把数据的组成分为文件、记录和数据项三级。

8.1.1 文件、记录和数据项

1. 数据项

在文件系统中，数据项是最低级的数据组织形式，它可被分成两种类型。①基本数据项，是用于描述一个对象的某种属性的字符集，是数据组织中可以命名的最小逻辑数据单位，又称为字段。例如，用于描述一个学生的基本数据项有学号、姓名、年龄、班级等。②组合数据项，是由若干个基本数据项所组成的，简称组项。例如，工资是个组项，它可由基本工资、工龄工资和奖励工资等基本数据项组成。

基本数据项除了数据名外，还应有数据类型，因为基本数据项用于描述某个对象的属性，根据属性的不同，需要用不同的数据类型来实现其描述。例如，在描述学生的学号时，应使用整数；描述学生的姓名时，应使用字符串（含汉字）；描述学生的性别时，可用逻辑变量或汉字。可见，基本数据项的名字和数据类型这两者共同定义了一个基本数据项的“型”，而表征一个实体在基本数据项上的数据则称为“值”，如学号/30211、姓名/王某某、性别/男等。

2. 记录

记录是一组相关数据项的集合，用于描述一个对象在某方面的属性。一个记录应包含哪些数据项取决于需要描述对象的哪个方面。由于对象所处的环境不同，可将对象作为不同的存在。例如，一个少年，当把他作为班上的一名学生时，对他的描述应使用学号、姓名、年龄及所在班级，也可能还包括他所学过的课程的名称、成绩等数据项；但若把学生作为一个医疗对象，对他的描述则应使用诸如病历号、姓名、性别、出生年月、身高、体重、血压及病史等数据项。

在诸多记录中，为了能唯一地标志一个记录，必须在其各个数据项中确定出一个或几个数据项，并把它们的集合称为关键字（key）。换言之，关键字是唯一能标志一个记录的数据项。通常，只须将一个数据项作为关键字。例如，前面例子中提及的学号或病历号，便可用来从诸多记录中标志出唯一的一个记录。然而有时找不到这样的数据项，这时就只好把几个数据项定为能在诸多记录中唯一地标志某个记录的关键字。

3. 文件

文件是指由创建者所定义的、具有文件名的一组相关元素的集合，可分为有结构文件和无结构文件两类。在有结构文件中，文件由若干个相关记录组成，而无结构文件则被看成一个字节流。文件在文件系统中是一个最大的数据单位，它描述了一个对象集。例如，可将一个班的学生的记录作为一个文件。

文件的主要属性有4个。①**文件类型**。可以从不同的角度来规定文件的类型，如源文件、目标文件及可执行文件等。②**文件长度**，指文件的当前长度，长度的单位可以是字节、字或块，也可以是允许的最大长度。③**文件的物理位置**，通常用于指示文件所在的设备及文件在该设备中地址的指针。④**文件的建立时间**，亦指文件最后一次的修改时间。图8-2所示为文件、记录和数据项之间的层次关系。

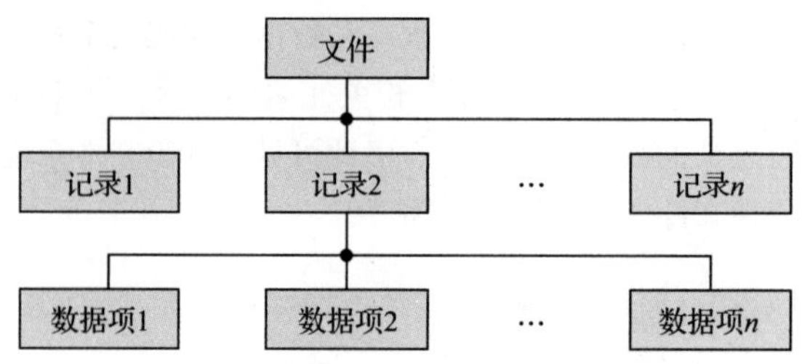

图8-2　文件、记录和数据项之间的层次关系

8.1.2　文件名和文件类型

1. 文件名和扩展名

（1）**文件名**。不同的系统对文件名的规定是不同的，在一些早期的OS中，文件名的长度受到了系统限制。例如，MS-DOS系统最多支持8个字符，老版的UNIX系统支持14个字符。另外，一些特殊字符（如空格）因常被用作分隔命令、参数和其他数据项的分隔符，故被规定不能用于文件名。近年推出的不少OS已放宽了这种限制，如Windows NT及以后的Windows 2000/XP/Vista/7/8/10等所采用的新技术文件系统（new technology file system，NTFS），便可以很好地支持长文件名，即支持255个字符。另外，在早期的OS（如MS-DOS和Windows 95等系统）中是不区分大小写字母的，如MYFILE、MYfile和myfile都是指同一个文件。但在UNIX和Linux系统中是区分大小写的，因此，上面的3个文件名会被用于标志不同的文件。

（2）**扩展名**。扩展名是添加在文件名后面的若干个附加字符，又称为后缀名，用于指示文件的类型，它可以方便系统和用户了解文件的类型，是文件名中的重要组成部分。在大多数系统中，是用圆点“.”将文件名和扩展名分隔开的。例如，myfile.txt中的扩展名.txt，表示该文件是文本文件；myprog.bin中的扩展名.bin，表示该文件是可执行的二进制文件。扩展名的长度一般是1～4个字符。

2. 文件类型

为了便于管理和控制文件，将文件分成了若干类。由于不同的系统针对文件的管理方式不同，因此它们针对文件的分类方法也有很大差异。下面是常用的几种文件分类方法。

（1）**按性质和用途分类**。

根据文件的性质和用途的不同，可将文件分为3类。①系统文件，指由系统软件构成的文件。大多数的系统文件只允许用户调用，但不允许用户去读，更不允许用户修改；有的系统文件不直接对用户开放。②用户文件，指由用户的源代码、目标文件、可执行文件或数据等所构成的文件。用户将此类文件委托给系统进行保管。③库文件，这是由标准子例程及常用的例程等所构成的文件。此类文件允许用户调用，但不允许用户修改。

（2）**按文件中数据的形式分类**。

按这种方式分类，也可把文件分为3类。①源文件，指由源程序和数据构成的文件。通常，由终端或输入设备输入的源程序和数据所形成的文件都属于源文件，它通常是由美国信息交换标准代码（American standard code for information interchange，ASCII）或汉字所组成的。②目标文件，指由“把源程序经过编译程序编译后、但尚未经过链接程序链接的目标代码”所构成的文件，其后缀名是“.obj”。③可执行文件，指源程序经过编译程序编译后所产生的目标代码，再经过链接程序链接后所形成的文件，在Windows系统中，其后缀名是.exe或.com。

（3）按存取控制属性分类。

根据系统管理员或用户所规定的存取控制属性，可将文件分为3类：①可执行文件，该类文件只允许被核准的用户调用执行，不允许读和写；②只读文件，该类文件只允许文件拥有者及被核准的用户去读，不允许写；③读/写文件，指允许文件拥有者和被核准的用户去读/写的文件。

（4）按组织形式和处理方式分类。

根据文件的组织形式和系统对其处理方式的不同，可将文件分为3类：①普通文件，是指由ASCII或二进制码所组成的字符文件，通常，用户建立的源程序文件、数据文件以及OS自身的代码文件、实用程序等都属于普通文件；②目录文件，是指由文件目录所组成的文件，通过目录文件可以对其下属文件的信息进行检索，对其可执行的文件进行（与普通文件一样的）操作；③特殊文件，特指系统中的各类I/O设备，为了便于统一管理，系统将所有的I/O设备都视为文件，并按文件的使用方式提供给用户使用，如目录的检索、权限的验证等操作都与普通文件相似，只是对这些文件的操作将由设备驱动程序来完成。

8.1.3 文件系统的层次结构

如图8-3所示，文件系统的模型可分为3个层次：最低层是对象及其属性，中间层是对对象进行操纵和管理的软件集合，最高层是文件系统（提供给用户的）接口。

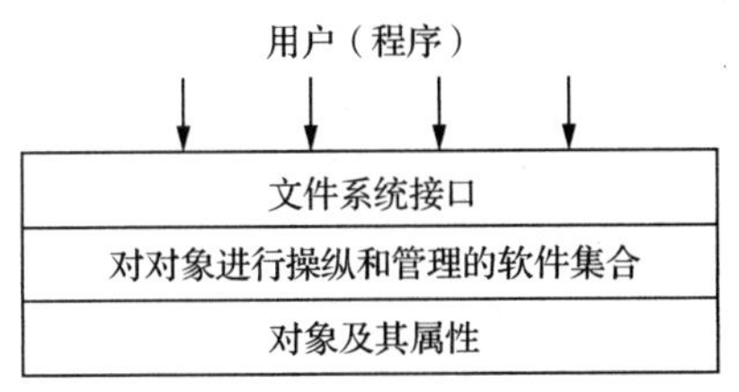

图8-3 文件系统模型

1. 对象及其属性

文件系统所管理的对象有3类。①文件，在文件系统中有着各种不同类型的文件，它们都作为文件系统的直接管理对象。②目录，为了方便用户对文件进行存取和检索，在文件系统中必须配置目录，且目录的每个目录项中必须含有文件名、对文件属性的说明以及该文件所在的物理地址（或指针）。对目录的组织和管理，是方便用户和提高文件存取速度的关键。③磁盘（磁带）存储空间，文件和目录必定会占用磁盘存储空间，对这部分空间进行有效管理，不仅能提高外存的利用率，而且能提高文件存取速度。

2. 对对象进行操纵和管理的软件集合

该层是文件系统的核心部分，文件系统的功能大多是在这一层实现的，其中包括：①文件存储空间管理功能；②文件目录管理功能；③用于将文件的逻辑地址变换为物理地址的机制；④文件读/写管理功能；⑤文件的共享与保护功能等。在实现这些功能时，OS通常会采取层次组织结构，即在每一层中都包含一定的功能，处于某个层次的软件只能调用同层或更低层中的功能模块。关于OS层次结构的介绍参见本书第1章。

一般地，把与文件系统有关的软件分为4个层次：①**I/O控制层**，是文件系统的最低层，主要由磁盘驱动程序等组成，也可称为设备驱动程序层；②**基本文件系统**，主要用于实现内存与磁盘之间数据块的交换；③**文件组织模块**，也称为基本I/O管理程序，该层负责完成与磁盘I/O有关的事务，如将文件逻辑块号变换为物理块号、管理磁盘中的空闲盘块、指定I/O缓冲等；④**逻辑文件系统**，用于处理并记录同文件相关的操作，如允许用户和应用程序使用符号文件名访问文件和记录、保护文件和记录等。因此，整个文件系统可用图8-4所示的层次结构表示。

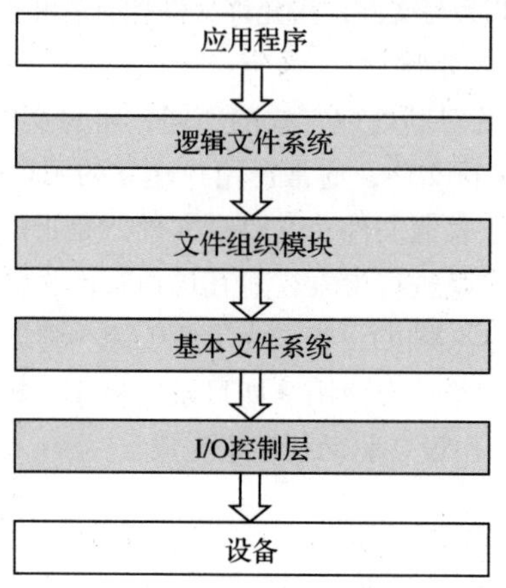

图8-4　文件系统的层次结构

3. 文件系统接口

为方便用户使用，文件系统以接口的形式提供了一组对文件和记录进行操作的方法和手段。常用的两类接口是：①**命令接口**，指用户与文件系统直接进行交互的接口，用户可通过该类接口输入命令（如通过键盘终端键入命令），进而获得文件系统的服务；②**程序接口**，指用户程序与文件系统的接口，用户程序可通过系统调用获得文件系统的服务，例如，通过系统调用Creat创建文件，通过系统调用Open打开文件等。

8.1.4　文件操作

用户可以通过文件系统提供的系统调用对文件进行操作。最基本的文件操作包括创建、删除、读、写和设置文件的读/写位置等。实际上，一般的OS都提供了更多针对文件的操作，如打开和关闭一个文件以及改变文件名等。

1. 最基本的文件操作

最基本的文件操作介绍如下。①**创建文件**。在创建一个新文件时，要为新文件分配必要的外存空间，并在文件目录中为之建立一个目录项；目录项中应记录新文件的文件名及其在外存中的地址等属性。②**删除文件**。在删除文件时，应先从目录中找到要删除文件的目录项，并使之成为空项，然后回收该文件所占用的存储空间。③**读文件**。在读文件时，根据用户给出的文件名去查找目录，从中得到被读文件在外存中的地址；在目录项中，还有一个指针用于对文件进行读操作。④**写文件**。在写文件时，根据文件名查找目录，找到指定文件的目录项后，再利用目录中的写指针进行写操作。⑤**设置文件的读/写位置**。前面所述的文件读/写操作，都只提供了对文件顺序存取的手段，即每次都是从文件的始端开始读或写；设置文件读/写位置的操作，通过设置文件读/写指针的位置，使得在读/写文件时不必每次都从其始端开始操作，而是可以从所设置的位置开始操作，因此可以改顺序存取为随机存取。

2. 文件的“打开”和“关闭”操作

当用户要求对一个文件实施多次读/写或其他操作时，每次都要从检索目录开始。为了避免多次重复地检索目录，在大多数OS中都引入了“打开”（Open）这一文件系统调用。当用户第一次请求对某文件进行操作时，须先利用系统调用Open将该文件打开。所谓“打开”，是指系统将指定文件的属性（包括该文件在外存中的物理位置），从外存复制到内存中的打开文件表的一个表目中，并将该表目的编号（或称为索引号）返回给用户。换言之，“打开”就是在用户和指定文件之间建立一个连接。此后，用户可通过该连接直接得到文件信息，从而避免再次通过目录检索文件，即当用户再次向系统发出文件操作请求时，系统可以根据用户提供的索引号，直接在打开文件表中查找到文件信息。这样不仅节省了大量的检索开销，还显著地提高了对文件的操作速度。如果用户已不再需要对该文件实施相应的操作，则可利用“关闭”（Close）系统调用来关闭此文件，即断开此连接，而后OS将会把此文件从打开的文件表中的表目上删除。

3. 其他文件操作

OS为用户提供了一系列面向文件操作的系统调用，最常用的一类是关于对文件属性进行操作的，即允许用户直接设置和获得文件的属性，如改变已存文件的文件名、改变文件的拥有者（文件拥有者）、改变对文件的访问权以及查询文件的状态（包括文件类型、大小、拥有者以及对文件的访问权）等；另一类是关于目录的，如创建一个目录、删除一个目录、改变当前目录和工作目录等；此外，还有用于实现文件共享的系统调用，以及用于对文件系统进行操作的系统调用等。

思考题

针对有些系统，当文件第一次被引用时，其会自动打开文件，结束时又会自动关闭文件。请思考这种方案与传统的由用户显式地打开和关闭文件的方案相比，有什么优缺点。

8.2 文件的逻辑结构

文件的逻辑结构

用户所看到的文件称为逻辑文件，它是由一系列的逻辑记录所组成的。从用户的角度来看，文件的逻辑记录是能够被存取的基本单位。在进行文件系统高层设计时，所涉及的关键点是文件的逻辑结构，即如何用这些逻辑记录来构建一个逻辑文件。在进行文件系统低层设计时，所涉及的关键点是文件的物理结构，即如何将一个文件存储在外存上。由此可见，系统中的所有文件都存在着以下两种形式的文件结构。

（1）**文件的逻辑结构**（file logical structure），是指从用户角度出发所观察到的文件组织形式，即文件是由一系列的逻辑记录所组成的，是用户可以直接处理的数据及其结构，它独立于文件的物理特性，又称为文件组织（file organization）。对应的文件通常称为逻辑文件。

（2）**文件的物理结构**，又称为文件的存储结构，是指系统将文件存储在外存上所形成的一种存储组织形式，是用户所看不见的。文件的物理结构不仅与存储介质的存储性能有关，而且与所采用的外存分配方式也有关。无论是文件的逻辑结构，还是文件的物理结构，都会影响系统对文件的检索速度。

8.2.1 文件逻辑结构的类型

对文件逻辑结构所提出的基本要求，首先是有助于提高系统对文件的检索速度，即在将大批记录组成文件时，应采用一种有利于提高检索记录速度和效率的逻辑结构；然后是该结构应方便用户对文件进行维护，即便于用户在文件中增加、删除、修改一个或多个记录；最后是降低文件存放在外存上的存储费用，即尽量减少文件所占用的存储空间，使其不要求系统为其提供大片的连续存储空间。

按文件是否有结构来分，可将文件分为两类：一类是有结构文件，指由一个以上的记录所构成的文件，故又将其称为记录式文件；另一类是无结构文件，指由字节流所构成的文件，故又将其称为流式文件。按文件的组织方式来分，有结构文件又可被分为顺序文件、索引文件和索引顺序文件等。

1. 按文件是否有结构来分

（1）有结构文件。

在记录式文件中，每个记录都用于描述实体集中的一个实体，各记录有着相同或不同数目的数据项。记录的长度可分为定长和变长两类。

① **定长记录**，是指文件中所有记录的长度都是相同的，所有记录中的各数据项都处在记录中相同的位置，具有相同的顺序和长度。文件的长度用记录数目表示。定长记录能有效地提高检索记录的速度和效率，用户能方便地对文件进行处理，因此定长记录是目前较常用的一种记录格式，被广泛应用于数据处理中。

② **变长记录**，是指文件中各记录的长度不一定相同。产生变长记录的原因，可能是一个记录中所包含的数据项（如书的著作者、论文中的关键词等）数目并不相同，也可能是数据项本身的长度不定，例如，病历记录中的病因与病史、科技情报记录中的摘要等。不论是哪一种原因导致记录的长度不同，在处理前，每个记录的长度都是可知的。对变长记录的检索速度慢，这不便于用户对文件进行处理。但由于变长记录很适合于某些场合的需要，因此其也是目前较常用的一种记录格式，被广泛应用于许多商业领域。

（2）无结构文件。

如果说在大量的信息管理系统和数据库系统中，广泛采用了有结构的文件形式的话，即文件是由定长或变长记录构成的，那么在系统中运行的大量源程序、可执行文件、库函数等，所采用的就是无结构的文件形式，即流式文件。此类文件的长度是以字节为单位的。对流式文件的访问，则是指利用读/写指针来指出下一个要访问的字节。可以把流式文件看作记录式文件的一个特例：一个记录仅有一个字节。

2. 按文件的组织方式来分

根据文件的组织方式，可把有结构文件分为3类：①**顺序文件**，指由一系列记录按某种顺序排列所形成的文件，其中的记录可以是定长记录或可变长记录；②**索引文件**，为可变长记录文件建立一张索引表，为每个记录设置一个索引表项，以加速对记录的检索速度；③**索引顺序文件**，是顺序文件和索引文件相结合的产物，这里，在为每个文件建立一张索引表时，并不是为每个记录建立一个索引表项，而是为一组记录中的第一个记录建立一个索引表项。

8.2.2 顺序文件

文件的逻辑结构中记录的组织方式，来源于用户和系统在管理上的目标和需求。不同的目标和需求产生了不同的组织方式，从而形成了逻辑结构相异的多种文件。其中，最基本也是最常见的文件就是顺序文件（sequential file）。

1. 顺序文件的排列方式

顺序文件中的记录可以按照不同的结构进行排列，一般可分为两种情况。

（1）**串结构**。串结构文件中的记录，通常是按存入文件的先后时间进行排序的，各记录之间的顺序与关键字无关。在对串结构文件进行检索时，每次都必须从头开始逐个地查找记录，直至找到指定的记录或者查完所有的记录为止。显然，对串结构文件进行检索是比较费时的。

（2）**顺序结构**。由用户指定一个字段作为关键字，它可以是任意类型的变量，其中最简单的是正整数，如0到N-1。为了能唯一地标志每个记录，必须使每个记录的关键字值在文件中具有唯一性。这样，文件中的所有记录就可以按关键字来排序，如按关键字值的大小或其对应英文字母的顺序进行排序。在对顺序文件进行检索时，还可以利用某种有效的查找算法（如折半查找法、插值查找法、跳步查找法等）来提高检索效率。因此，顺序文件可以有更高的检索速度和效率。

2. 顺序文件的优缺点

顺序文件的最佳应用场合是在对文件中的记录进行批量存取时，即每次要读/写一大批记录时。在所有逻辑文件中，顺序文件的存取效率是最高的。此外，对于顺序存储设备（如磁带），也只有顺序文件才能被存储并有效地工作。

在交互应用的场合中，如果用户（程序）要求查找或修改单个记录，则系统需要在文件的记录中逐个地进行查找，此时，顺序文件所表现出的性能就可能很差。尤其是当文件较大时，情况更为严重。例如，对于一个含有10^4个记录的顺序文件，如果采用顺序查找法查找到一个指定的记录，则平均需要查找5×10^3次。如果顺序文件中存放的是变长记录，则须付出更大的查找代价，这也限制了顺序文件的长度。

顺序文件的另一个缺点是，不论是想增加还是删除一个记录，都比较困难。为了解决这一问题，可以为顺序文件配置一个运行记录文件（log file）或称之为事务文件（transaction file），把试图增加、删除或修改的信息记录于其中，规定每隔一定时间（例如4小时）就将运行记录文件与原来的主文件加以合并，产生一个按关键字排序的新文件。

8.2.3 顺序文件记录寻址

为了访问顺序文件中的一条记录，首先应找到该记录的地址。查找记录地址的方式有两种：隐式寻址方式和显式寻址方式。

1. 隐式寻址方式

对于定长记录的顺序文件，如果已知当前记录的逻辑地址，便很容易确定下一个记录的逻辑地址。在读一个文件时，为了读文件，在系统中应设置一个读指针Rptr（见图8-5），令它指向下一个记录的始址；每当读完一个记录，便执行Rptr=Rptr+L操作，使之指向下一个记录的始址，其中的L为记录长度。类似地，为了写文件，也应设置一个写指针Wptr，使之指向要写的记录的始址。同样，在每写完一个记录时，须执行Wptr=Wptr+L操作。

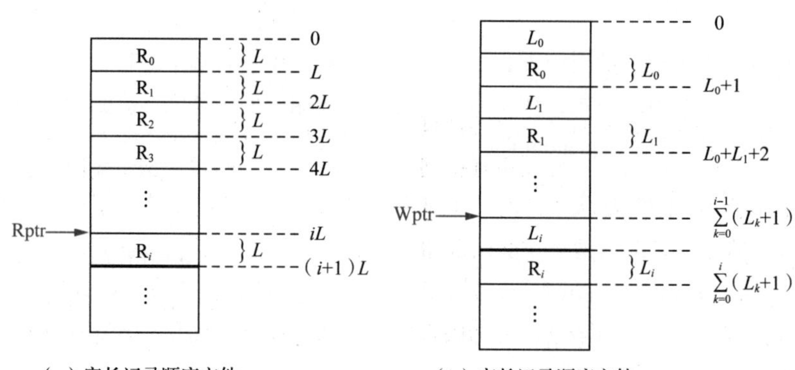

图8-5　定长和变长记录顺序文件

对于变长记录的顺序文件，在顺序读/写时的情况与定长记录的顺序文件相似，只是每次都需要从正在读/写的记录中读出该记录的长度。同样需要分别为它们设置读/写指针，但在每次读/写完一个记录后，均须将读/写指针加上L_i，L_i是刚读/写完的记录的长度。这种顺序访问的方式可用于所有文件类型，其主要问题是：访问一个指定记录i，必须扫描或读取前面第0～i-1个记录。这实际上是顺序访问，因此访问速度比较慢。

2. 显式寻址方式

该方式可用于对定长记录顺序文件实现直接访问或随机访问，因为任何记录的位置都很容易通过记录长度计算出来，而对于变长记录的顺序文件，则不能利用显式寻址方式实现直接访问或随机访问，而必须增加适当的支持机构方能实现。下面通过两种方式对定长记录实现随机访问。

（1）利用文件中记录的位置。在该方式下，文件中的每个记录均可用从0到N-1的整数来标志，即用一个整数来唯一地标志一个记录。对于定长记录的顺序文件，如果要查找第i个记录，则可直接根据下式计算获得第i个记录相对于第1个记录起始地址的地址：

$$A_i=i\times L,$$

由于获得任何记录地址的时间都非常短，因此可利用这种方式对定长记录实现随机访问。

然而对于变长记录，则不能利用显式寻址方式对一个文件实现随机访问，因为在查找其中的第i个记录时，须首先计算出该记录的起始地址。为此，须顺序地查找每个记录，并从中获得相应记录的长度L_i，然后才能计算出第i个记录的起始地址A_i。假定在每个记录前用一个字节指明该记录的长度，则有：

$$A_i=\sum_{k=0}^{i-1} L_k+i,$$

可见，用直接存取方式来访问变长记录顺序文件中的一个记录是十分低效的，其检索时间也很难令人接受，因此不能利用这种方式对变长记录实现随机访问。

（2）利用关键字。在该方式下，用户必须指定一个字段作为关键字，通过指定的关键字来查找该记录。当用户给出要检索记录的关键字时，系统将利用该关键字顺序地从第1个记录开始比较指定关键字和每个记录的关键字，直至找到相匹配的记录。

值得一提的是，基于关键字的变长记录在商业领域很重要，应用很广泛，但因为在专门的数据库系统中已经实现了对它们的支持，并能从不同的角度来管理、组织和显示数据，所以只有一些现代OS的文件系统对它们提供了支持。但是文件目录是个例外，因为对目录的检索是基于关键字来进行的。其中，关键字是符号文件名，相关内容将会在8.3节中进行介绍。

8.2.4 索引文件

1. 按关键字建立索引

定长记录顺序文件很容易通过简单的计算实现随机查找，但变长记录顺序文件查找一个记录则必须从第一个记录查起，一直顺序查找到目标记录为止，耗时很长。我们为变长记录顺序文件建立一张索引表，为主文件中的每个记录在索引表中分别设置一个索引表项，用于记录指向记录的指针（即记录在逻辑地址空间的起始地址）以及记录的长度。索引表按关键字排序，因此其本身也是一个定长记录的顺序文件，这样就把对变长记录顺序文件的顺序检索，转变成了对定长记录索引文件（index file）的随机检索，从而加快了记录检索速度，实现了直接存取。图8-6所示为索引文件的组织形式。

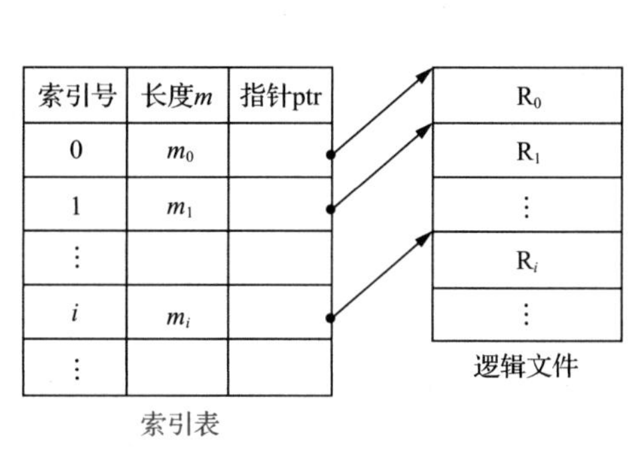

（a）具有单个索引表的索引文件

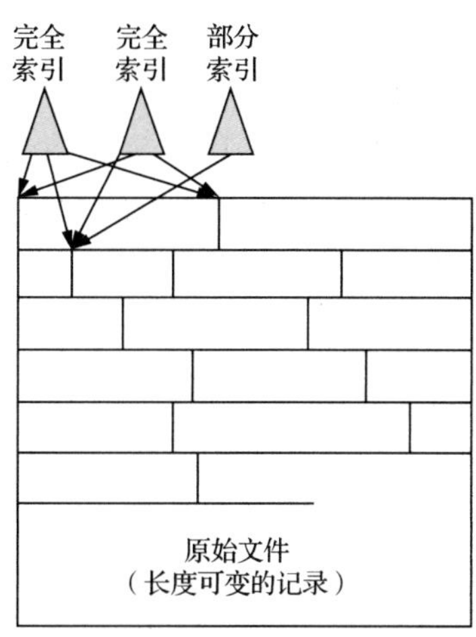

（b）具有多个索引表的索引文件

图8-6 索引文件的组织形式

由于是按关键字建立的索引，因此在对索引文件进行检索时，可以根据用户（程序）提供的关键字，利用折半查找法检索索引表，从中找到相应的表项；再利用该表项中所给出的指向记录的指针去访问所需的记录。每当要在索引文件中增加一个新记录时，便须对索引表进行修改。由于索引文件具有较快的检索速度，其主要应用于对信息处理的及时性有较高要求的场合。

2. 具有多个索引表的索引文件

按关键字建立索引表的索引文件与顺序文件一样，都只能按该关键字进行检索。而实际应用情况往往是：不同的用户为了不同的目的，希望能按不同的属性（或不同的关键字）来检索一条记录。为实现此要求，需要为顺序文件建立多个索引表，即为每种可能成为检索条件的域（属性或关键字）都配置一张索引表。每张索引表都按相应的一种属性或关键字进行排序。例如，有一个图书文件，为每本书建立了一个记录，此时可以为该图书文件建立多个索引表，其中第一个索引表所用的关键字是图书编号，第二个索引表所用的关键字是书名，第三个索引表所用的关键字是作者姓名，第四个索引表所用的关键字是出版时间等。这样，用户就可以根据自己的需要，用不同的关键字来对该图书文件进行检索。

索引文件的主要优点是，它将一个需要顺序查找的文件，改造成了一个可随机查找的文件，极大地提高了用户（程序）对文件的查找速度，同时也便于进行记录插入与删除，故索引文件成为了当今应用最为广泛的一种文件形式。只是它除了有主文件外，还须配置一张索引表，而且每个记录都要有一个索引项，因此增加了存储开销。

8.2.5 索引顺序文件

1. 索引顺序文件的特征

索引顺序文件（index sequential file）是对顺序文件的一种改进，它基本上克服了变长记录的顺序文件不能被随机访问以及不便于删除和插入记录等缺点，但同时保留了顺序文件的关键特征，即记录是按关键字的顺序组织起来的。它又增加了两个特征：一个是引入了文件索引表，通过该表可以实现对索引顺序文件的随机访问；另一个是增加了溢出（overflow）文件，用它来记录新增加的、删除的和修改的记录。可见，索引顺序文件是顺序文件和索引文件相结合的产物，能有效克服变长记录顺序文件的缺点，而且所付出的代价也不算太大。

2. 一级索引顺序文件

最简单的索引顺序文件只使用了一级索引。其具体的建立方法是，首先将变长记录顺序文件中的所有记录分为若干组，如50个记录为一组；然后为文件建立一张索引表，并为每组中的第一个记录在索引表中建立一个索引项，其中包含该记录的关键字和指向该记录的指针。索引顺序文件是最常见的一种逻辑文件形式，如图8-7所示。

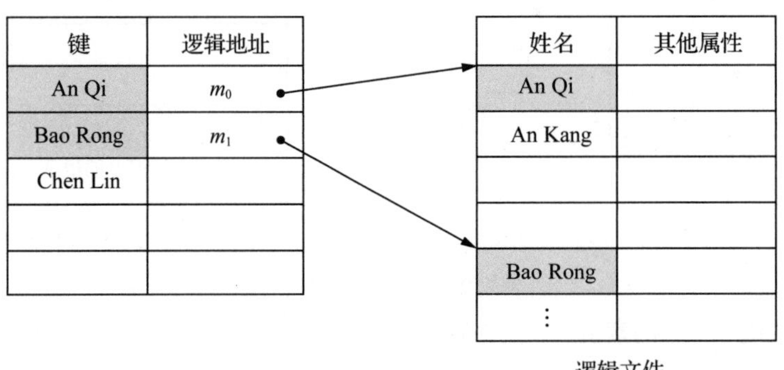

图8-7 索引顺序文件

在对索引顺序文件进行检索时，首先也是利用用户（程序）所提供的关键字以及某种查找算法检索索引表，找到该记录所在记录组中第一个记录的表项，从中获知该记录组第一个记录在主文件中的位置；然后，利用顺序查找法查找主文件，从中找到所要的记录。

如果一个顺序文件中所含有的记录的数量为N，则为了检索到具有指定关键字的记录，平均须查找$N/2$个记录。但对于索引顺序文件，为了检索到具有指定关键字的记录，平均仅须查找$\sqrt{N}$个记录数，因而其检索效率比顺序文件约高了$\sqrt{N}/2$倍。例如，有一个顺序文件，如果其含有10 000个记录，则平均须查找的记录数为5 000；但如果其是一个索引顺序文件，则平均仅须查找100个记录。可见，索引顺序文件的检索效率是顺序文件的50倍。

3. 两级索引顺序文件

不能忽视的是，对于一个非常大的文件，为找到一个记录而须查找的记录数目仍然很多。例如，对于一个含有10^6个记录的顺序文件，当把它作为索引顺序文件时，为找到一个记录，平均须查找1 000个记录。为了进一步提高检索效率，可以为顺序文件建立多级索引，即为索引顺序文件再建立一张索引表，从而形成两级索引表。例如，对于一个含有10^6个记录的顺序文件，可先为该文件建立一张低级索引表，每100个记录为一组，故低级索引表应含有10^4个表项，在每个表项中存放顺序文件中每组第一个记录的记录键值和指向该记录的指针；然后再为低级索引表建立一张高级索引表，这时，也同样令每100个索引表为一组，故具有10^2个表项。这里的每个表项中存放的是低级索引表每组第一个表项中的关键字，以及指向该表项的指针。此时，为找到一个具有指定关键字的记录，所须查找的记录数平均为50+50+50=150，或者可表示为$(3/2)\sqrt[3]{N}$，其中，N是顺序文件中的记录个数。注意：对于未建立索引表的顺序文件，所须查找的记录数平均为500 000个；对于建立了一级索引的顺序文件，平均须查找1 000次；对于建立了两级索引的顺序文件，平均仅须查找150次。

8.2.6 直接文件和哈希文件

1. 直接文件

采用前述几种文件结构对记录进行存取时，都须利用给定的记录键值先对线性表或链表进行检索，以找到指定记录的物理地址。然而对于直接文件，则可根据给定的关键字直接获得指定记录的物理地址。换言之，关键字本身决定了记录的物理地址。这种由关键字（的值）到记录的物理地址的变换，被称为键值变换（key to address transformation）。组织直接文件的关键在于，通过什么方法进行从关键字的值到记录的物理地址的变换。

2. 哈希文件

哈希（Hash）文件是目前应用最为广泛的一种直接文件。它利用Hash函数（或称散列函数）可将关键字变换为相应记录的地址。但为了实现文件存储空间的动态分配，利用Hash函数所求得的结果通常并不是相应记录的地址，而是指向某一目录表相应表目的指针，该表目的内容指向了相应记录所在的物理块，如图8-8所示。例如，若令K为记录键值，A为通过Hash函数$H()$的变换而形成的该记录在目录表中对应表目的位置，则有关系$A=H(K)$。通常，把Hash函数作为标准函数存于系统中，供存取文件时调用。

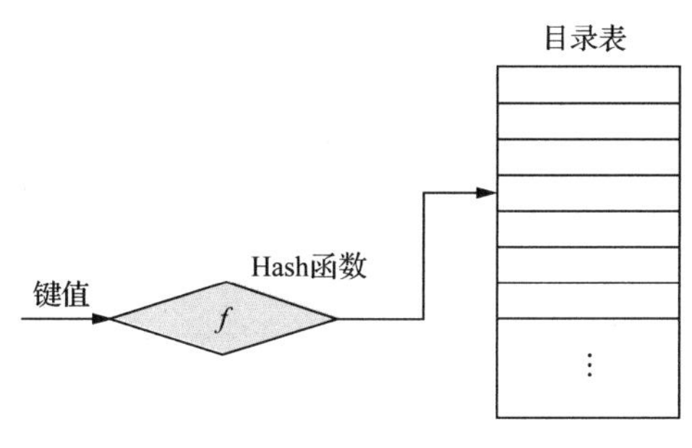

图8-8 Hash文件的逻辑结构

8.3 文件目录

通常，在现代计算机系统中，都要存储大量的文件。为了能对这些文件实施有效的管理，必须对它们加以妥善组织，这主要是通过文件目录来实现的。文件目录也是一种数据结构，用于标志系统中的文件及其物理地址，供检索时使用。对目录管理的要求如下。

（1）实现“按名存取”，即用户只须向系统提供所须访问文件的名字，便能快速准确地找到指定文件在外存中的存储位置。这是目录管理中最基本的功能，也是文件系统向用户提供的最基本的服务。

（2）提高对目录的检索速度，通过合理地组织目录结构，可加快对目录的检索速度，从而提高对文件的存取速度。这是在设计一个大、中型文件系统时所追求的主要目标。

（3）文件共享，在多用户系统中，应允许多个用户共享一个文件。这样，只须在外存中保留一份该文件的副本供不同用户使用即可，如此便可节省大量的存储空间，同时还可以方便用户使用和提高文件利用率。

（4）允许文件重名，系统应允许不同用户对不同文件采用相同的名字，以便用户按照自己的习惯给文件命名和使用文件。

8.3.1 文件控制块和索引节点

为了能对一个文件进行正确的存取，必须为文件设置用于描述和控制文件的数据结构，称之为文件控制块（file control block，FCB）。文件管理程序可借助于FCB中的信息对文件施以各种操作。文件与FCB一一对应，而人们把FCB的有序集合称为文件目录，即一个FCB就是一个文件目录项。通常，一个文件目录也被看作一个文件，称为目录文件。

1. FCB

为了能对系统中的大量文件施以有效的管理，在FCB中，通常应含有3类信息，即基本信息类、存取控制信息类及使用信息类。

（1）**基本信息类**。基本信息类包括：①文件名，指用于标志一个文件的符号名，在每个系统中，每个文件都必须有唯一的名字，用户利用该名字进行存取；②文件物理位置，指文件在外存中的存储位置，它包括存放文件的设备名、文件在外存上的起始盘块号、指示文件所占用的盘块数或字节数的文件长度；③文件逻辑结构，指示文件是流式文件还是记录式文件、文件中的记录数、文件是定长记录还是变长记录等；④文件的物理结构，指示文件在外存中的组织方式，如连续组织方式、链接组织方式或索引组织方式等。

（2）**存取控制信息类**。存取控制信息类包括文件拥有者的存取权限、核准用户的存取权限以及一般用户的存取权限。

（3）**使用信息类**。使用信息类包括：文件的建立日期和时间，文件上一次修改的日期和时间，以及当前使用的信息，这些信息包括当前已打开该文件的进程数、是否被其他进程锁住、文件在内存中是否已被修改但尚未复制到盘上等。应该说明，对于不同OS的文件系统，由于功能不同，它们可能只含有上述信息中的部分信息。

图8-9所示为MS-DOS系统中的FCB，其中含有文件名、扩展名、文件属性、文件建立日期和时间、文件所在的第一盘块号以及盘块数等。FCB的长度为32B，对于容量为360KB的软盘，其总共可包含112个FCB，共占4KB（而非3.5KB）的存储空间。

文件名	扩展名	文件属性	备用	文件建立时间	文件建立日期	第一盘块号	盘块数

图8-9 MS-DOS系统中的FCB

2. 索引节点

（1）索引节点的引入。

文件目录通常存放在磁盘上。当文件有很多时，文件目录可能要占用大量的盘块。在查找目录的过程中，必须先将存放目录文件的第一个盘块中的目录调入内存，然后将用户所指定的文件名与目录项中的文件名逐一比较。若未找到指定文件，则须将下一盘块的目录项调入内存。假设目录文件所占用的盘块数为N，按此方法查找，则查找一个目录项平均需要调入盘块$(N+1)/2$次。假如一个FCB为64B，盘块大小为1KB，则每个盘块中只能存放16个FCB。若一个文件目录中共有640个FCB，则须占用40个盘块，因此平均查找一个文件须启动磁盘20次。

稍加分析可以发现，在检索目录文件的过程中只用到了文件名，仅当找到一个目录项（即其中的文件名与指定要查找的文件名相匹配）时，才须从该目录项中读出该文件的物理地址。而其他对该文件进行描述的信息，在检索目录时一概不用。显然，这些信息在检索目录时无须调入内存。为此，在有的系统（如UNIX系统）中便采用了把文件名与文件描述信息分开的办法，亦即，使文件描述信息单独形成一个称为索引节点（iNode）的数据结构，简称为i节点。文件目录中的每个目录项，仅由文件名和指向该文件所对应的索引节点的指针所构成。在UNIX系统中，一个目录仅占16B，其中14B为文件名，2B为索引节点指针。在1KB的盘块中可容纳64个目录项，这样，为找到一个文件，可使平均启动磁盘次数减少到原来的1/4，大大节省了系统开销。图8-10所示为UNIX系统的文件目录。

文件名	索引节点编号
文件名1	
文件名2	
…	…

0　　　13 14　　　15

图8-10　UNIX系统的文件目录

（2）磁盘索引节点。

磁盘索引节点是指存放在磁盘上的索引节点。每个文件都有唯一的一个磁盘索引节点，它主要包括以下内容：①文件拥有者标识符，即拥有该文件的个人或小组的标识符；②文件类型，包括正规文件、目录文件或特别文件；③文件存取权限，指各类用户对该文件的存取权限；④文件物理地址，每个索引节点中均含有13个地址项，即i.addr(0)～i.addr(12)，它们以直接或间接方式给出数据文件所在盘块的编号；⑤文件长度，指以字节为单位的文件长度；⑥文件连接计数，表明在本文件系统中，所有指向该（文件的）文件名的指针计数；⑦文件存取时间，指出本文件最近被进程存取的时间、本文件最近被修改的时间以及索引节点最近被修改的时间。

（3）内存索引节点。

内存索引节点是指存放在内存中的索引节点。当文件被打开时，要将磁盘索引节点复制到内存索引节点中，便于以后使用。在内存索引节点中又增加了以下内容：①索引节点编号，用于标志内存索引节点；②状态，指示索引节点是否上锁或被修改；③访问计数，每当有一进程要访问此索引节点时，就将该访问计数加1，访问完再减1；④文件所属文件系统的逻辑设备号；⑤链接指针，设置有分别指向空闲链表和散列队列的指针。

8.3.2 简单的文件目录

目录结构的组织，关系到文件系统的存取速度，也关系到文件的共享性和安全性。因此，组织好文件的目录，是设计好文件系统的重要环节。目前，最简单的文件目录形式是单级文件目录和两级文件目录。

1. 单级文件目录

单级文件目录是最简单的文件目录，在整个文件系统中只建立一张目录表，每个文件占一个目录项，目录项中含有文件名、扩展名、文件长度、文件类型、物理地址、文件说明以及其他文件属性。此外，为表明每个目录项是否空闲，又设置了一个状态位。单级文件目录如图8-11所示。

文件名	扩展名	文件长度	文件类型	物理地址	文件说明	状态位
文件名1						
文件名2						
…						

图8-11 单级文件目录

每当要建立一个新文件时，都必须先检索所有的目录项，以保证新文件名在目录中是唯一的。然后再从目录表中找出一个空白目录项，填入新文件的文件名及其他信息，并置状态位为1。在删除文件时，先从目录中找到要删除文件的目录项，回收该文件所占用的存储空间，然后再清除该目录项。

单级文件目录的优点是简单，但它只能实现目录管理中最基本的功能——按名存取，不能满足对文件目录的其他3方面的要求，具体说明如下。①查找速度慢。对于稍具规模的文件系统，为找到一个指定的目录项要花费较多的时间。对于一个具有N个目录项的单级文件目录，为检索出一个目录项，平均须查找$N/2$个目录项。②不允许重名。在一个目录表中，所有文件都不能与另一个文件具有相同的名字。然而，重名问题在多用户环境下，却又是难以避免的；即使在单用户环境下，当文件数超过数百个时，也会由于不易记忆而难以避免。③不便于实现文件共享。通常，每个用户都有自己的名字空间或命名习惯。因此，应当允许不同用户使用不同的文件名来访问同一个文件。然而，单级文件目录却要求所有用户都只能用同一个名字来访问同一个文件。简而言之，单级文件目录只能满足对目录管理的四点要求中的第一点，因此，它只适用于单用户环境。

2. 两级文件目录

为了克服单级文件目录所存在的缺点，可以为每个用户再建立一个单独的用户文件目录（user file directory，UFD）。这些UFD具有相似的结构，它们由用户所有文件的FCB组成。此外，在系统中再建立一个主文件目录（master file directory，MFD）；在MFD中，每个用户都占有一个目录项，其目录项中包括用户名和指向相应UFD的指针。如图8-12所示，MFD中含有3个用户名，即Wang、Zhang和Gao。

在两级文件目录中，用户如果希望有自己的UFD，则可以请求系统为自己建立一个UFD；如果自己不再需要UFD，则也可以请求系统管理员将它撤销。在有了UFD后，用户可以根据自己的需要创建新文件。每当此时，OS只须检查该用户的UFD，并判定在该UFD中是否已有同名的另一个文件即可。若有，则用户必须为新文件重新命名。若无，则在UFD中建立一个新目录项，将新文件名及其有关属性填入该目录项中，并置其状态位为“1”。当用户要删除一个文件时，OS也只须查找该用户的UFD，从中找出指定文件的目录项，在回收该文件所占用的存储空间后，将该目录项删除。两级文件目录已基本能够满足系统对文件目录的4方面的要求，现对能满足第2、3、4方面的要求做进一步的说明。

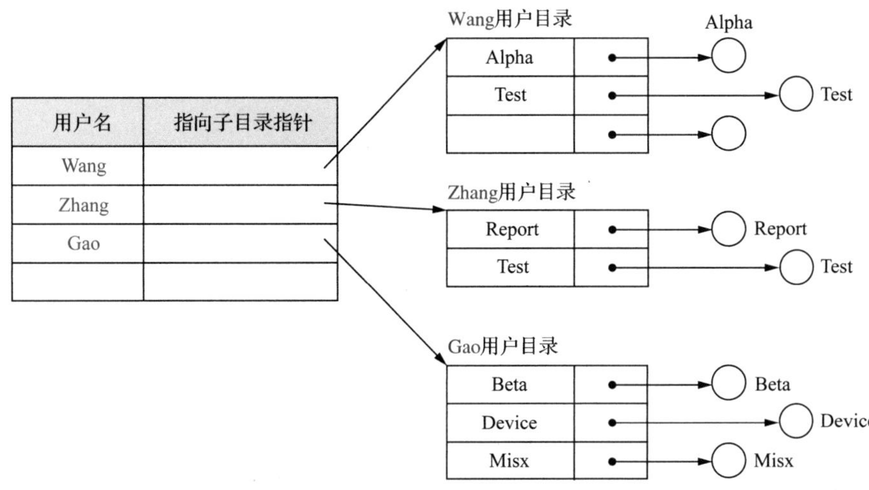

图8-12　两级文件目录

（1）提高了检索目录的速度。如果在MFD中有n个子目录，每个UFD最多含m个目录项，则为了查找一指定的目录项，最多只须检索$n+m$个目录项。但如果采用单级文件目录，则最多须检索$n \times m$个目录项。假定$n=m$，可以看出，采用两级文件目录可使检索效率提高$n/2$倍。

（2）在不同的UFD中，可以使用相同的文件名，只要在用户自己的UFD中每个文件名都是唯一的即可。例如，用户Wang可以用Test来命名自己的一个测试文件，用户Zhang也可以用Test来命名自己的一个（不同于Wang的Test测试文件的）测试文件。

（3）不同用户还可以使用不同的文件名来访问系统中的同一个共享文件。采用两级文件目录也存在一些问题。该目录结构虽能有效地将多个用户隔开，在各用户之间完全无关时，这种隔离是一个优点，但当多个用户之间要相互合作去完成一个大任务，且一个用户又须去访问其他用户的文件时，这种隔离便成了一个缺点，因为这种隔离会使各用户之间不便于共享文件。

8.3.3　树形目录

1. 树形目录简介

在现代OS中，最通用且实用的文件目录无疑是树形目录（tree-structured directory）。它可以明显地提高对目录的检索速度和文件系统的性能。MFD在这里被称为根目录，在每个文件目录中，只能有一个根目录，每个文件和每个目录都只能有一个父目录。把数据文件称为树叶，其他的目录均作为树的节点，或称它们为子目录。图8-13所示为树形目录，图中，方框代表目录文件，圆圈代表数据文件。在该树形目录中，根目录中有3个用户的总目录项A、B、C。在B项所指出的B用户的总目录B中，又包括3个分目录F、E、D，其中每个分目录中又包含多个文件。如B目录中的F分目录中，包含J和N两个文件。为了提高文件系统的灵活性，应允许在一个目录文件中的目录项既是目录文件的FCB，又是数据文件的FCB，这可以通过用目录项中的一位来指示它属于哪一种FCB加以实现。例如，在图8-13中，在A用户的总目录中，目录项A是目录文件的FCB，而目录项B和目录项D则是数据文件的FCB。

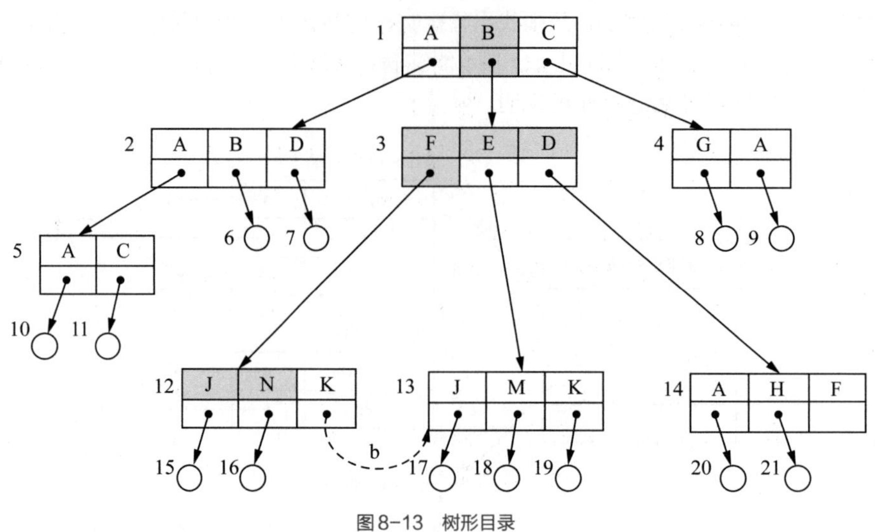

图8-13　树形目录

2. 路径名和当前目录

（1）路径名（path name）。在树形目录中，从根目录到任何数据文件都只有一条唯一的通路。在该路径上，从树的根（即主目录）开始，把全部目录文件名与数据文件名依次用“/”连接起来，即可构成该数据文件的路径名。系统中的每个文件都有唯一的路径名。例如，在图8-13中，用户B若要访问文件J，则应使用其路径名/B/F/J来实现。

（2）当前目录（current directory）。当一个文件系统含有许多级时，每访问一个文件，都要使用从树根开始到树叶（数据文件）为止的、包括各中间节点（目录）名的全路径名，这是相当麻烦的一件事。同时，由于一个进程在运行时其所访问的文件大多仅局限于某个范围，因而每次从根目录开始访问文件非常不便。基于这一点，可为每个进程设置一个“当前目录”，又称为“工作目录”。进程对各文件的访问都是相对于当前目录而进行的。此时各文件所使用的路径名，只须从当前目录开始，逐级经过中间的目录文件，最后到达要访问的数据文件。把这一路径上的全部目录文件名与数据文件名用“/”连接起来，即可形成路径名，如用户B的当前目录是F，则此时文件J的相对路径名仅是J本身。这样，把从当前目录开始到数据文件为止所构成的路径名称为相对路径名（relative path name），而把从树根开始的路径名称为绝对路径名（absolute path name）。

较两级文件目录而言，树形目录的查询速度更快，同时其层次结构更加清晰，能够更加有效地进行文件的管理和保护。在多级文件目录中，不同性质、不同用户的文件，可以构成不同的目录子树。不同层次、不同用户的文件，分别呈现在系统目录树中的不同层次或不同子树中，可以很容易地赋予文件不同的存取权限。但是若想在树形目录中查找一个文件，则须按路径名逐级访问中间节点，这样就增加了磁盘访问次数，无疑会影响查询速度。目前，大多数OS（如UNIX、Linux和Windows系列）均采用了树形目录。

3. 目录操作

（1）创建目录。在树形目录中，用户可为自己建立UFD，并可再创建子目录。当用户要创建一个新文件时，只须查看在自己的UFD及其子目录中有无与新建文件相同的文件名。若无，便可在UFD或其某个子目录中增加一个新目录项。

（2）**删除目录**。对于一个已不再需要的目录，应如何删除其目录项，须视情况而定。如果所要删除的目录是空的，即在该目录中已不再有任何文件，则可简单地将该目录项删除，使它在其上一级目录中对应的目录项为空。如果要删除的目录不空，即其中尚有几个文件或子目录，则可采用下述两种方法进行处理。①不删除非空目录。当目录（文件）不空时，不能将其删除；若要删除一个非空目录，则必须先删除目录中的所有文件，使之成为空目录，然后再予以删除。如果目录中还包含有子目录，则必须采取递归调用方式来将其删除，在MS-DOS系统中就采用了这种删除方式。②删除非空目录。当要删除一个目录时，如果在该目录中还包含有文件，则目录中的所有文件和子目录也会同时被删除。上述两种方法实现起来都比较容易，第二种方法比较方便，但却比较危险，因为整个目录结构虽然用一条命令即能删除，但如果是一条错误的命令，则后果可能会很严重。

（3）**改变目录**。使用绝对路径名对用户来说是比较麻烦的。用户可利用改变目录的命令，通过指定目录的绝对或相对路径名来设置当前目录。如果在使用改变目录的命令时没有明确指明任何目录，则在默认的情况下当前目录通常会自动地改变到主目录（与指定用户相关的最顶层目录）。

（4）**移动目录**。到了一个阶段，通常需要对目录组织进行调整，即将文件或子目录在不同的父目录之间移动。文件或子目录经移动后，它们的路径名将随之改变。

（5）**链接操作**。对于树形目录，每个文件和每个目录都只允许有一个父目录，这样不利于文件共享，但可以通过链接操作让指定文件具有多个父目录，从而方便了文件共享。关于链接操作，将在8.4节（文件共享）中做详细介绍。

（6）**查找操作**。当文件目录非常庞大时，要查找一个指定文件是比较困难的。因此在所有的OS中都支持以多种方式进行查找，例如，可以从根目录或当前目录位置开始进行查找，查找方式可选用精确匹配或局部匹配等。

思考题

假如有 10 万个文件，请思考如何把这些文件存放到一个树形目录中，以使平均的目录检索性能最佳（每个文件的 FCB 占 4KB，文件名长度最大为 256B，物理块大小为 4KB）。

8.3.4 无环图目录

假设两个程序员正在合作开发一个项目，与该项目关联的文件可以保存在一个子目录中，以区分两个程序员的其他项目文件，但是，两个程序员都希望该子目录在自己的目录中。在这种情况下，公共子目录应该共享。一个共享的目录或文件可同时位于文件系统的两个（或多个）地方。

在严格的树形目录中，每个文件只允许有一个父目录，父目录可以有效地拥有该文件，其他用户要想访问它，都必须经过其所属主目录来实现。这就是说，对文件的共享是不对称的，或者说，树形目录是不适合文件共享的。假设允许一个文件可以有多个父目录，即有多个属于不同用户的目录同时指向同一个文件，这样虽会破坏树的特性，但这些用户可用对称的方式实现文件共享，而不必再通过其所属主目录来进行访问。

有向无环图，即没有循环的有向图，它允许目录共享子目录或文件。同一个文件或子目录可出现在两个或多个目录中。无环图目录是树形目录的自然扩展，如图8-14所示，图中文件F_8

有3个父目录，分别是D_5、D_6、D_3，其中D_5和D_3还使用了相同的名字p；目录D_6有两个父目录D_2和D_1。

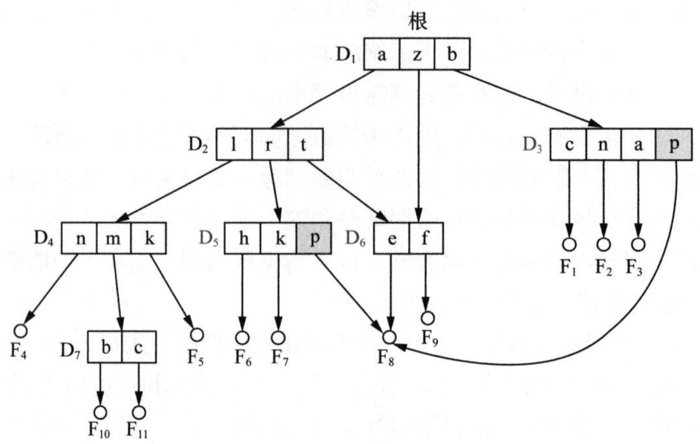

图8-14　无环图目录

8.3.5　目录查询技术

当用户要访问一个已保存的文件时，系统首先会利用用户提供的文件名对目录进行查询，找出该文件的FCB或对应的索引节点。然后，根据FCB或索引节点中记录的文件物理地址（盘块号），换算出文件在磁盘上的物理位置。最后，通过磁盘驱动程序将所需文件读入内存。目前，对目录进行查询的方法主要有两种：线性检索法和Hash方法。

1. 线性检索法

线性检索法又称为顺序检索法。在单级文件目录中，基于用户提供的文件名，可以利用顺序查找法直接从文件目录中找到指定文件的目录项。在树形目录中，用户提供的文件名是由多个文件分量名所组成的路径名，此时须对多级文件目录进行查找。假设用户指定的文件路径名是/usr/ast/mbox，则查找/usr/ast/mbox的过程如图8-15所示。

根目录

1	·
1	··
4	bin
7	dev
14	lib
9	etc
6	usr
8	tmp

在结点6中查找usr字段

结点是/usr的目录

132

132号盘块是/usr的目录

6	·
1	··
19	dick
30	erik
51	jim
26	ast
45	bal

结点26是/usr/ast的目录

496

496号盘块是/usr/ast的目录

26	·
6	··
64	grants
92	books
60	mbox
81	minik
17	src

图8-15　查找/usr/ast/mbox的过程

上述查找过程具体说明如下。

首先，系统应读入第一个文件分量名usr，用它与根目录文件（或当前目录文件）中各目录项中的文件名依次进行比较，从中找出匹配项，并得到匹配项的索引节点编号为6；再从6号索引节点中得知usr目录文件放在132号盘块中，将该盘块内容读入内存。

然后，系统读入路径名中的第二个分量名ast，用它与放在132号盘块中的第二级目录文件中各目录项的文件名依次进行比较，从中找到匹配项，并得知ast的目录文件放在26号索引节点中，再从26号索引节点中得知/usr/ast存放在496号盘块中，将该盘块的内容读入内存。

最后，系统读入该文件的第三个分量名mbox，用它与第三级目录文件/usr/ast中各目录项中的文件名依次进行比较，得知/usr/ast/mbox的索引节点编号为60，即在60号索引节点中存放了指定文件的物理地址。目录查询操作到此结束。如果在顺序查询过程中发现有一个文件分量名不能被找到，则应停止查询，并返回“文件未找到”信息。

2. Hash 方法

在8.2.6小节中曾介绍了Hash文件。如果我们建立了一张Hash索引文件目录，则可利用Hash方法进行查询，即系统将用户提供的文件名变换为文件目录的索引值，再利用该索引值到目录中去查询，这样会显著提高检索速度。

顺便指出，在现代OS中，通常会提供模式匹配功能，即在文件名中使用了通配符，如“*”“?”等。对于使用了通配符的文件名，系统无法利用Hash方法查询目录，此时，系统还是需要利用线性查找法来查询目录。

在进行文件名的转换时，有可能把n个不同的文件名转换为相同的Hash值，即出现所谓的“冲突”。一种处理此类“冲突”的有效规则介绍如下。

（1）在利用Hash方法查询目录时，如果目录表中相应的目录项是空的，则表示系统中并无指定文件。

（2）如果目录项中的文件名与指定文件名相匹配，则表示该目录项正是所要寻找的文件所对应的目录项，故而可从中找到该文件的物理地址。

（3）如果在目录表的相应目录项中的文件名与指定文件名并不匹配，则表示发生了“冲突”，此时须将其Hash值再加上一个常数（该常数应与目录的长度值互质）以形成新的索引值，然后返回第一步重新开始查询。

8.4 文件共享

在现代计算机系统中，必须提供文件共享手段，即指系统应允许多个用户（进程）共享同一份文件。这样，在系统中只须保留该共享文件的一份副本即可。如果系统不能实现文件共享功能，则意味着凡是需要该文件的用户，都须各自备有此文件的副本，显然这会造成对存储空间的极大浪费。随着计算机技术的发展，文件共享的范围也在不断扩大，从单处理机系统中的共享扩展为多处理机系统中的共享，进而又扩展为计算机网络中的共享，甚至是全世界范围内的共享。

早在20世纪60—70年代，就已经出现了不少实现文件共享的方法，如绕弯路法、连访法以及利用基本文件实现文件共享的方法；而现代的一些文件共享方法，也是在早期的这些方法的基础上发展起来的。下面仅介绍当前常用的两种文件共享方法，它们是在树形目录的基础上经适当的修改而形成的。

8.4.1 利用有向无环图实现文件共享

1. 有向无环图

在8.3.4小节中介绍了无环图目录，该目录是树形目录的一个自然扩展，基于该目录可以实现文件共享。图8-14所示的无环图目录中，文件F_8有3个父目录，分别是D_5、D_6、D_3，其中D_5和D_3还使用了相同的名字p；目录D_6有2个父目录D_2和D_1。当有多个用户要共享一个子目录或文件时，必须将共享文件或子目录链接到多个用户的父目录中，这样才能方便地找到该文件。

现在的问题是，如何建立父目录D_5与共享文件F_8之间的链接？如果在文件目录中所包含的是文件的物理地址，即文件所在盘块的盘块号，则在建立链接时，必须将文件的物理地址复制到D_5目录中。但如果以后D_5或D_6还要继续向该文件中添加新内容，则必然要相应地再增加新的盘块，这将会由附加操作Append来完成。而这些新增加的盘块，也只会出现在执行了操作的目录中。可见，这种变化对其他用户而言是不可见的，因而新增加的这部分内容已不能被共享。

2. 利用索引节点解决文件共享问题

为了解决上述问题，可以引用索引节点，即诸如文件的物理地址及其他文件属性等信息不再放入目录项中，而是放在索引节点中。在文件目录中只设置文件名及指向相应索引节点的指针，如图8-16所示。该方法在UNIX系统中被称为硬链接（hard link）。在图8-16中的用户Wang和Lee的文件目录中，都设置有指向共享文件的索引节点指针。此时，由任何用户对共享文件所进行的Append操作或修改，都将引起相应索引节点内容的改变（如增加了新的盘块号和文件长度等），这些改变是其他用户可见的，从而也就可以将该文件提供给其他用户来共享。

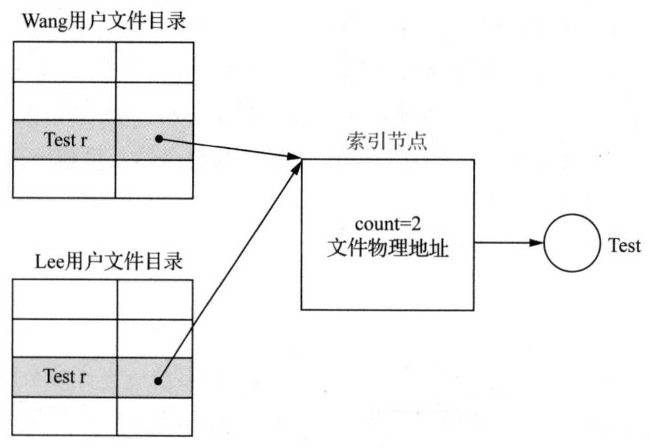

图8-16 设置指向索引节点的指针

在索引节点中还应有一个链接计数count，用于表示链接到本索引节点（亦即文件）上的用户目录项的数目。例如，count=2表示有2个用户目录项链接到了本文件上，或者说有2个用户共享着此文件。

当用户C创建一个新文件时，它便是该文件的所有者，此时将count置1。当用户B要共享此文件时，在用户B的目录中增加一目录项，并设置一指针指向该文件的索引节点，此时，文件拥有者仍是C，count=2。如果用户C不再需要此文件，那么是否能将此文件删除呢？回答是否定的。因为若删除了此文件，则必然会删除此文件的索引节点，这样便会使B的指针悬空，而B则可能正在此文件上执行写操作，此时将因此半途而废。但如果C不删除此文件而等待B继续使用，则由于文件拥有者是C，因此倘若系统要记账收费，则C必须为B使用此共享文件而付账，直至B不再需要。图8-17所示为用户B建立链接前后的情况。

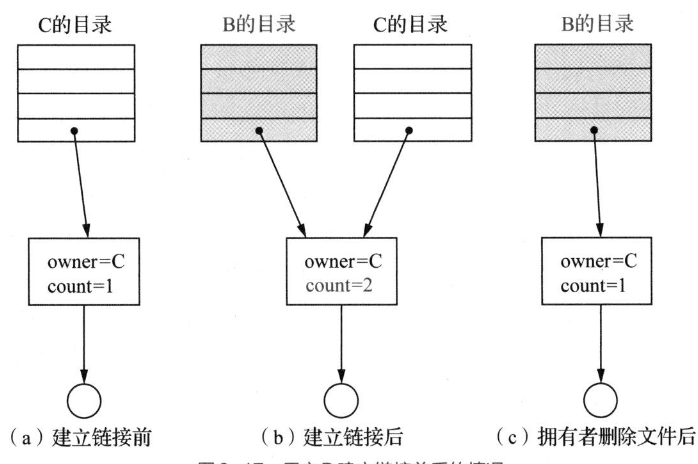

图8-17　用户B建立链接前后的情况

8.4.2　利用符号链接实现文件共享

1. 利用符号链接实现文件共享的基本思想

利用符号链接（symbolic link）实现文件共享的基本思想是，允许一个文件或子目录有多个父目录，但其中仅有一个作为主（属主）父目录，其他父目录都是通过符号链接方式与之相链接的，故将它们简称为链接父目录。图8-18与图8-14基本相同，差别仅在于将图8-14中的某些实线改为了虚线，如在图8-14中有三条实线指向了文件F_8，而在图8-18中仅有D_6指向F_8的一条实线，另外两条指向F_8的实线都已成为虚线。这表示F_8仍然有3个父目录，但只有D_6才是其主父目录，而D_5和D_3都是其链接父目录。类似地，D_6的主父目录是D_2，D_1是其链接父目录。这样做的最大好处是，属主结构（用实线连接起来的结构）仍然是简单树，这对于文件的删除、查找等操作而言都更为方便。

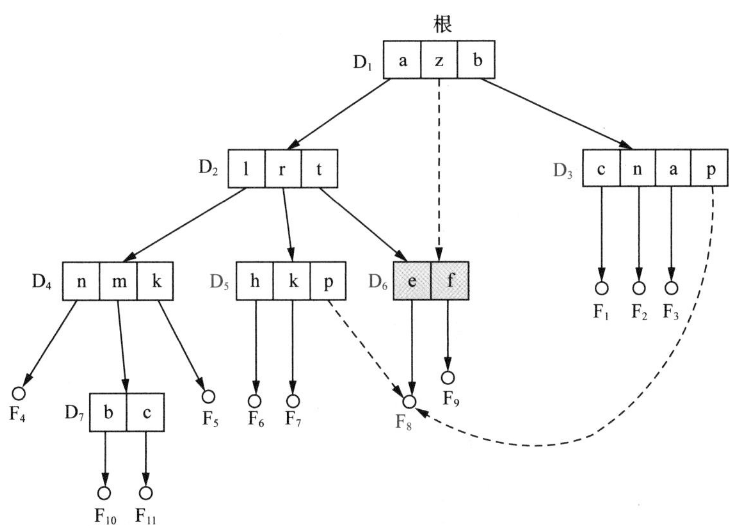

图8-18　利用符号链接的目录层次

2．利用符号链接实现文件共享的具体过程

为使链接父目录D_5能共享文件F，可以由系统创建一个LINK类型的新文件，也取名为F，并将F写入链接父目录D_5中，以实现D_5与文件F_8的链接。在新文件F的内容中只包含被链接文件F_8的路径名。这样的链接方法被称为符号链接或软链接。新文件F中的路径名被看作符号链。当用户通过D_5访问被链接的文件F_8且正要读LINK类型的新文件时，此要求将被OS截获，OS会根据新文件中的路径名去查询文件F_8，然后对它进行读/写操作，这样就实现了用户D_5对文件F的共享。

3．利用符号链接实现文件共享的优点

在利用符号链接实现文件共享时，只是文件拥有者才拥有指向其索引节点的指针，而共享该文件的其他用户则只有该文件的路径名，并不拥有指向其索引节点的指针。这样，也就不会发生在文件拥有者删除一个共享文件后留下一个悬空指针的情况。当文件的拥有者把一个共享文件删除后，如果其他用户又试图通过符号链接去访问一个已被删除的共享文件，则会因系统找不到该文件而使访问失败，此时再将符号链接删除，则不会产生任何影响。

值得一提的是，在计算机网络中，Web浏览器所使用的文件是HTML类型的文件。在HTML文件中有着许多链接符，通过这些链接符能够（通过计算机网络）链接到世界上任何地方的机器中的文件。在利用符号链接实现文件共享时，同样可以通过网络来链接到分布在世界各地的计算机系统中的文件。

4．利用符号链接实现文件共享的缺点

利用符号链接实现文件共享也存在着一些问题：当其他用户去读共享文件时，系统会根据给定的文件路径名逐个分量（名）地去查找目录，直至找到该文件的索引节点。因此，在每次访问共享文件时都可能要多次读盘。这使每次访问文件的开销甚大，且增加了启动磁盘的频率。此外，要为每个共享用户建立一条符号链接，而由于链接本身实际上是一个文件（尽管该文件非常简单），因此要为它配置一个索引节点，这也要耗费一定的磁盘空间。

需要说明的是，上述链接方式存在一个问题，即每个共享文件都有多个文件名，换言之，每增加一条符号链接，就增加一个文件名。这在实质上就是每个用户都会使用自己的路径名去访问共享文件。当我们试图去遍历（traverse）整个文件系统时，将会多次遍历到该共享文件。例如，当有一个程序员要将一个目录中的所有文件都转存到磁盘上时，就可能会使一个共享文件产生多个复制。

8.5 文件保护

在现代计算机系统中，存放了越来越多的宝贵信息供用户使用，这给用户带来了极大的好处和方便，但同时也有着潜在的不安全性。影响文件安全性的主要因素有：①**人为因素**，人们有意或无意的行为会使文件系统中的数据遭到破坏或丢失；②**系统因素**，系统的某部分出现异常情况会造成数据的破坏或丢失，特别是作为存储数据的主要介质——磁盘，其一但出现故障将会产生难以估量的影响；③**自然因素**，随着时间的推移，存放在磁盘上的数据会逐渐消失。

为了确保文件系统的安全性，可针对上述因素而采取3个方面的措施：①通过存取控制机制，防止人为因素导致文件不安全；②采取系统容错技术，防止系统某部分的故障导致文件不安全；③建立后备系统，防止自然因素导致文件不安全。本节主要介绍第一方面的措施——存

取控制机制，第二方面和第三方面的措施将会在第12章中进行介绍。

8.5.1 保护域

在现代OS中，几乎都配置了用于对系统中资源进行保护的保护机制，并引入了“保护域”和“访问权”的概念，规定每一个进程仅能在保护域（protection domain）内执行操作，而且只允许进程访问它们具有“访问权”的对象。

1. 访问权

为了对系统中的对象加以保护，应由系统来控制进程对对象的访问。对象可以是硬件对象，如磁盘驱动器、打印机等；也可以是软件对象，如文件、程序等。进程对对象所施加的操作也有所不同，如对文件可以进行读操作，也可以进行写或执行操作。我们把一个进程能对某对象进行操作的权力，称为访问权（access right）。每个访问权都可以用一个有序对（对象名，权集）来表示，例如，某进程有对文件F_1进行读和写操作的权力，则可将该进程的访问权表示成（F_1, {RW}）。

2. 保护域

为了对系统中的资源进行保护，引入了保护域的概念。保护域简称为“域”，是进程对一组对象的访问权的集合。进程只能在指定域内执行操作，这样，“域”也就规定了进程所能访问的对象和所能执行的操作。图8-19所示为3个保护域。在域1中有两个对象，即文件F_1和F_2，只允许进程对F_1读，而允许其对F_2读和写；而对象Printer1同时出现在域2和域3中，这表示在这两个域中运行的进程，都能使用打印机。

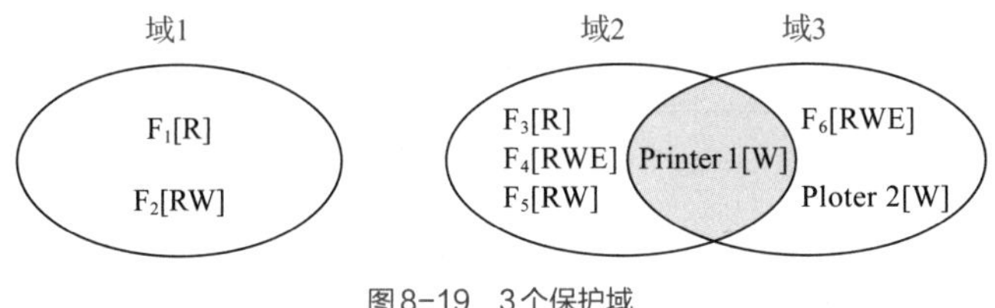

图8-19 3个保护域

3. 进程和域间的静态联系

进程和域之间可以一一对应，即一个进程只联系着一个域。这意味着，在进程的整个生命期中，其可用资源是固定的，我们把这种进程联系的域称为“静态域”。在这种情况下，进程运行的全过程都受限于同一个域，这将会使赋予进程的访问权超过实际需要。例如，某进程在运行开始时需要用磁带机输入数据，而在进程快结束时，又需要用打印机打印数据。在一个进程只联系着一个域的情况下，需要在该域中同时设置磁带机和打印机这两个对象，这将超过进程运行的实际需要。

4. 进程和域间的动态联系

在进程和域之间，也可以是一对多的关系，即一个进程可以联系着多个域。在此情况下，可将进程的运行分为若干个阶段，每个阶段联系着一个域，这样便可根据运行的实际需要来规定在运行的每个阶段中进程所能访问的对象。同样针对上面第3部分中的例子，我们可以把进程的运行分成3个阶段：进程在开始运行的阶段联系着域D_1，其中包括用磁带机输入数据；在运行快结束的第3阶段联系着域D_3，其中包括用打印机打印数据；中间运行阶段联系着域D_2，其中既不含磁带机，也不含打印机。我们把这种一对多的联系方式称为动态联系方式，在采用这种联系方式的系统中，应增设保护域切换功能，以使进程能在不同的运行阶段从一个保护域切换到另一个保护域。

8.5.2 访问矩阵的概念

1．基本的访问矩阵

我们可以利用一个矩阵来描述系统的访问控制，并把该矩阵称为访问矩阵（access matrix）。访问矩阵中的行代表域，列代表对象，矩阵中的每一项都是由一组访问权所组成的。因为对象已由列显式地定义，故可以只写出访问权而不必写出是对哪个对象的访问权，每一项访问权access（i, j）都定义了在域D_i中执行的进程能对对象Q_j所施加的操作集。

访问矩阵中的访问权，通常是由资源的拥有者或者管理者所决定的。当用户创建一个新文件时，创建者便是授权者，系统会在访问矩阵中为新文件增加一列，然后由用户决定在该列的某个项中应具有哪些访问权，而在另一项中又应具有哪些访问权。当用户删除此文件时，系统也要相应地在访问矩阵中将该文件对应的列撤销。

图8-19对应的访问矩阵如图8-20所示，它是由3个域和8个对象所组成的。当进程在域D_1中运行时，它能读文件F_1、读和写文件F_2；在域D_2中运行时，它能读文件F_3、F_4、F_5，写文件F_4、F_5以及执行文件F_4，此外还可以使用打印机1；只有在域D_3中运行时，才可使用绘图仪2。

对象 域	F_1	F_2	F_3	F_4	F_5	F_6	打印机1	绘图仪2
域D_1	R	R，W						
域D_2			R	R，W，E	R，W		W	
域D_3						R，W，E	W	W

图8-20　访问矩阵

2．具有域切换权的访问矩阵

为了实现进程和域之间的动态联系，应能将进程从一个保护域切换到另一个保护域。为了能对进程进行控制，同样应将切换作为一种权力，仅当进程有切换权时，才能进行切换。为此，在访问矩阵中又增加了几个对象，分别把它们作为访问矩阵中的几个域；当且仅当switch $\in$ access（i, j）时，才允许进程从域i切换到域j。例如，在图8-21中，由于域D_1和域D_2所对应的项目中有一个S（即switch），故而允许在域D_1中运行的进程切换到域D_2中。类似地，在域D_2和域D_3所对应的项中也有一个S，这表示在域D_2中运行的进程可以切换到域D_3中，但不允许该进程再从域D_3返回域D_1。

对象 域	F_1	F_2	F_3	F_4	F_5	F_6	打印机1	绘图仪2	域D_1	域D_2	域D_3
域D_1	R	R，W								S	
域D_2			R	R，W，E	R，W		W				S
域D_3						R，W，E	W	W			

图8-21　具有切换权的访问矩阵

8.5.3 访问矩阵的修改

在系统中建立起访问矩阵后，随着系统的发展及用户的增加和改变，必然要对访问矩阵进行修改。因此，应当允许系统或用户可控性地修改访问矩阵中的内容，这可通过在访问权中增加复制权、所有权及控制权的方法来实现。

1. 复制权

我们可利用复制权（copy right）将某个域所拥有的访问权access（*i*, *j*）扩展到同一列的其他域中，亦即，为进程在其他域中也赋予对同一对象的访问权access（*k*, *j*），如图8-22所示。

域 \ 对象	F_1	F_2	F_3
域D_1	E		W'
域D_2	E	R'	E
域D_3	E		

（a）增加复制权前的访问矩阵

域 \ 对象	F_1	F_2	F_3
域D_1	E		W'
域D_2	E	R'	E
域D_3	E	R	W

（b）增加复制权后的访问矩阵

图8-22　具有复制权的访问矩阵

在图8-22中，凡是在访问权access（*i*, *j*）上加单引号“' ”者，都表示在域*i*中运行的进程能将其对对象*j*的访问权复制成在任何域中对同一对象的访问权。例如，在域D_2中对文件F_2的读访问权加上“' ”号时，表示运行在域D_2中的进程可以将它对文件F_2的读访问权扩展到域D_3中去。再如，在域D_1中对文件F_3的写访问权加上“' ”号时，表示运行在域D_1中的进程可以将它对文件F_3的写访问权扩展到域D_3中去，使在域D_3中运行的进程也具有对文件F_3的写访问权。

应该注意的是，把带有“' ”号的复制权，如R'，由access（*i*, *j*）复制成access（*k*, *j*）后，其所建立的访问权只是R而不是R'，这使得域D_k上运行的进程不能再将其复制权进行扩散，从而限制了访问权的进一步扩散。这种复制方式被称为限制复制。

2. 所有权

人们不仅要求能将已有的访问权进行有控制的扩散，而且要求能增加某种访问权，或者能删除某种访问权。此时，可利用所有权（owner right）来实现这些操作。如图8-23所示，如果在access（*i*, *j*）中包含所有访问权，则在域D_i上运行的进程可以增加或删除其在*j*列上任何项中的访问权。换言之，进程可以增加或删除在任何其他域中运行的进程对对象*j*的访问权。例如，在图8-23（a）中，在域D_1中运行的进程（用户）是文件F_1的所有者，它能增加或删除在其他域中运行的进程对文件F_1的访问权；类似地，在域D_2中运行的进程（用户）是文件F_2和F_3的拥有者，该进程可以增加或删除在其他域中运行的进程对这两个文件的访问权。图8-23（b）所示为在域D_1中运行的进程删除了在域D_3中运行的进程对文件F_1的执行权；在域D_2中运行的进程增加了在域D_3中运行的进程对文件F_2和F_3的写访问权。图8-23中的“O”表示所有权。

3. 控制权

复制权和所有权都是用于改变矩阵内同一列的各项访问权的，或者说，是用于改变在不同域中运行的进程对同一对象的访问权的。控制权（control right）则可用于改变矩阵内同一行（域）中的各项访问权，亦即，用于改变在某个域中运行的进程对不同对象的访问权。如果在

access（i, j）中包含了控制权，则在域D_i中运行的进程可以删除在域D_j中运行的进程对各对象的任何访问权。例如在图8-24中，若在access（D_2, D_3）中包括了控制权，则一个在域D_2中运行的进程能够改变在域D_3中运行的进程对各对象的访问权。通过比较图8-21和图8-24可知，在域D_3中已无对文件F_6的写访问权。

域＼对象	F_1	F_2	F_3
域D_1	O, E		W
域D_2		R', O	R', O, W
域D_3	E		

（a）增加所有权前的访问矩阵

域＼对象	F_1	F_2	F_3
域D_1	O, E		
域D_2		O, R', W'	R', O, W
域D_3		W	W

（b）增加所有权后的访问矩阵

图8-23 具有所有权的访问矩阵

域＼对象	F_1	F_2	F_3	F_4	F_5	F_6	打印机1	绘图仪2	域D_1	域D_2	域D_3
域D_1	R	R, W									
域D_2			R	R, W, E	R, W		W				Control
域D_3						R, E	W	W			

图8-24 具有控制权的访问矩阵

8.5.4 访问矩阵的实现

访问矩阵虽然在概念上是简单的（极易理解），但在具体实现上，却有一定的困难，因为在稍具规模的系统中，域的数量和对象的数量都可能很大，例如，在系统中有100个域，10^6个对象，此时在访问矩阵中便会有10^8个表项，即使每个表项只占一个字节，此时也须占用100MB的存储空间来保存这个访问矩阵。另外，对这个矩阵（表）进行访问，必然是十分费时的。简言之，访问该矩阵所花费的时空开销是令人难以接受的。

事实上，每个用户（进程）所须访问的对象通常很有限，例如只有几十个，因而在这个访问矩阵中的绝大多数项都会是空项，或者说，这是一个非常稀疏的矩阵。目前针对这一问题的解决方法是，将访问矩阵按列或按行划分，以分别形成访问控制表或访问权限表。

1. 访问控制表

对访问矩阵按列（对象）进行划分，并为每一列建立一张访问控制表。在该表中，已把矩阵中属于该列的所有空项删除，此时的访问控制表由一有序对（域，权集）组成。由于在大多数情况下矩阵中的空项远多于非空项，因而使用访问控制表可以显著地减少所占用的存储空间，并能提高查找速度。在不少系统中，当对象是文件时，便把访问控制表存放在该文件的文件控制表中，或存放在文件的索引节点中，作为该文件的存取控制信息使用。

域是一个抽象的概念，可用各种方式实现。最常见的一种情况是，每个用户是一个域，而对象则是文件。此时，用户能够访问的文件集和访问权限取决于用户的身份。通常，在一个用户退出而另一个用户进入（即用户发生改变）时，要进行域的切换；另一种情况是，每个进程是一个域，此时，进程能够访问的对象集中的各访问权取决于进程的身份。

访问控制表也可用于定义默认的访问权集，即在该表中列出了各个域对某对象的默认访问权集。在系统中配置了这种表后，当某用户（进程）要访问某资源时，通常是首先由系统到默认的访问控制表中去查找该用户（进程）是否具有对指定资源进行访问的权力，如果找不到，则再到相应对象的访问控制表中去找。

2. 访问权限表

对访问矩阵按行（即域）进行划分，并为每一行建立一张访问权限表，该表是由一个域对每个对象可以执行的一组操作所构成的表。表中的每一项即该域对某对象的访问权限。当域为用户（进程）、对象为文件时，访问权限表便可用于描述一个用户（进程）对每个文件所能执行的一组操作。

表8-1所示为对应于图8-21中域D_2的访问权限表。在该表中共有3个字段，其中类型字段用于说明对象的类型；权力字段是指域D_2对该对象所拥有的访问权限；对象字段是一个指向相应对象的指针，对于UNIX系统而言，它就是索引节点的编号。由该表可以看出，域D_2可以访问的对象有4个，即文件3、文件4、文件5和打印机，对文件3的访问权限是只读，对文件4的访问权限是读、写和执行等。

表 8-1　访问权限表

类型	权力	对象
文件	R--	指向文件3的指针
文件	RWE	指向文件4的指针
文件	RW-	指向文件5的指针
打印机	-W-	指向打印机1的指针

应当指出，仅当访问权限表安全时，由它所保护的对象才可能是安全的。因此，访问权限表不能允许直接被用户（进程）访问。通常会将访问权限表存储到系统区内的一个专用区中，只供通过访问合法性检查的程序对该表进行访问，以实现对访问控制表的保护。

目前，大多数系统都同时采用访问控制表和访问权限表，在系统中为每个对象配置一张访问控制表。当一个进程第一次试图去访问一个对象时，必须先检查访问控制表，检查进程是否具有对该对象的访问权。如果无权访问，则会由系统来拒绝进程的访问，并构成一个例外（异常）事件；否则（有权访问），允许进程对该对象进行访问，并为该进程建立一个访问权限，以将之连接到该进程。以后，该进程便可直接利用这一访问权限去访问该对象，这样，便可快速地验证其访问的合法性。当进程不再需要对该对象进行访问时，便可撤销该访问权限。

8.6　Linux文件系统实例

Linux系统保留了UNIX标准文件系统模型。在UNIX系统中，文件不必存储在本地磁盘上，UNIX系统可以通过网络从远程服务器上获取文件。实际上，UNIX文件可以是能够处理数据流I/O的任何实体。例如，设备驱动程序可以被当作文件，进程间的通信信道或网络连接对用户而言也是文件。

Linux系统内核通过在虚拟文件系统的软件层之后隐藏任何单个文件类型的实现细节，来实现对所有类型文件的处理。下面，首先概述虚拟文件系统，然后讨论标准的Linux ext2文件系统。

8.6.1　实例 1：虚拟文件系统

在Linux ext2文件系统中，提供了一个虚拟文件系统（virtual file system，VFS）。VFS隐藏了各种硬件的具体细节，包括本地存储设备和远程网络存储设备等，并且把文件系统的相关操作和不同文件系统的具体细节分离开，为所有的设备提供了统一的接口。VFS使得Linux系统可以支持多达数十种不同的文件系统。

在Linux系统中，用户程序在需要访问文件时，首先会调用文件系统提供的系统调用，如open()、read()、write()、close()等，这些系统调用会访问VFS的数据结构，以确定要访问的文件属于哪个文件系统；然后通过存储在VFS数据结构中的函数指针实现对该文件系统相关操作的调用。图8-25所示为VFS文件访问过程，即在VFS中访问文件的过程。

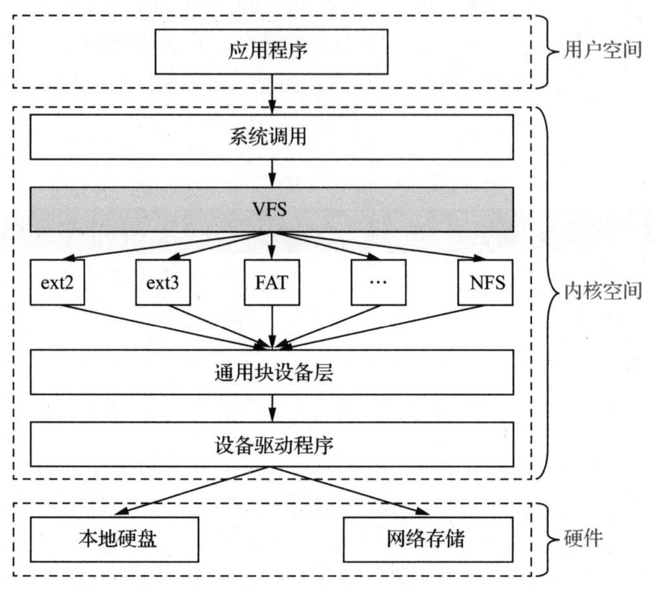

图8-25　VFS文件访问过程

VFS支持的4个主要文件系统对象为超级块superblock、目录项dentry、索引节点iNode、文件file。其中，超级块superblock是对一个文件系统的描述；索引节点iNode是对一个文件物理属性的描述；目录项dentry是对一个文件逻辑属性的描述；文件file是对当前进程打开的文件的描述。它们具体介绍如下。

（1）超级块superblock：表示一个文件系统。它包含管理文件系统所需的信息，包括文件系统名称（如ext2）、文件系统的大小和状态、块设备的引用和元数据信息（如空闲列表等）。超级块通常存储在存储介质上，但是如果超级块不存在，则可以实时地创建它。

（2）索引节点iNode：文件系统处理文件所需要的所有信息都保存在索引节点中。iNode代表的是物理意义上的文件，记录的是文件物理上的属性，如索引节点编号、文件大小、访问权限、修改日期、数据位置等。索引节点和文件一一对应，它跟文件内容一样，都会被持久化地存储到磁盘中。

（3）目录项dentry：每个文件除了需要有一个结构体（struct iNode）外，还需要有一个目录项，用于描述文件逻辑上的属性，其没有对应的磁盘数据结构。目录项是由内核维护的一个内存数据结构，根据字符串形式的路径名现场创建而成，记录文件名、索引节点指针以及与其他目录项的关联关系。多个关联的目录项即会构成文件系统的目录结构。

（4）**文件file**：存放打开的文件与进程之间进行交互的相关信息。

8.6.2 实例 2：Linux ext2 文件系统

Linux系统最早采用的文件系统是MINIX，该文件系统由MINIX系统定义，有一定的局限性，如文件名最长为14个字符，文件最大为64MB。第一个专门为Linux系统而设计的文件系统是扩展文件系统（extended file system），通常亦称ext文件系统。该文件系统发展至今衍生出了许多新版本，其中第二版（即ext2文件系统）的设计最为成功，目前流传最广的是ext4文件系统。

ext2文件系统功能强大、易扩充，是所有Linux系统所安装的标准文件系统模型。ext2文件系统将自身所占用的逻辑分区划分成块组（block group），每个块组的结构如图8-26所示。

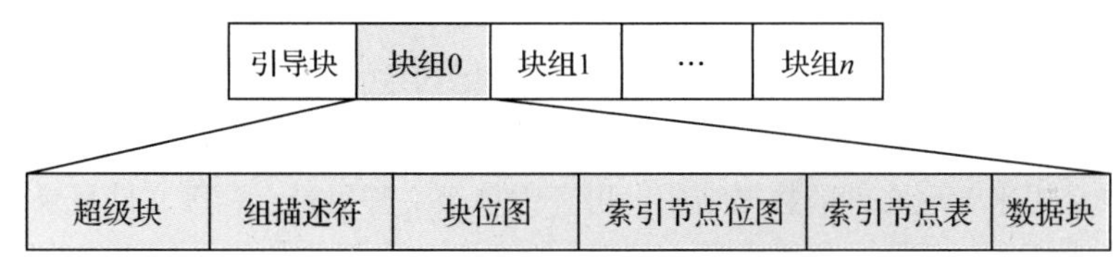

图8-26 ext2文件系统逻辑分区块组结构示意

通常，一个文件在磁盘中除了存储文件实际内容外，还需要存储很多属性，如文件的权限与文件属性（如所有者、群组、时间参数等）。文件系统通常会将这两部分数据放在不同的块组，权限和属性放在索引节点中，至于实际的数据则放在数据块中。另外，还有一个超级块会记录文件系统的整体信息，包括索引节点与数据块的总量、使用量、剩余量等。

在文件系统的整体规划中，文件系统最前面有一个启动扇区（boot sector），这个启动扇区可以安装引导装载程序，这样就能够将不同的引导装载程序安装到个别的文件系统最前端，而不用覆盖整块硬盘唯一的主引导记录（master boot record，MBR）扇区，进而即可制作出多重引导环境。

同时，为了方便管理，ext2文件系统在格式化的时候基本上被区分为多个块组，每个块组都有独立的iNode/block/superblock系统，该系统包括6个组成部分：超级块、组描述符、块位图、索引节点位图、索引节点表、数据块。

（1）**超级块**（superblock）：记录整个文件系统的信息。

（2）**组描述符**（group description）：即描述每个组块的开始与结束时的数据块号码。

（3）**块位图**（block bitmap）：即数据块位示图，用一个二进制位来表示数据块是否空闲。通过块位图可以知道并快速找到空的数据块，进而进行文件的添加操作。

（4）**索引节点位图**（iNode bitmap）：类似数据块位示图，用一个二进制位来表示索引节点是否被使用。通过索引节点位图可以快速找到未被使用的索引节点编号。

（5）**索引节点表**（iNode table）：每个索引节点的固定大小为128B，每个文件仅占用一个索引节点，文件系统能够创建的文件数量与索引节点的数量有关。系统读取文件时需要先找到索引节点，并分析索引节点所记录的权限与用户权限是否符合，若符合，才能开始实际读取数据块的内容。

（6）**数据块**（data block）：ext2文件系统中支持的数据块的大小有1KB、2KB、4KB三种，每个数据块中只能放一个文件的数据，而不能将多个文件的数据放在一个数据块中，如果文件的数据大于数据块的大小，则该文件将会占用多个数据块，但是一般只有一个索引节点。

在分配文件时，ext2文件系统首先会为这个文件选择块组。对于数据块，它会试图分配文件到与文件索引节点相同的块组。对于索引节点，它会选择文件的父目录驻留在非目录文件中的块组。目录文件并不会被放在一起，而是会被分散到整个可用块组。这些策略的应用，不仅可以实现在同一块组中保存相关信息，而且可以将磁盘负荷分散到盘块组中，以减少任何区域的磁盘碎片。

8.7 本章小结

本章主要介绍了文件和文件系统的基本概念、文件逻辑结构的类型、文件目录、文件的共享与保护等内容。

文件是由OS定义和实现的抽象数据类型。它是逻辑记录的一个序列，而逻辑记录可以是字节、记录或更为复杂的数据项。

文件的逻辑结构是指从用户角度所看到的文件组织形式，分为有结构文件和无结构文件两种。有结构文件可分为顺序文件、索引文件和索引顺序文件；无结构文件又称为流式文件。

文件目录是用来管理文件的数据结构，可分为单级文件目录、两级文件目录、树形目录、无环图目录等。

为了防止浪费存储空间，系统提供文件共享功能显得尤为必要。文件的共享取决于系统所提供的语义，可以在单处理机系统、多处理机系统甚至计算机网络中进行文件共享。因为文件是大多数计算机存储信息的主要机制，其如果处于不安全状态，则可能会产生难以估量的影响，所以需要进行文件保护。文件保护可以通过存取控制机制或其他技术来实现。

习题8（含考研真题）

一、简答题

1. 何谓数据项、记录和文件？
2. 一个比较完善的文件系统应具备哪些功能？
3. 为什么在大多数OS中都引入了“打开”这一文件系统调用？打开的含义是什么？
4. 什么是文件的逻辑结构？逻辑文件有哪几种组织形式？
5. 如何提高变长记录顺序文件的检索速度？
6. 什么叫“按名存取”？文件系统如何实现文件的按名存取？
7. UNIX系统把文件描述信息从文件目录项中分离出来的原因是什么？
8. 目前广泛采用的目录结构是哪种？它有什么优点？
9. 试说明在树形目录中线性检索法的检索过程，并画出相应的流程图。
10. 在树形目录中，利用链接方式共享文件有何好处？
11. 什么是保护域？进程与保护域之间存在着怎样的动态联系？
12. 什么是访问控制表和访问权限表？系统如何利用它们来实现对文件的保护？

二、计算题

13. 一个文件系统中，FCB占64B，一个盘块大小为1KB，采用单级文件目录，假如文件目录中有3 200个目录项，则检索一个文件平均需要访问磁盘大约多少次？

14. 在某个文件系统中，每个盘块占512B，FCB占64B，其中文件名占8B。如果索引节点编号占2B，则针对一个存放在磁盘上的、具有256个目录项的目录，请分别计算引入索引节点前后，为找到某个文件的FCB而平均启动磁盘的次数。

15. （考研真题）设文件F_1的当前引用计数值为1，先建立F_1的符号链接（软链接）文件F_2，再建立F_1的硬链接文件F_3，然后删除F_1。此时，F_2和F_3的引用计数值分别是多少？

16. （考研真题）索引顺序文件可能是最常见的一种逻辑文件组织形式，其不仅有效克服了变长记录文件不便于直接存取的缺点，且付出的额外存储开销也不算大，对于包含40 000条记录的主数据文件，为了能检索到指定关键字的记录，采用索引顺序文件组织方式，平均检索效率可提高到顺序文件组织方式的多少倍（假定主数据文件和索引表均采用顺序查找法）？

17. （考研真题）某文件系统的目录由文件名和索引节点编号构成。若每个目录项的长度均为64B，其中4B存放索引节点编号，60B存放文件名。文件名由小写英文字母构成，则该文件系统能创建的文件数量上限为多少？

三、综合应用题

18. 针对图8-27所示的文件系统目录结构，若C和D分别是两个用户的目录，则请问：

（1）C用户在当前目录“/C”下欲共享文件f2，应具备什么条件？

（2）若C用户需要经常访问文件，则其应如何操作才会更简单、更快捷？

（3）若D用户不愿意别人访问其文件f3，则其应如何操作？

19. 有一共享文件，它具有下列文件名: /usr/Wang/test/report、/usr/Zhang/report、 /usr/Lee/report，试填写图8-28中的A、B、C、D、E。

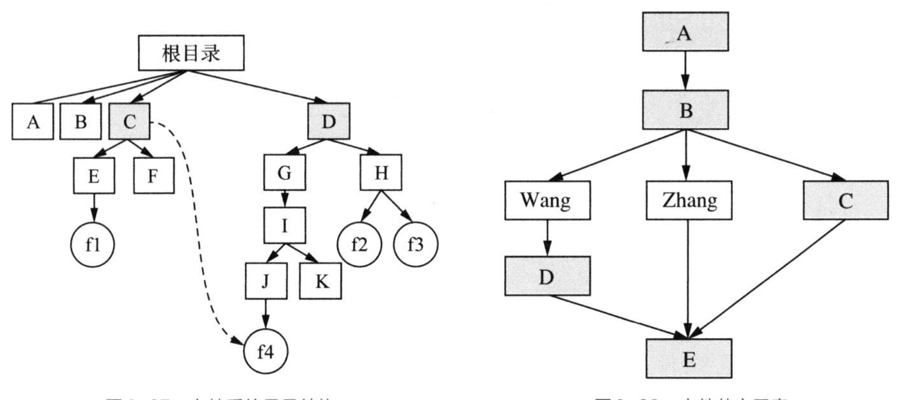

图8-27 文件系统目录结构　　图8-28 文件共享示意

20. （考研真题）假设某系统的目录管理采用了索引节点方式。如果用户需要打开文件/usr/student/myproc.c，则请简要阐述目录检索的大致过程（假设根目录内容已经读入内存且该文件存在）。

第9章 磁盘存储器管理

第9章导读

磁盘存储器不仅容量大、存取速度快，而且可以实现随机存取，是当前实现虚拟存储器和文件存放最理想的外存，因此在现代计算机系统中都无一例外地配置了磁盘存储器。磁盘存储器管理的目的和要求如下。①**有效利用存储空间：**采取合理的文件分配方式，为文件分配必要的存储空间，使每个文件都能“各得其所”，并能有效地减少磁盘碎片，改善存储空间的利用率。②**提高磁盘的I/O速度：**通过各种途径（包括采用磁盘高速缓存等）来提高磁盘的I/O速度，以提高系统对文件的访问速度，从而改善文件系统的性能。③**提高磁盘系统的可靠性：**采取多种技术，包括必要的冗余措施和后备系统，来提高磁盘系统的可靠性。本章知识导图如图9-1所示。

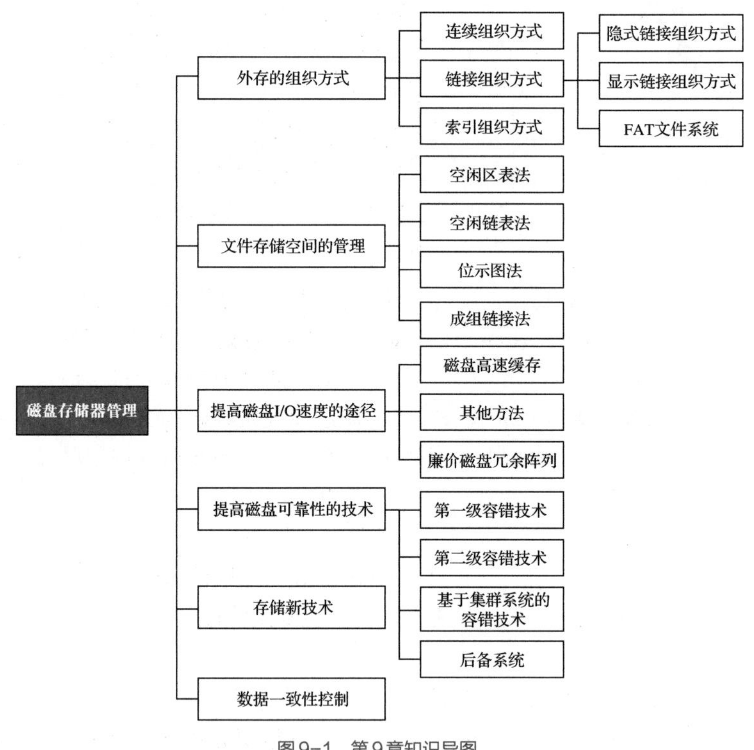

图9-1　第9章知识导图

9.1 外存的组织方式

如第8章所述，文件的物理结构直接与外存的组织方式有关。不同的外存组织方式，将形成不同的文件物理结构。目前常用的外存组织方式有3种。

（1）**连续组织方式**：在对外存采取连续组织方式时，须为每个文件分配一个连续的磁盘空间，由此所形成的文件物理结构是顺序式文件结构。

（2）**链接组织方式**：在对外存采取链接组织方式时，可以为每个文件分配不连续的磁盘空间；通过链接指针可以将一个文件的所有盘块链接在一起，由此所形成的文件物理结构是链接式文件结构。

（3）**索引组织方式**：在对外存采取索引组织方式时，所形成的文件物理结构是索引式文件结构。

在传统的文件系统中，通常仅采用上述组织方式中的一种来组织外存。在现代OS中，由于存在多种类型（特别是实时类型）的多媒体文件，因此，对外存可能会采取多种类型的组织方式。

9.1.1 连续组织方式

1. 连续组织方式简介

连续组织方式又称为连续分配方式，要求为每个文件分配一组相邻的盘块。例如，第一个盘块的地址为b，第二个盘块的地址为b+1，第三个盘块的地址为b+2，……。通常，它们都位于一条磁道上，在进行读/写操作时不必移动磁头。在采用连续组织方式时，可把逻辑文件中的记录顺序地存储到邻接的各个物理盘块中，这样所形成的文件结构称为顺序式文件结构，此时的物理文件称为顺序文件。

连续组织方式保证了逻辑文件中的记录顺序与存储器中文件占用盘块顺序的一致性。为使系统能找到文件存放的地址，应在目录项的“文件物理地址”字段中记录该文件第一个记录所在的盘块号和文件长度（以盘块为单位）。图9-2所示为磁盘空间的连续组织方式，图中假定了记录与盘块的大小相同，count文件的第一个盘块号为0，文件长度为2，因此会在盘块号为0和1的两个盘块中存放count文件的数据。

如同内存的动态分区分配一样，随着文件建立时空间的分配和文件删除时空间的回收，磁盘空间将被分割成许多小块，这些小块已难以用来存储文件，此即外部碎片。同样，我们也可以利用紧凑的方法使盘上所有的文件紧靠在一起，将所有的碎片拼接成一大片连续的存储空间。但是，将外存空闲空间进行一次紧凑所花费的时间远比将内存进行一次紧凑所花费的时间多。

2. 连续组织方式的主要优点

（1）顺序访问容易。访问顺序文件非常容易，系统可从目录中找到该顺序文件所在的第一个盘块号，从此开始逐个盘块地往下读/写即可。连续组织方式也支持对定长记录的文件进行随机存取。

（2）顺序访问速度快。采取连续组织方式所装入的文件，其所占用的盘块可能位于一条或几条相邻的磁道上，磁头的移动距离最少，因此，连续组织方式下访问文件的速度是几种外存组织方式中最快的一种。

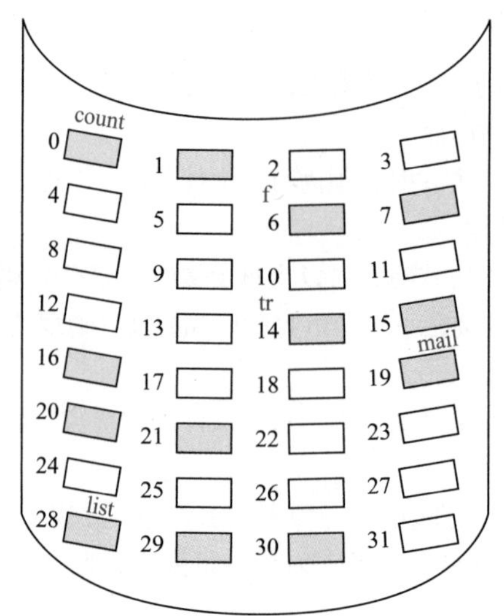

目录

file	start	length
count	0	2
tr	14	3
mail	19	3
list	28	3
f	6	2

图9-2　磁盘空间的连续组织方式

3. 连续组织方式的主要缺点

（1）要求为一个文件分配连续的存储空间。由内存的连续组织方式得知，为一个文件分配连续的存储空间会产生许多外部碎片，严重降低了外存空间的利用率。如果定期利用紧凑方法来消除外部碎片，则又会花费大量的机器时间。

（2）必须事先知道文件的长度。要将一个文件装入一个连续的存储区中，必须事先知道文件的大小。获知文件的大小有时只能靠估算，如果估算的文件大小比实际的小，则会因存储空间不足而终止文件的复制，并要求用户重新估算后再次复制。这会促使用户将文件长度估算得比实际的大，进而就会造成浪费。

（3）不能灵活地删除和插入记录。为保持文件的有序性，在删除和插入记录时，不仅需要对相邻的记录做物理上的移动，还需要动态地改变文件的大小。

（4）对于动态增长的文件，采用连续组织方式可能会覆盖物理上相邻的后续文件，因此无法满足文件动态增长的要求。另外，由于事先很难知道文件的最终大小，因此很难为其分配空间；即使事先知道文件的最终大小，在采用预分配存储空间这一方法时，也会使大量的存储空间长期空闲。

9.1.2　链接组织方式

链接组织方式

如果可以将文件装到多个离散的盘块中，则可消除连续组织方式的上述缺点。在采用链接组织方式时，可为文件分配多个不连续的盘块，再通过每个盘块上的链接指针，将同属于一个文件的多个离散的盘块链接成一个链表，由此所形成的物理文件称为链接文件。链接组织方式的主要优点是：①消除了外部碎片，提高了外存的利用率；②非常容易插入、删除和修改记录；③能适应文件的动态增长，而无须事先知道文件的大小。链接组织方式可分为隐式链接组织方式和显式链接组织方式两种。

1. 隐式链接组织方式

在采用隐式链接组织方式时，在文件目录的每个目录项中，都须含有指向链接文件第一个盘块和最后一个盘块的指针。图9-3所示为磁盘空间的链接组织方式，其中所展示的链接文件占用了5个盘块。在相应的目录项中，指示了其第一个盘块号是9，最后一个盘块号是25。而每个盘块中都含有一个指向下一个盘块的指针，如在第一个盘块9中设置了第二个盘块的盘块号16；在第二个盘块16中又设置了第三个盘块的盘块号1。如果指针占用4B，则对于盘块大小为512B的磁盘，每个盘块中只有508B可供用户使用。

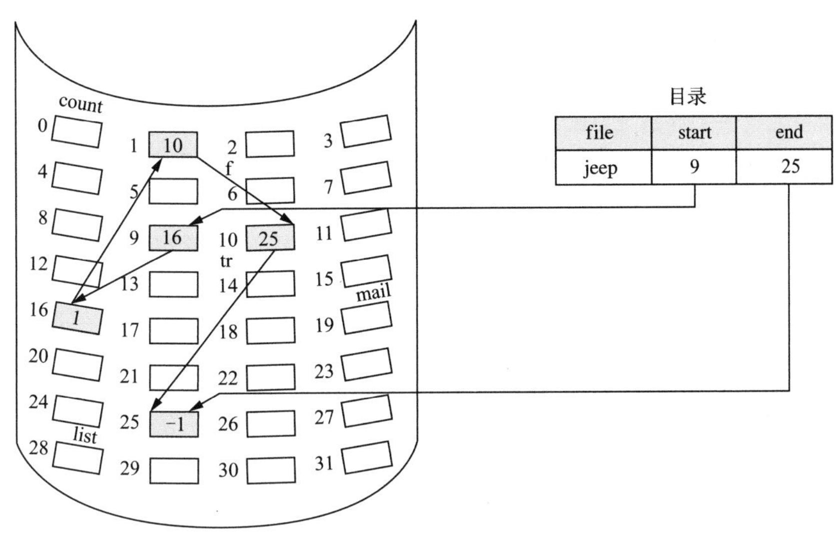

图9-3 磁盘空间的链接组织方式

隐式链接组织方式的主要问题在于，它只适用于顺序访问，而对随机访问是极其低效的。如果要访问文件所在的第i个盘块，则必须先读出文件的第1个盘块，以此类推进行顺序查找，直至找到第i个盘块。当i=100时，须启动100次磁盘去实现读盘块操作，平均每次都要花费几十毫秒。可见，随机访问的速度很低。此外，只通过链接指针将一大批离散的盘块链接起来，其可靠性较差，因为其中的任何一个指针出现问题都会导致整个链断开。

为了提高检索速度和减小指针所占用的存储空间，可以将几个盘块一起组成一个簇。例如，一个簇可包含4个盘块，在进行盘块分配时是以簇为单位进行的，链接文件中的每个元素也是以簇为单位的。这样将会大幅减少查找指定块的时间，而且也可减小指针所占用的存储空间；但是增大了内部碎片，同时这种改进的效果也是非常有限的。

2. 显式链接组织方式

显式链接组织方式是指把用于链接文件各物理盘块的指针，显式地存放在内存的一张链接表中。该表在整个磁盘中仅设置一张，如图9-4所示。表的序号是物理盘块号，从0开始，直至N-1，N为盘块总数。在每个表项中存放指向下一个盘块的链接。在该表中，凡是属于某一文件的第一个盘块号，或者说是每一条链的链首指针所对应的盘块号，均作为文件地址被填入相应文件的FCB的“物理地址”字段中。由于查找记录的过程是在内存中进行的，因而链接表不仅显著地提高了检索速度，而且大大减少了访问磁盘的次数。由于分配给文件的所有盘块链接指针都存放在该表中，因此把该表称为文件分配表（file allocation table，FAT）。

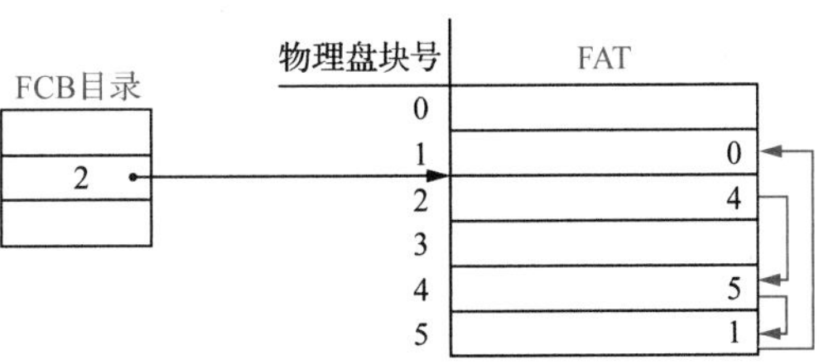

图9-4 链接表结构示意

3. FAT 文件系统

微软公司早、中期推出的OS一直都是采用的FAT技术，即利用FAT来记录每个文件中所有盘块之间的链接。在MS-DOS系统中，最早使用的是12位的FAT12，后来使用的是16位的FAT16。在Windows 95和Windows 98系统中则升级为32位的FAT32。Windows NT/2000/XP以及之后的Windows系统将FAT32进一步发展为NTFS。

在FAT中引入了"卷"（volume）的概念后，其便支持将一个物理磁盘分成四个逻辑磁盘，每个逻辑磁盘就是一个卷（也称为分区），换言之，每个卷都是一个能够被单独格式化和使用的逻辑单元，供文件系统分配空间时使用。一个卷中包含文件系统信息、一组文件以及空闲空间。每个卷都专门划出一个单独区域来存放自己的目录、FAT以及逻辑驱动器字母。针对仅有一个硬盘的计算机，通常最多可将其硬盘分为"C："　"D："　"E："　"F："四个卷。需要说明的是，在现代OS中，一个物理磁盘可以被划分为多个卷，一个卷也可以由多个物理磁盘组成。下面具体介绍FAT文件系统。

（1）以盘块为单位的FAT文件系统。

早期的FAT12以盘块为基本分配单位。由于FAT是文件系统中最重要的数据结构，为了安全起见，在每个分区中都配有两张相同的文件分配表，即FAT1和FAT2。在FAT的每个表项中均存放下一个盘块号，它实际上是用于盘块之间进行链接的指针，通过它可以将一个文件的所有盘块链接起来；另外，FAT会将文件的第一个盘块号放在自己的FCB中。图9-5所示为MS-DOS系统的文件物理结构，图中给出了两个文件，其中文件A占用三个盘块，盘块号依次为4、6、11；文件B也占用三个盘块，盘块号依次为9、10、5。每个文件的第一个盘块号均放在自己的FCB中。对于1.2MB的软盘，每个盘块的大小为512B，在每个FAT中共含有2.4K（1.2MB ÷ 512B）个表项；由于每个FAT表项占12bit（即1.5B），因此FAT表占用3.6KB（2.4K × 1.5B）存储空间。

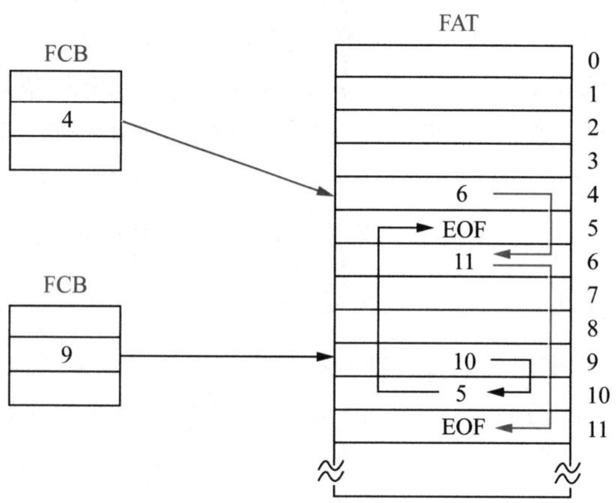

图9-5　MS-DOS系统的文件物理结构

接下来计算以盘块为分配单位时所允许的最大磁盘容量。由于每个FAT表项为12bit，因此，在FAT中最多允许有4 096（2^{12}）个表项。如果以盘块为基本分配单位，每个盘块（也称扇区）的大小一般是512B，那么每个磁盘分区的容量就是2MB（4 096 × 512B），一个物理磁盘能支持4个逻辑磁盘分区，因此相应的磁盘最大容量仅为8MB（2MB × 4）。FAT12可以应付最早时期的容量未超过8MB的磁盘，但很快磁盘的容量就超过了8MB，此时，FAT12是否还可继续使用呢？回答虽然是肯定的，但需要引入一个新的分配单位——簇（cluster）。

（2）以簇为单位的FAT文件系统。

稍加分析便可得知，如果把每个盘块（扇区）的容量均增大n倍，则磁盘的最大容量便可增加n倍。但要增加盘块的容量是不方便和不灵活的。为此，引入了簇的概念。簇是一组相邻的扇区，其在FAT中被视作一个虚拟扇区。在进行盘块分配时，以簇为基本分配单位。簇的大小一般是2^n（n为整数）个盘块。在实际运用中，簇的容量可以是一个盘块（512B）、两个盘块（1KB）、四个盘块（2KB）、八个盘块（4KB）等，FAT16支持多达64个盘块。一个簇应包含扇区的数量与磁盘容量的大小直接相关。例如，在FAT12中，当一个簇仅有一个扇区时，磁盘的最大容量为8MB；当一个簇包含八个扇区时，磁盘的最大容量便可达到64MB。而在FAT16中，由于FAT表项的位数为16，因此最大表项数为65 536（2^{16}），此时便能将一个磁盘分区分为65 536（2^{16}）个簇；如果每个簇中最多有64个盘块，那么可以得出FAT16可以管理的最大分区空间为2 048MB（512B × 65 536 × 64）。

以簇为基本分配单位的好处是，可使系统能够适应磁盘容量不断增大的情况，还可以减少FAT中的项数（在相同的磁盘容量下，FAT的项数与簇的大小成反比），使FAT占用更少的存储空间，并且可以减少访问FAT的开销。但也会造成更大的簇内碎片（它与存储器管理中的页内零头相似），即簇的容量越大，簇内碎片也越大。例如，在FAT16中，当要求磁盘分区的大小为8GB时，每个簇的大小可达128KB，这意味着内部碎片最大可达（128K-1）B。一般而言，对于容量为1GB～4GB的硬盘来说，其会导致浪费10%～20%的存储空间。为了解决这一问题，微软公司推出了FAT32。

FAT32是FAT系列文件系统的最后一个产品。FAT32的每个簇在FAT中的表项均占据4B，其允许管理比FAT16更多的簇，允许采用较小的簇。FAT32在分区大小为2GB～8GB时，簇的大小为4KB；分区大小为8GB～16GB时，簇的大小为8KB；分区大小为16GB～32GB时，簇的大小则达到了16KB。当每个簇为4KB时，FAT32分区格式理论上可以管理的单个最大磁盘空间可达$4KB \times 2^{32}=16TB$。但是，由于引导扇区只使用4B来记录磁盘的扇区总数，即最多只支持4G个扇区（2^{32}），每个扇区512B，因此支持的磁盘容量最大值为（2^{32}）× 512B=2TB。另外，由于FAT32表项的32位中的高4位不用，因此表项数最多为2^{28}个，在簇的大小为4KB时，支持的最大分区大小为$2^{28} \times 4KB=1TB$。三种FAT文件系统中簇的大小与最大分区的对应关系如表9-1所示。

表 9-1　三种 FAT 文件系统中簇的大小与最大分区的对应关系

簇的大小	最大分区		
	FAT12	FAT16	FAT32
0.5KB	2MB	—	—
1KB	4MB	—	—
2KB	8MB	128MB	—
4KB	16MB	256MB	1TB
8KB	—	512MB	2TB
16KB	—	1 024MB	2TB
32KB	—	2 048MB	2TB

FAT32支持更小的簇，这使其具有更高的存储器利用率。例如，两个磁盘的容量都为2GB，一个磁盘采用了FAT16，簇的大小为32KB；另一个磁盘采用了FAT32，簇的大小为4KB，则在通常情况下，FAT32的存储器利用率相比FAT16可以提高15%。FAT32主要应用于Windows 98以及后续的Windows系统，同时支持长文件名，能够有效地节省硬盘空间。

但是，FAT32亦存在明显的不足之处。首先，由于文件分配表的扩大，其运行速度比FAT16要慢；其次，FAT32有最小管理空间的限制，FAT32卷必须至少包含65 537个簇，因此FAT32不支持容量小于512MB的分区，对于小分区，仍然需要使用FAT16或FAT12；再次，FAT32的单个文件的长度不能大于4GB；最后，FAT32有兼容性方面的限制（最大限制），即FAT32不能保证向下兼容。因此，微软公司又引入了NTFS。

9.1.3 索引组织方式

1. 单级索引组织方式

链接组织方式虽然解决了连续组织方式所存在的问题，但又出现了另外两个问题：①不能支持高效的直接存取，若想对一个较大的文件进行存取，则须在FAT中顺序查找许多盘块号；②FAT须占用较大的内存空间，由于一个文件所占用盘块的盘块号随机分布在FAT中，因此只有将整个FAT调入内存，才可保证在FAT中能够找到一个文件的所有盘块号。当磁盘容量较大时，FAT可能要占用数MB甚至更多的内存空间。

事实上，在打开某个文件时，只须把该文件占用的盘块的编号调入内存即可，完全没有必要将整个FAT调入内存。为此，应将每个文件所对应的盘块号集中地放在一起，在访问到某个文件时，将该文件所对应的盘块号一起调入内存即可。索引组织方式就是基于这一思想所形成的一种外存组织方式。它为每个文件分配一个索引块（表），把分配给该文件的所有盘块号都记录在该索引块中。在建立一个文件时，只须在为之建立的目录项中填上指向该索引块的指针即可。图9-6所示为磁盘空间的索引组织方式。

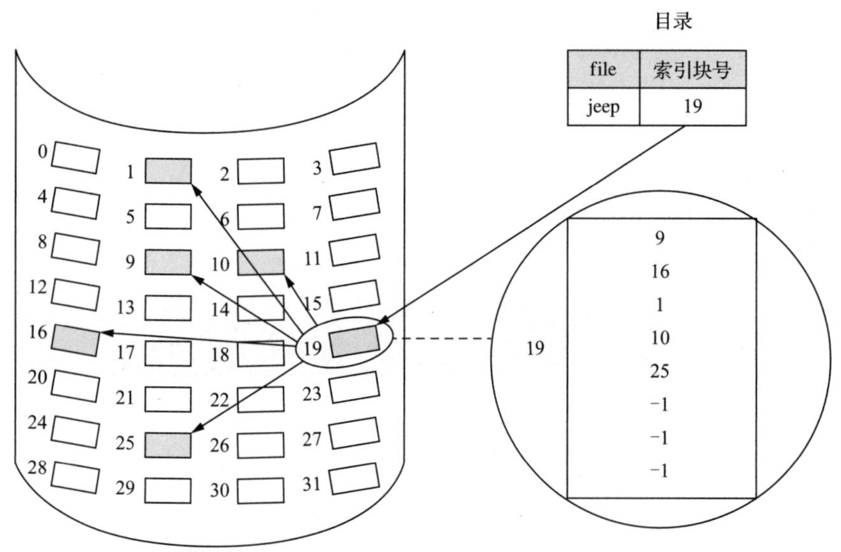

图9-6　磁盘空间的索引组织方式

索引组织方式的主要优点是支持直接访问。当要读文件的第i个盘块时，可以方便地直接从该文件的索引块中找到第i个盘块的盘块号；此外，索引组织方式也不会产生外部碎片。当文件较大时，索引组织方式无疑要优于链接组织方式。

索引组织方式的主要问题是，每当建立一个索引文件时，都须为该文件分配一个索引块，并将分配给该文件的所有盘块号记录于其中。在每个索引块中可存放数百个盘块号。但对于中、小型文件，其本身通常只占数十个到数个盘块，甚至更少，此时该方式仍会为之分配一个索引块。可见，针对中、小型文件，当采用索引组织方式时，索引块的利用率将会很低。

2. 多级索引组织方式

在为一个大文件分配磁盘空间时，如果所分配出去的盘块的盘块号已装满一个索引块，则OS须再为该文件分配另一个索引块，用于将以后继续为之分配的盘块的盘块号记录于其中。依此类推，再通过链指针将各索引块按序链接起来。显然，当文件太大而索引块太多时，这种方法是低效的。此时，应为这些索引块再建立一级索引，称之为第二级索引，即系统再分配一个索引块，作为第一级索引的索引块，将第一块、第二块等索引块的盘块号填入该索引块中，这样便形成了两级索引组织方式。如果文件非常大，则还可以采用三级、四级甚至更多级的索引组织方式。

图9-7所示为两级索引组织方式下各索引块之间的链接情况。如果每个盘块的大小为1KB，每个盘块号占4B，则在一个索引块中可存放256个盘块号。这样，在两级索引时，最多可包含的存放文件的盘块的盘块号总数N=256×256=64K。由此可以得出结论：采用两级索引时，所允许的文件最大长度为64MB。倘若盘块的大小为4KB，则在采用单级索引时所允许的最大文件长度为4MB，而在采用两级索引时所允许的最大文件长度可达4GB。

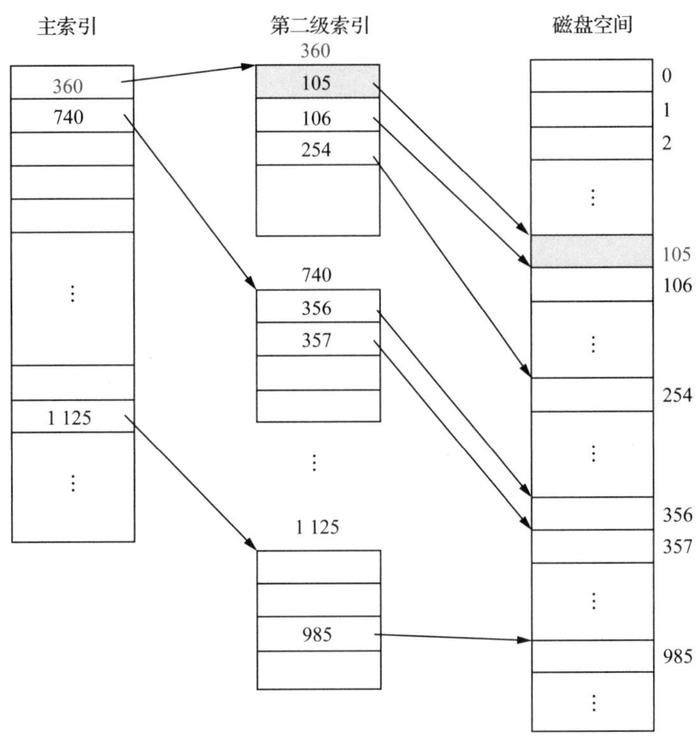

图9-7 两级索引组织方式

多级索引的主要优点是大大加快了系统对大型文件的查找速度。其主要缺点是，系统在访问一个盘块时，所须启动磁盘的次数会随着索引级数的增加而增多，即使对于小文件也是如此。实际情况通常是以中、小文件居多，而大文件较少。因此，如果在文件系统中仅采用多级索引组织方式，则并不能获得理想的效果。

3. 增量式索引组织方式

（1）增量式索引组织方式的基本思想。

为了能较全面地照顾到小、中、大及特大型作业，可以采取多种组织方式来构成文件的物理结构。如果盘块的大小为1KB或4KB，则对于小文件（如大小为1KB～10KB或4KB～40KB）而言，它最多只会占用10个盘块，为了能提高对数量众多的小型作业的访问速度，最好能将它们的每个盘块地址都直接放入FCB（或索引节点）中，这样就可以直接从索引节点中获得该文件的盘块地址。一般把这种寻址方式称为“直接寻址”。对于中型文件（如大小为11KB～256KB或5KB～4MB），可以采用单级索引组织方式，此时为了获得该文件的盘块地址，只须从索引节点中找到该文件的索引表，即可从中获得该文件的盘块地址，可将该地址称为“一次间址”。对于大型和特大型文件，可以采用两级和三级索引组织方式，此时可将所获得的文件的盘块地址称为“二次间址”和“三次间址”。所谓增量式索引组织方式，就是基于上述思想来组织外存，它既采用了直接寻址方式，又采用了单级和多级索引组织方式（间接寻址方式）。通常又可将这种组织方式称为混合索引组织方式，在UNIX系统中所采用的就是这种组织方式。

（2）UNIX System V的组织方式。

在UNIX System V的索引节点中，设有13个地址项，即i.addr(0)～i.addr(12)，如图9-8所示。

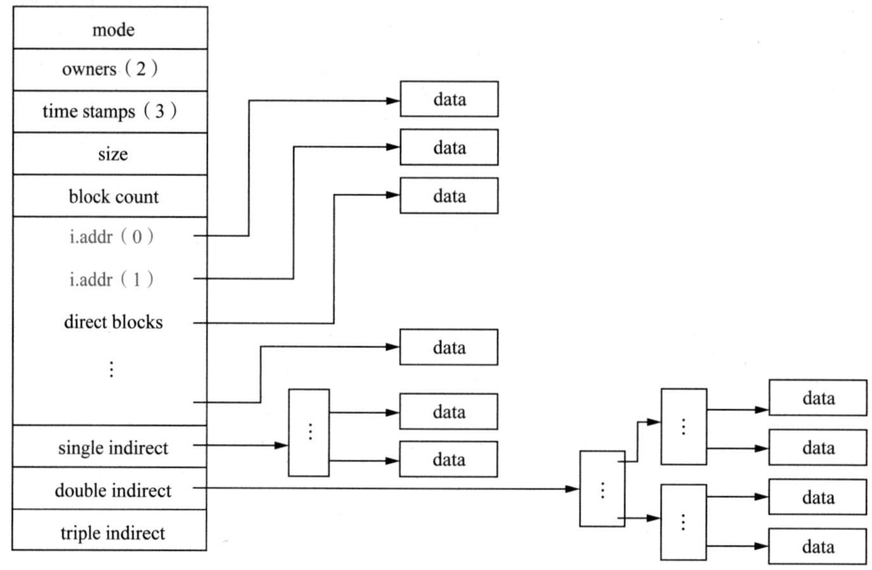

图9-8　混合索引组织方式

上述13个地址项的具体介绍如下。

① **直接地址**。为了提高进程对文件的检索速度，在索引节点中可设置10个直接地址项，即用i.addr(0)～i.addr(9)来存放直接地址。换言之，在这10个直接地址项中所存放的都是该文件数据所在盘块的盘块号或盘块地址。假如每个盘块的大小为4KB，当文件不大于40KB时，便可直接从索引节点中读出该文件的全部盘块号。

② **一次间接地址**。对于大、中型文件，只采用直接地址是不现实的。为此，可再利用索引节点中的地址项i.addr(10)来提供一次间接地址。这种方式的实质就是一级索引组织方式。图9-8中的一次间接地址块也就是索引块，系统将分配给文件的多个盘块号记入其中。在一次间接地址块中可存放1K个盘块号，因而允许文件长达4MB。

③ **多次间接地址**。当文件长度大于4MB+40KB时，使用一次间接地址与10个直接地址项仍不足，系统还须采用二次间接地址，即用地址项i.addr(11)提供二次间接地址。该方式的实质是两级索引组织方式。系统此时是在二次间接地址块中记入所有一次间接地址块的盘块号。在采用两级索引组织方式时，文件的最大长度可达4GB。同理，地址项i.addr(12)作为三次间接地

址，其所允许的文件最大长度可达4TB。

思考题

假设有一个含有100万条记录的文本文件，每条记录均包括：姓名（长度为2～64个汉字，平均长度为4个汉字）、年龄、性别、家庭地址和身份证号码。对该文件的操作主要是根据姓名进行记录查询，请思考为该文件设计哪种组织方式可使其具有访问效率高和所需存储空间少的优点。

9.2 文件存储空间的管理

空闲空间管理

为了实现9.1节中所提的任何一种外存组织方式，都需要为文件分配盘块，因此必须知道磁盘上哪些盘块是可用于分配的。在为文件分配盘块时，除了需要文件分配表外，系统还应为可分配存储空间设置相应的数据结构，即设置一个磁盘分配表（disk allocation table），用于记住可供分配的存储空间情况。此外，还应提供对盘块进行分配和回收的手段。不论哪种分配和回收方式，存储空间的基本分配单位都是盘块而非字节。下面介绍几种常用的文件存储空间管理方法。

9.2.1 空闲区表法和空闲链表法

1. 空闲区表法

（1）空闲区表。空闲区表法属于连续组织方式，它与内存的动态分配方式类似，会为每个文件分配一块连续的存储空间。此外，系统也会为外存上的所有空闲区建立一张空闲表，每个空闲区对应一个空闲表项，其中包括表项序号、该空闲区的第一空闲盘块号、该空闲区的空闲盘块数等信息。将所有空闲区按它们的起始盘块号递增的次序排列，即可形成空闲盘块表，如表9-2所示。

表 9-2 空闲盘块表

序号	第一空闲盘块号	空闲盘块数
1	2	4
2	9	3
3	15	5
…	…	…

（2）存储空间的分配与回收。空闲区的分配与内存分区的动态分配方式类似，同样是采用首次适应算法和最佳适应算法等，它们对存储空间的利用率大体相当，都优于最坏适应算法。在系统为某新创建的文件分配空闲盘块时，先顺序地检索空闲表的各表项，直至找到第一个大小能满足要求的空闲区，然后将该空闲区分配给用户（进程），同时修改空闲盘块表。系统在对用户所释放的存储空间进行回收时，也采取了类似于内存回收的方法，即要考虑回收区是否与空闲盘块表中插入点的前区和后区相邻接，对相邻接者应予以合并。

需要说明的是，在内存分配上，虽然较少采用连续组织方式，但在外存的管理中，由于这种组织方式具有较高的分配速度，可减少访问磁盘的I/O频率，因此其在诸多组织方式中仍占有一席之地。例如，在前面所介绍的对换方式中，对换空间一般都采用连续组织方式。对于文件系统，当文件较小（占1～4个盘块）时，仍采用连续组织方式为文件分配相邻接的几个盘块；当文件较大时，便采用离散组织方式。另外，对于多媒体文件，为了能减少磁头的寻道时间，也应采用连续组织方式。

2. 空闲链表法

空闲链表法是将所有空闲盘区拉成一条空闲链。根据构成空闲链所用的基本元素的不同，可把链表分成两种形式：空闲盘块链和空闲盘区链。

（1）空闲盘块链。这是将磁盘上的所有空闲空间以盘块为单位拉成一条链，其中的每个盘块都有指向后继盘块的指针。当用户因创建文件而请求分配存储空间时，系统便从链首开始，依次摘下适当数目的空闲盘块分配给用户。当用户因删除文件而释放存储空间时，系统便将回收的盘块依次挂在空闲盘块链的末尾。这种方法的优点是用于分配和回收一个盘块的过程非常简单；但在为一个文件分配盘块时，可能要重复操作多次，分配和回收的效率较低。此外，因为它是以盘块为单位的，所以相应的空闲盘块链会很长。

（2）空闲盘区链。这是将磁盘上的所有空闲盘区（每个盘区可包含若干个盘块）拉成一条链。在每个盘区上除了含有用于指示下一个空闲盘区的指针外，还应含有能指明本盘区大小（所含盘块数）的信息。分配盘区的方法与内存分区的动态分配方法类似，通常采用首次适应算法。在回收盘区时，同样也要将回收区与相邻接的空闲盘区合并。在采用首次适应算法时，为了提高对空闲盘区的检索速度，可以采用显式链接组织方式，即在内存中为空闲盘区建立一张链表。这种方法的优缺点刚好与空闲链表法的优缺点相反，即分配与回收的过程比较复杂，但分配与回收的效率较高，每次会为文件分配多个连续的盘块，且空闲盘区链较短。

9.2.2 位示图法

1. 位示图

位示图是指利用二进制的一位来表示磁盘中一个盘块的使用情况。当其值为“0”时，表示对应的盘块空闲；当其值为“1”时，表示对应的盘块已被分配。有的系统把“0”作为盘块已被分配的标志，把“1”作为盘块空闲的标志。它们在本质上是相同的，都是用一位的两种状态来标志空闲和已被分配这两种情况。磁盘上的所有盘块都有一个二进制位与之对应，这样，由所有盘块所对应的位构成的一个集合，称为位示图。通常可用$m \times n$个位来构成位示图，并使$m \times n$等于磁盘的总块数，如图9-9所示；此时，磁盘的总块数=16×16=256。位示图也可被描述为一个二维数组map[i, j]。

	1	2	3	4	5	6	7	8	9	10	11	12	13	14	15	16
1	1	1	0	0	0	1	1	1	0	0	1	0	0	1	1	0
2	0	0	0	1	1	1	1	1	1	0	0	0	0	1	1	1
3	1	1	1	0	0	0	1	1	1	1	1	1	0	0	0	0
…																
16																

图9-9 位示图

2. 盘块的分配

根据位示图分配盘块时，可分3步进行。

（1）顺序扫描位示图，从中找出一个或一组值为“0”的二进制位（“0”表示空闲）。

（2）将所找到的一个或一组二进制位转换成与之相对应的盘块号。假定找到值为“0”的二进制位处在位示图的第i行、第j列，则其对应的盘块号应按下式进行计算：

$$b=n\times(i-1)+j,$$

式中，n表示每行的位数。

（3）修改位示图，令map[i, j]=1。

3. 盘块的回收

盘块的回收可分两步进行。

（1）将回收盘块的盘块号转换成位示图中的行号和列号，转换公式为：

$$i=(b-1)\ \mathrm{DIV}\ n+1,$$

$$j=(b-1)\ \mathrm{MOD}\ n+1。$$

（2）修改位示图，令map[i, j]=0。

位示图法的主要优点是，从位示图中很容易找到一个或一组相邻接的空闲盘块。例如，当需要找到6个相邻接的空闲盘块时，只须在位示图中找出值连续为“0”的6个位即可。此外，由于位示图很小，占用空间少，因此可将它保存在内存中，这使得在每次进行盘块分配时无须首先把空闲盘块表读入内存，从而节省了许多磁盘启动操作。因此，位示图常用于微机和小型计算机（如CP/M、Apple-DOS等）中。

思考题

请思考应该如何将盘块号转换为磁盘的三维地址（柱面号C，磁头号H，扇区号S）。

9.2.3 成组链接法

空闲区表法和空闲链表法都不适用于大型文件系统，因为此类系统会使空闲区表或空闲链表太长。在UNIX系统中采用的是成组链接法，这是将上述两种方法相结合而形成的一种空闲盘块管理方法，它兼备上述两种方法的优点而克服了两种方法均有的“表太长”这一缺点。

1. 空闲盘块的组织

（1）空闲盘块号栈，用于存放当前可用的一组空闲盘块的盘块号（最多含100个盘块号），以及栈中尚有的空闲盘块（号）数N。顺便指出，N还兼作栈顶指针用。例如，当N=100时，它指向S.free(99)。由于栈是临界资源，每次只允许一个进程去访问，故系统为栈设置了一把锁。图9-10左部所示即空闲盘块号栈的结构，其中，S.free(0)是栈底，栈满时的栈顶为S.free(99)。

（2）文件区中的所有空闲盘块被分成若干个组，例如，将每100个盘块作为一组。假定盘上共有10 000个盘块，每块大小为1KB，其中第201～7 999号盘块用于存放文件，即作为文件区，这样，该区的最末一组盘块号为7 901～7 999；次末组盘块号为7 801～7 900，……第二组盘块号为301～400；第一组盘块号为201～300，如图9-10右部所示。

（3）将每组含有的盘块总数N和该组所有的盘块号记入其前一组的第一个盘块中。这样，由各组的第一个盘块可链接成一条链。

（4）将第一组的盘块总数和所有的盘块号记入空闲盘块号栈中，作为当前可供分配的空闲盘块号。

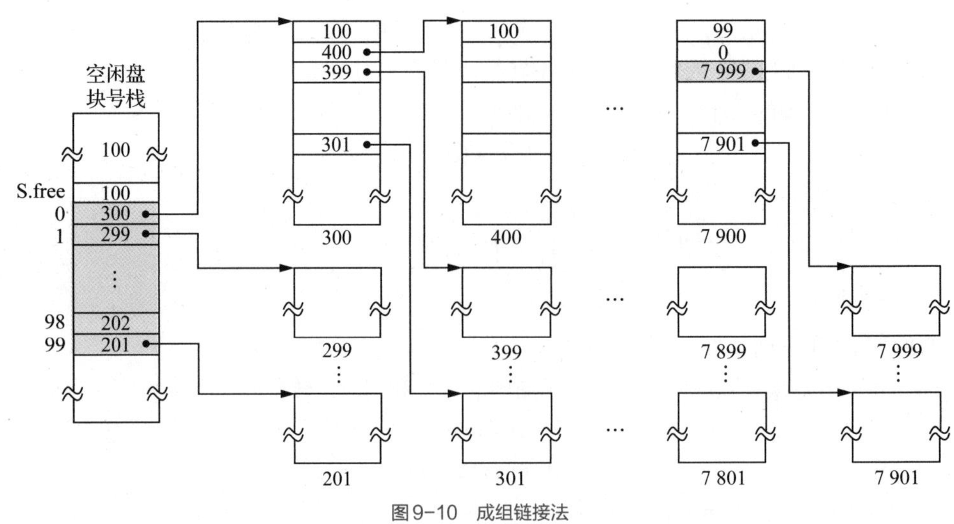

图9-10　成组链接法

（5）最末一组只有99个盘块，其盘块号分别记入其前一组的S.free(1)～S.free(99)中，而在S.free(0)中则存放“0”，作为空闲盘块链的结束标志。注意：最后一组的盘块数应是99，不是100，这是指可供使用的空闲盘块，编号为1～99，0号盘块中放空闲盘块链的结尾标志。

2. 空闲盘块的分配与回收

当系统要为用户分配文件所需的盘块时，须调用盘块分配过程来完成。该过程首先会检查空闲盘块号栈是否上锁，若未上锁，则从栈顶取出一空闲盘块号，并将与之对应的盘块分配给用户。其次，将栈顶指针下移一格。若该盘块号已是栈底，即S.free(0)，这是当前栈中最后一个可分配的盘块号，则由于在该盘块号所对应的盘块中记有下一组可用的盘块号，因此须调用磁盘读过程，将栈底盘块号所对应盘块的内容读入栈中，作为新的盘块号栈的内容，并把原栈底对应的盘块分配出去（其中有用的数据已读入栈中）。再次，分配一个相应的缓冲区，作为该盘块的缓冲区。最后，把栈中的空闲盘块数减1并返回。

在系统回收空闲盘块时，须调用盘块回收过程。它是将回收盘块的盘块号记入空闲盘块号栈的顶部，并执行空闲盘块数加1操作。当栈中的空闲盘块号数目已达100时，表示栈已满，将现有栈中的100个空闲盘块号记入新回收的盘块中，并将新回收盘块号作为新栈底。

9.3　提高磁盘I/O速度的途径

文件系统的性能可表现在多个方面，其中至关重要的一个方面是对文件的访问速度。为了提高对文件的访问速度，可从3方面着手：①改进文件的目录结构以及检索目录的方法，以减少对目录的查找时间；②选取好的文件存储结构，以提高对文件的访问速度；③提高磁盘I/O速度，以实现将文件中的数据快速地从磁盘传送到内存中，或者反向传送。其中，第一方面和第二方面的内容已在第8章和9.1节中做了详细阐述，本节将主要介绍如何提高磁盘I/O速度。

目前，磁盘的I/O速度远低于对内存的访问速度，通常要低上4～6个数量级，这可谓已成为计算机系统的瓶颈。因此，人们千方百计地提高磁盘I/O速度，所采用的最主要的技术便是磁盘高速缓存（disk cache）。

9.3.1 磁盘高速缓存

在7.7.5小节中介绍的高速缓存，是指在内存和CPU之间所增设的一个小容量高速存储器，而在这里所要介绍的磁盘高速缓存，是指在内存中为磁盘盘块所设置的一个缓冲区，在该缓冲区中保存了某些盘块的副本。当出现一个磁盘访问请求时，由内核先去查看所请求的盘块内容是否已在磁盘高速缓存中，如果在，则可从磁盘高速缓存中直接获取，这样就省去了启动磁盘的操作，而且可使本次访问速度提高几个数量级；如果不在，则需要启动磁盘以将所需要的盘块内容读入，并把读入的盘块内容送到磁盘高速缓存中，以便于以后又需要访问该盘块的内容时直接从磁盘高速缓存中获取。在设计磁盘高速缓存时需要考虑的问题有：①如何将磁盘高速缓存中的数据传送给请求进程；②应该采用何种置换算法；③已修改的盘块数据应在何时写回磁盘高速缓存。下面将对上述问题逐一进行解答。

1. 数据交付方式

如果I/O请求所需要的数据能从磁盘高速缓存中获取，则此时需要将磁盘高速缓存中的数据传送给请求进程。所谓的数据交付（data delivery），是指将磁盘高速缓存中的数据传送给请求进程。系统可以采取两种方式将数据交付给请求进程：①**数据交付**，即直接将磁盘高速缓存中的数据传送到请求进程的内存工作区中；②**指针交付**，即只将指向磁盘高速缓存中某区域的指针交付给请求进程。后一种方式由于所传送的数据量少，因而节省了数据从磁盘高速缓存传递到进程的内存工作区的时间。

2. 置换算法

如同请求调页（段）一样，在将磁盘中的盘块数据读入磁盘高速缓存时，同样会出现因磁盘高速缓存中已装满盘块数据而需要将其中某些盘块的数据先换出的问题。相应地，也存在采用哪种置换算法的问题。较常用的算法仍是LRU置换算法、Clock置换算法以及最少使用置换算法等。由于请求调页中的联想存储器与磁盘高速缓存（磁盘I/O中）的工作情况不同，它们在置换算法中所应考虑的问题也有所差异。因此，现在不少系统在设计其磁盘高速缓存的置换算法时，除了考虑最近最久未使用这一原则外，还会考虑以下几点。

（1）访问频率。通常，每执行一条指令便可能访问一次联想存储器，即对联想存储器的访问频率基本上与指令执行的频率相当；而对磁盘高速缓存的访问频率则与磁盘I/O的频率相当。因此，对联想存储器的访问频率远远高于对磁盘高速缓存的访问频率。

（2）可预见性。在磁盘高速缓存中的各盘块数据中，哪些数据可能在较长时间内都不会被再次访问，哪些数据可能很快就会被再次访问，这些信息中会有相当一部分是可预知的。例如，对于二次间址及目录块等，当它们被访问过一次后，可能很久都不会再被访问。再如，正在写入数据的未满盘块，可能很快又会被访问。

（3）数据的一致性。由于磁盘高速缓存在内存中，而内存又是一种易失性存储器，一旦系统发生故障，存放在磁盘高速缓存中的数据就会丢失；而其中有些盘块（如索引节点盘块）中的数据已被修改但尚未拷回磁盘。因此，系统发生故障可能会造成数据不一致。

基于上述考虑，在有的系统中便将磁盘高速缓存中的所有盘块数据拉成了一条LRU链。对于那些会严重影响数据一致性的盘块数据和很久都可能不再使用的盘块数据，将它们都放在LRU链的头部，使它们能被优先写回磁盘，以减少发生数据不一致情况的概率，同时可以尽早地腾出磁盘高速缓存的空间。对于那些可能在不久之后便要再使用的盘块数据，将它们挂在

LRU链的尾部，以便在以后需要时，只要该盘块中的数据尚未被写回磁盘，便可直接从LRU链中找到它们。

3. 周期性地写回磁盘

还有一种情况值得注意，即根据LRU置换算法，那些经常要被访问的盘块数据可能会一直保留在磁盘高速缓存中，长期不会被写回磁盘。这是因为LRU链中的任一元素在被访问之后，都会被挂到链的尾部而不被写回磁盘，只有一直未被访问的元素才有可能移到链的头部而被写回磁盘。为了解决这一问题，在UNIX系统中专门增设了一个修改（update）程序在后台运行。该程序会周期性地调用一个SYNC，其主要功能是强制性地将所有在磁盘高速缓存中已修改的盘块数据写回磁盘。一般会把两次调用SYNC的时间间隔定为30s，这样，系统故障所造成的工作损失就不会超过30s的工作量。

9.3.2 提高磁盘 I/O 速度的其他方法

除了磁盘高速缓存外，可以有效提高磁盘I/O速度的方法还有很多，如提前读、延迟写、优化物理块的分布、虚拟盘等。下面将对这些方法进行具体介绍。

1. 提前读

如果采用顺序访问方式对文件进行访问，则可以预知下一次要读的盘块。此时可采取预先读的方式，即在读当前块的同时要求将下一个盘块（提前读的盘块）中的数据也读入缓冲区。这样，当下一次要读该盘块中的数据时，由于其已被提前读入缓冲区，因而此时可直接从缓冲区中取得下一个盘块的数据，而无须再去启动磁盘I/O，从而大大减少了读数据的时间，有效地提高了磁盘I/O的速度。“提前读”这一方法已被广泛采用。

2. 延迟写

延迟写是指缓冲区A中的数据本应立即写回磁盘，但考虑到该缓冲区中的数据可能会在不久之后再次被本进程或其他进程访问（共享资源），因而并不会立即将该缓冲区A中的数据写回磁盘，而是会将它挂在空闲缓冲区队列的末尾。随着空闲缓冲区的使用，缓冲区也会缓缓往前移动，直至移到空闲缓冲队列之首。当再有进程申请到该缓冲区时，就将该缓冲区中的数据写回磁盘，同时把该缓冲区作为空闲缓冲区分配出去。只要该缓冲区仍在队列中，任何访问该缓冲区中的数据的进程就都可以直接读出其中的数据而不必访问磁盘。这样，又可进一步减少磁盘的I/O时间。同样，“延迟写”这一方法也已被广泛采用。

3. 优化物理块的分布

在采用链接组织方式和索引组织方式时，可以将一个文件分散存储在磁盘的任意位置，但如果过于分散，则会增加磁头的移动距离。例如，将文件的第一个盘块安排在最里边的一条磁道上，而把第二个盘块安排在最外边的一条磁道上，这样，在读完第一个盘块后转去读第二个盘块时，磁头要从最里边的磁道移到最外边的磁道上。如果我们将这两个数据块安排在属于同一条磁道的两个盘块上，则显然会由于消除了磁头在磁道间的移动而大大提高对这两个盘块的访问速度。

对文件盘块位置的优化应在为文件分配盘块时进行。如果系统中的空闲存储空间采用位示图进行表示，则要想将同属于一个文件的盘块安排在同一条磁道上或相邻的磁道上是十分容易的事。此时，只要从位示图中找到一片相邻接的多个空闲盘块即可。但当系统采用线性表

（链）法来组织空闲存储空间时，要为一个文件分配多个相邻接的盘块就要困难一些。此时可以将在同一条磁道上的若干个盘块组成一簇（如一簇包括4个盘块），在分配存储空间时以簇为单位进行分配。这样就可以保证在访问这几个盘块时，不必移动磁头或者仅移动一条磁道的距离即可，从而减少了磁头的平均移动距离。

4. 虚拟盘

由于访问内存的速度远高于访问磁盘的速度，于是有人试图利用内存空间去仿真磁盘，进而形成所谓的虚拟盘，又称为RAM盘。该盘的设备驱动程序可以接受所有标准的磁盘操作，但这些操作的执行不是在磁盘上而是在内存中进行。它们对用户而言都是透明的。换言之，用户不会发现这与真正的磁盘操作有何不同，仅是略微快了些而已。虚拟盘存在的主要问题是：它是易失性存储器，一旦系统或电源发生故障，或系统重启，原来保存在虚拟盘中的数据就会丢失。因此，虚拟盘通常用于存放临时文件，如编译程序所产生的目标程序等。虚拟盘与磁盘高速缓存的主要区别在于：虚拟盘中的内容完全由用户控制，而磁盘高速缓存中的内容则是由OS控制的。例如，虚拟盘在开始时是空的，仅当用户（程序）在其中创建了文件后，其中才会有内容。

9.3.3 廉价磁盘冗余阵列

当今存在着一种非常有用的设计思想：如果仅使用一个组件对系统性能进行改进会受到很大的限制，那么可通过使用多个相同的组件来获得系统性能的大幅度提升，这种情况在计算机领域已屡见不鲜。正是在这种设计思想的推动下，单处理机系统演变成了多处理机系统，芯片上的单核演变成了多核；同样，用这种设计思想来指导磁盘存储器的设计，于1987年开发出了由多个小磁盘组成的一个容量很大的廉价磁盘冗余阵列（redundant array of inexpensive disk，RAID）。

RAID利用一台磁盘阵列控制器来统一管理和控制一组（几台到几十台）磁盘驱动器，进而组成一个大型磁盘系统。RAID不仅大幅度增加了磁盘的容量，而且极大地提高了磁盘的I/O速度和整个磁盘系统的可靠性。因此，RAID一经推出便被许多大型系统所采用。

1. 并行交叉存取

把在大、中型计算机中用于提高访问内存速度的并行交叉存取技术应用到磁盘存储系统中，可以提高磁盘的I/O速度。在这样的系统中，有多台磁盘驱动器，系统将每一盘块中的数据分为若干个子盘块数据，再把每一子盘块的数据分别存储到不同磁盘中的相同位置上。以后，当要将一个盘块的数据传送到内存时，采取并行传输方式，将各个盘块中的子盘块数据同时向内存中传输，从而使传输时间大大减少。例如，在存放一个文件时，可将该文件中的第一个数据子块放在第一个磁盘上，将第二个数据子块放在第二个磁盘上……将第N个数据子块放在第N个磁盘上。以后在读取数据时，采取并行交叉存取方式可同时从第1～N个磁盘中读出数据，这样便把磁盘的I/O速度提高了N-1倍。图9-11所示为磁盘并行交叉存取方式示意。

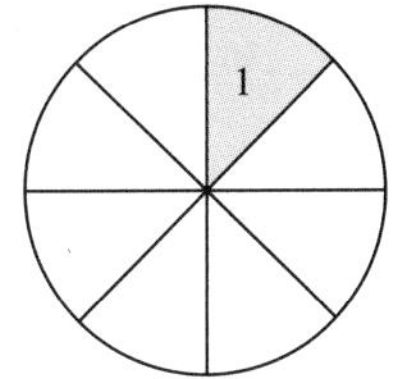

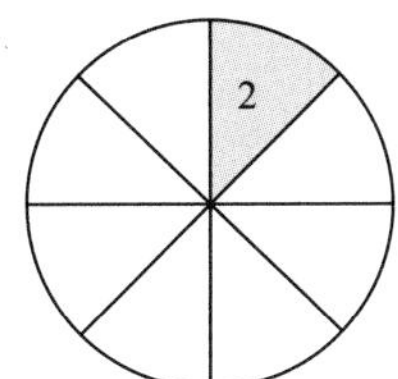

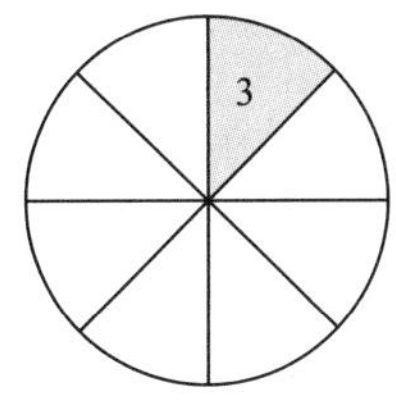

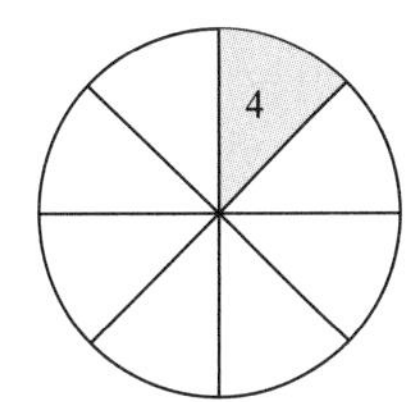

图9-11　磁盘并行交叉存取方式示意

2. RAID 的分级

RAID在刚被推出时分为6级，即RAID 0级、RAID 1级、RAID 2级、RAID 3级、RAID 4级和RAID 5级。后来，又增加了RAID 6级和RAID 7级。

（1） **RAID 0级**。该级仅提供并行交叉存取功能。RAID 0级的主要优点是能够实现高效传输，并能实现高速I/O请求；主要缺点是无冗余校验功能，致使磁盘系统的可靠性并不是很高。只要阵列中有一个磁盘损坏，便会造成不可弥补的数据丢失。因此，该级较少使用。

（2） **RAID 1级**。该级具有磁盘镜像功能，例如，当磁盘阵列中具有8个盘时，可将其中的4个作为数据盘，另外4个作为镜像盘，在每次访问磁盘时，可利用并行读/写特性将数据分块同时写入数据盘和镜像盘。RAID 1级的主要优点是可靠性好，且从故障中恢复很简单；主要缺点是磁盘容量的利用率只有50%。RAID 1级的优点是以牺牲磁盘容量为代价而获得的。

（3） **RAID 2级**。该级也称为内存方式的差错纠正组织。内存系统长期以来实现了基于奇偶位的错误检测，内存中的每个字节都是一个关联的奇偶位，以记录字节中为1的个数是偶数还是奇数。如果字节的某一个位发生了损坏（或是1变成0，或是0变成1），则字节的奇偶校验位就会改变，这会使其与所存储的奇偶校验位不再匹配。类似地，如果存储的奇偶校验位损坏，则它就会与计算的奇偶校验位不再匹配。因此，单个位的差错可被内存系统检测出来。

（4） **RAID 3级**。该级所对应的RAID是具有并行传输功能的磁盘阵列。它只利用一个奇偶校验盘来实现数据的校验功能。例如，当阵列中只有7个盘时，可将6个盘作为数据盘，剩余的1个盘作为校验盘。磁盘的利用率为6/7（约85.7%）。

（5） **RAID 4级**。该级与块交错奇偶校验结构均采用块级分条，这与RAID 0级一样；此外，该级会在一个单独的磁盘上保存其他N个磁盘的块的奇偶校验块。如果有一个磁盘出现故障，则可以通过奇偶校验块和其他磁盘的相应块恢复故障磁盘的块。

（6） **RAID 5级**。该级所对应的RAID是具有独立传送功能的磁盘阵列。每个驱动器都有各自独立的数据通路，独立地进行读/写，且无专门的校验盘。用来进行纠错的校验信息是以螺旋（spiral）方式散布在所有数据盘上的。

（7） **RAID 6级和RAID 7级**。这两级是强化后的RAID。在RAID 6级的磁盘阵列中，设置了一个专用的、可快速访问的异步校验盘，该盘具有独立的数据通路，具有比RAID 3级与RAID 5级更好的性能，但其性能改进得很有限且代价较大。RAID 7级是对RAID 6级的改进，在该级的磁盘阵列中，所有磁盘都具有较高的传输速率和优异的性能。RAID 7级是目前最高档次的磁盘阵列，但其价格较高。

3. RAID 的优点

RAID具有下述一系列明显的优点。①**可靠性高**，除了RAID 0级外，其余各级都采用了容错技术。当阵列中某一磁盘损坏时，并不会造成数据的丢失；此时可根据其他未损坏磁盘中的数据来恢复已损坏磁盘中的数据。因此，其可靠性比单个磁盘高出一个数量级。②**磁盘I/O速度快**，由于采取了并行交叉存取方式，磁盘I/O速度提高了$N-1$倍。③**性价比（性能/价格）高**，RAID的体积与具有相同容量和速度的大型磁盘系统相比，只是后者的1/3，价格也只是后者的1/3，且可靠性高。换言之，它仅以牺牲$1/N$的容量为代价换取了高可靠性。

9.4 提高磁盘可靠性的技术

在第8章中已经介绍了影响文件安全性的主要因素有人为因素、系统因素和自然因素三类，同时也说明了为确保文件系统的安全性，应采取三方面的措施。采用存取控制机制来防止人为因素造成的文件不安全，已在8.5节中进行了详细阐述。本节主要介绍通过系统容错技术来防止因系统因素造成的文件不安全，以及通过建立“后备系统”来防止因自然因素造成的文件不安全。

容错技术是通过在系统中设置冗余部件来提高系统可靠性的一种技术。磁盘容错技术则是通过增加冗余的磁盘驱动器、磁盘控制器等方法来提高磁盘系统可靠性的一种技术，即当磁盘系统的某部分出现缺陷或故障时，磁盘仍能正常工作，且不致造成数据的丢失或错误。目前广泛采用磁盘容错技术来改善磁盘系统的可靠性。

磁盘容错技术可分成三个级别：第一级容错技术是指低级磁盘容错技术；第二级容错技术是指中级磁盘容错技术；第三级容错技术是指基于集群系统的容错技术，该技术也被人们称为系统容错（system fault tolerant，SFT）技术。

9.4.1 第一级容错技术

第一级容错技术（SFT-Ⅰ）是最基本的一种磁盘容错技术，主要用于防止因磁盘表面缺陷所造成的数据丢失。它包含双份目录、双份FAT、热修复重定向以及写后读校验等措施。

1. 双份目录和双份 FAT

在磁盘上存放的文件目录和FAT，是管理文件时所用的重要数据结构。为了防止这些表格被破坏，可以在不同的磁盘上或磁盘的不同区域中分别建立（双份）文件目录和FAT，其中一份为主文件目录及主FAT，另一份为备份文件目录及备份FAT。一旦由于磁盘表面缺陷而造成主文件目录或主FAT损坏，系统便会自动启用备份文件目录或备份FAT，从而可以保证磁盘上的数据仍可访问。

2. 热修复重定向和写后读校验

由于磁盘价格昂贵，当磁盘表面有少量缺陷时，可在采取某种补救措施后继续使用。一般主要可以采取以下两种补救措施。①热修复重定向：系统将磁盘容量的很小一部分（如2%～3%）作为热修复重定向区，用于存放发现磁盘有缺陷时的待写数据，并对写入该区的所有数据进行登记，以便今后对这些数据进行快速访问。②写后读校验：为保证写入磁盘的所有数据都能写到完好的盘块中，应该在每次向磁盘中写入一个数据块后立即将它读出来，并送至另一缓冲区中，再将该缓冲区的内容与内存缓冲区中写后仍保留的数据进行比较，若两者一致，则认为此次写入成功；否则重写。若重写后两者仍不一致，则认为该盘块有缺陷，此时便将应写入该盘块的数据写入热修复重定向区。

9.4.2 第二级容错技术

第二级容错技术（SFT-Ⅱ）主要用于防止系统因磁盘驱动器和磁盘控制器故障而无法正常工作这一情况的发生。此级容错技术具体可分为磁盘镜像和磁盘双工。

1. 磁盘镜像

为了避免因磁盘驱动器发生故障而丢失数据，系统增设了磁盘镜像（disk mirroring）功能。为了实现该功能，须在同一磁盘控制器下增设一个完全相同的磁盘驱动器，如图9-12所示。当采用磁盘镜像方式时，在每次向主磁盘写入数据后，都需要将数据再写到备份磁盘上，以使两个磁盘上具有完全相同的位像图。把备份磁盘看作主磁盘的一面镜子。当主磁盘驱动器发生故障时，由于有备份磁盘的存在，在进行切换后，主机仍能正常工作。磁盘镜像虽然实现了容错功能，却使磁盘的利用率降至原来的50%，也未能使服务器的磁盘I/O速度得到提高。

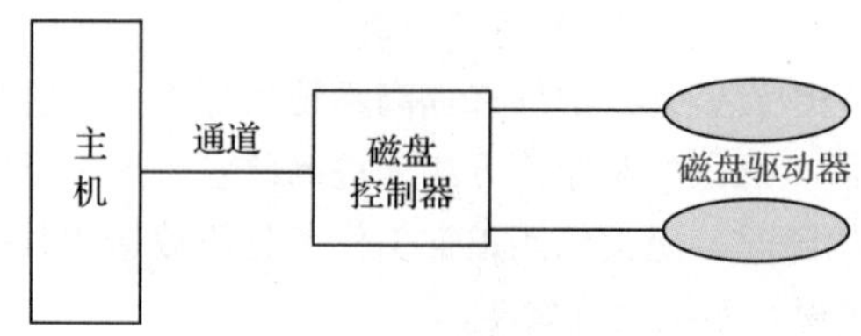

图9-12 磁盘镜像示意

2．磁盘双工

如果控制上述两台磁盘驱动器的磁盘控制器发生故障，或主机到磁盘控制器之间的通道发生故障，则磁盘镜像功能就起不到保护数据的作用了。因此，在第二级容错技术中又增加了磁盘双工（disk duplexing）功能，即将两台磁盘驱动器分别接到两个磁盘控制器上，同样使这两个磁盘控制器镜像成对，如图9-13所示。

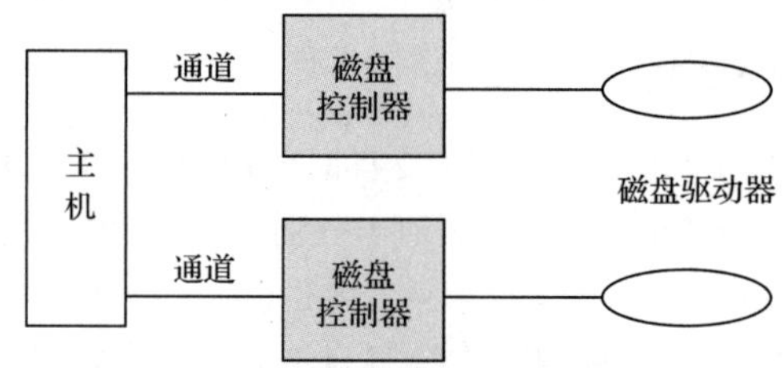

图9-13 磁盘双工示意

在磁盘双工时，文件服务器同时将数据写到两个处于不同控制器下的磁盘上，使两者有完全相同的位像图。如果某个通道或磁盘控制器发生故障，则由于另一通道上的磁盘仍能正常工作，因此不会造成数据丢失。在磁盘双工时，由于每个磁盘都有自己独立的通道，故可同时（并行地）将数据写入磁盘，或从磁盘中读出数据。

9.4.3 基于集群系统的容错技术

在进入20世纪90年代后，为了进一步增强服务器的可用性，采用了多台对称多处理机服务器来实现集群系统服务器的功能。所谓集群，是指由一组互连的自主计算机组成统一的计算机系统，给人们的感觉是，它们是一台机器。利用集群系统不仅可提高系统的并行处理能力，还可提高系统的可用性。它们是当前使用最广泛的一类具有容错功能的集群系统，主要工作模式有3种：双机热备份模式、双机互为备份模式、公用磁盘模式。下面具体介绍如何在这3种模式下利用集群系统来提高服务器的可用性。

1．双机热备份模式

如图9-14所示，在具有双机热备份模式的系统中，备有两台服务器，两者的处理能力通常是完全相同的，一台作为主服务器，另一台作为备份服务器。平时，主服务器运行，备份服务器则时刻监视着主服务器的运行情况，一旦主服务器出现故障，备份服务器便立即接替主服务器的工作而成为系统中新的主服务器；修复后的原来的主服务器此时会被作为备份服务器。

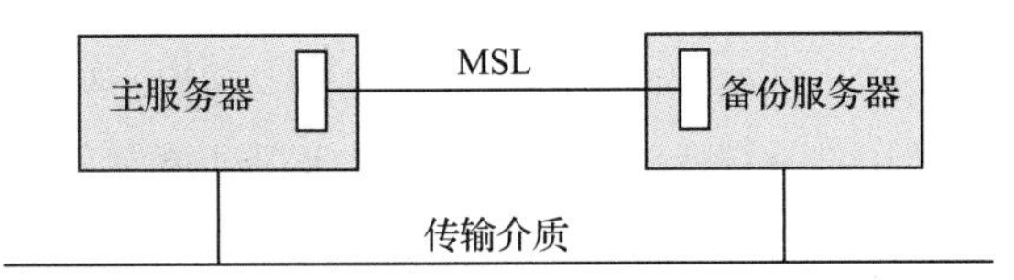

图9-14　双机热备份系统示意

为使这两台服务器之间能保持镜像关系，应在这两台服务器上各装入一块网卡，并通过一条镜像服务器链路（mirrored server link，MSL）将两台服务器连接起来。两台服务器之间保持一定的距离，其所允许的最长距离取决于所配置的网卡和传输介质。如果配置了采用光纤分布式数据接口（fiber distributed data interface，FDDI）协议传输数字信号的单模光纤（简称FDDI单模光纤），则两台服务器间的距离可达20km。此外，还必须在系统中设置某种机制以检测主服务器中数据的改变。一旦该机制检测到主服务器中有数据变化，便立即通过通信系统将修改后的数据传送到备份服务器的相应数据文件中。为了保证在两台服务器之间通信的高速性和安全性，通常会选用高速通信信道并设置备份线路。

在双机热备份模式下，一旦主服务器发生故障，系统能自动将主要业务的用户切换到备份服务器上。为保证切换时间足够快（通常为数分钟），要求在系统中配置用于切换硬件的开关设备，在备份服务器上事先建立好通信配置，并使其能迅速处理客户机的重新登录等事宜。

双机热备份模式是早期使用的一种集群技术，它的最大优点是提高了系统的可用性，易于实现，而且主服务器与备份服务器完全独立，可支持远程热备份，从而能消除由于火灾、爆炸等非计算机因素所造成的隐患。其主要缺点是备份服务器处于被动等待状态，整个系统的使用效率只有50%。

2. 双机互为备份模式

在双机互为备份模式中，两台服务器在平时均为在线服务器（如一台作为数据库服务器，另一台作为电子邮件服务器），它们各自完成自己的任务。为了实现两者互为备份的功能，应通过某种专线将两台服务器连接起来。如果希望两台服务器之间能相距较远，则最好利用FDDI单模光纤来连接两台服务器，在此情况下，最好再通过路由器将两台服务器连接起来作为备份通信线路。图9-15所示为双机互为备份系统示意。

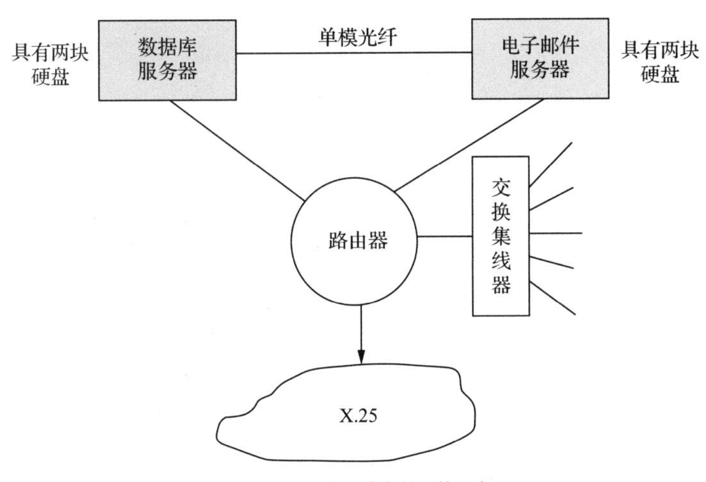

图9-15　双机互为备份系统示意

在双机互为备份模式中，最好在每台服务器内都配置两块硬盘，一块用于装载系统程序/应用程序，另一块用于接收由另一台服务器发来的备份数据，即作为另一台服务器的镜像盘。在正常运行时，镜像盘对本地用户是锁死的，这样就较易于保证镜像盘中数据的正确性。如果仅有一块硬盘，则可通过建立虚拟盘的方式或分区方式，分别存放系统程序/应用程序以及另一台服务器发来的备份数据。

当通过专线链接检查到某台服务器发生故障后，再通过路由器去验证这台服务器是否真的发生了故障。如果故障被证实，则由正常服务器向故障服务器的客户机发出广播信息，表明要进行切换。在切换成功后，客户机无须重新登录便可继续使用网络提供的服务并访问服务器上的数据。对于连接在非故障服务器上的客户机，此时它们只会感到网络服务速度稍有减慢，而不会有其他的感觉。当故障服务器修复并重新联网后，已被迁移到无故障服务器上的服务功能将返回到修复后的服务器上。

双机互为备份模式的优点是两台服务器都可用于处理任务，因而系统效率较高。现在已将这种模式从两台服务器增加到4台、8台、16台甚至更多。系统中的所有服务器都可用于处理任务，而当其中一台发生故障时，系统可指定另一台服务器来接替它的工作。

3. 公用磁盘模式

为了减少信息复制的开销，可以将多台计算机连接到一个公用磁盘上。该公用磁盘被划分为若干个卷，每台计算机使用一个卷。如果某台计算机发生故障，则系统将重新进行配置，即根据某种调度策略来选择另一台机器进行替代，后者对发生故障的机器的卷拥有所有权，从而可接替故障计算机来承担其任务。这种模式的优点是消除了信息的复制时间，从而减少了网络和服务器的开销。

9.4.4 后备系统

在一个完整的系统中必须配置后备系统，这一方面是因为磁盘系统不够大，不可能将系统在运行过程中产生的所有数据都装在磁盘中，应当把暂时不需要但仍然有用的数据存放在后备系统中并保存起来；另一方面是为了防止系统发生故障或被计算机病毒感染，进而将系统中的数据弄错或丢失，同时也可以将比较重要的数据存放在后备系统中。目前常用作后备系统的设备（后备设备）有磁带机、硬盘和光盘驱动器等。

1. 磁带机

磁带机是最早作为计算机系统外部存储器的设备，但由于它只适合存储顺序文件，故现在主要把它作为后备设备。磁带机的主要优点是容量大（一般可达数GB至数十GB），价格便宜，故在许多大、中型系统中都配置了磁带机。其缺点是只能顺序存取且速度比较慢（一般为数百KB每秒到数MB每秒），因此将一个大容量磁盘上的数据复制到磁带机上需要花费很多时间。

2. 硬盘

（1）移动磁盘。小型系统和个人计算机常将移动磁盘作为后备系统，其最大的优点是速度快，脱机保存方便，且保存时间较长，可比磁带机长出3～5年，但单位容量的费用较高。近年来，移动磁盘的价格已明显下降，且体积也非常小，应用也日益广泛。

（2）固定硬盘驱动器。在大、中型系统中可使用大容量硬盘兼作后备系统，为此需要在一个系统中配置两个大容量硬盘。每个硬盘都被划分为两个分区：一个为数据区，另一个为备份区，如图9-16所示。可在每天晚上将硬盘0中的“数据0”复制到硬盘1中的复制区中进行保存；同样也将硬盘1中的“数据1”复制到硬盘0中的复制区中进行保存。这种后备系统，不仅复制速度非常快，而且还具有容错功能，即当其中任何一个硬盘驱动器发生故障时，都不会引起系统瘫痪。

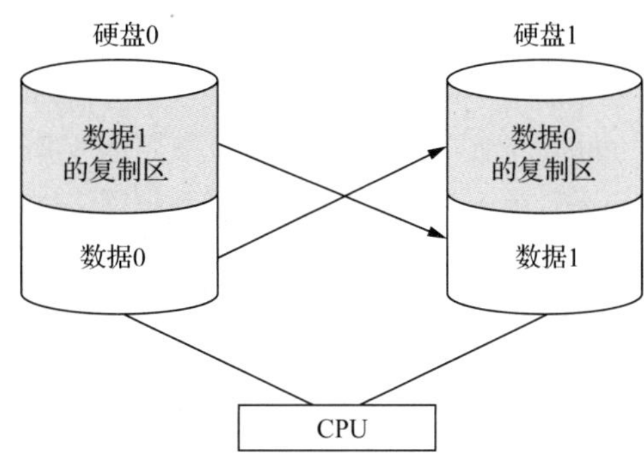

图9-16 使用大容量硬盘兼作后备系统

3. 光盘驱动器

光盘驱动器是现在最流行的多媒体设备，其可分为如下两类。

（1）**只读光盘驱动器**，如CD-ROM和DVD-ROM，这两种驱动器主要用于播放音频和视频文件。由于它们都只能播放（读）而不能刻录（写），故难以用作后备设备。

（2）**可读写光盘驱动器**，又称为刻录机。它们既能播放（读）又能刻录（写），故可用作后备设备，存储计算机中的数字信息。目前有3类刻录机：①CD-RW刻录机，能播放和刻录CD、VCD等；②COMBO刻录机，能播放数字视频光盘（digital video disc，DVD），但只能刻录CD、VCD等；③DVD刻录机，能播放和刻录CD、VCD和DVD等。

9.5 存储新技术

纵观数据存储技术的发展，从20世纪50年代发明硬盘、使用直连式存储开始，到20世纪70—80年代发明网络附加存储、存储区域网络，再到2006年发明对象存储，可见，数据存储领域正发生着剧烈变化，而且这种变化具有长期发展下去的趋势。

9.5.1 传统存储系统

传统存储系统的3种主要架构分别是直连式存储、网络附加存储和存储区域网络。

1. 直连式存储

直连式存储（direct attached storage，DAS），顾名思义，是一种通过总线适配器直接将硬盘等存储介质连接到主机上的存储方式，也称为主机连接存储，在存储设备和主机之间通常没有任何网络设备的参与。可以说DAS是最原始、最基本的存储架构，在个人计算机、服务器上最为常见。DAS设备与服务器主机之间的连接通道使用了多种技术，典型的台式计算机采用I/O总线架构，如IDE（ATA）、SATA、SCSI等。高端工作站和服务器通常采用更复杂的I/O总线架构，如光纤通道（fiber channel，FC）等。DAS设备主要是硬盘驱动器、RAID、CD、DVD、磁带驱动器、磁盘簇（just a bunch of disks，JBOD）等。DAS的优点是架构简单、成本低廉、读写效率高等；缺点是容量有限、难以共享，因此容易形成“信息孤岛”。

2. 网络附加存储

网络附加存储（network attached storage，NAS）是一种提供文件级别访问接口的网络存储系统架构，通常采用NFS、SMB/CIFS等网络文件共享协议进行文件存取。它可以直接连接在计算机网络（如以太网等）上，对不同类型OS的使用者提供集中式资料存取服务。NAS支持多客户端同时访问，为服务器提供了大容量的集中式存储，从而方便了服务器间的数据共享。使用者可以通过某种方式（如Linux系统中的mount命令）将存储服务挂载到本地进行访问，在本地呈现的就是一个文件目录树。NAS的缺点是：由于存储数据通过普通数据网络进行传输，会消耗数据网络的带宽，从而会加重网络通信的延迟，这对于大型客户机-服务器环境可能影响较大。

3. 存储区域网络

存储区域网络（storage area network，SAN）是一种通过光纤交换机等高速网络设备在服务器和磁盘阵列等存储设备间搭设专门的存储网络，从而提供高性能存储系统的架构。SAN的优势在于灵活性，多个主机和多个存储阵列（磁盘阵列）可以连接到同一个SAN上，存储任务可以被动态地分配到各个主机上。

SAN与NAS的区别在于，SAN提供块级别的访问接口，一般不会同时提供一个文件系统级别的访问接口。通常情况下，服务器需要通过SCSI等I/O总线架构将SAN映射到本地磁盘，然后在其上创建文件系统后进行使用。目前，主流的企业级NAS或SAN存储产品一般都可以提供TB级的存储容量，高端的存储产品甚至可以提供高达几个PB（1PB=1024TB）的存储容量。

9.5.2 新型存储系统

1. 分布式存储系统

大数据时代的到来，使得数据量呈现出指数级的增长趋势。此时，传统的集中式存储（如NAS、SAN等）在容量和性能等各方面，都无法较好地满足大数据对存储的需求。在此背景下，具有优秀的可扩展能力的分布式存储系统成了存储大数据的主流存储系统。分布式存储系统多采用普通的硬件设备作为基础设施，因此，单位容量的存储成本得以大大降低。另外，分布式存储系统在性能、维护性和容灾性等方面，相比传统存储系统也具有不同程度的优势。

分布式存储系统需要解决的关键技术问题包括可扩展性、数据冗余、数据一致性、全局命名空间缓存等。根据系统架构的不同，大体上可将分布式存储系统架构分为两种：C/S（client/server）架构和P2P（peer-to-peer）架构。当然，也有一些分布式存储系统中会同时存在这两种架构。

分布式存储系统面临的一个共性问题是，如何组织和管理成员节点，以及如何建立数据与节点之间的映射关系。成员节点的动态增加或者删除，在分布式存储系统中基本上可以算是一种常态。

2. 云存储系统

云存储系统是由第三方运营商提供的在线存储系统，例如面向个人用户的在线网盘，面向企业的文件、块或对象存储系统等。云存储系统的运营商负责数据中心的部署、运营和维护等工作，其会将数据存储包装成服务的形式提供给用户。云存储系统作为云计算的延伸和重要组件之一，为云计算的实现提供了“按需分配、按量计费”的数据存储服务。因此，云存储系统的用户不需要搭建自己的数据中心和基础架构，也不需要关心低层存储系统的管理与维护等工作，同时还可以根据业务需求动态地扩大或减少自己对存储容量的需求。

9.5.3 硬盘新技术

硬盘是计算机中非常重要的存储器之一，计算机正常运行所需的大部分软件都存储在硬盘上。硬盘存储容量较大，故区别于内存和光盘。近几年来在个人计算机上，除了使用传统的机械硬盘（hard disk driver，HDD）外，还会使用固态硬盘（solid state disk，SSD），且固态硬盘的风头正盛，大有赶超机械硬盘之势。这是因为固态硬盘和机械硬盘相比，在速度、功耗、噪声等方面均有优势。不过在存储容量、写入耐久度和价格等方面，机械硬盘仍然有着不可比拟的优势。下面将分别介绍机械硬盘技术革新与固态硬盘及其分类。

1. 机械硬盘技术革新

从1956年发明第一个机械硬盘开始，存储技术的发展走过了很长的一段路。机械硬盘从5MB发展到现在的20TB，容量大幅增加，读/写速度也逐步提升。在固态硬盘大量使用的情况下，机械硬盘也在加快技术革新的步伐。例如，希捷公司提出的从传统磁记录（conventional magnetic recording，CMR）技术到叠瓦式磁记录（shingled magnetic recording，SMR）技术，再到引入热辅助磁记录（heat assisted magnetic recording，HAMR）技术，极大限度地扩大了机械硬盘的容量；同时，双磁头驱动臂技术的应用也大大提升了机械硬盘的读/写速度。

2. 固态硬盘

固态硬盘是用固态电子存储芯片阵列所制成的硬盘。固态硬盘在接口的规范与定义、功能以及使用方法上与普通硬盘完全相同，在产品的外形和尺寸上也基本与普通硬盘一致。但是，新兴的U.2、M.2等接口形式的固态硬盘，它们的尺寸与外形与SATA架构的机械硬盘完全不同。固态硬盘被广泛应用于军事、医疗、航空、交通（导航设备）、通信（网络监控）等领域。

根据存储介质的不同，可将固态硬盘分为三类：第一类是基于闪存的固态硬盘（将闪存作为存储介质）；第二类是基于DRAM的固态硬盘（将DRAM作为存储介质）；第三类（最新的）是基于XPoint类的固态硬盘，此类硬盘采用了英特尔公司所提出的XPoint颗粒技术。

（1）基于闪存的固态硬盘。

基于闪存的固态硬盘将Flash芯片作为存储介质，此类固态硬盘即通常所说的固态硬盘，是固态硬盘的主要类别。它的外观可以被制作成多种样式，如笔记本硬盘、微硬盘、存储卡、优盘等。此类固态硬盘最大的优点是可以移动，而且数据保护不受电源控制，能适应各种环境，适合个人用户使用。此类固态硬盘的使用寿命根据不同的闪存介质而有所不同，可靠性很高，高品质的家用固态硬盘的故障率可轻松保持在普通家用机械硬盘故障率的十分之一甚至更低。

（2）基于DRAM的固态硬盘。

基于DRAM的固态硬盘将DRAM作为存储介质，应用范围较窄。此类固态硬盘效仿了机械硬盘的设计，因此可被绝大部分OS的文件系统工具进行卷设置和卷管理，并能提供外设互连（peripheral component interconnect，PCI）标准接口和FC标准接口用于连接主机或服务器，应用方式可分为固态硬盘和固态硬盘阵列两种。此类固态硬盘是一种高性能的存储器，理论上可以无限写入，缺点是需要独立电源来保护数据安全，属于非主流存储设备。

（3）基于XPoint类的固态硬盘。

基于XPoint类的固态硬盘在原理上接近基于DRAM的固态硬盘，但其属于非易失性存储器，读取时延极低，可轻松达到现有固态硬盘的百分之一，并且有接近无限的存储寿命。其缺点是密度相对于基于闪存的固态硬盘较低，成本极高，因此多用于发烧级台式计算机和数据中心。

9.6 数据一致性控制

在实际应用中，经常会在多个文件中包含同一个数据。所谓数据一致性问题，是指保存在多个文件中的同一个数据，在任何情况下都必须保证相同。例如，当我们发现某种商品的进价有错时，我们必须同时修改流水账、付费账、分类账以及总账等一系列文件中关于该商品的价格，如此才能保证数据的一致性。但如果在修改途中系统突然发生故障，则会造成各个账目中该数据的不一致性，进而就会使多个账目不一致。为了保证数据的一致性，在现代OS中都配置了能保证数据一致性的软件。

9.6.1 事务

1. 事务的定义

事务是用于访问和修改各种数据项的一个程序单位。事务也可被看作一系列读/写操作。被访问的数据可以分散地存放在同一文件的不同记录中，也可以存放在多个文件中。只有对分布在不同位置的同一数据进行的读/写操作（含修改）全部完成时，才能通过托付操作（commit operation）来终止事务。只要有一个读/写操作失败，便须执行夭折操作（abort operation）。读/写操作的失败可能是由逻辑错误或系统故障导致的。

一个被“夭折”的事务，通常已执行了一些操作，因而可能已对某些数据做了修改。为了使“夭折”的事务不会引起数据的不一致性，须将该事务内刚被修改的数据项恢复成原来的情况，以使系统中各数据项与该事务未执行时系统中各数据项的内容完全相同。此时，可以说该事务“已被退回”（rolled back）。不难看出，一个事务在对一批数据执行修改操作时，要么全部完成并用修改后的数据代替原来的数据，要么一个也不修改。事务操作所具有的这种特性，就是本书第1章中曾讲过的“原子性”。

2. 事务记录

为了实现上述“原子性”修改，通常须借助于称为“事务记录”（transaction record）的数据结构。这些数据结构被放在一个非常可靠的存储器（又称为稳定存储器）中，用于记录在事务运行过程中与数据项修改相关的全部信息，这些信息又被称为“运行记录”（log）。该记录中包含下列字段。

- **事务名**：用于标志该事务的唯一名字。
- **数据项名**：它是被修改数据项的唯一名字。
- **旧值**：修改前数据项的值。
- **新值**：修改后数据项将具有的值。

在事务记录表中的每一项记录，都描述了在事务运行过程中的重要事务操作，如修改操作、开始操作、托付操作、夭折操作等。在一个事务T_i开始执行时，〈T_i开始〉记录被写入事务记录表中；在T_i执行期间，在T_i的任何写（修改）操作之前，均须先在事务记录表中写一项适当的新记录；当T_i进行托付时，要把一个〈T_i托付〉记录写入事务记录表中。

3. 恢复算法

由于一组被事务T_i修改的数据以及它们被修改前后的值，都能在事务记录表中找到，因此，系统利用事务记录表可以处理任何故障而不会使故障造成非易失性存储器中信息的丢失。恢复算法可通过以下两个过程实现。

（1）undo〈T_i〉：该过程把所有被事务T_i修改过的数据恢复为修改前的值。

（2）redo〈T_i〉：该过程把所有被事务T_i修改过的数据设置为新值。

如果系统发生故障，系统应对以前所发生的事务进行清理。通过查找事务记录表，可以把尚未清理的事务分成两类。一类是所包含的各类操作都已完成的事务，确定为这一类事务的依据是，在事务记录表中既包含了〈T_i开始〉记录，又包含了〈T_i托付〉记录，此时，系统会利用redo〈T_i〉过程把所有已被修改的数据设置成新值。另一类是所包含的各个操作并未全部完成的事务，例如，对于事务T_i，如果在事务记录表中只有〈T_i开始〉记录而无〈T_i托付〉记录，则此T_i便属于此类事务，这时，系统会利用undo〈T_i〉过程将所有已被修改的数据恢复为修改前的值。

9.6.2 检查点

1. 检查点的作用

如前所述，当系统发生故障时，必须去检查整个事务记录表，以确定哪些事务需要利用redo〈T_i〉过程去设置新值，而哪些事务又需要利用undo〈T_i〉过程去恢复旧值。由于在系统中可能存在许多并发执行的事务，因而在事务记录表中会有许多事务执行操作的记录。随着时间的推移，记录的数据会越来越多。因此，一旦系统发生故障，事务记录表中的记录清理起来就会非常费时。

引入检查点（check points）的主要目的是，使事务记录表中事务记录的清理工作经常化，即每隔一定的时间就做一次下述工作：首先，将驻留在易失性存储器（内存）中的当前事务记录表中的所有记录输出到稳定存储器中；其次，将驻留在易失性存储器中的所有已修改数据输出到稳定存储器中；再次，将事务记录表中的〈检查点〉记录输出到稳定存储器中；最后，每当出现一个〈检查点〉记录，系统便执行一次9.6.1小节所介绍的恢复操作，即利用redo〈T_i〉和undo〈T_i〉过程实现数据恢复。

如果一个事务T_i在检查点前就做了托付，则在事务记录表中便会出现一个在检查点记录前的〈T_i托付〉记录。在这种情况下，所有被T_i修改过的数据，都会在检查点前写入稳定存储器，或者是作为检查点记录自身的一部分写入稳定存储器。因此，以后在系统出现故障时，就不必再执行redo〈T_i〉过程了。

2. 新的恢复算法

在引入检查点后，大大减少了恢复处理的开销。因为在发生故障后，并不需要对事务记录表中的所有事务记录都进行处理，而只需要对最后一个检查点之后的事务记录进行处理。具体而言，恢复例程首先会查找事务记录表，确定最近检查点以前开始执行的最后事务T_i；在找到这样的事务后，返回去搜索事务记录表，此时便可找到第一个检查点记录；恢复例程从该检查点开始，返回搜索各个事务的记录，并利用redo〈T_i〉和undo〈T_i〉过程对它们进行处理。

如果把所有在事务T_i以后开始执行的事务表示为事务集T，则新的恢复操作要求：对所有在T中的事务T_k，如果在事务记录表中出现了〈T_k托付〉记录，则执行redo〈T_k〉过程；如果在事务记录表中并未出现〈T_k托付〉记录，则执行undo〈T_k〉过程。

9.6.3 并发控制

在多用户系统和计算机网络环境下，可能有多个用户在同时执行事务。由于事务具有原子性，这使各个事务必然会按某种次序依次执行，只有在一个事务执行完后，才允许另一事务执行，即各事务对数据项的修改是互斥的。我们把这种特性称为顺序性，而把用于实现事务顺序性的技术称为并发控制（concurrent control）。该技术在数据库系统中已被广泛应用，现也广泛应用于OS中。虽然可以利用第4章所介绍的信号量机制来保证事务顺序性，但在数据库系统和文件服务器中，应用最多的还是较简单、较灵活的同步机制——锁。

1. 利用互斥锁实现顺序性

实现顺序性最简单的方法是，设置一种用于实现互斥的锁，简称互斥锁（exclusive lock）。在利用互斥锁实现顺序性时，应为每个共享对象设置一把互斥锁。当某一事务T_i要去访问某个对象时，应先获得该对象的互斥锁。若成功，则用该锁将该对象锁住，此时事务T_i便可对该对象执行读/写操作，而其他事务由于未获得该锁，故不能访问该对象。如果事务T_i需要对一批对象进行访问，则为了保证事务操作的原子性，T_i应先获得这一批对象的互斥锁，以将这一批对象全部锁住。若成功，则可对这一批对象执行读/写操作；操作完成后再将所有的这些锁释放。但如果这一批对象中的某个对象已被其他事务锁住，则此时事务T_i应对此前已被T_i锁住的其他对象进行开锁，宣布此次事务运行失败，但这不会引起数据变化。

2. 利用互斥锁和共享锁实现顺序性

利用互斥锁实现顺序性的方法简单易行，目前有不少系统都采用了这种方法来保证事务操作的顺序性，但这种方法存在着效率不高的问题。因为一个共享文件虽然只允许一个事务去写，但却允许多个事务同时去读；而在利用互斥锁来锁住这个文件后，其就只允许一个事务去读。为了提高运行效率，又引入了另一种形式的锁——共享锁（shared lock）。共享锁与互斥锁的区别在于：互斥锁仅允许一个事务对相应的对象执行读/写操作，而共享锁则允许多个事务对相应的对象执行读操作，但不允许其中任何一个事务对相应的对象执行写操作。

在为一个对象设置了互斥锁和共享锁的情况下，如果事务T_i要对对象Q执行读操作，则只须获得对象Q的共享锁。如果对象Q已被互斥锁锁住，则事务T_i必须等待；否则，即可获得共享锁而对Q执行读操作。如果T_i要对Q执行写操作，则T_i还须获得Q的互斥锁。若失败，则须等待；否则，即可获得互斥锁而对Q执行写操作。利用共享锁和互斥锁实现顺序性的方法，非常类似于本书第4章中所介绍的读者-写者问题的解法。

9.6.4 重复数据的一致性问题

为了保证数据的安全性，最常见的做法是把关键文件或数据结构复制多份，分别存储在不同的地方，当主文件（数据结构）失效时，还有备份文件（数据结构）可以使用，因此不会造成数据丢失，也不会影响系统工作。显然，主文件（数据结构）中的数据应与各备份文件中的对应数据相一致。此外，有些数据结构（如空闲盘块表等）在系统运行过程中总是会被不断地修改，因此，同样应保证不同处的同一数据结构中（可能已被修改的）数据的一致性。

1. 重复文件的一致性

这里以UNIX类型的文件系统为例，来说明如何保证重复文件的一致性。对于一般的UNIX类型的目录，其每个目录项中均含有一个ASCII的文件名和一个索引节点编号，后者指向一个索引节点。当有重复文件时，一个目录项可由一个文件名和若干个索引节点编号组成，每个索引节点编号都会指向各自的索引节点。图9-17所示为UNIX类型的目录。

文件名	索引节点
文件1	17
文件2	22
文件3	12
文件4	84

（a）不允许有重复文件的目录

文件名	索引节点		
文件1	17	19	40
文件2	22	72	91
文件3	12	30	29
文件4	84	15	66

（b）允许有重复文件的目录

图9-17 UNIX类型的目录

当有重复文件时，如果一个文件复制被修改，则必须同时修改其他几个文件复制，以保证各相应文件中数据的一致性。这可采用两种方法来实现：第一种方法是当一个文件被修改后，可查找文件目录以得到其他几个文件复制的索引节点编号，再利用这些索引节点编号找到各文件复制的物理位置，然后对这些文件复制做同样的修改；第二种方法是为新修改的文件建立几个文件复制，并用新文件复制去取代原来的文件复制。

2. 链接数一致性检查

在UNIX类型的目录中，每个目录项内都含有一个索引节点编号，用于指向该文件的索引节点。对于一个共享文件，其索引节点编号会在目录中出现多次。例如，当有5个用户（进程）共享某文件时，该文件的索引节点编号会在目录中出现5次；另外，在该共享文件的索引节点中还有一个链接计数值count，用于指出共享本文件的用户（进程）数。在正常情况下，这两个数据应该一致，否则就会出现数据不一致性差错。

为了检查这种数据不一致性差错，需要配置一张计数器表，并且应为每个文件建立一个表项，其中含有各文件索引节点编号的计数值。在进行检查时，从根目录开始查找，每当在目录中遇到该索引节点编号时，便在该计数器表中相应文件的表项上加1。当把所有目录都检查完后，便可将该计数器表中每个表项中的索引节点编号计数值与该文件索引节点中的链接计数值count进行比较，如果两者一致，则表示数据正确；否则，说明发生了数据不一致性差错。

如果索引节点中的链接计数值count大于计数器表中相应索引节点编号的计数值，则即使所有共享此文件的用户都不再使用此文件，其count仍不为0，因而该文件不会被删除。这种错误的后果是用户不再需要的一些文件仍会驻留在磁盘上，浪费存储空间。当然，这种错误的性质并不严重，解决方法是用计数器表中正确的计数值去为count重新赋值。如果出现count小于计数器表中相应索引节点编号计数值的情况，则说明存在潜在危险。假如有两个用户共享一个文件，但是count仍为1，此时只要其中一个用户不再需要此文件，count就会减为0，从而使系统将此文件删除，并释放其索引节点及文件所占用的盘块，这会导致另一个需要共享此文件的用户所对应的目录项指向一个空索引节点，最终会导致该用户无法访问此文件。如果该索引节点很快又被分配给了其他文件，则还会带来潜在危险，解决方法是将count置为正确值。

9.7 本章小结

磁盘驱动器是大多数计算机系统的主要外存I/O设备，大多数外存设备均为磁盘或磁带。现代磁盘驱动结构是一个大的一维的逻辑盘块数组。一般来说，这些逻辑盘块的大小为512B。磁盘连接到计算机系统的方式有两种：①通过主机的本地I/O接口连接；②通过网络连接。

磁盘存储器管理的任务之一，是有效利用存储空间，即采用合适的文件组织方式为文件分配存储空间，以改善存储空间的利用率。而文件组织方式与外存组织方式密切相关，常用的外存组织方式包括：连续组织方式、链接组织方式和索引组织方式。在现代OS中，由于存在多种类型的文件，因此对文件可能会采取多种类型的组织方式。存储空间的管理方法有空闲区表法、空闲链表法、位示图法、成组链接法等。

磁盘存储器管理的任务之二，是通过采用磁盘高速缓存、RAID等途径来提高磁盘的I/O速度。

磁盘存储器管理的任务之三，是通过采用各种容错技术和后备系统来提高磁盘的可靠性。

磁盘发展至今，已形成多种存储技术且在不断革新中；固态硬盘在存储领域的地位也在日渐提升。除了传统的DAS、NAS、SAN存储系统外，正在发展的新型存储系统有分布式存储系统、云存储系统等。

习题9（含考研真题）

一、简答题

1. （**考研真题**）文件物理结构是指一个文件在外存上的存储组织形式，主要有连续结构、链接结构和索引结构这3种，请分别简述它们的优缺点。

2. 在FAT中为什么要引入“簇”的概念？以“簇”为基本分配单位有什么好处？

3. 在MS-DOS系统中有两个文件A和B，A占用11、12、16、14这4个盘块；B占用13、18、20这3个盘块。试画出文件A和B中各盘块间的链接情况及FAT的情况。

4. 假定一个文件系统的外存组织方式采用显示链接组织方式，在FAT中可有64K个指针，磁盘盘块大小为512B。试问该文件系统能否表示一个512MB的磁盘？

5. （**考研真题**）某文件系统为单级目录结构，文件的数据一次性写入磁盘，已写入的文件不可修改，但可多次创建新文件。请回答如下问题。

（1）在连续、链式、索引这3种文件数据块组织方式中，哪种更合适？说明理由。为定位文件数据块，需要在FCB中设计哪些相关描述字段？

（2）为快速找到文件，对于FCB，是集中存储好，还是与对应的文件数据块连续存储好？说明理由。

6. 有一计算机系统利用图9-18所示的位示图（行号、列号都从0开始编号）来管理空闲盘块。如果盘块从1开始编号，每个盘块的大小为1KB，则请回答下列问题：

（1）现要为文件分配两个盘块，试具体说明分配过程；

（2）若要释放磁盘的第300块，则应如何处理？

i\j	0	1	2	3	4	5	6	7	8	9	10	11	12	13	14	15
0	1	1	1	1	1	1	1	1	1	1	1	1	1	1	1	1
1	1	1	1	1	1	1	1	1	1	1	1	1	1	1	1	1
2	1	1	1	0	1	1	1	1	1	1	1	1	1	1	1	1
3	1	1	1	1	1	1	0	1	1	1	1	0	1	1	1	1
4	0	0	0	0	0	0	0	0	0	0	0	0	0	0	0	0
…									…							

图9-18 位示图

7. （考研真题）某系统采用成组链接法管理磁盘的空闲空间，目前盘块的链接情况处于图9-19所示的状态，先由进程A释放物理块181、135、192，再由进程B申请4个物理块。试分别画图说明进程A释放物理块后和进程B申请物理块后的盘块链接情况。

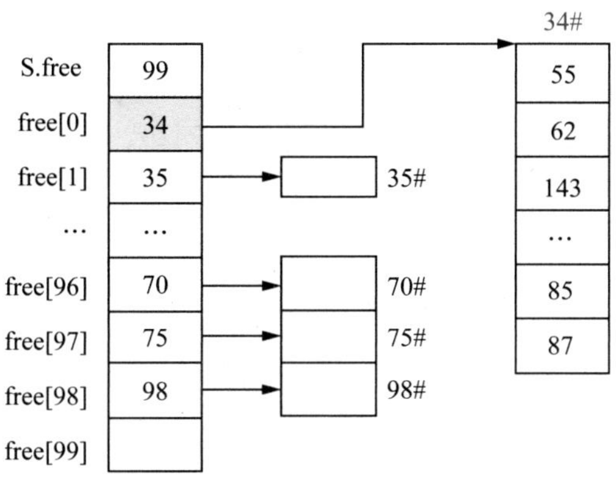

图9-19 盘块链接情况

8. （考研真题）磁盘长期使用后，读/写其中数据的速度就会变慢；而执行磁盘碎片整理程序后，读/写速度就提高了，为什么？

9. （考研真题）何谓磁盘高速缓存？在设计磁盘高速缓存时需要考虑哪些问题？

10. 什么是磁盘容错技术？请简述基于集群技术实现容错的几种主要的工作模式。

11. 引入检查点的目的是什么？引入检查点后应如何进行恢复处理？

二、计算题

12. 请分别解释在连续组织方式、隐式链接组织方式、显式链接组织方式和索引组织方式中，如何将文件的字节偏移量3 500转换为物理盘块号和块内位移量（设物理盘块的大小为1KB，盘块号占4B）？

13. （考研真题）对于容量为200GB的硬盘，若采用FAT文件系统且盘块大小设定为4KB，则请问其FAT表项长度应当选用16位还是32位（采用二进制表示）？其FAT共须占用多少字节的空间？

14. 某个容量为1.44MB的软盘，共有80个柱面，每个柱面上有18个盘块，盘块大小为1KB，盘块和柱面均从0开始编号。文件A依次占据了20、500、750、900这4个盘块，其FCB位于51号盘块上，磁盘最后一次访问的是50号盘块。若采用隐式链接组织方式，则请计算顺序存取该文件的全部内容需要的磁盘寻道距离。

15. （考研真题）某文件系统采用索引物理结构存储文件，磁盘空间为1 000GB。一个目录项可以存储10个盘块的地址，前9个为直接地址，最后一个为一级间址。若盘块的大小为512B，则该文件系统最大能支持的文件大小是多少?

16. （**考研真题**）某文件系统采用混合索引组织方式，如图9-20所示，有10个直接块（每个直接块指向1个数据块）、1个一级间接块、1个二级间接块和1个三级间接块，间接块指向的是1个索引块，每个索引块和数据块的大小均为512B，索引块编号的大小为4B。

（1）若只使用直接块，则文件最大为多少字节?

（2）在该系统中能存储的文件最大是多少?

（3）若读取某文件第10MB的内容，则需要访问磁盘几次?

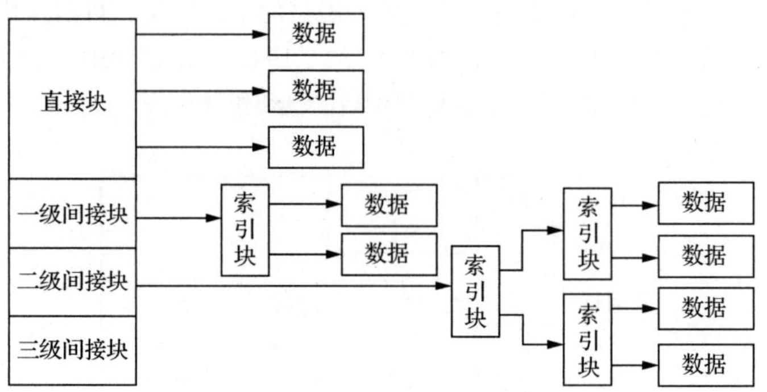

图9-20　文件系统混合索引组织方式

17. 在UNIX系统中，如果一个盘块的大小为1KB，每个盘块号占4B，即每块可放256个地址，一个文件索引节点中磁盘的物理盘块号结构如图9-21所示。请转换下列文件的字节偏移量为物理地址：①9 999；②18 000；③420 000。

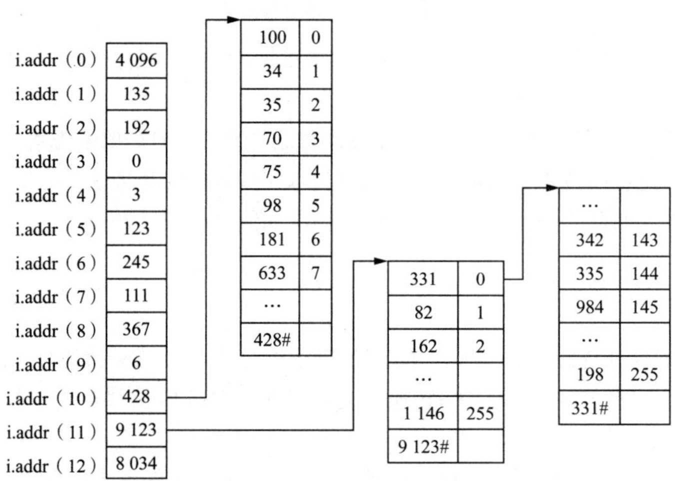

图9-21　文件索引节点中磁盘的物理盘块号结构

18. 假设某系统磁盘共含500个盘块，盘块号为0—499。若用位示图法管理这500个盘块的空间，则当字长为32位时，请问：（1）位示图需要多少个字节?（2）第i字节的第j位对应的盘块号是多少?

三、综合应用题

19. 如果一个文件存放在100个数据块中，FCB、FAT、索引块或索引信息等都驻留在内存中。在下面几种情况下，分别需要做几次磁盘I/O操作？

（1）采用连续组织方式，将最后一个数据块搬到文件头部；

（2）采用单级索引组织方式，将最后一个数据块搬到文件头部；

（3）采用显式链接组织方式，将最后一个数据块搬到文件头部；

（4）采用隐式链接组织方式，将首个数据块搬到文件尾部。

20. 存放在某个磁盘上的文件系统，采用混合索引组织方式，其FCB中共有13个地址项，第0—9个地址项为直接地址，第10个地址项为一次间接地址，第11个地址项为二次间接地址，第12个地址项为三次间接地址。如果每个盘块的大小为512B，盘块号占3B，则每个盘块最多存放170个盘块地址。

（1）将文件的字节偏移量5 000、15 000、150 000转换为物理盘块号和块内偏移量。

（2）假设某个文件的FCB已在内存中，但其他信息均在外存中，为了访问该文件中某个位置的内容，最少需要访问几次磁盘，最多需要访问几次磁盘？

21. （**考研真题**）文件F由200条记录组成，记录从1开始编号，用户打开文件F后，欲将内存中的一条记录插入文件F中，作为其第30条记录。请回答下列问题，并说明理由。

（1）若文件系统采用顺序组织方式，每个存储块存放1条记录，文件F的存储区域前后均有足够的空闲存储空间，则要完成上述操作最少要访问多少次存储块？文件F的FCB内容会有哪些改变？

（2）若文件系统采用链接组织方式，每个存储块存放1条记录和1个链接指针，则要完成上述操作最少要访问多少次存储块？若每个存储块的大小为1KB，其中4B存放指针，则该系统支撑文件的最大长度是多少？

第10章 多处理机操作系统

第 10 章导读

计算机发展的历史清楚地表明：提高计算机系统性能的主要途径有两条，一条是提高构成计算机的元器件的运行速度，特别是处理机芯片的运行速度；另一条是改进计算机系统的体系结构，特别是在系统中引入多个处理机或多台计算机，以实现对信息的高度并行处理，进而达到提高系统吞吐量和可靠性的目的。早期的计算机系统都是单处理机系统，到20世纪70年代出现了**多处理机系统**（multiprocessor system，MPS）；进入20世纪90年代中后期，功能较强的主机系统和服务器几乎都采用了多处理机系统，处理机的数目可为两个至数千个，甚至更多。多处理机系统模型主要有4类：共享存储器多处理机、消息传递多计算机、广域分布式系统、用软件来模拟多处理机的虚拟机。共享存储器多处理机（狭义）是指利用系统内的多个CPU并行执行用户的多个程序，以提高系统的总体计算能力，这是本章重点介绍的内容。本章知识导图如图10-1所示。

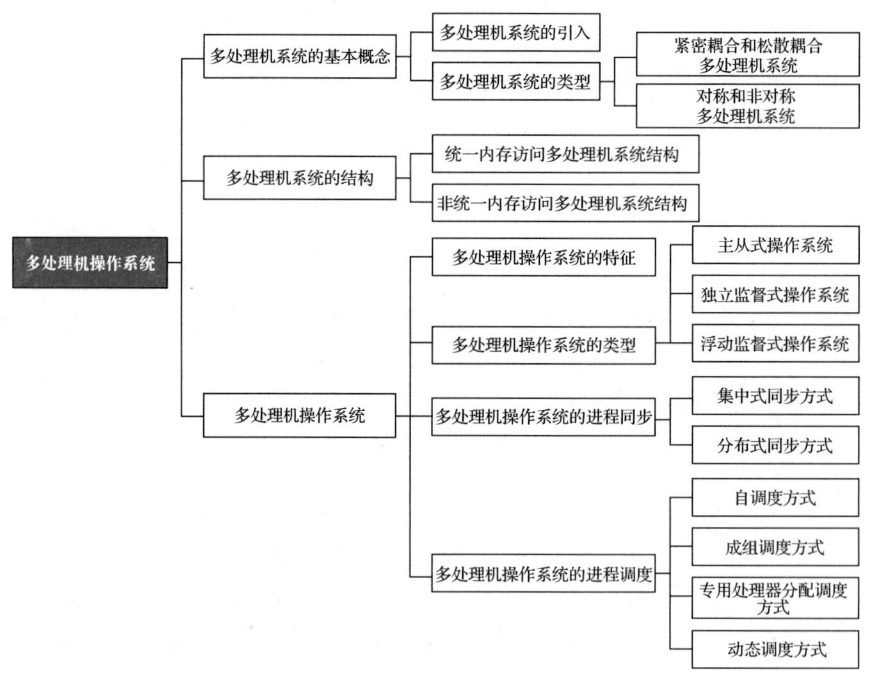

图10-1　第10章知识导图

10.1 多处理机系统的基本概念

10.1.1 多处理机系统的引入

多处理机系统概述

进入20世纪70年代后，计算机系统中已开始采用多处理机的系统结构，试图通过提高运行速度来增强系统性能。实际上，多处理机系统（狭义）就是采用并行技术令多个单CPU同时运行，使总体的计算能力比单CPU计算机系统强大得多。归结起来，引入多处理机系统的原因大致如下。

1. 解决 CPU 的时钟频率问题

在早期，人们首先是采用提高CPU时钟频率的方法来提高计算速度的。CPU的时钟频率已从早期的每秒嘀嗒数十次，发展到了现在的数GHz，这主要得益于芯片制造工艺水平的提高。

但是，这种方法的收效是有极限的。因为CPU所运算的指令或数据及其结果，都是以电子信号的方式通过传输介质送入或送出的，所以在一个时钟周期内，应至少保证信号在传输介质中能完成一个往返的传输。换言之，CPU的时钟频率将受限于信号在介质上的传输时间。电子信号在真空中的传输速度是30cm/ns，而在铜线或光纤中大约是20cm/ns，根据“每条指令信号的路径长度=速度×时间/指令数”可知，对于1GHz的计算机，信号的路径长度不能超过200mm；对于100GHz的计算机，信号的路径长度不能超过2mm；对于1000GHz（1THz）的计算机，信号的路径长度必须在100μm以下。显然，这对元器件缩小体积的要求越来越高。

但是，随着元器件（尤其是CPU）体积的缩小，散热又成了一个棘手的问题。CPU的时钟频率越高，产生的热量就越多，散热问题就越难解决。目前，在高端的Pentium（奔腾）系统中，CPU散热器的体积已经超过了其自身的体积。可见，目前的这种依靠提高CPU时钟频率来提高计算机运算速度（系统性能）的方法，已经接近极限了。

2. 增加系统吞吐量

随着系统中处理机数目的增加，系统的处理能力也在相应增强，显然，这可使系统在单位时间内完成更多的工作，即增加系统的吞吐量。当然，为了使多个处理机能协调地工作，系统也必须为此付出一定的开销。因此，运行n个处理机所获得的加速比，并不能达到运行1个处理机时的n倍。

3. 节省投资

在达到相同处理能力的情况下，与n台独立的计算机相比，采用具有n个处理机的系统可以更加节省费用。这是因为，此时的n个处理机可以被装配在同一个机箱中，使用同一个电源和共享同一部分资源，如外设、内存等。

4. 提高系统可靠性

多处理机系统通常具有系统重构的功能，即当其中任何一个处理机发生故障时，系统可以进行重构，然后继续运行；换言之，系统可以立即将故障处理机上所处理的任务，迁移到其他的一个或多个处理机上继续处理，以保证整个系统仍能正常运行，其影响仅仅表现为系统性能的少许降低。例如，对于一个含有10个处理机的系统，如果其中某个处理机出现故障，则系统的整体性能大约会降低10%。

10.1.2 多处理机系统的类型

对于多处理机系统而言，往往为了解决某个问题，需要多个CPU协同工作，彼此之间交换大量的信息。为此，必须将这些CPU加以互连。不同的互连技术，形成了不同类型的系统及软件组织结构，它们在性能、成本等各方面均存在着差异。一般而言，可以从不同角度对多处理机系统的结构进行如下分类。

1. 紧密耦合多处理机系统和松散耦合多处理机系统

根据CPU之间耦合的紧密程度，可以把多处理机系统分为两类：紧密耦合多处理机系统和松散耦合多处理机系统。

（1）紧密耦合（tightly coupled）多处理机系统。该类系统通常是通过高速总线或高速交叉开关来实现多个CPU之间的互连的。系统中的所有资源和进程都由OS实施统一的控制和管理。这类系统有两种实现方式：①多处理机共享内存系统和I/O设备，每个CPU都可以对整个存储器进行访问，访问时间一般为10ns～50ns；②将多处理机与多个存储器分别相连，或将内存划分为若干个能被独立访问的存储器模块，每个CPU对应一个存储器或存储器模块，而且每个CPU只能访问其所对应的存储器或存储器模块，以便多个CPU能同时对内存进行访问。在这种互连方式中，CPU之间的访问采用消息通信方式，一条短消息可在10μs～50μs之内发出。它较第一种互连方式慢，且软件实现复杂，但使用构件较为方便。

（2）松散耦合（loosely coupled）多处理机系统。该类系统通常是通过通道或通信线路来实现多台计算机之间的互连的。每台计算机都有自己的存储器和I/O设备，并配置了OS来管理本地资源和在本地运行的进程。因此，每台计算机都能独立工作，必要时可通过通信线路与其他计算机交换信息，以及协调它们之间的工作。但在该类系统中，消息传递的时间一般需要10ms～50ms。

2. 对称多处理机系统和非对称多处理机系统

根据系统中所用的CPU相同与否，可将多处理机系统分为如下两类。

（1）对称多处理机（symmetric multiprocessor，SMP）系统。该类系统中所包含的各CPU在功能和结构上都是相同的。当前的绝大多数多处理机系统都属于SMP系统。例如，IBM公司的SR/6000 Model F50，便是由4片Power PC处理机构成的SMP系统。

（2）非对称多处理机（asymmetric multiprocessor，ASMP）系统。该类系统中有多种类型的CPU，它们的功能和结构各不相同。该类系统中只有一个主处理机，其余的都是从处理机。

10.2 多处理机系统的结构

在采用共享存储器方式的多处理机系统中，若干个CPU可以共同访问一个公用的RAM，而这个RAM可以由多个不同的存储器模块组成。系统为运行在任何一个CPU上的程序都提供了一个完整的虚拟地址空间视图，每个存储器单元均可被所有的CPU读/写。这一性质可使系统一方面能够方便地利用存储器单元实现CPU之间的通信，另一方面必须在进程同步、资源管理与调度等方面进行有别于单处理机系统的特殊处理。但是，CPU对不同存储器模块的读写速度可能存在差异，进而形成了不同的多处理机系统结构：统一内存访问多处理机系统结构和非统一内存访问多处理机系统结构。

10.2.1 统一内存访问多处理机系统结构

所谓统一内存访问（uniform memory access，UMA），也称为一致性内存访问。在该类结构的多处理机系统中，各CPU在功能和结构上都是相同的，在处理上没有主从之分（即属于SMP系统），每个CPU均可访问不同模块中的存储器单元，并且对每个存储器单元的读/写速度都相同。实际上，根据CPU与存储器模块的连接方式的不同，可以将UMA结构再细分为以下4种结构。

1. 使用单总线的 SMP 结构

如图10-2（a）所示，在这种SMP结构的系统中，把多个CPU与一个集中的存储器相连，所有CPU都通过公用总线访问同一个系统的物理存储器，每个CPU均可访问不同存储器模块中的单元，以及与其他CPU进行通信。这就意味着该系统只需要运行OS的一个复制，因此，为单处理机系统编写的应用程序可以直接移植到这种结构的系统中运行。实际上，这种SMP结构的系统也被称为均匀存储器系统，即对于所有的CPU来说，访问存储器中的任何地址所需的时间都是一致的。

例如，当CPU需要读取某个存储器模块的内容（即一个存储器字）时，首先要检查总线的忙闲状态。如果总线状态为闲，则CPU将所要访问的存储器地址放到总线上，并在总线上插入若干控制信号，然后等待存储器将所需的存储器字放到总线上；否则，CPU进行等待，直到总线状态变为闲。

显然，这种SMP结构的缺点在于可伸缩性有限。系统中所有CPU对存储器的访问都需要通过总线进行。多个CPU可能同时需要对总线进行访问，进而形成了对总线资源的争夺。随着CPU数目的增加，由于总线资源的瓶颈效应，对资源进行相关协调和管理的难度会急剧增加，从而会限制系统中CPU的数目。一般而言，在这种结构的系统中，CPU的数目在4到20个之间。

需要说明的是，可以通过为每个CPU配置一个高速缓存的方法对上述问题加以解决。如图10-2（b）所示，这些高速缓存可以设置在CPU内部、处理机板、CPU附近等处。这样，就可以把每个CPU常用的或者即将用到的数据存放在为其配置的高速缓存中，进而在很大程度上降低该CPU对总线的访问频率，即减少总线上的数据流量，以支持更多的CPU。应该注意的是，在这里，高速缓存的交换和存储是以32B或64B为单位的，而不是单个字节。系统中的高速缓存可以为所有CPU所共享，也可以为每个CPU独立拥有。

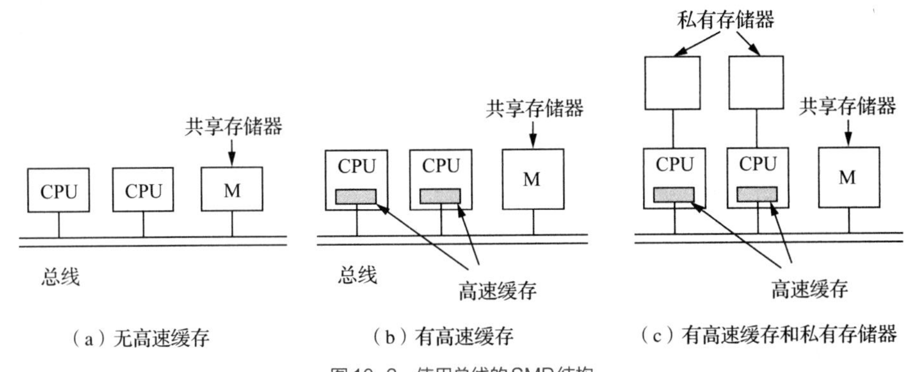

图10-2 使用总线的SMP结构

2. 使用多总线的 SMP 结构

单总线结构中存在的总线瓶颈问题的另一个解决方法是使用多总线结构。在使用多总线的SMP结构中，系统中所有的CPU不仅共享一个高速缓存，还各有一个本地的私有存储器，如图10-2（c）所示。各CPU与本地的私有存储器、I/O设备通过本地总线连接，系统再使用系统总线将不同CPU的本地总线进行连接，并且将系统中的共享存储器连接在系统总线上。系统总线一般在通信主板中实现。各CPU使用本地总线访问其本地私有存储器，而通过系统总线访问共享存储器。

为了减少各CPU通过系统总线对共享存储器的访问次数，对于每个CPU而言，其应尽可能地把所运行程序的正文、字符串、常量和其他只读数据存放在私有存储器中，仅将共享变量存放在共享存储器中。这种结构可以很大程度地减少各CPU对系统总线的占用，因而可以在相当程度上减少系统总线上的流量，使系统可以支持更多的CPU（16～32个）。

但是，这种结构提高了对程序编译器的要求；同时，为了尽可能减少使用总线的频率，需要对程序中的数据进行仔细的安排，显然这也增加了编程的难度。

3. 使用单级交叉开关的 SMP 结构

在这种SMP结构中，利用电话交换系统中使用交叉开关（crossbar switch）的方法，如图10-3所示，可将系统中所有的CPU与存储器节点通过交叉开关阵列相互连接。每个交叉开关均为两个节点（CPU与存储器模块）的连接提供一条专用通路，从而避免了在多个CPU之间因为要访问存储器模块所形成的对链路的争夺。而且，在任意两个节点（CPU与CPU）之间也都能找到一个交叉开关，基于该交叉开关在CPU与CPU之间建立专用连接通路，可以方便CPU之间进行通信。

交叉开关的状态可根据程序的要求动态地设置为“开”和“关”。例如，图10-3中的3个有色点表示有3个交叉开关闭合，即允许（CPU，存储器模块）对（010,110）、（101,101）、（110,010）同时连接。

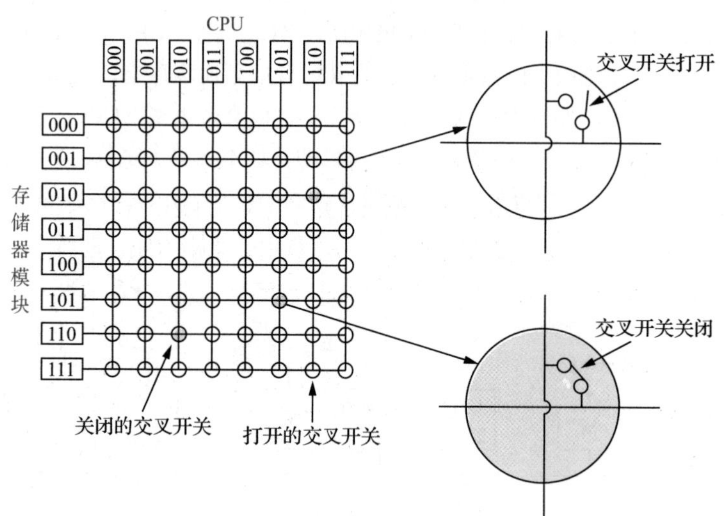

图 10-3　使用单级交叉开关的 SMP 结构

使用单级交叉开关的SMP结构具有如下特征。

（1）节点之间的连接：交叉开关一般会构成一个$N \times N$的阵列，但在每一行和每一列中，都同时只能有一个交叉开关处于“开”状态，从而它同时只能接通N对节点。

（2） CPU节点与存储器模块节点之间的连接：每个存储器模块同时只允许一个CPU访问，故每一列只能接通一个交叉开关，但是为了支持并行存储访问，每一行同时可以接通多个交叉开关。

（3）交叉开关的成本为N^2，N为端口数，其限制了该类结构在大规模系统中的应用。例如，1 000个CPU与1 000个存储器模块连接，需要1 000 000个交叉点，这在现实中是不可行的。因此，该类结构一般只适用于含8～16个CPU的中等规模系统。

4. 使用多级交换网络的SMP结构

图10-4（a）是一个最简单的2×2交叉开关，它有两个输入和两个输出，送入任一输入的信息可以交换到任一输出线上。可以将这样的多级小交叉开关分级连接起来，形成多级交叉开关网络，如图10-4（b）所示，图中的1A、2A…1B…3D等都是一个交叉开关级，在相邻级别的交叉开关之间设置有固定的物理连接。CPU和存储器模块分别位于网络的两侧，各CPU均通过网络来访问存储器模块，所有CPU的访问方式都是一样的，且机会均等。

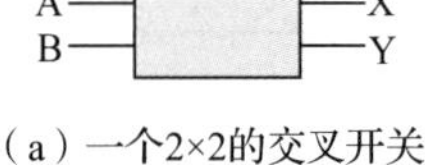

（a）一个2×2的交叉开关

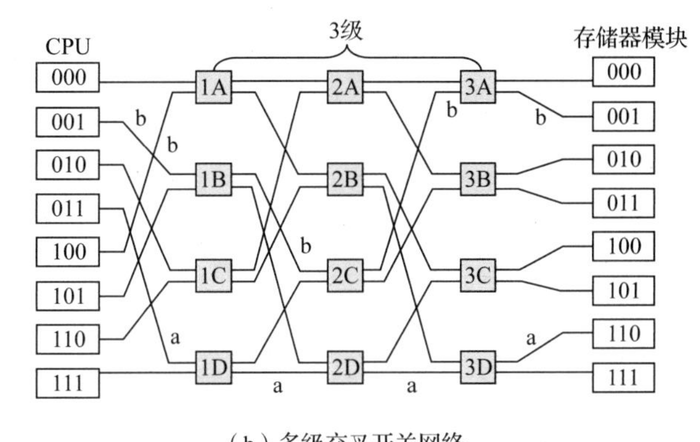

（b）多级交叉开关网络

图10-4 使用多级交换网络的SMP结构

在这种SMP结构中，由于为每个CPU都提供了多条到每个存储器模块的路径，因此减少了阻塞概率，很好地分散了流量，提高了访问速度。其缺点在于硬件昂贵，且系统中CPU的数目不宜过多，一般在100个以下。

前述4种SMP结构的多处理机系统，具有一个共同的特征，就是共享——系统中的所有资源（如内存、I/O等）对于每个CPU而言都是共享的。正是这一特征，决定了这种结构的扩展能力非常有限：每个共享的环节都可能造成CPU扩展时的瓶颈；对CPU而言，最受限制的是对内存资源的访问，每个CPU必须通过公用总线（或连接路径）来访问相同（或彼此）的内存资源。随着CPU数量的增加，公用总线（或连接路径）的流量也会急剧增加，进而可能形成超载，致使内存访问冲突迅速恶化，并成为制约提高系统性能的瓶颈，同时会造成CPU资源的浪费，很大程度地降低CPU性能的有效性。

由于SMP结构的扩展能力非常有限，人们开始探究如何进行有效扩展以构建大型系统，非统一内存访问就是这种探究的成果之一。利用非统一内存访问技术，可以把几十个（甚至上百个）CPU组合在一个服务器内。

10.2.2 非统一内存访问多处理机系统结构

1. 非统一内存访问结构及其特点

所谓非统一内存访问（non-uniform memory access，NUMA），也称为非一致内存访问。

在这种结构的多处理机系统中，访问时间会因存储字的位置不同而变化，系统中的共享存储器（也称为全局共享存储器）和分布在所有CPU的本地存储器，共同构成了系统的全局地址空间，其可被所有CPU访问。

具有NUMA结构的多处理机系统如图10-5所示，其拥有多个节点，各节点之间通过一条公用总线（或互连模块）进行连接和信息交互。每个节点又可以由多个CPU组成，如4个奔腾微处理机，它们分别拥有各自独立的本地存储器、I/O接口等，并通过一条局部总线与一个单独的主板上的群内共享存储器连接。这样的一个系统一般可以包含16到256个CPU。因为通过互连模块访问系统中的共享存储器会产生附加延迟，所以CPU访问本地存储器是最快的，但访问属于另一个CPU的远程存储器则比较慢。所有CPU都有同等访问共享存储器的权利，但是访问群内共享存储器的时间要比访问共享存储器短。对于机群间存储器的访问权，也可用不同的方法进行描述。伊利诺伊大学研制的Cedar多处理机就采用了这种结构。

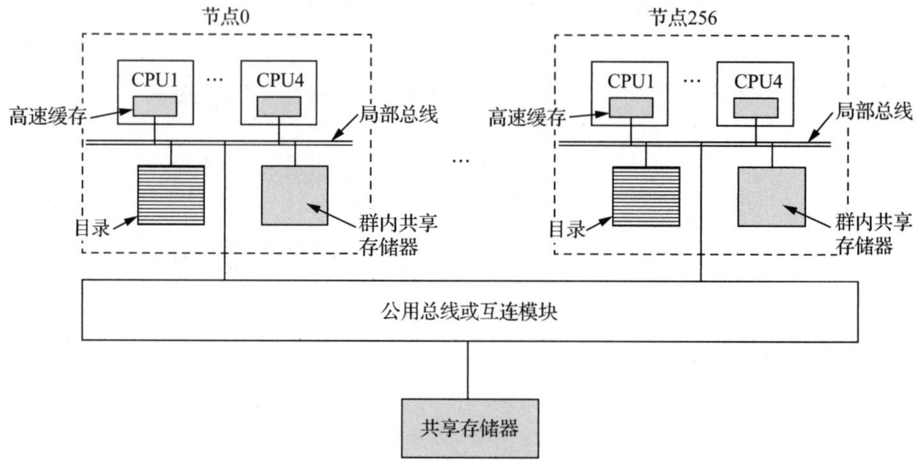

图10-5 具有NUMA结构的多处理机系统

NUMA结构的特点是：所有共享存储器在物理上是分布的，在逻辑上是连续的，所有这些存储器的集合就是全局地址空间，系统中的每个CPU都可以访问整个系统的内存，但它们在访问时所使用的指令却不同。因此，在具有NUMA结构的多处理机系统中，存储器一般分为3层：①本地存储器；②群内共享存储器；③共享存储器或其他节点存储器。显然，每个CPU访问本地存储器的速度要远远高于访问共享存储器或远程访问其他节点存储器（远程内存）的速度。

对一个运行在具有NUMA结构的多处理机系统中的应用程序而言，系统提供了一个地址连续的、完整的内存空间，但当一个CPU在特定内存地址寻找数据的时候，可能需要访问3层（级）存储器：首先访问CPU的本地存储器，其次访问本节点的群内共享存储器，最后访问其他节点的“远程内存”（或共享存储器）。可见，为了更好地发挥系统性能，开发应用程序时应注意尽量减少不同节点之间的信息交互。

对于具有NUMA结构的多处理机系统，为了减少CPU对远程内存的访问，还可以通过为每个CPU配备专属高速缓存的方法实现，这样的结构称为CC-NUMA结构。与此对应，将没有给每个CPU配备专属高速缓存的结构称为NC-NUMA结构。

2. CC-NUMA结构的多处理机系统构造方法

目前，对于构建大型的具有CC-NUMA结构的多处理机系统而言，最常用的方法是采用基于目录的多处理机，基本思想是：对于系统中每个CPU所拥有的若干高速缓存单元，都以一定的数量将它们组成一组，构成高速缓存块；为每个CPU配置一张高速缓存块目录表（以下简称目录表），该表会对每个高速缓存块的位置和状态进行记录和维护。每个CPU的每条访问存储器单元的指令都必须首先查询目录表，以判断该存储器单元是否在目录表中，即其内容是否已存在于某个高速缓存块中，并进行相应的操作，如将存储器单元内容移入高速缓存、读取高速缓存内容、变换高速缓存块节点、修改目录表等。下面用一个简单的例子对上述思想加以阐述。

例如，在一个拥有256个节点的多处理机系统中，每个节点可以包含1到4个CPU，每个CPU通过局部总线和一个16MB的RAM相连接，节点间通过互连模块连接，其中节点1包含0MB—16MB，节点2包含16MB—32MB，以此类推，系统的整个存储器空间包含了$16\text{MB} \times 256=2^{24} \times 2^{8}\text{B}=2^{32}\text{B}$。此外，由于一个节点中有4个CPU共享16MB的本地存储器，因此该存储器被划分为4个部分，分别提供给4个CPU作为它们的本地存储器，即每个CPU拥有4MB（即2^{22}B）的存储空间，其中CPU1包含0MB—4MB，CPU2包含4MB—8MB，以此类推。

考虑到每个CPU都拥有一张目录表，其中的每个表项均应记录一个本地高速缓存块地址，该高速缓存块中的每个高速缓存单元的内容均是本地某个存储器单元内容的复制，因此，对于32位系统而言，比较合适的方法是采用16位的表项长度，将存储器空间划分为若干个长度为64（$2^{22}/2^{16}=2^{6}$）B的存储器单元组，相应地也将高速缓存以64B为一组构成高速缓存块，这样，每个节点的目录表应包含$2^{32}/2^{8}/2^{6}=2^{18}$个高速缓存块的目录项。

为使描述变得简单，下面只考虑每个节点中只有一个CPU的情况，如图10-6（a）所示。当20号节点对应的CPU发出一条远程存储器单元访问指令后，由OS中的MMU将地址翻译成物理地址，并拆分为3部分，如图10-6（b）所示，节点号36，第4块，块内偏移量8，即访问的存储器不是20号节点的，而是36号节点的。然后，MMU将请求消息通过互连模块发送给节点36，并询问其第4块的内容是否已在高速缓存中；如果是，则请求获得高速缓存的地址。

36号节点在接收到请求后，通过硬件来检索其本地目录表的第4项，如图10-6（c）所示，检索发现该项内容为空，即要访问的存储器模块的内容没有进入高速缓存。为此，通过硬件将36号节点的本地存储器中的第4块内容传送到20号节点，并将本地目录中的第4项内容进行更新，使其指向20号节点，表示该存储器模块的内容进入了20号节点的高速缓存。

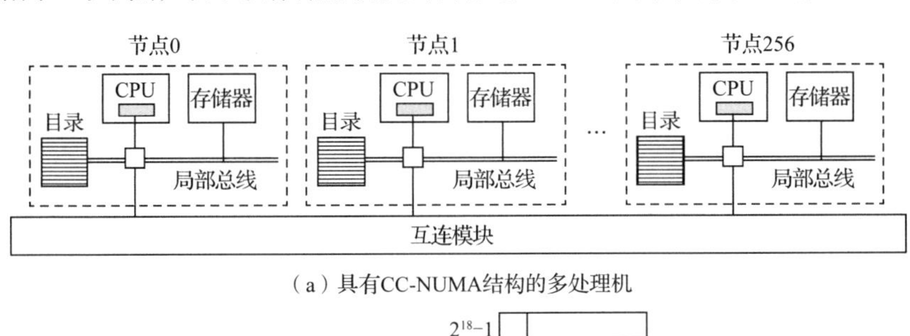

（a）具有CC-NUMA结构的多处理机

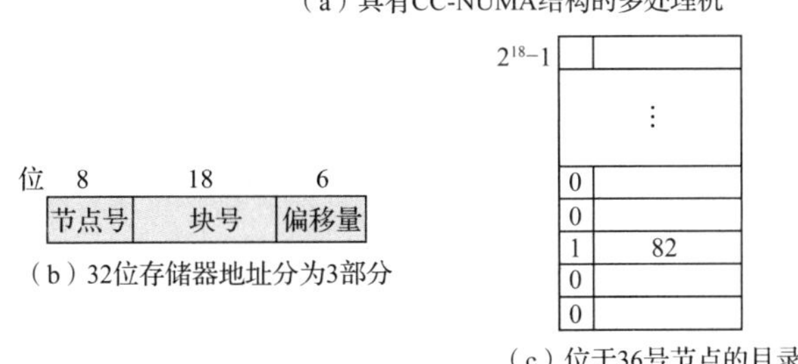

（b）32位存储器地址分为3部分

（c）位于36号节点的目录

图10-6 CC-NUMA结构的多处理机系统构造方法

现在，再考虑第二种情况。20号节点对应的CPU发出的请求是36号节点的第2项，如图10-6（c）所示。36号节点接收到该请求后，发现该项内容为82，即要访问的存储器模块的内容已经进入82号节点的高速缓存，于是更改本地目录中的第2项内容，将其指向20号节点，然后发送一条消息到82号节点。82号节点接收到消息后，从其高速缓存的第2块中取出内容并发送回20号节点，同时修改本地目录中的第2项内容，将其指向20号节点，同时将相应高速缓存块中的内容作废。20号节点接收到82号节点返回的内容后，将其存入本地高速缓存的第2块中，修改本地目录的第2项，使其指向本地高速缓存的第2块。

从上述过程可以看出，在这种具有NUMA结构的多处理机系统中，仍然需要通过大量的消息传递方法来实现存储器共享。同时，每个存储器模块只能进入一个节点的高速缓存，这在一定程度上限制了存储器访问速度的提高。

综上所述可知，NUMA技术的主要问题是：访问远程内存的时延远远超过访问本地内存的时延，因此当CPU数量增加时，系统性能无法线性增加。

10.3 多处理机操作系统的特征与类型

多处理机操作系统

在本章的前面两节中具体介绍了（共享存储器）多处理机系统的基本概念和结构。为了实现对多处理机系统中各类资源与任务等的管理，须在多处理机系统中安装OS。这里，我们将安装在多处理机系统上的OS称为多处理机操作系统。本节将具体介绍多处理机操作系统的特征、功能以及分类等内容。

10.3.1 多处理机操作系统的特征

多处理机操作系统是在单处理机多道程序系统的基础上发展起来的，它们之间有许多相似之处，但也存在着较大的差异。归纳来说，多处理机操作系统具有以下几方面的新特征。

1. 并行性

单处理机多道程序系统的主要目标是，为用户建立多个虚拟处理机以及模拟多处理机环境，使程序能并发执行，从而改善资源利用率并提高系统吞吐量。而在多处理机操作系统中，由于存在着多个实处理机，已可使多个进程并行执行，因此，多处理机操作系统的主要目标是进一步增强程序执行的并行性，以获得更高的系统吞吐量及系统运算速度。实际上，在多处理机操作系统中，每个实处理机仍然可以通过多道程序技术而被虚拟为若干个虚拟处理机，使多个进程在一个实处理机上并发执行。因此，在多处理机操作系统中，多个进程之间存在着并行执行和并发执行两种关系。

对于开拓硬件操作的并行性及程序执行的并行性，始终是多处理机操作系统的核心问题。前者主要依赖于系统结构的改进，后者则是多处理机操作系统的主要目标和任务。为了描述任务的并行性并控制它们并行执行，还应该配置相应的并行程序语言，以便在一个任务开始时能够派生出与之并行执行的新任务。实际上，程序执行并行性的开拓，必然会导致处理机管理与存储器管理等功能在实现上变得复杂。

2. 分布性

在单处理机操作系统中，所有的任务都是在同一台处理机上执行的，所有的文件和资源也都处于系统的统一管理之下。然而对于多处理机操作系统而言，无论其结构如何，在任务、资源以及它们的控制等方面都呈现出一定的分布性。这种情况，在松散耦合系统中表现尤为明显。①**任务的分布**：作业可被分配到多个处理机上执行，即使对于同一作业，只要为其建立若干个可并行执行的子任务，亦可将这些子任务分配到多个处理机上并行执行。②**资源的分布**：各处理机都可能拥有属于自己的本地资源，包括存储器、I/O设备等，对这些资源的使用可以采用私有方式，也可以采用共享方式（即其他处理机亦可使用本处理机的资源）。③**控制的分布**：在系统的每个处理单元上，都可能配置有自己的OS，这些OS主要负责控制本地进程的运行和管理本地资源，以及协调各处理机之间的通信和资源共享。

3. 处理机间的通信和同步性

在多处理机操作系统中，不仅在同一处理机上并发执行的各进程之间，由于资源共享和相互合作的需要须实现同步和通信，而且在不同处理机上运行的不同进程之间，也须实现同步和通信。它们之间需要资源共享和相互合作，这对于提高程序执行的并行性、改善系统的性能至关重要。但在多处理机操作系统中，不同处理机之间的同步和通信，其实现机制远比单处理机操作系统要复杂得多，因此其成为多处理机操作系统中非常重要的问题之一。

4. 可重构性

为提高系统的可靠性，在多处理机操作系统中，应使系统具有如下能力：当系统中某个处理机或存储器模块等资源发生故障时，系统能够自动切除故障资源、换上备份资源，并对系统进行重构，以保证系统能够继续工作。如果在故障的处理机上有一个进程正在执行，则系统应能将其安全地转移到其他正常运行的处理机上继续执行，同时对故障处理机上处于其他状态的进程进行安全转移。

10.3.2 多处理机操作系统的功能

从资源管理的观点来看，虽然多处理机操作系统也具有单处理机操作系统所具有的各种功能，如进程管理、存储器管理、文件管理等功能，但相比之下，多处理机操作系统在以下几个方面具有明显的不同。

1. 进程管理

多处理机操作系统中的进程管理，其不同之处主要体现在进程同步、进程通信以及进程调度等方面。

（1）进程同步。

在单处理机操作系统中，由于各进程只能交替执行，因此不会发生两个进程同时访问系统中同一共享资源的情况。然而，在多处理机操作系统中，由于多个进程在不同的处理机上是并行执行的，因而可能出现多个进程同时访问某个共享资源的情况。可见，在多处理机操作系统中，不仅需要解决程序并发执行所引发的同步问题，而且需要解决多个不同的处理机程序并行执行所引发的同步问题。为了建立针对这两类进程同步问题的解决机制，除了采用锁、信号量和管程等技术外，还应采用新的同步机制和互斥算法。

（2）进程通信。

在单处理机操作系统中，驻留在同一台机器中的进程间的主要通信方式是共享存储器方式和直接通信方式。这样，进程间通信的主要方式是“共享存储器”方式和直接通信方式。但在多处理机操作系统中，相互合作的进程可能运行在不同的处理机上，它们之间的通信必然涉及处理机之间的通信；特别是在松散耦合型的多处理机系统中，进程甚至可能运行在不同的机器上，它们之间的通信还需要较长的通信信道，甚至需要利用网络来实现。因此，在多处理机操作系统中，进程通信的实现广泛地采用了间接通信方式。

（3）进程调度。

在单处理机操作系统中，进程调度只是简单地按照一定的算法，从就绪队列中选择一个进程，并为之分配处理机的一个时间片，使之执行一段时间。为平衡I/O负载，在调度进程时会适当地进行I/O任务和计算任务的搭配，以提高系统的资源利用率。但在多处理机操作系统中，发挥多处理机最大效能的关键在于提高程序执行的并行性。因此，在进程调度时，主要应考虑如何实现负载的平衡。在调度任务并打算将其分配给处理机执行时，一方面必须了解每台处理机的能力，以便把适合的任务分配给它；另一方面也要确切地了解作业中各任务之间的关系，即哪些任务必须顺序执行、哪些任务可以并行执行。

2. 存储器管理

在多处理机操作系统中，通常每个处理机都有属于自己的（本地）存储器，也有可供多个处理机共享的（系统）存储器。每个处理机在访问本地存储器时，与在访问系统存储器或其他处理机的局部存储器（统称远程存储器）时相比，所花费的时间可能是不同的。因此，在多处理机操作系统中，存储器系统的结构十分复杂，致使对存储器系统的管理也变得非常复杂：其除了须具有单处理机多道程序系统中的地址变换机构和虚拟存储器功能外，还须增加以下机构/机制。①**地址变换机构**。该机构不仅可以用于将虚拟地址变换成物理地址，还可以确定所访问的是本地存储器还是远程存储器。事实上，在目前的很多多处理机操作系统中，对整个存储器系统已经采用连续的地址方式进行描述，即一个处理机无须专门去识别所要访问的存储器模块的具体位置。②**访问冲突仲裁机构**。当多个处理机上的进程同时竞争访问某个存储器模块时，该机构能够按照一定的规则，决定哪个处理机上的进程可以立即访问，哪个或哪些处理机上的进程应等待。③**数据一致性机制**。当共享内存中的某个数据在多个处理机的本地存储器中出现时，多处理机操作系统应保证这些数据的一致性。

3. 文件管理

在单处理机操作系统中，通常只有一个文件系统，所有的文件都存放在磁盘上，采用集中统一管理方式进行管理，因此该文件系统也称为集中式文件系统。而在多处理机操作系统中，则可以采用以下3种文件系统管理方式。①**集中式**：所有处理机上的用户文件都集中存放在某一个处理机的文件系统中，由该处理机进行统一管理。②**分散式**：各处理机上都可以配置和管理自己的文件系统，但整个系统没有将它们有效地组织起来，因而无法实现处理机之间的文件共享。③**分布式**：系统中的所有文件均可分布在不同的处理机上，但在逻辑上它们组成了一个整体，每台处理机上的用户无须了解文件的具体物理位置即可实现对它们的存取。在这样的文件系统中，解决好文件存取速度与保护的相关问题具有很重要的意义。

4. 系统重构

在单处理机操作系统中，一旦处理机发生故障，将引发整个系统的崩溃。但在多处理机操作系统中，尤其是在对称多处理机操作系统中，由于各处理机的结构和功能相同，为了提高系统的可靠性，应使系统具有重构能力：即当系统中某个处理机或存储器模块等资源发生故障时，系统能够自动切除故障资源并换上备份资源，以使系统能够继续工作。如果没有备份资源，则重构系统以使其降级运行。如果在故障的处理机上有进程亟待执行，则系统应能将其安全地迁移到其他正常运行的处理机上继续执行，对处于故障处理机上的其他可利用资源同样予以安全转移。

10.3.3 多处理机操作系统的类型

多处理机操作系统目前有以下3种基本类型。

1. 主从式操作系统

在主从式操作系统（master-slave operating system）中，有一个特定的处理机被称为主处理机（master processor），其他处理机则被称为从处理机。OS程序始终运行在主处理机上，负责保持和记录系统中所有处理机的属性、状态等信息，而将其他从处理机视作可调度和分配的资源，并给它们分配任务。从处理机不具备调度功能，只能运行主处理机分配给它的任务。

主从式操作系统的工作流程是：由从处理机向主处理机提交任务申请，该请求被捕获后送至主处理机，而后等待主处理机应答；主处理机收到请求后中断当前任务，对该请求进行识别和判断，并转入相应的处理程序执行，然后将适合的任务分配给发出请求的从处理机。例如，CDC Cyber-170就是典型的主从式操作系统，它驻留在一个外围处理机Po上运行，其余所有处理机（包括中心处理机）都从属于Po，Po专门负责实现系统功能，处理（运行在从处理机上的）用户程序发来的请求。再如，DEC System 10，该系统有两台处理机，一台为主处理机，另一台为从处理机。

主从式操作系统具有以下**优缺点**。

（1）易于实现。一方面其设计可在传统的单处理机多道程序系统上进行适当的扩充；另一方面，由于OS程序仅被一台主处理机使用，因此除了一些公用例程外，不需要将整个管理程序都编写成可重入的程序代码，其他有关系统的表格控制、冲突和封锁问题也因此得以简化。

（2）资源利用率低。由于从处理机的所有任务都是由主处理机分配的，当从处理机数量较多或者其执行的是大量的短任务时，在主处理机上会出现较长的请求任务队列，进而形成瓶颈，使从处理机长时间处于等待状态，导致从处理机以及其所配置的I/O设备利用率降低。因此，一方面，系统中从处理机的数量不宜设置过多；另一方面，主处理机在分配任务时，不宜将任务划分得过小，以免从处理机频繁地发出请求。

（3）安全性较差。由于系统中只有一台主处理机，并且由其负责运行OS程序，对整个系统进行管理，因此，一旦主处理机发生不可恢复的错误，很容易造成整个系统崩溃。

尽管主从式操作系统的资源利用率低、安全性较差，但其易于实现，因此在早期的多处理机系统中所采用的就是它；直至目前，仍有不少多处理机系统采用它。主从式操作系统一般用于工作负载不是太重、从处理机数量不是太多、从处理机性能远低于主处理机的非对称多处理机系统中。

2. 独立监督式操作系统

独立监督式操作系统（separate supervisor operating system）也称为独立管理程序系统，它与主从式操作系统不同。在这种系统中，每个处理机上都有自己的管理程序（OS内核），并拥有各自的专用资源，如I/O设备和文件系统等。每个处理机上所配置的OS也具有与单处理机操作系统类似的功能，即服务自身的需要、管理自己的资源以及为进程分配任务。采用独立监督式操作系统的多处理机系统有IBM 370/158等。

独立监督式操作系统具有以下**优缺点**。

（1）自主性强。每个处理机都拥有独立的、完善的软硬件资源，可根据自身以及分配给它的任务的需要，执行各种管理功能，从而使系统具有较强的独立性和自主性。

（2）可靠性高。每个处理机相对独立，因此一台处理机的故障不会导致整个系统崩溃，这使系统具有了较高的可靠性。但是，由于缺乏一个统一的管理和调度机制，一旦出现故障，要想进行补救或重新执行故障处理机所未完成的工作，就会显得非常困难。

（3）实现复杂。由于存在通信和资源共享的需要，各处理机之间必然有交互作用，即多个处理机都可能在执行管理程序，因此管理程序的代码必须是可重入的，或者必须为每个处理机提供一个专用的管理程序副本。此外，虽然每个处理机都有其专用的管理程序，对公用表格的访问冲突较少，阻塞情况也相应减少，系统的效率较主从式操作系统有所提高，但仍然会因都要对一些公用表格进行访问而发生冲突，因此系统中仍须设置访问冲突仲裁机构。

（4）存储空间开销大。一般而言，独立监督式操作系统适用于松散耦合多处理机系统，由于每个处理机均有一个本地存储器用于存放管理程序副本，即每台处理机中都驻留了OS内核，占用了大量的存储空间，造成了较多的存储冗余，因此存储空间的利用率不高。

（5）处理机负载不平衡。由于不能像主从式操作系统那样由一个主处理机统一负责整个系统的管理和调度，因此要实现处理机负载平衡非常困难。

3. 浮动监督式操作系统

浮动监督式操作系统（floating supervisor operating system）也称为浮动管理程序系统，它是最复杂的，但也是最有效、最灵活的一种多处理机操作系统，常用于紧密耦合SMP系统中。在浮动监督式操作系统中，所有的处理机组成一个处理机池，每个处理机都可以对系统中的任意一台I/O设备进行控制，以及对任意一个存储器模块进行访问，这些处理机由操作系统统一管理，在某段时间内可以指定任意一个（或多个）处理机为系统的控制处理机，即所谓的“主”处理机（或组），由它（或它们）运行OS程序，负责全面管理系统功能；但“主”处理机须能根据需要而浮动，即从一个处理机切换到另一个处理机。采用浮动监督式操作系统的多处理机系统有IBM 3081上运行的MVS、VM以及C.mmp上运行的Hydra等。

浮动监督式操作系统具有以下**优缺点**。

（1）高灵活性。由于对于系统中所有的处理机均采用处理机池管理方式，其中每个处理机都可用于控制任一I/O设备和访问任一存储器模块，因此大多数任务可在任一处理机上运行，这使系统的灵活性相当强。

（2）高可靠性。在上述3种系统中，浮动监督式操作系统具有最好的可靠性，因为系统中任意一个（从）处理机的失效，都仅相当于处理机池中减少了一个可供分配的处理机而已；即便是“主”处理机失效，也只须将OS程序浮动（切换）到另一个处理机上运行，即可保证系统仍能继续正常运行下去。

（3）负载均衡。在浮动监督式操作系统中，一方面由于大多数任务可以在任意一个处理机上运行，另一方面由于在系统中设置了一个（或多个）“主”处理机（或组）对整个系统的资源和调度进行统一管理，因此可以根据各处理机的忙闲情况，将任务均匀地分配到各处理机上执行，尤其是可以将一些非专门的操作（如I/O中断）分配给那些在特定时段内最不忙的处理机去执行，这可以使系统的负载达到较好的平衡。

（4）实现复杂。一方面，由于针对存储器模块和系统表格的访问冲突不可避免，因此需要配置功能较强的冲突仲裁机构，这会涉及硬件和软件两个方面。例如，多个处理机同时访问同一存储器模块时，可采用硬件来解决冲突问题；针对系统表格访问冲突问题，可采用静态或动态优先级策略进行解决；针对共享资源访问冲突问题，可采用互斥访问机制进行解决。另一方面，由于允许多个处理机同时作为“主”处理机，即它们可以同时执行同一个管理服务子程序，因此要求管理程序具有可重入性。

10.4 多处理机操作系统的进程同步

在多处理机操作系统中，进程间的同步显得更加重要和复杂。在紧密耦合多处理机操作系统中，多个处理机是共享存储的，因此各处理机上的各进程可通过共享存储来实现同步。但对于松散耦合多处理机操作系统而言，其各处理机上的进程要想实现同步，可采取的方式较多且复杂，这些同步方式可分为集中式和分布式两大类。

10.4.1 集中式同步方式与分布式同步方式

1. 中心同步实体

为实现进程之间的同步，系统中必须有相应的同步实体（synchronizing entity），如硬件锁、信号量以及进程等。如果该同步实体满足下述两个条件，则称之为“中心同步实体”。①具有唯一的名字，并且为彼此必须同步的所有进程所知道；②在任何时刻，这些进程中的任一进程都可以访问该同步实体。在很多系统中都对中心同步实体采取了容错技术，即当中心同步实体失效时，系统会立即选择一个新的中心同步实体投入运行。

2. 集中式同步机构

基于中心同步实体所构成的所有同步机构，被称为集中式同步机构。相应地，其他同步机构被称为非集中式同步机构。在单处理机操作系统中，为了同步多个进程对共享数据的访问，内核采用了一些同步机制，如硬件锁、信号量等。而对于多处理机操作系统而言，同样为了同步多个进程对共享数据的访问，情况就会变得较为复杂，此时不仅需要对一个处理机上的并发进程进行同步，还需要对不同处理机上的进程进行同步，以保证多处理机操作系统能有条不紊地运行。为此，在多处理机操作系统中，又增加了一些同步机制，如自旋锁、时间邮戳定序机构、事件计数以及中心进程等。

3. 集中式同步算法与分布式同步算法

在多处理机操作系统中，为实现进程同步，往往需要有相应的同步算法来支持同步机构。同步算法一般分为以下两种。

（1）**集中式同步算法**。该算法具有两个特征：①当多个进程需要同时访问共享资源或进行通信时，仅由中心控制节点做出判定，选择一个进程执行；②判定所需要的全部信息都集中在中心控制节点。该算法的缺点在于：①可靠性差，中心控制节点的故障会对系统造成灾难性的影响，对此，有的系统允许中心控制节点浮动，即当其出现故障时，系统立即选择一个新的节点作为中心控制节点；②易形成瓶颈，大量的资源共享和进程通信都是通过中心控制节点进行管理的，这很容易使中心控制节点成为整个系统的瓶颈，严重影响到系统的响应速度和吞吐量。

（2）**分布式同步算法**。一个完全分布式同步算法具有以下特征：①所有节点均具有相同的信息；②所有节点仅基于本地信息做出判定；③为了做出最后的判定，所有节点担负相同的职责；④为了做出最后的判定，所有节点要完成同样的工作量；⑤通常一个节点发生故障，不会导致整个系统崩溃。事实上，分布式同步算法的应用是很少的，大多数同步算法都无法同时具备上述5个特征。

4. 中心进程方式

中心进程方式是指在系统中设置一个中心进程（或称为协调进程），该进程保存了所有用户的存取权限、冲突图（conflict graph）等信息。每一个要求访问共享资源的进程，都须先向中心进程发送一条请求消息，中心进程收到该请求后，便去查看冲突图；如果该请求不会引起死锁，则将该请求插入请求队列，否则退回该请求。当轮到该请求使用共享资源时，中心进程便向请求进程发送一条回答消息，然后请求进程即可进入自己的临界区，访问共享资源。请求进程在退出临界区后，还需要向中心进程发送一条释放资源的消息，中心进程接收到该消息后，又可向下一个请求进程发送回答消息，允许其进入自己的临界区。在这种同步方式中，任何一个进程要进入其临界区，都需要请求进程发送请求和释放这两个消息，中心进程发送回答消息。为了提高系统的可靠性，中心进程应可以浮动。

在单处理机操作系统和共享存储器的多处理机操作系统中，基本上都采用了集中式同步方式。而在分布式系统中，则都采用了分布式同步方式。对于松散耦合多处理机系统（包括计算机网络），则一部分采用了集中式同步方式，另一部分采用了分布式同步方式。本节后续内容只对几种常用的同步方式和算法进行介绍。

10.4.2 自旋锁

1. 自旋锁的引入

如前所述，在单处理机操作系统中，CPU在执行读-修改-写原语操作时，是具有原子性的，即在执行这些操作时不会被中断。保证原子性的基本方法是，在执行原语之前关中断，执行完成后再开中断。但是，在SMP系统中，CPU在执行读-修改-写原语操作时，已不能保证操作的原子性，因为CPU所执行的读-修改-写原语操作通常包含若干条指令，所以需要执行多次总线操作。而在多处理机操作系统中，总线往往是由多个处理机共享的，它们是通过竞争来获取总线的。如果某CPU在执行原语操作的过程中，由其他CPU争得了总线，就可能导致该CPU与其他CPU对同一存储单元的读/写操作交叉，进而造成混乱。因此，在多处理机操作系统中，还必须引入可以对总线实现互斥的相关机制。于是，自旋锁（spin lock）机制应运而生，并已被广泛应用于存在总线资源竞争的系统中。当然，自旋锁机制并不局限于总线资源竞争问题。

2. 实现对总线互斥访问的方法

利用自旋锁实现对总线互斥访问的方法是：在总线上设置一个自旋锁，该锁最多只能被一个内核进程持有。当一个内核进程需要使用总线对某个存储单元进行读/写操作时，需要先请求自旋锁，以获得对总线的使用权。如果该锁被占用，那么这个进程就会一直进行“旋转”，循环测试锁的状态，直到该锁可用。如果锁未被占用，则请求该锁的内核进程能立刻得到它，并且继续执行，直到完成对指定存储单元的读/写操作后释放该锁。可见，自旋锁可以在任何时刻防止多个内核进程同时进入临界区，因此，其可有效解决多处理机操作系统上并发运行的内核进程对总线资源的竞争问题。

3. 自旋锁与信号量的主要差别

自旋锁与信号量的主要差别在于：自旋锁可避免调用进程而发生阻塞。由于自旋锁使用者一般保持锁的时间非常短，调用进程可用“旋转”来取代进程切换；而进程切换需要花费一定的开销，并且会使高速缓存失效，进而会直接影响系统性能，因此用自旋锁来解决对总线资源的竞争问题，其效率远高于信号量机制，且在多处理机操作系统中应用非常方便。

显然，用自旋锁所保护的临界区一般都应比较短，否则发出请求的多个CPU在锁被占用时，会因为都只是对锁进行循环测试（即忙等）而浪费过多的CPU资源。

一般而言，对于被保护的共享资源，仅在进程进行上下文访问、或系统具有共享设备、或调用进程所保护的临界区较大时，才须使用信号量对其进行保护。但是如果被保护的共享资源需要在中断上下文进行访问或调用进程所保护的临界区非常小（即对共享资源的访问时间非常短），则应使用自旋锁。自旋锁保持期间是不可抢占的，而信号量和读/写信号量保持期间是可以被抢占的。自旋锁只有在内核可抢占的情况下或在多处理机操作系统中才真正需要；在单处理机操作系统且内核不可抢占的情况下，为防止中断处理中的并发操作，可简单采用关闭中断的方式而不需要自旋锁，此时自旋锁的所有操作都是空操作。

4. 自旋锁的类型

使用自旋锁的基本形式为：

```
spin_lock（&lock）；
临界区代码；
spin_unlock（&lock）；
```

常用的自旋锁有3种类型：普通自旋锁、读/写自旋锁、大读者自旋锁。

（1）**普通自旋锁**：若自旋锁可用，则将其变量置为0，否则置为1。该类自旋锁的使用不会影响当前处理机的中断状态，其一般在临界区的代码处于禁止中断或者不能被中断处理程序所执行的情况下使用。

（2）**读/写自旋锁**：允许多个读者同时以只读的方式访问相同的共享数据结构，但是当一个写者正在更新这个数据结构时，不允许其他读者或写者访问。该类自旋锁较普通自旋锁允许更高的并发性，只要有一个读者拥有，写者就不能强占。每个读/写自旋锁均包括一个*n*位的读者计数和一个解锁标记。一般而言，在写者等待的情况下，新进的读者较写者更容易抢占到该锁。

（3）**大读者自旋锁**：获取读锁（针对读操作的锁）时只需要对本地读锁进行加锁，开销很小；获取写锁时则必须锁住所有CPU上的读锁，开销较大。

10.4.3 读－复制－更新锁

1. 读－复制－更新锁的引入

不论是第4章中所介绍的读/写问题，还是10.4.2小节所介绍的读/写自旋锁，都允许多个进程同时读，但只要有一个写进程在写，便会禁止所有读进程去读，进而使得读者进入阻塞状态。如果写的时间非常长，则会严重影响多个读进程的工作。是否能够改善这一情况呢？换言之，是否可以使得即使有写进程在写，读进程仍可以去读而不会引起读进程阻塞呢？回答是肯定的，解决方法是改变写进程对文件（共享数据结构）进行修改（写）的方式。此即，当某写进程要往某文件中写数据时，它先读该文件，将文件的内容复制到一个副本上，以后只对副本上的内容进行修改；修改完成后，在适当的时候再将修改好的文件全部写回原文件即可。

2. 读－复制－更新锁

读-复制-更新（read-copy-update，RCU）锁正是基于这一思想而设计的，用于解决读者-写者问题。对于被RCU锁保护的共享文件（数据结构），无论读者还是写者，他们都是以读的方式对其进行访问的。对于读者而言，其不需要获得任何锁就可以访问共享文件。对于写者而言，其在访问共享文件时，首先会制作该文件的一个副本，只对副本上的内容进行修改；然后会通过回调（callback）机制（即向系统中的一个称为垃圾收集器的机构）注册一个回调函数；最后会在适当的时候，由垃圾收集器调用写者注册的回调函数，使指向原来数据的指针重新指向新的被修改的数据，进而完成最后的数据释放或修改操作。

3. 写回时机

在RCU锁机构中，应如何确定将修改后的内容写回原文件的时机呢？显然，最好是在所有读者都已完成自己的读任务后再将修改后的文件写回。为此，每个读者完成对共享文件的操作后，都必须向写者提供一个信号，表示它不再使用该数据结构。当所有读者都已发送信号之时，便是所有引用该共享文件的CPU都已退出对该共享数据的操作之时，也就是写者可以将修改后的文件写回原文件之时。需要说明的是，对于写者而言，从对副本修改完成到执行真正的写修改后的文件之间有一段延迟时间，其被称为写延迟期（grace period）。

4. RCU 锁的优点

RCU锁实际上是一种改进的读/写自旋锁。它的优点主要体现在两个方面。①读者不会被阻塞：读者在访问被RCU锁保护的共享数据时，不会被阻塞。这一方面极大地提高了读进程的运行效率，另一方面也使读者所在的CPU不会发生上下文切换，减少了处理机的开销。②无须为共享文件设置同步机构：在采用该机制时，允许多个读者和一个或多个写者同时访问共享数据，而无须为共享数据设置同步机构，因此读者没有什么同步开销，也不需要考虑死锁等问题。但是写者的同步开销却比较大，需要复制被修改的数据结构，延迟数据结构的释放，还必须使用某种锁机制与其他写者的修改操作同步并行。

尽管RCU锁给读者带来了很大的好处，但其并不能完全替代读/写自旋锁。如果读操作较多而写操作较少，则用RCU锁利大于弊；如果写操作比较多，且提高读者的性能可能不足以弥补给写者带来的损失，则此时应当采用读/写自旋锁。

10.4.4 二进制指数补偿算法和待锁 CPU 等待队列机构

1. 二进制指数补偿算法

多个CPU在对共享数据结构进行互斥访问时，如果该共享数据结构已被占用，则需要不断地对锁进行测试，这会导致总线流量增大。二进制指数补偿算法的基本思想是：为每个CPU对锁进行测试的TSL指令设置一个指令延迟执行时间，使该指令的下次执行在该延迟执行时间设定的时间后进行，该延迟执行时间是按照一个TSL指令执行周期的二进制指数方式增加的。例如，当一个CPU发出TSL指令对锁进行第一次测试但发现锁不空闲时，便推迟第二次测试指令的执行时间；等到2^1个指令执行周期后，如果第二次测试仍未成功，则将第三次测试指令的执行时间推迟到2^2个指令执行周期后……如果第$n-1$次测试仍未成功，则将第n次的测试推迟到2^{n-1}个指令执行周期后，直到一个设定的最大值为止；当锁释放时，可能会由延迟执行时间最少的CPU首先获得该锁。

采用二进制指数补偿算法，可以明显降低总线上的数据流量。这是因为：一方面，可以将短时间内各CPU对锁的需求在时间上进行不同程度的延迟，增加测试的成功率，减少各CPU对锁的测试次数；另一方面，在锁不空闲时，可以很大程度地减少各CPU对锁进行测试的频率。但是该算法的缺点在于：如果锁被释放，则可能会由于各CPU的测试指令的延迟时间未到，而没有一个CPU会及时对锁进行测试，即不能及时发现锁的空闲，进而会造成浪费。

2. 待锁 CPU 等待队列机构

对于及时发现锁空闲这一问题，另一种同步机构——待锁CPU等待队列机构能够更好地解决它。这种机构的核心思想是：为每个CPU配置一个用于测试的私有锁变量和一个记录下一个待锁CPU的待锁清单，并将它们存放在CPU私有的高速缓存中。当多个CPU需要互斥访问某个共享数据结构时，如果该结构已被占用，则为第1个未获得锁的CPU分配一个锁变量，并将其附在占用该共享数据结构的CPU的待锁清单末尾；再为第2个未获得锁的CPU也分配一个锁变量，并将其附在待锁清单中第1个待锁CPU的后面……为第n个未获得锁的CPU分配一个锁变量，并将其附在待锁清单中第n-1个CPU的后面，进而形成一个待锁CPU等待队列。当共享数据结构的占有者CPU退出临界区时，从其私有的高速缓存中查找待锁清单，并释放第1个CPU的私有锁变量，允许它进入临界区；在第1个CPU操作完成后，也对其锁变量和第2个待锁CPU的锁变量进行释放，让第2个CPU进入其临界区；依此类推，直至第n个待锁CPU进入其临界区。

在整个过程中，每个待锁CPU都仅在自己的高速缓存中对其私有的锁变量进行不断测试，而不会对总线进行访问，这就减少了总线上的数据流量。同时，一旦锁空闲，便会由释放该锁的CPU通过修改其待锁清单中的下一个待锁CPU的锁变量的方法，及时通知下一个待锁CPU进入临界区，从而避免了因资源空闲所造成的浪费。

10.4.5 定序机构

在多处理机操作系统和分布式系统中，有着许多的处理机或计算机系统，每个系统中都有自己的物理时钟。为了能对各系统中的所有特定事件进行排序，以保证各处理机上的进程能协调运行，在系统中应有定序机构。

1. 时间邮戳定序机构

对时间邮戳定序机构（timestamp ordering mechanism）最基本的要求是，系统中应具有唯一的、由单一物理时钟驱动的物理时钟体系，以确保各处理机的时钟严格同步。该定序机构的基本功能是：①对所有的特殊事件，如资源请求、通信等，加印时间邮戳；②对每种特殊事件，只能使用唯一的时间邮戳；③根据事件上的时间邮戳，定义所有事件利用时间邮戳定序机构的先后顺序，再配以相应的算法，可实现不同处理机上进程的同步。实际上，许多集中式和分布式同步方式，都将时间邮戳定序机构作为同步机构的基础。

2. 事件计数

在事件计数（event count）这种同步机构中，使用了一个称为定序器（sequencer）的整型量，可为所有特定事件进行排序。定序器的初值为0，且为非减少的，对其仅能施加ticket(S)操作。当一个事件发生时，系统便为之分配一个称为编号（或标号）的序号V，然后使ticket自动加1，一系列的ticket操作形成了一个非负的、增加的整数序列，然后把打上标号的事件送至等待服务队列排队。与此同时，系统将所有已服务事件的标号保留，并形成一个称为事件计数的栈E。实际上，E是保存已出现的某特定类型事件标号计数的对象（object），其初值为0，当前值是栈顶的标号。对于事件计数，有下面3种操作。

（1）await(E,V)。

每当进程要进入临界区之前，先执行await(E,V)操作，如果E＜V，则将执行进程插入EQ队列，并重新调度；否则进程继续执行。await(E,V)操作可描述如下：

```
await(E,V) {
      if （E<V） {
            i=EP;
            stop();
            i->status="block";
            i->sdata=EQ;
            insert(EQ,i);
            scheduler();
      }
       else continue;
}
```

（2）advance(E)。

每当进程退出临界区时，应执行advance(E)操作，使E值增1。如果EQ队列不空，则进一步检查队首进程的V值；若E=V，则唤醒该进程。advance(E)操作可描述如下：

```
advance(eventcount E ) {
      E=E+1;
      if (EQ<>NIL) {
          V=inspect(EQ,1);
          if (E==V) wakeup(EQ,1);
      }
}
```

进程执行临界区的操作序列如下：

```
await(E,V);
Access the critical resources;
advance(E);
```

（3）read(E)。

read(E)操作表示返回E的当前值，将其提供给进程参考，以决定是否要转去处理其他事件。如果设计得当，则允许await、advance和read这3个操作在同一事件上并发执行，但是定序器必须互斥使用。

10.4.6　面包房算法

面包房算法是最早的分布式同步算法，该算法利用事件排序的方法对要求访问临界资源的全部事件进行排序，按照FCFS原则对事件进行处理。该算法可以被非常直观地类比为顾客去面包店采购这样的场景：假设有*n*位顾客要进入面包店采购，但面包店同一时间只能接待一位顾客，因此安排他们按照次序在前台登记一个签到号码，签到号码逐次加1；顾客根据签到号码由小到大的顺序，依次入店进行采购；完成采购的顾客，在前台把其签到号码归0；如果完成采购的顾客想再次进店采购，则必须重新排队。

面包房算法的基本假设描述如下。

（1）系统由*N*个节点组成，每个节点只有一个进程，仅负责控制一种临界资源，并处理那些同时到达的请求。

（2）每个进程保持一个队列，用来记录本节点最近收到的消息，以及本节点自己所产生的消息。

（3）消息分为请求消息、应答消息和撤销消息这3种，系统会根据事件时序对每个进程队列中的请求消息进行排序，进程队列初始为空。

（4）进程Pi发送的请求消息形如request(Ti,i)，其中Ti=Ci代表进程Pi发送此消息时对应的逻辑时钟值，i代表消息内容。

面包房算法描述如下。

（1）当进程Pi请求资源时，它把请求消息request(Ti,i)排在自己的请求队列中，同时也把该消息发送给系统中的其他进程。

（2）当进程Pj接收到外来消息request(Ti,i)后，发送回答消息reply(Tj,j)，并把request(Ti,i)放入自己的请求队列。应当说明，若进程Pj在收到request(Ti,i)前已提出过对同一资源的访问请求，那么其时间戳应比(Ti,i)小。

（3）若满足下述两个条件，则允许进程Pi访问该资源（即允许其进入临界区）：

- Pi自身请求访问该资源的消息已处于请求队列的最前面；
- Pi已收到从所有其他进程发来的回答消息，这些消息的时间邮戳均晚于(Ti,i)。

（4）为了释放该资源，Pi从自己的队列中撤销请求消息，并发送一个打上时间邮戳的释放消息release给其他进程。

（5）当进程Pj收到Pi的释放消息release后，撤销自己队列中的原Pi的request(Ti,i)消息。

10.4.7 令牌环算法

令牌环算法属于分布式同步算法，该算法首先会将所有进程组成一个逻辑环（logical ring），然后会在系统中设置一个象征存取权力的令牌（token），该令牌是一种特定格式的报文，其在进程所组成的逻辑环中不断地循环传递，只有获得该令牌的进程才有权力进入临界区，访问共享资源。

令牌在初始化后，会被随机赋予逻辑环中任意的一个进程。令牌在逻辑环中循环传递时，会以点对点的方式按照固定的方向和顺序，从一个进程依次逐个传递到另一个进程。当一个进程获得令牌时，如果不需要访问共享资源，则会将令牌继续传递下去；否则，保持令牌并对共享资源进行检查。如果共享资源空闲，则进入临界区进行访问。访问结束并退出临界区后，再将令牌继续传递下去。进程利用令牌，每次只能访问一次共享资源。

显然，由于令牌只有一个，任何时刻只能有一个进程持有令牌，因此可以实现对共享资源的互斥访问。

为保证逻辑环中的进程均能实现对共享资源的访问，令牌必须保持循环传递和不丢失，如果通信链路、进程等发生故障而导致令牌被破坏或丢失，则必须有机制对令牌及时进行修复或重建，如重新颁发令牌或者屏蔽故障进程以重构逻辑环等。令牌环算法的不足之处在于，较难对一个令牌的破坏或丢失进行检测和判断。

10.5 多处理机操作系统的进程调度

在多处理机操作系统中，进程的调度与系统结构有关。例如，在同构型多处理机操作系统中，由于所有的处理机都是相同的，因而可将进程分配到任一处理机上运行；但对于非对称多处理机操作系统，则只能将进程分配到适合于它运行的处理机上去执行。

10.5.1 调度性能的评价因素

评价多处理机调度性能的因素有以下6个。

1. 任务流时间

把完成任务所需要的时间定义为任务流时间，例如，图10-7中有3个处理机P1—P3和5个任务T1—T5，调度从时间0开始，共运行了7个时间单位，在处理机P1上运行任务T1和T2，分别需要5个和1.5个时间单位；在处理机P2上运行任务T2和T1，分别需要5个和2个时间单位；在处理机P3上运行任务T3、T4、T5，每个任务都需要2个时间单位。因此，完成任务T1共需要5+2=7个时间单位，而完成任务T2共需要5+1.5=6.5个时间单位。

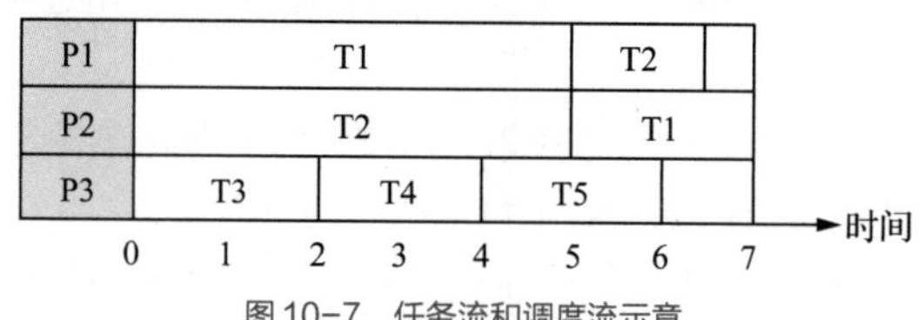

图10-7 任务流和调度流示意

2. 调度流时间

在多处理机操作系统中，任务可以被分配到多个处理机上运行。一个调度流时间等于系统中所有处理机上的任务流时间的总和。在图10-7所示的例子中，调度流时间=T1任务流时间+T2任务流时间+T3任务流时间+T4任务流时间+T5任务流时间=7+6.5+2+2+2=19.5个时间单位。

3. 平均流时间

平均流时间等于调度流时间除以任务数。平均流时间越小，表示任务占用处理机与存储器等资源的时间越短，这不仅可以反映系统资源利用率高，而且可以降低任务的机时（使用计算机的时间）费用。更为重要的是，还可以使系统有更充裕的时间来处理其他任务，有效地提高系统吞吐量。因此，最少平均流时间就是系统吞吐率的一个间接度量参数。

4. 处理机利用率

处理机的利用率等于该处理机上任务流时间之和除以最大有效时间单位。在图10-7所示的例子中，最大有效时间单位为7.0，3个处理机P1、P2、P3的闲时间分别为0.5、0.0和1.0，忙时间分别为6.5、7.0、6.0，它们就是各处理机上的任务流时间之和。由此可以得到P1、P2、P3的处理机利用率分别约为0.93、1.00和0.86。处理机平均利用率=(0.93+1.00+0.86) ÷ 3=0.93。

5. 加速比

加速比等于各处理机的忙时间之和除以并行工作时间，其中，各处理机忙时间之和相当于单处理机工作时间，在上例中为19.5个时间单位；并行工作时间则相当于从第一个任务开始到最后一个任务结束所用的时间，在上例中为7个时间单位。由此可得加速比=19.5个时间单位÷7个时间单位≈2.79。

加速比用于度量多处理机操作系统的加速程度。处理机个数越多，调度流时间越大，与单处理机相比其完成任务的速度越快，但是较少的处理机可减少成本。对于给定的任务，占用较少的处理机可腾出更多的处理机用于其他任务，这可使系统的总体性能得到提高。

6. 吞吐率

吞吐率是指单位时间（如1小时）内系统完成的任务数，可以用任务流的最小完成时间来度量系统的吞吐率。吞吐率的高低与调度算法有着十分密切的关系，通常具有多项式复杂性的调度算法大多是高效的算法，而具有指数复杂性的调度算法大多是低效的算法。在很多情况下，求解最优调度是非确定性多项式（non-deterministic polynomial，NP）完全问题，这意味着在最坏情况下求解最优调度是非常困难的。但如果只考虑典型输入情况，则求一个合适解并不是难解的NP完全问题，所求合适解对应一组并行进程的合适调度。通常所说的优化调度或最优调度，实际上均指合适调度。

10.5.2 进程分配方式

1. 对称多处理机操作系统中的进程分配方式

在对称多处理机操作系统中，所有的处理机都是相同的，因而可把所有的处理机合并作为一个处理机池（processor pool），进而即可由调度程序或基于处理机的请求，将任何一个进程分配给处理机池中的任何一个处理机去处理。对于这种进程分配，可采用以下两种方式之一加以实现。

（1）静态分配方式。

静态分配（static assignment）方式是指一个进程从开始执行直至其完成，都被固定地分配到一个处理机上去执行。此时，须为每一处理机设置一专用的就绪队列，该队列中的各进程会先后被分配到该处理机上去执行。进程在阻塞后再次就绪时，还会被挂在这个就绪队列中，因而下次它仍会在此处理机上执行。这种方式与单处理机环境下的进程调度一样。其优点是进程调度开销小，缺点是会使各处理机忙闲不均。换言之，系统中可能有些处理机的就绪队列很快就变成了空队列，使处理机处于空闲状态，而另一些处理机则可能一直处于忙碌状态。

（2）动态分配方式。

为了防止系统中的多个处理机忙闲不均，可以在系统中仅设置一个公共的就绪队列，系统中的所有就绪进程都被放在该队列中。分配进程时，可将进程分配到任何一个处理机上。这样，对一个进程的整个运行过程而言，在每次被调度执行时，都是随机被分配到当时空闲的某一处理机上去执行的。例如，某进程一开始是被分配到处理机A上去执行，后来因阻塞而放弃了处理机A。当它再次恢复为就绪状态后，又被挂到公共的就绪队列上，在下次被调度时，其就可能被分配到处理机B上去执行，也可能被分配到处理机C或处理机D上去执行。人们把这种方式称为动态分配（dynamic assignment）方式。

动态分配方式的主要优点是消除了各处理机忙闲不均的现象。对于紧密耦合共享存储器的多处理机操作系统，其每个处理机保存在存储器中的进程信息可被所有的处理机共享。因此，这种调度方式不会增加调度开销。但对于松散耦合多处理机操作系统，在把一个在处理机A上运行的进程转至处理机B上运行时，还必须将处理机A中所保存的该进程的信息传送给处理机B，这无疑会造成调度开销的明显增加。

2. 非对称多处理机操作系统中的进程分配方式

非对称多处理机系统大多采用主从式操作系统，即OS的核心部分驻留在一台主机上，而从机上则只有用户程序，进程调度仅由主机执行。从机每当空闲时，便会向主机发送一个索求进程的信号，然后便会等待主机为其分配进程。在主机中有一个就绪队列，只要就绪队列不空，主机便会从队首摘下一进程分配给索求进程的从机。从机接收到分配给它的进程后便运行该进程，该进程结束后从机又会向主机发送一个索求进程的信号。

在非对称多处理机操作系统中，主从式的进程分配方式的主要优点是系统处理比较简单，这是因为所有的进程分配都由一台主机独自处理，这使进程间的同步问题得以简化，且进程调度程序也很易于从单处理机的进程调度程序演化而来。但由一台主机控制一切也存在不可靠性，即主机一旦出现故障，将会导致整个系统瘫痪，而且也很易于因主机太忙（来不及处理）而形成系统瓶颈。克服这些缺点的有效方法是利用多个而非一个处理机来管理整个系统，这样，当其中一个处理机出现故障时，可由其他处理机来接替其完成任务，从而不会影响系统运行，而且用多个处理机（管理整个系统）还可使系统具有更强的执行管理任务的能力，更不容易形成系统瓶颈。

10.5.3 进程（线程）调度方式

多处理机操作系统已广为流行多年，相应地也必然存在着多种调度方式，特别是自20世纪90年代以来，已出现了多种调度方式，其中有许多都是以线程为基本调度单位的。比较有代表性的进程（线程）调度方式有自调度方式、成组调度方式、专用处理机分配调度方式和动态调度方式等。

1. 自调度方式

（1）自调度机制。

在多处理机操作系统中，自调度（self-scheduling）方式是最简单的一种调度方式，它是直接由单处理机操作系统中的调度方式演变而来的。在系统中设置一个公共的进程或线程就绪队列，所有的处理机在空闲时都可以到该队列中取一进程（或线程）来运行。在自调度方式中，可采用在单处理机操作系统中所用的调度算法，如FCFS调度算法、最高优先级优先（highest priority first，HPF）调度算法和抢占式HPF调度算法等。

1990年，鲁特内格（Leutenegger）等人曾对在多处理机操作系统中的FCFS、HPF和抢占式HPF这3种调度算法进行了研究，发现：在单处理机操作系统中，FCFS调度算法并不是一种好的调度算法；然而在多处理机操作系统中，当把它用于线程调度时，其反而优于另外两种调度算法。这是因为，线程本身是一个较小的运行单位，继其后而运行的线程不会有很大的时延；加之在系统中有多个（如N个）处理机，这使后面的线程的等待时间又可进一步减少为$1/N$。FCFS调度算法简单、开销小，目前已成为一种较好的自调度算法（方式）。

（2）自调度方式的优点。

自调度方式的主要优点表现为：首先，系统中的公共就绪队列可按照单处理机操作系统中所采用的各种方式加以组织；其调度算法也可沿用单处理机操作系统中所用的算法，即很容易将单处理机操作系统中的调度机制移植到多处理机操作系统中，故自调度方式仍然是当前多处理机操作系统中较常用的调度方式。其次，只要系统中有任务，或者说只要公共就绪队列不空，就不会出现处理机空闲的情况，也不会发生处理机忙闲不均的现象，这有利于提高处理机的利用率。

（3）自调度方式的缺点。

自调度方式的缺点不容忽视，主要表现在以下3个方面。

① 瓶颈问题。在整个系统中只设置一个就绪队列供多个处理机共享，这些处理机必须互斥地访问该队列，这很容易造成系统瓶颈。当系统中处理机数目不多时，该问题并不严重；但当系统中处理机数目达到数十个乃至数百个时，如果仍用单就绪队列，就会产生严重的瓶颈问题。

② 低效性。当线程阻塞后再重新就绪时，它只能进入这唯一的就绪队列，但却很少可能仍在阻塞前的处理机上运行。如果在每个处理机上都配有高速缓存，则此时在其中保留的该线程的数据已经失效，而在该线程新获得的处理机上又须重新建立这些数据的复制。一个线程在其整个生命期中可能要多次更换处理机，这使高速缓存的使用效率变得很低。

③ 线程切换频繁。通常，在一个应用中的多个线程都属于相互合作型，但在采用自调度方式时，这些线程很难同时获得处理机而同时运行，这会使某些线程因其合作线程未获得处理机运行而阻塞，进而被切换下来。

2. 成组调度方式

为了解决在自调度方式中线程被频繁切换的问题，鲁特内格提出了成组调度（group scheduling）方式。该方式将一个进程中的一组线程分配到一组处理机上去执行。在成组调度时，可考虑采用以下两种方式为应用程序分配处理机时间。

（1）面向所有应用程序平均分配处理机时间。

假定系统中有*N*个处理机和*M*个应用程序，每个应用程序中至多含有*N*个线程，则每个应用程序至多可有1/*M*的时间去占有*N*个处理机。例如，有4台处理机及2个应用程序，其中，应用程序A中有4个线程，应用程序B中有1个线程。这样，每个应用程序可占用4个处理机一半（1/2）的时间。图10-8（a）所示为此时处理机的分配情况。从图10-8（a）中可以看出，使用这种分配方式在应用程序A运行时，4个处理机都在忙碌；而在应用程序B运行时，则只有1个处理机忙碌，其他3个空闲。因此，将有3/8（即37.5%）的处理机时间被浪费。

	应用程序A	应用程序B
处理机1	线程1	线程1
处理机2	线程2	空闲
处理机3	线程3	空闲
处理机4	线程4	空闲
	1/2	1/2

（a）浪费37.5%的处理机时间

	应用程序A	应用程序B
处理机1	线程1	线程1
处理机2	线程2	空闲
处理机3	线程3	空闲
处理机4	线程4	空闲
	4/5	1/5

（b）浪费15%的处理机时间

图 10-8　两种分配处理机时间的方法

（2）面向所有线程平均分配处理机时间。

由于应用程序A中有4个线程，应用程序B中只有1个线程，因此，应为应用程序A分配4/5的时间，而为应用程序B只分配1/5的时间，如图10-8（b）所示。此时，将只有15%的处理机时间被浪费。可见，按线程平均分配处理机时间的方法更有效。

成组调度方式的主要优点是：如果一组相互合作的线程能并行执行，则可有效减少线程阻塞情况的发生，从而可以减少线程的切换，使系统性能得到改善；此外，因为每次调度都可以解决一组线程的处理机分配问题，因而可以显著降低调度频率，从而减少调度开销。可见，成组调度方式的性能优于自调度方式，目前其已获得广泛的认可，并被应用到了多种多处理机操作系统中。

3．专用处理机分配调度方式

1989年，塔克（Tucker）提出了专用处理机分配（dedicated processor assigement）调度方式。该方式是指在一个应用程序执行期间，专门为该应用程序分配一组处理机，每个线程配一个处理机。这组处理机仅供该应用程序使用，直至该应用程序完成。很明显，这会造成处理机的严重浪费。例如，有一个线程为了和另一个线程保持同步而阻塞起来时，为该线程所分配的处理机就会空闲。但把这种调度方式用于并发程度相当高的多处理机操作系统中，则是因为下述理由。

首先，在具有数十个乃至数百个处理机的高度并行的系统中，每个处理机的投资费用在整个系统中只占很小的一部分。对系统的性能和效率来说，单个处理机的利用率已远不像在单处理机系统中那么重要。

其次，在一个应用程序的整个运行过程中，由于每个进程或线程专用一个处理机，因此可以完全避免进程或线程的切换，从而大大加速了程序的运行。

塔克在一个具有16个处理机的系统中，运行两个应用程序：一个是矩阵相乘程序，另一个是快速傅里叶变换程序。每个应用程序所含线程数是可以改变的（从1个到24个）。

图10-9所示为应用程序的加速比与线程数之间的关系。当每个应用程序中含有7～8个线程时，可获得最高加速比；当每个应用程序中的线程数大于8个时，加速比开始下降。这是因为该系统中总共只有16个处理机，当两个应用程序都各含有8个线程时，正好是每个线程都能分到1个处理机；当超过8个线程时，就不能保证每个线程都能分到1个处理机，因而会出现线程切换问题。可见，线程数越多时切换越频繁，这反而会使加速比下降。因此，塔克建议：同时运行的应用程序所含的线程数总和不应超过系统中处理机的总数。

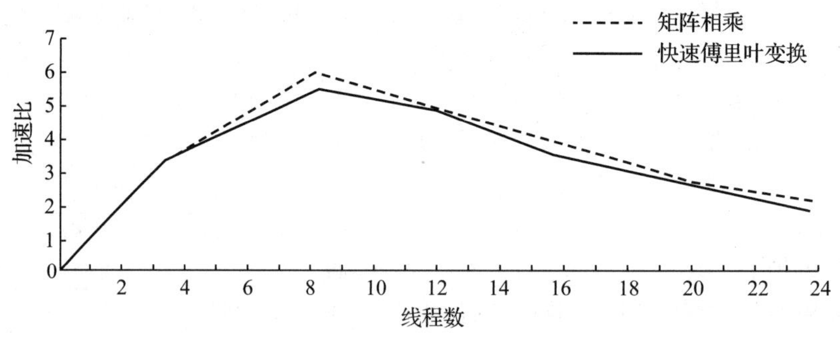

图 10-9　应用程序的加速比与线程数之间的关系

由许多相同的处理机所构成的同构型多处理机操作系统，其处理机的分配与单处理机操作系统中的请求调页式内存分配非常相似。例如，在某时刻应把多少个处理机分配给某应用程序这一问题，十分类似于将多少个内存物理块分配给某进程。再如，在进行处理机分配时存在着一个活动工作集的概念，它又类似于请求调页中的工作集。当所分配的处理机数少于活动工作集时，将会引起线程的频繁切换，这很类似于在请求调页时，当所分配的物理块数少于其工作集数时，便会引起页面的频繁换入/换出的情况。

4．动态调度方式

动态调度方式允许进程在执行期间动态地改变其线程的数目。这样，OS和应用程序就能够共同进行调度决策。OS负责将处理机分配给作业，而每个作业负责将分配到的处理机再分配给自己的某一部分可运行任务。

在这种方法中，OS的调度责任主要限于处理机的分配，并遵循以下原则。

（1）空闲则分配。当一个或多个作业对处理机提出请求时，如果系统中存在空闲的处理机，则将它（们）分配给这个（些）作业，以满足作业的请求。

（2）新作业绝对优先。所谓新作业，是指新到达的、还没有获得任何一个处理机的作业。对于请求处理机的多个作业，系统首先会将处理机分配给新作业，如果系统内已无空闲处理机，则从已分配获得多个处理机的任何一个作业中收回一个处理机，将其分配给新作业。

（3）保持等待。如果系统的任何分配方式都不能满足一个作业对处理机的请求，则作业会保持未完成状态，直到有处理机空闲并可分配给它使用，或者作业自己取消了这个请求。

（4）释放则分配。当作业释放了一个（或多个）处理机后，即为这个（或这些）处理机扫描处理机请求队列，并首先为新作业分配处理机，其次按FCFS原则分配剩余的处理机。

动态调度方式优于成组调度方式和专用处理机分配方式，但其开销之大有可能会抵消它的一部分优势，因此在实际应用中应慎重选择具体的调度方式。

思考题

请思考单处理机操作系统中的进程调度算法是否都可以用在多处理机环境下，如多级队列调度算法、多级反馈队列调度算法等。如果要使用这些算法，那么有什么需要修改的?

10.5.4 死锁的分类、检测与解除

在多处理机操作系统中，产生死锁的原因以及对死锁的防止、避免与解除等基本方法与单处理机操作系统相似，但难度和复杂度增加了很多。尤其是在具有NUMA结构的多处理机操作系统中，进程和资源在配置和管理上呈现分布性，竞争资源的各个进程可能来自不同的节点。但是，每个资源节点通常仅记录本节点的资源使用情况，因此，来自不同节点的进程在竞争共享资源时，对死锁的检测会显得十分困难。

1. 死锁的分类

在多处理机操作系统中，死锁可以分为资源死锁和通信死锁。前者（资源死锁）是在竞争系统中的可重复使用资源（如打印机、磁带机以及存储器等）时，由进程的推进顺序不当所引起的。例如在集中式系统中，如果进程A发送消息给进程B，进程B发送消息给进程C，而进程C又发送消息给进程A，那么就会发生资源死锁。后者（通信死锁）主要是在分布式系统中，由处于不同节点中的进程因发送和接收报文而竞争缓冲区所引起的，如果出现了既不能发送、又不能接收的僵持状态，即会发生通信死锁。

2. 死锁的检测与解除

针对死锁，有以下两种检测方法。

（1）集中式检测。

在每个处理机中都有一张进程资源图，用于描述进程及其占有的资源状况。在负责系统控制的CPU上，配置一张整个系统的进程资源图，并设置一个检测进程（负责整个系统的死锁检测）。当检测进程检测到环路时，就选择环路中的一个进程并将其终止，以解除死锁。

为了及时获得系统最新的进程和资源状况，检测进程可以通过3种方式来获取各个节点的更

新信息：①当进程资源图中加入或删除一条弧时，相应的变动消息就发送给检测进程；②每个进程将新添加或删除的弧的信息周期性地发送给检测进程；③检测进程主动请求更新信息。

上述3种方式的不足之处在于，进程发出的请求与释放资源命令的时序与执行这两条命令的时序有可能不一致，以致在进程资源图中形成了环形链，然而对于是否真的发生了死锁却无法判断。对此，一种合适的解决办法是：当检测进程发现这种情况后，需要再次向各个进程发出请求信息，并对可能产生死锁的时间点进行确认；如果收到了否认应答，则确认为假死锁。

（2）分布式检测。

分布式检测通过系统中竞争资源的各个进程间的相互协作，实现对死锁的检测，而无须设置一个检测进程来专门对全局资源的使用情况进行检测。该方式在每个节点中都设置一个死锁检测进程，在每个消息上都附加逻辑时钟，并依此对请求和释放资源的消息进行排队；若一个进程想对某资源执行操作，则必须先向所有其他进程发送请求信息，在获得这些进程的响应信息后，才能把请求资源的消息发给该资源的管理进程。每个进程都要将资源的已分配情况通知给所有进程。

综上所述可知，具有NUMA结构的多处理机操作系统中的死锁检测所需的通信开销较大，因此在实际应用中往往采取的是死锁预防方式。

思考题

请思考多处理机环境下与单处理机环境下死锁的处理方式有何不同。

10.6 本章小结

本章主要介绍了狭义层面的多处理机系统，即共享存储器多处理机系统，该系统通过系统内的多个CPU并行执行用户的多个程序来提高系统的总体性能。本章首先介绍了多处理机系统的引入原因与类型；其次介绍了多处理机系统的结构，包括UMA结构和NUMA结构；再次介绍了多处理机操作系统的特征、功能与类型。相比单处理机操作系统，多处理机操作系统进程间的同步更加重要和复杂，而且进程调度与系统结构密切相关，因此，本章最后详细介绍了多处理机操作系统的进程同步与进程调度。

习题10

1. 为什么说通过提高CPU时钟频率来提高计算机运算速度的方法已接近极限？
2. 引入MPS的原因有哪些？
3. 什么是紧密耦合MPS和松散耦合MPS？
4. 何谓内存统一访问多处理机结构？它又可进一步分为哪几种结构？
5. 何谓使用单总线的SMP结构和使用多总线的SMP结构？
6. 何谓使用单级交叉开关的系统结构和使用多级交换网络的系统结构？
7. 何谓NUMA结构？它有何特点？
8. 在NUMA结构中，为什么要为每个CPU配置高速缓冲？CC-NUMA和NC-NUMA分别代表什么？
9. 试说明多处理机操作系统的特征。

10. 试比较单处理机操作系统和多处理机操作系统中的进程管理。

11. 试比较单处理机操作系统和多处理机操作系统中的内存管理。

12. 何谓中心同步实体、集中式同步机构和非集中式同步机构？

13. 集中式同步算法具有哪些特征和缺点？

14. 一个完全分布式同步算法应具有哪些特征？

15. 如何利用自旋锁实现对总线的互斥访问？它与信号量的主要区别是什么？

16. 为什么要引入读-复制-更新锁？它对读者和写者分别有何影响？

17. 何谓二进制指数补偿算法？它所存在的主要问题是什么？

18. 时间邮戳定序机构和事件计数的作用分别是什么？

19. 什么是任务流时间和调度流时间？举例说明。

20. 试比较多处理机操作系统中的静态分配方式和动态分配方式。

21. 何谓自调度方式？该方式有何优缺点？

22. 何谓成组调度方式？按进程平均分配处理机时间和按线程平均分配处理机时间这两种方法，哪个更有效？

23. 试说明采用专用处理机分配调度方式的理由。

24. 在动态调度方式中，调度的主要责任是什么？在调度时应遵循哪些原则？

第11章 虚拟化和云计算

第11章导读

在计算机发展初期，大多数计算机都是非常昂贵的大型计算机，不同的用户可以在大型计算机上运行各自的应用程序。由于不同用户的应用程序可能是基于不同的OS开发的，人们希望能在同一台机器上运行不同的OS。在此背景下，虚拟化（virtualization）技术应运而生。虚拟化技术发展至今已有50多年的历史，它通过在同一台硬件主机上多路复用虚拟机的方式来共享昂贵的硬件资源，为计算机和IT产业带来了很多益处。虚拟化是云计算得以实现的基石，可以说，没有虚拟化就没有“云”和云计算。本章知识导图如图11-1所示。

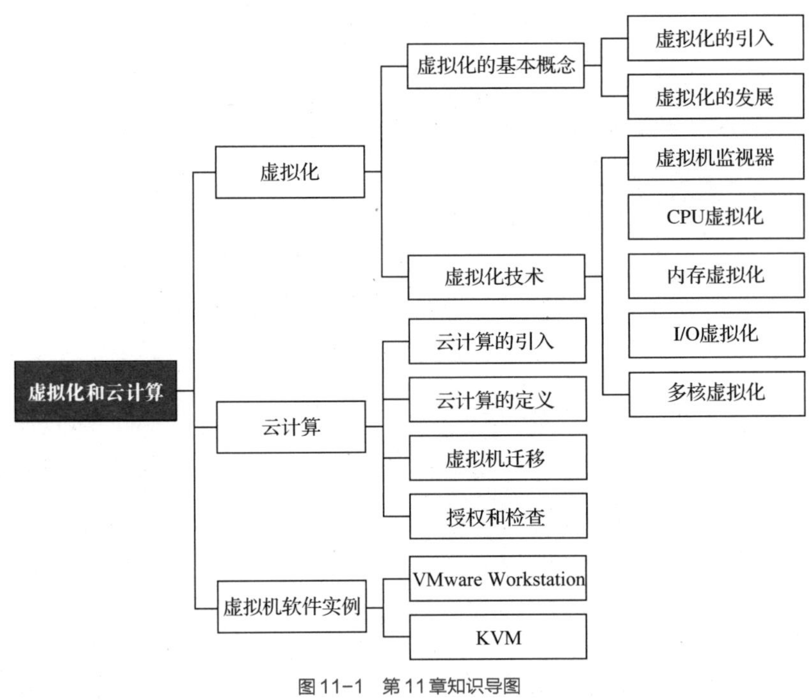

图11-1　第11章知识导图

11.1 虚拟化的基本概念

虚拟化概述

虚拟化是指把实体计算机的物理资源抽象成逻辑资源，基于这些逻辑资源构建与实体计算机架构类似、功能等价的逻辑计算机，这些逻辑计算机称为虚拟机（virtual machine，VM）。虚拟化技术是指采用纯软件或软硬件结合的相关方法与技术，实现计算机物理资源的模拟、隔离与共享。

11.1.1 虚拟化的引入

虚拟化思想的诞生可追溯到20世纪60年代，其本质是分离软硬件以产生更好的系统性能。虚拟化技术首先应用在IBM大型计算机上，引入该技术的目的是，在多用户之间共享资源并提高资源利用率和应用程序灵活度。硬件资源和软件资源（如OS和应用软件等）均可在不同的功能层进行虚拟化，其中，硬件资源包括CPU、内存、I/O设备等。近年来，随着分布式和云计算技术的迅速发展，虚拟化技术再次兴起。

广义地讲，虚拟化并不是指某个具体的技术，也没有统一的定义，所有可以对计算机资源进行抽象的技术都可以称为虚拟化技术。实际上，本书前面的章节中所讲述的进程、地址空间等概念都属于虚拟化的大类范畴：它们为多个应用程序虚拟出可以独占的逻辑CPU和地址空间，实现了对CPU、物理内存的复用。区别在于，本章所讲的虚拟化技术是系统虚拟化，它抽象的粒度（最小单元）是整个计算机，即为多个OS提供对整个计算机的复用，并为每个OS制造其独占整个计算机的假象。

虚拟化技术通过引入一个新的虚拟化层——虚拟机监视器（virtual machine monitor，VMM），在一台物理机上模拟出了一个或多个虚拟机。每个虚拟机都拥有自己的虚拟硬件和独立的运行环境。其中，物理机一般又被称为主机（host），虚拟机被称为客户机（guest）；运行在主机上的OS被称为主机OS，而运行在客户机上的OS被称为客户机OS。

虚拟化技术带来的好处主要包括以下3个方面。

1. 资源利用率

没有使用虚拟化的计算机每次只能运行一个OS，且通常无法支持基于其他OS开发的程序。而虚拟化技术允许一台计算机中存在多台虚拟机，每台虚拟机可以运行不同的OS，且每台虚拟机服务于一个客户，可根据客户需求配置计算资源，提高资源利用率。

2. 灵活性

在虚拟化技术的加持下，计算机资源可以被随意拆分、组合，以适应不同场景下的业务需求。此外，灵活性还体现在对虚拟机的监视和操作方面：通过在虚拟化层加入各种功能，可实现虚拟机的实例克隆、状态监控、快速启动和挂起操作等。另外，快照恢复、动态迁移等的实现还可以减少生产事故的发生，提高系统可靠性。例如，如果正在执行计算任务的虚拟机突然遭遇磁盘故障，则VMM可以通过调用存储在物理机上的其他备份数据进行恢复。

3. 隔离性

虚拟化技术的隔离性体现在两个方面：①硬件与软件之间的隔离，②软件与软件之间的隔离。硬件与软件之间进行隔离的好处体现在：VMM可以根据虚拟机计算负载的大小，动态地对其虚拟硬件环境进行调整，而无须考虑物理硬件的结构。软件与软件之间进行隔离主要体现在虚拟机之间的隔离上。在VMM的监督下，各虚拟机执行的敏感指令只会影响自己的CPU、内存等资源，而无法影响属于其他虚拟机的核心资源。另外，一台虚拟机在感染病毒或遭遇崩溃时，不会影响处在同一物理机上的其他虚拟机的运行。

11.1.2 虚拟化的发展

虚拟化技术首先被应用在了IBM大型计算机上，以便多个用户能够并发运行任务。通过运行多个虚拟机，可使多个用户在为单用户而设计的系统上执行任务。近年来，新的需求、新的软件和新的技术的结合，已经使得虚拟化成为了一个热点。下面具体介绍虚拟化的发展。

1. VM/370

IBM公司的OS/360的最早版本是纯粹的批处理系统。然而，许多OS/360用户希望能够在终端上交互工作，因此IBM公司决定开发一个分时系统，进而诞生了VM/370。该系统最初被命名为CP/CMS，它的直接后续版本是z/VM，目前在现有的IBM大型计算机上被广泛应用，zSeries则在大型公司的数据中心被广泛应用。例如，作为电子商务服务器，它们每秒可以处理成百上千个事务，并且可以使用容量高达数百万GB的数据库。

VM/370的核心为虚拟机监视器，它在裸机上运行并且具备多道程序功能。VM/370向上层提供了若干个虚拟机，其结构如图11-2所示。与其他OS不同的是：这些虚拟机不是那种具有文件等特征的扩展计算机，它们只是裸机硬件的精确复制品。这个复制品包含了内核态/用户态、I/O功能、中断及其他真实硬件所应具有的全部功能。

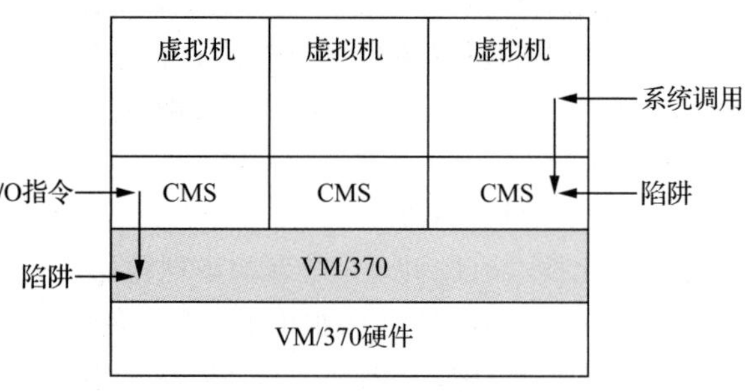

图11-2 VM/370结构

由于每台虚拟机都与裸机相同，在每台虚拟机上都可以运行一台裸机所能运行的任何类型的OS。在早期的VM/370上，一些虚拟机运行VM/360或其他大型批处理系统中的某一个，而另一些虚拟机则运行单用户、交互式系统以供分时用户使用，这个系统被称为会话监控系统（conversational monitor system，CMS）。

当一个CMS执行系统调用时，该系统调用会陷入CMS所运行的虚拟机的OS上，而不是VM/370上，就像它运行在实际的机器上而非虚拟机上一样。在此基础上，CMS会发出普通的I/O指令读出虚拟磁盘或其他需要执行的调用。这些I/O指令由VM/370陷入，然后被作为对实际硬件模拟的一部分。至此，VM/370完成指令执行。

虚拟机的现代化身z/VM，通常用于运行多个完整的OS，而不是简化成如CMS一样的单用户系统。例如，zSeries有能力随着传统的IBM OS一起运行一个或多个Linux虚拟机。

2. 新时代虚拟机

IBM拥有虚拟机产品将近50年了，而有少数公司（包括Sun Microsystems和HP等）近年来也在它们的高端企业服务器上增加了对虚拟机的支持。但是针对个人计算机，其由于受到了资源的限制，虚拟化的思想在很大程度上被忽略了。

20世纪90年代，为了满足在Intel 80x86 CPU上运行多个Windows XP系统的需求，VMware公司采用了一种新的虚拟化技术，并开发了可运行Windows XP系统的应用程序。由此开始，人们对虚拟机重新燃起了热情。该应用程序可以运行一个或多个Windows系统或其他应用于Intel 80x86平台的客户机OS，而每个OS都运行自己的应用程序。原物理机上的Windows系统为主机OS，而VMware应用程序则为VMM。客户机OS安装在一个虚拟盘上，该盘实际上只是主机OS文件系统中的一个大文件。

虽说现代OS完全能够可靠运行多个应用程序，但虚拟化技术的应用范围仍在继续扩大。在笔记本电脑和桌面计算机上，VMM允许安装多个OS来支撑用户各项研究工作，或运行为客户机OS而编写的应用程序。例如，在Intel 80x86 CPU上运行Mac OS X的Apple笔记本电脑，可以运行一个客户Windows系统，以便运行基于Windows系统的应用程序。为多个OS编写软件的公司，可以采用虚拟化技术在单个物理服务器上运行多个OS，以便高效开展开发、测试和调试工作。在数据中心，虚拟化技术通常用于运行和管理计算环境，例如，VMware ESX和Critrix XenServer的VMM不再运行在主机OS上，而是直接运行在主机上。

3. Java 虚拟机

另一个使用虚拟机的领域是具有运行Java程序需求的领域，但是该领域使用虚拟机的方式同其他领域有些不同。Sun Microsystems公司在发明Java程序设计语言的同时，也发明了称为Java虚拟机（Java virtual machine，JVM）的虚拟机。Java语言的一个非常重要的特点就是与平台无关，而使用JVM是实现这一特点的关键。一般的高级语言如果要在不同的平台上运行，则至少需要被编译成不同的目标代码。但是引入JVM后，Java语言在不同平台上运行时就不需要重新编译了。

JVM有自己完善的硬体架构，如处理机、堆栈、寄存器等，还具有相应的指令系统。它屏蔽了与具体OS平台相关的信息，使得Java编译器只要生成在JVM上运行的目标代码（字节码），就可以使该代码在多种平台上不加修改地运行。JVM在执行字节码时，会把字节码解释成具体平台上的机器指令执行。这种处理方式的一个优点是，字节码可以通过互联网传输到任何有Java解释器的计算机上，并在该计算机上执行；另一个优点是，Java解释器正确完成解释任务并不意味着程序运行结束，还要对所输入的字节码进行安全性检查，然后在一种保护环境下执行该代码，这样，程序就不能偷窃数据或进行其他任何有害的操作。

请思考主机 OS 和客户机 OS 之间的关系，并思考应该如何选择主机 OS。

11.1.3　虚拟化的必要条件

虚拟化技术方案繁多，可以从不同的角度对其加以分类。根据软件架构（主要考虑VMM在计算机系统中的位置），可将虚拟化技术分为两类：具有裸金属（bare metal）架构的虚拟化技术和具有寄居（hosted）架构的虚拟化技术。在裸金属架构中，VMM位于客户机OS与底层硬件之间，直接管理硬件，该架构下的VMM称为1型管理程序（Type 1 VMM或hypervisor），如图11-3（a）所示。实质上，它就是一个OS，因为它是唯一一个运行在内核态的程序。它的工作是支持真实硬件的多个副本（即虚拟机），其与普通OS所支持的进程类似。在寄居架构中，VMM是运行在主机OS上的软件，间接管理硬件，被称为2型管理程序（Type 2 VMM），如图11-3（b）所示。它只是一个运行在主机OS上且能“解释”机器指令集的用户程序，它也创建了一个虚拟机。这里的“解释”通常是指将程序代码分块，以特殊的方式对代码块进行处理，然后缓存并执行，从而获得性能上的提升。当然完全解释（在理论上）也是可行的，但速度很慢。

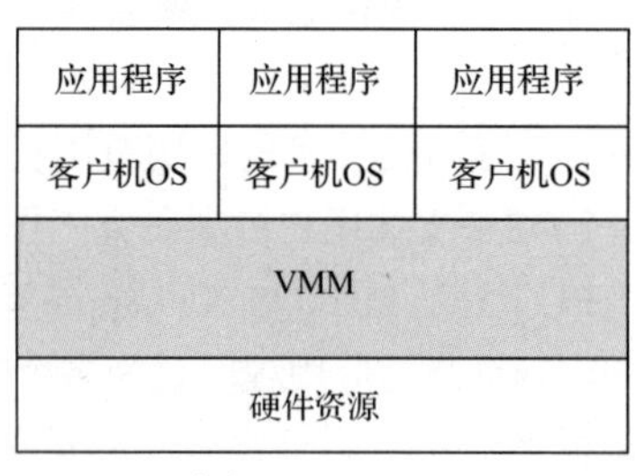

（a）Type 1 VMM

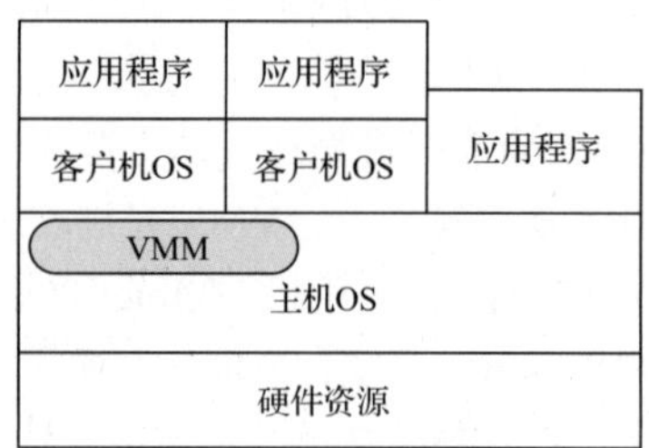

（b）Type 2 VMM

图11-3　VMM的类型

虚拟机必须像真实机器一样工作，这一点是非常重要的。换言之，用户必须能够像启动真实机器那样启动虚拟机，像在真实机器上安装任意的OS那样在其上安装任意OS。管理程序的任务就是给用户提供这种错觉，并且尽量高效。

虚拟机有两种类型的原因与Intel 80x86体系结构的缺陷有关，而且这些缺陷在近20年间以向后兼容的名义被盲目不断地推进到了新的CPU中。简单来说，每个区分内核态和用户态的处理机都有一组操作特权资源的指令，如I/O指令、改变内存管理单元状态的指令、读/写时钟与中断等寄存器的指令等，这些指令被称为敏感指令。还有一些指令在用户态下执行会引起陷入，这些指令被称为特权指令。当且仅当敏感指令是特权指令的子集时，机器才是可虚拟化的。换言之，如果用户想做一些在用户态下不能做的工作，硬件应该陷入。IBM公司的VM/370具有这种特性，但是不同的是，Intel 80x86体系结构不具有这种特性。这是因为，Intel 80x86体系结构给OS和应用程序提供了4个特权级别来访问硬件，如图11-4所示，其中Ring 0是最高级别，Ring 1次之，Ring 2再次之。虚拟化在这个体系结构中遇到了一个难题：如果主机OS是工作在Ring 0上的，那么客户机OS就不能也工作在Ring 0上。但客户机OS不知道这一点，因此它现在会执行以前执行的指令，但此时会因为其没有执行权限而引起系统出错。换言之，有一些敏感的Intel 80x86指令如果在用户态下执行会被忽略。举例来说，POPF指令替换标志寄存器，会改变允许/禁止中断的标志位。但在用户态下，这个标志位不会被改变。因此，Intel 80x86体系结构是不可虚拟化的，换言之，该体系结构不支持Type 1 VMM。

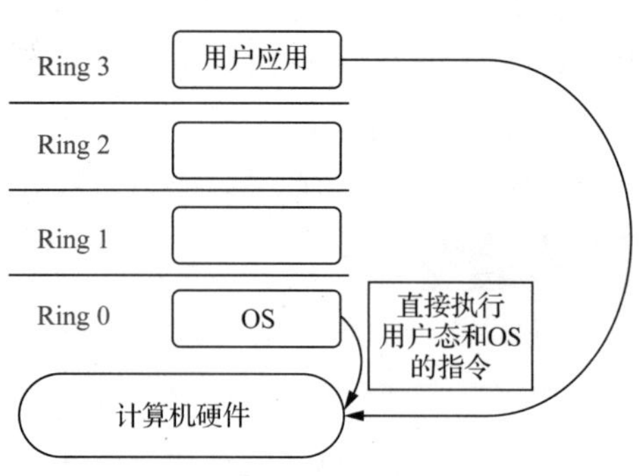

图11-4　Intel 80x86体系结构中的指令执行方式

事实上，情况比前面描述的还要糟糕一些。除了某些指令在用户态下不能陷入外，还有一些指令可以在用户态下读取敏感状态而不引起陷入。例如，在Pentium上，一个程序可以读取代码段选择器（selector）的值，从而判断它是运行在用户态还是内核态上。如果一个OS做了同样的事情，然后发现它运行在用户态上，那么OS有可能会据此做出不正确的判断。

从2005年开始，Intel和AMD公司在它们的处理机上引进了虚拟化技术，从而使问题得到了解决。在Intel Core 2 CPU上，这种技术被称为Intel虚拟化技术（Intel virtualization technology，Intel VT）。在AMD Pacific CPU上，这种技术被称为安全虚拟机（secure virtual machine，SVM）。它们的灵感都来自于IBM公司的VM/370，但也有一些细微的不同之处。它们的基本思想是创建容器以使虚拟机可以在其内运行。当一个客户机OS在一个容器内启动后，它将一直运行直到自己引发异常而陷入管理程序。例如，执行一条I/O指令。陷入操作由管理程序通过硬件位图集来管理。有了这些扩展，经典的“陷入-仿真”类型的虚拟化方法才可能实现。

11.1.4 虚拟化的实现方法

通过VMM可实现客户机OS对硬件的访问，总体来说，根据访问实现原理的不同，虚拟化技术可被分为两大类：全虚拟化（full virtualization）和半虚拟化（para virtualization）。此外，当代VMM也都在积极地借助硬件特性来提高自身性能。利用对虚拟化提供支持的硬件特性实现虚拟化的技术，统称为硬件辅助虚拟化（hardware-assisted virtualization），其在全虚拟化和半虚拟化方案中都有体现。下面分别介绍这3种技术。

1. 全虚拟化

在全虚拟化结构下虚拟出来的硬件环境与真实物理机的环境是同质的，因此客户机OS不知道自己运行在虚拟的环境中，我们也无须对客户机OS进行任何更改。使用纯软件来实现全虚拟化的方法是：VMM为虚拟机模拟出硬件环境，接收虚拟机的硬件请求，并将其转发到真正的硬件上。最直接的模拟方法是解释执行：将虚拟机的每条指令解码成对应的执行函数，由VMM负责执行。这种方法的优点是兼容性好，缺点是性能低下。后来又出现了动态翻译、扫描与修补等技术，它们虽然提高了模拟指令的效率，但效果仍不理想。不过，这种全虚拟化是不需要硬件辅助或OS辅助来虚拟化敏感指令和特权指令的唯一方案。支持纯软件实现全虚拟化的代表方案是快速模拟器（quick emulator，QEMU）。

以Intel 80x86体系结构的虚拟化为例，VMware公司使用了优先级压缩技术和二进制翻译技术，使VMM运行在Ring 0级以达到隔离和性能的要求，并且使OS转移到了比应用程序所在的Ring 3级别高、比VMM所在的Ring 0级别低的用户级。因此，客户机OS的核心指令无法直接下达至计算机系统硬件执行，而是需要经过VMM的捕获和模拟执行，其指令执行如图11-5所示。二进制翻译技术是一种直接翻译可执行二进制程序的技术，其能够把一种处理机上的二进制程序翻译到另一种处理机上执行。它位于应用程序和计算机硬件之间的一个软件层，很好地降低了应用程序和底层硬件之间的耦合度，使二者可以相对独立地发展和变化。

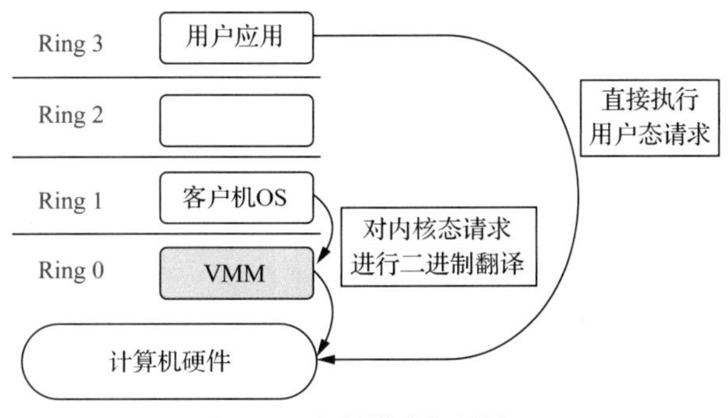

图11-5 全虚拟化的指令执行

2. 半虚拟化

半虚拟化又称为“协同虚拟化”。客户机OS能够意识到自己处于虚拟化环境，其所在的虚拟化环境中的部分硬件抽象与真实硬件是不同的，不满足同质性要求。因此，客户机OS也需要进行一些修改以适配环境，这也是半虚拟化与全虚拟化最大的区别。半虚拟化的实现机制是修改供虚拟机使用的硬件抽象，以避开硬件存在的虚拟化漏洞，并在客户机OS中加入虚拟化指令，使客户机OS可以请求VMM帮助访问硬件。客户机OS中不可虚拟化的指令被修改为可直接与虚拟化层交互的超级调用（hypercalls）。虚拟化软件层同意为其他关键的系统操作（如内存管理、中断处理、计时等）提供超级调用接口。具体的指令执行如图11-6所示。硬件的抽象可以是多种多样的，但与真实硬件差别越大，需要修改的客户机OS代码就越多。这样做的好处是免除了VMM模拟指令的开销，提高了CPU的利用率，缺点是修改OS会带来额外的工作量，并且技术支持和维护也是会有问题的。开源（开放源代码）的Xen项目是半虚拟化的一个例子，它使用一个经过修改的Linux内核来虚拟化处理机，而用另一个定制的虚拟机系统的设备驱动程序来虚拟化I/O。

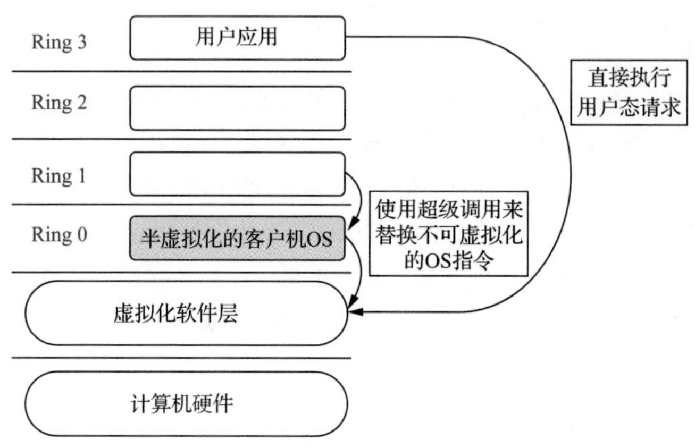

图 11-6　半虚拟化的指令执行

半虚拟化和全虚拟化各有特点。在全虚拟化时，未经修改的虚拟机系统不知道自身已被虚拟化，它不要求修改客户机OS，而是会让硬件和VMM适配客户机OS。半虚拟化技术需要将允许应用于真实机器上的OS修改为适应虚拟化环境的OS，因此可以为不同的需求定制最优化的硬件抽象接口，最大限度地提升虚拟化系统的性能。当然，它的性能优势根据不同的工作负载而有较大差别，且不支持未经修改的OS（如Windows系统），因此它的兼容性和可移植性较差。

3. 硬件辅助虚拟化

随着虚拟化技术的不断推广和应用，硬件厂商也迅速采用了虚拟化技术并开发出了具有新特性的硬件以简化虚拟化技术。第一代技术包括Intel公司的VT-x和AMD公司的AMD-V，两者都针对特权指令为CPU添加了一个执行模式，即VMM运行在一个新增的根模式下。如图11-7所示，特权指令调用和敏感指令调用都会自动陷入虚拟化层，不再需要翻译或半虚拟化。虚拟机的状态保存在虚拟机控制结构或虚拟机控制块中。

Intel公司和AMD公司的第一代硬件辅助在2006年发布，实现了虚拟化层可以不依赖于二进制翻译技术来修改OS指令的第一步。这些硬件辅助特性使创建一个虚拟化层变得更加容易。随着时间的推移，可以预见硬件辅助虚拟化的性能会超越半虚拟化的性能。第二代硬件辅助技术正在开发中，它将对虚拟化性能的提升有更大的影响，同时将会降低内存的消耗代价。

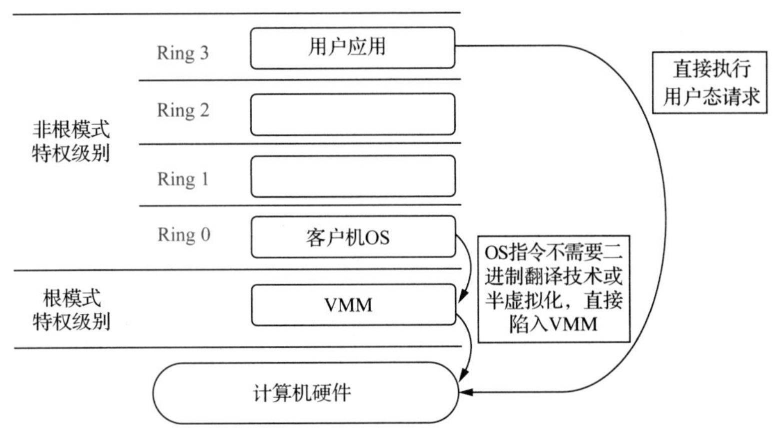

图 11-7　硬件辅助虚拟化的指令执行

下面举例说明硬件辅助虚拟化与全虚拟化的结合。实际上，全虚拟化的实现与计算机硬件结构具有强相关性。早期的Arm处理器在设计硬件结构时缺乏对虚拟化技术的支持，纯软件的全虚拟化技术实现复杂，且运行效率低下。为了解决这一问题，硬件辅助虚拟化技术应运而生。相较于早期的Arm处理器，基于Arm v8.4体系结构的鲲鹏处理机加入了许多对虚拟化技术的硬件支持，包括异常级别的设计、指令集扩展及专用寄存器等。硬件辅助降低了VMM实现的复杂度，以往依赖纯软件进行的复杂操作，现在可直接使用专用指令让硬件自动执行，这使得虚拟机的运行效率及稳定性得以提升。

11.2　虚拟化技术

根据11.1.4小节所述内容可知，全虚拟化、半虚拟化和硬件辅助虚拟化是实现虚拟化的3种技术，这些技术得以实现的核心是VMM。除此之外，随着硬件辅助虚拟化技术的应用，CPU虚拟化、内存虚拟化和I/O虚拟化等都成为了虚拟化技术实现的关键内容。

11.2.1　虚拟机监视器

如11.1节所述，虚拟机监视器（即VMM）是虚拟化技术中的虚拟化层，用来实现对计算机硬件资源的模拟、隔离和共享。从软件架构的角度来看，VMM主要有两种类型：Type 1 VMM（裸金属架构VMM）和Type 2 VMM（寄居架构VMM）。

1. Type 1 VMM

在服务器虚拟化中常用的是Type 1 VMM，此类VMM直接运行在硬件之上，管理底层硬件，并监管上层虚拟机，如图11-3（a）所示。Type 1 VMM较Type 2 VMM在安全性、隔离性等多个方面都有优势。例如，在内存管理方面，Type 1 VMM虚拟机的虚拟存储器地址到真正的物理地址只需要两次变换，减少了客户机物理地址到主机虚拟地址变换的开销。在安全性方面，Type 1 VMM更具优势。OS总是存在各种安全问题和漏洞，如计算机病毒可利用Linux系统的账号漏洞获取管理员权限，或者利用内核漏洞越过Linux系统自带的安全防护系统等。因此，相较于依赖主机OS的Type 2 VMM，直接管理硬件的Type 1 VMM更不容易让恶意软件影响到硬件或其他虚拟机，其安全性更好。

典型的Type 1 VMM有早期的Xen、VMware、vSphere的ESXi、Citrix的XenServer以及内核虚拟机。其中，早期的Xen属于半虚拟化实现方案，而ESXi、XenServer、内核虚拟机等都属于支持硬件辅助的全虚拟化实现方案。内核虚拟机比较特殊，它是基于Linux内核实现的VMM，一方面，它位于主机OS上，可谓具有寄居架构；另一方面，它能让内核直接充当紧靠硬件的VMM，因此又可谓具有裸金属架构。

2. Type 2 VMM

个人计算机上常用的是Type 2 VMM，如图11-3（b）所示。VMM作为一个应用程序运行在主机OS上，其并不直接管理硬件资源，而是利用主机OS与硬件进行交互，这会导致架构的性能和安全性下降。例如，在内存虚拟化方面，Type 2 VMM中用到的内存地址需要经过三次变换。第一次变换是客户机虚拟机地址向客户机物理地址变换，第二次变换是客户机物理地址向主机虚拟地址变换，第三次变换是主机虚拟地址向主机物理地址变换，每次变换都会造成一定的性能开销。Type 2 VMM的优点是安装、使用、卸载等都十分方便，不会影响主机OS的运行。例如，用户可以在Windows系统或Linux系统中安装VMware Workstation软件，并利用它创建和管理多个虚拟机。常见的Type 2 VMM软件还有VirtualBox、Virtual PC等，它们都支持基于硬件辅助的全虚拟化实现。

3. Type 1 VMM 与 Type 2 VMM 的区别

Type 1 VMM与Type 2 VMM的本质区别在于对硬件的控制能力，或者说VMM在计算机系统中的层级。Type 1 VMM直接管理硬件、紧贴着硬件层，而Type 2 VMM则须通过主机OS访问硬件，与硬件层隔了一层OS。在性能方面，Type 1 VMM的性能一般要高于Type 2 VMM，原因是主机OS会消耗一部分性能，同时Type 2 VMM通过主机OS管理硬件，使得管理流程更复杂，进而导致效率降低。在稳定性方面，Type 1 VMM也要优于Type 2 VMM，原因是主机OS较Type 1 VMM代码量大，安全漏洞更多，稳定性较差，易遭受计算机病毒入侵或系统崩溃等的危险，这会直接影响运行在Type 2 VMM上的虚拟机的安全性和隔离性。

总体来讲，Type 1 VMM性能更好，更适合企业用户在服务器中使用；而Type 2 VMM使用更加便捷，更适用于个人计算机。

11.2.2 CPU 虚拟化

主机上的多个虚拟机共享物理CPU。为了保证VMM对物理CPU的控制，并使得虚拟机产生独享CPU的错觉，VMM不允许虚拟机直接控制物理CPU，而是为其虚拟出了与物理CPU同质的虚拟CPU（vCPU），虚拟机允许位于虚拟CPU之上。这一技术被称为CPU虚拟化。

CPU虚拟化是将实际存在的物理CPU虚拟成逻辑上的CPU。各虚拟CPU之间相互隔离，并且都能够像物理CPU一样正确执行指令以及处理中断和异常。因此，CPU虚拟化需要实现对指令、异常和中断的模拟。例如，VMM在内存中维护一个模拟CPU各个寄存器的数据结构，以供虚拟机操作；而VMM以安全的方式为虚拟机执行指令，并使这些寄存器的数据结构按照物理CPU的规则做出响应，进而使虚拟机得到正确的反馈。

CPU的主要职责是获取、解释和执行指令。依据对计算机系统的影响程度，指令分为特权指令和非特权指令。特权指令用于系统资源的分配和管理，如改变系统的工作模式、检测用户权限、修改虚拟存储器的段表/页表等。在高特权级下，CPU可运行包括特权指令在内的一切机器指令；在低特权级下，执行特权指令会引起异常（或陷入），此时CPU需要切换到更高特权级来处理异常。在虚拟化的技术范畴中，还有一类“敏感指令”，即操作计算机特权资源的指令，如访问或修改虚拟机模式、机器状态以及I/O操作等的指令。特权指令只是敏感指令的子集。对于一般的RISC处理机，如MIPS、Power PC以及SPARC等，敏感指令肯定是特权指令，但是Intel 80x86体系结构对应的处理机例外，这类处理机的绝大多数敏感指令是特权指令，但还有部分敏感指令不是特权指令。

VMM运行在比虚拟机更高的特权级上，虚拟机执行特权指令时将陷入VMM中。在一些计算机体系结构（如Intel 80x86体系结构）中，不是特权指令的敏感指令在低特权级上运行时并不会引起异常与陷入，这使得系统无法对这些指令在虚拟机中的执行进行模拟，从而导致指令失效或越级，造成虚拟机系统不稳定，这种现象被称为“虚拟化漏洞”。

1. 指令执行

为了保证在VMM对CPU实现完全控制的同时，虚拟机能够正确、快速地运行，对于指令执行，其本质是保证虚拟机受限制地执行，其具体实现思想是：普通CPU指令直接执行，以保证计算性能；敏感指令由VMM模拟执行，以保证安全。针对不同的计算机体系结构，有两类解决方案：软件模拟虚拟化和硬件辅助虚拟化。

（1）软件模拟虚拟化。

当要在主机上运行其他体系结构的OS（如在具有Intel 80x86体系结构的主机上运行Android系统）时，VMM通过纯软件的方式模拟虚拟机所要执行的指令，主要有3种技术：解释执行技术，扫描与修补技术，以及二进制翻译技术。

① **解释执行技术**，是指将虚拟机所要执行的每一条指令都经由VMM实时解释执行。VMM把指令解释成能够在主机上运行的一个函数，而这个函数可以模拟出虚拟机希望的执行效果。该技术的优点是所有指令都在VMM的监控之下，缺点是效率低，使原本CPU在一个机器周期内就可以执行完成的普通指令，变成了复杂且耗时的内存读/写操作。

② **扫描与修补技术**，是指扫描虚拟机所要执行的代码，保留普通指令并修补敏感指令。修补是指将敏感指令替换成一个外跳转，以跳转到VMM空间里，执行可以模拟敏感指令效果的安全代码块，执行完后再跳回虚拟机继续执行下一条指令。相比解释执行技术，扫描与修补技术使得系统运行效率提高了许多，但每次需要执行敏感指令时都需要跳转，这导致代码的局部性较差，限制了系统运行效率的进一步提高。

③ **二进制翻译技术**，是指VMM在虚拟机启动时，就预先将后续可能用到的代码翻译并存储在缓冲区中。翻译时，保留普通指令，替换敏感指令，最后形成一个可直接按顺序执行的代码。该技术的优点是缓冲区中翻译好的代码局部性高，直接执行速度更快；缺点是占用内存较大。

（2）硬件辅助虚拟化。

当前大部分桌面级、服务器级的CPU都加入了对硬件辅助虚拟化技术的支持。以Intel VT技术为例，其不仅修补了虚拟化漏洞，还加入了新的虚拟化专用指令。这些专用指令通过硬件电路实现，大大降低了虚拟化的复杂度。

2. 中断和异常

除了指令的执行，虚拟机在运行过程中还会遇到中断和异常。为了使虚拟机能够正常响应中断和异常，一个可行的方案是：通过VMM采用模拟的方式为虚拟机提供与硬件环境一致的中断和异常触发条件与处理过程，以使虚拟机觉察不到其所处的环境是虚拟环境。

（1）中断的模拟。

VMM对中断的模拟，主要包括两个方面。①中断源的模拟：CPU本身产生的核间中断等中断请求，由专门的模拟程序模拟，当虚拟CPU满足中断条件时，就模拟产生一个中断请求；而外部设备的中断则由VMM的中断处理程序识别判断后，直接分配给对应的虚拟机。②中断控制器的模拟。虚拟中断控制器接收来自虚拟设备的中断请求，同时也接收来自VMM的中断请求，并以主动或被动的方式将其注入虚拟机。

（2）异常的模拟。

异常的模拟分两种情况：①由虚拟机运行在低特权级却运行了特权指令而造成的异常，这种异常将陷入VMM处理并返回虚拟机期望的正确结果；②由虚拟机自身程序存在问题导致执行的指令出错而引发的异常，对于这种异常，VMM需要严格按照CPU数据手册所定义的异常产生条件和处理规则给予虚拟机响应。

中断和异常的模拟，与计算机的硬件设计密切相关。随着CPU、内存、网卡等设备对虚拟化技术支持的不断增加，中断和异常的模拟程序将更加高效与简捷。

3. 上下文切换

虚拟机之间采用时分复用的方式共享CPU。虚拟机每运行一段时间就要被挂起，让出CPU给其他虚拟机使用。与进程切换类似，虚拟机之间要想实现切换，需要解决上下文切换问题。对于虚拟机来说，广义的上下文是指与虚拟机运行相关的CPU寄存器状态、内存状态、硬盘状态等一切软硬件环境；狭义的上下文是指虚拟机运行时CPU各寄存器的状态。这里所说的上下文都是指狭义的上下文。

VMM负责控制虚拟机进行上下文切换，具体过程分为两步：首先保存当前运行的虚拟机的上下文，然后恢复即将运行的虚拟机的上下文。解决方案主要包括软件切换和基于硬件支持的切换这两种。在软件切换中，VMM会维护一块内存，用于保存各虚拟机的上下文。在进行虚拟机切换时，先将当前CPU所有寄存器的值存入内存，再从内存中读取即将运行的虚拟机在挂起前所保存的CPU寄存器的值，并将其装入对应的寄存器中。在硬件辅助虚拟化技术出现后，硬件提供了便于虚拟机上下文切换的专用数据结构和指令，使得上下文切换的过程更加高效。以Intel VT为例进行说明，其设计了虚拟机控制结构（virtual machine control structure，VMCS），用来保存虚拟机所有vCPU的各种状态参数和操作策略。VMCS其实是物理内存中的一段有特定格式的内存空间，可通过专用指令对其进行控制。

11.2.3 内存虚拟化

内存虚拟化类似于现代OS所提供的虚拟存储器。在传统执行环境中，OS使用页表维护从虚拟存储器到机器内存的映射，这时，从虚拟存储器到机器内存只要经过一次映射即可。然而，在虚拟执行环境中，虚拟存储器的虚拟化包括共享RAM中的物理内存以及为虚拟机动态分配内存。这意味着需要客户机OS和VMM分别维护从虚拟存储器到物理内存的映射和从物理内存到机器内存的映射，即总共维护两级内存映射。同时，也需要系统支持内存管理单元虚拟化，并且使其对客户机OS透明。客户机OS仍然负责从虚拟地址到客户机物理地址的映射，但是它不能直接访问实际机器内存。VMM负责将客户机物理地址映射到实际的机器内存上。图11-8给出了两级内存映射的过程。

VMM实现从客户机物理地址到机器内存地址的变换，其代表性技术有扩展页表和影子页表。VMware使用影子页表进行地址变换，它为每台虚拟机创建一个影子页表，用以实现该虚拟机使用的虚拟地址到分配给它的机器内存地址之间的映射。当客户机OS修改了虚拟存储器到物理内存的映射时，VMM会及时更新影子页表。Intel公司在第二代硬件辅助虚拟化技术VT-x中提出了扩展页表（extended page table，EPT）技术，类似地，AMD公司也引入了嵌套页表（nested page table，NPT）技术。这些技术都是硬件辅助虚拟化技术，具体实现细节此处不再详细介绍，读者若有兴趣，可查阅相关资料进行了解。

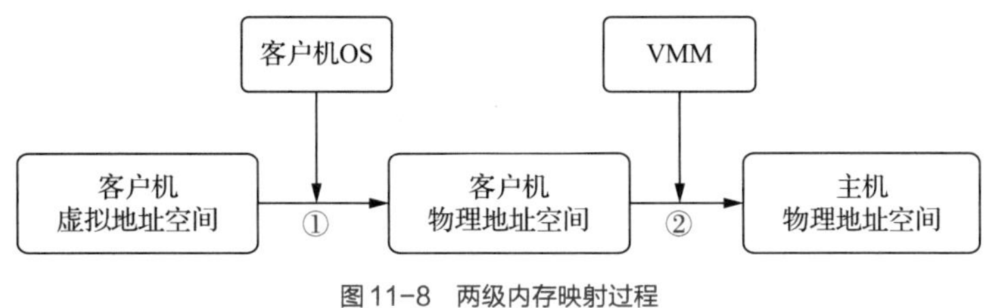

图11-8　两级内存映射过程

11.2.4　I/O 虚拟化

I/O虚拟化是指管理虚拟设备与共享物理硬件之间的I/O请求的路由选择。目前，实现I/O虚拟化的方法有3种：全设备模拟、半虚拟化和直接I/O。

1. 全设备模拟

全设备模拟是实现I/O虚拟化的第一种方法，通常来讲，该方法可以模拟一些知名的真实设备。一个设备的所有功能或总线结构，如设备枚举、识别、中断和DMA等，都可以在软件中进行复制。该软件作为虚拟设备而处于VMM中，客户机OS的I/O访问请求会陷入VMM中，与I/O设备进行交互。全设备模拟模型如图11-9所示。

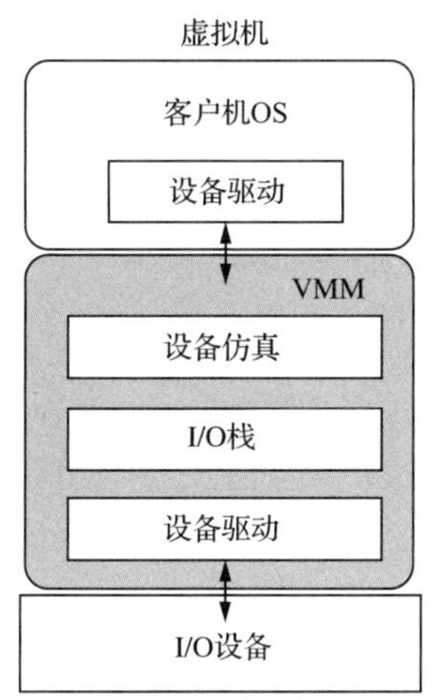

图11-9　全设备模拟模型

2. 半虚拟化

单一的硬件设备可以由多个同时运行的虚拟机共享。然而，软件模拟的运行速度会显著慢于其所模拟的硬件。I/O虚拟化的半虚拟化方法是Xen所采用的方法，即分离式驱动模型，该模型由两部分构成：前端驱动和后端驱动。前端驱动运行在Domain U中，后端驱动运行在Domain 0中，两者通过一块共享内存进行交互。前端驱动负责管理客户机OS的I/O请求，后端驱动负责管理真实的I/O设备并复用不同虚拟机的I/O数据。与全设备模拟相比，半虚拟化方法可以获得更好的设备性能，但也会产生更高的CPU开销。

3. 直接I/O

直接I/O虚拟化可使虚拟机直接访问设备硬件。它能获得近乎访问本地硬件的性能，并且CPU开销不大。然而，当前所实现的直接I/O虚拟化技术主要应用于主机较多的大规模网络中，而要想应用于商业硬件设备，则仍有许多挑战。例如，当一个物理设备被回收以备后续再用时，它可能被设置为一个未知状态，这可能会引起系统工作不正常，甚至让整个系统崩溃。

由于基于软件的I/O虚拟化会产生非常大的设备模拟开销，硬件辅助的I/O虚拟化很关键。Intel公司的VT-d支持I/O DMA传输的重映射和设备产生中断。这种结构提供了支持多用途模型的灵活性，可以运行未修改的、具有特殊目的的、虚拟化感知的客户机OS。

另一种辅助I/O虚拟化的方法是自虚拟化I/O（self-virtualized I/O，SV-I/O）。该方法的关键是利用多核处理机的富余资源。所有与I/O设备虚拟化相关的任务都被封装在SV-I/O中。它提供虚拟设备，以及一个访问虚拟机的相关API和对VMM进行管理的API函数。SV-I/O为每种类型的虚拟化I/O设备定义了一个虚拟接口，如虚拟网络接口、虚拟块设备（磁盘）、虚拟相机设备等。客户机OS通过虚拟接口设备驱动同虚拟接口进行交互。每个虚拟接口均由两个消息队列构成，一个对应OS向外流入设备的消息，另一个对应从设备向内流入OS的消息。

11.2.5 多核虚拟化

虚拟机与多核技术的结合，打开了一个全新的世界，在这个世界里，我们可以在软件中指定可用的处理机数量。例如，有4个可用的核，每个核最大可以支持8个虚拟机，若有需要，则1个单独的处理机就可以配置成32节点的多处理机系统。不过根据软件的需求，它也可以有更少的处理机。

与虚拟化单核处理机相比，虚拟化多核处理机更加复杂。尽管多核处理机通过在一个单一芯片上集成多个处理机核而具有更高的性能，但多核虚拟化对计算机体系结构工程师、编译器编写者、系统设计者和应用程序编程人员都提出了许多新的挑战。主要有两个较复杂的问题：一是应用程序编写者必须完全并行地使用所有处理机核；二是软件必须明确地为处理机核分配任务。

在具体实现方面，多核虚拟化技术正处在发展阶段。维尔斯（Wells）等人提出了一种多核虚拟化的方法，该方法允许硬件设计者获得处理机核低层细节的抽象，这减轻了由软件管理硬件资源所带来的负担以及低效性。它位于ISA之下并且不需要OS或VMM的修改。新兴的片上多核处理机（chip multiprocessor，CMP）提供了一种新的计算方式，即除了在一个或多个处理机核上支持分时共享作业外，还可以使用多余的处理机核进行空间共享，其中单线程或多线程作业被同时长时间地分配给了独立的核组。为了优化空间共享负载的性能，该方法使用虚拟层次结构，在一个物理处理机上覆盖了一层一致的缓冲结构。不像固定的物理层次结构，虚拟层次结构可以通过自动调整空间共享负载的方式来获得更好的性能。

11.3 云计算

云计算简介

云计算（cloud computing）是在分布式计算（distributed computing）、并行计算（parallel computing）和网格计算（grid computing）的基础上发展起来的一种新兴的商业计算模型。

11.3.1 云计算的引入

云计算是近年来信息技术领域受关注程度很高的主题之一。实际上，云计算的理论和研究已有多年历史，从J2EE（Java 2 platform enterprise edition）和.NET框架，到按需计算（on-demand computing）、效用计算（utility computing）、软件即服务（software as a service，SaaS）等新理念、新模式，它们其实都可被看作对云计算的不同解读或云计算发展的不同阶段。云计算一词最早被大范围传播是在2006年左右，距今已有十多年历史了。此后，各种关于云计算的概念层出不穷，在此背景下，云计算开始流行。

实际上，云计算本身无论是商业模式还是技术，都已经发展了很长时间，并在实践过程中逐步演进。云计算最初源于互联网公司的成本控制，这些公司会尽可能合理地利用每一个硬件，最大限度地发挥机器价值。随着公司业务需求的不断增长，服务器整体性能不断上升，如何管理和维护成千上万台服务器，这成了大型互联网公司所面临的挑战。除此之外，海量数据的存储问题同样是互联网公司所面临的棘手问题。因此，在流量和服务器数量都高速增长的情况下，一个能够与网页增长速度保持同步的系统必不可少。由此引出了“云”和云计算。

业界有一种很流行的说法，该说法将云计算模式比喻为发电厂的集中供电模式。换言之，通过云计算，用户可以不必去购买新的服务器，更不必去部署软件，即可得到应用环境或者应用本身。对于用户来说，软硬件产品不需要部署在身边，这些产品也不再专属于用户，而是变成了一种可利用的、虚拟的资源。

追根溯源，云计算同并行计算、分布式计算、网格计算等有着千丝万缕的关系，同时，其也是虚拟化、效用计算、SaaS、面向服务的架构（service-oriented architecture，SOA）等技术混合演化的结果。回顾云计算的发展历程，可以将其划分为3个阶段。

1. 第一阶段

2006年之前，属于云计算发展前期，虚拟化技术、并行计算、网格计算等与云计算密切相关的技术各自发展，它们的商业化和应用也比较单一和零散。

2. 第二阶段

2006—2009年，属于云计算技术发展阶段，云计算、云模式、云服务的概念开始受到各个厂家和标准组织的关注，大家的认识逐渐趋同，并结合传统的虚拟化技术、并行计算以及网格计算等，使云计算的技术体系日趋完善。

3. 第三阶段

2010年至今，属于云计算技术与应用得到高度重视和飞速发展的阶段。这一阶段非常重要的一点是，云计算得到了政府和企业的高度重视与逐步认同，云计算技术与应用得到了飞速发展。

11.3.2 云计算的定义与基本特征

1. 云计算的定义

云计算是分布式计算、网格计算、并行计算、效用计算、网络存储技术、虚拟化技术、负载均衡等传统计算机技术和网络技术发展融合的产物，它旨在通过网络把多个成本相对较低的计算实体整合成一个具有强大计算能力的完美系统，并借助SaaS（软件即服务）、PaaS（平台即服务）、IaaS（基础设施即服务）、MSP（管理服务提供商）等先进的商业模式，把其强大的计算能力分布到终端用户手中。云计算的一个核心理念是，通过不断提高“云”的处理能力来减少用户终端的处理负担，最终使用户终端简化成一个单纯的I/O设备，并能按需享受“云”的强大处理能力。

目前，对云计算的认识还在不断发展变化中，其定义有多种。现阶段广为接受的是美国国家标准与技术研究院（national institute of standards and technology，NIST）所给出的定义：云计算是一种采用按计算资源使用量进行付费的模式来提供可用、便捷、按需的网络访问服务的技术，用户进入可配置的计算资源共享池（其中包含网络、服务器、存储设备、应用软件等）后，只要投入很少的管理工作或与服务供应商进行很少的交互，即可快速获得这些资源。

狭义的云计算是指IT基础设施的交付和使用模式，亦指通过网络以按需、易扩展的方式获得所需的资源。提供资源的网络被称为“云”。“云”中的资源在用户看来是可以无限扩展的，并且可以随时获取、按需使用、随时扩展、按使用收费。这种特性经常被比喻为像使用水和电一样使用IT基础设施。

广义的云计算是指服务的交付和使用模式，亦指通过网络以按需、易扩展的方式获得所需的服务，这种服务可以是与IT、软件、互联网相关的，也可以是任意其他的服务。

2. 云计算的基本特征

参考NIST给出的云计算定义，该定义指出了云计算的5个特征，它们的含义介绍如下。

（1）按需自助服务。

消费者无须同服务供应商交互就可以在需要时得到自助的计算资源（资源的自助服务），如服务器时间、网络存储等。

（2）无处不在的网络访问。

用户可借助不同的客户端，通过标准的应用进行网络访问以获取可用服务。

（3）共享资源池。

根据消费者的需求来动态划分或释放不同的物理资源和虚拟资源，这些资源的供应商以计算共享资源池多租户的模式来提供服务。用户并不控制或了解这些共享资源池的准确划分，但可以知道这些共享资源池处于哪个行政区域或数据中心，共享资源池中包含网络、服务器、存储设备、应用软件等。

（4）快速弹性。

一种能快速、弹性地提供资源和释放资源的能力。对消费者而言，云计算所提供的这种能力是无限的，并且用户可在任何时间以任何量化方式对其进行购买。

（5）服务可计量。

云系统通过计量的方法对服务类型进行自动控制、对资源（如网络、服务器、存储设备等）进行优化使用。资源的使用可被监测并控制，同时，资源使用结果能以透明报告的形式提供给服务供应商和用户（即付即用的模式）。

云软件可充分借助云计算的范式优势来提供服务，其聚焦于无状态、松耦合、模块化以及语义解释等方面的能力提升。

11.3.3 虚拟机迁移

虚拟机的迁移技术为虚拟机的管理提供了更方便的支持，系统可以在不间断服务的情况下，将虚拟机从主机A迁移到主机B。虚拟机迁移可分为以下3类。

（1）**P2V**：物理机到虚拟机的迁移。

（2）**V2V**：虚拟机到虚拟机的迁移。

（3）**V2P**：虚拟机到物理机的迁移。

V2V迁移方式又可分为静态迁移和动态迁移。

1. 静态迁移

静态迁移也叫作常规迁移、离线迁移，即在虚拟机关机或暂停的情况下，从一台物理机迁移到另一台物理机。因为虚拟机的文件系统建立在虚拟机镜像文件上面，所以在虚拟机关机的情况下，只需要简单地迁移虚拟机镜像文件和相应的配置文件到另一台物理机上即可。如果需要保存虚拟机迁移之前的状态，则须在迁移之前将虚拟机暂停，然后复制状态至目标主机，最后在目标主机上重建虚拟机状态，以恢复执行。这种方式所对应的迁移过程，需要显式地停止虚拟机的运行。从用户角度来看，这个过程中有明确的一段停机时间，在这段时间内，虚拟机上的服务不可用。静态迁移的步骤如下：

（1）复制虚拟机的镜像文件和配置文件；

（2）将镜像文件和配置文件复制到目标虚拟机相应的目录中；

（3）激活虚拟机配置文件；

（4）开启虚拟机电源，启动迁移后的虚拟机。

2. 动态迁移

动态迁移也叫作在线迁移，分为手动和自动两种。在云系统中使用的服务器，通常是一组通过物理网络（如局域网）互联的物理机器，这些机器称为物理集群。云系统使用虚拟化技术来虚拟物理集群（形成虚拟集群）。虚拟集群由多个客户虚拟机构成，这些客户虚拟机安装在一个或多个物理集群所构成的分布式服务器上。在逻辑上，处于一个虚拟集群的客户虚拟机，通过一个跨越了多个物理网络的虚拟网络互联在一起。

在虚拟集群中，虚拟机客户机系统与主机系统并存，并且虚拟机运行在物理机之上。当一个虚拟机失效时，其角色可被其他节点上的虚拟机替代，只要两个虚拟机运行相同的客户机OS即可。换句话说，一个物理节点可以将故障转移至另一台主机的虚拟机上。这与传统物理集群中物理机器到物理机器的故障转移并不相同。这种方式的优点是具有更强的故障转移灵活度，但潜在的问题是，当虚拟机所驻留的物理机失效时，系统必须停止该虚拟机以当前角色继续运行。该问题可以通过虚拟机的在线迁移加以解决。图11-10所示为虚拟机从主机A向主机B在线迁移的过程，共有6个步骤；在迁移过程中，虚拟机的状态文件会从存储区域复制到物理机上。

当虚拟机运行在线服务时，虚拟机在线迁移方案的设计目标是最小化3个指标：微小的停机时间、最低的网络带宽消耗以及合理的总迁移时间。除此之外，在迁移过程中，还需要确保不会因资源（如CPU、网络带宽等）竞争而中断运行在同一物理机上的其他活跃服务。

虚拟机在线迁移的具体过程一般包括以下4个阶段。

阶段1：开始迁移。该步骤主要为后续的迁移做准备，包括确定要迁移的虚拟机和目标主机。尽管用户可以手动将一台虚拟机迁移到一台合适的物理机上，但在大部分情况下，在线迁移是因负载均衡和服务器合并等策略而自动发起的。

阶段2：传输内存。由于虚拟机的整个执行状态都存储在内存之中，因此向目标节点发送虚拟机的内存可以确保虚拟机提供服务的连续性。第一轮会传输所有的内存数据，后续的传输会不断地迭代复制上一轮更新过的数据，该过程重复进行，直至脏页足够少。在该步骤中，尽管一直在迭代复制内存，但并不中断程序的运行。

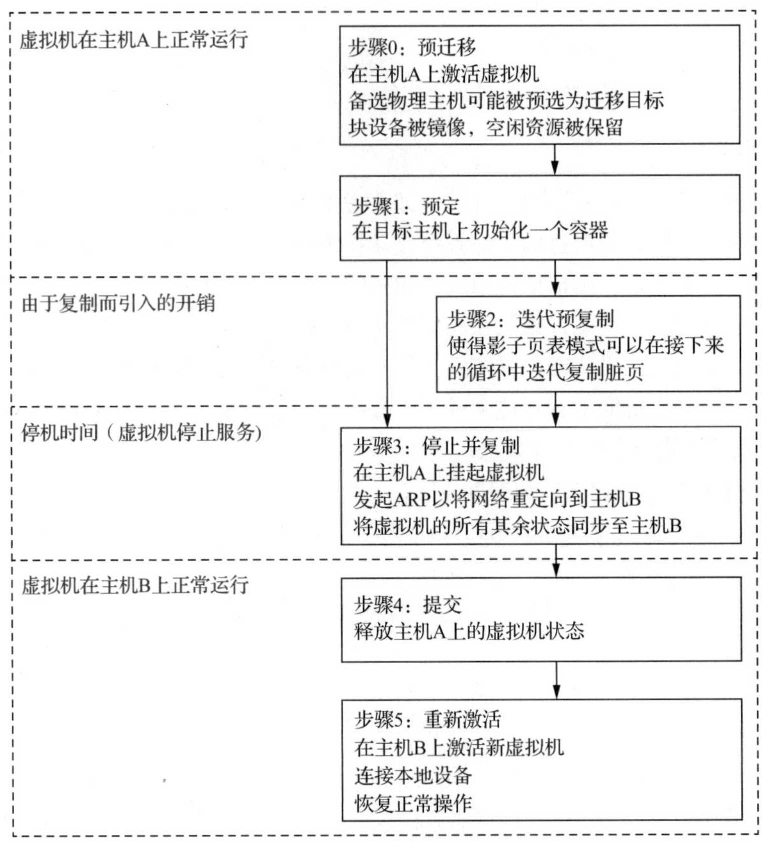

图 11-10　虚拟机在线迁移过程

阶段3：挂起虚拟机并复制最后的内存数据。在最后一轮传输内存数据时，挂起正在被迁移的虚拟机，同时发送其他非内存数据，如CPU状态和网络状态等。在该步骤中，虚拟机停止且其他应用不再运行。这一段不可用时间称为迁移的停机时间。应尽量缩短停机时间，最好能使其无法被用户察觉。

阶段4：提交并激活新虚拟机。在复制了所有需要的数据之后，在目标主机上，虚拟机重新装载其整体，然后恢复在其中执行的程序，并继续为它们提供服务；然后，网络连接被重定向至新虚拟机，对源主机的依赖被清除；最后，从源主机中移除原始虚拟机。至此，整个迁移过程结束。

11.3.4　授权和检查

软件授权是软件保护概念的延伸与发展，其目标对象同时涵盖了开发商和最终用户。软件授权的目的是，在保护软件不被盗版的同时，为开发商创造更方便、更灵活的销售模式。

大部分软件是基于每个处理机进行授权的。换言之，当用户购买一款程序时，用户只是有权在一个处理机上运行它。这个购买合同也可能会约定不允许用户在同一台物理机上的多个虚拟机中运行该软件，此时，很多软件商就不知道应该怎么办了。

如果某些公司获得授权可以同时在n个虚拟机上运行软件，那么问题会更糟糕，特别是当虚拟机按照需要不断产生和消亡的时候。在某些情况下，软件商在许可证（license）中会加入明确的条款，即禁止在虚拟机或未授权的虚拟机中使用该软件。

以微软公司的Windows Server 2012 R2为例，它有两种基本的版本：标准版和数据中心。除了针对不同的虚拟机许可证不同外，两种版本各自的特点几乎相同。这意味着用户选择的版本取决于虚拟环境，而不是所需要的功能可用性。

（1）标准版的许可证只允许物理机运行两个虚拟机，这两个虚拟机不能使用虚拟机自动激活（automatic virtual machine activation，AVMA）技术。

（2）数据中心与许可证在同一台物理机上，此时物理机可以运行的虚拟机数量不受限制，这些虚拟机可以容易地使用AVMA技术。

虚拟机不会直接授权。然而，如上所述，标准版的许可证允许一个许可的物理机上运行达到两个虚拟机的虚拟实例。数据中心的许可证允许物理机上运行含任意数量虚拟机的虚拟实例。

而在云计算中，授权主要用于身份认证与访问管理。它是确定用户或系统身份并授予权限的过程，被用来确定用户或服务是否具有执行某些操作的权限。在数字服务方面，授权是认证的下一步骤。授权管理是为了有效管理根据机构策略制定的实体可访问资源的权利而进行的活动。

11.4 实例：虚拟机软件

1. VMware Workstation

VMware Workstation是VMware公司销售的商业软件产品之一。该软件包含一个用于兼容Intel 80x86体系结构计算机的虚拟机套装，其允许用户同时创建和运行多个具有Intel 80x86体系结构的虚拟机。每个虚拟机可以运行其安装的OS，如（但不限于）Windows、Linux、BSD等系统。简单来说，VMware Workstation允许一台真实的计算机在一个OS中同时打开并运行数个OS。其他VMware产品帮助在多个主机之间管理或移植VMware虚拟机。

运行VMware Workstation进程的计算机和OS被称为主机。在一个虚拟机中运行的OS实例被称为虚拟机客户机。类似于仿真器，VMware Workstation为客户机OS提供完全虚拟化的硬件集。例如，客户机只会检测到一个AMD PCnet网络适配器，其与主机上真正安装的网络适配器的制造商和型号无关。VMware Workstation在虚拟环境中将所有设备虚拟化，包括视频适配器、网络适配器以及硬盘适配器。它还为通用串行总线（universal serial bus，USB）设备、串行设备和并行设备等提供传递驱动程序，这些程序会将虚拟设备的访问传递到真实物理设备的驱动程序中。由于与主机的真实硬件无关，所有虚拟机客户机使用相同的硬件驱动程序，虚拟机实例对各种计算机是高度可移植的。例如，一个运行中的虚拟机可以被暂停下来，并被复制到另一台作为主机的真实计算机上，然后从其被暂停的确切位置再恢复运行。借助VMware公司的VirtualCenter（虚拟机中心）产品的Vmotion功能，甚至可以在无须虚拟机暂停的前提下对其进行复制（移植），换言之，即使在向不同的主机移植虚拟机时，这些虚拟机仍然可以不用暂停而一直运行。

2. KVM

KVM的全称是kernel-based virtual machine，即内核虚拟机。KVM是以色列开源组织Qumranet开发的。为了简化开发，KVM的开发人员并没有选择从低层开始新写一个hypervisor，而是选择基于Linux内核，通过加载新的模块使Linux内核变成一个虚拟机管理层。2006年10

月，在完成基本功能、动态迁移以及主要的性能优化后，KVM正式诞生。同年，KVM模块的源代码正式进入Linux内核，成为其内核源代码的一部分。

KVM的运行需要主机具有Intel 80x86体系结构且硬件支持虚拟化技术（如Intel VT或AMD-V），还需要将一个经过修改的QEMU软件作为虚拟机的上层控制软件，并使用其界面。KVM本身并不模拟任何硬件，而是使相应的硬件单元能提供虚拟化能力。由于KVM在Linux内核中，其可以直接在主机上执行虚拟机中的部分指令，这为虚拟机提供了良好的CPU虚拟化和内存虚拟化功能。而QEMU软件主要进行I/O设备虚拟化，用于辅助KVM进行整个虚拟化过程。

KVM能在不改变Linux或Windows镜像的情况下同时运行多个虚拟机，并为每个虚拟机配置个性化硬件环境。支持KVM虚拟化技术的OS有很多，包括各种版本的Linux、FreeBSD、Solaris、Windows、Mac OS、Haiku、ReactOS、Plan 9、AROS Research OS等。

思考题

请在你自己的计算机上安装一个虚拟机软件，如 VMware Workstation，并安装一个客户机 OS，如 Linux 系统。请思考这种安装方式与直接安装 OS 有何异同。

11.5 本章小结

虚拟化技术是指在一台物理机上引入一个虚拟软件层，以模拟出一个或多个虚拟机。云计算技术使大量的硬件资源通过虚拟化技术结合成了一个有机整体。虚拟化技术是云计算技术得以实现的重要基石。

本章重点介绍了虚拟化和云计算。在介绍虚拟化的引入、发展、必要条件和实现方法的基础上，详细介绍了虚拟化的各项技术，包括VMM、CPU虚拟化、内存虚拟化、I/O虚拟化和多核虚拟化。在此基础上，引出了云计算，介绍了云计算的定义和基本特征，以及云环境下的虚拟机迁移、授权和检查。最后，给出了虚拟机软件的两个实例，以帮助读者更好地理解虚拟机的相关概念与技术实现。

习题11

1. 何谓虚拟化？为什么要引入虚拟化？
2. 请简述虚拟化的发展过程。
3. 实现虚拟化的主要技术有哪些？请简要说明。
4. 举例说明硬件辅助虚拟化与全虚拟化的结合。
5. 何谓VMM？它主要有哪些类型？
6. 何谓CPU虚拟化？如何实现CPU虚拟化？
7. 试比较解释执行技术、扫描与修补技术以及二进制翻译技术的优缺点。
8. VMM控制虚拟机进行上下文切换的主要实现方式有哪些？
9. 试说明内存虚拟化中两级内存映射的过程。
10. 请简述全设备模拟、半虚拟化和直接I/O这3种设备虚拟化技术。
11. 实现多核虚拟化的主要困难有哪些？
12. 何谓云计算？为什么要引入云计算？

13. 试对广义的云计算和狭义的云计算进行比较。
14. 云计算的基本特征有哪些？
15. 什么是静态迁移？请简述它的处理过程。
16. 什么是动态迁移？它的处理步骤有哪些？
17. 请简述物理集群和虚拟集群的区别。
18. 请举例说明虚拟机的在线迁移过程。
19. 虚拟机在线迁移方案的设计目标是什么？
20. 软件授权的目的是什么？
21. 运行在虚拟机上的软件应如何被授权？举例说明。
22. 云计算中授权的主要功能是什么？

第12章 保护和安全

第12章导读

国家安全是民族复兴的根基，社会稳定是国家强盛的前提。

随着计算机技术的迅速发展，在计算机系统中存储的信息越来越多，由此引出了信息安全问题。它主要源自两类攻击。①恶意攻击：攻击者试图获取或毁坏敏感信息，甚至破坏系统的正常操作，由此可能造成很大的经济损失和社会危害。②无意/偶发性攻击：主要源于人们操作上的失误、计算机硬件的故障、OS或其他软件中潜在的漏洞，以及火灾等自然灾害，由此造成的后果同样可能是非常严重的。本章知识导图如图12-1所示。

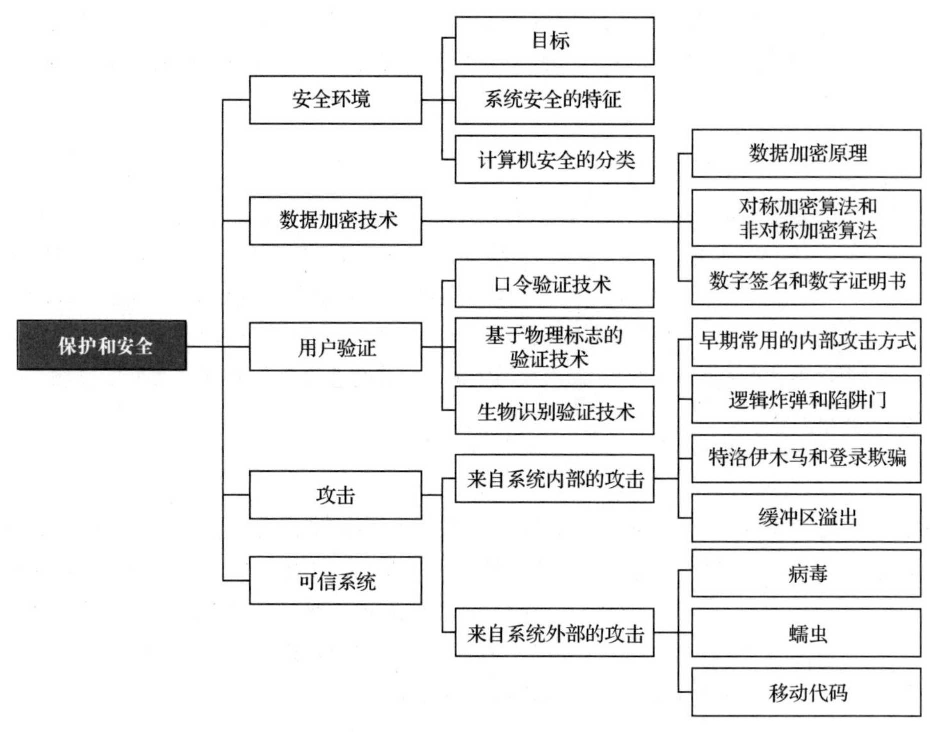

图12-1 第12章知识导图

12.1 安全环境

社会的复杂性和某些事物的不可预知性，使得计算机系统的环境往往是不安全的。因此，必须对计算机系统的工作环境采取“保护”措施，使之变成为一个“安全环境”。“保护”和“安全”是有着不同含义的两个术语。保护可被定义为：能够对攻击、入侵和损害系统等行为进行防御或监视的设施。安全可被定义为：对系统完整性和数据安全性的可信度衡量。因此，保护可以被视作，为保障系统中数据的机密性、完整性和系统可用性所必需的特定机制与策略的集合。换言之，实现“安全环境”是目标，而保护是为了实现该目标所采取的方法和措施。

12.1.1 实现“安全环境”的主要目标

实现“安全环境”的主要目标有三：数据机密性、数据完整性和系统可用性。相应地也面临着三方面的威胁：攻击者通过各种方式窃取系统中的机密信息以使其暴露；攻击者擅自修改系统中所保存的数据以使其被破坏（即实现数据篡改）；攻击者采用多种方法来扰乱系统以使其瘫痪而拒绝提供服务。

1. 数据机密性

数据机密性（data secrecy）是指将机密的数据置于保密状态，仅允许被授权用户访问系统中的信息，以避免数据暴露。更确切地说，系统必须保证用户的数据仅供被授权用户阅读，而不允许未经授权的用户阅读，这就是所谓的数据机密性。

攻击者可能采用各种方式进入系统，以截取系统中的文件和数据，由此造成系统信息泄露。其中较常用的一种方式是“假冒”（masquerading），即攻击者伪装成一个合法用户，利用安全体制所允许的操作去读取文件中的数据。为防止假冒，系统在用户进入系统前，必须对用户的身份进行验证。

2. 数据完整性

数据完整性（data integrity）是指未经授权的用户，不能擅自篡改系统中所保存的数据。此外，还必须能保持系统中数据的一致性。系统中的数据被篡改，较常见的一种攻击方式是“修改”（modification）。未经核准的用户不仅可能从系统中获取信息，而且可能修改或文件中的信息，例如，攻击者可对文件中的数据进行修改或删除。威胁数据完整性的另一种更为“恶毒”的攻击方式是“伪造”（fabrication）。攻击者可能会在计算机的某些文件中增加一些经过精心编造的虚假信息。

3. 系统可用性

系统可用性（system availability）是指保证计算机中的资源可供授权用户随时访问，而系统不会拒绝服务。更明确地说，授权用户的正常请求能及时、正确、安全地得到服务或响应。但是，攻击者为了达到使系统拒绝服务的目的，可能会通过“修改”合法用户名称的方式将其变为非法用户，进而使系统拒绝向该合法用户提供服务。此外，拒绝服务还可能会由硬件故障引起，如磁盘故障、电源断电等，也可能会由软件故障引起。

12.1.2 系统安全的特征

系统安全问题所涉及的面较广，它不仅与系统中所用的软硬件设备的安全性能有关，而且与构造系统时所采用的方法有关，还与管理和使用该系统的人员情况有关，这使系统的安全问题变得非常复杂，主要表现为如下几点。

1. 多面性

在大型系统中通常存在着多个风险点，我们应从三方面采取措施对这些风险点加以防范。①**物理安全**：是指系统设备及相关设施应得到物理保护，使自身免遭破坏或丢失。②**逻辑安全**：是指系统中信息资源的安全，它又包括数据机密性、数据完整性和系统可用性。③**安全管理**：包括对系统所采用的各种安全管理策略与机制。这三方面中的任一方面出现问题，都可能会引发安全事故。本章主要介绍系统的逻辑安全。

2. 动态性

由于信息技术不断发展和攻击手段层出不穷，系统的安全问题呈现出以下动态性。①信息的时效性：例如，在今天来看是十分紧要的信息，到明天可能就失去作用了，而同时可能又产生了新的紧要信息。②攻击手段的不断翻新：随着科学技术的不断进步，有可能今天还是多数攻击者所采用的攻击手段，到明天便很少再被使用了，而又出现了更难被发现的攻击手段。由于系统安全的动态性，人们无法找到一种针对安全问题的一劳永逸的解决方案。

3. 层次性

大型系统的安全问题是一个相当复杂的问题，因此必须采用系统工程的方法对其加以解决。为了简化复杂性，系统安全通常采用层次-模块化结构方法：首先，将系统安全问题划分为若干个安全功能模块，并将它们作为最高层；其次，将其中每个安全功能模块划分成若干个安全子功能模块，并将它们作为次高层；再次，进一步将一个安全子功能模块划分为若干安全孙功能模块，并将它们作为第三层；以此类推，最后，划分所得的最低一层是一组最小可选择的安全功能模块。这样，即可用多个层次的安全功能模块来覆盖整个系统安全的各个方面。

4. 适度性

当前几乎所有的单位在实现系统安全工程时都遵循了安全适度性原则，即根据实际需要提供适度的安全目标加以实现。这是因为：①系统安全的多面性，使得对安全问题的全面覆盖基本上不可能实现；②实现全覆盖所需的成本是难以令人接受的；③由于系统安全的动态性，即使当时实现了安全问题的全覆盖，随着计算机技术的迅速发展与企业规模的不断扩大，也必然很快就会出现新的安全问题（此时安全问题不再被全覆盖）。因此在构建系统安全机制时，都要遵循安全适度性原则。

12.1.3 计算机安全的分类

针对计算机安全评价，美国制定了可信计算机系统评价准则（trusted computer system evaluation criteria，TCSEC），英国等欧洲国家制定了信息技术安全评价准则（information technology security evaluation criteria，ITSEC）。这些准则经结合，即形成了“信息技术安全评价通用准则”，简称CC。为了能有效地以工业化方式构造可信任的安全产品，国际标准化组织将CC作为了国际标准。CC为相互独立的机构的信息技术安全产品提供了评比准则。

1. CC 的由来

对一个安全产品（系统）进行评估是一件十分复杂的事，需要有一个能被广泛接受的评价标准来支撑。为此，在1983年，美国国防部颁布了历史上第一个计算机安全评价标准。该标准共包括20多个文件，每个文件都使用了不同颜色的封面，因此这些文件统称为“彩虹系列”。其中最核心的文件是TCSEC，由于它是橙色封皮，故简称为“橙皮书”。1985年，美国国防部对TCSEC进行了修订。

2. 计算机安全的分类

在TCSEC中将计算机系统的安全程度划分为4类：D、C、B、A。这4类共可分为7个等级：D、C_1、C_2、B_1、B_2、B_3、A。

（1）**D级**，是最低安全级别，又称为安全保护欠缺级。凡是无法达到另外3类标准要求的，都被归为D级。常见的无密码保护的个人计算机系统便属于D级，早期的MS-DOS系统便属于D级。

（2）**C_1级**，C类是仅高于D类的安全类别。C类分为两级：C_1和C_2。C_1级的系统组合了若干种安全控制，用户可利用它们来保护自己的信息。C_1级要求OS使用保护模式和用户登录验证，并赋予用户自主访问控制权，即允许用户指定其他用户对自己文件的使用权限。大部分的UNIX系统属于C_1级。

（3）**C_2级**，又称为受控存取控制级。它是在C_1级的基础上增加了一个“个体层”访问控制。例如，可将对一个文件的访问控制权限，指定到一个单一个体的层次上，即允许把自主访问控制权限下放到个人用户级。C_2级还提供了对用户尚未清除的有用信息的保护功能。当前广泛使用的安全软件大多属于C_2级。

（4）**B_1级**，具有C_2级的全部安全属性。在B类系统中，会为每个可控用户和对象贴上一个安全标注。另外，可将安全标注分为4级：无密级、秘密级、机密级和绝密级。访问规程规定，处于低密级的用户不能访问高密级的文件。但是，一个处于绝密级的用户能访问所有密级的文件。

（5）**B_2级**，具有B_1级的全部安全属性。B_2级要求系统必须采用自上而下的结构化设计方法，并能够对设计方法进行检验，对可能存在的隐蔽信道进行安全分析。B_2级还为每个系统资源扩展了等级标签，为每个物理设备规定了最小和最大安全等级。系统可以利用这两个数据来强制执行强加在设备上的限制。

（6）**B_3级**，具有B_2级的全部安全属性。在B_3级系统中必须包含用户和组的访问控制表、足够的安全审计和灾难恢复能力。此外，系统中必须包含可信计算基，由它来控制用户对文件的访问，使文件免遭非授权用户的非法访问。

（7）**A级**，要求系统运用强制存取控制和形式化模型技术，能证明模型是正确的，并须说明有关实现方法与保护模型一致；另外，还须对隐蔽信道做形式上的分析。

必须指出的是，保障计算机系统的安全性将涉及许多问题，如工程问题、经济问题、技术问题和管理问题，甚至还会涉及国家的立法问题。但我们在此仅介绍用于保障计算机系统安全的若干基本技术，包括数据加密技术、用户验证技术、病毒（特指计算机病毒）防范技术以及访问控制技术等。

12.2 数据加密技术

近年来，以密码学为基础的数据加密技术，已经渗透到了许多安全保障技术之中，并作为它们的重要基础。特别是当缺乏完善的保护策略时，无论是计算机系统还是计算机网络，都经常会采用对数据进行加密的方式来保护系统中的信息。

12.2.1 数据加密原理

加密是一种密写科学，用于把系统中的数据（称为明文）转换为密文，使攻击者即使在截获到被加密的数据后，也无法了解数据的内容，从而有效地保护了系统中信息的安全性。数据加密技术包括以下几方面的内容：数据加密、数据解密、数字签名、签名识别以及数字证明书等。本小节主要介绍数据加密原理。

1. 数据加密模型

早在几千年前，人类就已经有了通信保密的思想，并先后出现了易位法和置换法等加密方法。但直到20世纪60年代，由于科学技术的发展，密码学的研究才进入了一个新的发展时期。计算机网络的发展，尤其是互联网广泛且深入的应用，又推动了数据加密技术的迅速发展。

数据加密模型可由图12-2所示的4部分组成。①**明文**：被加密的文本，称为明文P。②**密文**：加密后的文本，称为密文Y。③**加密（解密）算法**E_{Ke}（D_{Kd}）：用于实现从明文（密文）到密文（明文）转换的公式、规则或程序。④**密钥**K：加密和解密算法中的关键参数。

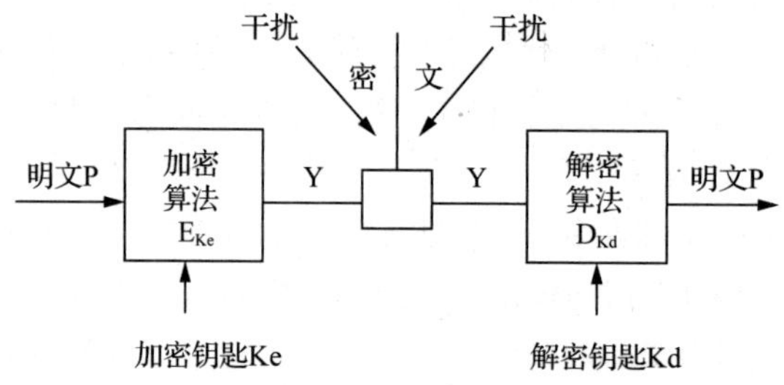

图12-2 数据加密模型

加密过程可描述为：发送端利用加密算法E_{Ke}和加密密钥Ke对明文P进行加密，得到密文$Y=E_{Ke}(P)$；密文Y被传送到接收端后，再进行解密。解密过程可描述为：接收端利用解密算法D_{Kd}和解密密钥Kd对密文Y进行解密，将密文恢复为明文$P=D_{Kd}(Y)$。在密码学中将设计密码技术称为密码编码，将破译密码技术称为密码分析；密码编码和密码分析合起来称为密码学。在加密系统中，算法是相对稳定的；为了加密数据的安全性，应经常改变密钥。

2. 基本加密方法

最基本的加密方法有两种，即易位法和置换法，其他方法大多是基于这两种方法而形成的。

（1）易位法。

易位法是指按照一定的规则，重新安排明文中的比特或字符的顺序以形成密文，而字符本身却保持不变。按易位单位的不同，易位法又可分成比特易位和字符易位两种。前者的实现方法简单易行，并可用硬件实现，主要用于数字通信中。后者是利用密钥对明文进行易位后形成密文的，具体方法是：假定有一密钥MEGABUCK，其长度为8，因此其明文会以8个字符为一组写在密钥的下面，如图12-3所示。按密钥中的字母在英文字母表中的顺序来确定明文排列后的列号，如密钥中的A所对应的列号为1，B对应2，C对应3，E对应4等，然后再按照密钥所对应的列号，先读出第一列中的字符，读完第1列后再读出第2列中的字符，以此类推，即可完成将明文“please transfer …”转换为密文“AFLLSKSOSELAWAIA …”的加密过程。

M	E	G	A	B	U	C	K
7	4	5	1	2	8	3	6
p	l	e	a	s	e	t	r
a	n	s	f	e	r	o	n
e	m	i	l	l	i	o	n
d	o	l	l	a	r	s	t
o	m	y	s	w	i	s	s
b	a	n	k	a	c	c	o
u	n	t	s	i	x	t	w
o	t	w	o	a	b	c	d

明文

Please transfer one million dollars to my Swiss Bank account six two two …

密文

AFLLSKSOSELAWAIA TOOSSCTCLNMOMANT ESIL YNTWRNNTSOWD FAEDOBNO …

图 12-3　按字符易位的加密算法

（2）**置换法**。

置换法是指按照一定的规则，用一个字符去置换（替代）另一个字符以形成密文。该算法最早由朱叶斯·凯撒（Julius Caeser）提出，非常简单，即将字母a、b、c、…、x、y、z循环右移3位，换言之，利用d置换a，利用e置换b……凯撒所提出的置换法的推广版本是移动*k*位。单纯移动*k*位的置换法很容易被破译，因此，比较好的置换法是进行映像。

在对英文进行加密时，可将26个英文字母通过密钥QWERTYUIOPASDFGHJKLZXCVBNM映像到另外26个特定字母中。例如，利用置换法和上面的密钥，可将attack加密而使其变为QZZQEA，如图12-4所示。这种密码系统被称为单字母置换。在该例中，解密密钥是什么呢？从图12-4中可以看出，A的明文是k，B的明文是x，C的明文是v，其余字母可以依此类推，由此即可得到该例中的解密密钥：KXVMCNOPHQRSZYIJADLEGWBUFT。

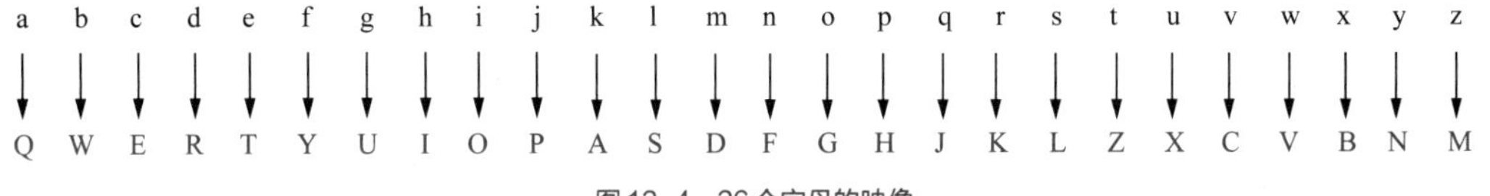

图 12-4　26 个字母的映像

这样的加密算法是否已足够安全呢？从表面上看好像非常安全，因为字母与字母间的置换存在着26！≈4×10^{26}种可能性。但由于自然语言有着一定的统计特性规律，例如在英语中，最常用的字母排序为e、t、o、a、n、i等，最常用的字母组合为th、in、er、re等，因此，这种密码还是很容易被破译的。

12.2.2　对称加密算法和非对称加密算法

1．对称加密算法

关于对称加密算法，其加密算法和解密算法之间，存在着一定的相依关系，即加密算法和解密算法往往使用相同的密钥；或者在知道了加密密钥Ke后，就很容易推导出解密密钥Kd。最有代表性的对称加密算法是数据加密标准（data eneryption standard，DES）。随着VLSI的发展，现在可利用VLSI芯片来实现DES，并且可以使用实现了DES的VLSI芯片来制作数据加密处理机（data encryption processor，DEP）。

DES中所使用的密钥长度为64位，它由两部分组成，一部分是实际密钥，占56位；另一部分是奇偶校验码，占8位。DES属于分组加密算法，它将明文按64位一组分成若干个明文组，每次利用56位密钥对64位的二进制明文数据进行加密，进而产生64位密文数据。

2. 非对称加密算法

关于非对称加密算法，其加密密钥Ke和解密密钥Kd不同，而且难以由Ke推导出Kd，故而可将其中的一个密钥公开而使其成为公开密钥，因此还把该算法称为公开密钥算法。每个用户保存一对密钥，每个用户的公开密钥都对外公开。假如某用户要与另一用户通信，他可用公开密钥对数据进行加密，而收信者可用自己的私用密钥进行解密。这样就可以保证信息不会外泄。公开密钥算法的特点如下。

（1）设加密算法为E_{Ke}、加密密钥为Ke，可利用它们对明文P进行加密，得到$E_{Ke}(P)$密文。设解密算法为D_{Kd}、解密密钥为Kd，可利用它们将密文恢复为明文，即

$$D_{Kd}[E_{Ke}(P)]=P。$$

（2）要保证从Ke推出Kd是极为困难的，或者说，从Ke推出Kd实际上是不可能的。

（3）在计算机上很容易产生成对的Ke和Kd。

（4）加密运算和解密运算可以对调，即利用D_{Kd}对明文进行加密以形成密文，然后利用E_{Ke}对密文进行解密，即

$$E_{Ke}[D_{Kd}(P)]=P。$$

由于对称加密算法和非对称加密算法各有优缺点，即非对称加密算法要比对称加密算法处理速度慢，但密钥管理简单，因而在当前新推出的许多新的安全协议中，都同时应用了这两种加密算法。一种常用的方法是利用公开密钥技术传递对称密码，而利用对称密钥技术来对实际传输的数据进行加密和解密。

12.2.3 数字签名和数字证明书

1. 数字签名

在金融和商业等领域的相关系统中，许多业务都要求在单据上加以签名或加盖印章，以证实其真实性，备日后查验。在利用计算机网络传送报文时，可将公开密钥法用于电子（数字）签名，以代替传统的手写签名。而为使数字签名能代替传统的手写签名，必须满足下述3个条件：①接收者能够核实发送者对报文的签名；②发送者事后不能抵赖其对报文的签名；③接收者无法伪造对报文的签名。现已有许多实现数字签名的方法，下面介绍两种。

（1）简单数字签名。

在简单数字签名这一方法中，发送者A可使用私用密钥Kda对明文P进行加密，形成$D_{Kda}(P)$，然后将其传送给接收者B。接收者B可利用A的公开密钥Kea对$D_{Kda}(P)$进行解密，得到$E_{Kea}[D_{Kda}(P)]=P$，如图12-5（a）所示。

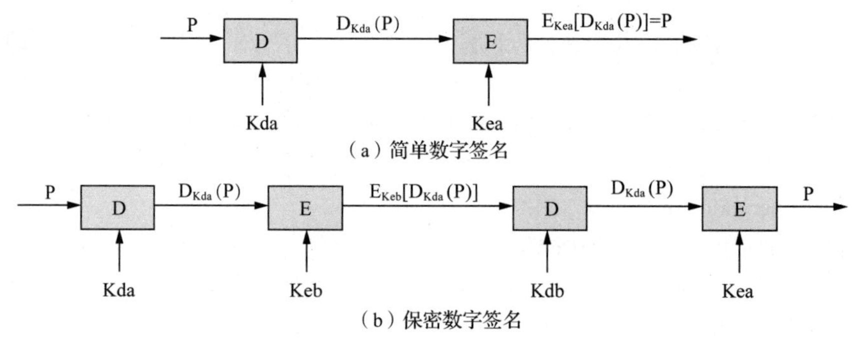

（a）简单数字签名

（b）保密数字签名

图12-5 数字签名示意

我们按照对数字签名的3点基本要求进行分析，可知：

① 接收者B能利用发送者A的公开密钥Kea对D_{Kda}(P)进行解密，这便证实了发送者对报文进行了签名；

② 由于只有发送者A才能发送D_{Kda}(P)密文，故不容A进行抵赖；

③ 由于接收者B没有发送者A所拥有的私用密钥，故B无法伪造对报文的签名。

由此可见，图12-5（a）所示的简单数字签名方法可以实现对传送的数据进行签名，但并不能达到保密的目的，因为任何人都能接收D_{Kda}(P)，且可用发送者A的公开密钥Kea对D_{Kda}(P)进行解密。为使发送者A所发送的数据只能为B所接收，必须采用保密数字签名这一方法。

（2）保密数字签名。

为了实现在发送者A和接收者B之间的保密数字签名，要求A和B都具有密钥，再按照图12-5（b）所示的方法进行加密和解密。

① 发送者A可用自己的私用密钥Kda对明文P加密，得到密文D_{Kda}(P)。

② 发送者A再用接收者B的公开密钥Keb对D_{Kda}(P)进行加密，得到E_{Keb}[D_{Kda}(P)]，然后将其传送给B。

③ 接收者B收到E_{Keb}[D_{Kda}(P)]后，先用私用密钥Kdb对其进行解密，得到D_{Kdb}{E_{Keb} [D_{Kda}(P)]}=D_{Kda}(P)。

④ 接收者B再用发送者A的公开密钥Kea对D_{Kda}(P)进行解密，得到E_{Kea}[D_{Kda}(P)]=P。

2. 数字证明书

虽然可以利用公开密钥方法进行数字签名，但事实上又无法证明公开密钥的持有者是合法持有者。为此，必须有一个大家都信得过的认证机构（certification authority，CA），来为公开密钥发放一份公开密钥证明书。我们把该公开密钥证明书称为数字证明书，它用于证明通信请求者的身份。在网络上进行通信时，数字证明书的作用如同出国人员的护照、学生的学生证等。在国际电信联盟（international telecommunication union，ITU）制定的X.509标准中，规定了数字证明书的内容应包括：用户名称、发证机构名称、公开密钥、公开密钥的有效日期、数字证明书的编号以及发证者的签名。下面通过一个具体的例子来说明数字证明书的申请、发放与使用过程。

（1）用户A在使用数字证明书之前，应先向认证机构申请数字证明书，此时A应提供身份证明和希望使用的公开密钥Kea。

（2）认证机构在收到用户A发来的申请报告后，若决定接受其申请，便发给A一份数字证明书，在证明书中包括公开密钥Kea和认证机构（发证者）的签名等信息，并对所有的这些信息利用认证机构的私用密钥进行加密（即认证机构进行数字签名）。

（3）用户A在向用户B发送报文信息时，由A用私用密钥对报文进行加密（数字签名），并连同已加密的数字证明书一起发送给B。

（4）为了能对所收到的数字证明书进行解密，用户B须向认证机构申请以获得认证机构的公开密钥Keb。认证机构收到用户B的申请后，可决定将公开密钥Keb发送给用户B。

（5）用户B利用认证机构的公开密钥Keb对数字证明书加以解密，以确认该数字证明书确系原件，并从数字证明书中获得公开密钥Kea，同时确认该公开密钥Kea确系用户A的。

（6）用户B再利用公开密钥Kea对用户A发来的加密报文进行解密，进而获得用户A发来的报文所对应的真实明文。

12.3 用户验证

验证（authentication）又称为识别或认证。当用户要登录一台多用户计算机时，OS将对该用户进行验证，我们把这一过程称为用户验证。用户验证的目的在于确定被验证对象（包括人和事）是否真实，即要确认“你是否是你所声称的你”，以防止入侵者进行假冒、篡改等。通常将验证技术的应用作为保障网络安全的第一道防线。

由于验证是通过验证被验证对象的一个或多个参数的真实性和有效性，来确定被验证对象是否名副其实的，因此，在被验证对象与要验证的那些参数之间应存在严格的对应关系。目前，验证主要依据3方面的信息来确定被验证对象的身份。①所知（knowledge），基于用户所知道的信息，如系统的登录名、口令等。②所有（possesses），基于用户所具有的东西，如身份证、信用卡等。③用户特征（characteristics），基于用户所具有的特征，特别是生理特征，如指纹、声纹、脱氧核糖核酸（deoxyribonucleic acid，DNA）等。

12.3.1 口令验证技术

口令验证简单易行且很有效，因此，其成为了计算机系统中最常用又最简单的用户验证方法。但它又极易受到攻击，这便促使口令验证技术在不断发展。

1. 口令

用户要上机时，系统首先会要求用户输入登录名。登录程序利用该登录名去查找一张用户注册表，在从表中找到匹配的登录名后，再要求用户输入口令，如果输入的口令与用户注册表中的口令一致，系统便认为该用户是合法用户，允许该用户登录；否则将拒绝该用户登录。

口令由字母、数字和特殊符号混合组成，它可由系统自动生成，也可由用户自己选定。系统所产生的口令往往不便于记忆，而用户自己规定的口令则通常是很容易记忆的字母和数字，如用户生日、住址、电话号码等，但其很容易被攻击者猜中。

2. 提高口令安全性的方法

攻击者可通过多种方式来获取用户的口令，其中最常用的方式是直接猜出用户所使用的口令。为了提高口令的安全性，必须防止攻击者猜出口令。为此，口令机制通常应满足以下几点要求。

（1）口令应适当长。口令太短很容易被攻击者猜中。例如，一个由4位十进制数所组成的口令，其搜索空间仅为10^4，在利用一个专门的程序来破解时，平均只须猜测5000次即可猜中口令。假如每猜一次口令须花费0.1ms的时间，则平均每猜中一个口令仅须花费0.5s。若采用较长的口令，如6位十进制数，则平均每猜中一个口令须花费50s。虽有很大改进，但还远远不够。

（2）口令应包含多种字符。假如口令由数字、小写英文字母、大写英文字母以及一些特殊符号组成，亦即由95个可打印的ASCII组成，这样可显著增加猜中一个口令所须花费的时间。例如，口令由7位ASCII组成，其搜索空间变为95^7，大约是7×10^{13}，此时要猜中口令平均需要几十年。因此建议口令长度不少于7个字符。

（3）口令机制中应具有自动断开连接功能。在口令机制中还应引入自动断开连接功能，即只允许用户输入有限次数的不正确口令。如果用户输入不正确口令的次数超过规定的次数，系统便自动断开与该用户所在终端的连接。这种自动断开连接的功能会增加攻击者猜中口令所需的时间。

（4）**系统不应将口令回送**。在用户输入口令时，系统不应将口令回送到屏幕上显示，以防止被就近的人发现。在有的系统中，只要看到非法登录名就禁止其登录，这样，攻击者就能知道登录名是错误的。而有的系统在看到非法登录名后仍要求其输入口令，等输完口令才显示禁止登录信息。这样，攻击者只是知道登录名和口令的组合是错误的。

（5）**系统应记录和报告用户的登录情况**。该功能用于记录所有用户登录进入系统和退出系统的时间；与此同时，自然也记录和报告了攻击者猜测口令的非法企图，以及所发生的与安全性有关的其他不轨行为，这样便能及时发现有人在对系统的安全性进行攻击。

3. 一次性口令

为了防止口令外泄，用户应当经常改变口令，一种极端的情况是采用一次性口令（one time password）机制，即口令被使用一次后就换另一个口令。在采用该机制时，用户必须给系统提供一张口令表，其中记录有其使用的口令序列。系统为该表设置一指针，用于指示下次用户登录时所应使用的口令。在每次登录时，登录程序都会将用户输入的口令与该指针所指示的口令进行比较，若相同，则允许用户进入系统，并令指针指向表中的下一个口令。这样，即使攻击者获得了用户使用的口令（某一个口令）也无法进入系统。必须注意，用户所使用的口令表必须妥善保存。

4. 口令文件

通常在口令机制中都配置有一份口令文件，用于保存合法用户的口令和用户的特权。该文件的安全性至关重要，一旦攻击者访问了该文件，将使整个计算机系统无安全性可言。保证口令文件安全性最有效的方法是利用加密技术，实现该技术的一个行之有效的方法是选择一个函数来对口令进行加密。该加密函数 $f(x)$ 具有这样的特性：在给定x的值后，很容易算出 $f(x)$；然而，如果给定了 $f(x)$ 的值，则不能算出x的值。利用 $f(x)$ 函数去加密所有的口令，再将加密后的口令存入口令文件中。当某用户输入一个口令时，系统利用加密函数$f(x)$对该口令进行编码，然后将加密后的口令与存储在口令文件中的已加密的口令进行比较，若两者匹配，则认为用户合法。对于攻击者而言，则即使其能获取口令文件中已加密的口令，也无法对它们进行译码，因而不会影响系统的安全性。图12-6所示为一种对加密口令进行验证的方法。

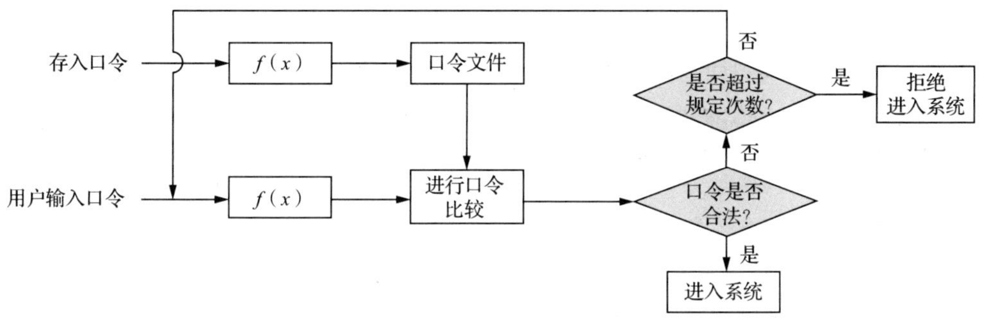

图12-6　加密口令验证方法

尽管对口令进行加密是一个很好的方法，但也并非绝对安全可靠，其主要威胁来自于两个方面：①当攻击者掌握了口令的解密密钥时，就可用它来破译口令；②可利用加密程序来破译口令，如果运行加密程序的计算机的计算速度足够快，则通常只要几小时便可破译口令。因此，用户还是应该妥善保管好已加密的口令文件。

5．挑战—响应验证

在挑战—响应验证这一方法中，由用户自己选择一个算法，算法可以很简单，也可以较复杂，如X^2算法，并将该算法告知服务器。每当用户登录时，服务器就给用户发来一个随机数，如12，用户收到该随机数后，按所选算法对其进行平方运算，得到144，并将其作为口令。服务器再将所收到的口令与自己（利用X^2算法）计算的结果进行比较，若两者相同，则允许用户登录，否则拒绝用户登录。由于该方法所使用的口令不是一个固定数据，而是基于服务器随机产生的数再经计算得到的，因此攻击者难以猜测。如果再频繁地改变算法，那么就更安全了。

思考题

口令可能会通过各种途径被其他用户得到。请思考有没有一种简单的方法可以检测口令是否被泄露。

12.3.2 基于物理标志的验证技术

目前，利用人们所具有的某种物理标志（physical identification）进行身份验证的方式已被广泛采用。最早使用的物理标志可能要算金属钥匙，20世纪初广泛使用身份证、学生证等。到了20世纪80年代，我国便开始使用磁卡，20世纪90年代又开始流行使用集成电路卡（integrated circuit card，IC卡）。

1．基于磁卡的验证技术

目前广泛使用的储蓄卡、公交卡等，都普遍采用了基于磁卡的验证技术。磁卡是一块大小与名片相仿的塑料卡，其上贴有含若干条磁道的磁条。一般在磁条上有三条磁道，每条磁道可用来记录不同数量的数据。如果在磁条上记录了登录名、用户密码、账号和金额，那么对应的卡就是银行卡；而如果在磁条上记录的是有关用户的信息，那么对应的卡便可作为识别用户身份的物理标志。

在磁卡上所存储的信息，可利用磁卡读写器读出。只要将磁卡插入或划过磁卡读写器，便可将存储在磁卡中的数据读出，并将其传送到相应的计算机中。再由用户识别程序利用读出的信息去查找一张用户信息表。若从中找到了匹配的表目，则认为该用户是合法用户；否则认为其为非法用户。为了保证持卡者是该卡的主人，在基于磁卡验证的基础上，又增设了口令机制，即每当进行用户身份验证时，都要求用户输入口令。

2．基于IC卡的验证技术

在外观上，IC卡与磁卡并无明显差异，但在IC卡中可装入CPU和存储器芯片，这使得该卡具有一定的智能，故其又被称为智能卡。IC卡中的CPU用于对内部数据进行访问和与外部数据进行交换，还可用加密算法对数据进行处理，这使IC卡比磁卡具有更强的防伪性和保密性，因而IC卡正在逐步取代磁卡。根据在卡中装入芯片的不同，可将IC卡分为以下3种类型。

（1）**存储器卡**。这种卡中只有一个EEPROM芯片，而没有微处理机芯片。它的智能主要依赖于终端，就像电话卡的功能依赖于电话机一样。由此可知，这种卡不具有安全功能，故只能作为储蓄卡，用来存储少量金额的现金。常见的这种卡有购物卡、电话卡等，它们所含的EEPROM的容量一般为4KB～20KB。

（2）**微处理机卡**。它除具有EEPROM芯片外，还增加了一个微处理机芯片。EEPROM的容量一般是数十KB至数百KB；微处理机的字长主要是8位的。这种卡中已具有加密设施，增强了IC卡的安全性，因此有着更为广泛的用途。

（3）**密码卡**。这种卡中增加了加密运算协处理机和RAM。它支持非对称加密机制，密钥长达1 024位，因而极大地增强了IC卡的安全性。在专门用于确保安全的智能卡中，存储了一个用户专用密钥和数字证明书，可作为用户的数字身份证明。当前在互联网上所开展的电子交易中，已有不少密码卡就采用了基于非对称加密机制的密码机制。

将IC卡用于身份识别时可采用不同的机制。假如我们使用的是挑战—响应验证机制，首先由服务器向IC卡发出512位随机数，IC卡接着将存储在卡中的512位用户密码与服务器发来的随机数相加，对所得之和进行平方运算，并把中间的512位数字作为口令发给服务器，服务器将收到的口令与自己计算的结果进行比较，即可知道用户身份的真伪。

12.3.3 生物识别验证技术

由于生物识别验证技术是利用人体具有的、不可模仿的、难以伪造的特定生物标志来进行验证，因此具有很高的可靠性。最广泛使用的生物标志是指纹、眼纹、声音、人脸等，用于对用户身份进行识别。另外还可以利用行为来进行验证，如签字动作、按键力度等。目前已经开发出指纹识别、眼纹识别、声音识别、人脸识别等多种生物识别设备。

1. 常用于身份识别的生理标志

被选用的生理标志应具有3个条件：①足够的可变性，系统可根据它来区别成千上万的不同用户；②应保持稳定，不会经常发生变化；③不易被伪装。下面介绍几种常用的生理标志。

（1）**指纹**。指纹有着“物证之首”的美誉，在全球绝对不可能找到两个完全相同的指纹，而且指纹的形状不会随时间而改变，因而利用指纹进行身份认证是万无一失的。又因为它不会出现用户忘记携带或丢失等问题，使用起来也特别方便、准确、可靠，所以指纹验证很早就被用于契约签证和侦查破案。以前是依靠专家进行指纹鉴别，随着计算机技术的发展，现已成功地开发出了指纹识别系统。因此，指纹识别技术是具有广阔前景的一种识别技术。

（2）**眼纹**。它与指纹一样，世界上也绝对不可能找到眼纹完全相同的两个人，因而利用眼纹进行身份验证同样非常可靠。利用眼纹验证身份的效果非常好，如果注册人数不超过200万，则出错率为0，所需时间也仅为秒级。现已在重要部门中采用眼纹识别技术，但其成本还比较高。

（3）**声音**。人们在说话时所发出的声音都会不同，过去主要通过人听对方的声音来确定身份，现在广泛利用计算机技术根据声音来实现身份验证，其基本方法是把人的讲话先录音再进行分析，并将其全部特征存储起来（所存储的声音特征称为声纹）；然后利用这些声纹制作语音口令系统。该系统的出错率在百分之一到千分之一之间，制作成本很低。

（4）**人脸**。人脸识别技术的最大优点是非接触式的操作方法。该技术可以在不被人们感知的情况下进行身份验证。在2008年北京奥运会上，我国就采用了人脸识别技术对进入会场的人进行验证。但人脸会随年龄、表情、光照、姿态的变化而有所改变，可见，人脸具有“一人千面”的特点，这使该技术面临着多方面的挑战。

2. 生物识别系统的组成

（1）对生物识别系统的要求。

要设计出一个非常实用的生物识别系统，必须满足3方面的要求。①性能强：其应具有很强的抗欺骗和防伪造能力。②易于被用户接受：其完成一次识别的时间要短，应不超过1～2s；出错率应足够低，这方面的要求随应用场合的不同而有所不同。③成本合理：成本包含系统本身的成本、运营期间所需的费用以及系统维护所需的费用。

（2）生物识别系统的组成。

生物识别系统通常是由以下3部分组成的。

① **生物特征采集器**：对生物特征进行采集，将它转换为数字代码，从中提取重要特征，另外加上与该对象有关的信息，进而制作成用户特征样本，最后把它放入中心数据库中。

② **注册部分**：系统中配置一张注册表，每个注册用户在表中都有一个记录，记录中至少有两项，一项用于存放用户姓名，另一项用于存放用户特征样本。

③ **识别部分**：第一步是要求用户输入用户登录名；第二步是把用户的生物特征与用户记录表中的用户特征样本信息进行比较，若相同，则允许用户登录，否则拒绝登录。

3. 指纹识别系统

20世纪80年代，指纹识别系统就已在许多国家使用，但其体积较大。直至20世纪90年代中期，随着VLSI的迅速发展，指纹识别系统才得以逐步小型化，这使得该技术进入了广泛应用阶段。

（1）指纹传感器。

实现指纹图像采集的硬件是指纹传感器，它是指纹识别系统的重要组成部分。对指纹传感器的主要要求是：成像质量好、防伪能力强、体积小、价格便宜。指纹图像采集质量的好坏，将会直接影响所形成的指纹图像的质量。目前市场上的指纹传感器有多种类型，其中光学式和压感式指纹传感器应用较广。

（2）指纹识别系统。

随着微处理机和各种电子元器件成本的迅速下降，我国已开发出多种指纹识别系统，其中包括了嵌入式指纹识别系统。该系统利用数字信号处理机（digital signal processor，DSP）芯片进行图像处理，并且可以将指纹的录入与匹配等处理功能全部集成在大小还不到半张名片的电路板上。指纹录入的数量可达数千至数万枚，而搜索数千枚指纹的时间还不到1min。我国不少单位已开始应用指纹识别系统。

12.4 来自系统内部的攻击

攻击者对计算机系统进行攻击的方法有很多种，它们可以分为两大类：内部攻击和外部攻击。内部攻击一般是指攻击来自系统内部，它又可进一步分为两类。①以合法用户的身份直接进行攻击：攻击者通过各种途径先进入系统内部，窃取合法用户身份，或者假冒某个合法用户的身份；当他们获得合法用户的身份后，再利用合法用户所拥有的权限来读取、修改、删除系统中的文件，或对系统中的其他资源进行破坏。②通过代理功能进行间接攻击：攻击者将一个代理程序置入被攻击系统的一个应用程序中，当应用程序执行并调用到代理程序时，它就会执行攻击者预先设计的破坏任务。

12.4.1 早期常用的内部攻击方式

我们先介绍早期常用的内部攻击方式。在设计OS时，设计者必须了解这些攻击方式，并采取必要的防范措施来抵挡这些攻击。

（1）窃取尚未清除的有用信息。在许多OS中，当进程结束归还资源时，在有的资源中可能还留存了非常有用的信息，但系统并未清除它们。为了窃取这些信息，攻击者会请求调用许多内存页面和大量的磁盘空间或磁带，以读取其中的有用信息。

（2）通过非法的系统调用来搅乱系统。攻击者尝试利用非法的系统调用，或者在合法的系统调用中使用非法参数，或者使用虽是合法但不合理的参数进行系统调用，来达到搅乱系统的目的。

（3）使系统自己封杀校验口令程序。通常每个用户要进入系统时都必须输入口令，系统会校验口令的正确性。为了逃避校验口令，攻击者在登录过程中会按Delete或者Break键等。在这种情况下，有的系统便会封杀校验口令的程序，即用户无须再输入口令便能成功登录。

（4）尝试许多在明文规定中不允许做的操作。为了保证系统的正常运行，在OS手册中会告知用户，有哪些操作不允许用户去做。然而攻击者却会反其道而行之，专门去执行这些不允许做的操作以破坏系统的正常运行。

（5）在OS中增添陷阱门。攻击者通过软硬兼施的手段，要求某个系统程序员在OS中增添陷阱门。陷阱门的作用是，使攻击者可以绕过口令检查而进入系统。本书将在12.4.2小节中对陷阱门进行详细介绍。

（6）骗取口令。攻击者可能会伪装成一个忘记了口令的用户，找到系统管理员的秘书，请求他帮助查出某个用户的口令。在必要时，攻击者还可通过贿赂等不正当方法来获取多个用户的口令。一旦他获得这些用户的口令，便可用合法用户的身份进入系统。

12.4.2 逻辑炸弹和陷阱门

近年来，更加流行的攻击方式是利用恶意软件（malware）进行攻击。所谓恶意软件，是指攻击者专门编制的一种程序，用来对系统进行破坏。它们通常会伪装成合法软件，或隐藏在合法软件中，以使人们难以发现。有些恶意软件还可以通过各种方式传播到其他计算机中。依据恶意软件是否能独立运行，可将它们分为两类：①独立运行类，这一类恶意软件（如蠕虫、僵尸等）可以通过OS调度执行；②寄生类，这一类恶意软件本身不能独立运行，经常需要寄生在某个应用程序中。下面即将介绍的逻辑炸弹和特洛伊木马以及在12.5.1小节中将要介绍的病毒等，就属于寄生类恶意软件。

1. 逻辑炸弹

（1）逻辑炸弹实例。

逻辑炸弹（logic bomb）是较早出现的一种恶意软件，它最初出自于某公司的程序员，该程序员为了应对自己可能被突然解雇，因此预先秘密地植入OS中一个破坏程序（逻辑炸弹），以进行报复。只要程序员每天输入口令，该程序就不会发作。但如果程序员在事前未被警告就突然被解雇时，在第二天（或第二周）由于OS得不到口令，逻辑炸弹就会被引爆——执行一段带有破坏性的程序，它通常会使正常运行的程序中断、随机删除文件、破坏硬盘上的所有文件甚至引发系统崩溃。此外，还有许多类似的例子。

（2）逻辑炸弹“爆炸”的条件。

每当所寄生的应用程序运行时，其就会运行逻辑炸弹程序，该程序会检查所设置的“爆炸”条件是否满足，如果满足，则引发“爆炸”；否则，继续等待，应用程序继续运行。引发逻辑炸弹“爆炸”的条件有很多，较常用的有：①时间引发，即规定在一年中或一个星期中的某个特定的日期进行引发；②事件引发：即当所设置的事件（如发现所寻找的某些文件）发生时进行引发；③计数器引发，即当计数值达到所设置的值时进行引发。上述任一条件满足都会引发“爆炸”。恶意软件是一种极具破坏性的软件，但它不能进行自我复制，也不会感染其他程序。

2. 陷阱门

（1）陷阱门的基本概念。

通常，当程序员在开发一个程序时，都要经过一个验证过程。为了方便对程序进行调试，程序员希望获得特殊的权限，以避免必需的验证。陷阱门（trap door）是一段代码，同时也是进入一个程序的隐蔽入口点。有此陷阱门，程序员可以不经过安全检查就对程序进行访问，换言之，程序员通过陷阱门可跳过正常的验证过程。长期以来，程序员一直利用它来调试程序并且从未出现什么问题。但后来当它被怀有恶意的人用于未授权的访问时，陷阱门便构成了对系统安全的严重威胁。

（2）陷阱门实例。

我们通过一个简单的例子来说明陷阱门。正常的登录程序代码如图12-7（a）所示，该程序while循环中的最后两条语句的含义是，仅当输入的登录名和口令都正确时，才算用户登录成功。但如果我们将该程序while循环中的最后一条语句稍作修改，得到图12-7（b）所示的登录程序代码，则此时while循环中的最后两条语句的含义已变为，当输入的登录名和口令都正确时，或者登录名为“zzzzz”的用户无论输入什么口令，都算用户登录成功。

```
while(TRUE)
    {
    printf( " login: " ) ;
    get_string (name) ;
    disable_echoing ( ) ;
    printf ( " password: " ) ;
    get_string (password) ;
    enable_echoing ( ) ;
    v=check_validity (name, password);
    if (v) break ;
    }
execute_shell (name) ;
```

（a）正常的登录程序代码

```
while(TRUE)
    {
    printf( " login: " ) ;
    get_string (name) ;
    disable_echoing ( ) ;
    printf ( " password: " ) ;
    get_string (password) ;
    enable_echoing ( ) ;
    v=check_validity (name, password);
    if (v||strcmp (name, " zzzzz " )=0) break ;
    }
execute_shell (name) ;
```

（b）插入陷阱门后的登录程序代码

图12-7　登录程序代码

通过使用陷阱门，极大地方便了程序员。程序员在调试多台计算机时，若按正常方法，必须先在每台计算机上进行注册，然后再输入自己的登录名和口令。如果需要调试的机器非常多，那么如上操作对程序员而言是很不方便的。因此，如果程序员将陷阱门植入某公司生产的所有计算机中，并随之一起交付给用户，那么以后程序员不用再进行注册，也可以成功登录到该公司生产的任意一台机器上。

12.4.3　特洛伊木马和登录欺骗

1. 特洛伊木马的基本概念

特洛伊木马（trojan horses）是一种恶意软件，它是一个被嵌入有用程序中的、隐蔽的、危害安全的程序。当该程序执行时，其会引发隐蔽代码执行，进而产生难以预料的后果。由于特洛伊木马程序可以继承它所依附的应用程序标识符、存取权限以及某些特权，因此，它能在合法的情况下执行非法操作，例如修改文件、删除文件或者将文件复制到黑客指定的某个地方；

再如改变所寄存文件的存取控制属性，若将属性由只读改为读/写，则可使那些未授权用户有权对该文件进行读/写，即改写该文件。由此得知，特洛伊木马本身是一个代理程序，它是在系统内部进行间接攻击的一个典型例子，其宿主完全可以不在被攻击的系统中。为了避免被发现，特洛伊木马对所寄生程序的正常运行不会产生明显的影响，因此用户很难发现它的存在。

2. 特洛伊木马实例

编写特洛伊木马程序的黑客，将其隐藏在一个新游戏程序中，并将新游戏程序送给某计算机系统的系统操作员。操作员在玩新游戏程序时，前台确实是在玩游戏，但隐藏在后台运行的特洛伊木马程序却将系统中的口令文件复制到了该黑客的文件中。虽然口令文件是系统中非常保密的文件，但操作员在打游戏时系统是在高特权模式下运行的，此时，隐藏在新游戏程序中的特洛伊木马就继承了系统操作员的高特权，因此它就能访问口令文件。再如，在文本编辑程序中隐藏的特洛伊木马，会把用户正在前台编辑的文件悄悄地复制到预先设定的某个地方，以便以后能访问它。这一过程并不会过分影响用户所进行的文本编辑工作，使得用户很难发现自己的文件已被复制。

3. 登录欺骗

这里以UNIX系统为例来说明登录欺骗（login spoofing）。攻击者为了进行登录欺骗，写了一个欺骗登录程序，该程序同样会在屏幕上显示“Login:”，用于欺骗其他用户进行登录。当有一用户输入登录名后，欺骗登录程序会接着要求他输入口令。当该用户将口令输入完毕后，欺骗登录程序就会把刚输入的登录名和口令写入一份事先准备好的文件中，并发出信号以请求结束shell程序，于是欺骗登录程序退出登录，同时其会去触发真正的登录程序，并在屏幕上再次显示“Login:”。此时，真正的登录程序开始工作，但对用户而言，他自然以为是自己输入发生了错误，系统要求重新输入。在用户重新输入后，系统开始正常工作，因此用户认为一切正常，殊不知用户的登录名和口令已被攻击者窃取。攻击者可用同样的方法收集到许多用户的登录名和口令。

12.4.4 缓冲区溢出

C语言编译器存在着某些漏洞，如它对数组不进行边界检查。举例说明，下面的代码是不合法的，数组最多可含1 024个数字，其所包含的数字却有12 000个，而且在编译时未对此事进行检查，因此，攻击者可能会利用此漏洞来进行攻击。

```
int i;
char C[1024];
i=12000;
C[i]=0;
```

上述错误会造成有10 976B超出了数组C所定义的范围，由此可能导致难以预测的后果。由图12-8（a）可以看到，在主程序运行时，它的局部变量是存放在堆栈中的。系统在调用过程A并将返回地址放入堆栈后，便会将控制权交于A。假定A的任务是请求获得文件的路径名，为了能存放文件的路径名，系统为过程A分配一个固定大小的缓冲区B，如图12-8（b）所示。

缓冲区的大小为1 024个字符，这对于正常情况是够用的。假如用户提供的文件名长度超过了1 024个字符，则会发生缓冲区溢出，所溢出的部分将会覆盖图12-8（c）所示的有色区域，并有可能进一步将返回地址覆盖掉，由此产生一个随机地址。一旦发生这样的情况，程序返回时就将跳到随机地址继续执行，并通常会在几条指令内引起系统崩溃。一种更为严重的情况是，攻击者经过精心计算，将它所设计的恶意软件的起始地址覆盖在原来在栈中存放的返回地址上，并把恶意软件本身也推入栈中。这样，当系统从过程A返回时，便会去执行恶意软件。

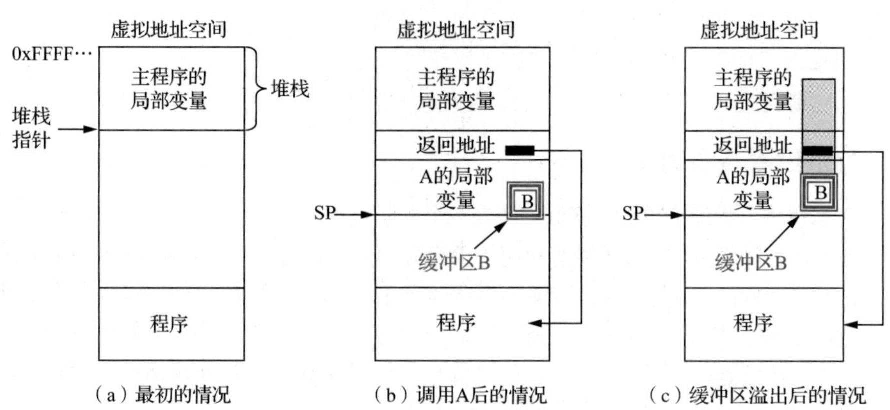

图 12-8　缓冲区溢出前后的情况

产生该漏洞的原因是，C语言缺乏对用户输入字符长度的检查。因此最基本的有效方法是对源代码进行修改，增加一些以显式方式来检查用户输入的所有字符串长度的方法，以避免将超长的字符串存入缓冲区，这类方法对用户而言是不方便的。还有一种非常有效的方法是，修改处理溢出的子程序，对返回地址和将要执行的代码进行检查，如果它们同时都在栈中，则发出一个程序异常信号，并终止该程序的运行。上述方法已在最新推出的某些OS中被采用。顺便说明，缓冲区溢出也被看作是一种系统外部攻击手段，如在12.5节中将要介绍的蠕虫，就是一种利用缓冲区溢出这一漏洞来实施攻击的攻击手段。

思考题

采纳更好的编程方法或使用特殊的硬件支持，亦可避免缓冲区溢出攻击。请思考这些解决方案该如何实现。

12.5　来自系统外部的攻击

近年来，随着互联网应用的迅速普及，来自系统外部的威胁日趋严重，这使联网机器极易受到远在万里之外发起的攻击。攻击方式是，将一段带有破坏性的代码通过网络传输到目标主机，在那里等待时机，时机一到便执行此段破坏性代码以进行破坏。

12.5.1　病毒、蠕虫和移动代码

当前最严重的外来威胁是病毒、蠕虫和移动代码等，尤其是病毒和蠕虫，它们天天都在威胁着系统的安全，以致在广播、电视等中都不得不经常发布病毒和蠕虫的警告消息。

1. 病毒

计算机中的病毒（viruses）是一段程序，它能把自己附加在其他程序之中，并不断地自我复制，然后去感染其他程序，进而借助被感染的程序和系统传播出去。一般的病毒并不长，对于用C语言编写的病毒程序，通常不超过一页。之所以称这段程序为病毒，是因为它非常像生物学上的病毒：它能自我生成成千上万与原始病毒相同的复制品，并将它们传播到各处。计算机病毒也可在系统中复制出千千万万个与它自身一样的病毒，并把它传播到各个系统中去。

2. 蠕虫

蠕虫（worms）与病毒相似，也能进行自我复制，并可传染给其他程序，进而给系统带来有害影响，它们都属于恶意软件。但与病毒不同的是，第一，蠕虫本身是一个完整的程序，能作为一个独立的进程运行，因而它不需要寄生在其他程序上；第二，蠕虫的传播性没有病毒的强。因为蠕虫必须先找到OS或其他软件的缺陷，将其作为“易于攻破的薄弱环节”，然后才能借助它们进行传播；如果该缺陷已被修复，那么蠕虫自然就会因“无从下手”而无法传播。

蠕虫由两部分组成，即引导程序和蠕虫本身，这两部分是可以分开独立运行的。为了能感染网络中的其他系统，蠕虫需要将网络工具作为载体，例如，蠕虫可利用电子邮件功能向网络中的其他系统发送一份电子邮件，在附件中带上蠕虫引导程序的副本；再如远程登录功能，蠕虫可作为一个用户到远程系统上登录，在此过程中便将蠕虫引导程序副本从一个系统复制到远程系统，蠕虫的新副本便会在远程系统上运行。

当蠕虫引导程序副本由源计算机进入被攻击的计算机并开始运行时，它会在源计算机和被攻击的计算机之间建立连接，然后上传蠕虫本身，在蠕虫找到隐身之处后，就开始查看被攻击计算机上的路由表，以期再将引导程序副本通过电子邮件等形式传播到相连接的另一台机器上，开始新一轮的感染。

3. 移动代码

（1）什么是移动代码?

如果一段代码在运行时能在不同的机器之间来回迁移，那么该段代码就被称为移动代码。如今，在越来越多的网页中包含了小应用程序。当人们下载包含小应用程序的网页时，小应用程序会一并进入自己的系统。这种能在计算机系统之间移动的小应用程序，就是一种移动代码。为了适应电子商务的需要，社会上出现了一种移动代理。移动代理是一段代表用户的程序，用户可以利用它到指定的计算机上执行某任务，然后返回并报告执行情况。

（2）移动代码能否安全运行?

如果一个用户程序中包含了移动代码，则当为该用户程序建立进程后，该移动代码就将占用该进程的内存空间，并作为合法用户的一部分运行，同时拥有用户的访问权限。这样显然不能保证系统安全，因为别有用心的人完全可以借助移动代码来进入其他系统，以合法用户的身份进行窃取和破坏。为此，必须采取相应措施来防范移动代码。

（3）防范移动代码的方法——沙盒法。

沙盒法的基本思想是采用隔离方法，具体做法是：把虚拟地址空间分为若干个大小相同的区域，每个区域称为一个沙盒。例如，对于32位的地址空间，可将它分为512个沙盒，每个沙盒的大小为8MB。将不可信程序放入一个沙盒中运行，如果发现沙盒中的程序要访问沙盒外的数据，或者有跳转到沙盒外某个地址去运行的任何企图，则系统将停止该程序的运行。

可采取类似于分页的方法来实现沙盒。把虚地址分为两部分（b,w），其中，w的位数表示一个沙盒的大小，b表示沙盒的编号。当把一个沙盒S（b,w）分配给某程序A后，由A所生成的任何地址都将被检查其高位是否与b相同，若相同，则表示地址有效；否则，表示该地址已超出指定沙盒的范围，此时立即终止它的运行。

（4）防范移动代码的方法——解释法。

解释法的基本思想是对移动代码的运行采取解释执行方法。解释执行方法的好处是，每一条语句在执行前都会经解释器检查，特别是会对移动代码所发出的系统调用进行检查。若移动代码是可信的（来自本地硬盘），则按正常情况进行处理；否则（如来自互联网），将其放入沙盒中以限制其运行。目前，Web浏览器就采用了该方法。

12.5.2 计算机病毒的特征与类型

目前，对计算机威胁最大的要算病毒和蠕虫，它们也是当前被讨论和研究得最多的。由于它们有着相似的特性，我们在下文中就不再把它们分开介绍了，统称它们为病毒。

1. 计算机病毒的特征

计算机病毒与一般的程序相比，显现出了以下4个明显的特征。

（1）**寄生性**。早期病毒是覆盖在正常程序上的，这样程序将无法运行，因此，病毒很快就会被用户发现。现在大多数病毒都采用了寄生方法，自己只是附着在正常程序上，当病毒发作时，原来的程序仍能正常运行，以致用户不能及时发现，这样病毒就有可能长期存活下来。

（2）**传染性**。为了能给系统带来更大的危害，病毒将不断地进行自我复制，以增加系统中的病毒数量；并将复制品放置在其他文件中，每个受感染的文件都含有该病毒的一个“克隆”，而受感染的文件也同样会再将该病毒传染给其他文件，如此不断地传染，使得病毒迅速蔓延开来。

（3）**隐蔽性**。为了避免被系统管理员和用户发现，以及逃避反病毒软件的检测，病毒的设计者会通过多种手段来隐藏病毒，以使病毒能在系统中长期生存。主要的隐藏方法有：①使病毒伪装成正常程序；②使病毒隐藏在正常程序中或程序不太会去访问的地方；③使病毒自身不断地改变状态或产生成千上万种状态等。

（4）**破坏性**。如前所述，病毒的破坏性可表现在占用系统空间和处理机时间、对系统中的文件造成破坏、使机器运行发生异常情况等方面。

2. 计算机病毒的类型

（1）**文件型病毒**。我们把寄生于文件中的病毒称为文件型病毒，此类病毒的病毒程序依附在可执行文件的前面或后面，但是若要从文件的前端装入，则会涉及文件头中的许多选项，这有一定的难度，故大多数病毒是从文件的后面装入的，然后令文件头中的起始地址指向病毒的始端。病毒也可以被放在文件的中间，即充斥在程序里的空闲空间中，图12-9所示为病毒附加在文件中的几种情况。当受感染的程序正在执行时，病毒将寻找其他可执行文件继续散播。病毒在感染其他文件时通常是有针对性的，如针对Word文件或Excel文件等。

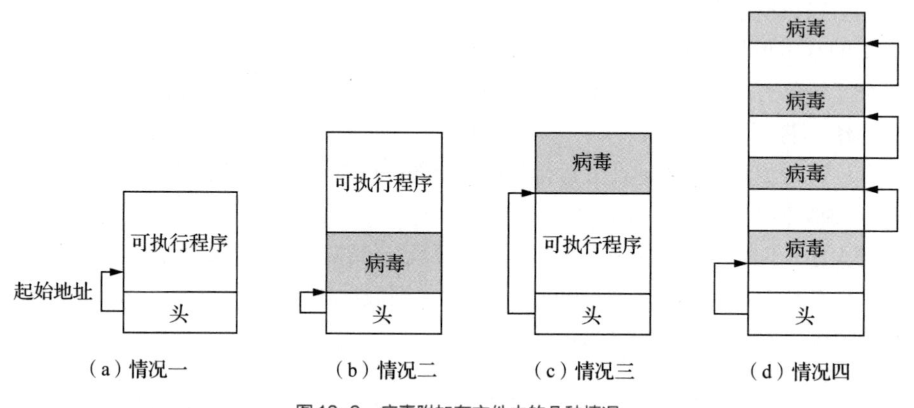

图12-9　病毒附加在文件中的几种情况

（2）**内存驻留病毒**。这原本也是一种文件型病毒，但它一旦执行便会占据内存驻留区，通常选择占据内存的上端或下端的中断变量位置中系统不使用的部分。有的病毒为避免其所占据的内存被其他程序覆盖，还会改变OS的RAM位图，给系统一个错觉，使其认为相应部分的内存已分配，便不再分配之。为了能使自己频繁地执行，内存驻留病毒通常会把陷阱或中断向量的内容复制到其他地方去，而把自己的地址放入其中，并使中断或陷阱指向病毒程序的入口。

（3）**引导扇区病毒**。病毒也会寄生于磁盘中的用于引导系统的引导区。当系统开机时，病毒便借助于引导过程进入系统。引导扇区病毒又可分为两种：①迁移型病毒，会把真正的引导扇区复制到磁盘的安全区域，以便在完成操作后仍能正常引导OS；②替代型病毒，会取消被入侵扇区的原有内容，而将磁盘必须用到的程序段和数据融入病毒程序。

（4）**宏病毒**。许多软件都允许用户把一串命令写入宏文件，以便用户可以按一次键就能执行多条命令。宏病毒便是利用软件所提供的宏功能将病毒插入带宏的.doc文件或.dot文件的。由于宏允许包含任何程序，因此其也就可以做任何事情，这样宏病毒也就可以肆意妄为，进而就会导致系统中的其他各部分被破坏等。

（5）**电子邮件病毒**。第一个电子邮件病毒是嵌入邮件附件中的Word宏病毒。只要接收者打开邮件中的附件，Word宏病毒就会被激活，它将把自身（即Word宏病毒）发送给该用户邮件列表中的每个人，然后进行某种破坏活动。后来出现的电子邮件病毒被直接嵌入邮件中，只要接收者打开含有该病毒的邮件，病毒就会被激活。由于电子邮件病毒是通过网络进行传播的，因此病毒的传播速度得以显著加快。

12.5.3 病毒的隐藏方式

病毒和反病毒技术是“孪生兄弟”。为使病毒能长期生存，病毒设计者采取了多种隐藏方式，以使病毒能够逃避检测。反病毒专家必须了解病毒的隐藏方式，这样才能更快地找到病毒。

1. 伪装

当病毒附加到正常文件后，其会使被感染文件发生变化。为了逃避检测，病毒将把自己伪装起来，使被其感染过的文件与原文件一样。伪装方式主要有两种，介绍如下。

（1）**通过压缩法伪装**。当病毒被附加到某个文件上后，其会使文件长度变长，因此人们可通过文件长度的改变来发现病毒。病毒设计者为了伪装病毒，必然通过压缩技术来使被感染病毒的文件长度与原文件长度一致。在使用压缩法时，在病毒程序中应包含压缩程序和解压缩程序，如图12-10所示。

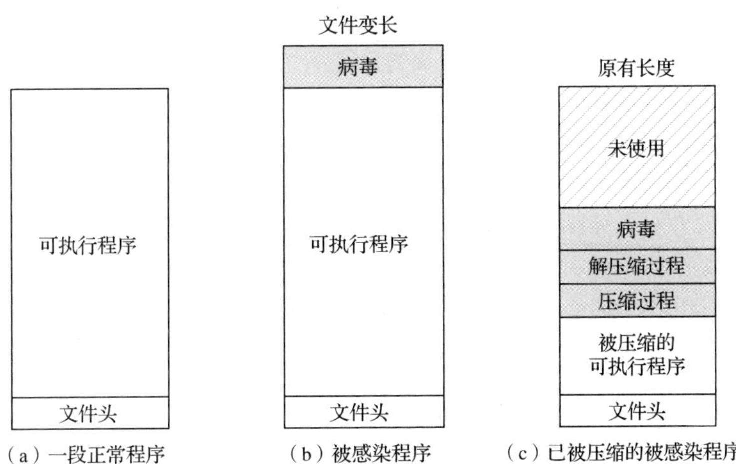

图12-10 通过压缩法伪装示意

（2）**通过修改日期和时间伪装**。被病毒感染的文件，在文件的日期和时间上自然会有所改变，因此，从反病毒的角度来看，可通过检测文件的修改日期和时间有无变化来确定该文件是否感染上了病毒；反之，病毒程序的设计者，也会修改被感染病毒文件的日期和时间，使之与原文件相同，进而实现病毒伪装。

2. 隐藏

为了逃避反病毒软件的检测，病毒自然应隐藏在一个不易被检查到的地方。当前常采用的隐藏方法有以下几种。①隐藏于目录和注册表空间。在OS的根目录区和注册表区通常会留有不小的剩余空间，这些都是病毒隐藏的好地方。②隐藏于程序的页内碎片里。一个程序段和数据段可被装入若干个页面中，通常在最后一页会有页内碎片，病毒可能就隐藏在这些碎片中。当病毒占用多个碎片时，可用指针将它们链接起来。该隐藏方式不会改变被病毒感染文件的长度。③更改用于磁盘分配的数据结构。病毒程序可为真正的引导记录扇区和病毒自身重新分配磁盘空间，然后更改磁盘分配数据结构的内容，使病毒合法地占据存储空间，既不会被发现，也不会被覆盖。④更改坏扇区列表。病毒程序把真正的引导记录扇区和病毒程序分配到磁盘的任意空闲扇区，然后把这些扇区作为坏扇区，相应地修改磁盘的坏扇区列表。这样就可以逃避反病毒软件的检测。

3. 多形态

多形态病毒在进行病毒复制时采用了较为复杂的技术，使所产生的病毒在功能上是相同的，但形态各异，它们的形态少则有数十种，多则有成千上万种；然后将这些病毒附加到其他尚未被病毒感染的文件上。常用的产生多形态病毒的方法有两种。①插入多余的指令：病毒程序可以在它所生成的病毒中随意地插入多条多余的指令，或改变指令的执行顺序，使所复制的病毒程序发生变异。②对病毒程序进行加密：在病毒程序中设置一个变量引擎来生成一个随机的密钥，该密钥用于加密病毒程序，随着每次加密时密钥的不同，所生成的病毒形态各异。

12.5.4 病毒的预防与检测

针对病毒所造成的系统安全问题，最好的解决方法就是预防，即不让病毒侵入系统。但要完全做到这一点是困难的，特别是对于连接到互联网上的系统，这几乎是不可能的。因此，还需要利用非常有效的反病毒软件来检测病毒，并将它们消除。

1. 病毒的预防

用户可用哪些方法来预防病毒呢？下面列出若干方法和建议供读者参考。①对重要的软件和数据，应当定期将它们备份到外部存储介质上，这是确保数据不丢失的最佳方法；当发现病毒后，可用该备份来取代被感染的文件。②使用具有高安全性的OS，这样的OS采取了许多安全保护措施以保障系统的安全，这使得病毒不能感染系统代码。③使用正版软件，应当知道，从网上下载软件的做法是十分冒险的，即使是必须得从网上下载，也要使用最新的防病毒软件对其进行检测，以防病毒入侵。④购买性能优良的反病毒软件，按照规定和要求进行使用，并定期升级。⑤对于来历不明的电子邮件，不要将其轻易打开。⑥要定期检查硬盘及优盘，并用反病毒软件来清除其中的病毒。

2. 基于病毒数据库的病毒检测方法

通过被感染文件的长度、日期和时间等的改变来发现病毒的检测方法，在早期还可奏效，但现在这种检测方法很难奏效；可即便如此，伪装病毒还是难以逃避基于病毒数据库的病毒检测，该方法描述如下。

（1）**建立病毒数据库**。为了建立病毒数据库，首先应采集病毒的样本。为此，设计了一个称为“诱饵文件”的程序，它虽能让病毒感染，但病毒程序并不执行任何操作。这样就可从该文件中获取病毒的完整代码，然后将病毒的完整代码输入病毒数据库中。病毒数据库中所收集病毒样本的种类越多，用此方法检测病毒的成功率就越高。

（2）**扫描硬盘上的可执行文件**。将反病毒软件安装到计算机后，便可对硬盘上的可执行文件进行扫描检查，看是否有与病毒数据库中的样本相同的病毒，若发现有，则将它清除。需要说明的是，采用对比可执行文件与病毒数据库中的病毒样本的方式来检测病毒，可能会漏掉多种形态的病毒。

解决上述问题的方法是采用模糊查询软件，这样，即使病毒有所变化，但只要变化不是太大（如不超过3B），就都能检测出来。但采用模糊查询软件的这种方法不仅会使查询速度减慢，还会导致病毒扩大化，进而致使人们会把某些正常程序也误认为是病毒。一个比较完善的方法是使扫描软件能识别病毒的核心代码，尽管病毒的形态千变万化，但其核心代码不会变，因此在检测过程中就不会将其漏掉。

3. 完整性检测方法

完整性检测程序在检测病毒之前，首先会扫描硬盘，检查其中是否有病毒，当确信硬盘“干净”时才正式工作。这时，首先计算每个文件的检查和，然后计算目录中所有相关文件的检查和，将所有检查和写入一个检查和文件中。在检测病毒时，完整性检测程序将重新计算所有文件的检查和，并将它们分别与原文件的检查和进行比较，若不匹配，则表明该文件已感染病毒。当病毒制造者了解该方法后，他也可以使病毒计算已感染病毒文件的检查和，并用其来代替检查和文件中的正常值。为保证检查和文件中的数据不被更改，应将检查和文件隐藏起来，更好的方法是对检查和文件进行加密，而且最好是把加密密钥直接制作在芯片上。

12.6 可信系统

20世纪70年代初，安德森（Anderson）首先提出了可信系统（trusted system）的概念。当时，人们对可信系统的研究主要集中在OS的自身安全机制和支撑它的硬件环境上。为了促使新一代可信硬件运算平台的早日诞生，1999年10月，由Intel、IBM、HP以及Microsoft等公司成立了一个“可信计算平台联盟”（trusted computing platform alliance，TCPA）组织。它们提出可信系统应在可用性、可靠性、安全性、可维护性、健壮性等多个方面实现自身功能。2003年4月，TCPA又重组为“可信计算组”（trusted computing group，TCG）。

12.6.1 访问矩阵模型和信息流控制模型

建立可信系统的最佳途径是保持系统的简单性。然而系统设计者认为，用户总是希望系统具有强大的功能和优良的性能。这样，所设计的OS就会存在许多安全隐患。有些组织特别是军事部门，因为更重视系统的安全性，决心要建立一个可信系统，所以应在OS核心中构建一个安全模型，模型要非常简单以确保自身的安全性。

1. 安全策略

对系统安全而言，安全策略是根据系统对安全的需求所定义的一组规则以及相应的描述。

该规则中包含对系统中的数据进行保护的规则和对每个用户的权限进行规定的规则，例如哪些数据只允许系统管理员阅读和修改，再如哪些数据只允许财务部门人员访问等。安全机制是指在执行安全策略时所必须遵循的规定和方法。

2. 安全模型

安全模型用于精确描述系统的安全需求和策略。因此安全模型首先应当是精确的、同时它也应当是简单和容易理解的，而且它不涉及安全功能的具体实现细节。由于安全模型能精确地描述系统功能，这样就能帮助人们尽可能地“堵住”所有的安全漏洞。通常在设计OS时，系统的功能描述用于指导系统功能的实现，而安全模型则用于指导与系统安全有关的功能实现。现在已有几种安全模型，其中比较实用的是：访问矩阵模型和信息流控制模型。

3. 访问矩阵模型

访问矩阵模型也称为保护矩阵，系统中的每个主体（用户）都拥有矩阵中的一行，每个客体都拥有矩阵中的一列。客体可以是程序、文件或设备。矩阵中的交叉项表示某主体对某客体的存取权限集。访问矩阵模型决定在各域中的进程可以执行的操作，这些操作是由系统强制执行的，而无需管理者的授权。在有的访问矩阵模型中，除了客体能拥有矩阵中的一列外，主体也能拥有矩阵中的一列，此时矩阵中的交叉项所表示的是，相应行的主体与相应列的主体之间是否允许进行通信等事宜。在访问矩阵模型中，矩阵的交叉项内容的改变意味着主体的访问权限的改变，因此必须对访问矩阵加以保护。

4. 信息流控制模型

许多信息的泄露并非源于访问控制自身的问题，而是因为未对系统中的信息流动进行限制。为此，在一个完善的保护系统中，还应增加一个信息流控制（information flow control）模型。它是对访问矩阵模型的补充，用于监管信息在系统中流通的有效路径，控制信息流从一个实体沿着安全路径流向另一实体。最广泛使用的信息流控制模型是Bell-La Padula模型，该模型主要用于军事部门。在该模型中，信息分为4等：**无密级**（unclassified，U）、**秘密级**（confidential，C）、**机密级**（secret，S）和**绝密级**（top secret，TS）。而针对不同的人，也将根据其级别规定其只能访问某些或某个密级的信息。例如，将军为绝密级，相应地，他可以访问所有的文件；校级军官为机密级，他能访问机密级和更低密级的文件；尉级军官为秘密级，他被限定只能访问秘密级和更低密级的文件；而一般士兵则只能访问无密级文件。由此可知，上校可以看上尉和士兵的文件，但决不能看将军的文件。由于该模型具有多个安全等级，因此其也被称为多级安全模型。在该模型中，对信息的流动做出以下两项规定。

（1）**不能上读**。在密级k层中运行的进程，只能读相同或更低密级层中的对象。例如，允许将军阅读中尉的文件，但不允许中尉阅读将军的文件。此规则称为简单安全规则。

（2）**不能下写**。在密级k层中运行的进程，只能写相同或更高密级层中的对象。例如，允许中尉在将军的信箱中添加信息，但不允许将军在中尉的信箱中添加信息，这样就不至于把更高密级的内容下泄。此规则称为*规则。

只要系统严格执行上述两项规定，就能确保信息的安全流动，而不会发生信息从较高安全级泄露到较低安全级的安全问题。另外规定，进程可以读/写对象，但相互之间不能直接通信。图12-11所示为Bell-La Padula模型。

在图12-11中，带箭头的实线表示进程正在读对象，信息从对象流向进程；带箭头的虚线表示进程正在写对象，信息从进程流向对象。在图12-11中，进程B正在从文件1中读取信息，然后向文件3中写入信息。由图12-11可以看出，无论是带箭头的实线还是带箭头的虚线，它们都是水平方向或向上方向的，而不具有向下方向的。这就是说信息没有往下流动的路径，因此，处于较高密级层中的信息不可能流到较低密级层中去，这样就保证了模型的安全性。

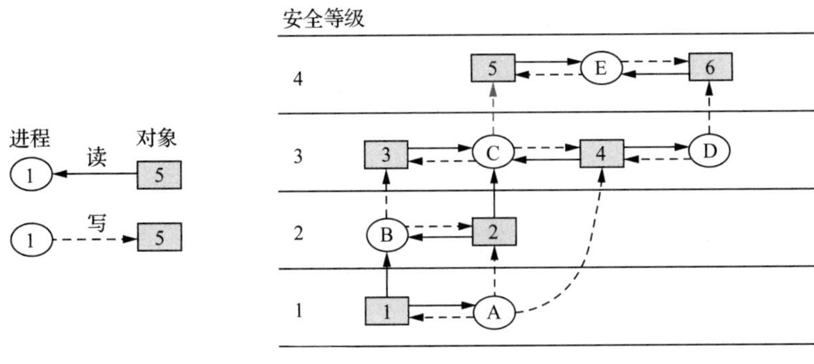

图12-11　Bell-La Padula模型

12.6.2　可信计算基

可信系统的核心是可信计算基（trusted computing base，TCB），它包含了用于检查所有与安全问题有关的访问监视器和存放着许多与安全有关的信息的安全核心数据库等。只要TCB按规范化形式工作，就不会出现与安全相关的问题。

1. TCB 的功能

一个典型的TCB在硬件方面与一般计算机系统相似，只是少了一些不影响安全性的I/O设备；在TCB中应配置OS最核心的功能，如进程创建、进程切换、内存映射、部分文件管理以及设备管理等功能。由于把它做得尽可能小时比较容易进行正确性验证，因而TCB软件自身是可信软件。在设计TCB时，应使其独立于OS的其他部分，应在其与OS的其他部分、计算机系统的其他部分之间构建安全接口。

在TCB（如图12-12所示）中有一个十分重要的部分——访问监视器，它要求所有与安全有关的问题都必须集中在一处进行检查。为此，将访问监视器设置在内核空间的入口，使其成为进入内核的唯一路经，所有与系统安全有关的访问都将通过它。访问监视器对这些请求进行检查，只有合法请求，系统才会予以处理。而现在的大多数OS，为了提高效率和避免产生瓶颈，并不采取这样的设计方法，这就是导致它们不是很安全的重要原因。

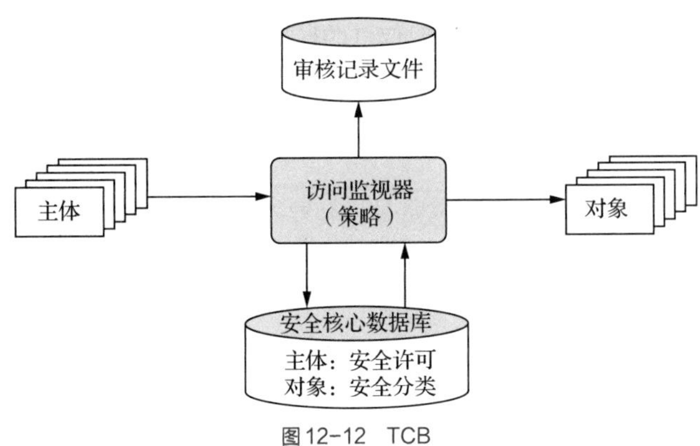

图12-12　TCB

2. 安全核心数据库

为了对用户的访问进行安全控制，在TCB中配置了一个安全核心数据库。在数据库的内部存放了许多与安全有关的信息。其中最主要的是两个控制模型：①访问控制模型，用于实现对用户访问文件的控制，其中列出了每个主体的访问权限和每个对象的保护属性；②信息流控制模型，用于控制信息流从一个实体沿着安全路经流向另一个实体。

3. 访问监视器

访问监视器是TCB中的一个重要组成部分，它基于主体和被访问对象的安全参数来控制主体对该对象的访问，进而实现有效的安全接入控制。访问监视器与安全核心数据库相连接，如图12-12所示。访问监视器可以利用安全核心数据库中存放的访问控制文件和信息流控制文件，对本次访问进行仲裁。访问监视器具有以下特性。

（1）完全仲裁。对每次访问都实施简单安全规则，保证对内存、磁盘和磁带中的数据的每次访问均由它们控制。为了提高系统的速度，访问监视器通常有一部分功能由硬件实现。

（2）隔离。保证访问监视器和安全核心数据库的安全，任何攻击者都无法改变访问监视器的逻辑结构以及安全核心数据库中的内容。

（3）可证实性。访问监视器的正确性必须是可证明的，即在数学上可以证明访问监视器执行了安全规定，并实现了完全仲裁和隔离。

如果一个系统具有上述3个特性，就认为该系统是一个可信系统。在图12-12中还有一个审计记录文件，访问监视器将检测到的安全违规、安全核心数据库中的授权变化等重要安全事件，都记录到了审计记录文件中。

12.6.3　设计安全操作系统的原则

如何设计一个具有高安全性的OS，是当今人们所面临的一个挑战。经过长期的努力，人们提出了设计安全OS的若干原则，介绍如下。

1. 微内核原则

这里所说的微内核（通常将它们称为安全内核），与前面所说的微内核有着相似之处，主要表现为：首先它们都非常小，它们的正确性易于被保证；其次它们都采用了策略与机制分离原则，即仅将机制部分放入微内核/安全内核中，而将策略部分放在内核的外面。它们之间的差别主要表现为：①安全内核不仅提供OS最核心的功能，如进程切换、内存映射等，还是实现整个OS安全机制的基础，这使其自身成为了一个TCB；②对于一般的微内核，进入其中的入口有多个；而在安全系统中，系统的其他部分与安全内核之间仅存在唯一的安全接口。

2. 策略与机制分离原则

在设计安全内核时，同样应当采用策略与机制分离原则，以减小安全内核的大小和增加系统的灵活性。安全策略是规定系统要达到的特定安全目标，是由设计者或管理员来确定的，应将它放在安全内核外部。安全机制是完成特定安全策略的方法，由一组具体保护功能的软件或硬件实现，应将它放入安全内核中。

3. 安全入口原则

在一般的微内核中，都采用了客户/服务器模式，微内核与所有的服务器之间都存在着接口，因此可以通过多条路经进入微内核，这也就为保障OS的安全增加了困难。而在安全系统中，为了确保安全内核的安全，在安全内核与其他部分（如其他硬件），系统和用户软件等之间，只提供唯一的安全接口，凡是要进入安全内核进行访问者，都必须接受严格的安全检查，任何逃避检查的企图都是不能得逞的。

4. 隔离原则

可用多种方法来将一个用户进程与其他用户进程进行隔离，主要的隔离方法介绍如下。①**物理隔离**：使各进程的活动基于不同的硬件设施，例如，对于安全性要求较高的任务，可在专用计算机上对其进行处理；对于安全性要求一般的任务，可在公用计算机上对其进行处理。②**时间隔离**：使各进程在不同的时间段运行。③**密码隔离**：对用于加密的密钥和密文，必须妥善分开保管。④**逻辑隔离**：为了确保安全内核的安全，安全内核应与其他部分的硬件和软件进行 隔离。

5. 部分硬件实现原则

安全内核中的一部分功能须由硬件实现，原因可归结为两点。①**提高处理速度**：为了不影响系统的运行速度，应采用硬件来实现对运行速度有严重影响的部分功能；②**确保系统的安全性**：用软件实现其功能容易受到攻击和病毒的感染，但是改用硬件实现就会安全得多。随着大规模集成电路的发展，用硬件实现的成本变得越来越低，且不会给安全系统带来太大的经济负担。

6. 分层设计原则

如上所述，一个安全的计算机系统至少由4层组成：最低层是硬件，次低层是安全内核，再上层是OS，最高层是用户。其中每一层又都可分为若干个层次。安全保护机制在满足要求的情况下，应力求简单一致，并将它的一部分放入系统的安全内核中，把整个安全内核作为OS的低层，使其最接近硬件。

值得一提的是，如果没有按照上述原则来设计对安全性要求较高的OS，则必然会留下许多隐患。而只是试图在原有OS的基础上增加几个安全软件或者增加一个安全管理层，就想使之成为一个安全系统，这几乎是不可能的。这也就是为何在目前的OS中，对其所存在的安全隐患经无数次修改，其安全性能仍不能令人满意的原因。

12.7 本章小结

对计算机系统进行保护，是指对攻击、入侵和损害系统等行为进行防御或监视。安全有别于保护，安全是对系统完整性和数据安全性的可信度衡量。若将系统安全视为目标，则保护就是为了实现该目标所采取的方法和措施。系统安全的实现，不仅要求系统本身能够得到保护，还要求系统运行时所处的外部环境是安全的。

本章重点讨论了系统的保护与安全。首先，介绍了“安全环境”与计算机安全的分类。其次，探讨了关键的安全推进器——数据加密技术。再次，介绍了各种防范或检测攻击的机制，以及来自系统内部的攻击和来自系统外部的攻击。最后，具体介绍了可信系统和设计安全OS的若干原则。

习题12

1. 实现“安全环境”的主要目标是什么？
2. 系统安全性的复杂性表现在哪几个方面？
3. 对系统安全性的威胁可分为哪几类？分别介绍它们。
4. 可信计算机系统评价准则将计算机系统的安全程度分为哪几个等级？
5. 什么是易位法和置换法？试举例说明置换法。
6. 试比较对称加密算法和非对称加密算法。
7. 试说明保密数字签名的加密和解密方式。
8. 数字证明书的作用是什么？举例说明数字证明书的申请、发放和使用过程。
9. 可利用哪几种方式来确定用户身份的真实性？
10. 基于口令机制的认证技术通常应满足哪些要求？
11. 在口令机制中，应如何保证口令文件的安全性？
12. 试给出一种对加密口令进行验证的方法。
13. 基于物理标志的认证技术又可细分为哪几种？
14. 智能卡可分为哪几种类型？它们是否都可用于基于用户持有物的认证技术中？
15. 被选用于身份识别的生理标志应具备哪几个条件？请列举几种常用的生理标志。
16. 对生物识别系统的要求有哪些？一个生物识别系统通常由哪几部分组成？
17. 早期通常采用的内部攻击方式有哪几种？
18. 何谓逻辑炸弹？较常用的引发逻辑炸弹爆炸的条件有哪些？
19. 何谓陷阱门和特洛伊木马？举例说明。
20. 何谓移动代码？为什么说在应用程序中包含了移动代码就可能不安全？
21. 什么叫缓冲区溢出？攻击者是如何利用缓冲区溢出进行攻击的？
22. 病毒和蠕虫有何异同？
23. 计算机病毒的特征是什么？它与一般的程序有何区别？
24. 什么是文件型病毒？试说明文件型病毒对文件的感染方式。
25. 病毒设计者可以采取哪几种隐藏方式来让病毒逃避检测？
26. 试说明基于病毒数据库的病毒检测方法。
27. 如何利用数字签名验证信息内容？

参考文献

[1] HANSEN P B. Operating System Principles[M]. Upper Saddle River: Prentice-Hall, 1973.
[2] SHAW A C. The Logical Design Operating System[M]. Upper Saddle River: Prentice-Hall, 1974.
[3] PEITEL H M. An Introduction to Operating System[M]. Boston: Addison-Wesley, 1983.
[4] DAVIS W S. Operating System: An Systematic View[M]. 2nd ed. Boston: Addison-Wesley, 1983.
[5] PETERSON J L. Operating System Concepts[M]. 2nd ed. Boston: Addison-Wesley, 1985.
[6] JANSON P. Operating System: Structure and Mechanisms[M]. Washington: Academic press, 1985.
[7] TANENBAUM A S.Operating System Design and Implementation[M]. Upper Saddle River: Prentice-Hall, 1987.
[8] HERBERT S. OS/2 Programming an Introduction[M]. New York: McGraw-Hill, 1988.
[9] SUNSHINE C A. Computer Network Architectures and Protocols[M]. New York: Plenum Press, 1989.
[10] KOCHAN S J, Wood P H. Exploring the UNIX System[M]. San Francisco: Sams, 1992.
[11] STALLINGS W. Operating System[M]. New York: MacMillan, 1992.
[12] NEWMAN P. ATM local area networks[J]. IEEE Communications Magazine, 1994, 32(3): 86-98.
[13] SILBERSCBATZ A, GALVIN P. Operating System Concepts[M]. Boston: Addison-Wesley, 1994.
[14] BRUCE E, BOBY M. Client-Server Computing: Architecture, Application and Distributed System Management[M]. Boston: Artech House, 1994.
[15] SCHILLING P V, LEVIS J. In Practice: a Consultant's Viewpoint Distributed Computing Environments Process and Organization Issues[J]. Information Systems Management, 1995, 12(2): 76-79.
[16] TANWAR S, AGGARWAL Y, DEWAN S. Distributed Operating System[M]. 北京: 清华大学出版社, 1997.
[17] DAVID A S. The OS/2 Programming Environment[M]. Upper Saddle River: Prentice-Hall, 1998.
[18] TANENBAUM A S. Modern Operating Systems[M]. 2nd ed. Upper Saddle River: Prentice-Hall, 2001.
[19] BHATT P C. An Introduction to Operating Systems Concepts and Practice[M]. 3rd ed. Boston: Addison-Wesley, 2010.
[20] 尤晋元. UNIX操作系统教程[M]. 西安：西北电讯工程学院出版社，1985.
[21] 李勇，刘恩林. 计算机体系结构[M]. 长沙：国防科技大学出版社，1988.
[22] 黄干平. 计算机操作系统[M]. 北京：科学出版社，1989.
[23] MAURICE J B. UNIX操作系统设计[M]. 陈葆国，译. 北京：北京大学出版社，1989.
[24] 杨学良，张学良. UNIX SYSTEM V内核剖析[M]. 北京：电子工业出版社，1990.
[25] 胡道元. 计算机局域网[M]. 北京：清华大学出版社，1990.
[26] 周帆，潘福美. 32位微型计算机原理与应用[M]. 北京：气象出版社，1992.
[27] 汤子瀛，杨成忠，哲凤屏. 计算机操作系统[M]. 台北：儒林图书有限公司，1994.
[28] 孙钟秀，谭耀铭，费翔林，等. 操作系统教程[M]. 2版. 北京：高等教育出版社，1995.
[29] 汤子瀛，哲凤屏，汤小丹，等. 计算机网络技术及其应用[M]. 2版. 成都：电子科技大学出版社，1999.
[30] 屠祁，屠立德. 操作系统基础[M]. 3版. 北京：清华大学出版社，2000.
[31] 张尧学，史美林. 计算机操作系统教程[M]. 2版. 北京：清华大学出版社，2000.

[32] 毛德操，胡希明. Linux内核源代码情景分析[M]. 杭州：浙江大学出版社，2001.

[33] GAEY N. 操作系统：现代观点[M]. 孟祥由，晏益慧，译. 北京：机械工业出版社，2004 .

[34] 孟庆昌. 操作系统教程[M]. 北京：电子工业出版社，2004.

[35] 张丽芬，刘美华. 操作系统原理教程[M]. 北京：电子工业出版社，2004.

[36] 倪继利. Linux内核分析及编程[M]. 北京：电子工业出版社，2005.

[37] WILLIAM S. 操作系统：精髓与设计原理[M]. 陈渝，译. 北京：电子工业出版社，2006.

[38] 陈向群，杨芙清. 操作系统教程[M]. 2版. 北京：北京大学出版社，2006.

[39] 汤小丹，梁红兵，哲凤屏，等. 现代操作系统[M]. 北京：电子工业出版社，2007.

[40] ABRAHAM S. 操作系统概念[M]. 郑扣根，译. 7版. 北京：高等教育出版社，2010.

[41] ANDREW S T. 现代操作系统[M]. 陈向群，马洪兵，等译. 3版. 北京：机械工业出版社，2009.

[42] KAI H，GEOFFREY C F，JACK J D. 云计算与分布式系统：从并行处理到物联网[M]. 武永卫，秦中元，李振宇，等译. 北京：机械工业出版社，2013.

[43] ABRAHAM S，PETER B G，GREG G. 操作系统概念[M]. 郑扣根，唐杰，李善平，译. 9版. 北京：机械工业出版社，2018.

[44] 王伟，郭栋，张礼庆，等. 云计算原理与实践[M]. 北京：人民邮电出版社，2018.

[45] 任炬，张尧学，彭许红. openEuler操作系统[M]. 北京：清华大学出版社，2020.